Bernhard Klausnitzer

Die Larven der Käfer Mitteleuropas
4. Band

BERNHARD KLAUSNITZER

DIE LARVEN DER KÄFER MITTELEUROPAS

4. Band

POLYPHAGA

Teil 3

sowie

Ergänzungen zum 1. bis 3. Band

1345 Abbildungen

Spektrum
AKADEMISCHER VERLAG

Professor Dr. Bernhard Klausnitzer
Postfach 202731
01193 Dresden

Bibliografische Information der Deutschen Nationalbibliothek
Die Deutsche Nationalbibliothek verzeichnet diese Publikation in der Deutschen Nationalbibliografie; detaillierte bibliografische Daten sind im Internet über http://dnb.d-nb.de abrufbar.

Springer ist ein Unternehmen von Springer Science+Business Media
springer.de

1. Auflage 1997, Gustav Fischer Verlag · Jena · Stuttgart · Lübeck · Ulm,
unveränderter Nachdruck 2009

Spektrum Akademischer Verlag ist ein Imprint von Springer

09 10 11 12 13 5 4 3 2 1

Planung und Lektorat: Dr. Ulrich Moltmann, Dr. Christoph Iven
Umschlaggestaltung: SpieszDesign, Neu–Ulm
Satz: Verlagsdruckerei Schmidt GmbH, Neustadt a. d. Aich

ISBN 978-3-8274-2146-3

Inhalt

Vorwort zum 4. Band

Im vorliegenden Band wurde mit der Bearbeitung der Staphylinoidea begonnen. Anlaß war die Mitarbeit von Herrn KAUPP, der Manuskripte über die Ptiliidae und Pselaphidae verfaßt hatte. Hinzu kam die Kenntnis der Dissertation von Herrn SCHMID, die ich Herrn FRANK KÖHLER, Bornheim, verdanke, und die eine Bestimmungstabelle für die Larven der Scydmaenidae enthält. Leider ist es mir trotz vieler Bemühungen nicht gelungen, Herrn Dr. SCHMID ausfindig zu machen. So kann ich nur aus seiner Arbeit zitieren, seine Autorenschaft wäre mir lieber gewesen. Die Leiodidae und vor allem die Staphylinidae (im traditionellen Sinne) müssen vorläufig offen bleiben – vielleicht führen die laufenden Bemühungen um einen Autor für die Staphylinidae später doch noch zu einem Erfolg.

Mit den Tabellen für die Gattung *Aphodius* und die Familie Cantharidae werden die Überfamilien Scarabaeoidea (Beginn in Band 3) bzw. Cantharoidea (Beginn in Band 2) abgeschlossen.

Besonders wichtig schien mir die Vorlage einer Bestimmungstabelle für die Larven der Cerambycidae. Bockkäfer spielen zunehmend eine Rolle in der Umweltforschung und -begutachtung (siehe S. 13). Larven werden vielfach bedeutend öfter als Imagines gefunden – und aus der Bearbeitung meist weggelassen. Andererseits wird die Kenntnis des Artenspektrums für ein Gebiet meist wesentlich erweitert, wenn die Larven berücksichtigt werden. Ohne die Möglichkeit, auf das hervorragende Werk von ŠVÁCHA & DANILEVSKY zurückgreifen zu können – auch auf die Bestimmungstabellen von TEPPNER u. a. Literatur sowie die kollegiale Unterstützung durch Herrn ŠVÁCHA – wäre allerdings kaum eine so umfangreiche Tabelle entstanden.

Es ergab sich weiterhin die Möglichkeit, einige Tabellen aus den Bänden 1 bis 3 zu ergänzen und zu erweitern. Insbesondere die aquatischen Familien sind davon betroffen. Es besteht die Absicht, auch bei den folgenden Bänden Nachträge und Ergänzungen zu früheren Teilen sofort aufzunehmen. Dies ermöglicht ein aktuelleres Reagieren als das Aufsparen der neuen Kenntnisse für einen späteren Supplementband.

Insgesamt wurden in den bisher vorliegenden Bänden 66 Familien abgehandelt und die Bestimmung von 658 Gattungen und über 1670 Arten ermöglicht. Legt man das ursprüngliche Familienkonzept zugrunde (Bd. 1, S. 24–27), so wäre das die reichliche Hälfte der Familien.

Naturgemäß wurden zuerst die besser bekannten Familien abgehandelt, insbesondere einige artenreichere: Carabidae, Scarabaeidae, Buprestidae, Elateridae, Tenebrionidae, Cerambycidae und Chrysomelidae. Diese lassen einen relativ guten Kenntnisstand sichtbar werden: in der Summe dieser Familien sind 93,2 % der Gattungen und 53,5 % der Arten bekannt. Besonders gut sind wir mit 100 % der Gattungen und 69,2 % der Arten über die bereits vollständig abgehandelten aquatischen Familien (ohne die Hydraenidae und ohne die Hydrophilidae – Sphaeridiinae) unterrichtet.

Für das weitere Vorgehen (Bd. 5 und folgende) ergeben sich erhebliche Schwierigkeiten bei einigen großen Familien: Anisotomidae, Staphylinidae, Anobiidae, Nitidulidae, Cryptophagidae, Latridiidae, Ciidae, Mordellidae, Brentidae und Curculionidae. Bestimmungstabellen bis zu den Arten werden nur teilweise möglich sein, Tabellen für die Gattungen werden genügen müssen. Unter den noch ausstehenden Familien erreichen – abgesehen von einigen artenarmen Familien – jedoch z. B. die Byrrhidae, Dermestidae, Coccinellidae, Melandryidae, Meloidae und Oedemeridae voraussichtlich den oben erwähnten Bekanntheitsgrad.

Der vorliegende Band – wie auch die vorhergehenden – wäre ohne Unterstützung durch Fachkollegen gar nicht möglich gewesen. So danke ich für großzügige Hilfe den Herren Dr. Mikhail L. Danilevsky, Moskau, und Dr. Petr Švácha, České Budejovice (auch als Autor), sowie Herrn Dr. Herwig Teppner, Graz, die eine Adaptation ihrer Bestimmungstabellen der Cerambycidae ermöglichten. Freundliche Unterstützung durch Autorenschaft und/oder Beratung erteilten Dr. Erik Arndt, Leipzig, Prof. Dr. Konrad Dettner, Bayreuth, Andreas Kaupp, Basel, Dr. Frank-Torsten Krell, Würzburg, Wilhelm Lucht, Langen, Jan Růžička, Praha, Dr. Wolfgang Schawaller, Stuttgart, Dr. Walter Steinhausen, München, Dr. Walter Wittmer, Basel, Claus Wurst, Karlsruhe, Dr. Lothar Zerche, Eberswalde, und Prof. Dr. Peter Zwick, Schlitz, wofür ich sehr dankbar bin. Die Bibliotheken des Staatlichen Museums für Tierkunde Dresden (Frau Karin Hertel) und des Deutschen Entomologischen Institutes, Eberswalde (Herr Dr. Reinhard Gaedike), halfen mit Literatur, wofür ich ebenfalls sehr herzlich danken möchte. Frau Dipl.-Biol. Renate Brock, Leipzig, half mir bei der Bearbeitung und Zusammenstellung der Zeichnungen (Gattung *Aphodius*, Familie Cerambycidae), wofür ich ihr sehr herzlich danke.

Erneut konnte ich mich einer gedeihlichen und großzügigen Zusammenarbeit mit dem Verlag erfreuen, wofür ich Frau Ina Koch und Frau Dr. Johanna Schlüter, Jena, sehr herzlich danke.

Meine liebe Frau, die Kinder und nun schon die Enkelkinder kennen mich als besessen von der Entomologie und von den Käferlarven ganz besonders. Viele Jahre hieß es oft, ‚er sitzt am Larvenbuch' – mancherlei Verständnis und Toleranz, Hilfe und Ermutigung sind von allen Seiten gekommen. Auch dafür danke ich von Herzen.

Oppitz, am 7. Juni 1997

Zum System der Coleoptera

von Bernhard Klausnitzer

Im 1. Band wurde eine „Übersicht über das für ‚Die Larven der Käfer Mitteleuropas' verwendete System der Coleoptera" veröffentlicht, das gegenüber dem, in den Bänden 1–11 des Freude-Harde-Lohse verwendeten System verschiedene von Crowson begründete Neuerungen berücksichtigte. Inzwischen ist nun durch Lawrence & Newton (1995) eine Zusammenfassung der Weltliteratur zur Systematik der Coleoptera erfolgt, die zahlreiche Veränderungen mit sich bringt. Im folgenden werden die für die Fauna Mitteleuropas relevanten Neuerungen aufgeführt und das im Band 1 gebrachte Systemkonzept den neuen Gegebenheiten angepaßt. In der zitierten Arbeit ist das Bemühen erkennbar, monophyletische Gruppen herauszuarbeiten, so daß eine weitgehende Akzeptanz erreicht wurde.

Ein wichtiges Problem bei der Kennzeichnung von Familien (und Unterfamilien) nach Merkmalen der Larven ist der paraphyletische Charakter mancher Taxa. Wirklich monophyletische Gruppen sollten sich auch larvalsystematisch leichter fassen lassen, insofern ist der Versuch von Lawrence & Newton (1995) sehr zu begrüßen und beeinflußt die Gliederung der weiteren Bände dieser Reihe. – Vielfach werden die Familien anders gereiht, auf solche Änderungen wird hier jedoch nicht eingegangen.

Adephaga und Myxophaga

In der Umgrenzung der Familien dieser Unterordnungen ergeben sich keine Änderungen.

Polyphaga

1. Überfamilie Hydrophiloidea
   Familie Hydrophilidae: schließt die Georissidae, Hydrochidae und Spercheidae als Unterfamilien ein.
2. Überfamilie Histeroidea
   Die beiden Familien Sphaeritidae und Histeridae werden in die Überfamilie Hydrophiloidea eingeordnet.
3. Überfamilie Staphylinoidea (siehe Bd. 4, S. 19)
   Die Familie Hydraenidae wird hier eingeordnet.
   Die weiteren Familien sind Ptiliidae, Agyrtidae, Leiodidae (einschließlich der unter 18. Anisotomidae genannten Taxa; zusätzlich werden die Leptinidae + Platypsyllidae einbezogen), Scydmaenidae, Silphidae, Staphylinidae (einschließlich Dasyceridae, Micropeplidae, Pselaphidae, Scaphidiidae als Unterfamilien).

Die Leptinidae (+ Platypsyllidae), Scaphidiidae, Dasyceridae, Micropeplidae und Pselaphidae werden in diesem Band in den Überschriften als separate Familien behandelt, auf den Unterfamilienstatus wird jedoch hingewiesen. Zu bedenken ist, daß ihr Status als Familie oder Unterfamilie nicht besonders erheblich für die Erkennbarkeit der Larven ist (darin liegt das Hauptziel dieser Buchreihe) und daß weder für die Larven der Leiodidae noch für die der Staphylinidae (im traditionellen Sinne) vorläufig Bestimmungstabellen vorgelegt werden können, wohl aber für die genannten Taxa, wodurch wenigstens ein erster Schritt zur Behandlung der Larven der Staphylinoidea in dieser Reihe gegeben ist.

4. Überfamilie Dascilloidea
Bleibt wie bisher.
5. Überfamilie Eucinetoidea
Als neuer Name für diese Überfamilie hat Scirtoidea zu stehen. Für den Namen Helodidae muß Scirtidae eingesetzt werden (in Bd. 2 bereits geschehen). Der Umfang der Familien bleibt unverändert.
6. Überfamilie: Scarabaeoidea
Die Familien Lucanidae, Trogidae, Geotrupidae bleiben erhalten.
Aus den Scarabaeidae werden die Ochodaeidae (Gattungen *Ochodaeus* DEJEAN und *Codocera* ESCHSCHOLTZ) ausgegliedert. Da die Larven dieser Gattungen bisher nicht (sicher) bekannt sind, kann der Familienschlüssel (Bd. 3, S. 13/14) vorläufig nicht ergänzt werden.
Die Aufnahme der Hybosoridae in Bd. 1 (S. 25) beruht auf einem Irrtum.
7. Überfamilie Byrrhoidea
In diese Überfamilie wird auch die 8. Überfamilie Dryopoidea eingeordnet, so daß sie jetzt folgende Familien umfaßt: Byrrhidae, Psephenidae, Heteroceridae, Limnichidae, Dryopidae und Elmidae.
Die Bestimmungstabelle für die Familien der Dryopoidea (Bd. 3, S. 90–92) wäre um die Byrrhidae zu erweitern und Byrrhoidea zu überschreiben.
9. Überfamilie Buprestoidea
Bleibt wie bisher.
10. Überfamilie Elateroidea
Die Lissomidae werden als Unterfamilie in die Elateridae eingegliedert. Die Bestimmungstabelle für die Familien (Bd. 2, S. 115–117) wäre entsprechend zu verändern.
Die Throscidae, Cerophytidae und Eucnemidae bleiben unverändert.
Die 5 Familien der 11. Überfamilie Cantharoidea werden den Elateroidea zugeordnet.
12. Überfamilie Dermestoidea
Die Familie Derodontidae (einschließlich der Gattung *Laricobius*) wird Repräsentant einer eigenen Überfamilie Derodontoidea.
Die Familie Thorictidae wird als Unterfamilie den Dermestidae zugeordnet.
13. Überfamilie Bostrichoidea (früher Bostrychoidea)
In diese Überfamilie werden die Nosodendridae und Dermestidae (+ Thorictidae) eingeordnet, die früher die Überfamilie Dermestoidea repräsentierten.
Die Gattung *Endecatomus* (früher Bostrichidae) repräsentiert eine eigene Familie Endecatomidae.
In die Bostrichidae (im alten Sinne) werden die Lyctidae einbezogen. Die Ptinidae werden zu einer Unterfamilie der Anobiidae.

Es ergibt sich folgende Familieneinteilung der Bostrichoidea:
Nosodendridae
Dermestidae (+ Thorictidae)
Anobiidae (+ Ptinidae)
Bostrichidae (+ Lyctidae)
Endecatomidae

14. Überfamilie Cleroidea
    In die Familie Trogossitidae werden die Peltidae und Lophocateridae einbezogen.
    Die Malachiidae werden als Unterfamilie in die Melyridae eingeordnet (sie wurden in Bd. 3, S. 190–192 bereits in diesem Sinne behandelt).
    Die Phloiophilidae und Cleridae bleiben im alten Umfang bestehen.
    Die Bestimmungstabelle für die Familien der Cleroidea (Bd. 3, S. 144/145) wäre entsprechend zu ändern.
15. Überfamilie Lymexyloidea
    Bleibt wie bisher.
16. Überfamilie Cucujoidea
    Zu dieser Überfamilie werden die Familien der 1. Reihe (Clavicornia) gestellt.

    Die Nitidulidae bleiben erhalten.
    Für die Gattungen *Brachyleptus, Brachypterolus, Brachypterus, Heterhelus* und *Kateretes* wurde die Familie Brachypteridae (= Kateridae) errichtet.
    Die Rhizophagidae bilden zusammen mit der Gattung *Monotoma* Herbst (früher Cucujidae) die Familie Monotomidae.
    Die Sphindidae, Cucujidae (neue Umgrenzung), Phloeostichidae, Silvanidae, Phalacridae und Laemophloeidae bleiben erhalten.
    Die Hypocopridae werden den Cryptophagidae als Unterfamilie zugeordnet.
    Die Languriidae schließen die Cryptophilidae ein.
    Die Erotylidae, Biphyllidae, Byturidae, Bothrideridae und Cerylonidae bleiben bestehen.
    Aus den Sphaerosomatidae werden die Alexiidae.
    Die Corylophidae, Latridiidae (früher Lathridiidae) und Coccinellidae bleiben erhalten.
    In die Endomychidae werden die Merophysiidae eingeordnet.

    Die Familien der 2. Reihe (Heteromera) werden als Überfamilie Tenebrionoidea zusammengefaßt.
    Die Mycetophagidae und Colydiidae bleiben erhalten.
    Zu den Tenebrionidae werden die Lagriidae und Alleculidae als Unterfamilien gestellt (siehe Bd. 3, S. 221–223).
    Die Boridae, Prostomidae und Salpingidae werden erhalten.
    Die Cononotidae werden den Pyrochroidae zugeordnet.
    Die Bestimmungstabelle in Bd. 3, S. 306 wäre zu ändern, allerdings wird *Agnathus* von Lawrence & Newton (1985) unter der Rubrik „Pyrochroidae incertae sedis“ geführt.
    Die Ciidae (früher Cisidae), Tetratomidae und Melandryidae bleiben bestehen.
    Aus den Mordellidae werden die Arten der Unterfamilie Anaspidinae ausgegliedert und den Scraptiidae zugeordnet.
    Die Familien Rhipiphoridae, Meloidae, Anthicidae, Oedemeridae und Aderidae behalten den bisherigen Umfang.
17. Überfamilie Chrysomeloidea
    Die Cerambycidae bleiben bestehen.

Aus den Chrysomelidae werden einige Taxa ausgegliedert, die zu eigenen Familien gerechnet werden:
Megalopodidae – *Zeugophora* (Zeugophorinae)
Orsodacnidae – *Orsodacne* (Orsodacninae)
Die Familie Bruchidae wird als Unterfamilie den Chrysomelidae zugeordnet.
Die Bestimmungstabelle in Bd. 2, S. 235–239 wäre entsprechend zu ändern.

18. Überfamilie Curculionoidea
Die Nemonychidae, Anthribidae und Attelabidae bleiben erhalten.
Die Apionidae gehen als Unterfamilie einschließlich einer 2. Unterfamilie Nanophyinae in die Familie Brentidae ein.
Die Curculionidae bleiben bestehen.

Stand der Kenntnisse über die Larven der Coleoptera

von BERNHARD KLAUSNITZER

Die zoologische Systematik befindet sich bekanntermaßen insgesamt in einer schwierigen Lage (MALICKY 1980, WILSON 1985, HASKELL & MORGAN 1988, OLIVER 1988, FELDMAN & MANNING 1992, STEVCIC 1993, SCHMINKE 1994, VOGT 1994), wie schlimm muß es also um die Stiefkinder innerhalb der Systematik aussehen, zu denen u. a. die Larven der Coleoptera gehören (KLAUSNITZER 1975, 1980). Andererseits ist die Bedeutung der Kenntnis der Jugendstadien für Faunistik und Ökosystemforschung unumstritten (STAMMER 1957, KLAUSNITZER 1969, 1970). Doch was nützt die theoretische Klarheit, wenn zu geringe Voraussetzungen für die Anwendung des vorhandenen Wissens über die Larven bestehen bzw. dieses Wissen zu lückenhaft ist oder streckenweise sogar völlig fehlt.

Es ist zwar noch keineswegs üblich, Faunistik auf der Grundlage von Larvenfunden zu betreiben, doch sind die Zeichen der Zeit unübersehbar. Odonatenfaunistik ohne die Bearbeitung der Exuvien ist z. B. überhaupt nicht mehr denkbar (HEIDEMANN & SEIDENBUSCH 1993). Für die Einbeziehung der Larven sprechen auch die Binsenweisheiten, daß die Erscheinungszeit der Imagines fast immer bedeutend kürzer ist als die Lebenszeit der Entwicklungsstadien und daß es mehr Larven als Imagines gibt.

Für die Ökosystemforschung ist die Berücksichtigung der präimaginalen Stadien geradezu unumgänglich, obwohl sie vielfach bei entsprechenden Untersuchungen ganz zu Unrecht summarisch abgetan werden. Qualitative und quantitative Auswertungen von Erhebungen allein auf der Basis der Imagines bergen den Keim der Ungenauigkeit schon im Ansatz in sich. Larven können die Bodenständigkeit, wenigstens den Ansiedlungsversuch, beweisen, während bei den Imagines eine viel größere Dispersionsfähigkeit, auch Migrationen, in Rechnung zu stellen sind. Quantitative Analysen von Biozönosen oder Teilen derselben, Studien an Nahrungsketten, zur Habitatwahl, zum Habitatwechsel und viele andere oft mit großem materiellen und personellen Aufwand bearbeitete Fragestellungen müssen ebenfalls die Entwicklungsstadien einbeziehen. Die allbekannten Unzulänglichkeiten der vielpraktizierten Barberfallenmethodik werden nicht dadurch ausgeglichen, daß man die gefundenen Larven aus der Auswertung ausschließt.

Neuerdings spielen bei der Begutachtung von Landschaftsteilen sogenannte Indikatorgruppen (Modellgruppen) eine große Rolle, zu denen auch einige Käferfamilien gehören, vorwiegend die Carabidae und Cerambycidae (sowie andere xylobionte Coleoptera), zunehmend die Dytiscidae, Cantharidae, Elateridae, Coccinellidae, Scarabaeidae und Chrysomelidae (DUELLI et al. 1990, GERKEN et al. 1990, RECK 1990, RIECKEN 1990, 1992, ZUCCHI 1990, 1994, KLEINSCHMIDT 1991, FINCK et al. 1992, TRAUTNER 1992, KLAUSNITZER 1994). Vielfach ist eine Beurteilung der Schutzwürdigkeit von Gebieten einbezogen, so daß auch Fragen des Naturschutzes unmittelbar berührt werden (PLACHTER 1994, MÜLLER-MOTZFELD 1996). Auch hier gilt, daß eine weitreichende Aussagekraft entsprechender Erhebungen im allgemeinen erst durch die Einbeziehung der Larven gegeben ist. Auswahlprinzipien und Anwendungsbeispiele des Modellgruppenkonzepts werden im Hinblick auf die Larven jedoch höchstens andeutungsweise diskutiert.

Eine allgemeine Einschätzung zum Kenntnisstand über die Larven der Coleoptera kann nicht gegeben werden. Es gibt Familien mit einem hohen Bekanntheitsgrad und solche, wo unser Wissen äußerst gering ist. Bei den besser bekannten Familien gestatten die Bestimmungstabellen eine Determination von etwa 80–90 % der Gattungen und 40–50 % der Arten. Dieses an sich optimistische Bild wird getrübt durch Probleme der primären Determination, der morphologischen Unterschiede zwischen den einzelnen Stadien, der Lückenhaftigkeit vieler Bestimmungstabellen und nicht erkannter bzw. nicht aufgelöster paraphyletischer Gruppen (KLAUSNITZER 1975, 1978, 1988, 1991, 1993, 1996). Dennoch ist viel mehr an Bestimmung möglich als gemeinhin angewandt wird. In vielen Bereichen (ökologische Fragestellungen, Umweltgutachten) sollte es zur Pflicht werden, die präimaginalen Stadien einzubeziehen, wodurch gleichzeitig ein erheblicher Beitrag zur Förderung der Larvalsystematik geleistet würde.

Die folgende Tabelle gibt eine Übersicht der in den Bänden 1 bis 4 behandelten Familien (einschließlich der Nachträge dieses Bandes), die den gegenwärtigen Kenntnisstand über die Larven der betreffenden Familien auf einen Blick sichtbar macht (einige der hier als Familien aufgeführten Taxa gelten heute als Unterfamilien der Staphylinidae; sie wurden mit * gekennzeichnet). Die Zahlen für die Imagines beziehen sich auf die entsprechenden Bände des FREUDE – HARDE – LOHSE einschließlich der Supplementbände von LOHSE & LUCHT.

	Imagines		Larven			
Familie	Gattungen	Arten	Gattungen	%	Arten	%
Rhysodidae	1	2	1	100,0	1	50,0
Carabidae	94	764	85	90,4	319	41,8
Haliplidae	3	21	3	100,0	21	100,0
Hygrobiidae	1	1	1	100,0	1	100,0
Noteridae	1	2	1	100,0	2	100,0
Dytiscidae	33	158	33	100,0	133	84,2
Gyrinidae	3	13	3	100,0	3	23,1
Microsporidae	1	1	1	100,0	(1)	
Hydraenidae	3	65	3	100,0	5	7,7
Spercheidae	1	1	1	100,0	1	100,0
Hydrochidae	1	8	1	100,0	1	12,5
Hydrophilidae	20	123	20	100,0	51	41,5
Georissidae	1	5	1	100,0	1	20,0
Ptiliidae	19	95	7	36,8	(7)	
Leptinidae	2	4	2	100,0	2	50,0
Silphidae	9	24	9	100,0	20	83,3
Agyrtidae	4	5	1	25,0	1	20,0
Scydmaenidae	10	108	7	70,0	13	12,0
Scaphidiidae*	4	11	3	75,0	(3)	
Dasyceridae*	1	2	1	100,0	(1)	
Micropeplidae*	1	9	1	100,0	1	11,1
Pselaphidae*	30	146	10	33,3	14	9,6

Familie	Imagines Gattungen	Arten	Larven Gattungen	%	Arten	%
Dascillidae	1	1	1	100,0	1	100,0
Clambidae	3	13	2	66,7	2	15,4
Eucinetidae	1	3	1	100,0	(1)	
Scirtidae	7	27	7	100,0	10	37,0
Lucanidae	6	7	6	100,0	7	100,0
Trogidae	2	9	1	50,0	5	55,6
Geotrupidae	7	12	6	85,7	8	66,7
Scarabaeidae	49	227	43	87,8	105	46,3
Psephenidae	1	1	1	100,0	1	100,0
Heteroceridae	2	14	1	50,0	5	35,7
Limnichidae	3	5	2	66,7	2	40,0
Dryopidae	2	15	2	100,0	4	26,7
Elmidae	10	27	10	100,0	21	77,8
Buprestidae	28	132	27	96,4	73	55,3
Elateridae	49	181	48	98,0	128	70,7
Throscidae	1	7	1	100,0	1	14,3
Lissomidae	1	1	1	100,0	1	100,0
Cerophytidae	1	1	1	100,0	1	100,0
Eucnemidae	14	25	14	100,0	21	84,0
Omalisidae	1	1	1	100,0	1	100,0
Lycidae	7	9	5	71,4	(5)	55,6
Drilidae	1	2	1	100,0	2	100,0
Lampyridae	3	3	3	100,0	3	100,0
Cantharidae	11	106	7	63,3	29	27,4
Trogositidae	3	4	3	100,0	4	100,0
Peltidae	4	4	4	100,0	4	100,0
Phloiophilidae	1	1	1	100,0	1	100,0
Lophocateridae	2	2	2	100,0	2	100,0
Cleridae	15	27	12	80,0	17	63,0
Melyridae	9	39	7	77,8	10	25,6
Malachiidae	18	53	7	38,9	11	20,8
Lymexylidae	2	3	2	100,0	3	100,0
Tenebrionidae	42	77	37	88,1	54	70,1
Lagriidae	1	2	1	100,0	2	100,0
Alleculidae	11	33	10	90,9	15	45,5
Boridae	1	1	1	100,0	1	100,0
Prostomidae	1	1	1	100,0	1	100,0
Salpingidae	6	14	6	100,0	7	50,0
Cononotidae	1	1	1	100,0	1	100,0
Mycteridae	1	2	1	100,0	1	50,0
Pythidae	1	2	1	100,0	2	100,0
Pyrochroidae	2	3	2	100,0	3	100,0
Cerambycidae	103	246	101	98,1	199	80,9
Chrysomelidae	77	569	71	92,2	297	52,2

Literatur

Duelli, P., Studer, M. & E. Katz (1990): Minimalprogramme für die Erhebung und Aufbereitung zooökologischer Daten als Fachbeiträge zu Planungen am Beispiel ausgewählter Arthropodengruppen. – Schriften-R. f. Landschaftspflege u. Naturschutz 32: 211 – 222.

Feldman, R. M. & R. B. Manning (1992): Crisis in systematic biology in the „Age of biodiversity". – J. Paleont. 66: 157 – 158.

Finck, P., Hammer, D., Klein, M., Kohl, A., Riecken, U., Schröder, E., Ssymank, A. & W. Völkl (1992): Empfehlung für faunistisch-ökologische Datenerhebungen und ihre naturschutzfachliche Bewertung im Rahmen von Pflege-Entwicklungsplänen für Naturschutzgroßprojekte des Bundes. – Natur u. Landschaft 67: 329–340.

Gerken, B., Böwingloh, F. & J. Wilke (1990): Zur Bemessung des tierökologischen Beitrags bei Umweltverträglichkeitsstudien (UVS) nach dem UVP-Gesetz. – UVP-report 4: 23–26.

Haskell, P. T. & P. J. Morgan (1988): User needs in systematics and obstacles to their fulfilment. In Hawkesworth, D. L. (Hrsg.): Prospects in Systematics. – Syst. Assoc. Special Volume 36: 399 – 413.

Heidemann, H. & R. Seidenbusch (1993): Die Libellenlarven Deutschlands und Frankreichs (Odonata). – Keltern.

Klausnitzer, B. (1969): Zur Bedeutung larvalsystematischer Untersuchungen für Ökologie und Faunistik. – Ent. Ber. 13: 12 – 16.

Klausnitzer, B. (1970): Zur Notwendigkeit der Förderung der Larvalsystematik. – Polskie Pismo Ent. 40: 627 – 630.

Klausnitzer, B. (1975): Zur Situation der Erforschung der mitteleuropäischen Polyphaga – Larven (Coleoptera). – Ent. Nachr. 19: 2 – 6.

Klausnitzer, B. (1978): Bestimmungsbücher zur Bodenfauna Europas, Lieferung 10, Ordnung Coleoptera (Larven). – W. Junk, The Hague.

Klausnitzer, B. (1980): Gegenwärtiger Stand und zukünftige Aufgaben bei der Erforschung der Coleopterenlarven Mitteleuropas. – Ent. Ber. 24: 5 – 11.

Klausnitzer, B. (1988): Larvalsystematik kontra Imaginalsystematik. – Tagungsber. Symposion über Fragen zur Systematik und Evolution der Insekten, Universität Passau, 6 – 18.

Klausnitzer, B. (1991): Möglichkeiten und Grenzen der Aussagekraft taxonomischer Studien an präimaginalen Stadien für die Imaginalsystematik. – Verh. XII. SIEEC Kiew 1988, 19 – 26.

Klausnitzer, B. (1993): Widersprüche zwischen Larval- und Imaginalsystem – ein Spannungsfeld der Taxonomie – dargestellt an Beispielen aus der Ordnung der Käfer (Coleoptera) (Kurzfassung). – Verh. Westd. Entom. Tag Düsseldorf 1991: 1 – 6.

Klausnitzer, B. (1994): Vor – und Nachteile eines Modellgruppenkonzeptes aus entomologischer Sicht. – Insecta 3: 32 – 50.

Klausnitzer, B. (1996): Faunistik und Ökosystemforschung unter dem Blickwinkel des gegenwärtigen Kenntnisstandes über präimaginale Stadien. – Verh. 14. Intern. Symp. Entomofaunistik Mitteleuropa (SIEEC) 4. – 9. September 1994 München: 68 – 87.

Kleinschmidt, V. (1991): Einbeziehung tierökologischer Inhalte im Gutachten zur Eingriffsregelung und UVP in NRW. – LÖLF-Mitteilungen 3: 46–49.

Malicky, H. (1980): Betrachtungen über die Lage der Zootaxonomie. – Naturwiss. Rundschau 33: 179 – 182.

Müller – Motzfeld, G. (1996): Die Bedeutung der Insekten für den Natur- und Umweltschutz. – Verh. Westd. Entom. Tag 1995: 1 – 16.

Oliver, J. H. Jr. (1988): Crisis in biosystematics of arthropods. – Science 240: 967.

Plachter, H. (1994): Zum Stellenwert der Entomologie im Naturschutz. – Insecta 3: 5 – 18.

Reck, H. (1990): Zur Auswahl von Tiergruppen als Biodeskriptoren für den zooökologischen Fachbeitrag zu Eingriffsplanungen. – Schriften-R. f. Landschaftspflege u. Naturschutz 32: 99–119.

Riecken, U. (1990): Ziele und mögliche Anwendungen der Bioindikation durch Tierarten und Tierartengruppen im Rahmen raum- und umweltrelevanter Planungen. – Eine Einführung.- Schriften-R. f. Landschaftspflege u. Naturschutz 32: 9–26.

Riecken, U. (1992): Planungsbezogene Bioindikation durch Tierarten und Tiergruppen – Grundlagen und Anwendung. – Schriften-R. f. Landschaftspflege u. Naturschutz 36: 201–209.

SCHMINKE, H. K. (1994): Systematik – die vernachlässigte Grundlagenwissenschaft des Naturschutzes. – Natur und Museum 124: 37 – 45.
STAMMER, H. J. (1957): Die Bedeutung der Larvalsystematik für die Entomologie. – Ber. 8. Wandervers. Dtsch. Ent. München 1957, Tagungsber. 11: 151 – 154.
STEVCIC, Z. (1993): Postoji li kriza sistematike?. – Natura Croatica 2: 165 – 171.
TRAUTNER, J. (Hrsg.) (1992): Methodische Standards zur Erfassung von Tierartengruppen. – Verlag Josef Margraf Weikersheim.
VOGT, H. – H. (1994): Förderung taxonomischer Arbeiten. – Naturwiss. Rundschau 47: 67 – 68.
WILSON, E. O. (1985): Time to revive systematics. – Science.
ZUCCHI, H. (1990): Gedanken zur Erstellung faunistisch-ökologischer Gutachten. – LÖLF-Mitt. 3: 13–21.
ZUCCHI, H. (1994): Die Rolle faunistisch – tierökologischer Fachbeiträge bei raum- und umweltrelevanten Planungen. – Insecta 3: 19 – 31.

3. Überfamilie: Staphylinoidea

von BERNHARD KLAUSNITZER

(Abb. 1 – 7)

Charakteristik der Überfamilie nach larvalen Merkmalen:

Die Urogomphi sind (im Grundplan ?) gelenkig mit dem 9. Abdominalsegment verbunden. Die starren Urogomphi einiger Familien, bzw. das völlige Fehlen sind wohl als Reduktionserscheinungen aufzufassen. Die Galea und die Lacinia sind in vielen Fällen zu einer einheitlichen Mala verschmolzen (bzw. nur eine der beiden Laden ist vorhanden, wodurch ebenfalls das Erscheinungsbild einer Mala erzeugt wird). Bei anderen Familien sind die beiden Laden voneinander getrennt. Wenn eine Galea vorhanden ist, so entspringt sie niemals auf dem Palpifer.

Die Untergliederung der Staphylinoidea wird verschieden gehandhabt. Für die Behandlung innerhalb dieser Buchreihe wurde zunächst das im 1. Band (S. 24) verwendete Konzept im wesentlichen beibehalten, zumal dies auch bei STEHR (1991) in fast identischer Form zu finden ist. Die Abgrenzung der Agyrtidae von den Silphidae wird übernommen. Es besteht weitgehende Einigkeit, daß die Hydraenidae den Staphylinoidea zuzuordnen sind. Die Familie wurde deshalb in die folgende „Tabelle für die Familien" aufgenommen. Abgehandelt wurde sie – noch unter den Hydrophiloidea (als 9. Familie) – im 2. Band. Schwieriger ist es mit dem Status der Scaphidiidae, Dasyceridae, Micropeplidae und Pselaphidae, die von LAWRENCE & NEWTON (1995) als Unterfamilien den Staphylinidae zugeordnet werden.

16. Familie: Ptiliidae
17. Familie: Leptinidae (einschließlich Platypsyllidae; sie werden von LAWRENCE & NEWTON (1995) den Leiodidae zugeordnet)
18. Familie: Leiodidae (früher Anisotomidae, einschließlich Cholevidae und Colonidae) – in diesem Band nicht behandelt
19. Familie: Silphidae
19a. Familie Agyrtidae
20. Familie: Scydmaenidae
21. Familie: Scaphidiidae (= Staphylinidae: Scaphidiinae)
22. Familie: Dasyceridae (= Staphylinidae: Dasycerinae)
23. Familie: Micropeplidae (= Staphylinidae: Micropeplinae)
24. Familie: Staphylinidae (im traditionellen Sinne) – in diesem Band nicht behandelt
25. Familie: Pselaphidae (einschließlich Clavigeridae) (= Staphylinidae: Pselaphinae)

Die folgende Bestimmungstabelle ist der Versuch eines einfach zu handhabenden Schlüssels zur groben Orientierung bei der Beurteilung einer unbekannten Larve. Besonders schwierig sind die Larven der Leiodidae und Staphylinidae (im traditionellen Sinne) auf Familienniveau zu definieren. Hier wird eine spürbare Verbesserung der Bestimmungstabelle erst nach einer näheren Bearbeitung der beiden Familien für die mitteleuropäische Fauna zu erreichen sein.

Tabelle für die Familien (nach BÖVING & CRAIGHEAD 1931, CROWSON 1967, VAN EMDEN 1942, GHILAROV 1964, DYBAS 1976, KLAUSNITZER 1978, STEHR 1991)

Die Abbildungen beziehen sich, wenn nicht anders angegeben, auf die verschiedenen Kapitel dieses Bandes. Die direkt dieser Bestimmungstabelle zugeordneten Abbildungen (S. 23) sind unterstrichen.

1 Urogomphi eingliedrig oder gegliedert, mit dem 9. Tergit gelenkig verbunden (Abb. 1, 4, Ptiliidae 1, 19, 29, 36, 37, 45, 46, 55, 65; Leptinidae 1, 2, 6–11; Silphidae 6, 54, 56, 60, 85; Agyrtidae 1; Scaphidiidae 1–6; Bd. 2: Hydraenidae 1–5) 2

1* Urogomphi ungegliedert, mit dem 9. Tergit fest verbunden (Abb. Scydmaenidae 9, 47; Dasyceridae 1; Pselaphidae 9, 15, 20, 26, 31, 36, 43, 48, 54) oder völlig fehlend (Abb. Scydmaenidae 10, 17, 25, 31, 39, 57; Micropeplidae 1) 10

2 Maxillen mit ungeteilter Mala (Abb. Leptinidae 13; Scaphidiidae 24–26) . 3

2* Maxillen mit deutlich abgeteilter Galea und Lacinia (Abb. Ptiliidae 6, 42, 53; Leptinidae 2; Silphidae 15–18, 90, 98; Agyrtidae 8; Bd. 2: Hydraenidae 21) 5

3 Mala rund und dicht beborstet (Abb. Leptinidae 13).
Leptinidae (*Platypsyllus*) (S. 35)

3* Mala sichelförmig bis verbreitert, mit größeren Dornen besetzt (Abb. Scaphidiidae 24–26) 4

4 Labrum mit einer gezähnten Einbuchtung am Vorderrand (Abb. Scaphidiidae 27, 28). Kopfkapsel jederseits mit 5 Stemmata (Abb. Scaphidiidae 7, 8, 10, 32–34). Antennen dreigliedrig (Abb. Scaphidiidae 18–20), mit einer konischen Sensille auf dem 2. Glied. Mandibeln mehrzähnig, mit feinen Zähnchen hinter dem Apex, die eine Pseudomola bilden können (Abb. Scaphidiidae 21–23). Scaphidiidae (= Staphylinidae: Scaphidiinae) (S. 83)

4* Labrum am Vorderrand glatt oder mit verschiedenen nach vorn ragenden Zähnen, nicht mit einer gezähnten Einbuchtung (Abb. 3). Kopfkapsel jederseits mit 1 bis 6 Stemmata oder Stemmata fehlend. Antennen drei- oder viergliedrig, mit einem Sinnesanhang auf der Vorder- (Innen-) Seite des vorletzten Gliedes (Abb. 7). Mandibeln meist ein- oder zweispitzig, hinter dem Apex ohne feine Zähnchen, keine Pseudomola vorhanden.
Staphylinidae (im traditionellen Sinne)

[Bei einigen Gruppen fehlen die Urogomphi oder sie sind zu kleinen rundlichen Strukturen reduziert.]

5 Mandibeln mit deutlicher Mola, Schneidekante vor der Spitze mit mehreren Sägezähnchen (Abb. Ptiliidae 5, 41, 62; Agyrtidae 7; Bd. 2: Hydraenidae 14–16). 10. Abdominalsegment bei einigen Gruppen mit einem Paar sklerotisierter Haken auf der Ventralseite (Abb. Ptiliidae 7, 19, 29, 36, 37, 46, 55, 65; Bd. 2: Hydraenidae 4, 5) 6

5* Mandibeln mit oder ohne Mola, Schneidekante nicht gesägt, Apex ein-, zwei- oder dreispitzig (Abb. 2, Leptinidae 5; Silphidae 52, 89, 97). 10. Abdominalsegment ohne Ventralhaken (Abb. Leptinidae 2; Silphidae 5) . 8

6 Urogomphi zweigliedrig (Abb. Agyrtidae 1; Bd. 2: Hydraenidae 1–5). Kopfkapsel jederseits mit 5 oder 6 Stemmata (Abb. Agyrtidae 4; Bd. 2: Hydraenidae 4–8). Tergite und Sternite deutlich entwickelt (Abb. Agyrti-

dae 1; Bd. 2: Hydraenidae 1–5). Epicranialnaht deutlich ausgebildet (Abb. Agyrtidae 1; Bd. 2: Hydraenidae 6–8) 7

6* Urogomphi eingliedrig (Abb. Ptiliidae 1, 19, 20, 29, 36, 37, 45, 55, 65). Stemmata fehlen (Abb. Ptiliidae 13, 24, 33, 38, 51, 59). Tergite und Sternite undeutlich. Epicranialnaht undeutlich. 10. Abdominalsegment mit sklerotisierten Haken auf der Ventralseite (Abb. Ptiliidae 7, 19, 29, 36, 37, 46, 55, 65). Larven sehr klein, weniger als 2 mm lang. Terrestrisch. Ptiliidae (S. 25)

7 5 Stemmata auf jeder Seite der Kopfkapsel (Abb. Bd. 2: Hydraenidae 4). Mandibeln mit Prostheca (Abb. Bd. 2: Hydraenidae 14–17). 10. Abdominalsegment mit sklerotisierten Haken auf der Ventralseite (Abb. Bd. 2: Hydraenidae 4, 5). Aquatisch oder semiaquatisch. Hydraenidae (Band 2, S. 14 – 20)

7* 6 Stemmata auf jeder Seite der Kopfkapsel (Abb. Agyrtidae 4). Mandibeln ohne Prostheca (Abb. Agyrtidae 7). 10. Abdominalsegment (soweit bekannt) ohne sklerotisierte Haken auf der Ventralseite (nach NEWTON 1991 mit zahlreichen feinen Zähnchen). Terrestrisch. Agyrtidae (S. 66)

8 Ohne Stemmata. Mandibeln mit Mola (Abb. Leptinidae 5). Klaue fast so lang wie Tibiotarsus (Abb. Leptinidae 1, 2). Leptinidae (*Leptinus*) (S. 35)

8* Stemmata vorhanden (Abb. Silphidae 11–13, 54, 67, 68, 94, 118). Mandibeln, wenn mit Mola, dann auch mit Retinaculum oder Prostheca (Abb. 2). Klaue fast immer kürzer als Tibiotarsus (Abb. Silphidae 2, 4, 5, 54) (im 1. Stadium von gleicher Länge, aber dann sind Stemmata vorhanden) ... 9

9 Mandibeln ohne Mola oder Prostheca (Abb. Silphidae 52, 89, 97), selten mit Retinaculum. Körper entweder asselförmig, ± abgeplattet (Abb. Silphidae 53, 57–59, 61–63, 73–75, 78–80, 84–86, 93, 100–117), mit 6 Stemmata auf jeder Seite der Kopfkapsel (Abb. Silphidae 54, 67, 68, 94, 118); oder raupenförmig (Abb. Silphidae 2–5), dann tragen vor allem die letzten Abdominaltergite vier hervorstehende Dornen an ihrem Hinterrand (Abb. Silphidae 2–4, 39, 40, 44, 45, 49, 50) und es ist jederseits nur ein Stemma vorhanden (*Nicrophorus*) (Abb. Silphidae 11–13). Epicranialnaht verhältnismäßig lang (Abb. Silphidae 67, 69, 87). Silphidae (S. 39)

9* Mandibeln mit Mola und Retinaculum oder Prostheca (Abb. 2). Körper schlank, nicht asselförmig (Abb. 1). Meist ohne Epicranialnaht. Leiodidae

[Bei dieser Familie gibt es relativ viele Ausnahmen: es kommen auch Arten mit Urogomphi vor, die mit dem 9. Abdominalsegment fest verbunden sind, eine Epicranialnaht kann vorhanden sein, die Mandibel kann auch keine Mola haben und die Schneide hinter dem Incisivus mit kleinen Zähnchen bedeckt sein (die meist deutlich auf die Ober- und Unterseite der Mandibeln übergreifen). Meist sind die Larven an folgender charakteristischer Merkmalskombination zu erkennen: zwei- oder eingliedrige Urogomphi, Mandibeln mit Mola, 5 oder weniger Stemmata].

10 Mandibeln mit stumpfem Incisivus, der mit schlanken Zähnchen dicht bedeckt ist (Abb. Dasyceridae 2, 3). Dasyceridae (= Staphylinidae: Dasycerinae) (S. 89)

10* Mandibeln mit spitzem, glattem Incisivus, der geteilt sein kann, aber nicht mit vielen schlanken Zähnchen dicht bedeckt ist (Abb. Scydmaenidae 5,

14, 23, 27, 34, 42, 50, 55, 59; Micropeplidae 4; Pselaphidae 5, 11, 17, 22, 28, 33, 39, 46, 51, 58) 11

11 Maxille mit einer Mala (Abb. Scydmaenidae 15, 22, 28, 36, 43, 51, 56, 64; Pselaphidae 7, 12, 18, 24, 34, 40, 45, 50, 57). Stemmata vorhanden (Abb. Scydmaenidae 1, 26, 40, 48; Pselaphidae 2, 8, 14, 35, 47) oder fehlend (Abb. Pselaphidae 19, 30, 42, 53). Ligula fehlend (Abb. Scydmaenidae 7, 16, 28, 37, 44, 45, 52, 63; Pselaphidae 6, 23, 40, 56) 12

Die Larve von *Eutheia schaumii* hat nach BROWN & CROWSON (1979) eine getrennte Galea und Lacinia (Abb. Scydmaenidae 6). Dieser Befund ist vorläufig nicht zu deuten. Allerdings würde eine *Eutheia*-Larve durch ihren schlanken Habitus (Abb. Scydmaenidae 2, 9) sofort von einer *Micropeplus*-Larve zu unterscheiden sein.

11* Maxille mit gelenkig verbundener Galea und starrer Lacinia (Abb. Micropeplidae 5). Stemmata fehlend (Abb. Micropeplidae 2, 3). Ligula vorhanden (Abb. Micropeplidae 3). Tergite über die Seiten des Körpers hervorragend (Abb. Micropeplidae 1).

Micropeplidae (= Staphylinidae: Micropeplinae) (S. 90)

12 Tibiotarsus zur Spitze allmählich verdickt (Abb. Scydmaenidae 29, 30). Körper meist abgeflacht, ventral ± eingebogen, asselförmig (Abb. Scydmaenidae 1, 10, 17, 25, 31, 39, 47, 57). Kopf ohne ausstülpbare Drüsen zwischen den Antennen. Sensorium auf dem 2. Antennenglied konisch bis kuppelförmig, vorn gelegen. Antennen oft zur Spitze hin verdickt und keulenförmig (Abb. Scydmaenidae 4, 13, 21, 35, 40, 48, 54, 61).

Scydmaenidae (S. 69)

12* Tibiotarsus mit einem breiten Basalteil, an den sich übergangslos ein schmaler Apikalabschnitt anschließt (Abb. 5, 6, Pselaphidae 59). Körper immer schlank, ± campodeoid (Abb. Pselaphidae 1, 13, 29, 41, 52). Kopf meist mit ausstülpbaren Drüsen zwischen den Antennen (Abb. Pselaphidae 2, 3, 8, 14, 19, 30, 35, 47, 53) (Ausnahme: *Euplectus*). Sensorium auf dem 2. Antennenglied von unterschiedlicher Gestalt (Abb. Pselaphidae 4, 21, 25, 37, 44, 49, 55), oft palpenförmig, ventral hinten oder vorn gelegen. Antennen meist nicht auffallend verdickt (Abb. Pselaphidae 10, 16, 32) (Ausnahme: *Pselaphus*).

Pselaphidae (= Staphylinidae: Pselaphinae) (S. 93)

Abb. 1: *Catops picipes*, Habitus, dorsal (aus ZWICK 1978)
Abb. 2: *Choleva fagniezi*, L_3, linke Mandibel, ventral (aus ZWICK 1978)
Abb. 3: *Lathrobium brunnipes*, L_2, Nasale, Vorderrand (aus TOPP 1978)
Abb. 4: *Staphylinus similis*, Habitus, dorsal (aus POTOCKAYA 1967)
Abb. 5: *Batrisodes oculatus*, Vorderbein (aus DE MARZO 1987)
Abb. 6: *Euplectus* sp., Vorderbein (Original, del. KAUPP)
Abb. 7: *Lathrobium elongatum*, L_1, rechte Antenne (aus TOPP 1978)

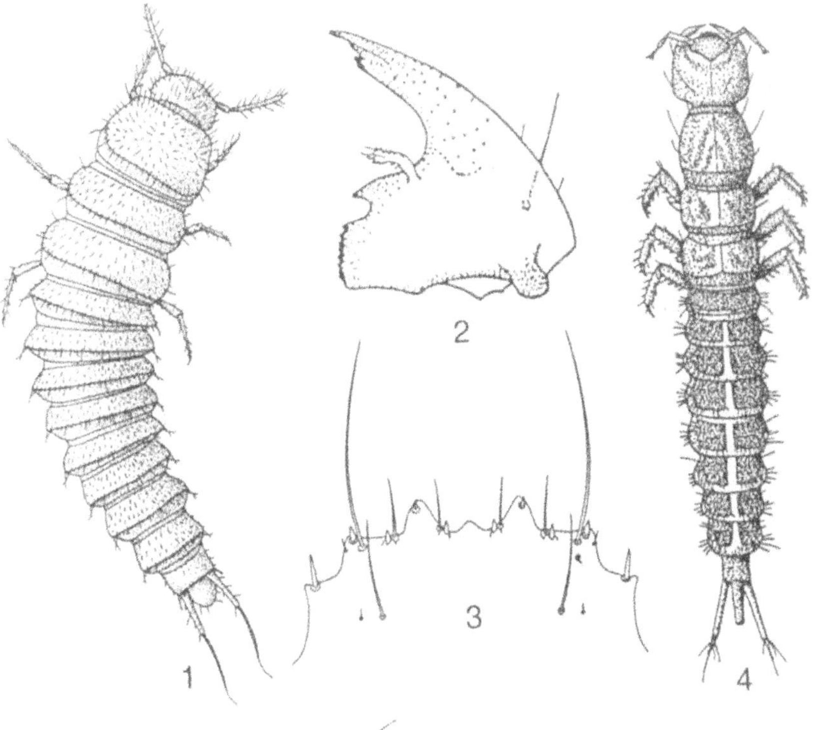

1
2
3
4
5
6
7

Literatur

BÖVING, A. G. & K. CRAIGHEAD (1931): An illustrated synopsis of the principal larval forms of the order Coleoptera. – Ent. Amer. 11 (N.S.): 1–351.

CROWSON, R. A. (1967): The natural classification of the families of Coleoptera. – Hampton, Middlesex.

DE MARZO, L. (1987): Morfologia della Larva matura in alcuni Pselafidi (Coleoptera). – Entomologica Bari 22: 97–135.

DYBAS, H. S. (1976): The larval characters of featherwing and limulodid beetles and their family relationships in the Staphylinoidea (Coleoptera: Ptiliidae and Limulodidae). – Fieldiana: Zoology, 70 (3): 29–78.

EMDEN, F. I. VAN (1942): Larvae of British beetles. – 3. Keys to the families. – Entomol. monthly Mag. 78: 206–226, 253–272.

GHILAROV, M. S. (1964): Bestimmungsbuch für bodenbewohnende Insektenlarven. – Moskau (russisch).

KLAUSNITZER, B. (1978): Bestimmungsbücher zur Bodenfauna Europas, Lieferung 10, Ordnung Coleoptera (Larven). – W. Junk, The Hague.

LAWRENCE, J. F. & A. F. NEWTON Jr. (1995): Families and subfamilies of Coleoptera (with selected genera, notes, references and data on family-group names). – In: PAKALUK, J. & S. A. ŚLIPINSKI (eds.): Biology, Phylogeny, and Classification of Coleoptera: Papers Celebrating the 80th Birthday of ROY A. CROWSON, Warszawa.

POTOCKAYA, V. A. (1967): Bestimmungsschlüssel für die Larven der Kurzflügler (Staphylinidae) des europäischen Teils der UdSSR. – Moskau (russisch).

STEHR, F. W. (1991): Immature Insects. Volume 2. – Kendall, Iowa.

TOPP, W. (1978): Bestimmungstabelle für die Larven der Staphylinidae. In: KLAUSNITZER, B.: Bestimmungsbücher zur Bodenfauna Europas, Lieferung 10, Ordnung Coleoptera (Larven). – W. Junk, The Hague.

ZWICK, P. (1978): Bestimmungstabelle für die Larven der Catopidae. In: KLAUSNITZER, B.: Bestimmungsbücher zur Bodenfauna Europas, Lieferung 10, Ordnung Coleoptera (Larven). – W. Junk, The Hague.

16. Familie: Ptiliidae

von ANDREAS KAUPP

(Abb. 1 – 67)

Charakteristik der Familie nach larvalen Merkmalen:

Larve klein, unter 2 mm Körperlänge, campodeoid, schlank, mit subzylindrischen, seitlich nicht verbreiterten Segmenten und wohlausgebildeten gleichartigen Beinen mit vollständiger Gliederzahl. Kopf nach unten gerichtet (Abb. 1, 37). Mandibeln mit breiter, mehrreihig quergeriefter und an der Innenseite gezähnter Mola und mit beweglicher Prostheca (Abb. 5, 41, 62). Die bisher beschriebenen Larven der Ptiliidae sind, bis auf eine Ausnahme (*Nossidium* (s.l.) sp., aus Panama, mit einem Paar Stemmata), völlig augenlos. Die Kopfnähte sind undeutlich oder unsichtbar. Das zweite Glied der dreigliedrigen Antennen trägt einen, bei *Nossidium americanum* MOTSCHULSKY zwei große Sinneszapfen (sa, asa)(Abb. 4, 15, 16, 26, 34, 40, 61). Maxillen mit dreigliedrigem Palpus, Lacinia und Galea mehr oder weniger deutlich getrennt. Die Lacinia ist an der Spitze mit einer Reihe gebogener Haken und einem oder zwei messerartigen Fortsätzen besetzt und trägt am inneren Rand einen kräftigen subapikalen Dorn. Die Galea trägt 2 apikale Fächer von gefiederten Borsten (Abb. 6, 42, 53). Das labiale Praementum trägt ein Paar zweigliedriger Labialpalpen, dazwischen eine unterschiedlich geformte Ligula (Abb. 3). Die Segmente des Thorax sind ein wenig breiter als die Abdominalsegmente. Die Urogomphi sind beweglich mit dem 9. Abdominalsegment verbunden und eingliedrig (Abb. 7, 29, 36). Die nicht in Mitteleuropa vorkommenden, in den Sporenkanälen von Pilzen lebenden Larven von *Nanosella* und *Throscoptilium* sind stark wurmartig gestreckt, mit verhältnismäßig kurzen Beinen, die Urogomphi sind vollständig verschwunden, die Antennen zu kurzen, warzigen Anhängen mit remanenten Sinneszapfen reduziert.

Die Larven der Ptiliidae gleichen sehr stark den Hydraenidae. Nach DYBAS (1976) besteht ein Schwestergruppenverhältnis der beiden Familien. Die Larven beider Familien tragen laterale Haken am Pygopodium und Galeae mit Borstenkämmen. Die Hydraenidae unterscheiden sich von den Ptiliidae durch zweigliedrige Urogomphi, 5 Paar Stemmata und deutliche Kopfnähte.

Bisher sind nur wenige Larven beschrieben worden. Die folgende Gattungstabelle beruht auf den Unterschieden zwischen einzelnen beschriebenen Arten. Sie ist als provisorisch zu betrachten, weil von den 19 in Mitteleuropa vorkommenden Gattungen nur 7 enthalten sein können.

Provisorische Tabelle für die Gattungen

1 Sinneszapfen (sa) des 2. Antennenglieds gedrungen, eiförmig, auf der Unterseite des zweiten Antennenglieds (immer ?) ein zweiter, zusätzlicher Sinneszapfen (asa), dieses kleiner und schlanker, 3. Antennenglied an der Basis am breitesten (Abb. 4). *Nossidium* ERICHSON

1* Sinneszapfen des 2. Antennenglieds stärker gestreckt, mehr als dreimal so lang wie breit und mehr oder weniger stabförmig oder gegabelt, ein zu-

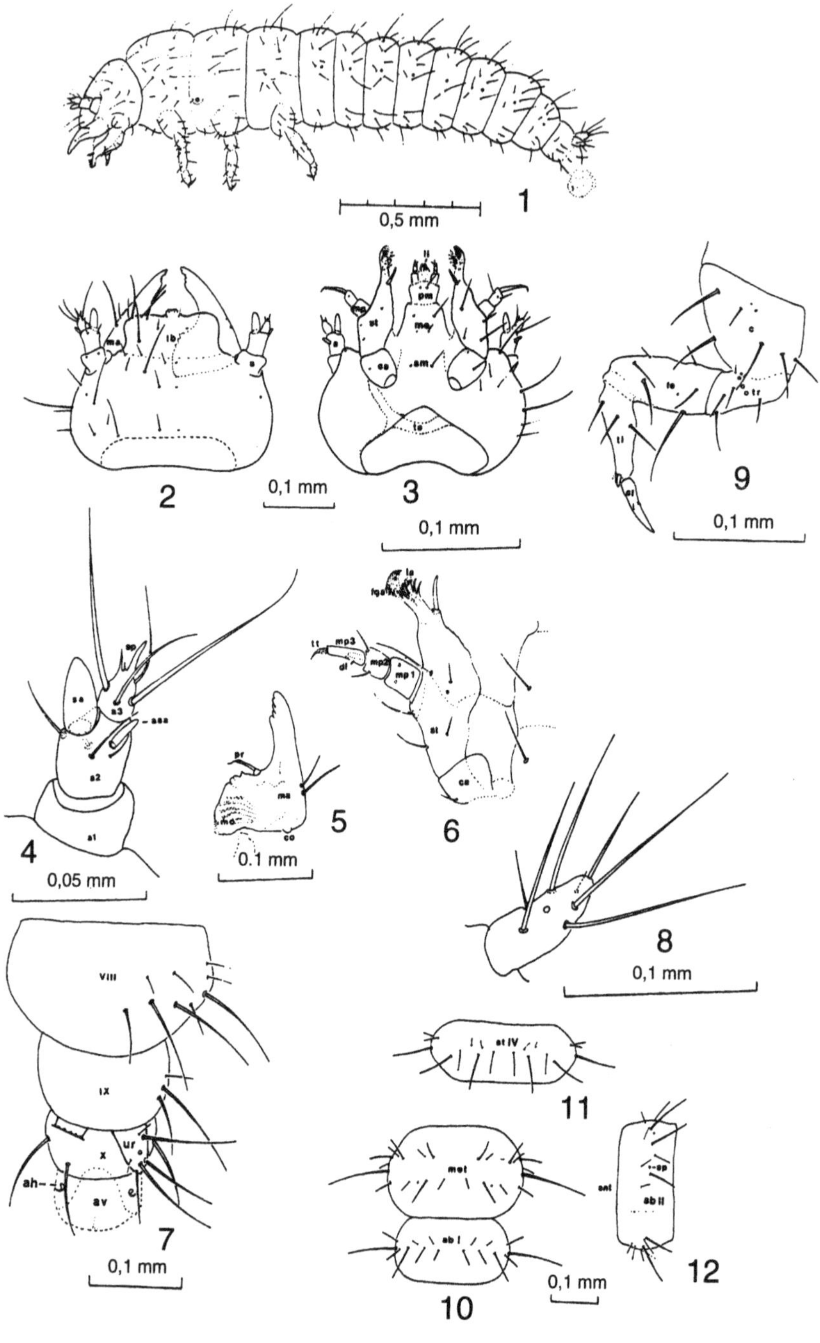
1
0,5 mm
2
0,1 mm
3
0,1 mm
9
0,1 mm
4
0,05 mm
5
0.1 mm
6
8
0,1 mm
7
0,1 mm
11
10
0,1 mm
12
VIII
IX
X
ur
ah
av
met
ab I
st IV
ab II
sp
sa
a3
a2
a1
pr
ma
co
st
ca
lb
pm
am
c
fe
tr
ti
cl

sätzlicher Sinneszapfen ist nicht vorhanden, 3. Antennenglied an der Basis und der Spitze verengt, in der Mitte am breitesten (Abb. 15, 26, 34, 40, 61) 2

2 Sinneszapfen (sa) des 2. Antennenglieds gegabelt (Abb. 15, 16), Urogomphi kurz und gedrungen, nur ca. zweimal so lang wie breit Abb. 19, 20). *Actidium* MATTHEWS

2* Sinneszapfen (sa) des 2. Antennenglieds nicht gegabelt, stabförmig (Abb. 26, 34, 40, 61), Urogomphi länger, mindestens 2,5 mal so lang wie breit (Abb. 29, 36, 45, 55, 65) 3

3 Beine (Abb. 28) und Urogomphi (Abb. 29) kurz und gedrungen, letztere ca. 2,5 mal so lang wie breit, 10. Segment (Pygopodium) langgestreckt (Abb. 29). *Nephanes* THOMSON

3* Beine (Abb. 44, 56, 64) und Urogomphi (Abb. 36, 45, 55, 65) gestreckter, letztere mehr als 3,5 mal so lang wie breit, 10. Segment (Pygopodium) etwas gedrungener (Abb. 36, 45, 55, 65) 4

4 Zweites Antennenglied gedrungener. Basis des Sinneszapfens (sa) in der Basalhälfte, höchstens in der Mitte des Glieds (Abb. 34, 40) 5

4* Zweites Antennenglied stärker gestreckt, Sinneszapfen (sa) entspringt deutlich erst in der Spitzenhälfte des Glieds (Abb. 51, 61 6

5 Zweites Antennenglied und dessen Sinneszapfen (sa) kürzer, gedrungener, reicht nur bis zur Mitte des 3. Antennennenglieds (Abb. 34). *Ptinella* MOTSCHULSKY

5* Zweites Antennenglied und dessen Sinneszapfen (sa) gestreckter, schlanker, überragt die Mitte des 3. Glieds (Abb. 40), Hinterbein: Tibiotarsus (ti) außen mit 2, insgesamt mit 4 Borsten, Klauen eingeschnitten, zweispitzig (Abb. 44). *Pteryx* MATTHEWS

6 Tibiotarsus (ti) des Hinterbeins außen mit nur 1 Borste, insgesamt nur 2 Borsten am Tibiotarsus (Abb. 56), Tibiotarsi und Urogomphi stärker gestreckt (Abb. 55, 56). Nur im Küstenbereich, am Strand unter angespülten Tangen und anderem Detritus. *Actinopteryx* MATTHEWS

Abb. 1: *Nossidium americanum*, Habitus, lateral (aus DYBAS 1976)
Abb. 2: *Nossidium americanum*, Kopf, dorsal (aus DYBAS 1976)
Abb. 3: *Nossidium americanum*, Kopf, ventral (aus DYBAS 1976)
Abb. 4: *Nossidium americanum*, Antenne (aus DYBAS 1976)
Abb. 5: *Nossidium americanum*, Mandibel (aus DYBAS 1976)
Abb. 6: *Nossidium americanum*, Maxille (aus DYBAS 1976)
Abb. 7: *Nossidium americanum*, Abdomenende, dorsal (aus DYBAS 1976)
Abb. 8: *Nossidium americanum*, Urogomphus, lateral (aus DYBAS 1976)
Abb. 9: *Nossidium americanum*, Hinterbein (aus DYBAS 1976)
Abb. 10: *Nossidium americanum*, Metathorax und 1. Abdominalsegment, dorsal (aus DYBAS 1976)
Abb. 11: *Nossidium americanum*, 4. Abdominalsegment, ventral (aus DYBAS 1976)
Abb. 12: *Nossidium americanum*, 2. Abdominalsegment, lateral (aus DYBAS 1976)

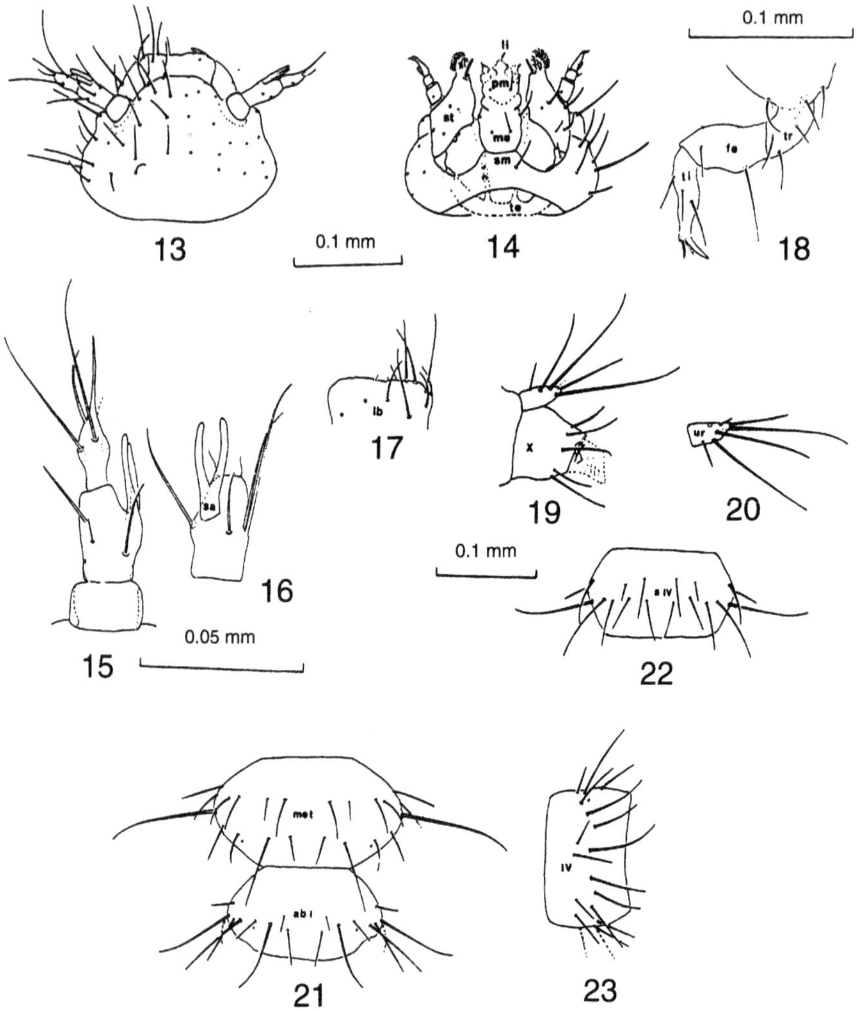

Abb. 13: *Actidium* sp., Kopf, dorsal (aus DYBAS 1976)
Abb. 14: *Actidium* sp., Kopf, ventral (aus DYBAS 1976)
Abb. 15: *Actidium* sp., Antenne (aus DYBAS 1976)
Abb. 16: *Actidium* sp., 2. Antennenglied mit verzweigtem Sinneszapfen (sa) (aus DYBAS 1976)
Abb. 17: *Actidium* sp., Labrum (aus DYBAS 1976)
Abb. 18: *Actidium* sp., Vorderbein (aus DYBAS 1976)
Abb. 19: *Actidium* sp., Abdomenende, lateral (aus DYBAS 1976)
Abb. 20: *Actidium* sp., Urogomphus, lateral (aus DYBAS 1976)
Abb. 21: *Actidium* sp., Metathorax und 1. Abdominalsegment, dorsal (aus DYBAS 1976)
Abb. 22: *Actidium* sp., 4. Abdominalsegment, ventral (aus DYBAS 1976)
Abb. 23: *Actidium* sp., 4. Abdominalsegment, lateral (aus DYBAS 1976)

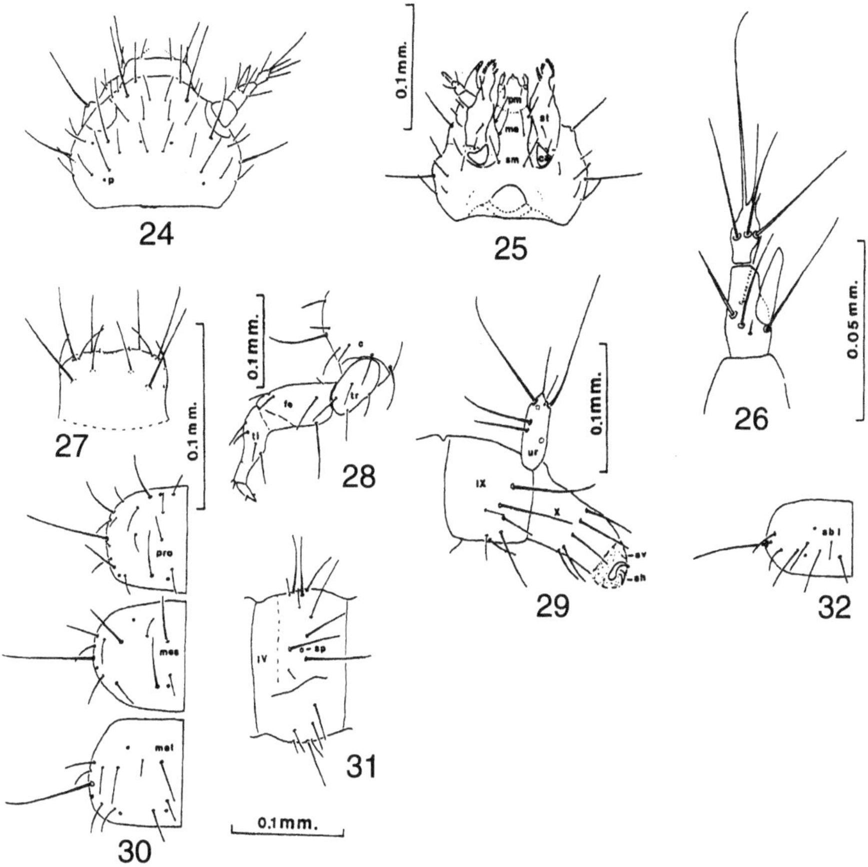

Abb. 24: *Nephanes titan*, Kopf, dorsal (aus DYBAS 1976)
Abb. 25: *Nephanes titan*, Kopf, ventral (aus DYBAS 1976)
Abb. 26: *Nephanes titan*, Antenne (aus DYBAS 1976)
Abb. 27: *Nephanes titan*, Labrum (aus DYBAS 1976)
Abb. 28: *Nephanes titan*, Hinterbein (aus DYBAS 1976)
Abb. 29: *Nephanes titan*, Abdomenende, lateral (aus DYBAS 1976)
Abb. 30: *Nephanes titan*, Pro-, Meso- und Metathorax, dorsal (aus DYBAS 1976)
Abb. 31: *Nephanes titan*, 4. Abdominalsegment, lateral (aus DYBAS 1976)
Abb. 32: *Nephanes titan*, 1. Abdominalsegment, dorsal (aus DYBAS 1976)

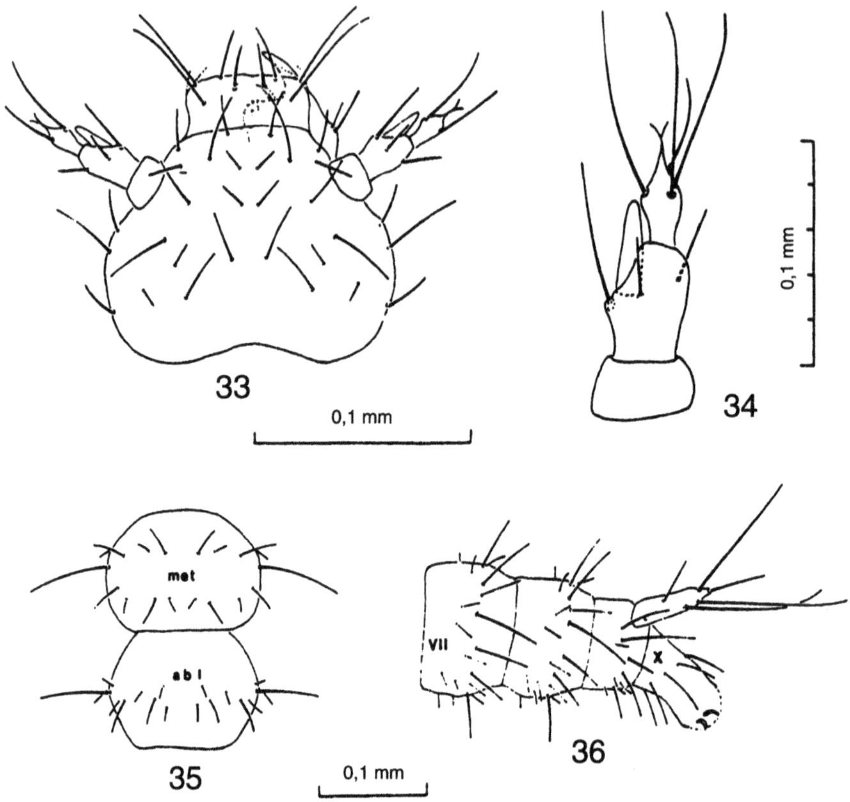

Abb. 33: *Ptinella* sp., Kopf, dorsal (aus Dybas 1976)
Abb. 34: *Ptinella* sp., Antenne (aus Dybas 1976)
Abb. 35: *Ptinella* sp., Metathorax und 1. Abdominalsegment, dorsal (aus Dybas 1976)
Abb. 36: *Ptinella* sp., Abdomenende, lateral (aus Dybas 1976)

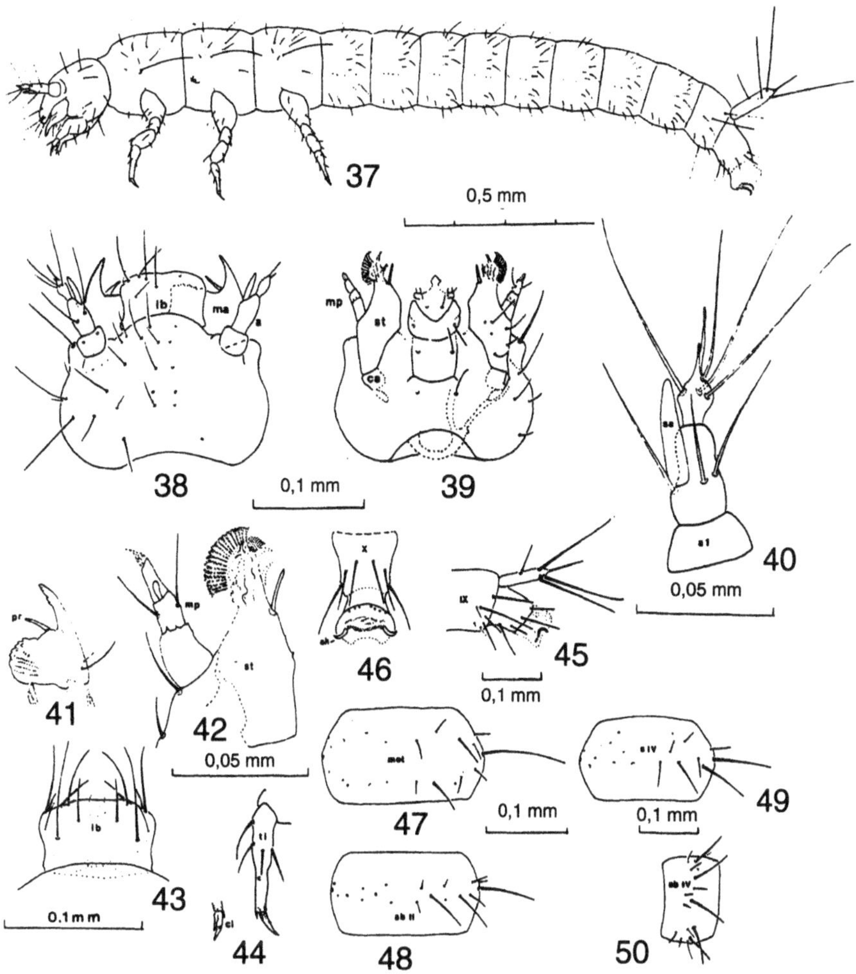

Abb. 37: *Pteryx* sp., Habitus, lateral (aus DYBAS 1976)
Abb. 38: *Pteryx* sp., Kopf, dorsal (aus DYBAS 1976)
Abb. 39: *Pteryx* sp., Kopf, ventral (aus DYBAS 1976)
Abb. 40: *Pteryx* sp., Antenne (aus DYBAS 1976)
Abb. 41: *Pteryx* sp., Mandibel (aus DYBAS 1976)
Abb. 42: *Pteryx* sp., Maxille (aus DYBAS 1976)
Abb. 43: *Pteryx* sp., Labrum (aus DYBAS 1976)
Abb. 44: *Pteryx* sp., Hintertibia und Klaue (aus DYBAS 1976)
Abb. 45: *Pteryx* sp., Abdomenende, lateral (aus DYBAS 1976)
Abb. 46: *Pteryx* sp., Pygopodium (10. Abdominalsegment), mit Lateralhaken (ah), ventral (aus DYBAS 1976)
Abb. 47: *Pteryx* sp., Metathorax, dorsal (aus DYBAS 1976)
Abb. 48: *Pteryx* sp., 2. Abdominalsegment, dorsal (aus DYBAS 1976)
Abb. 49: *Pteryx* sp., 4. Abdominalsegment, ventral (aus DYBAS 1976)
Abb. 50: *Pteryx* sp., 4. Abdominalsegment, lateral (aus DYBAS 1976)

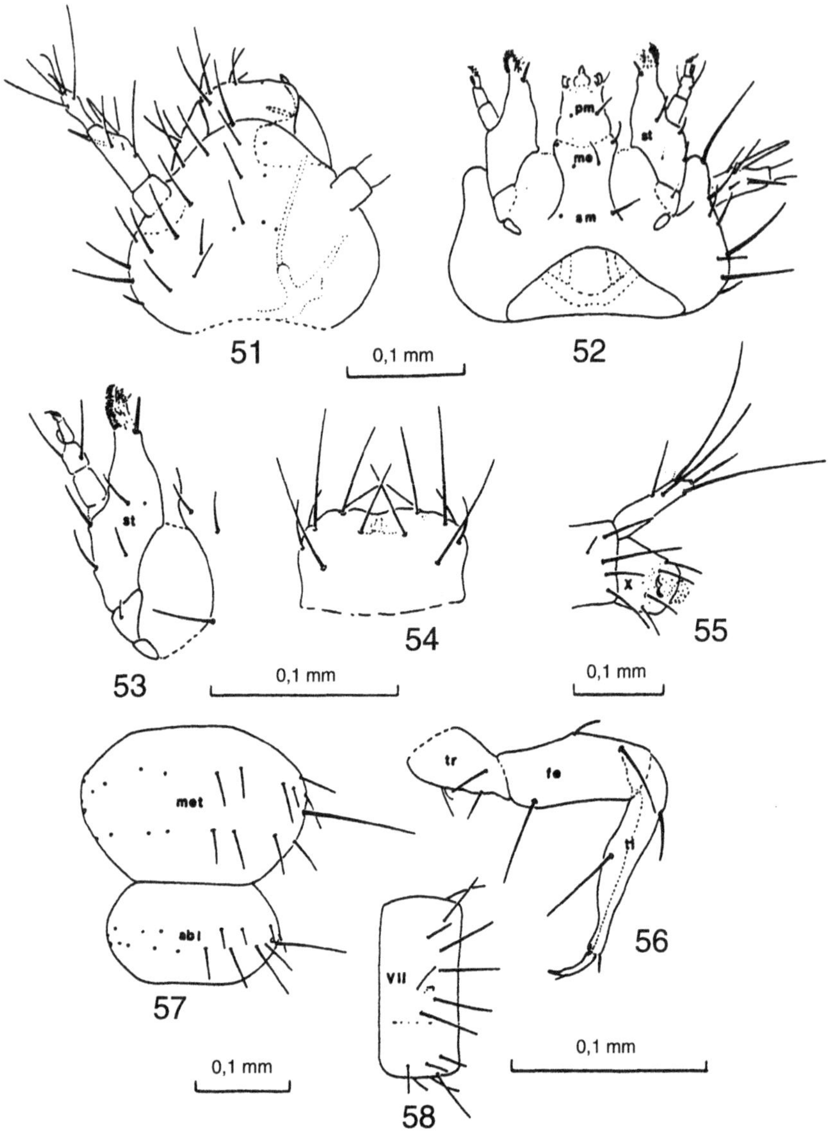

Abb. 51: *Actinopteryx fucicola*, Kopf, dorsal (aus DYBAS 1976)
Abb. 52: *Actinopteryx fucicola*, Kopf, ventral (aus DYBAS 1976)
Abb. 53: *Actinopteryx fucicola*, Maxille (aus DYBAS 1976)
Abb. 54: *Actinopteryx fucicola*, Labrum (aus DYBAS 1976)
Abb. 55: *Actinopteryx fucicola*, Abdomenende, lateral (aus DYBAS 1976)
Abb. 56: *Actinopteryx fucicola*, Hinterbein (aus DYBAS 1976)
Abb. 57: *Actinopteryx fucicola*, Metathorax und 1. Abdominalsegment, dorsal (aus DYBAS 1976)
Abb. 58: *Actinopteryx fucicola*, 7. Abdominalsegment, lateral (aus DYBAS 1976)

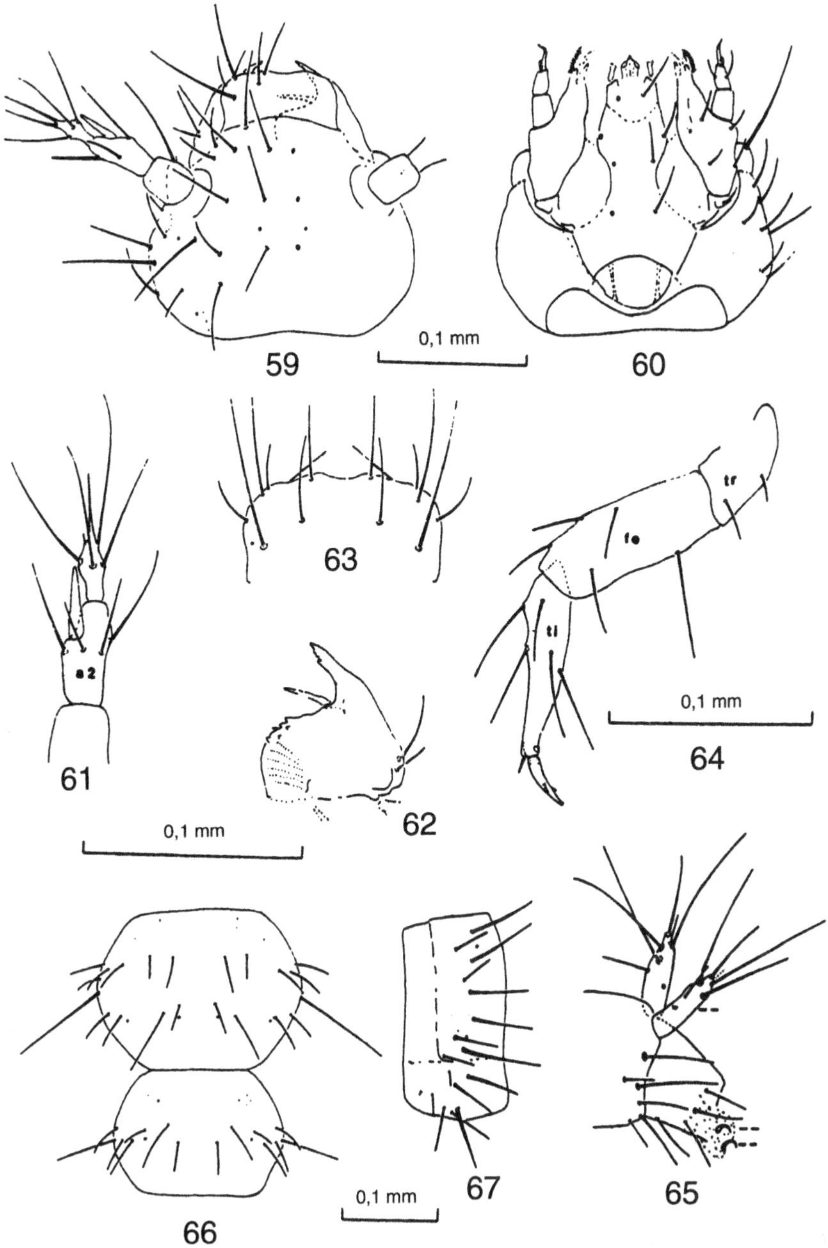
0,1 mm
59
60
fe
tr
ti
63
a2
0,1 mm
64
61
62
0,1 mm
0,1 mm
67
65
66

6* Tibiotarsus (ti) des Hinterbeins außen mit 2 Borsten, insgesamt mit 5 Borsten (Abb. 64), Tibiotarsi und Urogomphi etwas gedrungener (Abb. 64, 65). Ubiquitär in verschiedenen Lebensräumen.
Acrotrichis MOTSCHULSKY

Die Kenntnisse über die Larven erlauben vorläufig nur die oben stehende provisorische Bestimmungstabelle für die Gattungen. An Artschlüssel ist zunächst noch gar nicht zu denken.

Literatur

DYBAS, H. S. (1976): The larval characters of featherwing and limulodid beetles and their family relationships in the Staphylinoidea (Coleoptera: Ptiliidae and Limulodidae). – Fieldiana: Zoology, 70 (3): 29–78.

(S. 33)
Abb. 59: *Acrotrichis* sp., Kopf, dorsal (aus DYBAS 1976)
Abb. 60. *Acrotrichis* sp., Kopf, ventral (aus DYBAS 1976)
Abb. 61: *Acrotrichis* sp., Antenne (aus DYBAS 1976)
Abb. 62: *Acrotrichis* sp., Mandibel (aus DYBAS 1976)
Abb. 63: *Acrotrichis* sp., Labrum (aus DYBAS 1976)
Abb. 64: *Acrotrichis* sp., Hinterbein (aus DYBAS 1976)
Abb. 65: *Acrotrichis* sp., Abdomenende, lateral (aus DYBAS 1976)
Abb. 66: *Acrotrichis* sp., Metathorax und 1. Abdominalsegment, dorsal (aus DYBAS 1976)
Abb. 67: *Acrotrichis* sp., 6. Abdominalsegment, lateral (aus DYBAS 1976)

17. Familie: Leptinidae

von BERNHARD KLAUSNITZER

(Abb. 1 – 14)

Die Zusammenfassung der beiden doch recht stark differierenden Gattungen *Leptinus* und *Platypsyllus* in einer Familie ist nicht unumstritten. Weiterhin wird eine eigenständige Behandlung als Familie ebenfalls von manchen Autoren abgelehnt. LAWRENCE & NEWTON (1995) ordnen beide Gattungen den Leiodidae zu. Andererseits gibt es auch die Auffassung, zwischen zwei separaten Familien, den Leptinidae und den Platypsyllidae, zu unterscheiden.

Charakteristik der Familie nach larvalen Merkmalen:

Körper langgestreckt und ± parallelseitig, etwas abgeplattet, nur wenig pigmentiert (elfenbeinfarben), glänzend, fein behaart (Abb. 1, 2, 6–11). Körperlänge 2–6 mm. Stigmen annular, lateral oder dorsolateral gelegen, ein Verschlußapparat ist vorhanden.

Kopf prognath, vorgestreckt (Abb. 1, 6–8), ohne deutlich abgesetzten Hals. Endocarina fehlend. Stemmata nicht vorhanden (Abb. 14). Antennen dreigliedrig (Abb. 14), 2. Glied mit einem kleinen Sinneskegel (vgl. Abb. 3). Ohne Frontoclypealnaht, Labrum frei abgegliedert (Abb. 1, 14; vgl. 3).

Mandibeln symmetrisch, bei beiden Gattungen deutlich verschieden (Abb. 12; vgl. 5) (siehe Bestimmungstabelle). Cardo transvers, durch eine Furche geteilt, Stipes länglich (Abb. 13; vgl. 4). Maxille mit Mala (Abb. 13) oder getrennten Lacinia und Galea. Maxillarpalpen dreigliedrig (Abb. 13; vgl. 4). Labialpalpen zweigliedrig, weiter voneinander getrennt als das 1. Glied der Labialpalpen breit ist, Ligula vorhanden (vgl. Abb. 4).

Klauen relativ groß (Abb. 1, 2). Abdomen mit 10 von der Dorsalseite sichtbaren Segmenten, mehr als doppelt so lang wie der Thorax (Abb. 1, 6–8). 9. Abdominalsegment mit ein- oder zweigliedrigen Urogomphi (Abb. 1, 2, 6–11). Analregion terminal orientiert, Analloben ohne Zähne (Abb. 2, 9–11).

Tabelle für die Gattungen

1 Spitzen der Mandibeln nach der Ventralseite gerichtet (Abb. 9–11, 14). Incisivus ungeteilt, in der Mitte der Schneide befindet sich ein beborsteter Fortsatz, keine Mola vorhanden (Abb. 12). Urogomphi eingliedrig (Abb. 6–11). Dorsalnähte der Kopfkapsel nicht ausgeprägt (Abb. 6–8). Antenne $^1/_4$ so lang, wie die Kopfkapsel breit ist. Maxille mit ungeteilter, an der Spitze gerundeter und beborsteter Mala (Abb. 13). Ligula länger als das 1. Glied der Labialpalpen und gerundet. Abdominalsegmente dorsal jederseits mit 2 Borsten, von denen die mittlere caudal, die äußere schräg nach oben gerichtet ist (Abb. 6–8). Gula fehlend. In Bauten und dem Fell von *Castor fiber* („Biberkäfer"). *Platypsyllus* RITSEMA

1* Spitzen der Mandibeln in der Lateralebene gelegen. Incisivus zweispitzig, es ist eine Mola mit rauher Oberfläche vorhanden (vgl. Abb. 5). Urogomphi zweigliedrig (Abb. 1, 2). Kopfkapsel mit lyraförmiger Frontalnaht und kurzer Epicranialnaht (Abb. 1). Antenne $^3/_4$ so lang, wie die Kopfkapsel breit ist (Abb. 1; vgl. 3). Maxille mit getrennter Galea und Lacinia (Abb. 2). Ligula kürzer als das 1. Glied der Labialpalpen und vierlappig (vgl. Abb. 4). Gula transvers. Abdominalsegmente dorsal mit einer größeren Zahl von Borsten (Abb. 1). In Nestern verschiedener Nagetiere und anderer Kleinsäuger, nicht streng nidicol („Mäusekäfer").

Leptinus MÜLLER

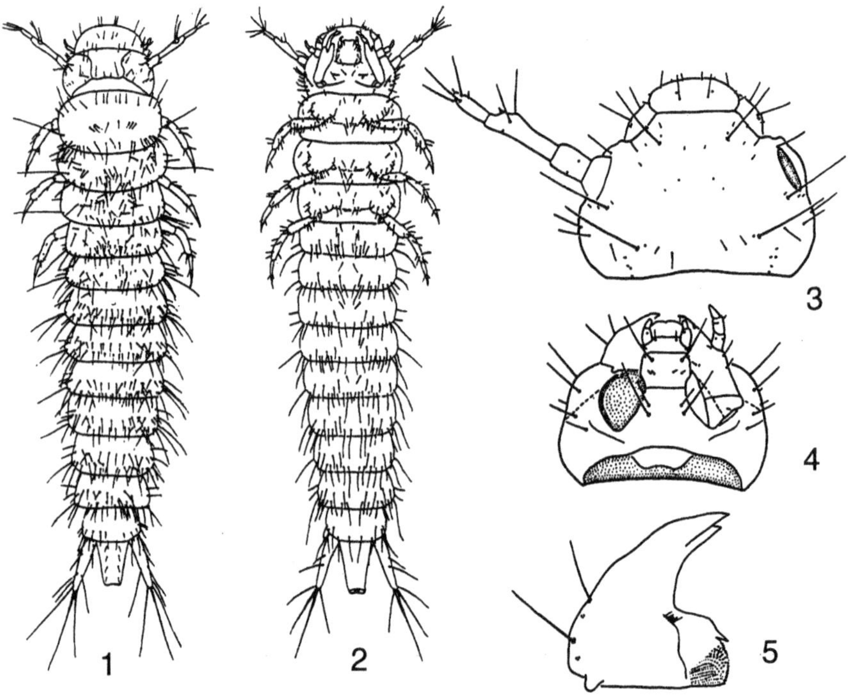

Abb. 1: *Leptinus testaceus*, L_5, Habitus, dorsal (aus ISING 1969)
Abb. 2: *Leptinus testaceus*, L_5, Habitus, ventral (aus ISING 1969)
Abb. 3: *Leptinillus validus*, Kopfkapsel, dorsal, rechte Antenne nicht gezeichnet (aus NEWTON 1991)
Abb. 4: *Leptinillus validus*, Kopfkapsel, ventral, rechte Maxille nicht gezeichnet (aus NEWTON 1991)
Abb. 5: *Leptinillus validus*, rechte Mandibel, ventral (aus NEWTON 1991)

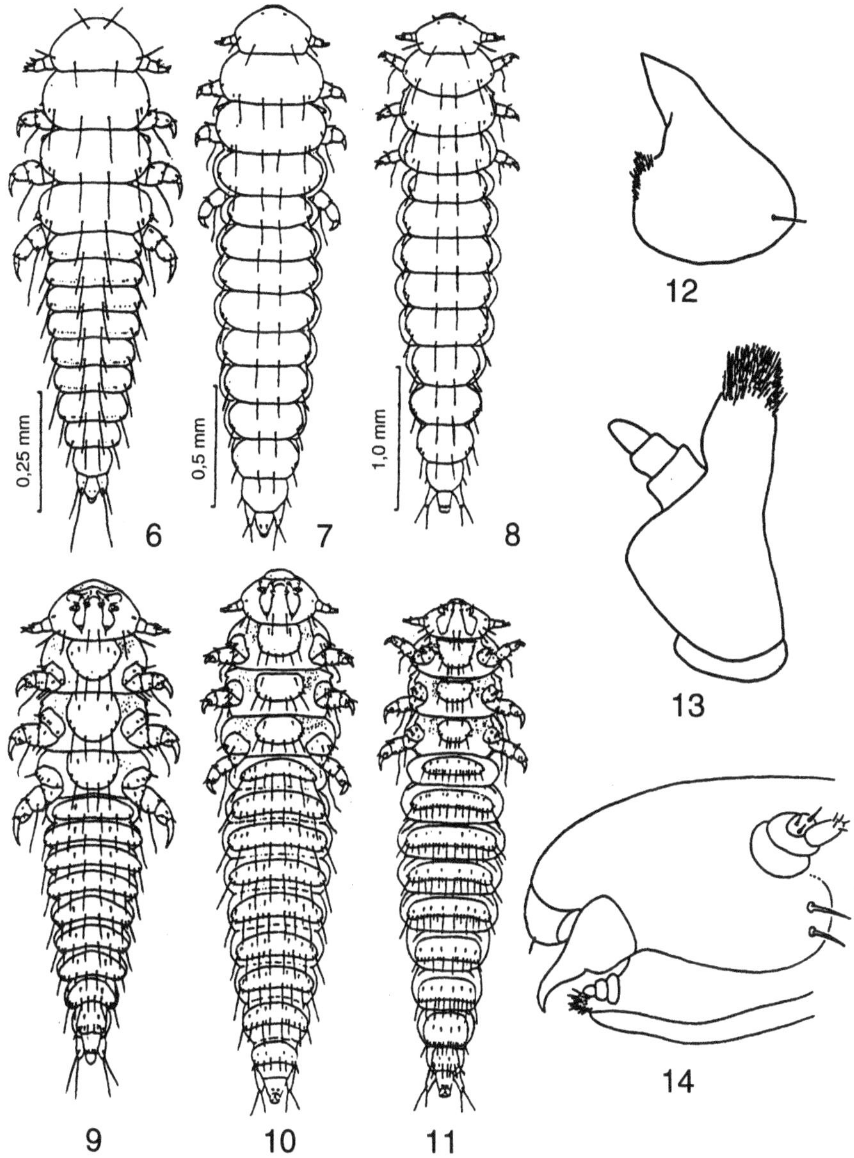

Abb. 6: *Platypsyllus castoris*, L_1, Habitus, dorsal (aus WOOD 1964)
Abb. 7: *Platypsyllus castoris*, L_2, Habitus, dorsal (aus WOOD 1964)
Abb. 8: *Platypsyllus castoris*, L_3, Habitus, dorsal (aus WOOD 1964)
Abb. 9: *Platypsyllus castoris*, L_1, Habitus, ventral (aus WOOD 1964)
Abb. 10: *Platypsyllus castoris*, L_2, Habitus, ventral (aus WOOD 1964)
Abb. 11: *Platypsyllus castoris*, L_3, Habitus, ventral (aus WOOD 1964)
Abb. 12: *Platypsyllus castoris*, linke Mandibel, ventral (aus NEWTON 1991)
Abb. 13: *Platypsyllus castoris*, rechte Maxille, ventral (aus NEWTON 1991)
Abb. 14: *Platypsyllus castoris*, L_2, Kopfkapsel, lateral (aus WOOD 1964)

1. Gattung: *Leptinus* MÜLLER

Von den drei in Mitteleuropa vorkommenden Arten ist nur von *Leptinus testaceus* MÜLLER die Larve bekannt (Abb. 1–5). Nach ISING (1969) gibt es 5 Larvenstadien, deren Größenzunahme die folgende Tabelle wiedergibt.

Stadium	L_1	L_2	L_3	L_4	L_5
Körperlänge [mm]	1,1 – 1,4	1,7 – 2,0	2,2 – 2,4	2,6 – 2,9	3,1 – 3,4

2. Gattung: *Platypsyllus* RITSEMA

In Mitteleuropa kommt nur *Platypsyllus castoris* RITSEMA vor (Abb. 6–13). WOOD (1964) gibt für ihn 3 Larvenstadien an (siehe Tabelle).

Stadium	L_1	L_2	L_3
Körperlänge [mm]	0,7 – 1,0	1,8 – 2,5	3,0 – 4,0

Literatur

BÖVING, A. G. & K. CRAIGHEAD (1931): An illustrated synopsis of the principal larval forms of the order Coleoptera. – Ent. Amer. 11 (N.S.): 1–351.

CROWSON, R. A. (1967): The natural classification of the families of Coleoptera. – Hampton, Middlesex.

ISING, E. (1969): Zur Biologie des *Leptinus testaceus* MÜLLER, 1817 (Col., Leptinidae). – Zool. Beitr. 15: 393 – 456.

KLAUSNITZER, B. (1978): Bestimmungsbücher zur Bodenfauna Europas, Lieferung 10, Ordnung Coleoptera (Larven). – W. Junk, The Hague.

LAWRENCE, J. F. & A. F. NEWTON Jr. (1995): Families and subfamilies of Coleoptera (with selected genera, notes, references and data on family-group names). – In: PAKALUK, J. & S. A. SLIPINSKI (eds.): Biology, Phylogeny, and Classification of Coleoptera: Papers Celebrating the 80th Birthday of ROY A. CROWSON, Warszawa.

NEUMANN, V. & R. PIECHOCKI (1984): Die Entwicklungsstadien der Familie Leptinidae (Col.). – Ent. Nachr. Ber. 28: 237 – 244.

NEUMANN, V. & R. PIECHOCKI (1985): Morphologische und histologische Untersuchungen an den Larvenstadien von *Platypsyllus castoris* RITSEMA (Col., Leptinidae). – Ent. Abh. Mus. Tierk. Dresden 49: 27 – 34.

NEWTON, A. F. (1991): Leptinidae (Staphylinoidea) (including Platypsyllidae). – In: STEHR, F. W., Immature Insects. Volume 2. – Kendall, Iowa.

PIECHOCKI, R. (1959): Zur Biologie des Biberkäfers *Platypsyllus castoris* RITSEMA (Col., Leptinidae). – Beitr. Ent. 9: 523 – 528.

RILEY, C. V. (1889): Systematic relations of *Platypsyllus*, as determined by the larva. – Insect Life 1: 300 – 307.

RILEY, C. V. (1890): Notes on the larva of *Platypsyllus*. – Proc. Entomol. Soc. Wash. 2: 27 – 28.

WOOD, D. M. (1964): Studies on the Beetles *Leptinillus validus* (HORN) and *Platypsyllus castoris* RITSEMA (Col., Leptinidae) from Beaver. – Proc. Entomol. Soc. Ont. 95: 33 – 63.

19. Familie: Silphidae

von BERNHARD KLAUSNITZER

(Abb. 1 – 118)

CROWSON gliedert die Silphidae in 3 Unterfamilien: Agyrtinae, Silphinae und Necrophorinae. Aus der Familie Silphidae wurden inzwischen die Agyrtinae ausgegliedert und werden auch hier als eigene Familie Agyrtidae aufgefaßt. Zwischen den Nicrophorinae (Necrophorinae) und den Silphinae bestehen erhebliche Unterschiede im Bau der Larven (siehe Bestimmungstabelle).

Die Tabelle für die Gattungen entspricht im wesentlichen der von KLAUSNITZER & ZERCHE (1978). Zur Charakterisierung der Arten der Silphinae sind nach wie vor die Arbeiten von HEYMONS, VON LENGERKEN und BAYER (1926–1934) die wesentliche Quelle. Die *Nicrophorus*-Tabelle ist eine Übersetzung aus der ausgezeichneten Arbeit von RŮŽIČKA (1992), ergänzt um *N. germanicus* nach den Angaben von PUKOWSKI (1933).

Charakteristik der Familie nach larvalen Merkmalen

Körper langgestreckt, parallelseitig bis oval, bei den Silphinae mehr oder weniger abgeplattet, mit lateralen Tergalloben (Paratergite), asselartig (Abb. 53, 57–59, 61–63, 73–75, 78–80, 84–86, 93, 100–117). Bei den Nicrophorinae ist der Körper zylindrisch (Abb. 1–5), im 3. Stadium (Abb. 3, 4) ca. 5mal so lang wie breit, ohne Paratergite. Oberseite kräftig sklerotisiert und pigmentiert (Silphinae) oder es sind nur kleine Sklerite vorhanden (Abb. 1–4) und die Oberfläche ist ansonsten hell (Nicrophorinae). Körperlänge (L_3) 12 – 40 mm. Stigmen annular, Schließapparat vorhanden. Die Stigmen befinden sich zwischen Pro- und Mesothorax sowie am 1.–8. Abdominalsegment (Abb. 5, 54).

Kopf prognath, vorgestreckt, ohne abgesetzten Hals. Epicranialnaht meist lang (Abb. 67, 69, 87). Frontalnaht V-förmig oder U-förmig (Abb. 11, 67, 69, 87, 94, 95). Endocarina fehlt. Es sind jederseits 6 Stemmata (Silphinae) (Abb. 54, 67, 68, 94, 118) beziehungsweise 1 Stemma (Nicrophorinae) (Abb. 11–13) vorhanden.

Antennen dreigliedrig, $^1/_3$ bis doppelt so lang wie die Kopfkapselbreite. Sensille auf dem 2. Glied vor dem 3. Glied gelegen, konisch oder palpenförmig (Abb. 14, 70, 82, 88, 94, 96). Frontoclypealnaht fehlt. Labrum frei (Abb. 26, 67, 69, 87, 94, 95). Tormae fehlen.

Mandibeln relativ schmal, Incisivus ein- oder mehrzähnig (Abb. 81, 89, 97), bei den Nicrophorinae mit kleinen Zähnchen hinter der Spitze (Abb. 52), ohne Mola. Maxille mit breiter, gespaltener Mala (Abb. 15–18, 90, 98). Lacinia ± sichelförmig, mit 2 oder 3 Spitzendornen, längs des Innenrandes bedornt (Abb. 15–18, 77c, 90, 98). Galea mehr oder weniger verkümmert, mit einem dichten Busch von Borsten (Abb. 15–18, 77c, 90, 98). Cardo quer, geteilt, Stipes länglich (Abb. 15, 17, 18, 20, 90). Maxillarpalpen dreigliedrig (Abb. 15–18, 90, 98). Labium aus Praementum, Mentum und Submentum bestehend. Labialpalpen zweigliedrig (Abb. 21–25, 77b, 91, 99). Ligula kürzer oder länger als das 1. Glied des Labialpalpus, Spitze zweilappig (Abb. 21–25, 77b, 91, 99).

Die Tergite und Sternite des Thorax bestehen aus einer oder mehreren sklerotisierten Platten. Die verbreiterten Seitenteile der Tergite (bei den Silphinae) werden als Paratergite bezeichnet. Beine lang, mit vollständiger Gliederzahl. Klauen mit 2 Borsten (Abb. 77a, 92).

Abdomen mit 10 von der Dorsalseite sichtbaren Segmenten, mehr als doppelt so lang wie der Thorax (Abb. 1–4, 53, 57–59, 61–63, 73–75, 78–80, 84–86, 93, 100–117). Die Tergite und Sternite der Abdominalsegmente bestehen aus einer oder mehreren sklerotisierten Platten. Die Nicrophorinae zeigen 4 dornenartige Fortsätze entlang des Hinterrandes der Tergite der Abdominalsegmente (Abb. 1–4, 39, 40, 44, 45, 49, 50). Urogomphi relativ kurz, zweigliedrig (Abb. 6, 54, 56, 60, 85). Analregion terminal orientiert (Abb. 5).

Die Larven der Silphidae leben von Aas und Pilzen. Einige sind Räuber von Gehäuseschnecken oder Raupen, andere leben phytophag von Blättern verschiedener Pflanzen, vor allem Rüben. Sie haben 3 Larvenstadien.

Tabelle für die Gattungen (L_2, L_3) (nach HEYMONS, VON LENGERKEN & BAYER 1926–1930, VON LENGERKEN 1929, HEYMONS & VON LENGERKEN 1930–1934, GHILAROV 1964, KLAUSNITZER & ZERCHE 1978, ANDERSON & PECK 1985)

1 Dorsalsklerite (Tergite) des Thorax und Abdomens klein, niemals das gesamte Segment bedeckend, auf dem Abdomen mit 4 ± starken Dornen am Hinterrand, die vor allem an den letzten Abdominalsegmenten deutlich ausgeprägt sind (Abb. 2–4, 39, 40, 44, 45, 49, 50). Sternite fast völlig fehlend, nicht sklerotisiert (Abb. 5). Körper spindel- bis walzenförmig, zylindrisch, im 3. Stadium ca. 5mal so lang wie breit, ohne Paratergite (Abb. 3, 4). Auf jeder Seite der Kopfkapsel 1 Stemma (Abb. 11–13). Analloben ohne feine Zähnchen. An Aas und Pilzen, mit hochentwickelter Brutpflege. (Nicrophorinae). *Nicrophorus* FABRICIUS (S. 44)

1* Thorax- und Abdominalsegmente vollständig von Dorsalskleriten bedeckt, die oft nach den Seiten erweitert sind (Abb. 53, 57–59, 61–63, 73–75, 78–80, 84–86, 93, 100–117). Sternite deutlich entwickelt, meist kräftig sklerotisiert und pigmentiert (Abb. 54). Körper ± deutlich abgeplattet, oft asselförmig (Abb. 53), höchstens 4mal so lang wie breit, stark pigmentiert, Paratergite deutlich. 6 Stemmata auf jeder Seite der Kopfkapsel (Abb. 54, 67, 68, 94, 118). Analloben mit feinen Zähnchen. (Silphinae) 2

2 Sternit des 2. Abdominalsegmentes in 3 Sklerite geteilt (Abb. 54, 55). Körper verhältnismäßig wenig abgeplattet (Abb. 54, 57–59) 3

2* Sternit des 2. Abdominalsegmentes ungeteilt (Abb. 71). Körper stark abgeplattet (Abb. 61–63, 73–75, 78–80, 84–86, 93, 100–117) 4

3 Abdominale Stigmen ohne hervorstehende sklerotisierte Kammern (Abb. 54). 1. und 2. Glied der Urogomphi etwa gleich lang (Abb. 54), 1. Glied mehr als doppelt so lang wie das 10. Abdominalsegment (Abb. 54, 56). Pronotum und Tergite einfarbig dunkel. Körper mit gelben Haaren dünn bedeckt. An Aas. *Necrodes* LEACH

Abb. 1: *Nicrophorus germanicus*, L_1, Habitus, dorsal (aus PUKOWSKI 1933)
Abb. 2: *Nicrophorus germanicus*, L_2, Habitus, dorsal (aus PUKOWSKI 1933)
Abb. 3: *Nicrophorus germanicus*, L_3, Habitus, dorsal (aus PUKOWSKI 1933)
Abb. 4: *Nicrophorus humator*, L_3, Habitus, dorsal (aus BYZOVA 1964)
Abb. 5: *Nicrophorus sayi*, L_3 Habitus, lateral (aus NEWTON 1991)
Abb. 6: *Nicrophorus humator*, L_3, 8.–10. Abdominalsegment, lateral (aus BYZOVA 1964)

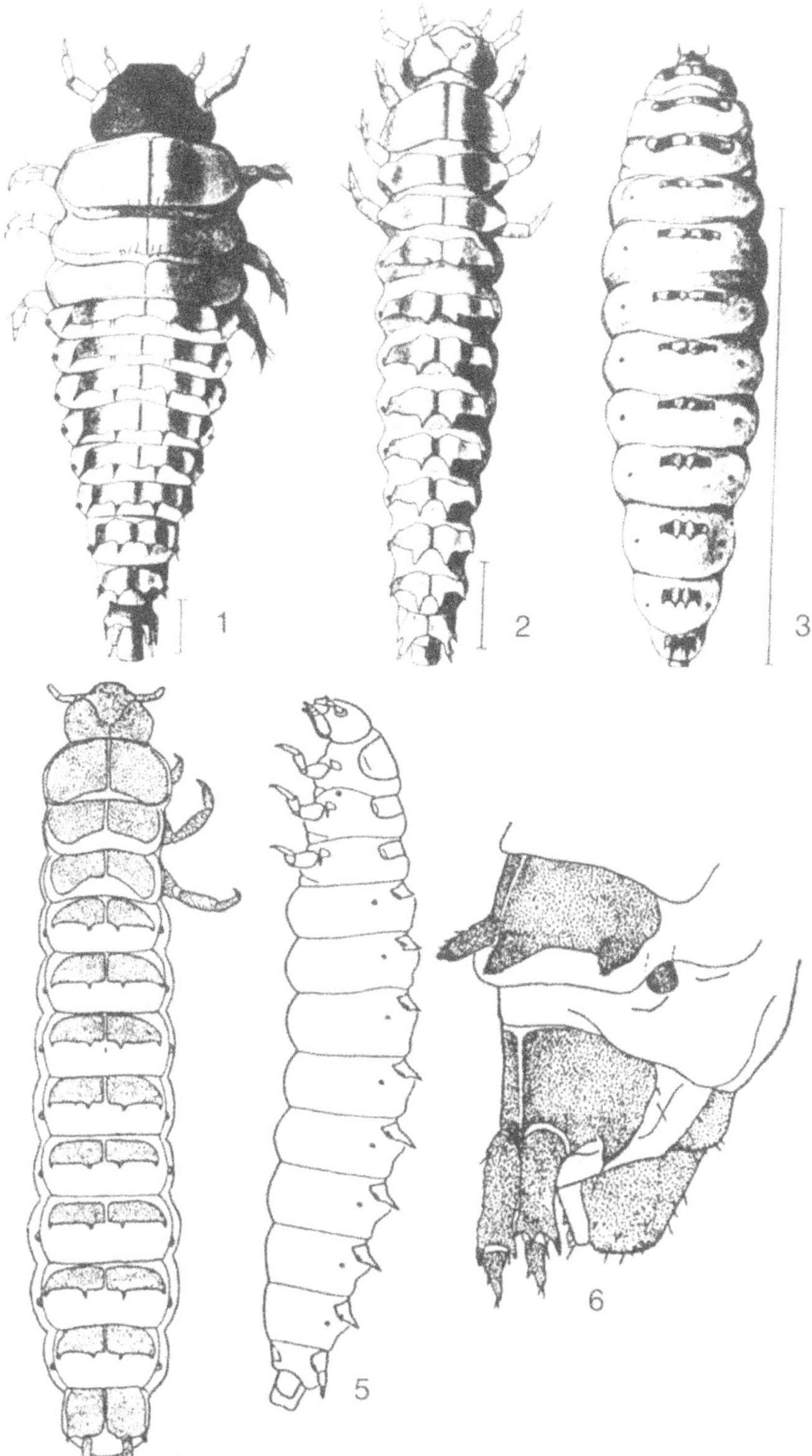
1
2
3
4
5
6

3* Abdominale Stigmen mit hervorstehenden sklerotisierten Kammern. 1. Glied der Urogomphi viel länger als das 2. (Abb. 60), höchstens 1,5mal so lang wie das 10. Abdominalsegment, meist kürzer. Pronotum und Tergite mit hellem Seitenrand (Abb. 59). Körper dicht behaart, im Querschnitt auffällig rundlich. An Aas. *Thanatophilus* LEACH (S. 49)

4 Larven gestreckter (Abb. 112–117), Länge : Breite >3,2. Länge der Antennen etwa $^3/_4$ der Körperbreite entsprechend (Abb. 112–117). Urogomphi kürzer als Analsternit (Abb. 112–117) 5

4* Larven weniger gestreckt (Abb. 61–63, 73–75, 78–80, 84–86, 93, 100–111), Länge : Breite < 3,0. Die Länge der Antennen erreicht nicht die Hälfte der Körperbreite oder Urogomphi länger als Analsternit 6

5 Endborsten der Paratergite auch im 1. Larvenstadium nie unter 0,4 mm. Urogomphi zweigliedrig. Körperseiten des 3. Larvenstadiums nach hinten konisch verengt (Abb. 117). Die Larven leben von Gehäuseschnecken. *Phosphuga* LEACH

5* Endborsten der Paratergite nie länger als 0,2 – 0,3 mm. Urogomphi eingliedrig. 3. Larvenstadium mehr parallel (Abb. 114). Die Larven leben von Gehäuseschnecken. *Ablattaria* REITTER

6 Pronotum mit nach vorn konkaver Bogenlinie (Abb. 73–75, 78–80, 84–86). Antennen von halber Körperbreite oder kürzer 7

6* Pronotum ohne deutliche Bogenlinie (Abb. 64, 65, 93, 100–111). Paratergite in größerem Umfang aufgehellt (Abb. 61–63, 64–66, 103–108) oder Antennen etwas länger als halbe Körperbreite (Abb. 100–102, 109–111) . 8

7 Kopf dunkelbraun bis schwarz, wie die Tergite (Abb. 73–75, 78–80). Klauen dorsal ohne Borste (Abb. 77a). Larven phytophag an Rüben. *Blitophaga* REITTER (S. 55) (wird neuerdings in die Gattung *Aclypea* REITTER einbezogen)

7* Kopf rotbraun, bedeutend heller als die Tergite (Abb. 84–86). Klauen dorsal mit großer Borste (Abb. 92). Larven carnivor (Raupen). *Xylodrepa* THOMSON

8 Außenrand der hellen Paratergite des Pronotum mit dunklem Mittelfleck (Abb. 65), im ersten Larvenstadium mit dunkler Mittelbinde (Abb. 64). Larven an Aas, Kot, Stink-Morcheln. *Oiceoptoma* LEACH

8* Pronotum einfarbig (Abb. 100–102, 109–111) oder anders gefleckt (Abb. 103–108). Larven an Aas und räuberisch lebend. *Silpha* LINNAEUS (S. 57)

Abb. 7: *Nicrophorus vespilloides,* L_3, Thorax, 1. Abdominalsegment, ventral (aus RŮŽIČKA 1992)
Abb. 8: *Nicrophorus humator,* L_3, Thorax, 1. Abdominalsegment, lateral (aus RŮŽIČKA 1992)
Abb. 9: *Nicrophorus germanicus,* Kopfkapsel, lateral (aus PUKOWSKI 1934)
Abb. 10: *Nicrophorus vespillo,* Kopfkapsel, lateral (aus PUKOWSKI 1934)
Abb. 11: *Nicrophorus vespilloides,* L_3, Kopfkapsel, dorsal (aus RŮŽIČKA 1992)
Abb. 12: *Nicrophorus vespilloides,* L_3, Kopfkapsel, ventral (aus RŮŽIČKA 1992)
Abb. 13: *Nicrophorus vespilloides,* L_3, Kopfkapsel, lateral (aus RŮŽIČKA 1992)
Abb. 14: *Nicrophorus vespilloides,* L_3, rechte Antenne (aus RŮŽIČKA 1992)

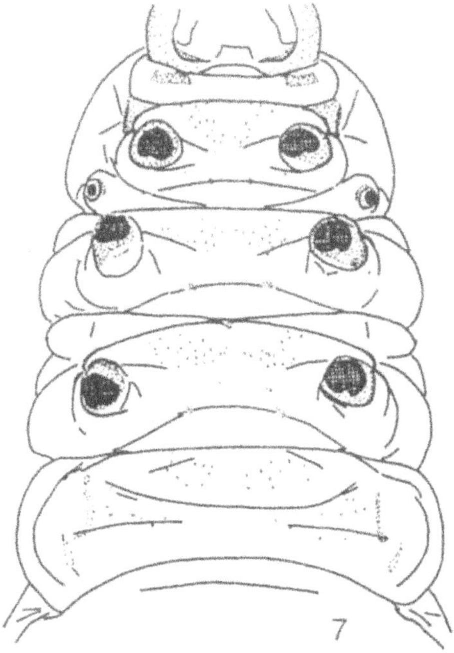

7

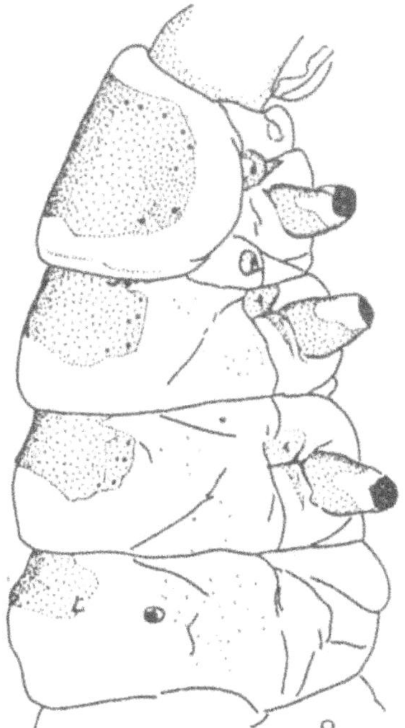

8

9

10

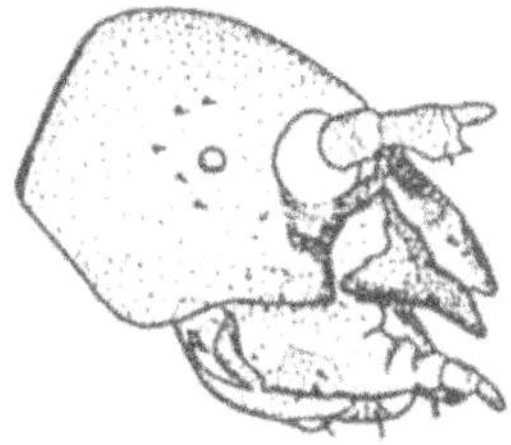

13

11

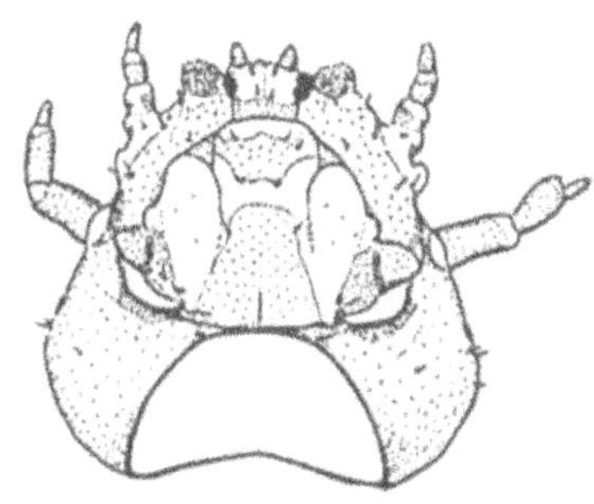

12

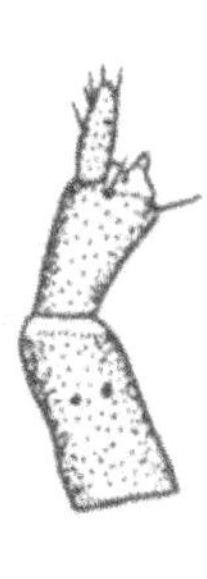

14

1. Gattung: *Nicrophorus* FABRICIUS

Es fehlen *N. antennatus* REITTER, *N. nigricornis* FALDERMAN, *N. sepultor* CHARPENTIER und *N. vestigator* HERSCHEL.

Zur Unterscheidung der Stadien kann die folgende Tabelle (nach Angaben von RŮŽIČKA 1992) herangezogen werden. Hilfreich ist auch die Betrachtung der Körperproportionen (Abb. 1–3).

Merkmal	L_1	L_2	L_3
Körperlänge [mm]	4,5–9,6	7,9–15,5	16,1–32,6*
Kopfkapselbreite [mm]	0,85–1,10	1,20–1,65	1,60–2,40
Pronotumbreite [mm]	1,10–1,40	1,65–2,50	2,75–4,60
Labrum	einförmig sklerotisiert	einförmig sklerotisiert	nur apikal sklerotisiert (Abb. 11, 26)
Verhältnis der Länge des 1. und 3. Antennengliedes	0,90–1,50	1,15–2,00	1,60–3,35
Verhältnis der Länge des 1. und 2. Gliedes der Urogomphi	1,00–1,80	1,45–2,30	1,80–3,30
Pleuralregion des 1.–8. Abdominalsegmentes	mit ovalem Sklerit	mit oder ohne einem ovalen Sklerit	ohne Sklerit

* *N. germanicus* wurde nicht berücksichtigt.

Tabelle für die Arten (L_1) (nach RŮŽIČKA 1992)

1 2. Glied der Maxillarpalpen deutlich länger als das 1. (vgl. Abb. 19). 10. Abdominalsegment ventral nur in der Apikalregion sklerotisiert, die Basis ist weichhäutig. 9. Sternit geteilt. *vespillo* (LINNAEUS)

1* 2. Glied der Maxillarpalpen nur wenig länger als das 1. (Abb. 18). 10. Abdominalsegment ventral wenigstens an der Basis sklerotisiert. 9. Sternit ungeteilt 2

2 Die Basalglieder des Labialpalpus (Abb. 25) und des Maxillarpalpus (nicht der Palpiger!) auf der Ventralseite unsklerotisiert (Abb. 18). Meso- und Metanotum an den Seiten in der hinteren Region deutlich eingeschnitten. *vespilloides* HERBST

2* 1. Glied des Labialpalpus und des Maxillarpalpus auf der Ventralseite sklerotisiert, wenigstens an der Basis. Meso- und Metanotum an den Seiten in der hinteren Region gerade oder nur schwach ausgerandet 3

3 Praementum auf der Ventralseite unsklerotisiert. Der Abstand zwischen den Basalgliedern der Labialpalpen etwas kürzer als die Breite des Basalgliedes eines einzigen Labialpalpus. Urogomphi mit einer kompletten Naht an der Basis. *humator* OLIVIER

3* Praementum auf der Ventralseite sklerotisiert. Der Abstand zwischen den Basalgliedern der Labialpalpen 1,3 – 1,5 mal größer als die Breite des Basalgliedes eines einzigen Labialpalpus. Urogomphi an der Basis mit einer kompletten Naht oder einer unvollständigen Naht in der Mitte . . . 4

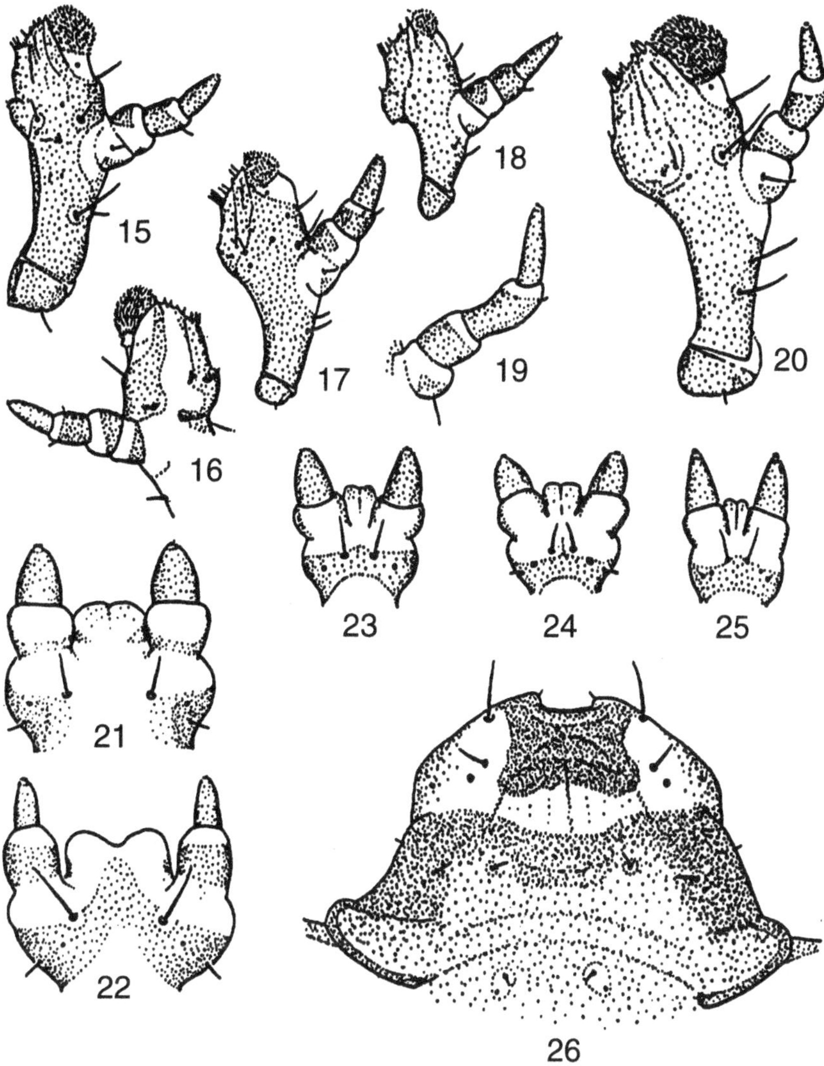

Abb. 15: *Nicrophorus vespilloides*, L_3, linke Maxille, ventral (aus RŮŽIČKA 1992)
Abb. 16: *Nicrophorus vespilloides*, L_3, linke Maxille, dorsal (aus RŮŽIČKA 1992)
Abb. 17: *Nicrophorus vespilloides*, L_2, linke Maxille, ventral (aus RŮŽIČKA 1992)
Abb. 18: *Nicrophorus vespilloides*, L_1, linke Maxille, ventral (aus RŮŽIČKA 1992)
Abb. 19: *Nicrophorus vespillo*, L_3, Maxillarpalpus (aus RŮŽIČKA 1992)
Abb. 20: *Nicrophorus fossor*, L_3, linke Maxille, ventral (aus RŮŽIČKA 1992)
Abb. 21: *Nicrophorus humator*, L_3, Labium, ventral (aus RŮŽIČKA 1992)
Abb. 22: *Nicrophorus investigator*, L_3, Labium, ventral (aus RŮŽIČKA 1992)
Abb. 23: *Nicrophorus vespilloides*, L_2, Labium, ventral (aus RŮŽIČKA 1992)
Abb. 24: *Nicrophorus vespilloides*, L_3, Labium, ventral (aus RŮŽIČKA 1992)
Abb. 25: *Nicrophorus vespilloides*, L_1, Labium, ventral (aus RŮŽIČKA 1992)
Abb. 26 *Nicrophorus vespilloides*, L_3, Labrum, Clypeus (aus RŮŽIČKA 1992)

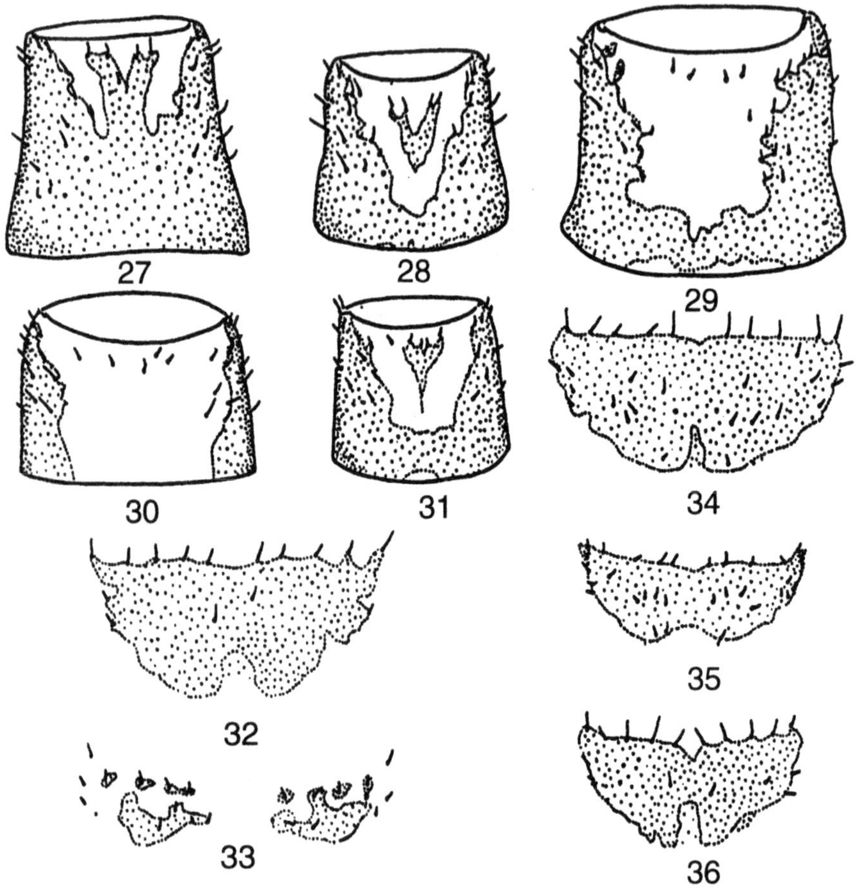

Abb. 27: *Nicrophorus investigator*, L_3, 10. Abdominalsegment, ventral (aus RŮŽIČKA 1992)
Abb. 28: *Nicrophorus fossor*, L_3, 10. Abdominalsegment, ventral (aus RŮŽIČKA 1992)
Abb. 29: *Nicrophorus humator*, L_3, 10. Abdominalsegment, ventral (aus RŮŽIČKA 1992)
Abb. 30: *Nicrophorus vespillo*, L_3, 10 Abdominalsegment, ventral (aus RŮŽIČKA 1992)
Abb. 31: *Nicrophorus vespilloides*, L_3, 10. Abdominalsegment, ventral (aus RŮŽIČKA 1992)
Abb. 32: *Nicrophorus humator*, L_3, 9. Abdominalsegment, Ventralsklerit (aus RŮŽIČKA 1992)
Abb. 33: *Nicrophorus vespillo*, L_3, 9. Abdominalsegment, Ventralsklerit (aus RŮŽIČKA 1992)
Abb. 34: *Nicrophorus investigator*, L_3, 9. Abdominalsegment, Ventralsklerit (aus RŮŽIČKA 1992)
Abb. 35: *Nicrophorus vespilloides*, L_3, 9. Abdominalsegment, Ventralsklerit (aus RŮŽIČKA 1992)
Abb. 36: *Nicrophorus fossor*, L_3, 9. Abdominalsegment, Ventralsklerit (aus RŮŽIČKA 1992)

4 Pleuren des 1.–8. Abdominalsegmentes mit einem breiten ovalen Sklerit, Epipleurallobus ohne Sklerite. *investigator* ZETTERSTEDT

4* Pleuren des 1.–8. Abdominalsegmentes mit einem ovalen Sklerit, die Epipleuren mit einem kleinen Sklerit. *fossor* ERICHSON

Tabelle für die Arten (L_2, L_3) (nach HENRIKSEN 1922, PUKOWSKI 1934, RŮŽIČKA 1992)

1 Stirn stark gewölbt (Abb. 9). Körperlänge (L_3) 40 mm erreichend bzw. übersteigend. *germanicus* (LINNAEUS)

1* Stirn nur wenig gewölbt (Abb. 10). Körperlänge (L_3) maximal 33 mm ... 2

2 2. Glied des Maxillarpalpus deutlich länger als das 1. Glied (Abb. 19). 10. Abdominalsegment ventral unsklerotisiert (Abb. 30). 9. Sternit geteilt (Abb. 33). *vespillo* (LINNAEUS)

2* 2. Glied des Maxillarpalpus nur wenig länger als das 1. Glied (Abb. 15, 17, 20). 10. Abdominalsegment ventral wenigstens an der Basis sklerotisiert (Abb. 27–29, 31). 9. Sternit ungeteilt (Abb. 32, 34–36) 3

3 1. Glied des Labialpalpus und des Maxillarpalpus (nicht der Palpiger!) ventral unsklerotisiert (Abb. 15, 17, 23, 24). Urogomphi ohne Basalnaht (Abb. 46, 51). *vespilloides* HERBST

3* Basalglied des Labialpalpus und Maxillarpalpus ventral wenigstens an der Basis sklerotisiert (Abb. 20–22). Urogomphi mit einer kompletten Naht an der Basis oder diese fehlt nur in der Mitte 4

4 Praementum ventral unsklerotisiert (Abb. 21). Der Abstand zwischen den Basalgliedern der Labialpalpen annähernd von gleicher Größe wie die Breite des Basalgliedes eines einzigen Labialpalpus (Abb. 21). 10. Abdominalsegment nur an der Basis sklerotisiert, apikal unsklerotisiert (Abb. 29). *humator* OLIVIER

4* Praementum ventral an der Basis ± ausgedehnt sklerotisiert (Abb. 22), manchmal mit einer unsklerotisierten Mittellinie. Der Abstand zwischen den Basalgliedern der Labialpalpen wenigstens doppelt so groß wie die Breite des Basalgliedes eines einzigen Labialpalpus (Abb. 22). 10. Abdominalsegment ventral nahezu vollständig sklerotisiert (Abb. 27, 28) 5

5 Labrum gleichförmig sklerotisiert. Pleuren des 1.–8. Abdominalsegmentes mit ovalen Skleriten. 10. Abdominalsegment ventroapikal mit einem dreieckigen Sklerit 6

5* Labrum am Vorderrand kräftiger als an den Seiten sklerotisiert. Pleuren des 1.–8. Abdominalsegmentes ohne Sklerite. 10. Abdominalsegment mit einem Y-förmigen, manchmal geteilten Sklerit in ventroapikaler Lage ... 7

6 Epipleuren des 1.–8. Abdominalsegmentes ohne Sklerite. *investigator* ZETTERSTEDT, L_2

6* Epipleuren des 1.–8. Abdominalsegmentes mit kleinen Skleriten. *fossor* ERICHSON, L_2

7 Praementum ventral einheitlich sklerotisiert (Abb. 22). Urogomphi mit einer kompletten Naht an der Basis. 9. Sternit in der Mitte mit 3–4 Borstenpaaren (Abb. 34). 10. Abdominalsegment ventral an der Basis ausge-

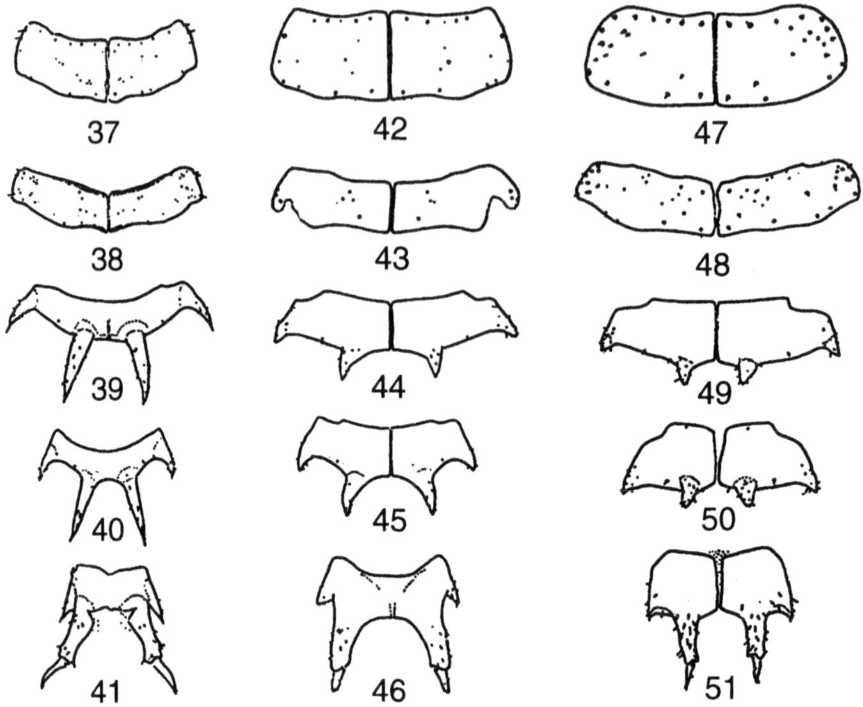

Abb. 37: *Nicrophorus vespilloides*, L_1, Pronotum (aus RŮŽIČKA 1992)
Abb. 38: *Nicrophorus vespilloides*, L_1, Mesonotum (aus RŮŽIČKA 1992)
Abb. 39: *Nicrophorus vespilloides*, L_1, 4. Abdominalsegment, dorsal (aus RŮŽIČKA 1992)
Abb. 40: *Nicrophorus vespilloides*, L_1, 8. Abdominalsegment, dorsal (aus RŮŽIČKA 1992)
Abb. 41: *Nicrophorus vespilloides*, L_1, 9. Abdominalsegment, dorsal (aus RŮŽIČKA 1992)
Abb. 42: *Nicrophorus vespilloides*, L_2, Pronotum (aus RŮŽIČKA 1992)
Abb. 43: *Nicrophorus vespilloides*, L_2, Mesonotum (aus RŮŽIČKA 1992)
Abb. 44: *Nicrophorus vespilloides*, L_2, 4. Abdominalsegment, dorsal (aus RŮŽIČKA 1992)
Abb. 45: *Nicrophorus vespilloides*, L_2, 8. Abdominalsegment, dorsal (aus RŮŽIČKA 1992)
Abb. 46: *Nicrophorus vespilloides*, L_2, 9. Abdominalsegment, dorsal (aus RŮŽIČKA 1992)
Abb. 47: *Nicrophorus vespilloides*, L_3, Pronotum (aus RŮŽIČKA 1992)
Abb. 48: *Nicrophorus vespilloides*, L_3, Mesonotum (aus RŮŽIČKA 1992)
Abb. 49: *Nicrophorus vespilloides*, L_3, 4. Abdominalsegment, dorsal (aus RŮŽIČKA 1992)
Abb. 50: *Nicrophorus vespilloides*, L_3, 8. Abdominalsegment, dorsal (aus RŮŽIČKA 1992)
Abb. 51: *Nicrophorus vespilloides*, L_3, 9. Abdominalsegment, dorsal (aus RŮŽIČKA 1992)

dehnt sklerotisiert, die Y-förmige Fläche ist vorn immer mit dem Basalsklerit verschmolzen (Abb. 27). *investigator* ZETTERSTEDT, L_3

7* Praementum ventral mit einer unsklerotisierten Mittellinie. Basalnaht der Urogomphi in der Mitte unterbrochen. 9. Sternit in der Mitte nur mit einem Borstenpaar (Abb. 36). 10. Abdominalsegment an der Basis schmal sklerotisiert, die Y-förmige Fläche ist manchmal unterbrochen und niemals mit dem Basalsklerit verschmolzen (Abb. 28).
fossor ERICHSON, L_3

Die folgende Tabelle einiger Körpermaße kann möglicherweise bei der Unterscheidung der einzelnen Arten von Nutzen sein (nach Angaben von RŮŽIČKA 1992).

Art	Körperlänge [mm]			Kopfkapselbreite [mm]			Pronotumbreite [mm]		
	L_1	L_2	L_3	L_1	L_2	L_3	L_1	L_2	L_3
vespillo	6,20- 7,75	7,90- 11,45	19,8- 25,4	0,85- 0,90	1,35- 1,45	1,70- 2,20	1,10- 1,20	1,65- 1,90	3,10- 4,10
vespilloides	4,50- 7,45	8,05- 11,15	17,4- 21,9	0,95- 1,00	1,20- 1,40	1,60- 2,05	1,20- 1,35	1,75- 2,10	2,75- 3,55
humator	7,45- 9,60	8,70- 15,50	21,7- 32,6	0,95- 1,10	1,45- 1,60	2,05- 2,35	1,30- 1,40	2,05- 2,35	3,70- 4,60
investigator	6,20- 6,80	11,45- 13,35	16,1- 28,7	1,00- 1,10	1,50- 1,65	2,15- 2,40	1,25- 1,35	2,20- 2,50	3,70- 4,30
fossor	5,25- 7,75	10,55- 12,70	16,8- 26,8	0,90- 0,95	1,40- 1,50	2,10- 2,30	1,15- 1,20	2,10- 2,20	3,30- 4,00

2. Gattung: *Necrodes* LEACH

In Mitteleuropa kommt nur *Necrodes littoralis* (LINNAEUS) an Aas vor (Abb. 53–55). Es wurde auch eine Abbildung von *N. surinamensis* verwendet (ANDERSON & PECK 1985) (Abb. 56). Bei dieser Art ist aber das 2. Glied der Urogomphi bedeutend kürzer als bei *N. littoralis.*

3. Gattung: *Thanatophilus* LEACH

In Mitteleuropa kommen 3 necrophage Arten aus dieser Gattung vor, die sich nur schwer unterscheiden lassen. Die folgende Tabelle bringt eine Zusammenstellung der geringen Differenzen zwischen den einzelnen Arten, die auf VON LENGERKEN (1929) zurückgeht.

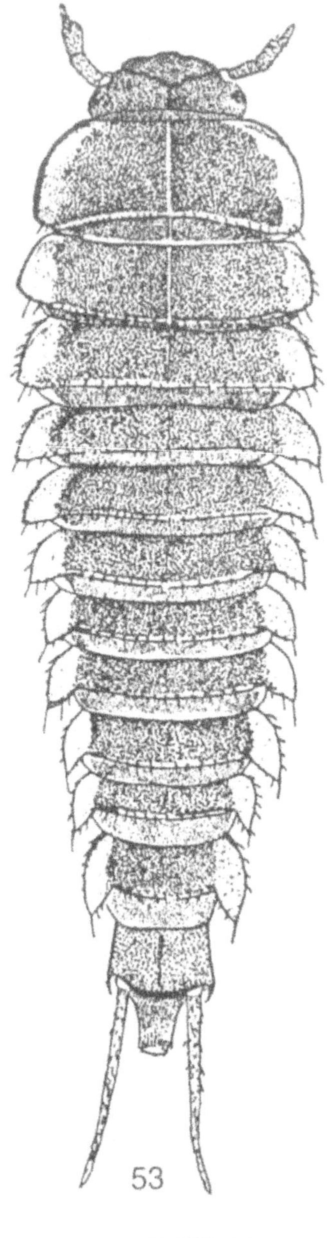

53

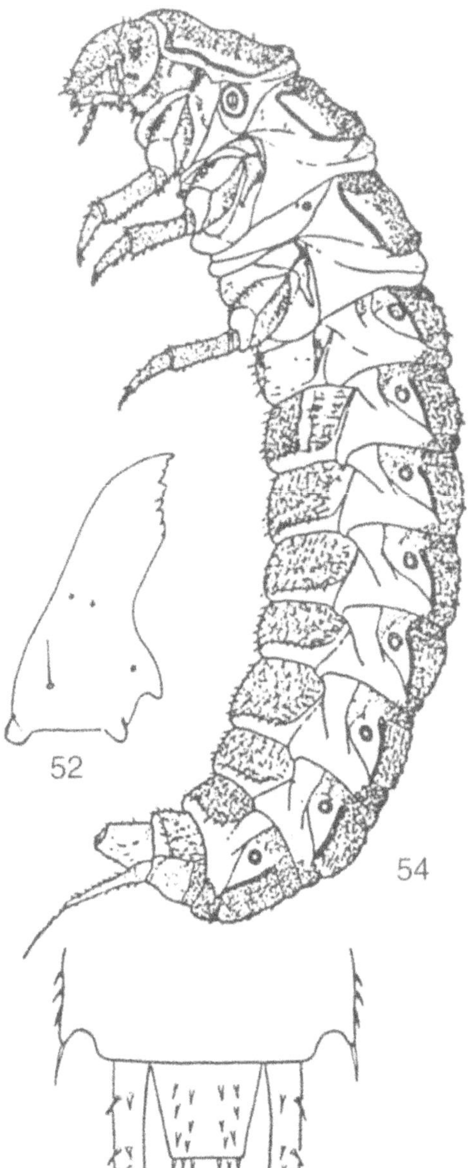

52

54

55

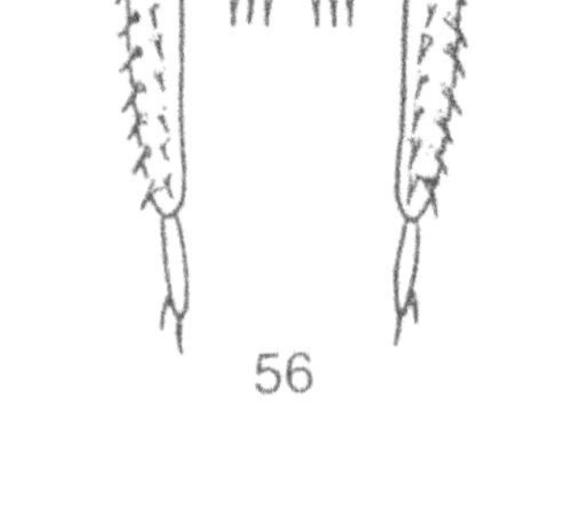

56

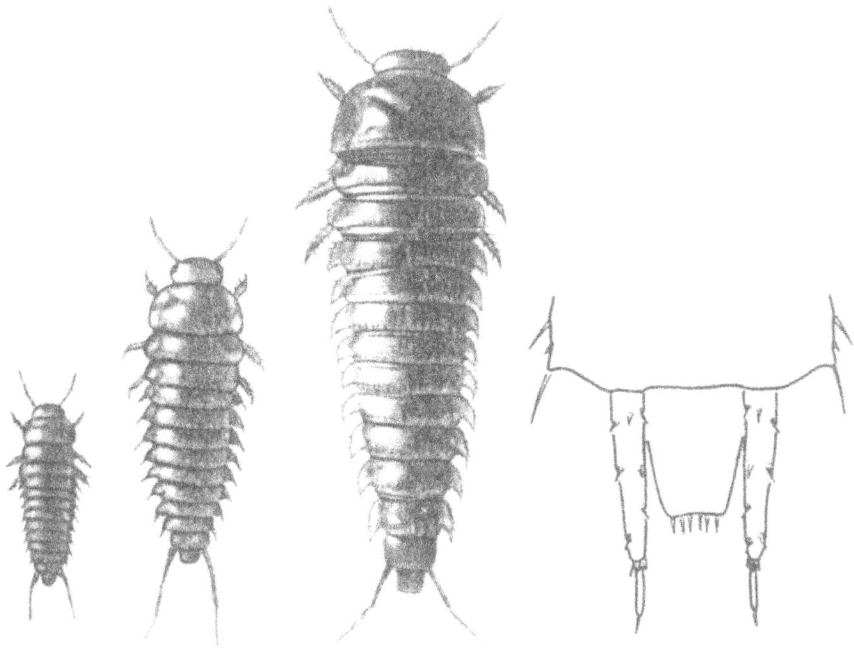

Abb. 57: *Thanatophilus sinuatus*, L_1, Habitus, dorsal (aus VON LENGERKEN 1929)
Abb. 58: *Thanatophilus sinuatus*, L_2, Habitus, dorsal (aus VON LENGERKEN 1929)
Abb. 59: *Thanatophilus sinuatus*, L_3, Habitus, dorsal (aus VON LENGERKEN 1929)
Abb. 60: *Thanatophilus coloradensis*, 9./10. Abdominalsegment, dorsal (aus ANDERSON & PECK 1985)

Art	Körperquerschnitt	Lateralfortsätze der Tergite des Thorax	Lateralfortsätze der Tergite des Abdomen
rugosus (LINNAEUS)	annähernd walzenförmig	angedeutet rundlich	½ bis ⅔ der Seitenlänge
sinuatus (FABRICIUS)	etwas abgeflacht	deutlich überstehend, rundlich	mindestens ⅔ der Seitenlänge
dispar (HERBST)	stärker abgeflacht	breit seitlich ausgezogen, ohne sich gegenseitig zu bedecken	ca. ¾ der Seitenlänge

Die Körpermaße variieren in Abhängigkeit von der Ernährung stark (siehe Tabelle), vor allem die sichere Unterscheidung der L_2 und L_3 bereitet Schwierigkeiten.

Abb. 52: *Nicrophorus vespilloides*, L_3, linke Mandibel (aus RŮŽIČKA 1992)
Abb. 53: *Necrodes littoralis*, Habitus, dorsal (aus BYZOVA 1964)
Abb. 54: *Necrodes littoralis*, Habitus, lateral (aus BÖVING & CRAIGHEAD 1931)
Abb. 55: *Necrodes littoralis*, 2. Abdominalsegment, ventral (aus KLAUSNITZER & ZERCHE 1978)
Abb. 56: *Necrodes surinamensis*, 9./10. Abdominalsegment, dorsal (aus ANDERSON & PECK 1985)

Tabelle zur Unterscheidung der Larvenstadien. Maße in mm (durchschnittliche Werte). Nach VON LENGERKEN (1929).

Stadium	Körperlänge			Körperbreite	Kopfkapselbreite	Antenne			Urogomphi		
	min.	Durchschnitt	max.			1. Glied	2. Glied	3. Glied	1. Glied	2. Glied	Endborste
L_1	5,0	5,8	7,0	2,0	1,15	0,23	0,35	0,35	0,57	0,47	0,21
L_2	7,8	9,7	12,2	2,6	1,15	0,26	0,36	0,36	0,52	0,32	0,25
L_3	10,6	13,3	15,3	3,8	2,01	0,45	0,42	0,45	1,12	0,45	0,12

4. Gattung: *Oiceoptoma* LEACH

In Mitteleuropa kommt nur *Oiceoptoma thoracica* (LINNAEUS) (Abb. 61–72) an Aas, Kot und Pilzen vor.

Tabelle zur Unterscheidung der Larvenstadien. Maße in mm (durchschnittliche Werte). Nach HEYMONS & VON LENGERKEN (1930).

Stadium	Körperlänge			Körperbreite	Kopfkapselbreite	Antenne			Urogomphi		
	min.	Durchschnitt	max.			1. Glied	2. Glied	3. Glied	1. Glied	2. Glied	Endborste
L_1	5,0	8,1	10,0	3,5	1,48	0,26	0,43	0,33	0,34	0,14	0,10
L_2	9,0	11,8	14,0	5,0	1,90	0,33	0,52	0,41	0,60	0,17	0,07
L_3	13,0	15,7	18,0	6,7	2,24	0,41	0,60	0,34	0,76	0,15	0,08

Abb. 61: *Oiceoptoma thoracica*, L_1, Habitus, dorsal (aus HEYMONS & VON LENGERKEN 1930)
Abb. 62: *Oiceoptoma thoracica*, L_2, Habitus, dorsal (aus HEYMONS & VON LENGERKEN 1930)
Abb. 63: *Oiceoptoma thoracica*, L_3, Habitus, dorsal (aus HEYMONS & VON LENGERKEN 1930)
Abb. 64: *Oiceoptoma thoracica*, L_1, Prothorax (aus KLAUSNITZER & ZERCHE 1978)
Abb. 65: *Oiceoptoma thoracica*, L_3, Prothorax (aus KLAUSNITZER & ZERCHE 1978)
Abb. 66: *Oiceoptoma thoracica*, 5.–9. Abdominalsegment, dorsal (aus KLAUSNITZER & ZERCHE 1978)
Abb. 67: *Oiceoptoma rugulosum*, Kopfkapsel, dorsal (aus NEWTON 1991)
Abb. 68: *Oiceoptoma rugulosum*, Kopfkapsel, ventral (aus NEWTON 1991)
Abb. 69: *Oiceoptoma thoracica*, Frontoclypeus (aus BYZOVA 1964)
Abb. 70: *Oiceoptoma noveboracense*, 2. Antennenglied (aus ANDERSON & PECK 1985)
Abb. 71: *Oiceoptoma noveboracense*, 2. Abdominalsegment, ventral (aus ANDERSON & PECK 1985)
Abb. 72: *Oiceoptoma noveboracense*, 9./10. Abdominalsegment, dorsal (aus ANDERSON & PECK 1985)

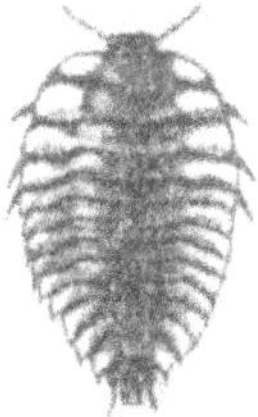
61

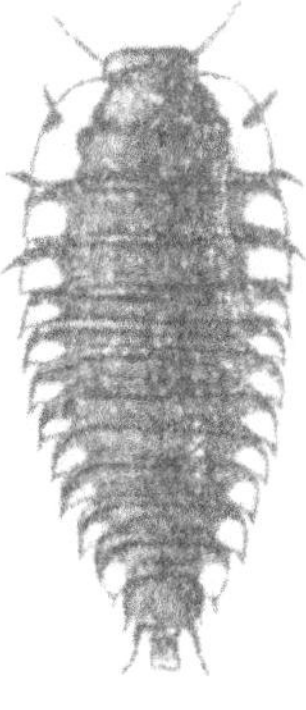
62

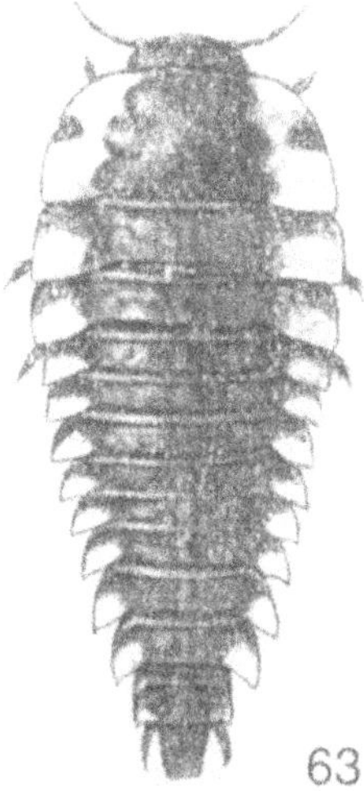
63

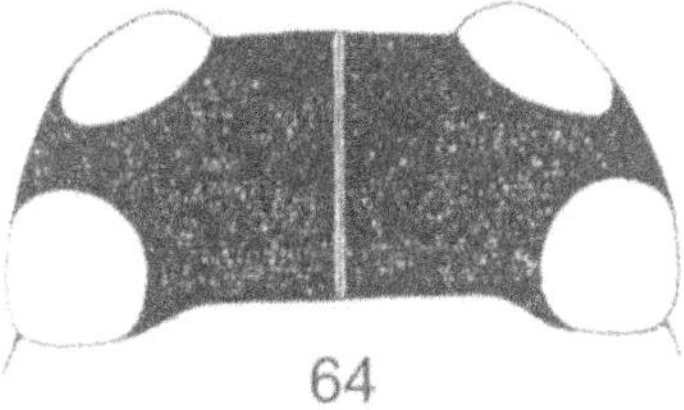
64

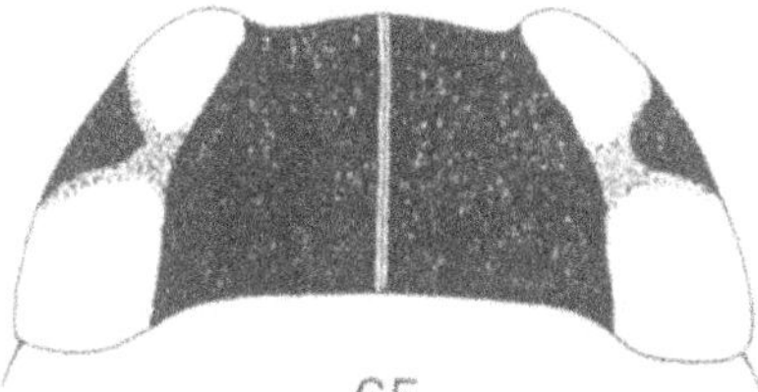
65

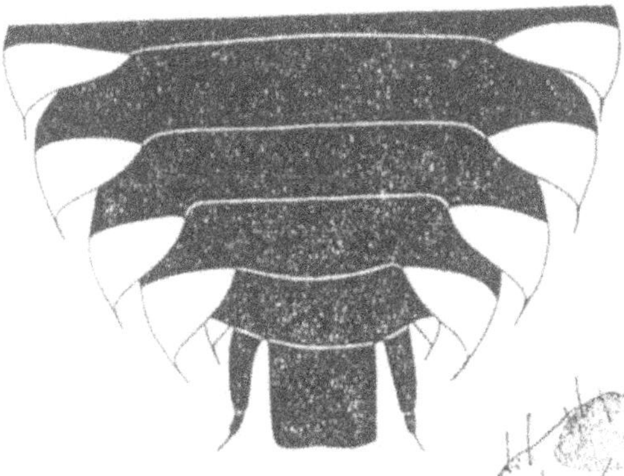
66

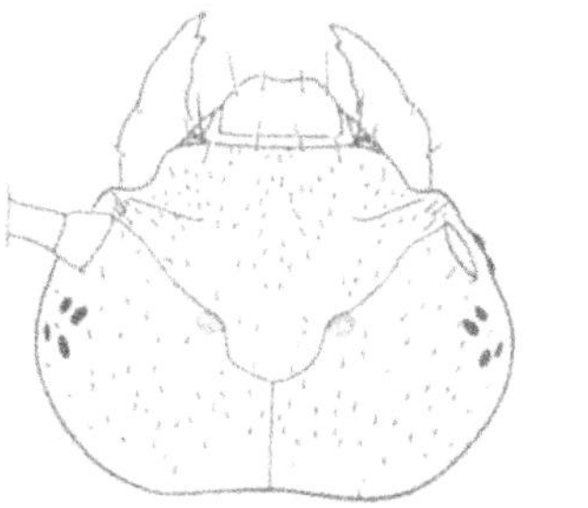
67

68

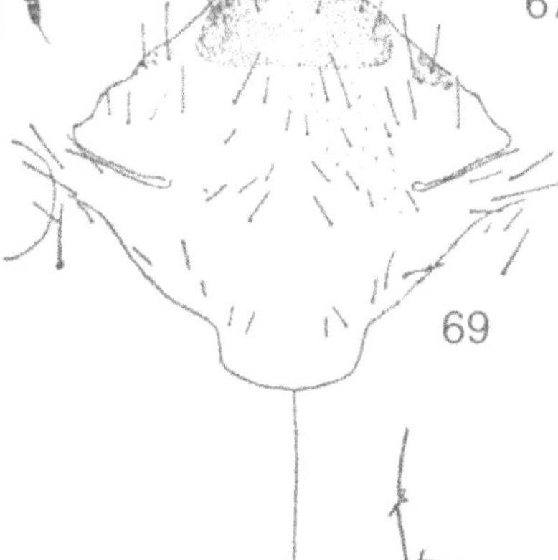
69

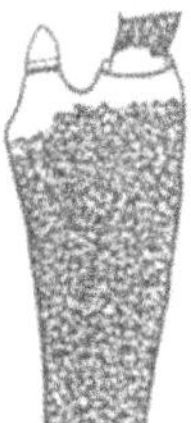
70

71

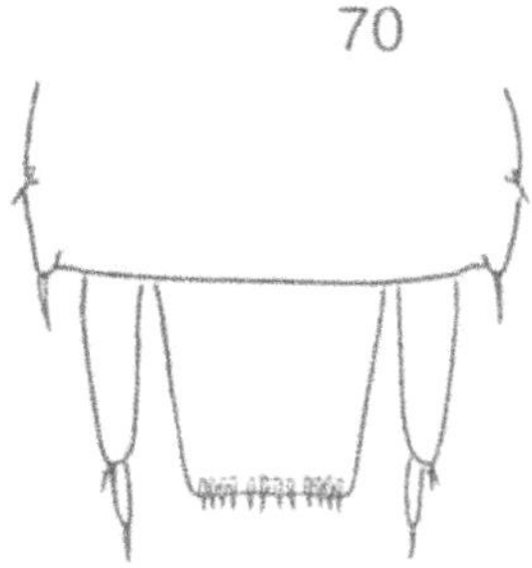
72

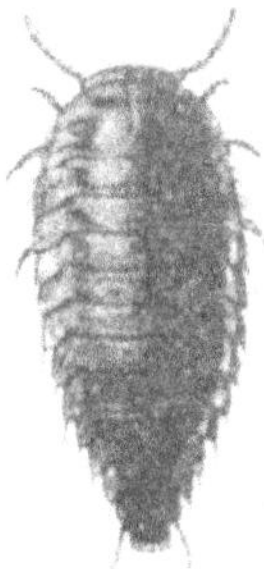
73

74

75

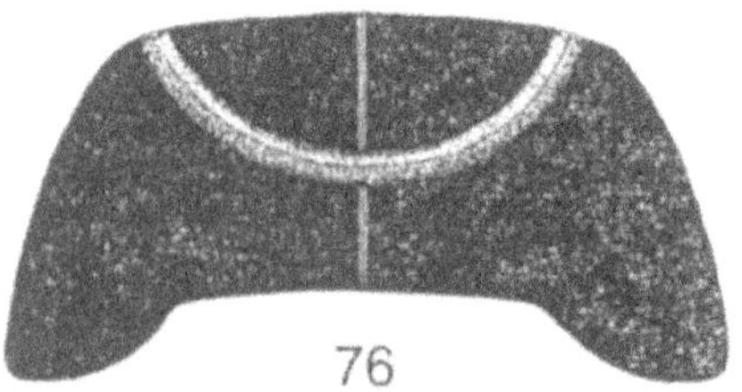
76

77a

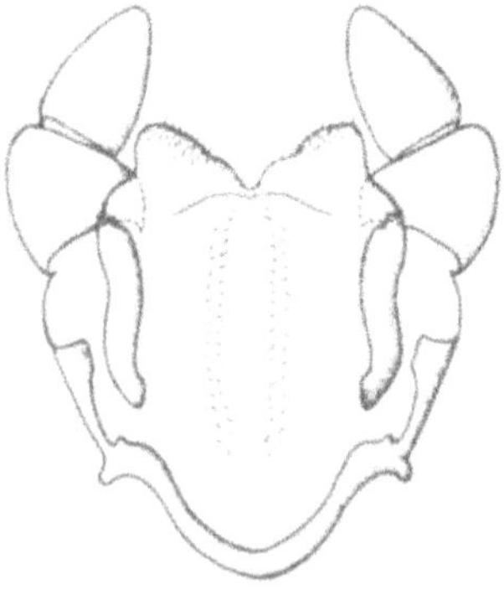
77b

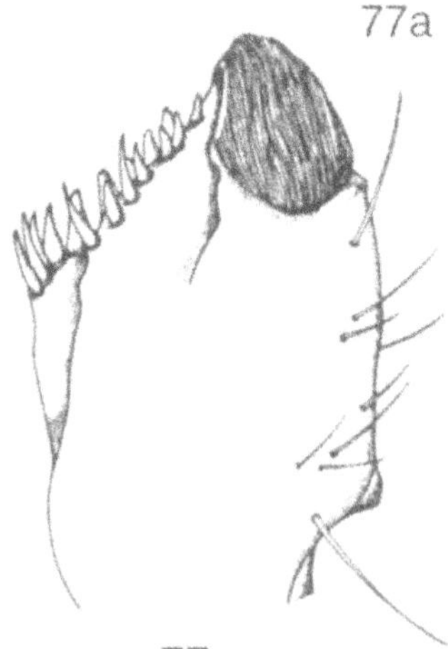
77c

5. Gattung: *Blitophaga* REITTER

(wird der Gattung *Aclypea* REITTER zugeordnet)

Tabelle für die Arten (nach GHILAROV 1964)

1 Der Körper verschmälert sich nach hinten in gerader Linie (Abb. 79, 80). Die Breite des 1.–3. Abdominalsegmentes nimmt von vorn nach hinten deutlich ab (Abb. 79, 80). Breite des 8. Abdominalsegmentes geringer als die Hälfte der maximalen Körperbreite (Abb. 79, 80).
undata (O. F. MÜLLER)

1* Körperseiten ebenfalls nach hinten verschmälert, aber an den Seiten gebogen (Abb. 73–75). 1.–3. Abdominalsegment fast von gleicher Breite (Abb. 73–75). 8. Abdominalsegment mehr als halb so breit wie die größte Körperbreite (Abb. 74, 75). *opaca* (LINNAEUS)

Tabelle zur Unterscheidung der Larvenstadien von *Blitophaga opaca*. Maße in mm (durchschnittliche Werte). Nach HEYMONS, VON LENGERKEN & BAYER (1929).

Stadium	Körperlänge	Kopfkapselbreite	Antenne 1. Glied	Antenne 2. Glied	Antenne 3. Glied	Urogomphi 1. Glied	Urogomphi 2. Glied	Urogomphi Endborste
L_1	5,0	1,11	0,29	0,30	0,42	0,22	0,10	0,17
L_2	8,0	1,55	0,43	0,41	0,48	0,32	0,13	0,06
L_3	11,0	2,20	0,61	0,56	0,62	0,50	0,15	0,08

Tabelle zur Unterscheidung der Larvenstadien von *Blitophaga undata*. Maße in mm (durchschnittliche Werte). Nach HEYMONS, VON LENGERKEN & BAYER (1930).

Stadium	Körperlänge min.	Körperlänge Durchschnitt	Körperlänge max.	Körperbreite	Kopfkapselbreite	Antenne 1. Glied	Antenne 2. Glied	Antenne 3. Glied	Urogomphi 1. Glied	Urogomphi 2. Glied	Urogomphi Endborste
L_1	6,0	7,5	10,0	3,0	1,59	0,36	0,41	0,52	0,28	0,08	
L_2	11,0	12,8	14,0	4,0	2,00	0,57	0,53	0,54	0,44	0,07	
L_3	14,0	17,8	21,0	6,0	2,64	0,76	0,63	0,64	0,60	0,09	

Abb. 73: *Blitophaga opaca*, L_1, Habitus, dorsal (aus HEYMONS, VON LENGERKEN & BAYER 1929)
Abb. 74: *Blitophaga opaca*, L_2, Habitus, dorsal (aus HEYMONS, VON LENGERKEN & BAYER 1929)
Abb. 75: *Blitophaga opaca*, L_3, Habitus, dorsal (aus HEYMONS, VON LENGERKEN & BAYER 1929)
Abb. 76: *Blitophaga opaca*, Prothorax, dorsal (aus KLAUSNITZER & ZERCHE 1978)
Abb. 77a: *Blitophaga opaca*, Klaue (aus KLAUSNITZER & ZERCHE 1978)
Abb. 77b: *Blitophaga opaca*, Labium (nach einer Vorlage von JESSOP)
Abb. 77c: *Blitophaga opaca*, Maxille (nach einer Vorlage von JESSOP)

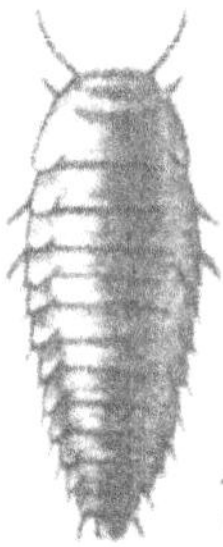
78

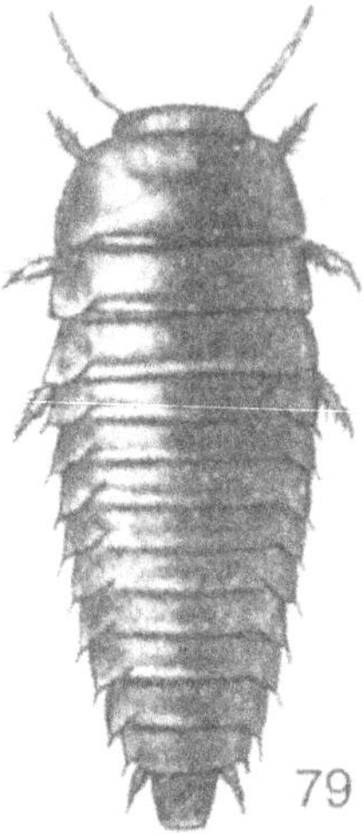
79

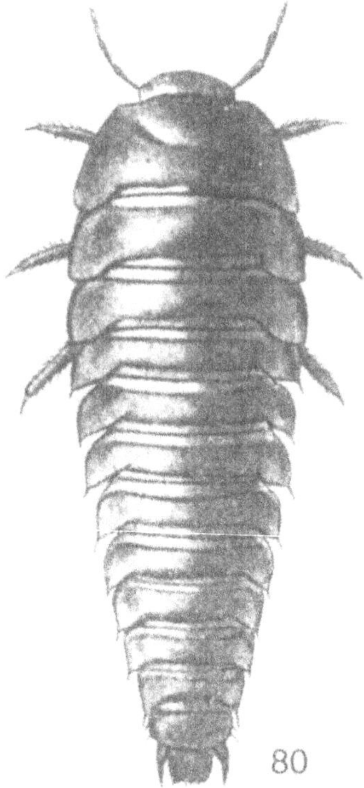
80

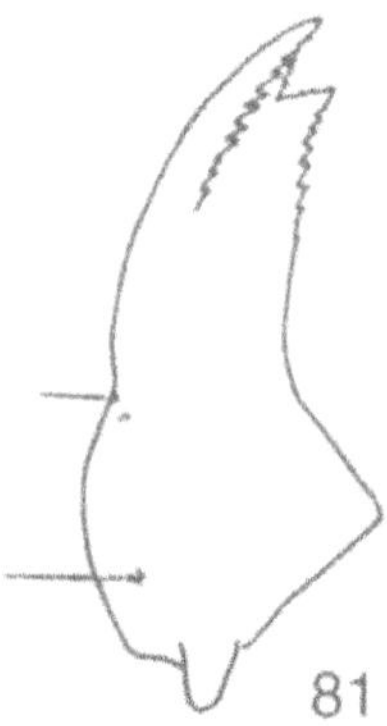
81

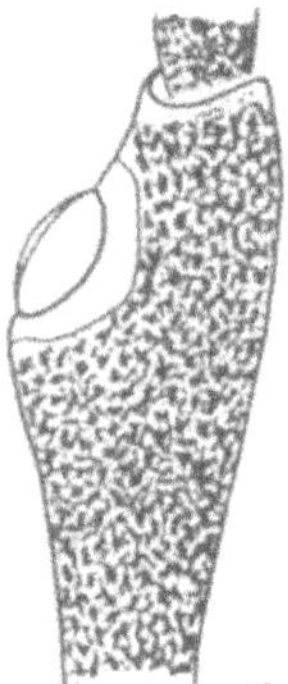
82

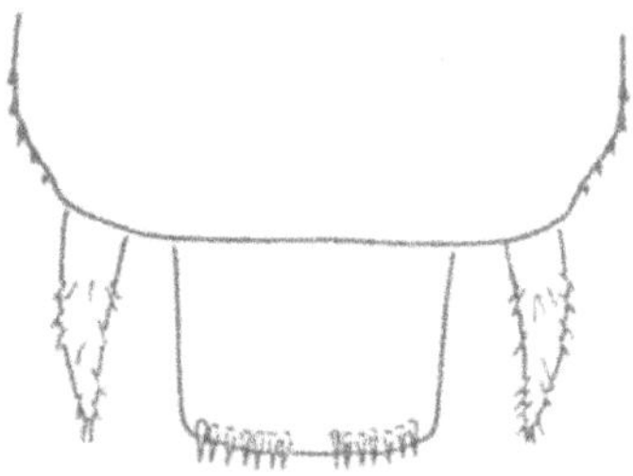
83

Abb. 78: *Blitophaga undata*, L_1, Habitus, dorsal (aus HEYMONS, VON LENGERKEN & BAYER 1930)

Abb. 79: *Blitophaga undata*, L_2, Habitus, dorsal (aus HEYMONS, VON LENGERKEN & BAYER 1930)

Abb. 80: *Blitophaga undata*, L_3, Habitus, dorsal (aus HEYMONS, VON LENGERKEN & BAYER 1930)

Abb. 81: *Aclypea bituberosa*, rechte Mandibel, ventral (aus NEWTON 1991)

Abb. 82: *Aclypea bituberosa*, 2. Antennenglied (aus ANDERSON & PECK 1985)

Abb. 83: *Aclypea bituberosa*, 9./10. Abdominalsegment, dorsal (aus ANDERSON & PECK 1985)

6. Gattung: *Xylodrepa* THOMSON

In Mitteleuropa kommt nur die räuberische Art *Xylodrepa quadrimaculata* (SCOPOLI) (= *quadripunctata* (LINNAEUS)) vor (Abb. 84–92).

Tabelle zur Unterscheidung der Larvenstadien. Maße in mm (durchschnittliche Werte). Nach HEYMONS, VON LENGERKEN & BAYER (1928).

Stadium	Körperlänge	Körperbreite	Kopfkapselbreite
L_1	10,0	3,0	1,5
L_2	16,0	4,5	1,9
L_3	23,0	6,0	2,3

7. Gattung: *Silpha* LINNAEUS

Die Arten dieser Gattung sind necrophag, z. T. auch zoophag.

1 Antennen länger als der Prothorax lang ist (Abb. 100–102). *carinata* HERBST

1* Antennen kürzer oder ebenso lang wie die Länge des Prothorax (Abb. 103–111) 2

2 Paratergite groß, breit, flügelartig, zweifarbig (Abb. 103–108). Vorderrand des Pronotum deutlich gebogen (Abb. 103–108), er bedeckt wenigstens teilweise den Kopf. Pronotum mit deutlicher Zeichnung (Abb. 103–108) 3

2* Paratergite deutlich weniger ausgebildet, einfarbig (Abb. 109–111). Vorderrand des Pronotum fast gerade oder schwach ausgebuchtet (Abb. 109–111), er bedeckt den Kopf nahezu nicht. Pronotum einfarbig (Abb. 109–111). *tyrolensis* LAICHARTING

3 Körper einfarbig dunkel bis schwarz, nur Paratergite mit heller Zeichnung (Abb. 106–108). *tristis* ILLIGER

3* Körper relativ hell, mit dunkler Zeichnung (Abb. 103–105). *obscura* LINNAEUS

Tabelle zur Unterscheidung der Larvenstadien von *Silpha carinata*. Maße in mm (durchschnittliche Werte). Nach HEYMONS & VON LENGERKEN (1932).

Stadium	Körperlänge			Körperbreite	Kopfkapselbreite	Antenne			Urogomphi		
	min.	Durchschnitt	max.			1. Glied	2. Glied	3. Glied	1. Glied	2. Glied	Endborste
L_1	9,0	10,96	11,7	4,59	1,55	0,85	0,80	1,05	0,80	0,55	0,50
L_2	14,1	16,5	17,9	5,8	2,05	1,30	0,75	1,35	0,80	0,60	0,40
L_3	18,6	20,9	24,8	7,4	2,40	1,60	0,60	1,50	0,70	0,70	

84

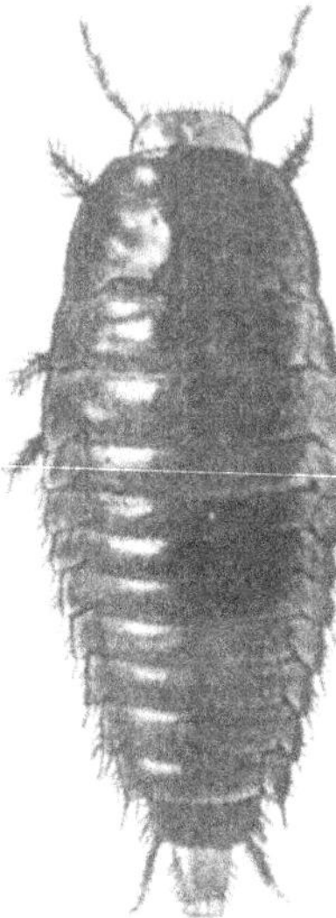
85

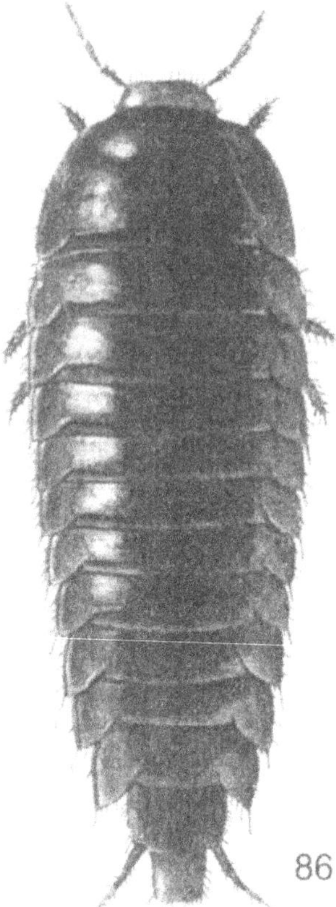
86

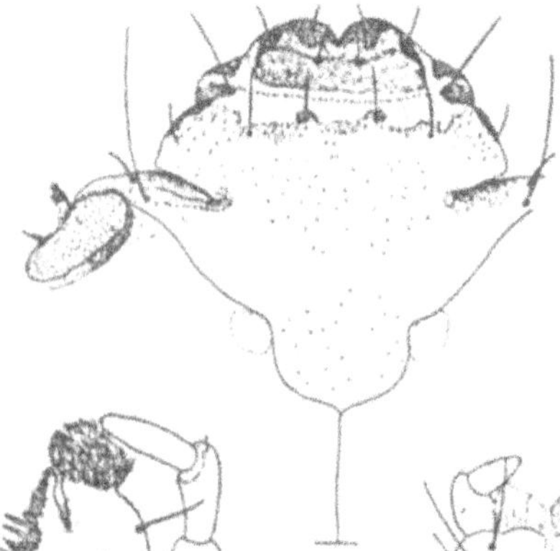
87

88

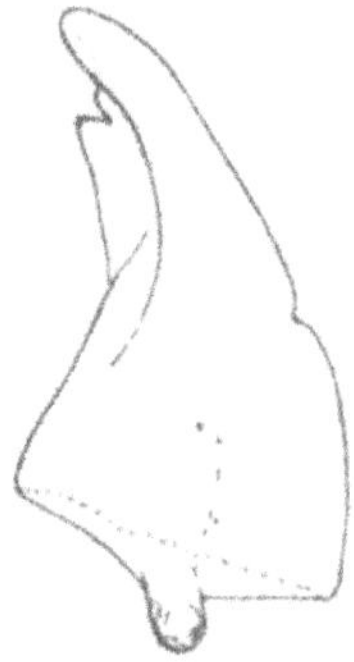
89

90

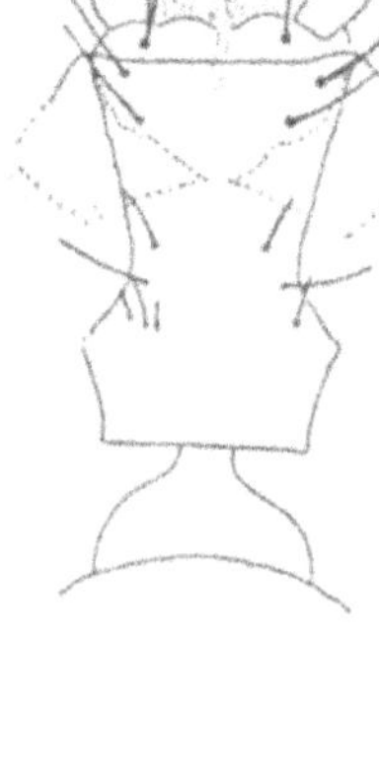
91

92

Tabelle zur Unterscheidung der Larvenstadien von *Silpha obscura*. Maße in mm (durchschnittliche Werte). Nach HEYMONS, VON LENGERKEN & BAYER (1926).

Stadium	Körperlänge	Kopfkapselbreite
L_1	7 – 8	1,3
L_2	15	2,0
L_3	19 – 20	4,0

Tabelle zur Unterscheidung der Larvenstadien von *Silpha tristis*. Maße in mm (durchschnittliche Werte). Nach HEYMONS & VON LENGERKEN (1934).

Stadium	Körperlänge	Körperbreite	Kopfkapselbreite	Antenne			Urogomphi		
	Durchschnitt			1. Glied	2. Glied	3. Glied	1. Glied	2. Glied	Endborste
L_1	10,0	4,0	1,43	0,53	0,52	0,76	0,59	0,43	0,26
L_2	15,0	5,5	1,89	0,86	0,69	1,07	0,86	0,52	0,19
L_3	20,0	6,0	2,44	0,95	0,77	1,10	1,03	0,52	0,15

Tabelle zur Unterscheidung der Larvenstadien von *Silpha tyrolensis*. Maße in mm (durchschnittliche Werte). Nach HEYMONS, VON LENGERKEN & BAYER (1929).

Stadium	Körperlänge	Körperbreite	Kopfkapselbreite	Antenne			Urogomphi		
	Durchschnitt			1. Glied	2. Glied	3. Glied	1. Glied	2. Glied	Endborste
L_1	8,0	4,0	1,50	0,53	0,52	0,69	0,52	0,36	0,22
L_2	14,0	5,5	2,19	0,74	0,71	0,86	0,75	0,34	
L_3	20,0	7,5	2,69	0,86	0,69	0,91	0,93	0,34	

Abb. 84: *Xylodrepa quadrimaculata*, L_1, Habitus, dorsal (aus HEYMONS, VON LENGERKEN & BAYER 1928)
Abb. 85: *Xylodrepa quadrimaculata*, L_2, Habitus, dorsal (aus HEYMONS, VON LENGERKEN & BAYER 1928)
Abb. 86: *Xylodrepa quadrimaculata*, L_3, Habitus, dorsal (aus HEYMONS, VON LENGERKEN & BAYER 1928)
Abb. 87: *Xylodrepa quadrimaculata*, Frontoclypeus (aus BYZOVA 1964)
Abb. 88: *Xylodrepa quadrimaculata*, Antenne (aus BYZOVA 1964)
Abb. 89: *Xylodrepa quadrimaculata*, Mandibel (aus BYZOVA 1964)
Abb. 90: *Xylodrepa quadrimaculata*, Maxille (aus BYZOVA 1964)
Abb. 91: *Xylodrepa quadrimaculata*, Labium (aus BYZOVA 1964)
Abb. 92: *Xylodrepa quadrimaculata*, Klaue (aus KLAUSNITZER & ZERCHE 1978)

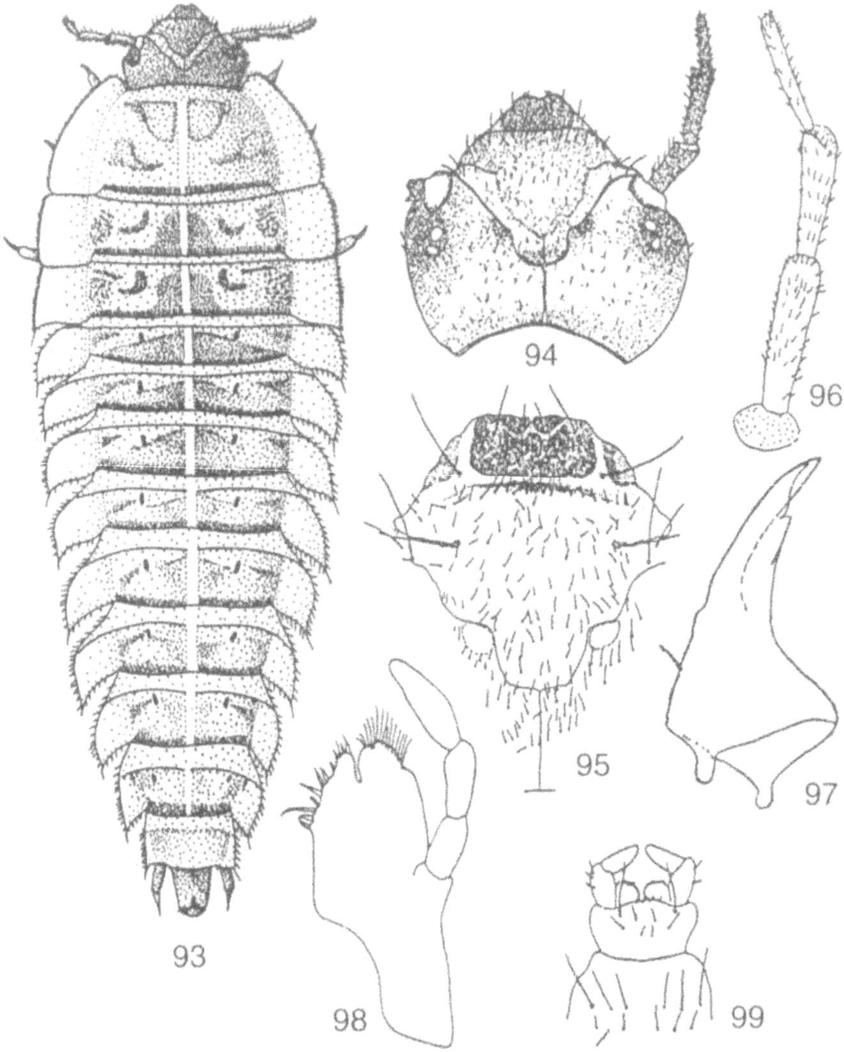

Abb. 93: *Silpha* sp., Habitus, dorsal (aus BÖVING & CRAIGHEAD 1931)
Abb. 94: *Silpha* sp., Kopfkapsel, dorsal (aus BÖVING & CRAIGHEAD 1931)
Abb. 95: *Silpha obscura,* Frontoclypeus (aus BYZOVA 1964)
Abb. 96: *Silpha obscura,* Antenne (aus BYZOVA 1964)
Abb. 97: *Silpha obscura,* Mandibel (aus BYZOVA 1964)
Abb. 98: *Silpha obscura,* Maxille (aus KLAUSNITZER & ZERCHE 1978)
Abb. 99: *Silpha obscura,* Labium (aus BYZOVA 1964)

8. Gattung: *Ablattaria* REITTER

In Mitteleuropa nur *Ablattaria laevigata* (FABRICIUS) (Abb. 112–114), die vorwiegend von Schnecken lebt.

Tabelle zur Unterscheidung der Larvenstadien von *Ablattaria laevigata*. Maße in mm (durchschnittliche Werte). Nach HEYMONS & VON LENGERKEN (1932).

Stadium	Körperlänge	Kopfkapselbreite	Antenne			Urogomphi		
	Durchschnitt		1. Glied	2. Glied	3. Glied	1. Glied	2. Glied	Endborste
L_1	7,5	8,5	10,0	3,2	1,0	0,5	0,5	0,8
L_2	10,0	13,1	15,3	4,0	1,4	0,8	0,8	0,1
L_3	15,8	19,4	24,0	5,6	2,5	1,2	1,2	1,7

9. Gattung: *Phosphuga* LEACH

In Mitteleuropa lebt nur *Phosphuga atrata* (LINNAEUS) (Abb. 115–118), die sich von Schnecken ernährt.

Tabelle zur Unterscheidung der Larvenstadien von *Phosphuga atrata*. Maße in mm (durchschnittliche Werte). Nach HEYMONS, VON LENGERKEN & BAYER (1927).

Stadium	Körperlänge	Kopfkapselbreite	Antenne			Urogomphi		
	Durchschnitt		1. Glied	2. Glied	3. Glied	1. Glied	2. Glied	Endborste
L_1	9,3	1,0	0,72	0,72	1,0	0,2	0,1	0,18
L_2	12,2	1,3	0,9	0,9	1,2	0,3	0,08	0,08
L_3	16,6	1,5	1,2	1,2	1,4	0,4	0,11	0,09

Literatur

ANDERSON, R. S. & B. PECK (1985): The Carrion Beetles of Canada and Alaska. Coleoptera: Silphidae and Agyrtidae. – The Insects and Arachnids of Canada, Part 13, Edmonton, Ottawa.

BÖVING, A. G. & K. CRAIGHEAD (1931): An illustrated synopsis of the principal larval forms of the order Coleoptera. – Ent. Amer. 11 (N.S.): 1–351.

BYZOVA, JU. B. (1964): Silphidae. In: GHILAROV, M. S.: Bestimmungsbuch für bodenbewohnende Insektenlarven. – Moskau (russisch).

CROWSON, R. A. (1967): The natural classification of the families of Coleoptera. – Hampton, Middlesex.

DORSAY, C. K. (1940): A comparative study of the larvae of six species of *Silpha*. – Annl. Ent. Soc. America 33: 120–139.

HENRIKSEN, K. (1922): Larver. In: HANSEN, V.: Biller V. Aadsebiller, Stumpbiller m. m. – Danmarks Fauna, Kobenhavn.

HEYMONS, R. & H. VON LENGERKEN (1930): Studien über die Lebenserscheinungen der Silphini (Col.). VII. *Oeceoptoma thoracica* L. – Z. Morph. Ökol. Tiere 20: 691–706.

100

101

102

103

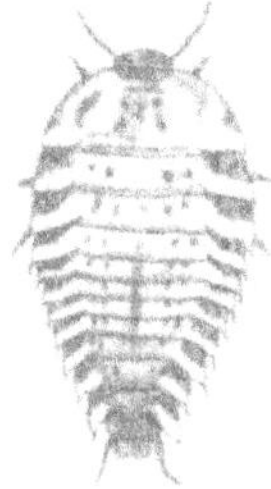

104

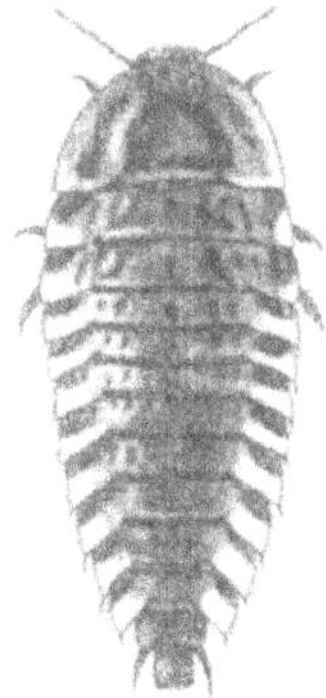

105

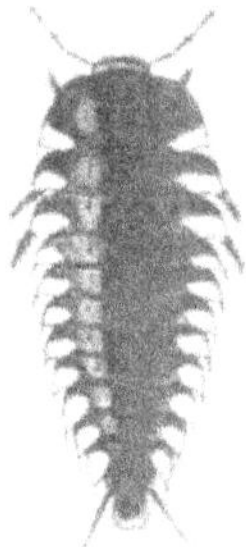

106

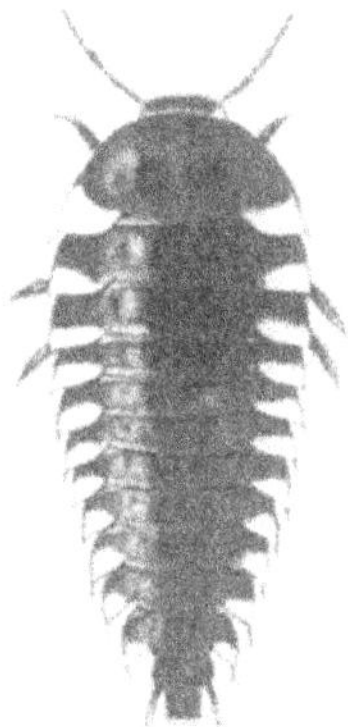

107

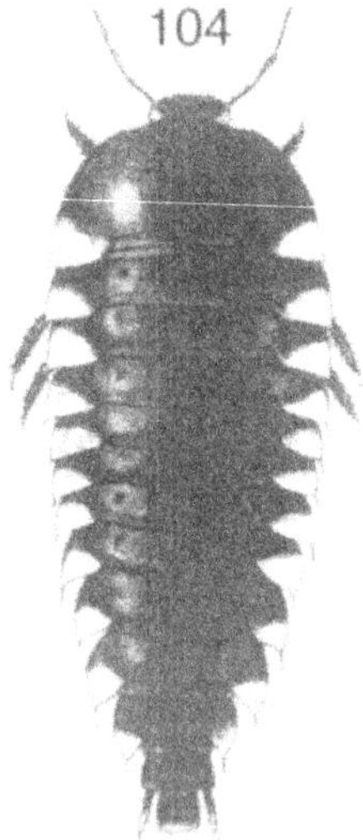

108

109

110

111

HEYMONS, R. & H. VON LENGERKEN (1932): Studien über die Lebenserscheinungen der Silphini (Col.). VIII. *Ablattaria laevigata* F. – Z. Morph. Ökol. Tiere 24: 259–287.

HEYMONS, R. & H. VON LENGERKEN (1932): Studien über die Lebenserscheinungen der Silphini (Col.). IX. *Silpha carinata* F. – Z. Morph. Ökol. Tiere 25: 534–548.

HEYMONS, R. & H. VON LENGERKEN (1934): Studien über die Lebenserscheinungen der Silphini (Col.). X. *Silpha tristis* ILLIG. – Z. Morph. Ökol. Tiere 28: 469–479.

HEYMONS, R., LENGERKEN, H. VON & M. BAYER (1926): Studien über die Lebenserscheinungen der Silphini (Col.). I. *Silpha obscura* L. – Z. Morph. Ökol. Tiere 6: 287–332.

HEYMONS, R., LENGERKEN, H. VON & M. BAYER (1927): Studien über die Lebenserscheinungen der Silphini (Col.). II. *Phosphuga atrata* L. – Z. Morph. Ökol. Tiere 9: 271–312.

HEYMONS, R., LENGERKEN, H. VON & M. BAYER (1928): Studien über die Lebenserscheinungen der Silphini (Col.). III. *Xylodrepa quadripunctata* L. – Z. Morph. Ökol. Tiere 10: 330–352.

HEYMONS, R., LENGERKEN, H. VON & M. BAYER (1929): Studien über die Lebenserscheinungen der Silphini (Col.). IV. *Blitophaga opaca* L. (Glattstreifiger Rübenaaskäfer) – Z. Morph. Ökol. Tiere 14: 234–260.

HEYMONS, R., LENGERKEN, H. VON & M. BAYER (1930): Studien über die Lebenserscheinungen der Silphini (Col.). V. *Silpha tyrolensis* LAICH. – Z. Morph. Ökol. Tiere 17: 262–274.

HEYMONS, R., LENGERKEN, H. VON & M. BAYER (1930): Studien über die Lebenserscheinungen der Silphini (Col.). VI. *Blitophaga undata* MÜLL. (Buckelstreifiger Rübenaaskäfer) – Z. Morph. Ökol. Tiere 18: 170–188.

KARSCH, F. (1884): Bestimmungstabellen von Insecten – Larven. – Ent. Nachr. Berlin 10: 221–229.

KLAUSNITZER, B. & L. ZERCHE (1978): Silphidae. In: KLAUSNITZER, B.: Bestimmungsbücher zur Bodenfauna Europas, Lieferung 10, Ordnung Coleoptera (Larven). – W. Junk, The Hague.

LAWRENCE, J. F. & A. F. NEWTON Jr. (1995): Families and subfamilies of Coleoptera (with selected genera, notes, references and data on family-group names). – In: PAKALUK, J. & S. A. SLIPINSKI (eds.): Biology, Phylogeny, and Classification of Coleoptera: Papers Celebrating the 80th Birthday of ROY A. CROWSON, Warszawa.

LENGERKEN, H. VON (1929): Studien über die Lebenserscheinungen der Silphini (Col.). XI–XIII. *Thanatophilus sinuatus* F., *rugosus* L. und *dispar* HRBST. – Z. Morph. Ökol. Tiere 14: 654–666.

NEWTON, A. F. (1991): Silphidae (Staphylinoidea). – In: STEHR, F. W., Immature Insects. Volume 2. – Kendall, Iowa.

PAULIAN, R. (1941): Les premiers états des Staphylinoidea (Coleoptera). Etude de morphologie comparée. – Mém. Mus. national d'hist. nat. (N. S.) 15: 1–361.

PETERSON, A. (1957): Larvae of Insects. Part II. – Ann Arbor, Michigan.

PUKOWSKI, E. (1933): Ökologische Untersuchungen an *Necrophorus* F. (Col., Silphidae) – Z. morphol. Ökol. Tiere 27: 518–586.

PUKOWSKI, E. (1934): Zur Systematik der *Necrophorus* – Larven (Col., Silphidae). – Stettin. Ent. Ztg. 95: 53–60.

ROUSSEL, J. P. (1964a): Le développement larvaire de *Necrophorus vespillo* L. (Col., Silphidae) – Bull. soc. zool. Fr. 89: 102–110.

Abb. 100: *Silpha carinata*, L_1, Habitus, dorsal (aus HEYMONS & VON LENGERKEN 1932)
Abb. 101: *Silpha carinata*, L_2, Habitus, dorsal (aus HEYMONS & VON LENGERKEN 1932)
Abb. 102: *Silpha carinata*, L_3, Habitus, dorsal (aus HEYMONS & VON LENGERKEN 1932)
Abb. 103: *Silpha obscura*, L_1, Habitus, dorsal (aus HEYMONS & VON LENGERKEN 1926)
Abb. 104: *Silpha obscura*, L_2, Habitus, dorsal (aus HEYMONS & VON LENGERKEN 1926)
Abb. 105: *Silpha obscura*, L_3, Habitus, dorsal (aus HEYMONS & VON LENGERKEN 1926)
Abb. 106: *Silpha tristis*, L_1, Habitus, dorsal (aus HEYMONS & VON LENGERKEN 1934)
Abb. 107: *Silpha tristis*, L_2, Habitus, dorsal (aus HEYMONS & VON LENGERKEN 1934)
Abb. 108: *Silpha tristis*, L_3, Habitus, dorsal (aus HEYMONS & VON LENGERKEN 1934)
Abb. 109: *Silpha tyrolensis* L_1, Habitus, dorsal (aus HEYMONS & VON LENGERKEN 1930)
Abb. 110: *Silpha tyrolensis* L_2, Habitus, dorsal (aus HEYMONS & VON LENGERKEN 1930)
Abb. 111: *Silpha tyrolensis* L_3, Habitus, dorsal (aus HEYMONS & VON LENGERKEN 1930)

112

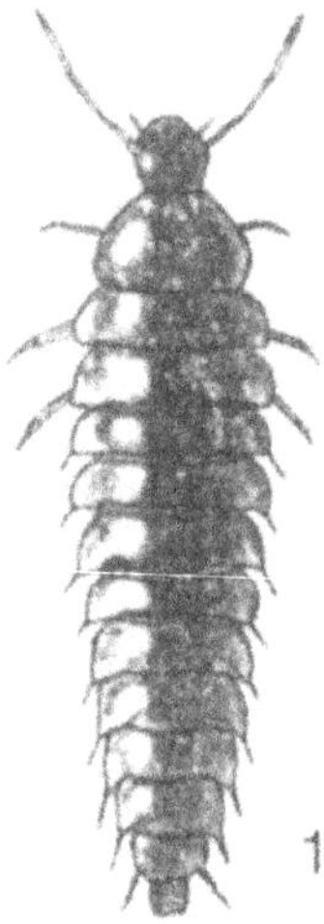
113

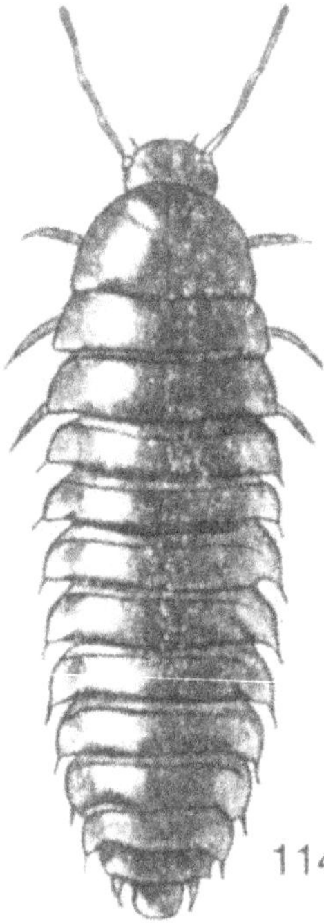
114

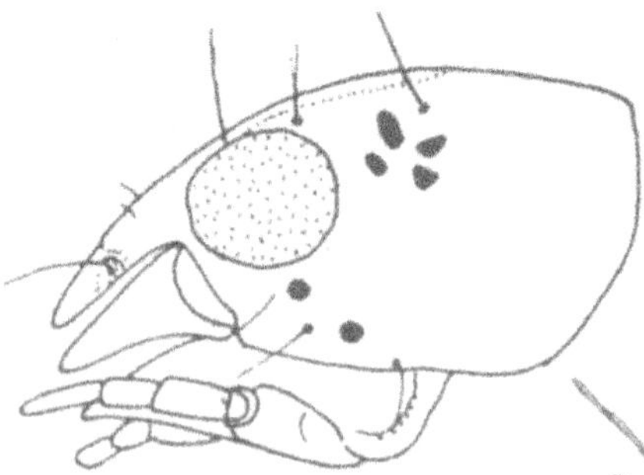
118

115

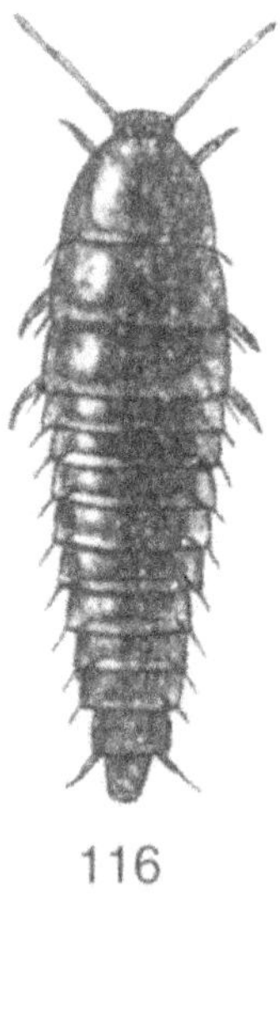
116

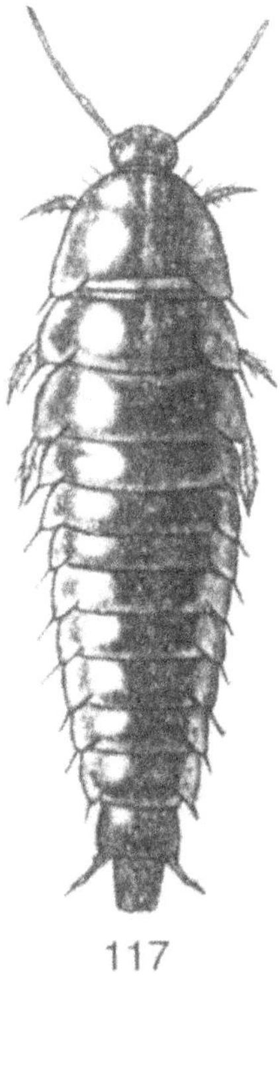
117

ROUSSEL, J. P. (1964b): Le développement larvaire de *Necrophorus fossor* ER. (Col., Silphidae) - Bull. soc. zool. Fr. 89: 111–117.
RŮŽIČKA, J. (1992): The immature stages of central European species of *Nicrophorus* (Col., Silphidae). - Acta Ent. Bohemoslov. 89: 113–135.

Abb. 112: *Ablattaria laevigata,* L_1, Habitus, dorsal, (aus HEYMONS & VON LENGERKEN 1931)
Abb. 113: *Ablattaria laevigata,* L_2, Habitus, dorsal, (aus HEYMONS & VON LENGERKEN 1931)
Abb. 114: *Ablattaria laevigata,* L_3, Habitus, dorsal, (aus HEYMONS & VON LENGERKEN 1931)
Abb. 115: *Phosphuga atrata,* L_1, Habitus, dorsal (aus HEYMONS, VON LENGERKEN & BAYER 1927)
Abb. 116: *Phosphuga atrata,* L_2, Habitus, dorsal (aus HEYMONS, VON LENGERKEN & BAYER 1927)
Abb. 117: *Phosphuga atrata,* L_3, Habitus, dorsal (aus HEYMONS, VON LENGERKEN & BAYER 1927)
Abb. 118: *Phosphuga atrata,* Kopfkapsel, lateral (aus ZWICK 1981)

19a. Familie: Agyrtidae

von BERNHARD KLAUSNITZER und PETER ZWICK

(Abb. 1–11)

Die wesentlichste Quelle für die Kenntnis der Larven der Agyrtidae ist nach wie vor die Arbeit von ZWICK (1981) über *Necrophilus subterraneus*. Leider ist später nichts näheres über die Larven der anderen Arten bekannt geworden, so daß die Bearbeitung dieser Familie im ganzen noch unbefriedigend ist.

Charakteristik der Familie nach larvalen Merkmalen:

Körper langgestreckt (Abb. 1), ± parallelseitig, am Metathorax am breitesten, nahezu rund; gerade, höchstens schwach nach der Ventralseite gebogen. Schwach bis stärker sklerotisiert, glatt, mit kurzen Dörnchen oder Körnchen, locker von einfachen Borsten bedeckt (Abb. 1). Körperlänge 8–20 mm. Stigmen annular oder annular-biforat, Schließapparat vorhanden (NEWTON 1991).

Kopf prognath, vorgestreckt, rundlich, ohne abgesetzten Hals (Abb. 1–3). Epicranialnaht kurz, Frontalnaht V-förmig bis Lyra-förmig (Abb. 1, 2). Endocarina fehlt. Gula transvers (Abb. 3). 6 gut entwickelte Stemmata auf jeder Seite der Kopfkapsel (Abb. 4).

Antennen dreigliedrig (Abb. 6), 0,6–1,4 mal so lang wie die Kopfkapsel breit ist. Auf dem 2. Glied befinden sich 2 Sensillen (Abb. 6). Frontoclypealnaht fehlt, Clypeus und Frons sind zu einem Frontoclypeus verschmolzen (Abb. 2). Labrum frei, auf dem Vorderrand befinden sich 6 gedrungene kegelförmige Sensillen (Abb. 2, 5). Tormae vorhanden (Abb. 5).

Mandibeln mit großer Mola, die eine Reihe von Hakenzähnen trägt und nach vorn abgerundet oder zahnartig abgesetzt ist; worauf noch eine Borstengruppe folgt (Abb. 7). Incisivus ungeteilt, dahinter ein großer und mehrere kleine Zähne. Mala lang, im Spitzendrittel in eine Lacinia und Galea geteilt (Abb. 8). Galea mit 2 langen borstenförmigen Sensillen und einer apikalen Franse von 2–5 Borsten-Reihen (Abb. 8). Lacinia sichelförmig, am Innenrand mit einer Reihe kräftiger Borsten (Abb. 8). Cardo transvers, geteilt, Stipes länglich (Abb. 8). Maxillarpalpen dreigliedrig (Abb. 8). Labium aus Praementum, Mentum und Submentum bestehend, das Mentum mit 2 auffällig langen Borsten (Abb. 9). Labialpalpen zweigliedrig. Ligula kürzer oder länger als das 1. Glied des Labialpalpus, Spitze zweilappig (Abb. 9).

Tergite und Sternite des Thorax mit einer oder mehreren sklerotisierten Platten. Prothorax viel länger als Meso- und Metathorax (Abb. 1). Zwischen Pro- und Mesothorax befindet sich das einzige thorakale Stigma. Beine kräftig, mit allen Gliedern (Abb. 10), sie überragen den Körperrand deutlich (Abb. 1). Klauen mit 2 Borsten (ventral und dorsolateral) (Abb. 10).

Abdomen mit 10 von oben sichtbaren Segmenten, 1,5 bis 2mal so lang wie der Thorax (Abb. 1). Abdominalsegmente ebenfalls von Tergiten und Sterniten bedeckt, die aus einer oder mehreren sklerotisierten Platten bestehen. 1.–8. Abdominalsegment mit Stigmen. Urogomphi relativ lang, zweigliedrig. Analregion terminal gerichtet. Analloben membranös, mit zahlreichen feinen Zähnchen (NEWTON 1991).

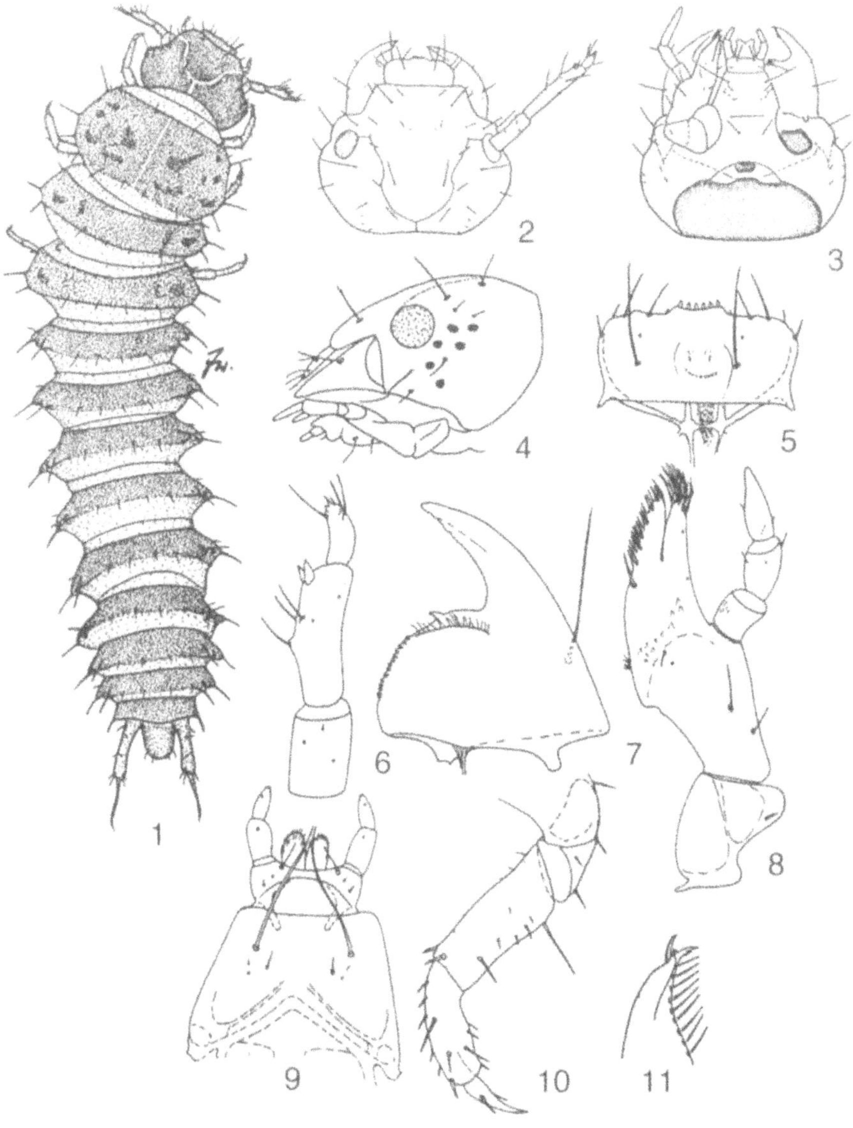

Abb. 1: *Necrophilus subterraneus,* Habitus, dorsal (aus ZWICK 1981)
Abb. 2: *Necrophilus pettiti,* Kopfkapsel, dorsal (aus NEWTON 1991)
Abb. 3: *Necrophilus pettiti,* Kopfkapsel, ventral (aus NEWTON 1991)
Abb. 4: *Necrophilus subterraneus,* Kopfkapsel, lateral (aus ZWICK 1981)
Abb. 5: *Necrophilus subterraneus,* Labrum (aus ZWICK 1981)
Abb. 6: *Necrophilus subterraneus,* rechte Antenne (aus ZWICK 1981)
Abb. 7: *Necrophilus subterraneus,* Mandibel (aus ZWICK 1981)
Abb. 8: *Necrophilus subterraneus,* Maxille (aus ZWICK 1981)
Abb. 9: *Necrophilus subterraneus,* Labium (aus ZWICK 1981)
Abb. 10: *Necrophilus subterraneus,* Mittelbein (aus ZWICK 1981)
Abb. 11: *Pteroloma nebrioides* ? Maxille, Spitze (aus NEWTON 1991)

1. Gattung: *Pteroloma* GYLLENHAL

In Mitteleuropa kommt nur *Pteroloma forsstroemii* (GYLLENHAL) vor, dessen Larve unbekannt ist. Bei NEWTON (1991) findet sich die Abbildung des Spitzenteils einer Maxille von *P. nebrioides* BROWN aus Nordamerika (Abb. 11).

2. Gattung: *Necrophilus* LATREILLE

Die Larve von *Necrophilus subterraneus* (DAHL) wurde von ZWICK (1981) beschrieben (Abb. 1, 4–10). Im folgenden werden einige Körpermaße aus dieser Arbeit zitiert. NEWTON (1991) bildet Details der Larve von *N. pettiti* HORN aus Nordamerika ab, die hier zusätzlich zur Charakteristik der Gattung herangezogen werden (Abb. 2, 3).

Maß	L_1	L_2	L_3
Körperlänge [mm]	5,0	6,5	9,5
Breite im Bereich des Thorax [mm]	1,2	1,7	2,4

3. Gattung: *Ecanus* STEPHENS

Die Larve von *Ecanus glaber* (FABRICIUS) ist bisher unbekannt.

4. Gattung: *Agyrtes* FRÖLICH.

Die Larven der beiden in Mitteleuropa lebenden Arten der Gattung *Agyrtes* sind nicht bekannt.

Literatur

CROWSON, R. A. (1967): The natural classification of the families of Coleoptera. – Hampton, Middlesex.

LAWRENCE, J. F. & A. F. NEWTON Jr. (1995): Families and subfamilies of Coleoptera (with selected genera, notes, references and data on family-group names). – In: PAKALUK, J. & S. A. ŚLIPINSKI (eds.): Biology, Phylogeny, and Classification of Coleoptera: Papers Celebrating the 80th Birthday of ROY A. CROWSON, Warszawa.

NEWTON, A. F. (1991): Agyrtidae (Staphylinoidea). – In: STEHR, F. W., Immature Insects. Volume 2. – Kendall, Iowa.

WILL, F. (1886): Zur Entwicklung des *Necrophilus subterraneus* DAHL, spec. ord. col. – Ent. Nachr. Berlin 12: 209–213.

ZWICK, P. (1981): Die Jugendstadien des Käfers *Necrophilus subterraneus* (Coleoptera: Silphidae: Agyrtinae). – Beitr. Naturk. Osthessen 17: 133–140.

20. Familie: Scydmaenidae

von BERNHARD KLAUSNITZER

(Abb. 1–71)

Der folgende Text hat zwei wesentliche Wurzeln, die Arbeit von BROWN & CROWSON (1979) und die Bestimmungstabelle von SCHMID (1986), der die zuerst genannte Quelle bereits kritisch gesichtet und ergänzt hat. Es wäre wesentlich gewesen, die heutige Meinung von Herrn Dr. SCHMID zur vorliegenden Tabelle einzuholen. Dies war aber leider nicht möglich.

Charakteristik der Familie nach larvalen Merkmalen:

Körperform sehr variabel, von langgestreckt, parallelseitig und gerade (Abb. 2), über leicht abgeflacht und oval (Abb. 17) sowie stark abgeflacht und breit oval (meiste Larven) (Abb. 25, 31, 39, 47, 57), bis zu ventral eingebogen (Abb. 10) (mit der Fähigkeit, sich einzukugeln, Abb. 1, 10). Körperoberfläche ± pigmentiert und sklerotisiert, selten dorsal dunkel pigmentiert; glänzend oder mit kleinen Dörnchen bedeckt; mit feinen Borsten, z. T. auch längeren und zu Büscheln zusammengefaßten Borsten. Körperlänge adulter Larven 2 – 5 mm. Stigmen annular; lateral oder dorsolateral gelegen; ein Schließapparat ist vorhanden.

Kopf prognath, vorgestreckt (Abb. 2, 10, 17, 31, 39, 53, 63) oder zurück gezogen und unter dem Prothorax verborgen. Kopfkapsel ohne abgesetzten Hals. Epicranialnaht gerade (Abb. 18, 32, 40, 47, 54), mitunter kurz (Abb. 11, 26). Frontalnaht V-förmig oder S-förmig gekrümmt (Abb. 11, 18, 26, 32, 40, 47, 54). Endocarina fehlend oder an der Basis vorhanden. Gula fehlt. An jeder Seite der Kopfkapsel sind 4 oder 3 Stemmata vorhanden, die ± eng nebeneinander stehen (Abb. 26, 54), oder es gibt nur 1 Stemma (Abb. 1, 40, 47) oder Stemmata fehlen völlig.

Antennen dreigliedrig (Abb. 4, 13, 21, 35, 40, 48, 54, 67) oder scheinbar zweigliedrig (Abb. 60), groß, mindestens halb so lang wie die Kopfkapselbreite. 2. Glied oft keulenförmig verdickt. Sensorium auf dem 2. Glied meist groß, konisch, kuppelförmig (Abb. 13, 21, 35, 40, 48, 54, 67). 3. Glied klein bis sehr klein.

Labrum mit Kopfkapsel verschmolzen, ein Nasale (Clypeolabrum) bildend, das kleine Zähnchen tragen kann (Abb. 3, 19, 64). Mandibeln lang, schmal, meist sichelförmig (Abb. 23, 27, 34, 42, 56, 61, 65), in der Mitte mit mehreren Zähnchen (gesägt) (Abb. 5, 27, 42, 61, 65), oder 1 bis 2 etwas größeren Zähnen (Retinaculum) (Abb. 34) oder glatt (Abb. 14, 23, 56). Eine Mola ist nicht vorhanden.

Maxille und Labium bilden einen Labiomaxillarkomplex, in dem die einzelnen Teile nur wenig gegeneinander beweglich sind (Abb. 12, 20, 33, 41, 55, 66). Cardo transvers bis schräg, Stipes länglich bis quer (Abb. 49). Mala groß, rund (Abb. 28) bis abgestutzt an der Spitze (Abb. 15, 22, 36, 43, 49, 57, 62, 70), dicht behaart, nur selten leicht eingeschnitten (bei *Eutheia* in Lacinia und Galea getrennt ?, Abb. 6). Maxillarpalpen dreigliedrig (bei *Eutheia* zweigliedrig ?, Abb. 6), letztes Glied dünn und langgestreckt (Abb. 12, 22, 36, 41, 49, 55, 62, 70). Labium in Praementum, Mentum und Submentum untergliedert. Praementum bei den Cephenniini mit Klebescheiben (Abb. 16) (auch bei *Stenichnus* ?, Abb. 45, 50). Labialpalpen kurz, zweigliedrig (Abb. 7, 16, 28, 37, 44, 45, 50, 58, 69). Ligula fehlt, Vorderrand des Praementum gerade (Abb. 7, 16, 28, 44, 45, 50, 58) bis leicht konkav (Abb. 37, 69).

Sternite und Tergite der Thoraxsegmente aus einer oder mehreren sklerotisierten Platten bestehend. Mesothorax mit einem großen Stigma in antero-lateraler Position. Beine lang, Tibiotarsus zur Spitze allmählich verschmälert (Abb. 29, 30). Klauen mit 2 kräftigen Borsten (Abb. 8, 46, 51, 68).

Abdomen aus 10 Segmenten bestehend, oder scheinbar nur aus neun. Abdomen etwa doppelt so lang wie der Thorax. Sternite und Tergite der Abdominalsegmente ebenfalls aus einer oder mehreren sklerotisierten Platten bestehend. 1.–8. Abdominalsegment mit Stigmen (Abb. 2, 9), die der letzten 4 können nicht funktionsfähig sein. 9. Abdominalsegment in der Form variabel, oft birnenförmig. Urogomphi meist fehlend (Abb. 10, 17, 25, 31, 39, 52, 63), selten vorhanden, dann feststehend und sehr kurz (Abb. 53) oder lang und relativ dick (Eutheiini) (Abb. 9). 10. Abdominalsegment deutlich von oben zu sehen (Abb. 9, 17, 25, 31, 39, 53, 63) (bei den Cephenniini ist es invaginiert, Abb. 10). Es bildet ein Pygopodium, das mit (Abb. 71) oder ohne Häkchen sein kann.

Die folgende Bestimmungstabelle für die Gattungen ist als provisorisch anzusehen, Tabellen für die Arten sind derzeit noch ganz unmöglich. Es fehlen *Euthiconus* REITTER, *Chelonoidum* STRAND und *Microscydmus* SAULCY et CROISSANDEAU. Eine Überprüfung der bisherigen Kenntnisse durch Zucht wäre sehr notwendig.

Provisorische Tabelle für die Gattungen (nach BROWN & CROWSON 1979, SCHMID 1986)

1 3. Antennenglied vorhanden und ± gut sichtbar (Abb. 4, 13, 21, 26, 35, 40, 48, 54, 67) 2

1* 3. Antennenglied praktisch völlig reduziert, Sensille auf dem 2. Glied breit kuppelförmig (Abb. 40). Körper breit asselförmig mit gut entwickelten Paranota. Kopfkapsel seitlich mit mehreren Stemmata. Mandibeln mit stumpfem Incisivus, breiter Basis und bezähnelter Schneide (Abb. 61).
Euconnus THOMSON (sensu BROWN & CROWSON 1979)

2 Urogomphi vorhanden (Abb. 9, 53) 3

2* Urogomphi fehlen (Abb. 10, 17, 25, 31, 39, 52, 63) 4

3 Körper breit asselförmig, mit gut entwickelten Paranota (Abb. 53). Kopfkapsel seitlich mit 4 Paar Stemmata (Abb. 54). Epicranialnaht verhältnismäßig lang, die Frontalnähte bilden einen stumpfen Winkel (Abb. 54). Mandibeln langgestreckt, dreispitzig, mit kräftiger Basis (Abb. 56). Urogomphi kurz, winzig klein (Abb. 53). Sensille auf dem 2. Antennenglied deutlich kleiner als das 3. Glied (Abb. 54). Maxillarpalpen kurz, Endglied mit kräftiger, geschwungener Borste (Abb. 55). Mala auf der Innenseite mit einer langen Reihe kräftiger Borsten, an der Spitze mit einem großen, gekrümmten und beweglichen Zahn, einem kammartigen Fortsatz und einer Gruppe zahnartiger Fortsätze (Abb. 57).
Euconnus THOMSON (sensu SCHMID 1986)

3* Körper langgestreckt, ohne Paranota (Abb. 2, 9). Kopfkapsel ohne Stemmata. Frontalnähte und Epicranialnaht nicht erkennbar (Abb. 2, 3). Mandibeln einspitzig, sichelförmig (Abb. 5). Urogomphi groß und ungegliedert (Abb. 9). Sensille auf dem 2. Antennenglied klein, flach kuppelförmig (Abb. 4). Maxillarpalpen zweigliedrig (nach BROWN & CROWSON 1979). Maxillen mit getrennter Galea und Lacinia (Abb. 6). (eventuell Eutheiini).
Eutheia STEPHENS (sensu BROWN & CROWSON 1979)

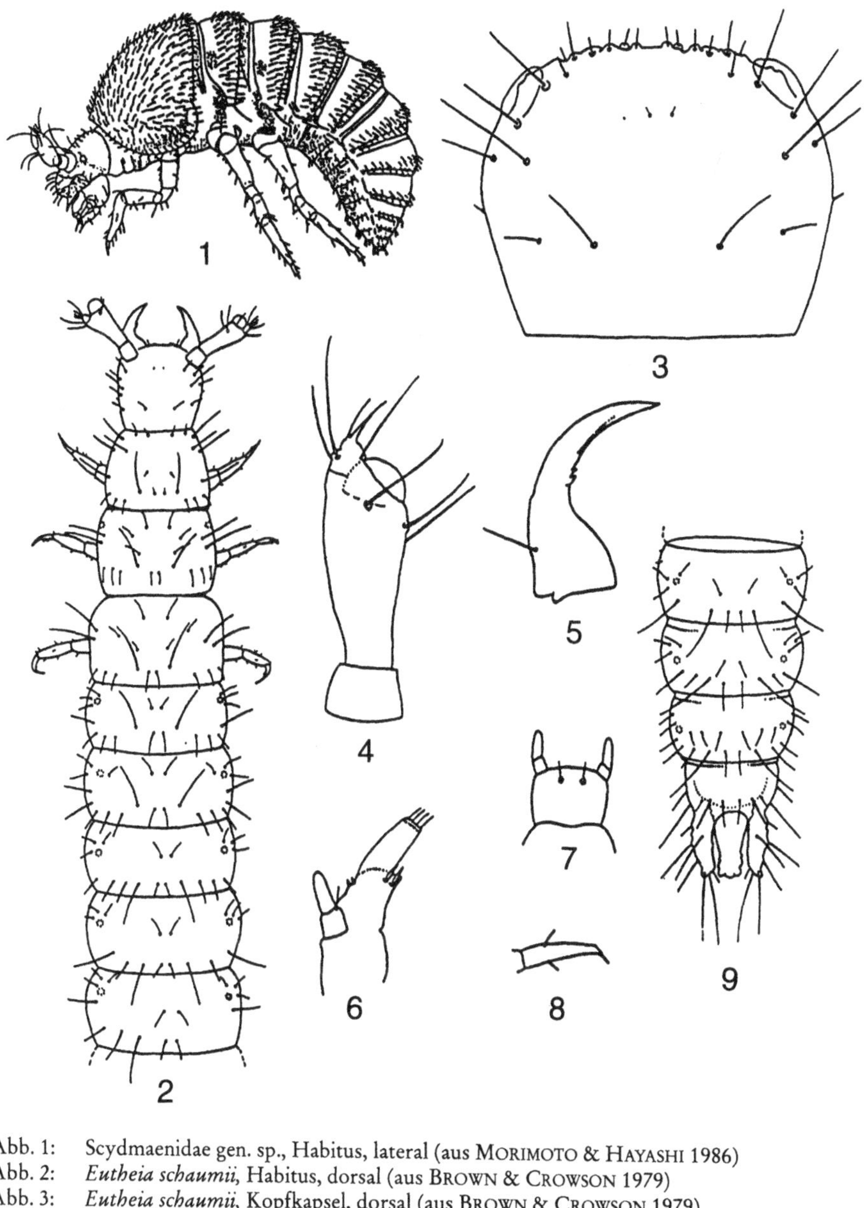

Abb. 1: Scydmaenidae gen. sp., Habitus, lateral (aus MORIMOTO & HAYASHI 1986)
Abb. 2: *Eutheia schaumii*, Habitus, dorsal (aus BROWN & CROWSON 1979)
Abb. 3: *Eutheia schaumii*, Kopfkapsel, dorsal (aus BROWN & CROWSON 1979)
Abb. 4: *Eutheia schaumii*, rechte Antenne (aus BROWN & CROWSON 1979)
Abb. 5: *Eutheia schaumii*, rechte Mandibel, ventral (aus BROWN & CROWSON 1979)
Abb. 6: *Eutheia schaumii*, rechte Maxille, ventral (aus BROWN & CROWSON 1979)
Abb. 7: *Eutheia schaumii*, Labium, dorsal (aus BROWN & CROWSON 1979)
Abb. 8: *Eutheia schaumii*, Klaue (aus BROWN & CROWSON 1979)
Abb. 9: *Eutheia schaumii*, 6.–10. Abdominalsegment, dorsal (aus BROWN & CROWSON 1979)

4 Kopfkapsel ohne Stemmata (Abb. 11, 18) 5

4* Kopfkapsel seitlich mit 1 oder 3 Paar Stemmata (Abb. 26, 40, 47) 6

5 Prothorax und 1. Abdominalsegment breit, mit sehr stark vergrößerten Tergiten (Abb. 10). Die Larven können sich einrollen. Sensille auf dem 2. Antennenglied größer als das 3. Glied, breit konisch (Abb. 13). Mandibeln klein, kräftig und stark gekrümmt, auf der Außenseite mit nach vorn gerichteten Zähnchen (Abb. 14). Praementum mit 1 Paar Klebescheiben (Saugnäpfe) auf der Innenseite (Abb. 16). Mala mit einigen kräftigen Borsten (Abb. 15). 10. Abdominalsegment nicht von der Dorsalseite sichtbar (Abb. 10), ein Pygopodium fehlt. *Cephennium* MÜLLER et KUNZE

5* Körper langgestreckt (Abb. 17). Tergite, besonders am Prothorax dicht beborstet (Abb. 17). Die Larven können sich nicht einrollen. Sensille auf dem 2. Glied größer als das lange 3. Antennenglied, nach vorn schlank zugespitzt (Abb. 21). Mandibeln schlank, sichelförmig (Abb. 23). Praementum ohne Klebescheiben (Saugnäpfe) (Abb. 24). Mala relativ dicht beborstet (Abb. 22). 10. Abdominalsegment von oben sichtbar (Abb. 17), ein Pygopodium bildend.
Neuraphes THOMSON (Untergattung *Neuraphes* s. str. ?)

6 Kopfkapsel mit 1 Paar Stemmata (Abb. 40, 47). Frontalnähte gerade oder leicht geschwungen (Abb. 40, 47). Mala an der Spitze mit wenigen sehr kräftigen Borsten (Abb. 43, 49, 70) 7

6* Kopfkapsel mit 3 Paar Stemmata (Abb. 26). Frontalnähte S-förmig gekrümmt. Mala mit langen geknöpften Borsten (Abb. 28, 36) 8

7 Körper breit asselförmig, mit gut entwickelten Paranota (Abb. 63). 8. Abdominalsegment hinten leicht eingebuchtet (Abb. 63). Mandibeln glatt und sichelförmig, nur an der Basis mit kleinen Zähnchen (Abb. 65). Praementum ohne ringförmige Haftstrukturen (Klebescheiben) (Abb. 69). Sensille auf dem 2. Antennenglied deutlich größer als das 3. Glied (Abb. 67). Pygopodium mit 2 kleinen Höckerchen und winzigen Häkchen (Abb. 71). Mala an der Spitze dicht und fein beborstet (Abb. 70).
Scydmaenus LATREILLE

7* Körper gestreckter, aber ebenfalls asselartig, mit nur wenig entwickelten Paranota (Abb. 39). 8. Abdominalsegment hinten nicht eingebuchtet (Abb. 39). Mandibeln sichelförmig und im vorderen Teil fein bezähnelt (Abb. 42). Praementum meist mit ringförmigen Haftstrukturen (Klebescheiben) (Abb. 45, 50). Sensille auf dem 2. Antennenglied etwa so groß wie das 3. Glied (Abb. 40, 48). Pygopodium gut entwickelt, ohne kleine Höckerchen. Mala an der Spitze mit wenigen sehr kräftigen Borsten (Abb. 43, 49). Epicranialnaht relativ lang (Abb. 40, 47).
Stenichnus THOMSON

8 Mandibel mit großem Retinaculum (Abb. 34), die Schneide ist vor dem Retinaculum und hinter der Spitze gezähnelt. Praementum deutlich zweilappig (Abb. 37). Klauen ohne Zahn hinter der Spitze (Abb. 38).
Scydmoraphes REITTER

8* Mandibeln ohne Retinaculum (Abb. 27), sonst wie die von *Scydmoraphes* bezähnelt. Vorderrand des Praementum gerade. Klauen hinter der Spitze mit zwei kräftigen Zähnchen (Abb. 29, 30).
Neuraphes THOMSON (Untergattung *Pararaphes* ?)

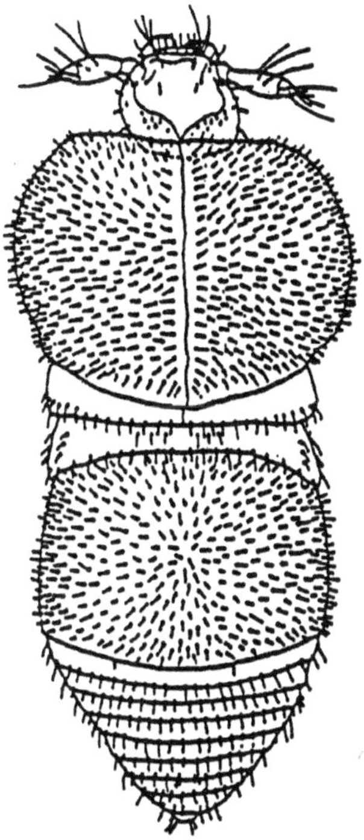

10

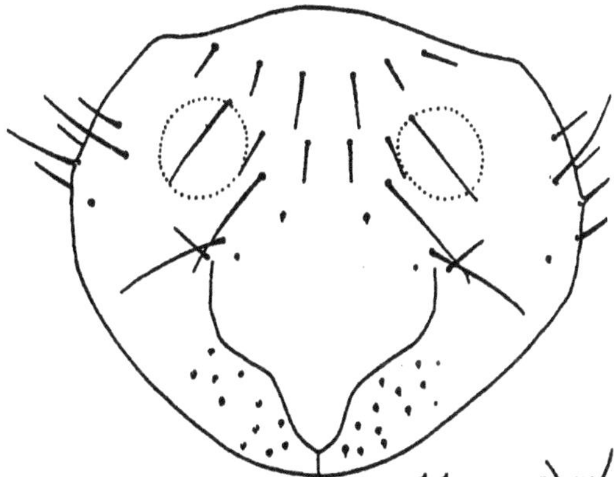

11

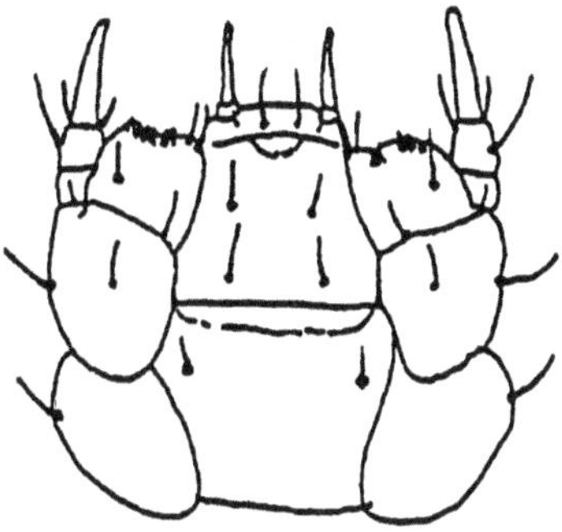

12

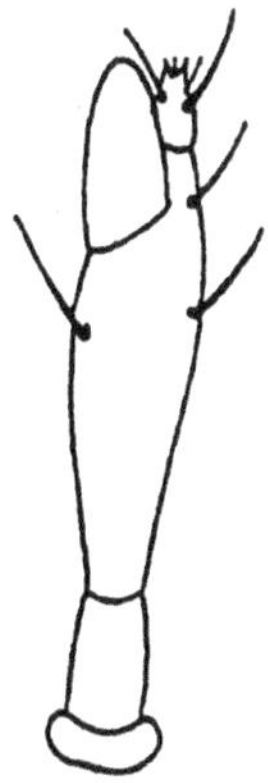

13

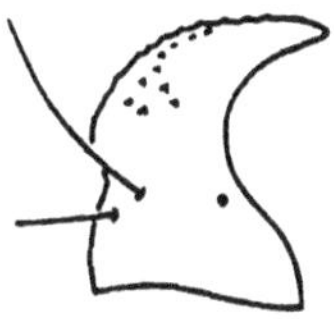

14

15

16

Abb. 10: *Cephennium thoracicum,* Habitus, dorsal (aus SCHMID 1986)
Abb. 11: *Cephennium gallicum,* Kopfkapsel, dorsal (aus BROWN & CROWSON 1979)
Abb. 12: *Cephennium thoracicum,* Labiomaxillarkomplex (aus SCHMID 1986)
Abb. 13: *Cephennium thoracicum,* Antenne (aus GHILAROV 1964)
Abb. 14: *Cephennium thoracicum,* Mandibel (aus NEWTON 1991)
Abb. 15: *Cephennium thoracicum,* linke Mala, ventral (aus SCHMID 1986)
Abb. 16: *Cephennium thoracicum,* Praementum, dorsal (aus SCHMID 1986)

1. Tribus: Eutheiini

1. Gattung: *Euthiconus* REITTER

Euthiconus conicicollis (FAIRMAIRE et LABOULBÈNE). Larve unbekannt.

2. Gattung: *Eutheia* STEPHENS

5 Arten, von denen *E. schaumii* KIESENWETTER bekannt ist (BROWN & CROWSON 1979) (Abb. 1–9). Eine Überprüfung durch Zucht wäre wichtig.

2. Tribus: Cephenniini

3. Gattung: *Chelonoidum* STRAND

Chelonoidum latum (MOTSCHULSKY). Larve unbekannt.

4. Gattung: *Cephennium* MÜLLER et KUNZE

14 Arten, von denen die Larven von *C. carnicum* MÜLLER et KUNZE (PAULIAN 1941) und *C. thoracicum* REITTER (IONESCO 1937) beschrieben wurden (Abb. 10, 12–16). Es wurden auch Angaben über *C. gallicum* (Abb. 11) verwendet (BROWN & CROWSON 1979).

3. Tribus: Stenichnini

5. Gattung: *Neuraphes* THOMSON

29 Arten. Sicher bekannt ist die Larve von *N. elongatulus* (MÜLLER et KUNZE) (SCHMID 1986). Vermutlich lassen die von SCHMID (1986) gezogenen Larven einen Ansatz zur Unterscheidung der Untergattungen *Neuraphes* s. str. (Abb. 17–29) und *Pararaphes* (Abb. 25–30) zu.

6. Gattung: *Scydmoraphes* REITTER

8 Arten, von denen die Larven von *S. helvolus* (SCHAUM) (Zucht SCHMID 1986) (Abb. 33, 34, 37) und *S. sparshalli* (DENNY) (BROWN & CROWSON 1979) (Abb. 31, 32, 35, 36, 38) beschrieben wurden.

Abb. 17: *Neuraphes elongatulus,* Habitus, dorsal (aus SCHMID 1986)
Abb. 18: *Neuraphes elongatulus,* Kopfkapsel, dorsal (aus BROWN & CROWSON 1979)
Abb. 19: *Neuraphes elongatulus,* Kopfkapsel, Vorderrand (aus BROWN & CROWSON 1979)
Abb. 20: *Neuraphes elongatulus,* Labiomaxillarkomplex (aus SCHMID 1986)
Abb. 21: *Neuraphes elongatulus,* linke Antenne, ventral (aus BROWN & CROWSON 1979)
Abb. 22: *Neuraphes elongatulus,* rechte Maxille, ventral (aus BROWN & CROWSON 1979)
Abb. 23: *Neuraphes elongatulus,* linke Mandibel, ventral (aus SCHMID 1986)
Abb. 24: *Neuraphes elongatulus,* Labium, ventral (aus BROWN & CROWSON 1979)

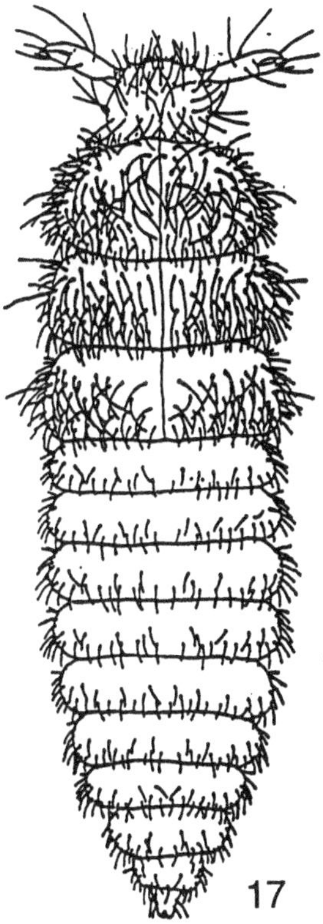

17

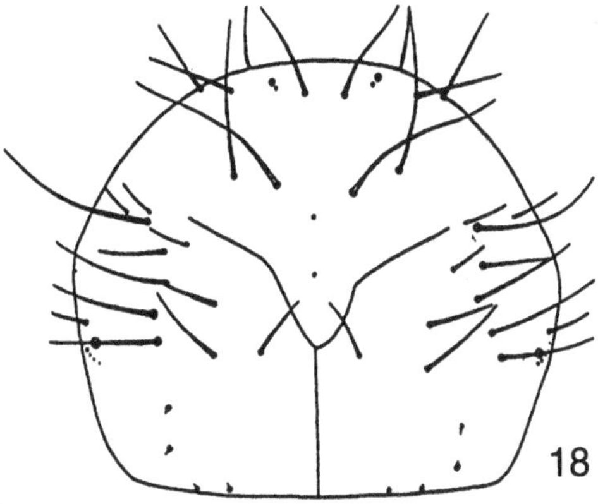

18

19

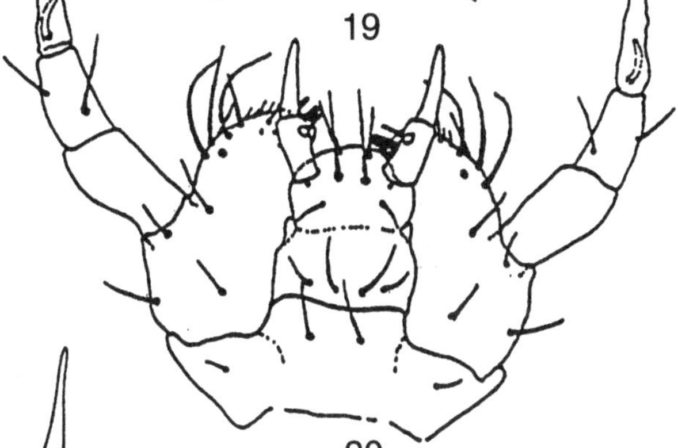

20

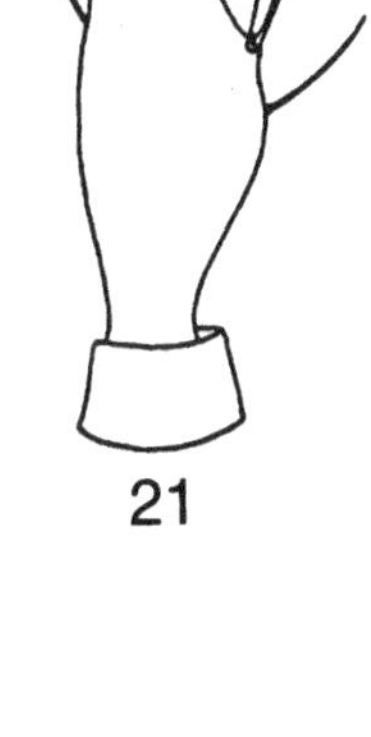

21

22

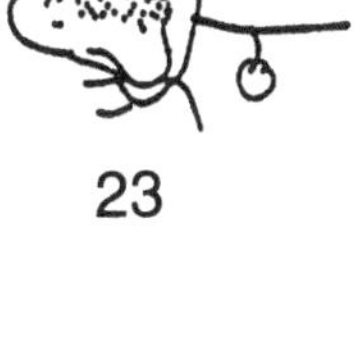

23

24

7. Gattung: *Stenichnus* THOMSON

Von den 16 aus Mitteleuropa bekannten Arten sind von 5 die Larven bekannt:
bicolor (DENNY) (BROWN & CROWSON 1979),
collaris (P. W. J. MÜLLER et KUNZE) (PAULIAN 1941) (Abb. 39–44, 46),
godarti (LATREILLE) (Zucht SCHMID 1986) (Abb. 45),
pusillus (P. W. J. MÜLLER et KUNZE) (BROWN & CROWSON 1979) und
scutellaris (P. W. J. MÜLLER et KUNZE) ? (Zucht SCHMID 1986).

Weiterhin liegen gute Kenntnisse über *S. turbatus* CASEY aus Nordamerika vor (WHEELER & PAKALUK 1983) (Abb. 47–52).

Die Kenntnisse reichen aber nicht aus, eine provisorische Tabelle für die Arten aufzustellen.

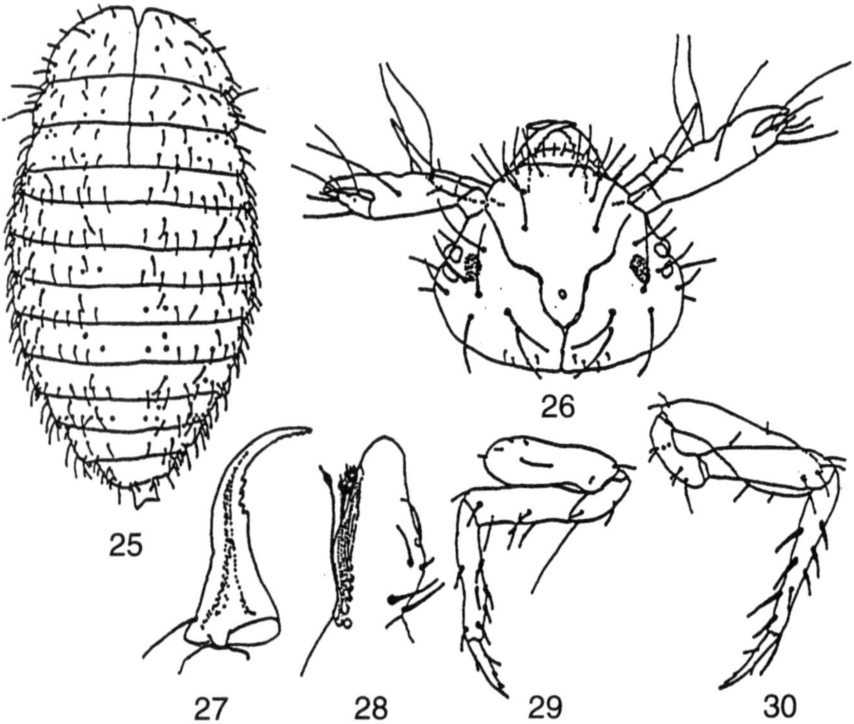

Abb. 25: *Neuraphes (Pararaphes)* sp., Habitus, dorsal (aus SCHMID 1986)
Abb. 26: *Neuraphes (Pararaphes)* sp., Kopfkapsel, dorsal (aus SCHMID 1986)
Abb. 27: *Neuraphes (Pararaphes)* sp., rechte Mandibel (aus SCHMID 1986)
Abb. 28: *Neuraphes (Pararaphes)* sp., linke Mala, ventral (aus SCHMID 1986)
Abb. 29: *Neuraphes (Pararaphes)* sp., Vorderbein (aus SCHMID 1986)
Abb. 30: *Neuraphes (Pararaphes)* sp., Hinterbein (aus SCHMID 1986)

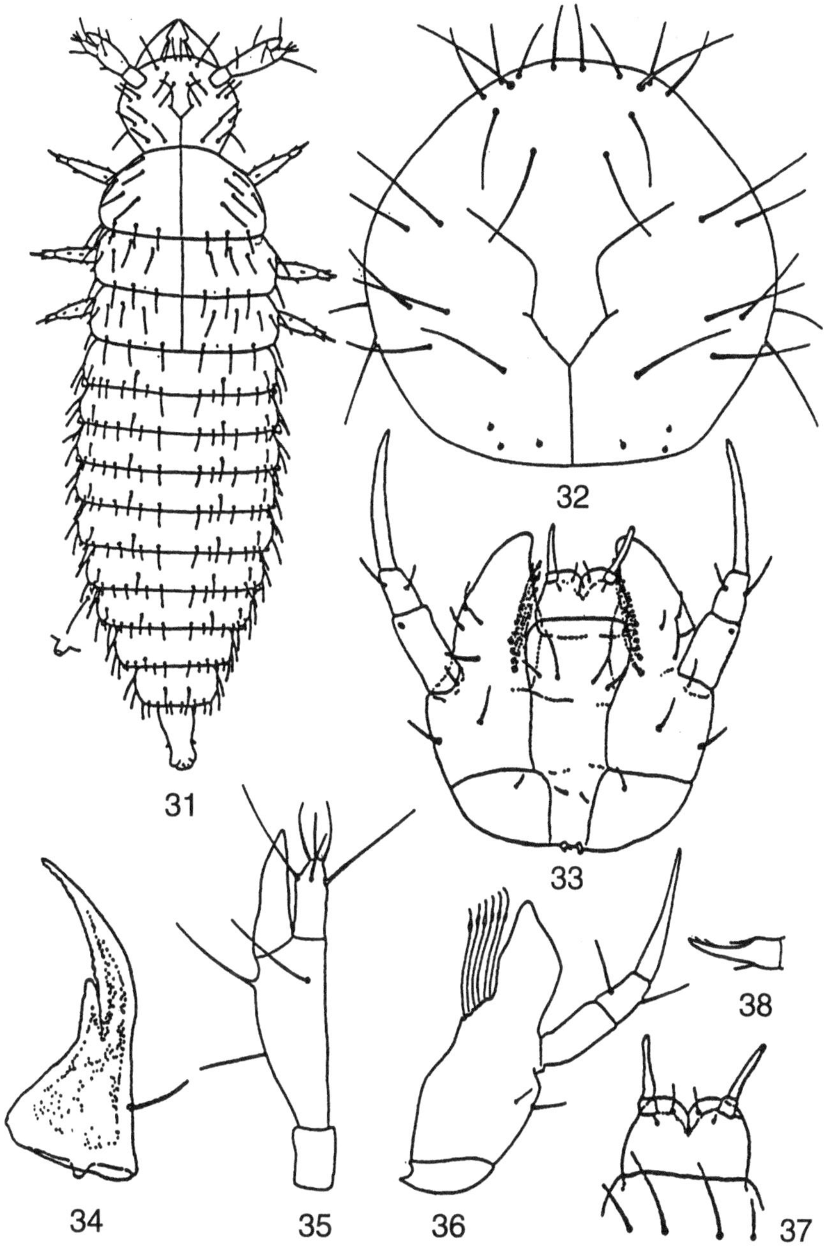

Abb. 31: *Scydmoraphes sparshalli,* Habitus, dorsal (aus BROWN & CROWSON 1979)
Abb. 32: *Scydmoraphes sparshalli,* Kopfkapsel, dorsal (aus BROWN & CROWSON 1979)
Abb. 33: *Scydmoraphes helvolus,* Labiomaxillarkomplex (aus SCHMID 1986)
Abb. 34: *Scydmoraphes helvolus,* linke Mandibel (aus SCHMID 1986)
Abb. 35: *Scydmoraphes sparshalli,* rechte Antenne (aus BROWN & CROWSON 1979)
Abb. 36: *Scydmoraphes sparshalli,* linke Maxille, ventral (aus BROWN & CROWSON 1979)
Abb. 37: *Scydmoraphes helvolus,* Praementum, ventral (aus SCHMID 1986)
Abb. 38: *Scydmoraphes sparshalli,* Klaue (aus BROWN & CROWSON 1979)

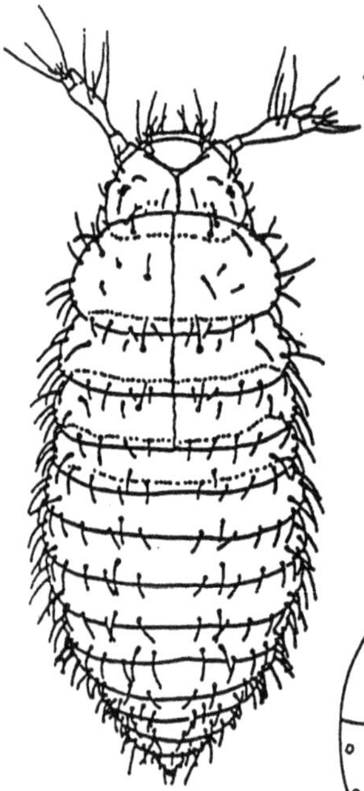

39

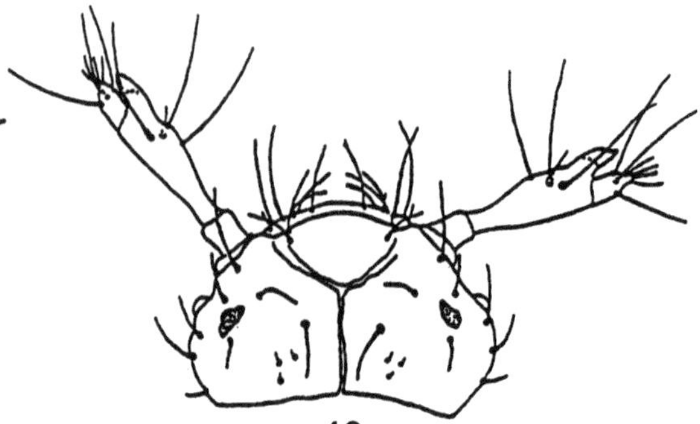

40

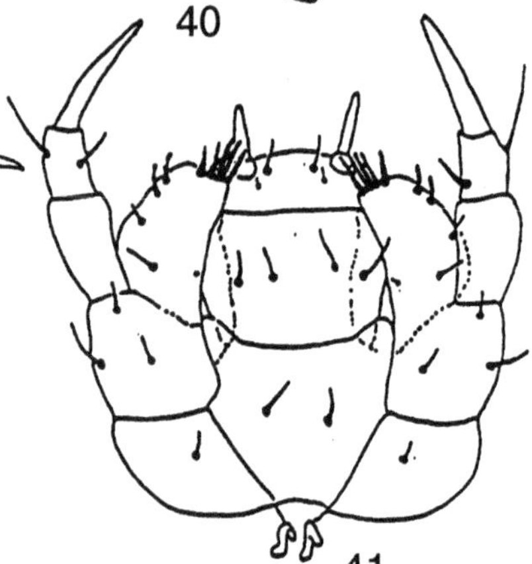

41

42

43

44

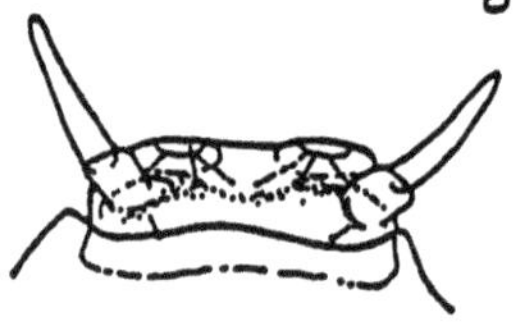

45

46

Abb. 39: *Stenichnus collaris,* Habitus, dorsal (aus SCHMID 1986)
Abb. 40: *Stenichnus collaris,* Kopfkapsel, dorsal (aus SCHMID 1986)
Abb. 41: *Stenichnus collaris,* Labiomaxillarkomplex (aus SCHMID 1986)
Abb. 42: *Stenichnus collaris,* rechte Mandibel, ventral (aus BROWN & CROWSON 1979)
Abb. 43: *Stenichnus collaris,* linke Mala, ventral (aus SCHMID 1986)
Abb. 44: *Stenichnus collaris,* Praementum, ventral (aus SCHMID 1986)
Abb. 45: *Stenichnus godarti,* Praementum, ventral (aus SCHMID 1986)
Abb. 46: *Stenichnus collaris,* Klaue (aus BROWN & CROWSON 1979)

8. Gattung: *Microscydmus* SAULCY et CROISSANDEAU

2 Arten. Larven unbekannt.

9. Gattung: *Euconnus* THOMSON

28 Arten. Es wurden die Larven von 2 Arten beschrieben (BROWN & CROWSON 1979, SCHMID 1986), die unterschiedlichen Typen angehören (Abb. 53–58, bzw. 59–62 = *eppelsheimi* ?) und deshalb in der Tabelle für die Gattungen an verschiedenen Stellen eingeordnet werden mußten.

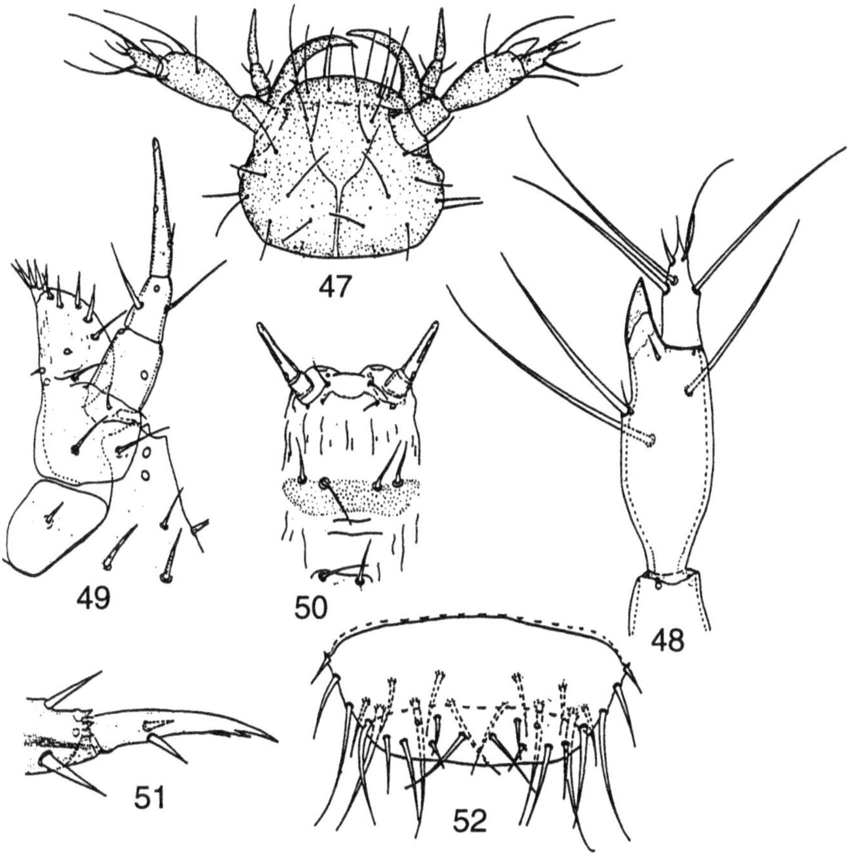

Abb. 47: *Stenichnus turbatus*, Kopfkapsel, dorsal (aus WHEELER & PAKALUK 1983)
Abb. 48: *Stenichnus turbatus*, Antenne (aus WHEELER & PAKALUK 1983)
Abb. 49: *Stenichnus turbatus*, linke Maxille (aus WHEELER & PAKALUK 1983)
Abb. 50: *Stenichnus turbatus*, Labium, ventral (aus WHEELER & PAKALUK 1983)
Abb. 51: *Stenichnus turbatus*, Klaue (aus WHEELER & PAKALUK 1983)
Abb. 52: *Stenichnus turbatus*, 9. Abdominalsegment, dorsal (aus WHEELER & PAKALUK 1983)

4. Tribus: Scydmaenini

10. Gattung: *Scydmaenus* LATREILLE

Aus Mitteleuropa sind 4 Arten bekannt, von denen nur *S. tarsatus* (P. W. J. MÜLLER et KUNZE) als Larve bekannt ist (MEINERT 1887, GHILAROV 1964, KLAUSNITZER 1978, BROWN & CROWSON 1979) (Abb. 63–65, 67–71).

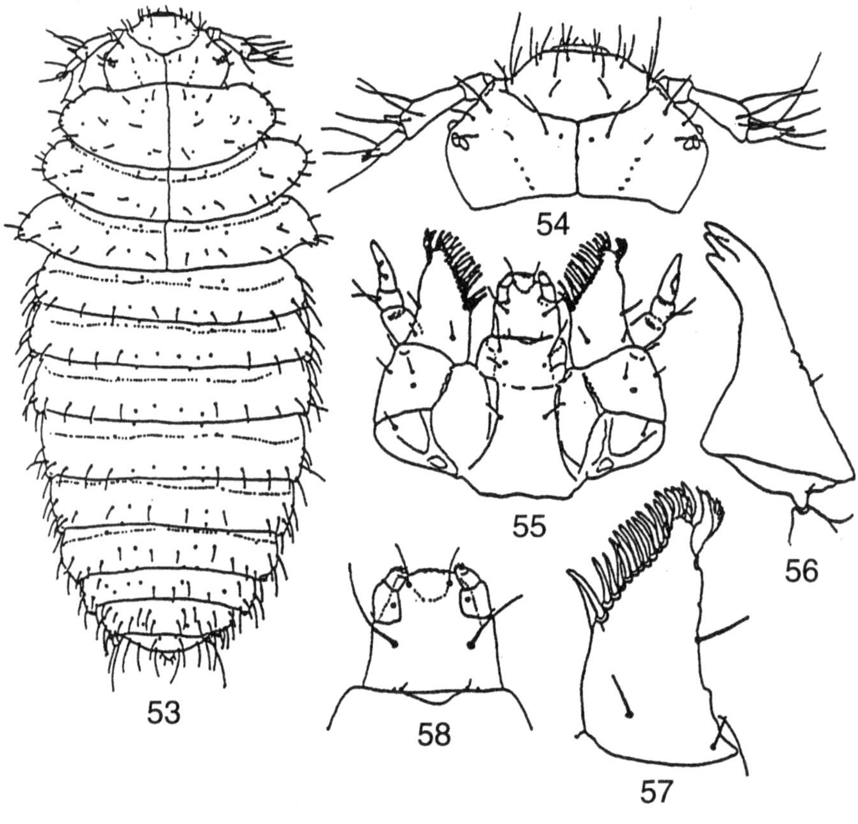

Abb. 53: *Euconnus* sp., Habitus, dorsal (aus SCHMID 1986)
Abb. 54: *Euconnus* sp., Kopfkapsel, dorsal (aus SCHMID 1986)
Abb. 55: *Euconnus* sp., Labiomaxillarkomplex (aus SCHMID 1986)
Abb. 56: *Euconnus* sp., linke Mandibel (aus SCHMID 1986)
Abb. 57: *Euconnus* sp., linke Mala, ventral (aus SCHMID 1986)
Abb. 58: *Euconnus* sp., Praementum, ventral (aus SCHMID 1986)

Literatur

BÖVING, A. G. & K. CRAIGHEAD (1931): An illustrated synopsis of the principal larval forms of the order Coleoptera. – Ent. Amer. 11 (N.S.): 1–351.

BROWN, C. & R. A. CROWSON (1980): Observations on scydmaenid (Col.) larvae with a tentative key to the main British genera. – Entomol. monthly Mag. 115: 49 – 59.

CROWSON, R. A. (1967): The natural classification of the families of Coleoptera. – Hampton, Middlesex.

GHILAROV, M. S. (1964): Scydmaenidae. In: GHILAROV, M. S.: Bestimmungsbuch für bodenbewohnende Insektenlarven. – Moskau (russisch).

KLAUSNITZER, B. (1978): Scydmaenidae. In: KLAUSNITZER, B.: Bestimmungsbücher zur Bodenfauna Europas, Lieferung 10, Ordnung Coleoptera (Larven). – W. Junk, The Hague.

LAWRENCE, J. F. & A. F. NEWTON Jr. (1995): Families and subfamilies of Coleoptera (with selected genera, notes, references and data on family-group names). – In: PAKALUK, J. & S. A. SLIPINSKI (eds.): Biology, Phylogeny, and Classification of Coleoptera: Papers Celebrating the 80th Birthday of ROY A. CROWSON, Warszawa.

MEINERT, F. (1887): *Scydmaenus* – Larven. – Ent. Meddel.: 144 – 150.

NEWTON, A. F. (1991): Scydmaenidae (Staphylinoidea). In: STEHR, F. W.: Immature Insects. Volume 2. – Kendall, Iowa.

PAULIAN, R. (1941): Les premiers états des Staphylinoidea. – Mem. Mus. natn. Hist. nat. Paris (n. s.) 15: 1 – 361.

PETERSON, A. (1957): Larvae of Insects. Part II. – Ann Arbor, Michigan.

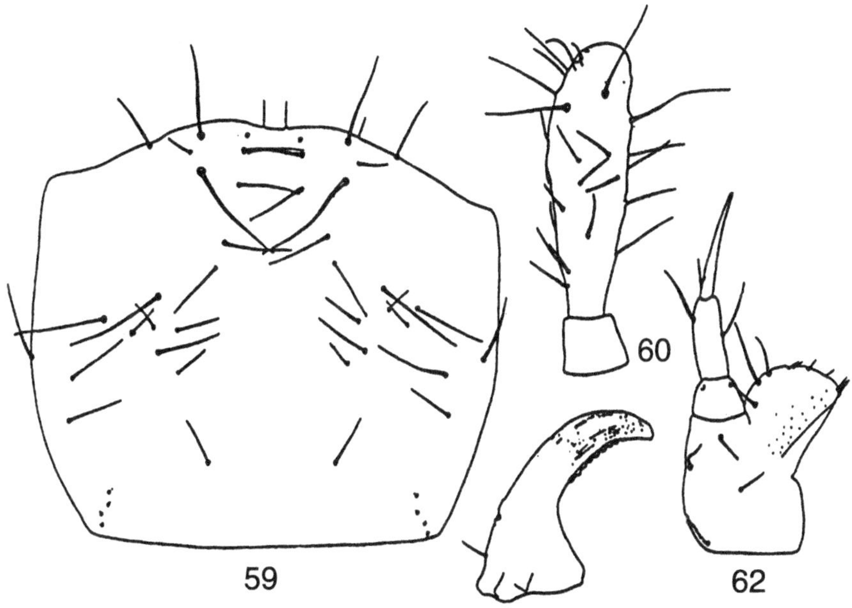

Abb. 59: *Euconnus* sp. (*eppelsheimi* ?), Kopfkapsel, dorsal (aus BROWN & CROWSON 1979)
Abb. 60: *Euconnus* sp. (*eppelsheimi* ?), rechte Antenne (aus BROWN & CROWSON 1979)
Abb. 61: *Euconnus* sp. (*eppelsheimi* ?), rechte Mandibel, ventral (aus BROWN & CROWSON 1979)
Abb. 62: *Euconnus* sp. (*eppelsheimi* ?), rechte Maxille, ventral (aus BROWN & CROWSON 1979)

SCHMID, R. (1986): Das Räuber – Beute – System gepanzerter Bodenmilben und Ameisenkäfer. – Inaugural-Dissertation Albert-Ludwigs-Universität Freiburg i. Br.

WHEELER, Q. & J. PAKALUK (1983): Descriptions of larval *Stenichnus (Cyrtoscydmus): S. turbatus* and *S. conjux*, with notes on their natural history (Col., Scydmaenidae). – Proc. Ent. Soc. Washington 85: 86 – 97.

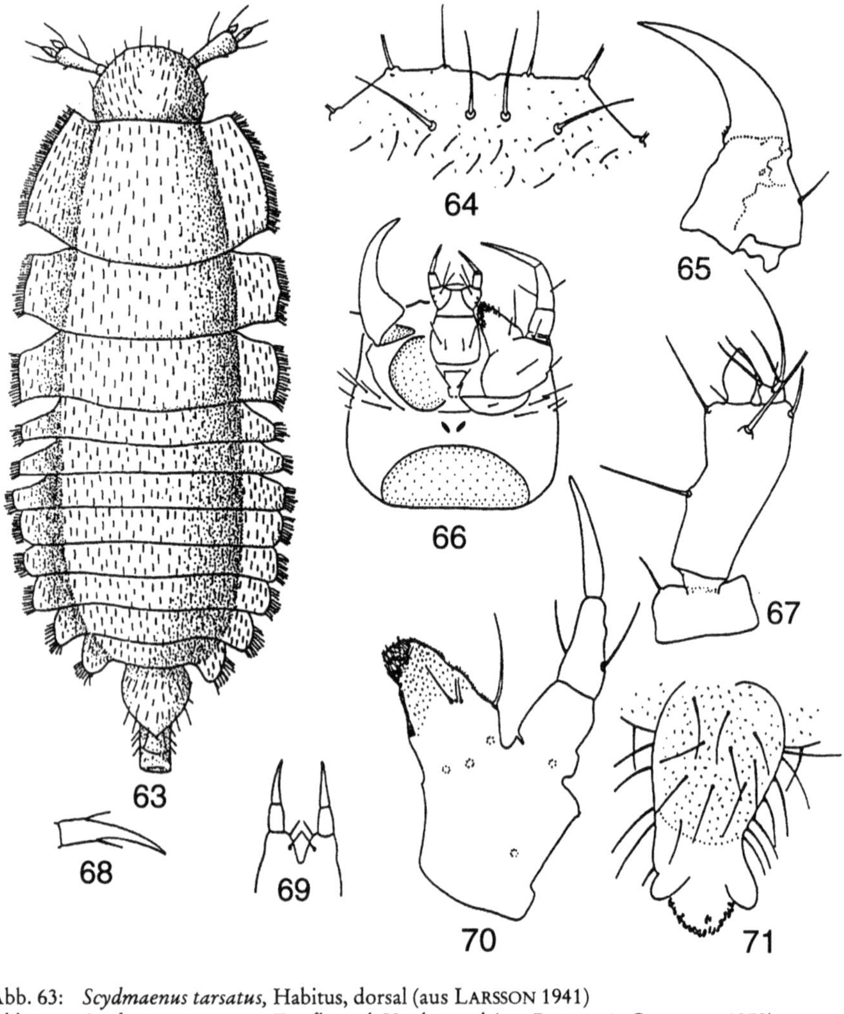

Abb. 63: *Scydmaenus tarsatus*, Habitus, dorsal (aus LARSSON 1941)
Abb. 64: *Scydmaenus tarsatus*, Kopfkapsel, Vorderrand (aus BROWN & CROWSON 1979)
Abb. 65: *Scydmaenus tarsatus*, linke Mandibel (aus BROWN & CROWSON 1979)
Abb. 66: *Scydmaenus* sp., Kopfkapsel, ventral (aus NEWTON 1991)
Abb. 67: *Scydmaenus tarsatus*, linke Antenne (aus BROWN & CROWSON 1979)
Abb. 68: *Scydmaenus tarsatus*, Klaue (aus BROWN & CROWSON 1979)
Abb. 69: *Scydmaenus tarsatus*, Labium, dorsal (aus BROWN & CROWSON 1979)
Abb. 70: *Scydmaenus tarsatus*, linke Maxille (aus BROWN & CROWSON 1979)
Abb. 71: *Scydmaenus tarsatus*, Pygopodium, ventral (aus BROWN & CROWSON 1979)

21. Familie: Scaphidiidae

(= Staphylinidae: Scaphidiinae)

von BERNHARD KLAUSNITZER

(Abb. 1 – 35)

Die Einfügung der Scaphidiidae als Unterfamilie in die Staphylinidae wurde von LESCHEN & LÖBL (1995) begründet, eine Auffassung, der allgemein gefolgt wird.

Charakteristik der Familie nach larvalen Merkmalen:

Körper langgestreckt, ± parallelseitig bis oval (Abb. 1, 2), schwach oder nicht abgeplattet. Oberfläche wenig pigmentiert und sklerotisiert, glatt, nur mit wenigen einfachen Haaren. Körperlänge der adulten Larven 2 – 12 mm. Stigmen annular, mit Verschlußapparat.

Kopf prognath, vorgestreckt (Abb. 1, 2), Kopfkapsel ohne abgesetzten Hals. Epicranialnaht lang (Abb. 7, 8, 10). Frontalnaht V-förmig oder Lyra-förmig, vorn durch eine Quernaht verbunden. Endocarina fehlt. Auf jeder Seite der Kopfkapsel befinden sich 5 Stemmata (Abb. 7, 8, 10, 33–35).

Antennen dreigliedrig, etwa so lang oder etwas länger als die Kopfkapsel breit ist (Abb. 1, 2, 8). Sensille auf dem 2. Glied konisch bis palpiform (Abb. 18–20).

Labrum frei, Vorderrand mit gezähnter oder gekörnter Einbuchtung (Abb. 27–29). Tormae fehlen. Mandibeln breit und gedrungen, ohne Mola (Abb. 21–23). Hinter dem ein- oder zweispitzigen Incisivus befinden sich Zähnchen oder Dornen, die eine Pseudomola bilden können (Abb. 23). Cardo transvers, geteilt, Stipes länglich (Abb. 24, 26). Mala groß, sichelförmig, mit einem großen Spitzenzahn, Innenrand bedornt (Abb. 24–26). Maxillarpalpen dreigliedrig (Abb. 24–26). Labium aus Praementum, Mentum und Submentum bestehend, Labialpalpen zweigliedrig (Abb. 30–32). Ligula vorhanden (Abb. 30–32).

Tergite und Sternite der Thoraxsegmente aus einer oder mehreren Platten bestehend (Abb. 11, 12). Beine lang (Abb. 15–17), Klauen mit 2 Borsten.

Abdomen etwa doppelt so lang oder länger als der Thorax (Abb. 1, 2). Tergite und Sternite der Abdominalsegmente aus einer oder mehreren Platten bestehend. Urogomphi zweigliedrig (Abb. 1–6). 10. Abdominalsegment von der Dorsalseite sichtbar (Abb. 1, 2). Analregion nach hinten gerichtet. Analloben membranös, mit zahlreichen feinen Zähnchen.

Die Larven der Scaphidiidae leben in Baumpilzen und anderen Pilzen.

Die Kenntnisse über die Larven sind sehr lückenhaft. Sie beziehen sich nur auf wenige Arten, und es ist fraglich, ob die gefundenen Unterschiede als Gattungsmerkmale angesehen werden können.

Provisorische synoptische Bestimmungstabelle für die Gattungen
Es fehlt: *Caryoscapha* GANGLBAUER.

Merkmal	*Scaphium* KIRBY	*Scaphidium* OLIVIER	*Scaphisoma* LEACH
Antenne	2. Glied breiter (Abb. 18)	2. Glied sehr schlank (Abb. 19)	2. Glied schlanker als bei *Scaphium* (Abb. 20)
Mandibel	Incisivus mit 2 Zähnen und Borstenkamm (Abb. 21)	Incisivus mit 2 Zähnen und Borstenkamm (Abb. 22)	Incisivus mit 2 Zähnen und breitem Borstenfeld (Pseudomola) (Abb. 23)
Ligula	kurz, erreicht nur die Mitte des 1. Gliedes der Labialpalpen (Abb. 30)	kurz, erreicht nur die Mitte des 1. Gliedes der Labialpalpen (Abb. 31)	dreieckig, länger als die Labialpalpen (Abb. 32)
Labrum	Einbuchtung etwa ⅓ der Breite des Vorderrandes, mit ca. 12 kleinen Zähnchen (Abb. 27)	Einbuchtung fast den gesamten Vorderrand ausfüllend, mit ca. 12 flachen Zähnchen (Abb. 29)	Einbuchtung fast den gesamten Vorderrand ausfüllend, mit ca. 12–15 größeren Zähnchen (Abb. 28)
Stemmata	Anordnung (Abb. 33)	Anordnung (Abb. 34)	Anordnung (Abb. 35)
Urogomphi	1. Glied nur wenig kürzer als das 2. (Abb. 3, 4)	2. Glied viel länger als das große 1. Glied (Abb. 5)	1. Glied sehr kurz, dadurch eingliedrig erscheinend (Abb. 6)

1. Gattung: *Scaphium* KIRBY

In Mitteleuropa kommt nur *S. immaculatum* (OLIVIER) vor, dessen Larve unbekannt ist. Die Kenntnisse beziehen sich auf *Scaphium castanipes* KIRBY aus Nordamerika (ASHE 1984) (Abb. 3, 4, 7, 11, 13, 15, 18, 21, 24, 27, 30, 33). Es werden folgende Maße angegeben (L_3): Körperlänge 9,0 – 12,5 mm; Körperbreite (max.) 1,6 mm; Kopfkapselbreite 1,2 mm.

2. Gattung: *Scaphidium* OLIVIER

In Mitteleuropa lebt nur *Scaphidium quadrimaculatum* OLIVIER, über dessen Larve sich bei verschiedenen Autoren (VAN EMDEN 1942, GHILAROV 1964, KASULE 1968, KLAUSNITZER 1978) Angaben finden (Abb. 5, 29). Körperlänge 5 – 6 mm. Verwendet wurden auch die Angaben über eine unbestimmte Art aus Japan (MORIMOTO & HAYASHI 1986) (Abb. 1, 8, 9, 16, 19, 25, 31, 34).

Abb. 1: *Scaphidium* sp., Habitus, dorsal (aus MORIMOTO & HAYASHI 1986)
Abb. 2: *Scaphisoma agaricinum,* Habitus, dorsal (aus PETERSON 1951)
Abb. 3: *Scaphium castanipes,* 9. Abdominalsegment, dorsal (aus ASHE 1984)
Abb. 4: *Scaphium castanipes,* 9./10. Abdominalsegment, lateral (aus NEWTON 1991)
Abb. 5: *Scaphidium quadrimaculatum,* 9./10. Abdominalsegment, dorsal (aus GHILAROV 1964)
Abb. 6: *Scaphisoma terminata,* 9. Abdominalsegment, dorsal (aus ASHE 1984)

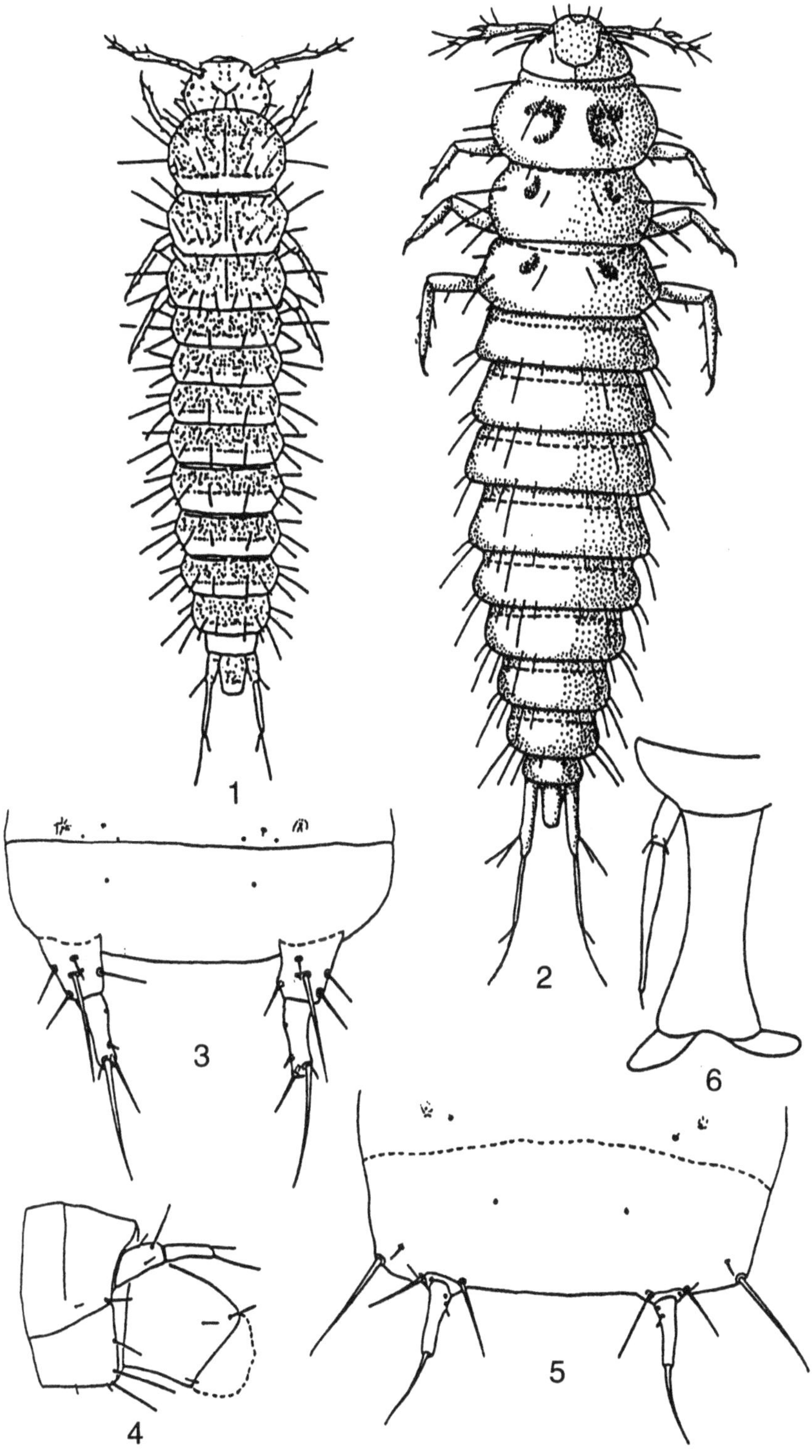
1
2
3
4
5
6

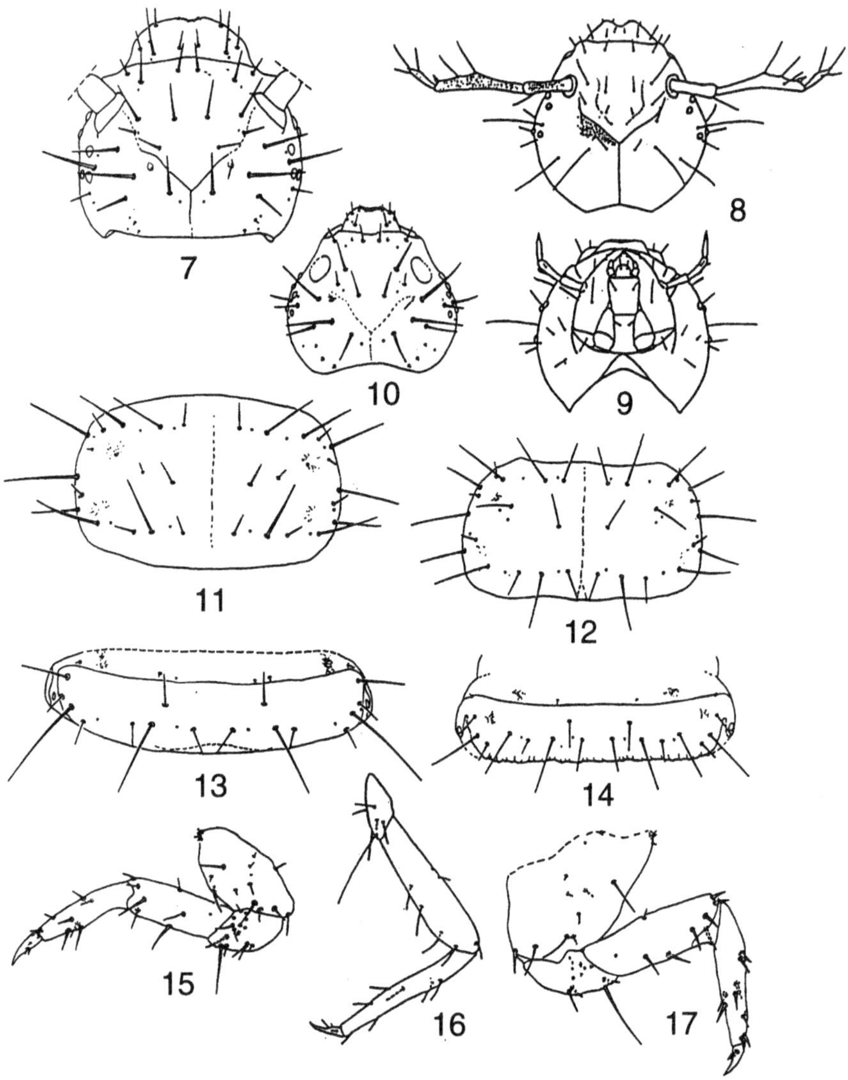

Abb. 7: *Scaphium castanipes*, Kopfkapsel, dorsal (aus ASHE 1984)
Abb. 8: *Scaphidium* sp., Kopfkapsel, dorsal (aus MORIMOTO & HAYASHI 1986)
Abb. 9: *Scaphidium* sp., Kopfkapsel, ventral (aus MORIMOTO & HAYASHI 1986)
Abb. 10: *Scaphisoma terminata*, Kopfkapsel, dorsal (aus ASHE 1984)
Abb. 11: *Scaphium castanipes*, Prothorax, dorsal (aus ASHE 1984)
Abb. 12: *Scaphisoma terminata*, Prothorax, dorsal (aus ASHE 1984)
Abb. 13: *Scaphium castanipes*, 1. Abdominalsegment, dorsal (aus ASHE 1984)
Abb. 14: *Scaphisoma terminata*, 1. Abdominalsegment, dorsal (aus ASHE 1984)
Abb. 15: *Scaphium castanipes*, Vorderbein (aus ASHE 1984)
Abb. 16: *Scaphidium* sp., Bein (aus MORIMOTO & HAYASHI 1986)
Abb. 17: *Scaphisoma terminata*, Vorderbein (aus ASHE 1984)

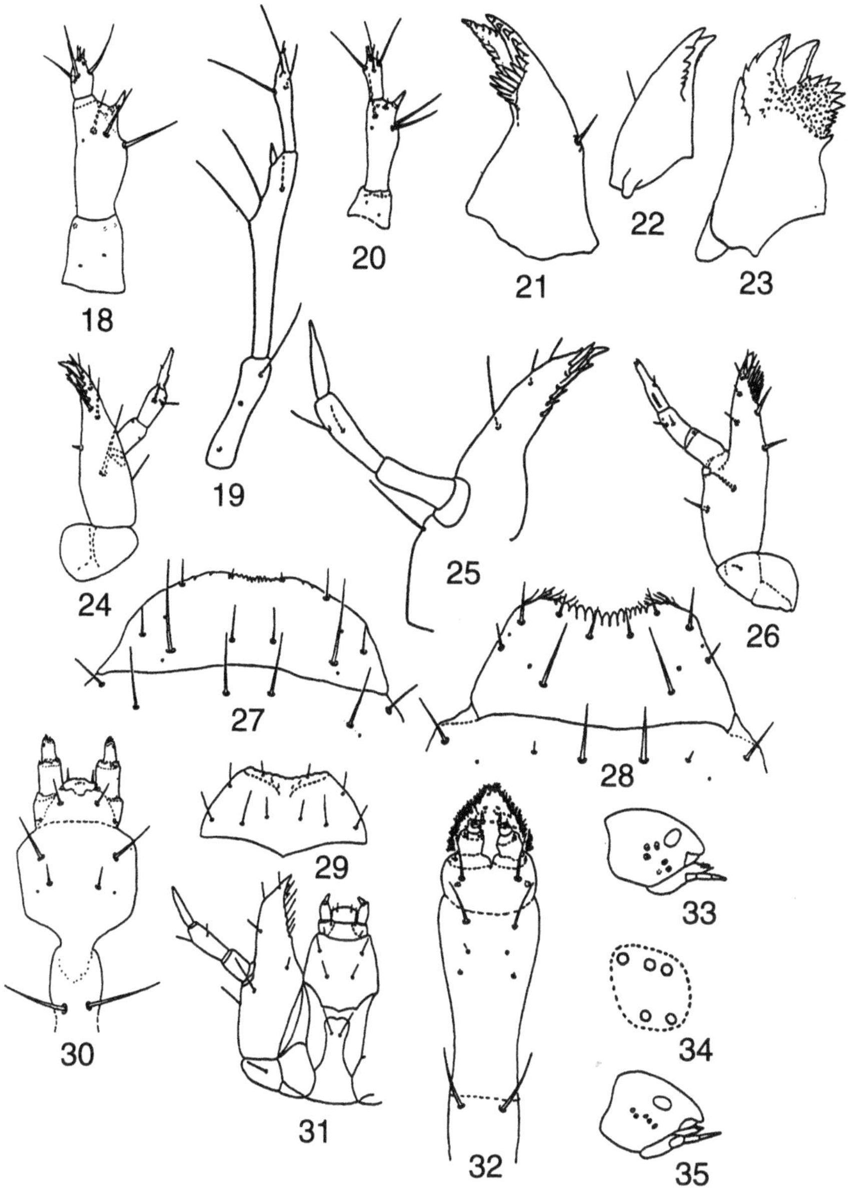

Abb. 18: *Scaphium castanipes,* Antenne (aus ASHE 1984)
Abb. 19: *Scaphidium* sp., Antenne (aus MORIMOTO & HAYASHI 1986)
Abb. 20: *Scaphisoma terminata,* Antenne (aus ASHE 1984)
Abb. 21: *Scaphium castanipes,* Mandibel, ventral (aus ASHE 1984)
Abb. 22: *Scaphidium* sp., Mandibel (aus NEWTON 1991)
Abb. 23: *Scaphisoma agaricinum,* linke Mandibel, dorsal (aus KASULE 1968)
Abb. 24: *Scaphium castanipes,* Maxille (aus ASHE 1984)
Abb. 25: *Scaphidium* sp., Maxille (aus MORIMOTO & HAYASHI 1986)

3. Gattung: *Scaphisoma* LEACH

In Mitteleuropa gibt es 8 Arten, deren Larven bisher nicht unterschieden werden können. Die Kenntnisse beziehen sich auf *Scaphisoma agaricinum* (LINNAEUS) (Abb. 2), vor allem aber auf *S. terminata* MELSHEIMER aus Nordamerika (ASHE 1984) (Abb. 6, 10, 12, 14, 17, 20, 23, 26, 28, 32, 35). Es werden folgende Maße angegeben (L_3): Körperlänge 3 – 4 mm oder 5,5 – 6,5 mm; Körperbreite (max.) 1,0 mm; Kopfkapselbreite 0,66 mm.

4. Gattung: *Caryoscapha* GANGLBAUER

In Mitteleuropa kommt nur *C. limbatum* (ERICHSON) vor, dessen Larve nicht bekannt ist.

Literatur

ASHE, J. S. (1984): Description of the larva and pupa of *Scaphisoma terminata* MELSH. and the larva of *Scaphium castanipes* KIRBY with notes on their natural history (Col., Scaphidiidae). – The Col. Bull. 38: 361 – 373.

BÖVING, A. G. & K. CRAIGHEAD (1931): An illustrated synopsis of the principal larval forms of the order Coleoptera. – Ent. Amer. 11 (N. S.): 1–351.

CROWSON, R. A. (1967): The natural classification of the families of Coleoptera. – Hampton, Middlesex.

EMDEN, F. I. VAN (1942): Larvae of British beetles. – 3. Keys to the families. – Entomol. monthly Mag. 78: 206–226, 253–272.

GHILAROV, M. S. (1964): Scaphidiidae. In: GHILAROV, M. S.: Bestimmungsbuch für bodenbewohnende Insektenlarven. – Moskau (russisch).

KASULE, F. K. (1968): The larval characters of some subfamilies of British Staphylinidae (Coleoptera) with keys to the known genera. – Trans. Royal Ent. Soc. London 120: 115 – 138.

KLAUSNITZER, B. (1978): Scaphidiidae. In: KLAUSNITZER, B.: Bestimmungsbücher zur Bodenfauna Europas, Lieferung 10, Ordnung Coleoptera (Larven). – W. Junk, The Hague.

LAWRENCE, J. F. & A. F. NEWTON Jr. (1995): Families and subfamilies of Coleoptera (with selected genera, notes, references and data on family-group names). – In: PAKALUK, J. & S. A. SLIPINSKI (eds.): Biology, Phylogeny, and Classification of Coleoptera: Papers Celebrating the 80th Birthday of ROY A. CROWSON, Warszawa.

LESCHEN, R. A. D. & I. LÖBL (1995): Phylogeny of Scaphidiidae with redefinition of tribal and generic limits (Col., Staphylinidae). – Rev. Suisse Zool. 102: 425–474.

MORIMOTO, K. & N. HAYASHI (1986): The Coleoptera of Japan in color. Vol. I. – Osaka.

NEWTON, A. F. (1991): Scaphidiidae (Staphylinoidea). In: STEHR, F. W.: Immature Insects. Volume 2. – Kendall, Iowa.

PETERSON, A. (1957): Larvae of Insects. Part II. – Ann Arbor, Michigan.

Abb. 26: *Scaphisoma terminata,* Maxille (aus ASHE 1984)
Abb. 27: *Scaphium castanipes,* Labrum (aus ASHE 1984)
Abb. 28: *Scaphisoma terminata,* Labrum (aus ASHE 1984)
Abb. 29: *Scaphidium quadrimaculatum,* Labrum (aus KASULE 1968)
Abb. 30: *Scaphium castanipes,* Labium, ventral (aus ASHE 1984)
Abb. 31: *Scaphidium quadrimaculatum,* Labiomaxillarkomplex (aus KASULE 1968)
Abb. 32: *Scaphisoma terminata,* Labium, ventral (aus ASHE 1984)
Abb. 33: *Scaphium castanipes,* Stemmataanordnung (aus ASHE 1984)
Abb. 34: *Scaphidium* sp., Stemmataanordnung (aus MORIMOTO & HAYASHI 1986)
Abb. 35: *Scaphisoma terminata,* Stemmataanordnung (aus ASHE 1984)

22. Familie: Dasyceridae

(= Staphylinidae: Dasycerinae)

von BERNHARD KLAUSNITZER

(Abb. 1 – 4)

Es kommt nur eine einzige Gattung vor: *Dasycerus* BRONGNIART. Sie wurde lange Zeit innerhalb der „Clavicornia" der Familie Latridiidae als eigene Unterfamilie zugeordnet. CROWSON (1955) stellte sie als Familie zu den Staphylinoidea, LÖBL & CALAME (1996) ordnen sie als Unterfamilie den Staphylinidae zu. Die Larven der beiden in Mitteleuropa vorkommenden Arten sind nicht beschrieben. Alle folgenden Angaben entstammen NEWTON (1991) und beziehen sich auf eine Art aus Nordamerika.

Charakteristik der Familie nach larvalen Merkmalen:

Körper oval, gestreckt, etwas abgeplattet (Abb. 1), wenig sklerotisiert, mit kleinen Borsten locker bedeckt. Körperlänge der adulten Larve 2 – 3 mm. Stigmen annular, seitlich gelegen, etwas erhöht, mit einem Verschlußapparat.

Kopf unter dem Thorax hervorragend. Epicranialnaht sehr kurz, Frontalnaht V-förmig (Abb. 2). Ohne Endocarina. Gula transvers. Es sind jederseits 6 weit voneinander getrennte Stemmata vorhanden. Antennen dreigliedrig, etwas weniger als halb so lang, wie die Kopfkapsel breit ist (Abb. 2). Das 2. Glied trägt einen schlanken Sinnesanhang, der länger als das 3. Antennenglied ist. Frontoclypealnaht fehlend, Labrum frei abgegliedert (Abb. 2).

Mandibeln symmetrisch, kurz und kräftig. Der Incisivus ist stumpf und mit schlanken Zähnen dicht bedeckt (Abb. 2, 3), die als ein Charakteristikum der Dasyceriden – Larven angesehen werden können. Innenrand und Basis einfach, ohne Mola oder Retinaculum. Maxille mit transverser Cardo, länglichem Stipes und breiter, gerundeter Mala, die mit Borsten besetzt ist (Abb. 3). Maxillarpalpen dreigliedrig. Labium aus Praementum, Mentum und Submentum bestehend. Labialpalpen kurz, zweigliedrig. Ligula fast so lang wie die Labialpalpen, an der Spitze mit langen Borsten.

Thorax- und Abdominalsegmente dorsal und ventral mit sklerotisierten Tergiten und Sterniten bedeckt. Beine (Abb. 4) aus 5 Gliedern bestehend, Klauen mit 2 Borsten. Abdomen mit 10 Segmenten, weniger als doppelt so lang wir der Thorax (Abb. 1). 9. Abdominalsegment mit großen, mit dem Tergit fest verbundenen, zugespitzten Urogomphi (Abb. 1). 10. Abdominalsegment von oben kaum zu sehen, die Analregion ist nach hinten orientiert.

Literatur

CROWSON, R. A. (1955): The natural classification of the families of Coleoptera. – Hampton, Middlesex.

LÖBL, I. & F. G. CALAME (1996): Taxonomy and phylogeny of the Dasycerinae (Col., Staphylinidae). – J. nat. Hist. London 30: 241–291.

NEWTON, A. F. (1991): Dasyceridae (Staphylinoidea). – In: STEHR, F. W. (Ed.): Immature Insects. Volume 2. – Kendall, Iowa.

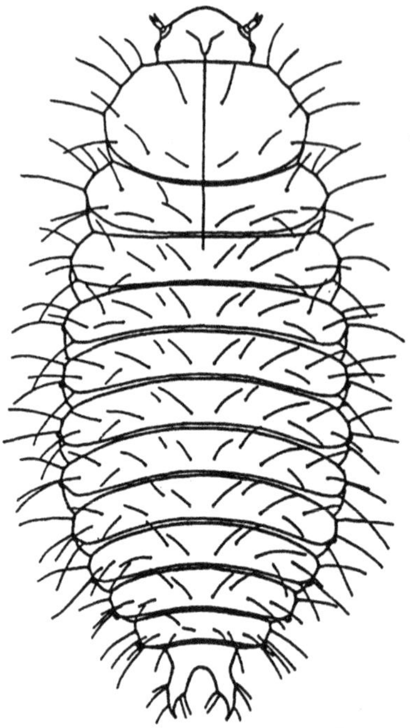

1

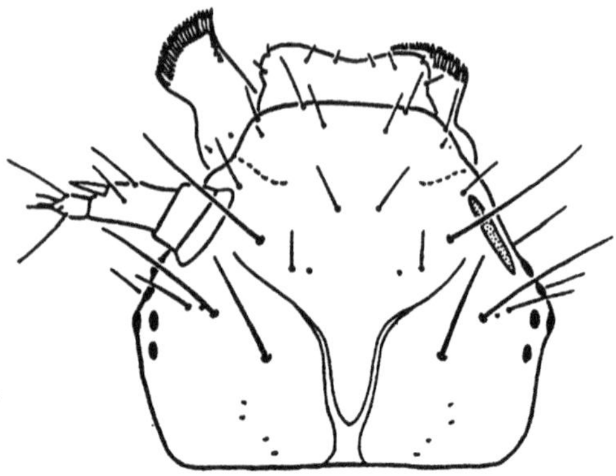

2

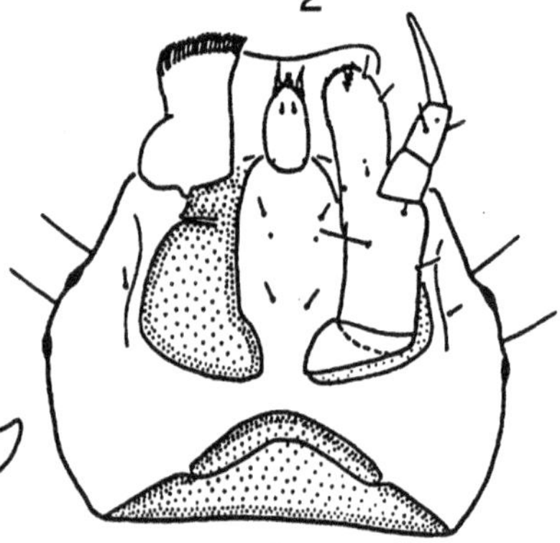

3

4

Abb. 1: *Dasycerus* sp., Habitus, dorsal (aus NEWTON 1991)
Abb. 2: *Dasycerus* sp., Kopfkapsel, dorsal, rechte Antenne nicht gezeichnet (aus NEWTON 1991)
Abb. 3: *Dasycerus* sp., Kopfkapsel, ventral, rechte Maxille nicht gezeichnet (aus NEWTON 1991)
Abb. 4: *Dasycerus* sp., rechtes Vorderbein (aus NEWTON 1991)

23. Familie: Micropeplidae

(= Staphylinidae: Micropeplinae)

von BERNHARD KLAUSNITZER

(Abb. 1 – 6)

Die Familie Micropeplidae wird meist als Unterfamilie der Staphylinidae aufgefaßt. Ihre Abtrennung gegenüber den übrigen Staphylinidae beruht vor allem auf dem stark abweichendem Habitus und dem Bau der Mundwerkzeuge der Larven.

Charakteristik der Familie nach larvalen Merkmalen:

Körper langgestreckt bis oval, etwas abgeplattet (Abb. 1). Oberfläche meist schwach pigmentiert und sklerotisiert, mit feinen Dörnchen bedeckt. Außerdem ist eine geringe Behaarung vorhanden, von der die fächerförmigen und die langen spitzen Borsten besonders auffallen (Abb. 1). Körperlänge 2 – 3 mm. Stigmen annular, lateral auf den Enden kurzer Ausstülpungen unter den Tergalloben gelegen.

Kopf hypognath, vorgestreckt, Kopfkapsel ohne abgesetzten Hals. Epicranialnaht undeutlich, praktisch nicht zu sehen (Abb. 2). Frontalnähte V-förmig, an der Basis getrennt oder miteinander verbunden. Keine Endocarina vorhanden. Stemmata fehlen (in der Zeichnung von LUBBOCK (1868) sind Stemmata enthalten, wahrscheinlich ein Fehler). Es sind keine Gularnähte vorhanden.

Antennen dreigliedrig (Abb. 2), etwa $^1/_3$ bis $^1/_2$ so lang, wie die Kopfkapsel breit ist. Sensille auf dem 2. Glied länger als das 3. Glied, palpenförmig (Abb. 2). Eine Frontoclypealnaht fehlt, Labrum frei (Abb. 2). Tormae fehlend.

Mandibeln symmetrisch, kurz und kräftig, mit einem Spitzenzahn (Abb. 4). Direkt unterhalb der Spitze befindet sich eine Pseudomola mit 2 oder mehreren groben Zähnen. Der übrige Bereich der Schneide ist glatt. Cardo transvers, geteilt, vom Submentum weit getrennt, Stipes länglich. Maxille (Abb. 5) mit einer starr verbundenen Lacinia und einer gelenkigen Galea. Lacinia sichelförmig, mit einem Spitzendorn und mehreren Dornen auf der Schneide. Galea mit 2 kurz beborsteten Fortsätzen (Abb. 3, 5). Maxillarpalpen dreigliedrig. Labium aus Praementum, Mentum und Submentum bestehend. Labialpalpen kurz, zweigliedrig, voneinander durch mehr als die Breite des 1. Gliedes getrennt (Abb. 3). Ligula länger als das 1. Glied des Labialpalpus, breit gerundet (Abb. 3).

Tergite des Thorax lateral in 2 lange bedornte Fortsätze auslaufend (Abb. 1). Bei *M. neotomae* hat der Prothorax 3 laterale Fortsätze. Beine kurz, Femur und Trochanter sind miteinander verschmolzen (Abb. 6). Tibiotarsen mit gespaltenen Borsten.

Abdomen aus 10 Segmenten bestehend, mehr als doppelt so lang wie der Thorax (Abb. 1). 1.–9. Abdominalsegment jederseits mit einem langen bedornten Tergallobus (Abb. 1). 9. Abdominalsegment mit feststehenden Tergalloben, ohne Urogomphi. 10. Abdominalsegment kurz, von oben nicht zu sehen. Analregion terminal orientiert. Die membranösen Analloben sind mit feinen Zähnchen oder Dörnchen bedeckt.

1. Gattung: *Micropeplus* LATREILLE

Von den 9 in Mitteleuropa vorkommenden Arten ist nur die Larve von *M. staphylinoides* (MARSHAM) bekannt (LUBBOCK 1868, KASULE 1966) (Abb. 1, 5). Wesentliche Angaben ergeben sich aus der Untersuchung der Larve der in Nordamerika lebenden Art *M. neotomae* CAMPBELL (NEWTON 1991) (Abb. 2–4, 6).

Literatur

KASULE, F. K. (1966): The subfamilies of the larvae of Staphylinidae (Coleoptera) with keys to the larvae of the British genera of Steninae and Proteininae. – Trans. Royal. Ent. Soc. London 118: 261–283.

LUBBOCK, J. (1868): On the larva of *Micropeplus staphylinoides*. – Trans. Ent. Soc. London 1868: 275 – 277.

NEWTON, A. F. (1991): Micropeplidae (Staphylinoidea). In: STEHR, F. W.: Immature Insects. Volume 2. – Kendall, Iowa.

TOPP, W. (1978): Bestimmungstabelle für die Larven der Staphylinidae. In: KLAUSNITZER, B.: Bestimmungsbücher zur Bodenfauna Europas, Lieferung 10, Ordnung Coleoptera (Larven). – W. Junk, The Hague.

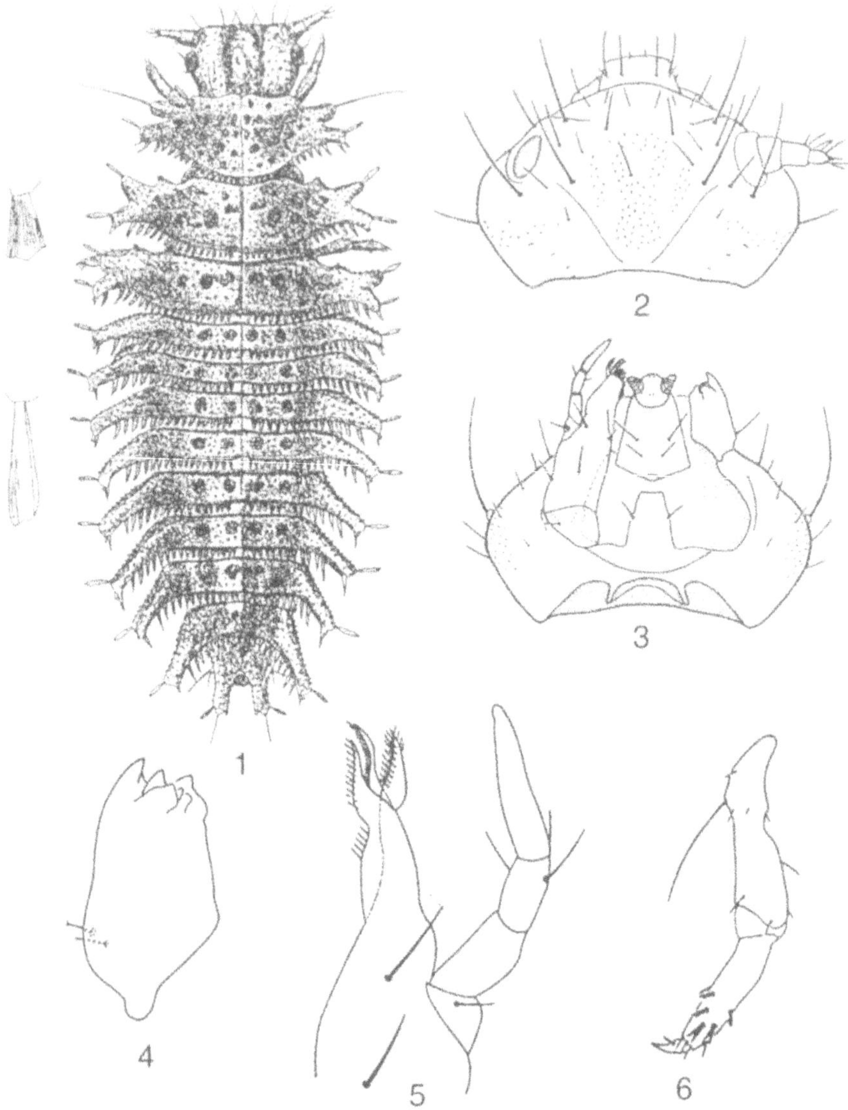

Abb. 1: *Micropeplus staphylinoides*, Habitus, dorsal, links daneben fächerförmige Borsten (aus LUBBOCK 1868)
Abb. 2: *Micropeplus neotomae*, Kopfkapsel, dorsal, linke Antenne nicht gezeichnet (aus NEWTON 1991)
Abb. 3: *Micropeplus neotomae*, Kopfkapsel, ventral, linke Maxille nicht gezeichnet (aus NEWTON 1991)
Abb. 4: *Micropeplus neotomae*, rechte Mandibel, ventral (aus NEWTON 1991)
Abb. 5: *Micropeplus staphylinoides*, linke Maxille, ventral (aus KASULE 1966)
Abb. 6: *Micropeplus neotomae*, linkes Vorderbein (aus NEWTON 1991)

25. Familie: Pselaphidae

(= Staphylinidae: Pselaphinae)

von ANDREAS KAUPP

(Abb. 1 – 59)

Charakteristik der Familie nach larvalen Merkmalen:

Larven campodeoid (wurmförmig), ohne seitliche Erweiterung der Segmente (Abb. 1, 13, 29, 41, 52). Labium ohne Ligula (Abb. 6, 23, 40, 56), Maxille mit ungeteilter Lade (Mala) (Abb. 7, 12, 18, 24, 34, 40, 45, 50, 57), Mandibel ohne Mola. Labrum zumindest bei einigen Gattungen nicht mit der Kopfkapsel verschmolzen, schmal. Epicranialnaht vorhanden. Jederseits des Kopfes nach DE MARZO (1987) höchstens drei, bei mitteleuropäischen Taxa höchstens zwei Stemmata (larvale Einzelaugen), *Euplectus*, *Trimium* und *Batrisodes* sind augenlos, *Pselaphus* mit nur einem Stemma. Bei den in Mitteleuropa verbreiteten Taxa sind die Tibiotarsi in der Distalhälfte plötzlich eingeschnürt und bis zur Spitze verengt. Dieses apomorphe Merkmal fehlt bei der Tribus Faronini (NEWTON 1991). Antennen dreigliedrig, von gattungsspezifischem, sehr unterschiedlichem Bau. Das Sensillum an der Spitze des zweiten Gliedes ist, sofern vorhanden, lang zapfenförmig (Abb. 32, 37, 44) oder gegabelt (Abb. 21, 25, 49, 53). An der Innenseite der großen, häutigen Antennenbasis entspringt bei den meisten Taxa ein Paar zusätzlicher, ausstülpbarer Kopfextremitäten (organi esertili del capo bei DE MARZO 1987, eversible glands bei NEWTON 1991), die bei *Euplectus* und den Faronini fehlen. Diese Kopfanhänge, die wie ein Handschuh umgestülpt werden können, dienen der Prädation von Springschwänzen (Collembola). Die seit vielen Jahren in der Literatur verbreitete Angabe, die Pselaphiden seien spezialisierte Milbenjäger, muß als überholt gelten. Neuntes Abdominalsegment ohne bewegliche oder gegliederte Urogomphi, diese entweder fehlend, oder als mit dem Tergum verwachsene, unbewegliche Anhänge, die einen terminalen Einschnitt begrenzen.

Folgende Arten aus mitteleuropäischen Gattungen wurden bisher beschrieben: *Euplectus confluens* LECONTE, *Batrisodes monstrosus* LECONTE: BÖVING & CRAIGHEAD (1931). *Plectophloeus fischeri* (AUBÉ), *P. nitidus* (FAIRMAIRE): BESUCHET (1952). *Trichonyx sulcicollis* (REICHENBACH): BESUCHET (1956). *Euplectus* sp., *Trimium minimum* DODERO, *Batrisodes oculatus* (AUBÉ), *Tychobythinus glabratus* (RYE), *Bryaxis italicus* (BAUDI), *Brachygluta abrupta septentrionalis* BESUCHET, *Pselaphus heisei parvus* KARAMAN: DE MARZO (1987). *Bryaxis puncticollis* (DENNY), *Reichenbachia juncorum* LEACH: KAUPP (1997). KASULE (1966) bildet einzelne Details von *Bythinus* (oder *Bryaxis* ?) sp. und *Euplectus* sp. ab. Die Beschreibung von *Claviger testaceus* PREYSSLER in JEANNEL (1950) ist für eine differentialdiagnostische Verwertung zu ungenau.

Provisorische Tabelle für die Gattungen

1 Zweites Antennenglied stark verlängert und zur Spitze keulig verdickt (Abb. 4), jederseits des Kopfes ein Stemma, Mandibeln dorsal vom Clypeolabrum ganz überragt, ausstülpbare Kopfextremitäten vollständig ausgestreckt mehr als doppelt so lang wie der Kopf, an der Spitze mit Trichompinsel (Abb 2, 3). *Pselaphus* HERBST

1* Zweites Antennenglied nicht vergrößert (Abb. 10, 16, 21, 25, 32, 37, 44, 49, 55), augenlos oder auf jeder Seite zwei Stemmata, Mandibeln von dorsal zumindest teilweise sichtbar, ausstülpbare Kopfextremitäten nicht länger als der Kopf und von anderer Form (Abb. 8, 14, 19, 30, 35, 42, 47, 53) 2

2 Urogomphi des neunten Abdominalsegments gut ausgebildet. Hinterrand mit breitem oder schmalem konkavem Ausschnitt, der von spitzen Zipfeln flankiert wird (Abb. 9, 15, 20, 26, 31, 36, 43) 3

2* Urogomphi fehlend oder als winzige warzige Fortsätze auf der Scheibe des Tergits; Hinterrand des Segments gerade oder sogar leicht konvex (Abb. 48, 54). Ausstülpbare Kopfanhänge in einen glatten Proximalteil und dicht mit Trichomen besetzten Distalabschnitt unterteilt (Abb. 47, 53). 2. Antennenglied mit gegabeltem Sinnesorgan (Abb. 49, 55) 9

3 Antennen terminal nie mit halbkugeligem Endknopf, Sinnesorgan des zweiten Antennenglieds vorhanden (Abb. 21, 25, 32, 37, 44, 49, 55), Einschnitt zwischen den Urogomphi höchstens das hintere Drittel des Segments einnehmend (Abb. 20, 26, 31, 36, 43) 5

3* Antennen terminal mit halbkugeligem Endknopf, zweites Antennenglied ohne Sinnesorgan (Abb. 10, 16), terminaler Einschnitt zwischen den Urogomphi schmal und tief, bis zur Hälfte des Segments eingeschnitten (Abb. 9, 15) 4

4 Urogomphi stumpf endend, kurz, kaum nach hinten aus dem Körperumriß ragend (Abb. 15). *Brachygluta* THOMSON

4* Urogomphi zu langen, schlanken, scharf zugespitzten Spitzen ausgezogen, die noch einmal so lang sind wie das gesamte neunte Abdominalsegment (Abb. 9). *Reichenbachia* LEACH

5 Ausschnitt zwischen den Urogomphi flach und breit, ca. halb so breit wie das dicht mit langen Borsten gesäumte neunte Abdominalsegment an der breitesten Stelle. Urogomphi klein, dreieckig, abdominale Stigmen 5–9 durch ausstülpbare Zipfel (Ea) ersetzt (Abb. 20). *Batrisodes* REITTER

5* Ausschnitt zwischen den Urogomphi schmal, weniger als ein Viertel so breit wie das normal beborstete neunte Abdominalsegment, Stigmen normal (Abb. 26, 31, 36, 43) 6

6 Sinnesorgan des zweiten Antennenglieds gegabelt, hufeisenförmig, drittes Glied zu einer Platte reduziert, dadurch liegt die Basis des Sinnesorgans seitlich an der Antennenspitze (Abb. 25). *Trichonyx* CHAUDOIR

6* Sinnesorgan des zweiten Antennenglieds nicht gegabelt, sondern ein einspitziger Auswuchs (Abb. 32, 37, 44) 7

7 Sinnesorgan des zweiten Antennenglieds entspringt seitlich neben der Spitze und ist hinter der Basis geknickt; drittes Antennenglied breit, warzenförmig, ca. halb so lang wie dieses Sinnesorgan (Abb. 37, 44) 8

7* Sinnesorgan des zweiten Antennenglieds (lo) entspringt auf der Spitze des Gliedes und bildet die gerade nach vorn gerichtete Antennenspitze; drittes Antennenglied sehr eng an das Sinnesorgan geschmiegt, schmaler und ca. ein Drittel kürzer als das kräftigere Sinnesorgan, länger als breit (Abb. 32). Ausstülpbare Kopfanhänge vorhanden, Augen fehlend (Abb. 30). Urogomphi terminal zu spitzen Zipfeln ausgezogen (Abb. 31). *Trimium* AUBÉ

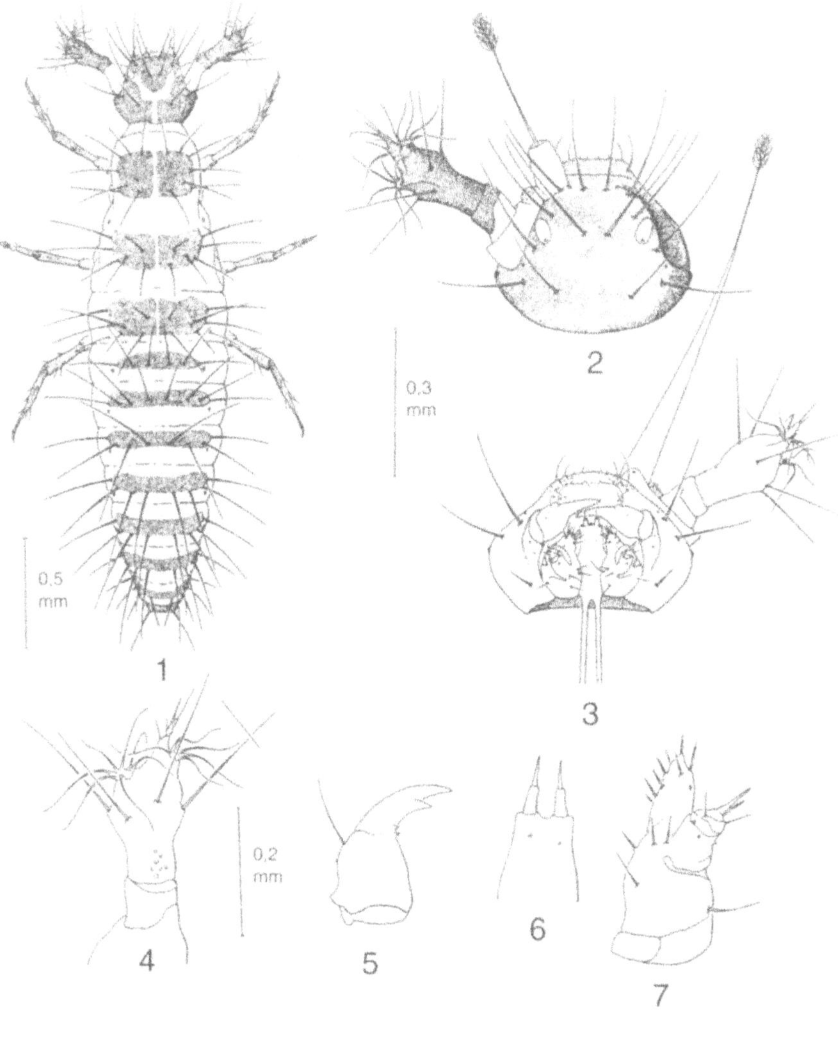

Abb. 1: *Pselaphus heisei parvus*, Habitus, dorsal (aus DE MARZO 1987)
Abb. 2: *Pselaphus heisei parvus*, Kopf, dorsal, Antenne und ausstülpbarer Kopfanhang nur links gezeichnet (aus DE MARZO 1987)
Abb. 3: *Pselaphus heisei parvus*, Kopf, ventral (aus DE MARZO 1987)
Abb. 4: *Pselaphus heisei parvus*, Antenne, dorsal (aus DE MARZO 1987)
Abb. 5: *Pselaphus heisei parvus*, Mandibel, dorsal (aus DE MARZO 1987)
Abb. 6: *Pselaphus heisei parvus*, Labium (aus DE MARZO 1987)
Abb. 7: *Pselaphus heisei parvus*, Maxille (aus DE MARZO 1987)

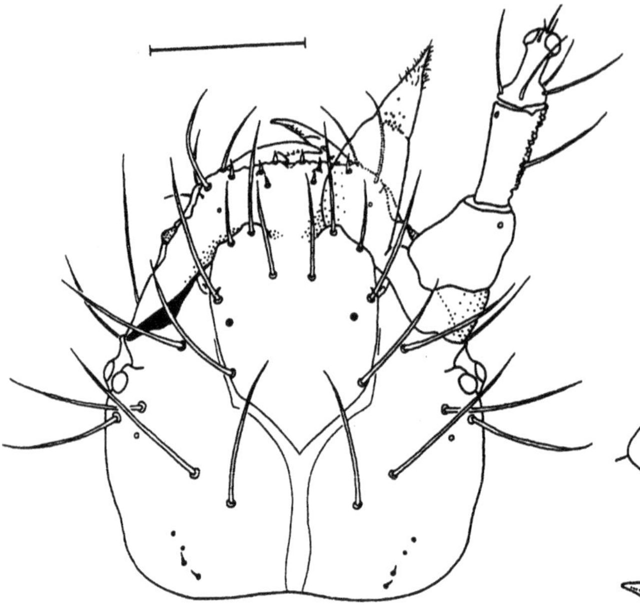
8

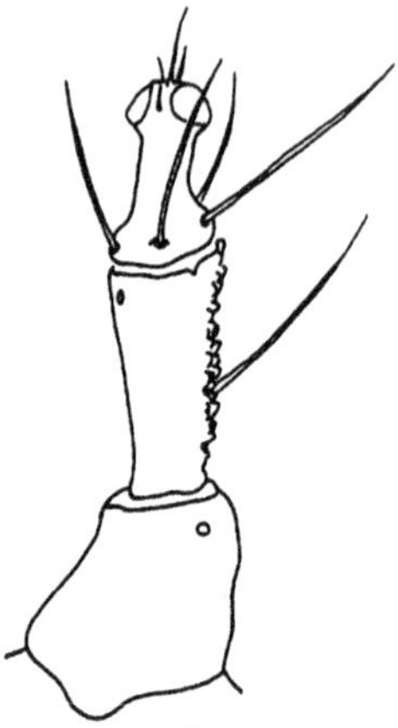
10

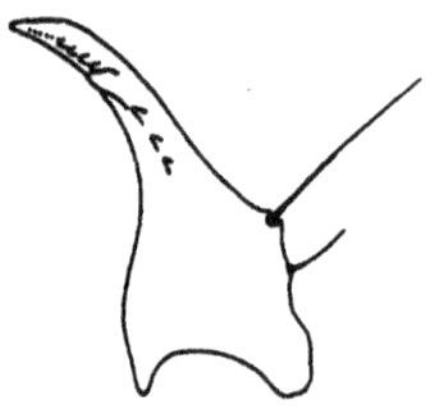
11

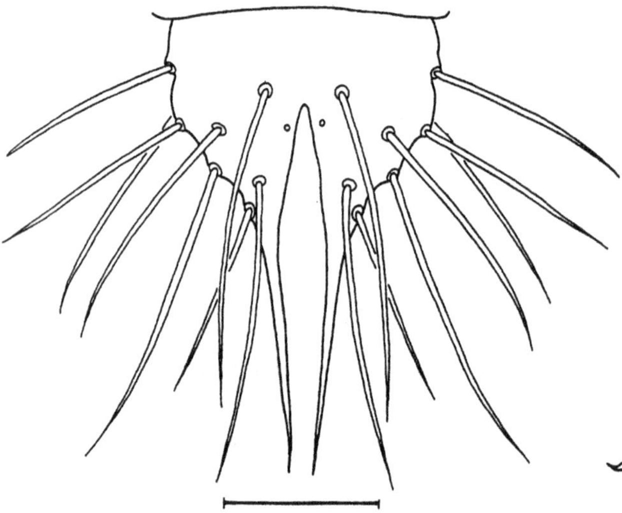
9

12

8 Auf jeder Kopfseite 2 Stemmata, ausstülpbare Kopfanhänge vorhanden, Frons nach vorn nicht erweitert, parallelseitig (Abb. 35), Labrum mit einer Reihe aus 14 Körnchen (Abb. 38), Labialtaster normal, Mandibel am oberen Innenrand nur fein gezähnelt (Abb. 39), Urogomphi terminal zu spitzen Zipfeln ausgezogen (Abb. 36). *Plectophloeus* REITTER

8* Augenlos, ausstülpbare Kopfanhänge fehlend, Frons nach vorn dreieckig erweitert (Abb. 42), Labialtaster sehr klein, weitgehend reduziert, Mandibel am oberen Innenrand mit einem einzelnen groben Zahn (Abb. 46), Urogomphi terminal ohne spitze Zipfel (Abb. 43). *Euplectus* LEACH

9 Achtes Abdominalsegment gleich lang wie die vorhergehenden und von gleicher Form, etwas schmäler, der gerade Hinterrand nur unwesentlich schmäler als der Vorderrand (Abb. 48). Gegabeltes Sinnesorgan des zweiten Antennenglieds mit breiter Basis. Eine der beiden terminalen Borsten des dritten Antennenglieds stark verlängert (Abb. 49). *Tychobythinus* GANGLBAUER

9* Achtes Abdominalsegment ca. doppelt so lang wie die vorhergehenden, vor der Spitze gerade verengt, der gerade Hinterrand etwa halb so breit wie der Vorderrand (Abb. 54). Gegabeltes Sinnesorgan des zweiten Antennenglieds mit kurz gestieltem Ansatz. Beide terminale Borsten des dritten Antennenglieds gleich kurz (Abb. 55). *Bryaxis* KUGELANN

Bestimmungstabellen für die Arten können vorläufig nicht vorgelegt werden, da der übergroße Anteil der in Mitteleuropa vorkommenden 146 Arten aus 30 Gattungen nicht bekannt sind.

Literatur

BESUCHET, C. (1952): Larves et nymphes de *Plectophloeus*. – Mitt. Schweiz. ent. Ges. 25: 251–256.

BESUCHET, C. (1956): Larves et nymphes de Psélaphides (Coléoptères). – Rev. Suisse Ent. 63: 697–705.

BÖVING, A. G. & CRAIGHEAD, F. C. (1931): An illustrated Synopsis of the principal larval forms of the order Coleoptera. – Brooklyn Ent. Soc. New York: 351 S.

DE MARZO, L. (1987): Morfologia della Larva matura in alcuni Pselafidi (Coleoptera). – Entomologica Bari 22: 97–135.

JEANNEL, R. (1950): Coléoptères Psélaphides. – Faune de France 53: 421 S.

KASULE, F. K. (1966): The subfamilies of the larvae of Staphylinidae (Coleoptera) with keys to the larvae of the British genera of Steninae and Proteininae. – Trans. R. ent. Soc. London 188: 261–283.

KAUPP, A. (1997): Beitrag zur Larvalmorphologie der Palpenkäfer (Coleoptera, Pselaphidae). – Ent. Bl. 93: 57–68.

NEWTON, A. F. (1991): Pselaphidae (Staphylinoidea) (including Clavigeridae). In STEHR, F. W. (Hrsg.): Immature Insects; Vol. 2. Kendal Publishing Company, Dubuque, Iowa: 353–355.

Abb. 8: *Reichenbachia juncorum*, Kopf, dorsal, Antenne und ausstülpbarer Kopfanhang nur rechts gezeichnet Maßstrich 0,1 mm (aus KAUPP 1997)

Abb. 9: *Reichenbachia juncorum*, 9. Abdominalsegment, dorsal, Maßstrich 0,1 mm (aus KAUPP 1997)

Abb. 10: *Reichenbachia juncorum*, Antenne, dorsal (aus KAUPP 1997)

Abb. 11: *Reichenbachia juncorum*, Mandibel, dorsal (aus KAUPP 1997)

Abb. 12: *Reichenbachia juncorum*, Maxille (aus KAUPP 1997)

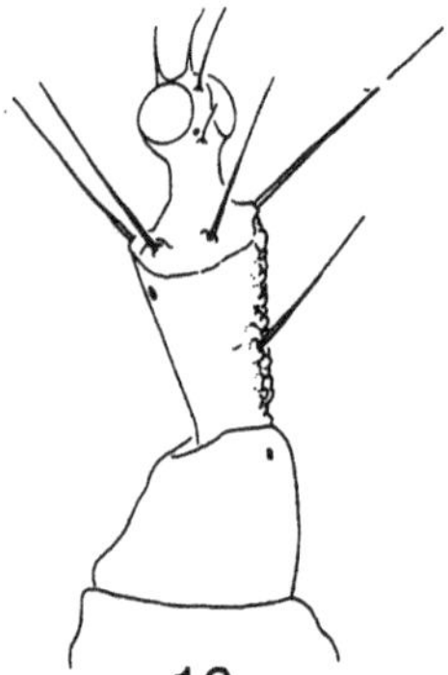

16

17

18

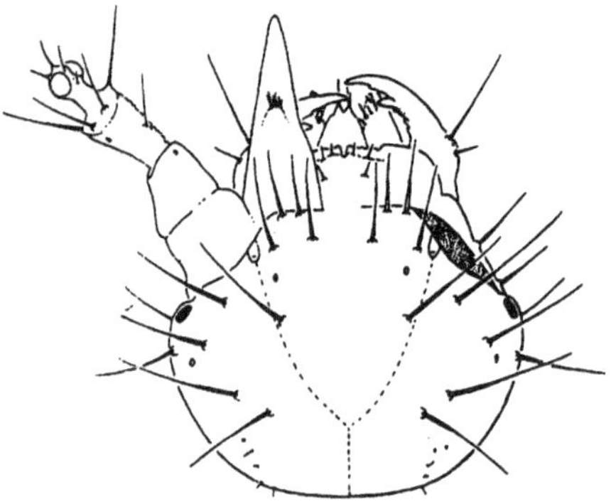

14

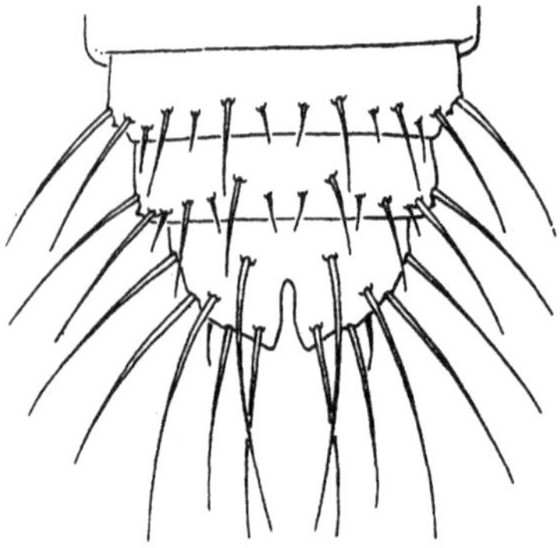

15

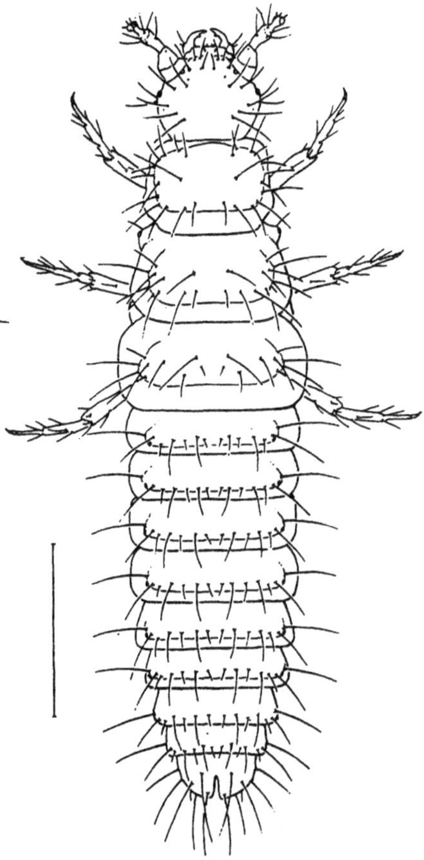

13

Abb. 13: *Brachygluta abrupta septentrionalis*, Habitus, dorsal (aus DE MARZO 1987)
Abb. 14: *Brachygluta abrupta septentrionalis*, Kopf, dorsal, Antenne und ausstülpbarer Kopfanhang nur links gezeichnet (aus DE MARZO 1987)
Abb. 15: *Brachygluta abrupta septentrionalis*, 7. bis 9. Abdominalsegment, dorsal (aus DE MARZO 1987)
Abb. 16: *Brachygluta abrupta septentrionalis*, Antenne, dorsal (aus DE MARZO 1987)
Abb. 17: *Brachygluta abrupta septentrionalis*, Mandibel, dorsal (aus DE MARZO 1987)
Abb. 18: *Brachygluta abrupta septentrionalis*, Maxille (aus DE MARZO 1987)

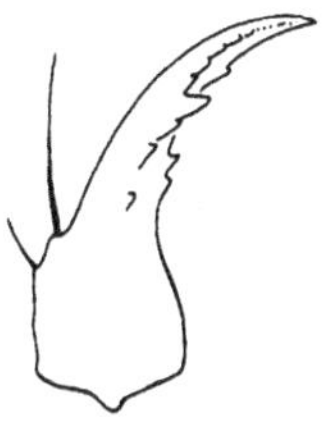

22

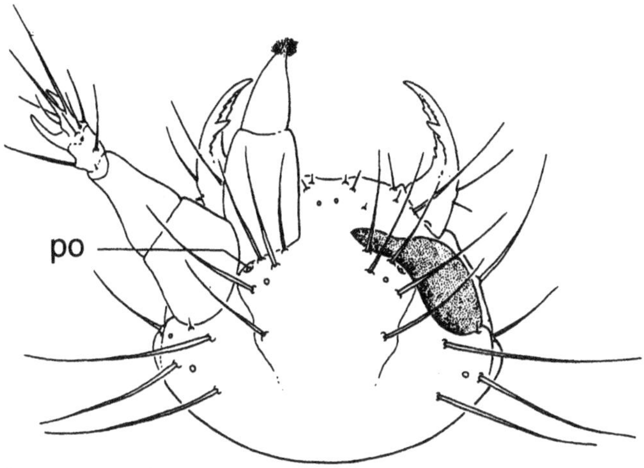

19

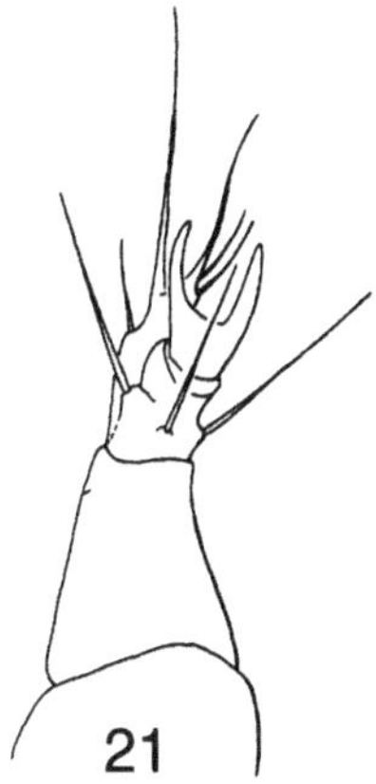

21

23

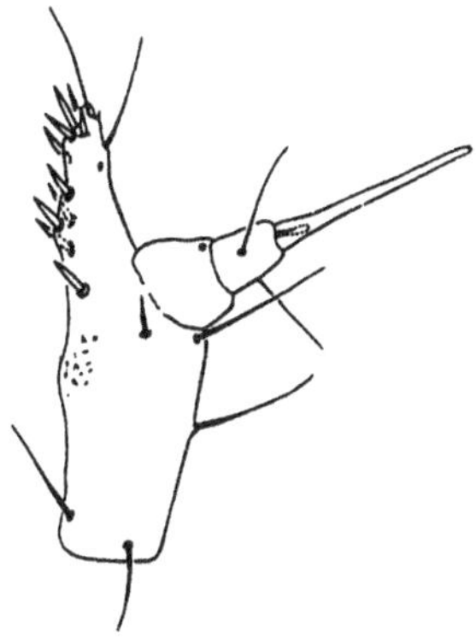

24

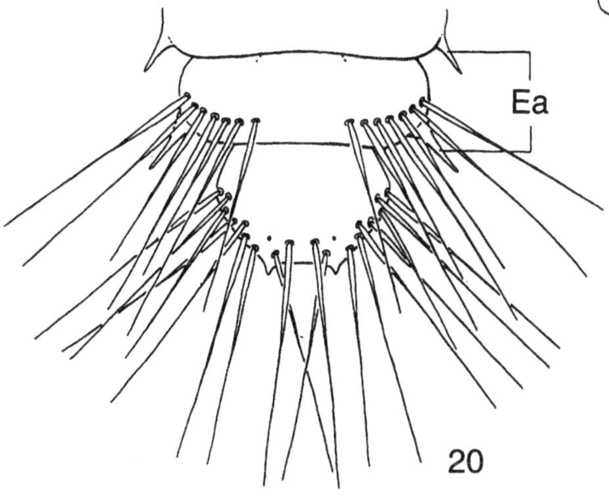

20

Abb. 19: *Batrisodes oculatus*, Kopf, dorsal, Antenne und ausstülpbarer Kopfanhang nur links gezeichnet (aus DE MARZO 1987)
Abb. 20: *Batrisodes oculatus*, 7. bis 9. Abdominalsegment, dorsal (aus DE MARZO 1987)
Abb. 21: *Batrisodes oculatus*, Antenne, ventral (aus DE MARZO 1987)
Abb. 22: *Batrisodes oculatus*, Mandibel, dorsal (aus DE MARZO 1987)
Abb. 23: *Batrisodes oculatus*, Labium (aus DE MARZO 1987)
Abb. 24: *Batrisodes oculatus*, Maxille (aus DE MARZO 1987)

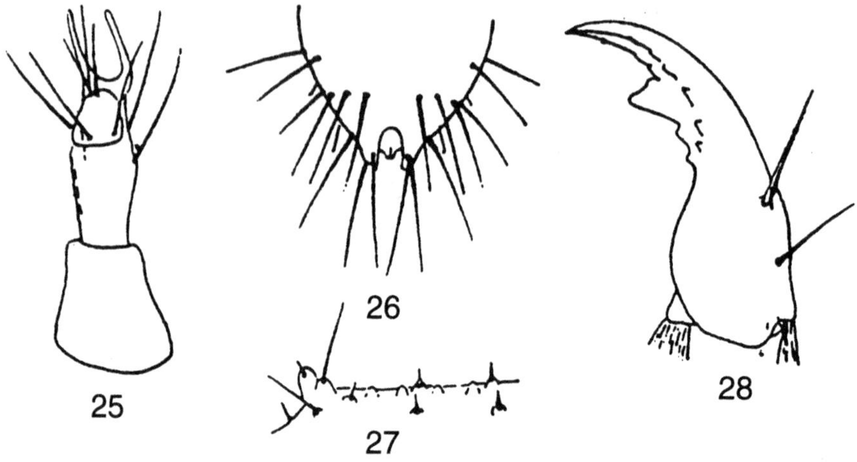

Abb. 25: *Trichonyx sulcicollis*, Antenne, dorsal (aus BESUCHET 1956)
Abb. 26: *Trichonyx sulcicollis*, 9. Abdominalsegment, dorsal (aus BESUCHET 1956)
Abb. 27: *Trichonyx sulcicollis*, Vorderrand des Clypeus, dorsal (aus BESUCHET 1956)
Abb. 28: *Trichonyx sulcicollis*, Mandibel, dorsal (aus BESUCHET 1956)

Abb. 29: *Trimium minimum*, Habitus, dorsal (aus DE MARZO 1987)
Abb. 30: *Trimium minimum*, Kopf, dorsal, Antenne und ausstülpbarer Kopfanhang nur links gezeichnet (aus DE MARZO 1987)
Abb. 31: *Trimium minimum*, 7. bis 9. Abdominalsegment, dorsal (aus DE MARZO 1987)
Abb. 32: *Trimium minimum*, Antenne, dorsal (aus DE MARZO 1987)
Abb. 33: *Trimium minimum*, Mandibel, dorsal (aus DE MARZO 1987)
Abb. 34: *Trimium minimum*, Maxille (aus DE MARZO 1987)

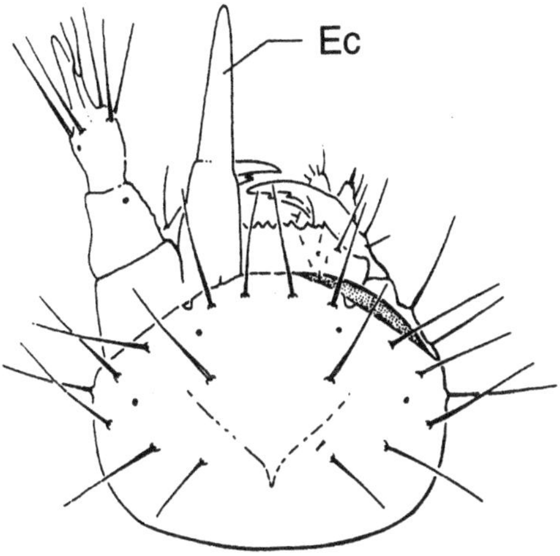

30

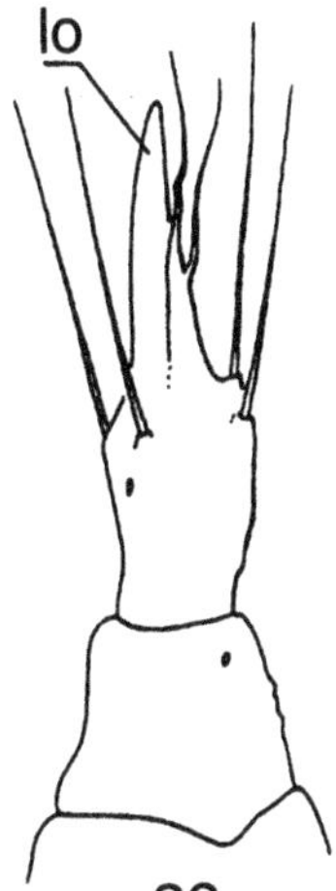

32

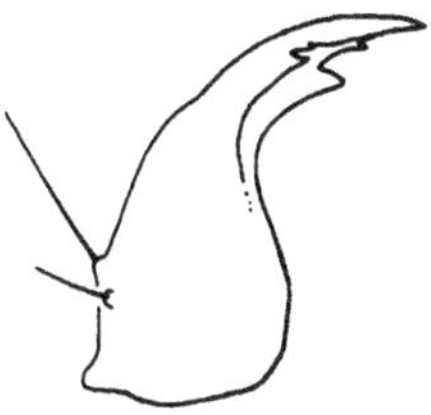

33

34

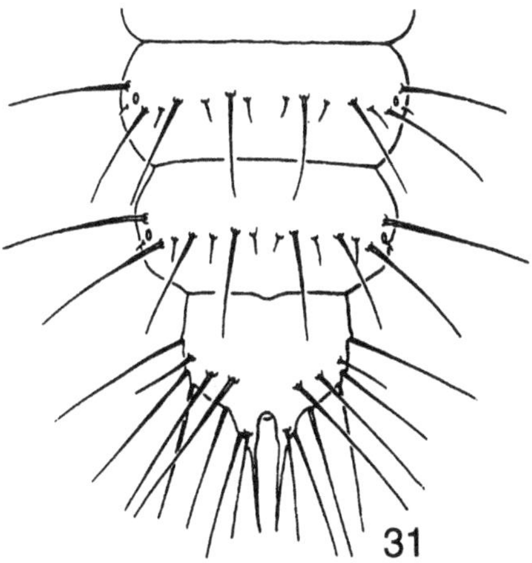

31

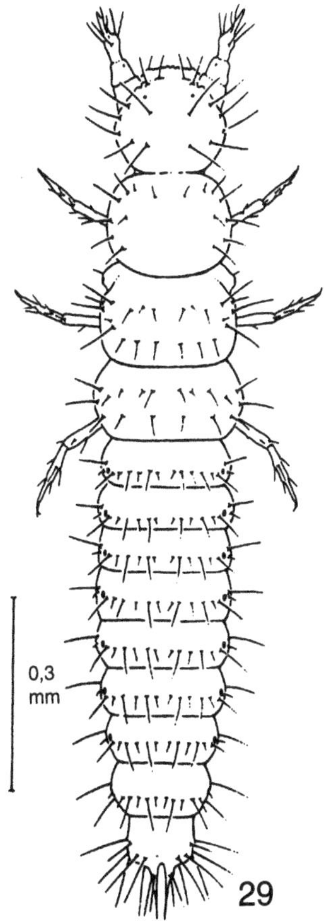

29

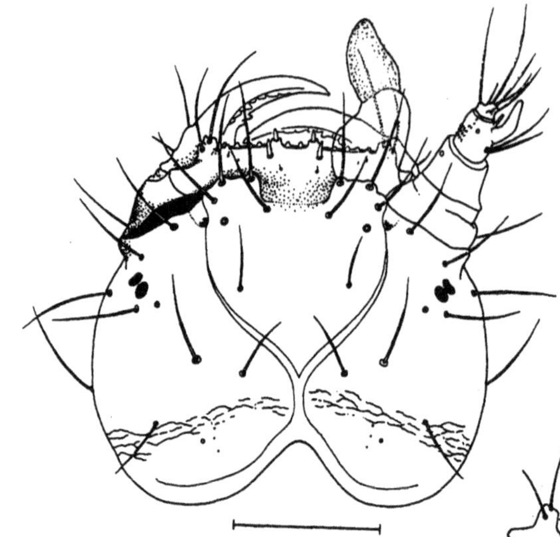

35

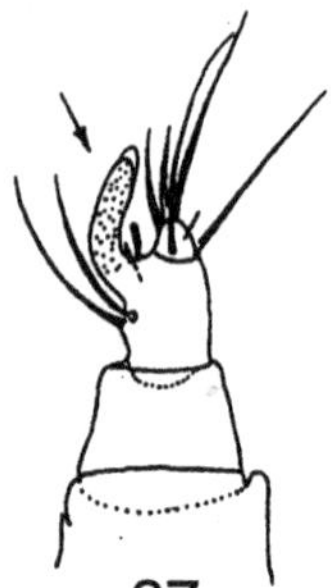

37

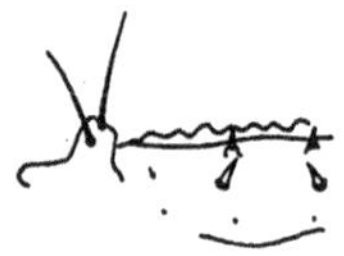

38

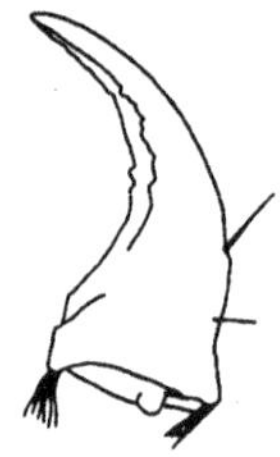

39

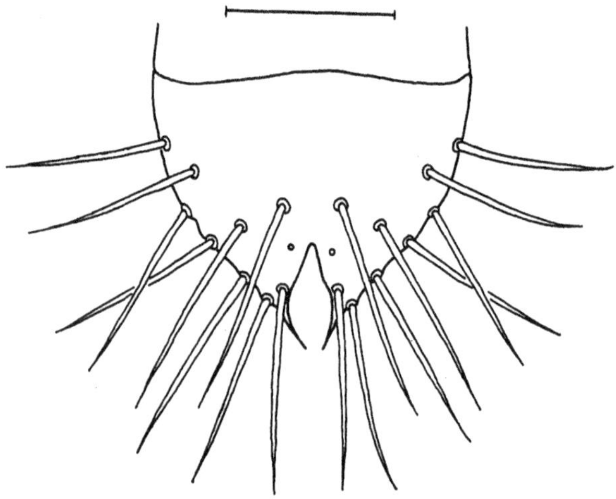

36

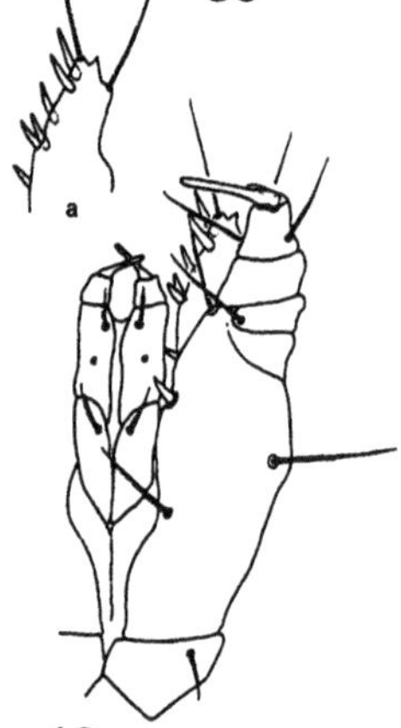

40

Abb. 35: *Plectophloeus fischeri*, Kopf, dorsal, Antenne und ausstülpbarer Kopfanhang nur rechts gezeichnet Maßstrich 0,1 mm (aus KAUPP 1997)
Abb. 36: *Plectophloeus fischeri*, 9. Abdominalsegment, dorsal, Maßstrich 0,1 mm (aus KAUPP 1997)
Abb. 37: *Plectophloeus fischeri*, Antenne, dorsal (aus BESUCHET 1952)
Abb. 38: *Plectophloeus fischeri*, Clypeus / Labrum, dorsal (aus BESUCHET 1952)
Abb. 39: *Plectophloeus fischeri*, Mandibel, dorsal (aus BESUCHET 1952)
Abb. 40: *Plectophloeus fischeri*, Maxille und Labium, a = Mala (aus KAUPP 1997)

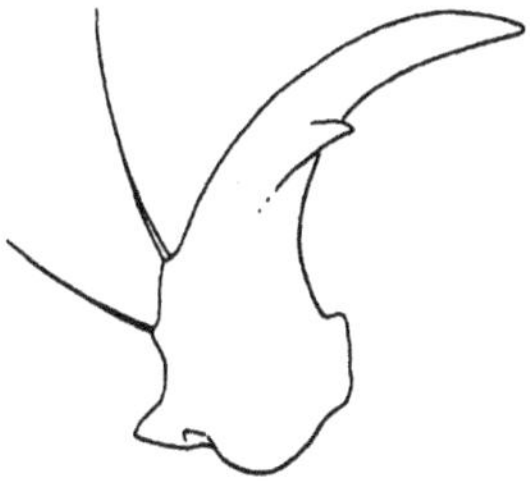

46

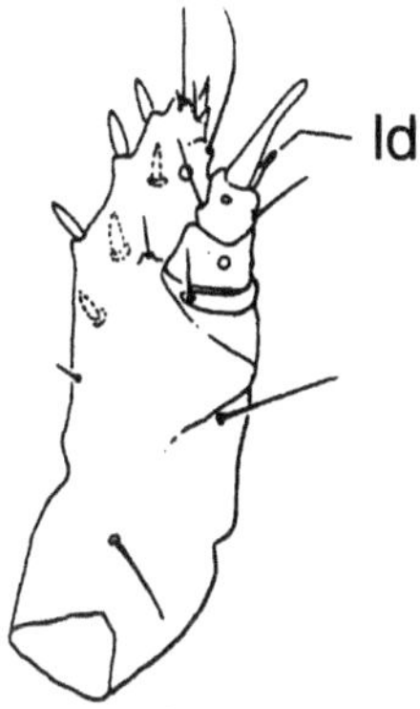

45

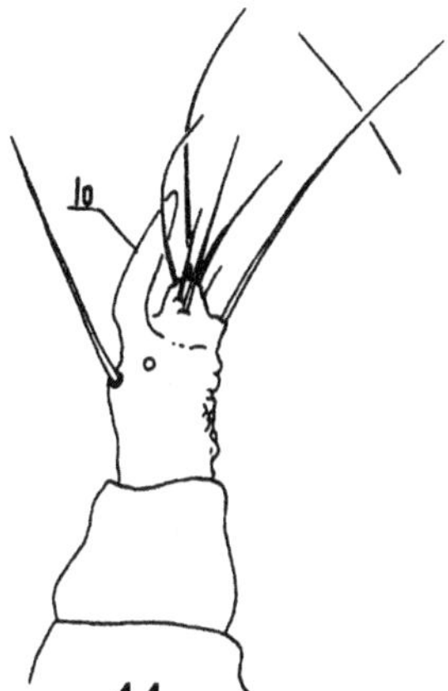

44

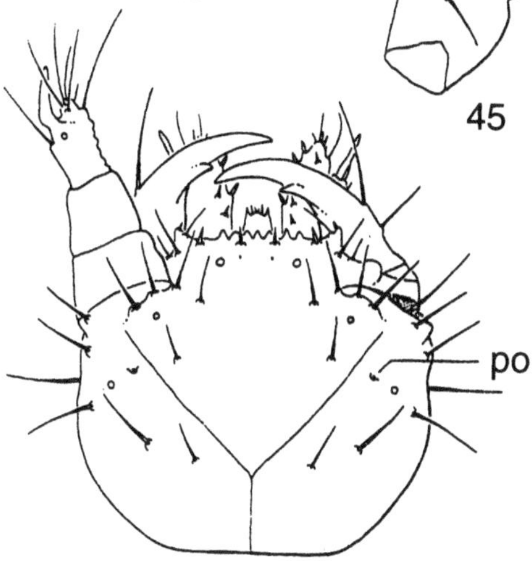

42

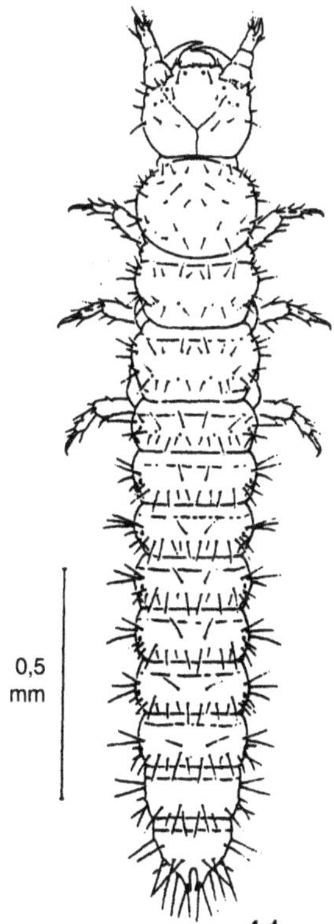

41

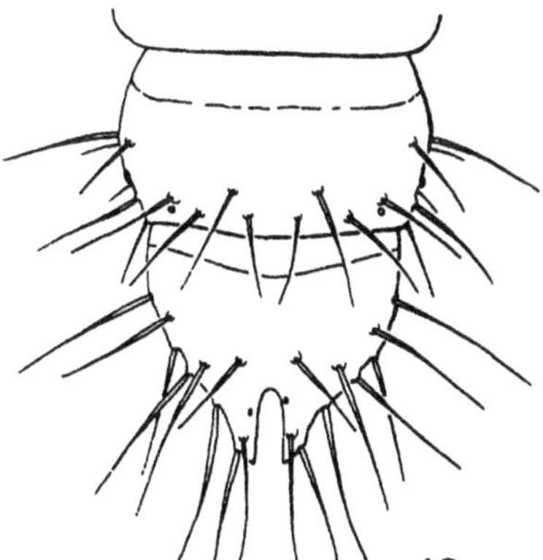

43

Abb. 41: *Euplectus* sp., Habitus, dorsal (aus DE MARZO 1987)
Abb. 42: *Euplectus* sp., Kopf, dorsal, Antenne nur links gezeichnet (aus DE MARZO 1987)
Abb. 43: *Euplectus* sp., 8. und 9. Abdominalsegment, dorsal (aus DE MARZO 1987)
Abb. 44: *Euplectus* sp., Antenne, dorsal (aus DE MARZO 1987)
Abb. 45: *Euplectus* sp., Maxille (aus DE MARZO 1987)
Abb. 46: *Euplectus* sp., Mandibel, dorsal (aus DE MARZO 1987)

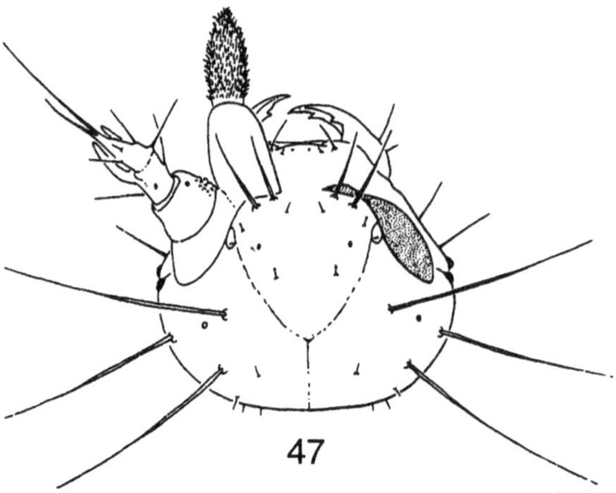

47

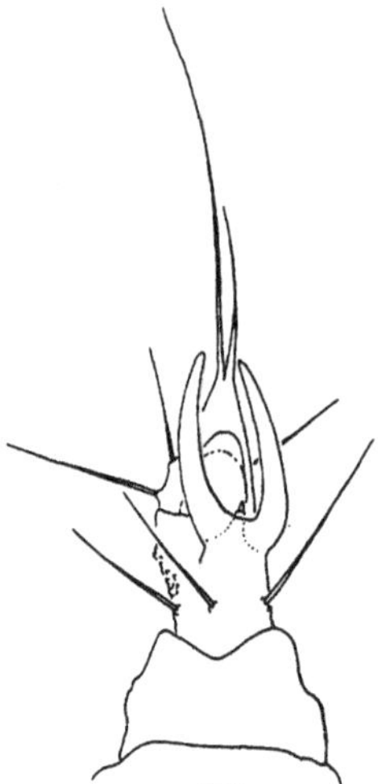

49

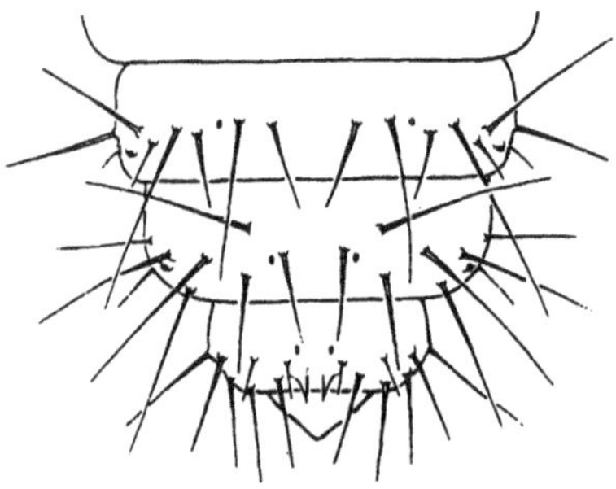

48

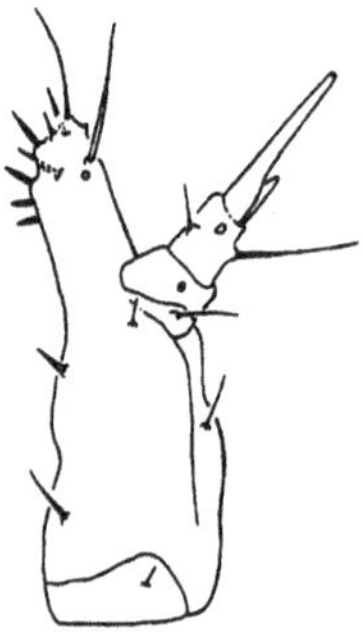

50

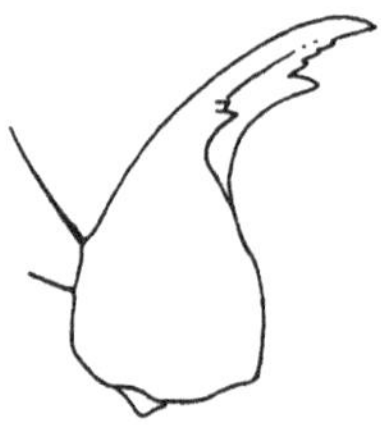

51

Abb. 47: *Tychobythinus glabratus*, Kopf, dorsal, Antenne und ausstülpbarer Kopfanhang nur links gezeichnet (aus DE MARZO 1987)
Abb. 48: *Tychobythinus glabratus*, 7. bis 10. Abdominalsegment, dorsal (aus DE MARZO 1987)
Abb. 49: *Tychobythinus glabratus*, Antenne, ventral (aus DE MARZO 1987)
Abb. 50: *Tychobythinus glabratus*, Maxille (aus DE MARZO 1987)
Abb. 51: *Tychobythinus glabratus*, Mandibel, dorsal (aus DE MARZO 1987)

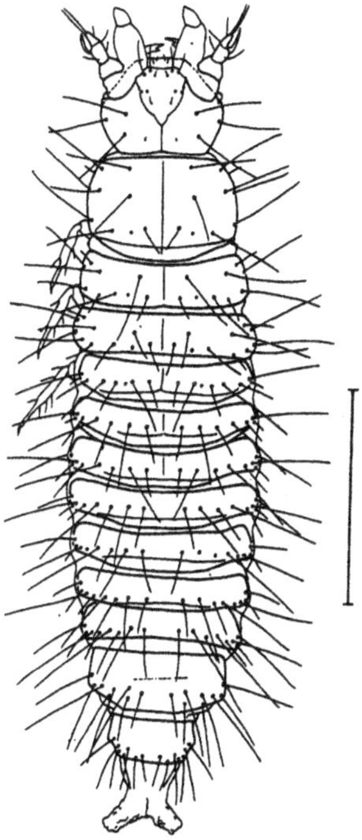

52

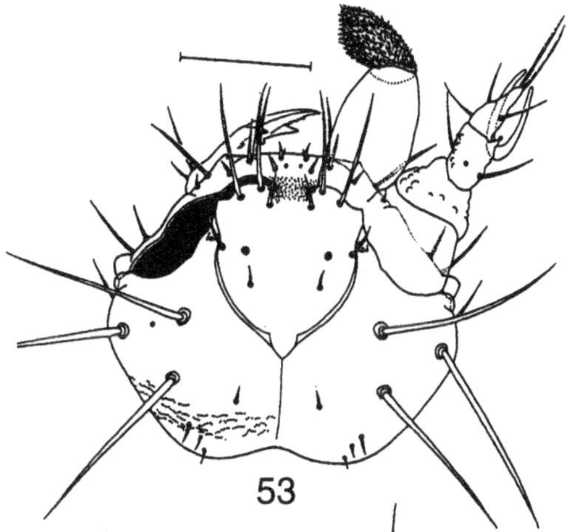

53

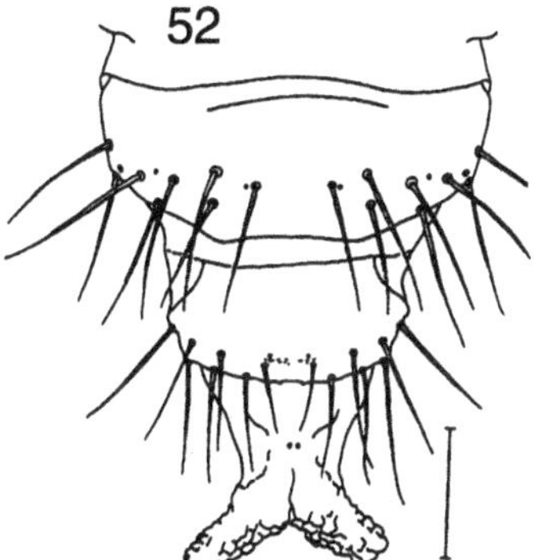

54

55

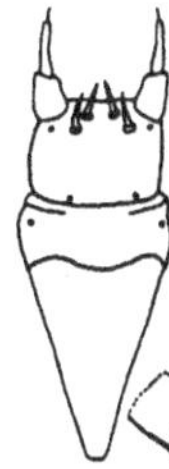

56

57

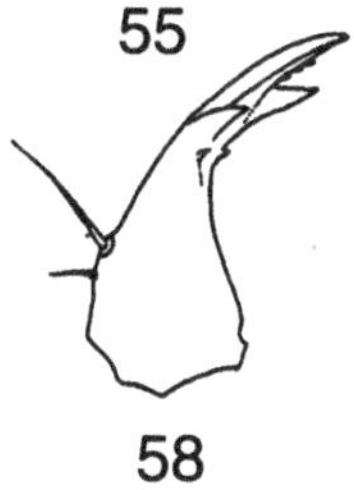

58

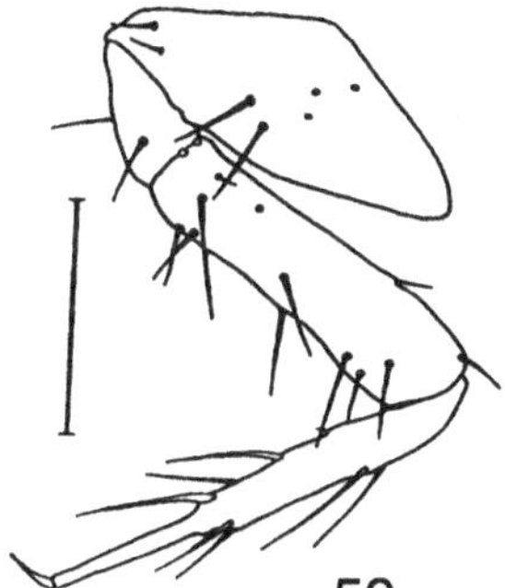

59

Abb. 52: *Bryaxis puncticollis*, Habitus, dorsal, Maßstrich 0,5 mm (aus KAUPP 1997)
Abb. 53: *Bryaxis puncticollis*, Kopf, dorsal, Antenne und ausstülpbarer Kopfanhang nur rechts gezeichnet, Maßstrich 0,1 mm (aus KAUPP 1997)
Abb. 54: *Bryaxis puncticollis*, 8. bis 10. Abdominalsegment, dorsal, Maßstrich 0,1 mm (aus KAUPP 1997)
Abb. 55: *Bryaxis puncticollis*, Antenne, ventral (aus KAUPP 1997)
Abb. 56: *Bryaxis puncticollis*, Labium (aus KAUPP 1997)
Abb. 57: *Bryaxis puncticollis*, Maxille (aus KAUPP 1997)
Abb. 58: *Bryaxis puncticollis*, Mandibel (aus KAUPP 1997)
Abb. 59: *Bryaxis puncticollis*, Hinterbein, Maßstrich 0,1 mm (aus KAUPP 1997)

6. Überfamilie: Scarabaeoidea

Nachtrag zur 33. Familie: Scarabaeidae

14. Gattung: *Aphodius* ILLIGER

von FRANK-THORSTEN KRELL

(Abb. 1–59)

Gattungsdiagnose: Habitus: Abb. 1. Stirn direkt hinter dem Clypeus mit einer medianen Reihe von vier paarigen Impressionen (Abb. 5), die mehr oder weniger verschmolzen oder reduziert sein können (Abb. 6, 7, 8). Vorderrand des Labrum dreilappig (Abb. 6); Antennen 4-gliedrig, bei einigen Arten Glied 1 doppelt so lang wie das zweite, in der Mitte sehr schwach sklerotisiert, so daß die Antennen, oberflächlich betrachtet, fünfgliedrig erscheinen können (Abb. 4). Vorletztes und letztes Abdominalsegment allmählich verengt. Unterer Anallobus eingeschnitten. Letzter Sternit mit einem Borstenfeld (Raster) (Abb. 10), manchmal mit longitudinaler, paariger Borstenreihe (Palidia) (Abb. 2, 3).

Tabelle für die Arten (nach MADLE 1936, VAN EMDEN 1941; ergänzt durch HAFEZ 1939, JERATH 1960, MAL'TSEV [MAL'CEV] 1966, LUMARET in PAULIAN & BARAUD 1982: 98, ZHANG 1984, LUMARET & STIERNET 1984, KIM & LUMARET 1986, TASHIRO 1987, KIM & LUMARET 1988, PALESTRINI & BARBERO 1992, BARBERO & PALESTRINI 1993, BARBERO & PALESTRINI 1995, FROLOV 1995, 1996, BARBERO (in litt.), LUMARET (in litt.) sowie durch eigene Befunde).

Bei den Breitenangaben der Kopfkapsel gibt die erste Zahl den minimalen, die letzte den maximalen und die eingeklammerte mittlere Zahl den Mittelwert an. Werden Kopfkapselbreiten der L_1 oder L_2 ergänzend zur Beschreibung der L_3 angegeben, so muß dies *nicht* bedeuten, daß die Merkmale auch bei L_1 bzw. L_2 in der beschriebenen Form ausgeprägt sind.

Da die Tabelle hauptsächlich auf Literaturangaben beruht und die Beschreibungen nicht immer die gleichen Merkmale berücksichtigen, können in den Dichotomien bzw. Trichotomien nicht immer alle Merkmalsalternativen genannt werden. Zudem sind nur von 28 der 85 in Mitteleuropa nachgewiesenen *Aphodius*-Arten die Larven beschrieben. Daher kann die folgende Tabelle nur zur groben Orientierung dienen.

1 Raster fast auf der ganzen Länge mit zwei annähernd parallelen oder leicht divergierenden Längsreihen (Palidia) von je 12–20 kräftigen Borsten („Klemmborsten" nach MADLE 1935), die sich in der Größe und der regelmäßigen Anordnung deutlich von den umliegenden feineren Borsten unterscheiden und das gesamte Rasterfeld durchsetzen (Abb. 2, 3). Seitenwülste des Abdomen mit je 2 Haarborsten (Untergattung *Acrossus* MULSANT)[1] 2

1* Raster fast auf der ganzen Länge mit zwei annähernd parallelen Längsreihen von je ca. 7 kräftigen, apikal abgeflachten, am Ende abgeschnittenen, spatelförmigen Borsten; die letzten Borsten jeder Reihe nach außen versetzt; Seitenwülste des Abdomen mit je 2 Haarborsten. – Kopf glänzend braun mit einigen feinen Runzeln; Kopfkapselbreite: 1,63–(1,80)–2,10 mm (Untergattung *Nimbus* MULSANT & REY). *contaminatus* HERBST, L_3

1** Raster o h n e deutlich abgesetzte Längsreihen kräftiger Borsten (Abb. 10) oder d i v e r g i e r e n d e Längsreihen befinden sich nur im h i n t e r e n Bereich der Rasterfläche und bestehen aus maximal je 10 Borsten (Abb. 11, 12, 13, 18); Seitenwülste des Abdomen mit je 2, 3 oder 4 Haarborsten 6

2 Die beiden Borstenreihen des Raster laufen nahezu parallel (Abb. 2) und bestehen aus je 12–20 Borsten 3

2* Die beiden Borstenreihen des Raster bestehen aus je ca. 10 gebogenen, spitzen Borsten und divergieren nach hinten in einem Winkel von 20–30° (Abb. 3). – Kopf sehr dunkel pechbraun; Kopfkapselbreite: 2,26–2,44 mm (bei L_2: 1,6–1,8 mm). Innenrand der Lacinia mit einer Reihe von 7–8 starken Borsten, basalwärts anschließend 3 kleinere, in schräger Reihe stehende Borsten. Raster zwischen den beiden Palidia an der Basis mit einem Längseindruck (Abb. 3), außer den Palidia mit 50–60 feineren Borsten; Endglieder der Klemmborsten der Palidia spitz und sehr breit.
luridus (FABRICIUS)

3 Kopf braunrot; Stirn mit einer paarigen, zusammenfließenden, submedianen Impression (Abb. 6) 4

3* Kopf gelbbraun oder dunkel pechbraun, niemals rötlich; Stirn mit zwei bis drei paarigen, nicht zusammenfließenden, submedianen Impressionen 5

4 Kopfkapselbreite 2,86–(3,18)–3,56 mm; Raster mit 100–120 feinen Plattenborsten und 30–40 Klemmborsten (Abb. 2); Endglieder der Klemmborsten der Palidia meist zwei- bis dreispitzig (Abb. 15). – Innenrand der Lacinia mit einer Reihe von 8 starken Borsten, basalwärts anschließend 3 weitere, kleinere, in schräger Reihe stehende Borsten. Habitus: Abb. 1.
rufipes (LINNAEUS), L_3

4* Kopfkapselbreite 1,99–2,21 mm; Raster mit 90 feinen Plattenborsten und 30–40 Klemmborsten; Endglieder der Klemmborsten der Palidia einspitzig. *rufipes* (LINNAEUS), L_2

5 Kopf dunkel pechbraun; Kopfkapselbreite 2,03–(2,36)–2,55 mm; Raster mit 25–30 Klammborsten und ca. 60 feineren Borsten. – Innenrand der Lacinia mit einer Reihe von 6 starken Borsten, basalwärts anschließend 3 kleinere, in schräger Reihe stehende Borsten. *depressus* KUGELANN, L_3

5* Kopf gelbbraun; Kopfkapselbreite 1,47–1,60 mm; Raster mit 30–35 Klemmborsten und ca. 60 feineren Borsten. *depressus* KUGELANN, L_2

6 Raster im hinteren Teil in der Mitte mit zwei in einem Winkel vom 45–60° divergierenden Reihen von je 5–8 Klemmborsten (Abb. 11, 13, 14) 7

6* Raster aus ca. 80 kurzen, kräftigen Borsten bestehend, in der hinteren Hälfte bilden ca. 20 Borsten ein nach hinten offenes Oval, das eine kahle Fläche einschließt (Abb. 12). – Innenseite der Lacinia mit 6 starken und einer kleineren, basalwärts versetzten Borste (Abb. 9). Seitenwülste des Abdomen mit 3–4 Haarborsten. (Untergattung *Biralus* MULSANT & REY).
satellitius (HERBST), L_3

6** Raster ohne jegliche abgesetzte Borstenreihen, nur mit Borstenfeldern, die eventuell eine unregelmäßige, kahle Medianfläche einschließen 14

7 Raster an der Basis mit dreieckiger, oft schmaler, kahler Stelle, deren Spitze bis zu den Palidia reicht (Abb. 11, 13) 8

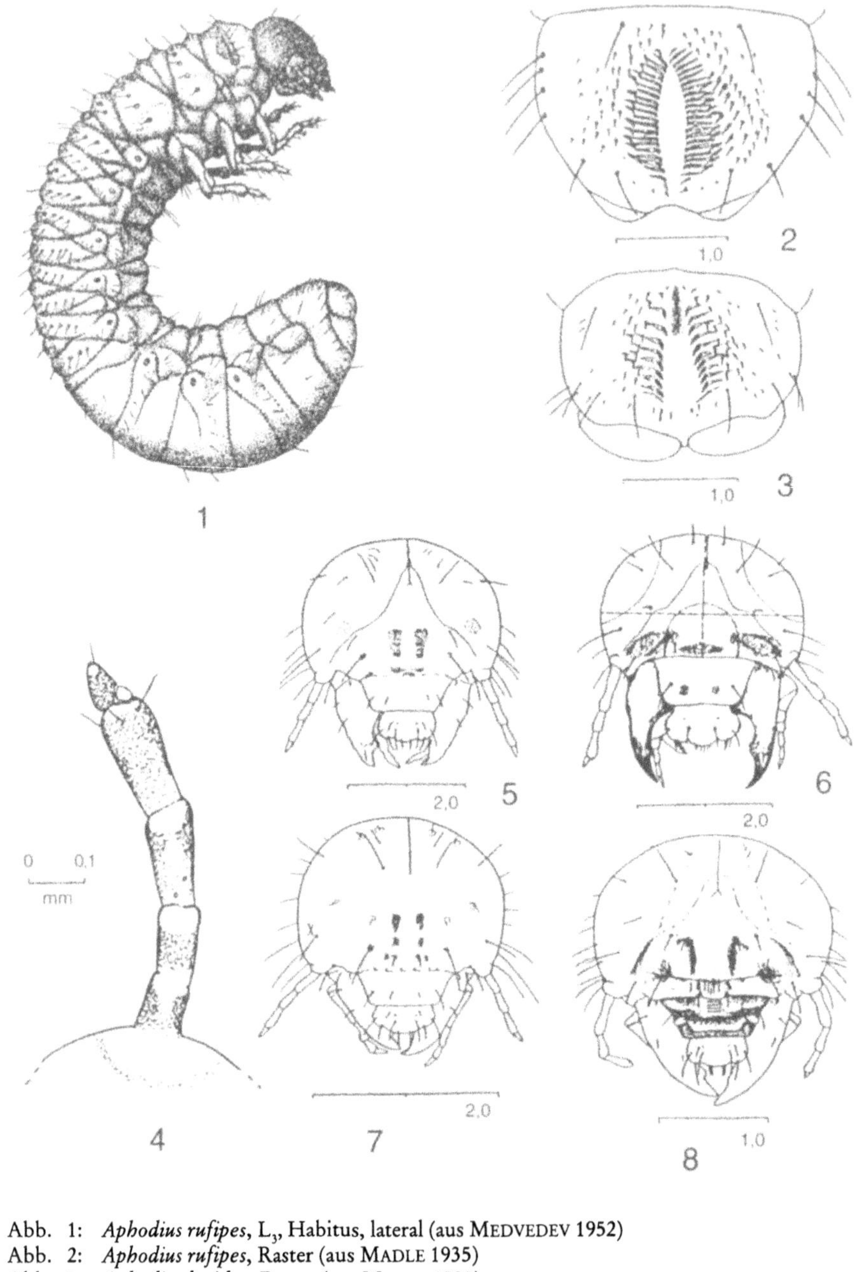

Abb. 1: *Aphodius rufipes*, L_3, Habitus, lateral (aus MEDVEDEV 1952)
Abb. 2: *Aphodius rufipes*, Raster (aus MADLE 1935)
Abb. 3: *Aphodius luridus*, Raster (aus MADLE 1935)
Abb. 4: *Aphodius satellitius*, Antenne (aus PALESTRINI & BARBERO 1992)
Abb. 5: *Aphodius fossor*, Kopf, dorsal (aus MADLE 1935)
Abb. 6: *Aphodius rufipes*, Kopf, dorsal (aus MADLE 1935)
Abb. 7: *Aphodius fimetarius*, Kopf, dorsal (aus MADLE 1935)
Abb. 8: *Aphodius erraticus*, Kopf, dorsal (aus MADLE 1935)

7* Raster ohne oder mit kaum deutlicher kahler Stelle an der Basis, die nicht bis zu den Palidia reicht, so daß der Raster nicht völlig in zwei Felder geteilt ist; Palidia divergieren im Winkel von 30–45° 12

8 Kopf glänzend, hellbraun bis braun. 1. Fühlerglied so lang wie das 2. (Abb. 21); Seitenwülste des Abdomen mit je 4–5 Haarborsten. – Mandibeln mit je zwei kräftigen Borsten außen auf der Dorsalseite (Abb. 19)[2]. Palidia divergieren im Winkel von 30–40° (Untergattung *Bodilus* MULSANT & REY) 9

8* Kopf matt seidig schimmernd, rotbraun oder gelb(-braun). Die Längen von 1. und 2. Fühlerglied stehen im Verhältnis von 3:2 bis zu 1:1. Seitenwülste des Abdomen mit je 3 Haarborsten 0

9 Raster aus ca. 40 breiten, abgeflachten Borsten bestehend. Kopfkapselbreite: 1,14–1,33 mm. *sordidus* (FABRICIUS)[3], L_2

9* Raster aus ca. 60 breiten, abgeflachten Borsten bestehend (Abb. 13). Kopfkapselbreite: 1,73–1,93 mm. – Innenseite der Lacinia mit 6 Borsten. Habitus: Abb. 20. *sordidus* (FABRICIUS), L_3

10 Kopf hell bis dunkel rotbraun. 1. Fühlerglied wenig, aber deutlich länger als das 2. (Verhältnis 3:2). – Innenrand der Lacinia mit einer Reihe von 5 kräftigen Borsten und einer basalwärts versetzten, kleineren Borste. Raster mit Palidia aus 13–15, recht unregelmäßig angeordneten Klemmborsten (Abb. 11) sowie mit maximal ca. 45 etwas schwächeren Borsten. Kopfkapselbreite: 1,82–1,85 mm (MADLE, l.c.), 1,41–1,70 mm (JERATH, l.c.[4]). (Untergattung *Melinopterus* MULSANT). *prodromus* (BRAHM), L_3

10* Kopf gelb bis gelbbraun. 1. Fühlerglied nicht oder nur undeutlich länger als das 2. 11

11 Kopfkapselbreite: 1,42–1,74 mm. Klemmborsten den übrigen Borsten ähnlich, die meisten jedoch größer; Raster mit 11–23 Klemmborsten und 30–60 Borsten (Abb. 18). – Innenrand der Lacinia mit einer Reihe von 5–6 starken Borsten und basalwärts 1–2 kleineren Borsten. (Untergattung *Calamosternus* MOTSCHOULSKY[5]). *granarius* (LINNAEUS), L_3

11* Kopfkapselbreite: 1,16 – 1,18 mm. Mit 10 etwas dünneren Klemmborsten und ca. 35–40 Borsten. *granarius* (LINNAEUS), L_2

12 Raster mit mindestens ca. 50 schwächeren Borsten und 25–30 stärkeren Klemmborsten (Abb. 14). Innenrand der Lacinia mit 6 kräftigen und einer basalwärts versetzten, kleineren Borste (Abb. 27). Seitenwülste des Abdomen mit je 2–3 Haarborsten. – Kopfkapselbreite L_3: 1,76 mm; L_2: 1,23–(1,26)–1,29 mm. *constans* DUFTSCHMID, L_3

12* Raster mit maximal ca. 40 schwächeren Plattenborsten und 12–14 Klemmborsten; Seitenwülste des Abdomen mit je 2 Haarborsten. Die beiden mittleren Impressionen des Kopfes am Grunde fein netzartig skulpturiert 13

13 Kopf glänzend braun bis dunkelbraun; Kopfkapselbreite: 0,98–1,09 mm. Raster mit 12 Klemmborsten und ca. 40 Plattenborsten. – Innenrand der Lacinia mit einer Reihe von 5 starken, basalwärts mit einer kleineren Borste. *ater* DEGEER[6], L_2

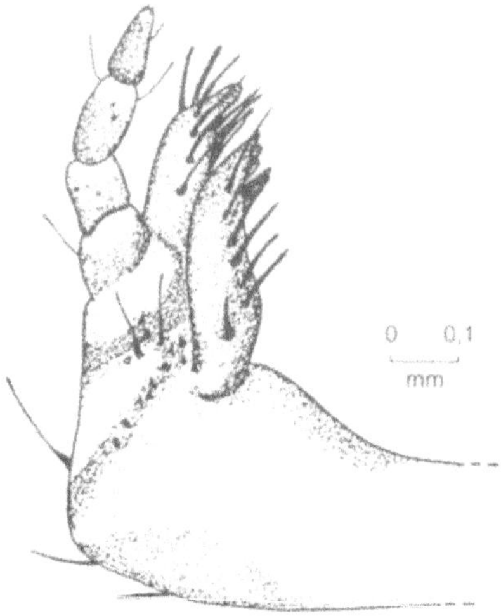

9

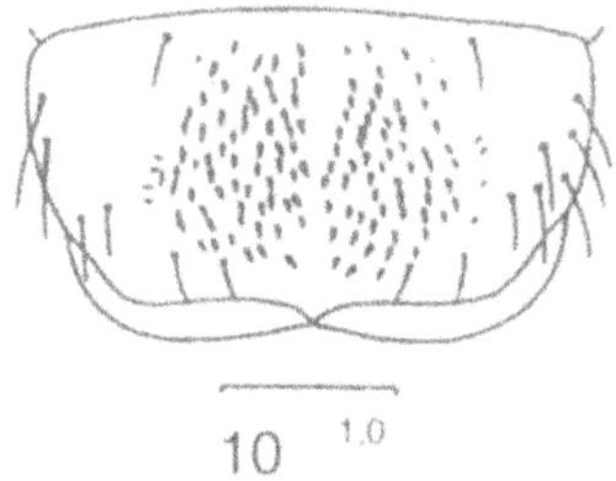

10

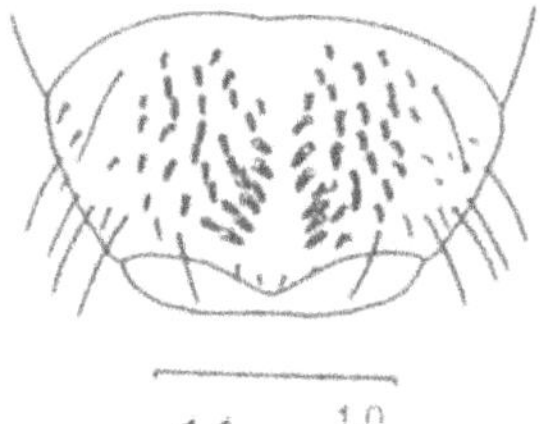

11

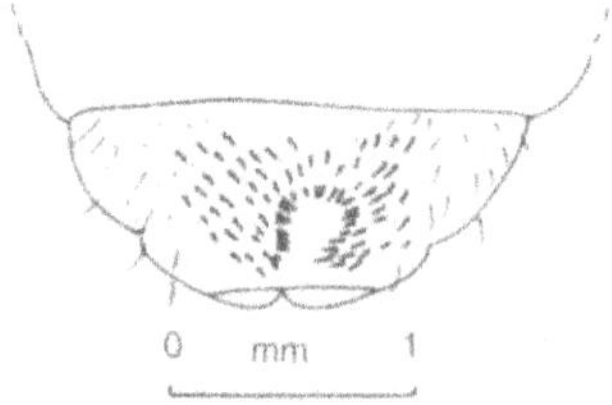

12

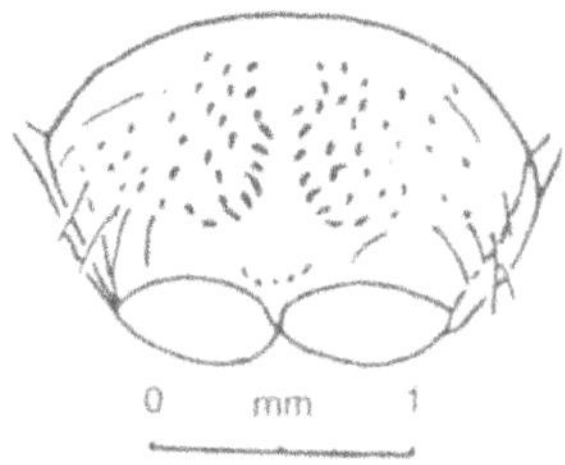

13

14

15

Abb. 9: *Aphodius satellitius*, linke Maxille von ventral (aus PALESTRINI & BARBERO 1992)
Abb. 10: *Aphodius fossor*, Raster (aus MADLE 1935)
Abb. 11: *Aphodius prodromus*, Raster (aus MADLE 1935)
Abb. 12: *Aphodius satellitius*, Raster (aus PALESTRINI & BARBERO 1992)
Abb. 13: *Aphodius sordidus*, Raster (aus KIM & LUMARET 1986)
Abb. 14: *Aphodius constans*, Raster (aus LUMARET in PAULIAN & BARAUD 1982)
Abb. 15: *Aphodius rufipes*, Klemmborste der Palidia (aus MADLE 1935)

13* Kopf glänzend schwarzbraun; Kopfkapselbreite: 1,51–1,69 mm. Raster mit 12–14 Klemmborsten und 30–35 Plattenborsten; Klemmborsten mit großen, breiten, wenig spitzen Endgliedern (evtl. auch bei L_2)
ater DEGEER, L_3

14 Clypeus mit einer breiten Beule am Vorderrand seines sklerotisierten Bereiches (Abb. 16). – Kopf glänzend, gelb bis hellbraun. 1. Fühlerglied deutlich länger als das 2. oder 3. (Abb. 16). Innenrand der Lacinia mit 7–8 starken Borsten, basalwärts in schräger Reihe 2–3 kleine Borsten (Abb. 17). Seitenwülste des Abdomen mit je 4 Haarborsten. Raster mit 50–75 gleichförmigen Borsten, durch einen kahlen, longitudinalen Medianbereich mehr oder weniger vollständig in zwei Bereiche getrennt[7] (Abb. 23 [Deutschland, Skandinavien], 22 [Belarus]). Kopfkapselbreite: 2,18–2,50 mm (L_2: 1,27–1,30 mm). (Untergattung *Colobopterus* MULSANT).
erraticus (LINNAEUS), L_3 [8]

14* Clypeus normal flach gewölbt, ohne Beule 15

15 Raster mit 120–165 hell gelbbraunen, kleinen Borsten (Abb. 10) (Untergattung *Teuchestes* MULSANT[9]). 16

15* Raster mit maximal 90 Börstchen 17

16 Kopfkapselbreite: 2,15–2,51 mm. Kopf hell rotbraun. Seitenwülste des Abdomen mit je 2 Haarborsten. Raster: sehr kleine Dörnchen.
fossor (LINNAEUS), L_2

16* Kopfkapselbreite: 2,90–(3,43)–3,79 mm. Kopf (Abb. 5) dunkel rotbraun. Seitenwülste des Abdomen mit je 3 großen und 1 sehr kleinen Haarborste. Auf dem Raster Borsten mit verstärkter Mittellinie (Abb. 25, 26), basal eine große Kahlstelle. Innenrand der Lacinia mit 7–9 starken Borsten, basalwärts in schräger Reihe 1–3 kleinere Borsten.
fossor (LINNAEUS), L_3

17 1. Antennenglied deutlich länger als das 2. (Abb. 29, 30). – 3. Antennenglied distal an der Basis des 4. Gliedes mit Sinneskegel 18

17* 1. und 2. Antennenglied von annähernd gleicher Länge 22

18 Clypeus auf jeder Seite mit 1 großen Borste und 2 Mikroborsten (Abb. 28). – Epicranium mit 4 Borsten (2 davon können kurz sein) und einigen Mikroborsten auf jeder Seite. Kopfkapselbreite maximal 1,41 mm 19

18* Clypeus auf jeder Seite mit mehr als 1 großen Borste. – Epicranium mit 6 Borsten und 1 bis mehreren Mikroborsten. Kopfkapselbreite maximal 1,6 mm 20

19 Kopfkapselbreite der L_3 maximal 1,08 mm. Kopfkapsel hell braungelb, Mandibelspitzen dunkler. Raster mit ca. 35 zur Basis verbreiterten Plattenborsten (Abb. 24). – Maxille: Abb. 39. Habitus: Abb. 31. Kopfkapselbreite: 0,92–1,08 mm (L_2: 0,61–0,73 mm; L_1: 0,41–0,47 mm). (Untergattung *Subrinus* MULSANT & REY). *sturmi* HAROLD[10], L_3

19* Kopfkapselbreite der L_3 mindestens 1,38 mm. Kopfkapsel orangebraun, apikale Hälfte der Mandibeln dunkel. Raster mit 40–50 zugespitzten, gebogenen bis geknickten Plattenborsten. – Epicranium mit 2 langen und 2 kurzen Borsten sowie einigen Mikroborsten. Lateralwülste des Abdomen

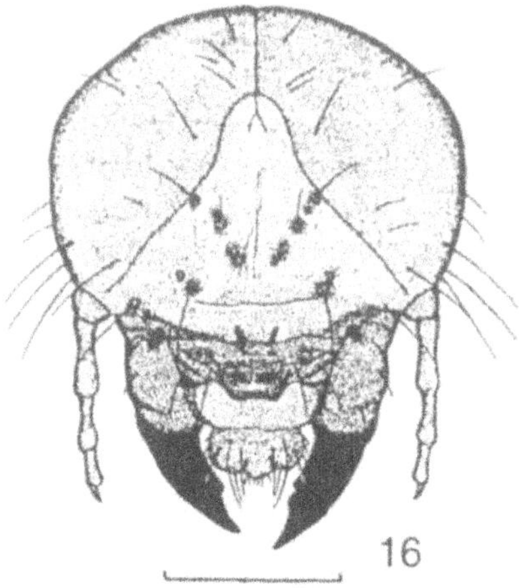

16

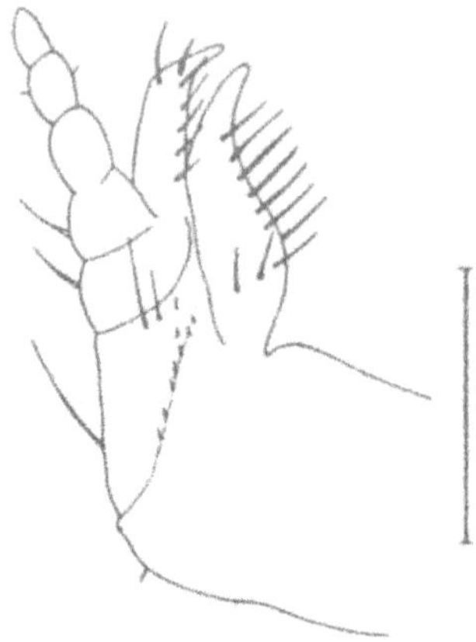

17

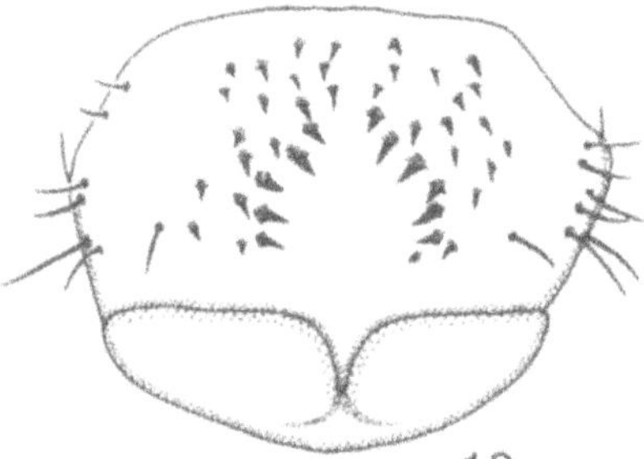

18

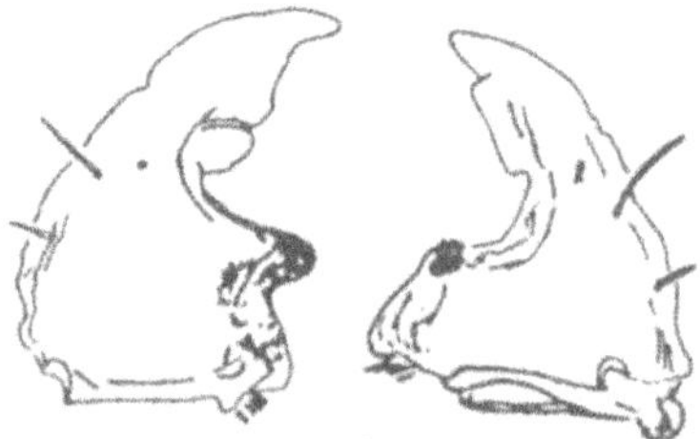

19

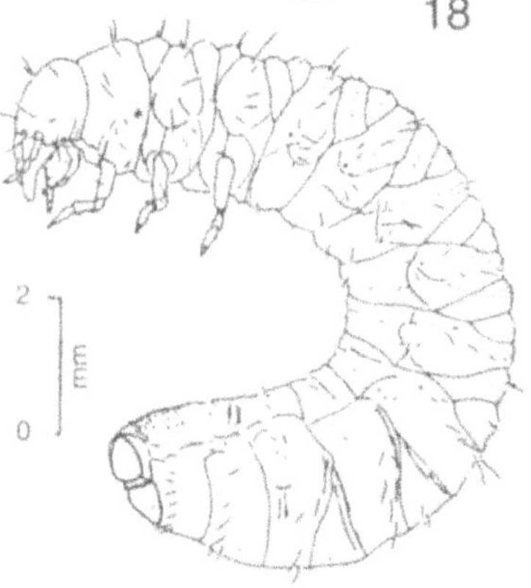

20

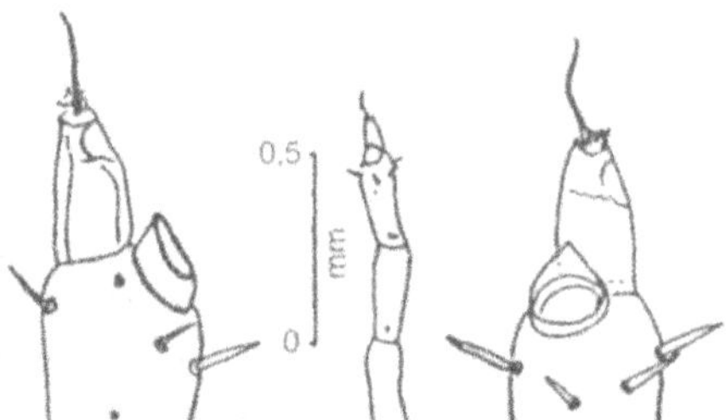

21

Abb. 16: *Aphodius erraticus*, Kopf (aus FROLOV 1994)
Abb. 17: *Aphodius erraticus*, linke Maxille, von dorsal (aus FROLOV 1994)
Abb. 18: *Aphodius granarius*, Raster (Original nach L_3 aus Halle/S., 18.VI.1955)
Abb. 19: *Aphodius sordidus*, Mandibeln von dorsal (aus KIM & LUMARET 1986)
Abb. 20: *Aphodius sordidus*, L_3, Habitus (aus KIM & LUMARET 1986)
Abb. 21: *Aphodius sordidus*, linke Antenne (aus KIM & LUMARET 1986)

mit je 2 Haarborsten. Kopfkapselbreite L_3: 1,39–(1,41)–1,44 mm (L_2: 0,97 mm). (Untergattung *Limarus* MULSANT & REY).

zenkeri GERMAR, L_3 [11]

20 Clypeus auf jeder Seite mit 2 Borsten (Abb. 29). 1. Fühlerglied fast so lang wie die beiden folgenden zusammen (Abb. 29). – Kopfkapsel gelbbraun. Lateralwülste des Abdomen mit je 2 Borsten. Raster mit 35–40, regelmäßig verteilten, flachen, an der Spitze leicht umgebogenen Borsten (Abb. 36). Kopfkapselbreite: 1,6 mm. (Untergattung *Eupleurus* MULSANT).

subterraneus (LINNAEUS), L_3

20* Clypeus auf jeder Seite mit 3 Borsten (die laterale Borste kann sehr klein sein). 1. Fühlerglied zumeist länger als das das 2., aber nicht so lang wie die beiden folgenden zusammen 21

21 Galea dorsal mit 3 Borsten und 1 Mikroborste. Raster mit 29–41 kurzen, kräftigen, dornartigen Borsten (Abb. 34). Kopfkapselbreite: 1,09–1,25 mm (L_2: 0,81–0,89 mm). – Kopf gelbbraun, Mandibelspitzen dunkler. L_3: 1. Antennenglied länger als 2. (Abb. 32); L_2: 1. und 2. Antennenglied ungefähr gleichlang (Abb. 33). Maxille von ventral: Abb. 38. Habitus L_3: Abb. 35. (Untergattung *Esymus* MULSANT & REY). *pusillus* (HERBST)

21* Galea dorsal mit 5 Borsten 21a

21a Kopfkapselbreite: 1,25–1,35 mm. Raster mit 27–42 kurzen, am Ende gekrümmten Borsten (Abb. 37). Kopf gelblich, mit 2 Depressionen auf jeder Seite der Stirn. Mundwerkzeuge etwas dunkler. Maxille von ventral: Abb. 44.

lividus (OLIVIER), L_3

21a* Kopfkapselbreite L_3: 1,47–1,57 mm. Raster mit ca. 40 stachelartigen Borsten. Kopf gelblich braun, mit vier Depressionen auf jeder Seite der Stirn; drei Paar dieser Depressionen liegen in einer Reihe auf der Medianlinie der Kopfkapsel direkt hinter dem Clypeus, eines ist lateral versetzt. Mandibelspitzen dunkel rötlichbraun. (Kopfkapselbreite L_2: 0,99–1,09 mm; L_1: 0,65-0,69 mm). *distinctus* (MÜLLER)

22 Die ca. 60 Plattenborsten des Raster apikad spatelförmig erweitert und abgestutzt, ohne eindeutige Vorzugsrichtung (Abb. 42), lassen eine kleine kahle Stelle in der Mitte der Basis. – Kopfkapsel (Abb. 40) hellgelb, Mundwerkzeuge etwas dunkler. Lacinia am Innenrand mit einer Reihe von 5 kräftigen und einer basalwärts versetzten, kleineren Borste (Abb. 43). Lateralwülste des Abdomen mit je 2 Haarborsten. Habitus: Abb. 41. (Untergattung *Agolius* MULSANT & REY). *abdominalis* BONELLI, L_3

22* Borsten des Raster bzw. Färbung des Kopfes anders ausgeprägt 23

23 Raster an der Basis median mit mehr oder weniger großer Kahlstelle (Abb. 47) 24

23* Borsten des Raster mehr oder weniger gleichmäßig über die ganze Fläche verteilt, ohne deutliche basale, mediane Kahlstelle 31

24 Raster mit 80–90 Borsten (Untergattung *Aphodius* s. str.[12]) 25

24* Raster mit maximal 70 Borsten 27

25 Innenrand der Lacinia mit 8 kräftigen Borsten; Clypeus breit trapezförmig (Abb. 45). – Kopf hellbraun, Mandibeln braun. Die vorderen Stirngruben zu parallelen, longitudinalen Furchen zusammengeflossen (Abb. 45). Kopf fein gekörnt, mit schwachen Runzeln; Clypeus sehr fein

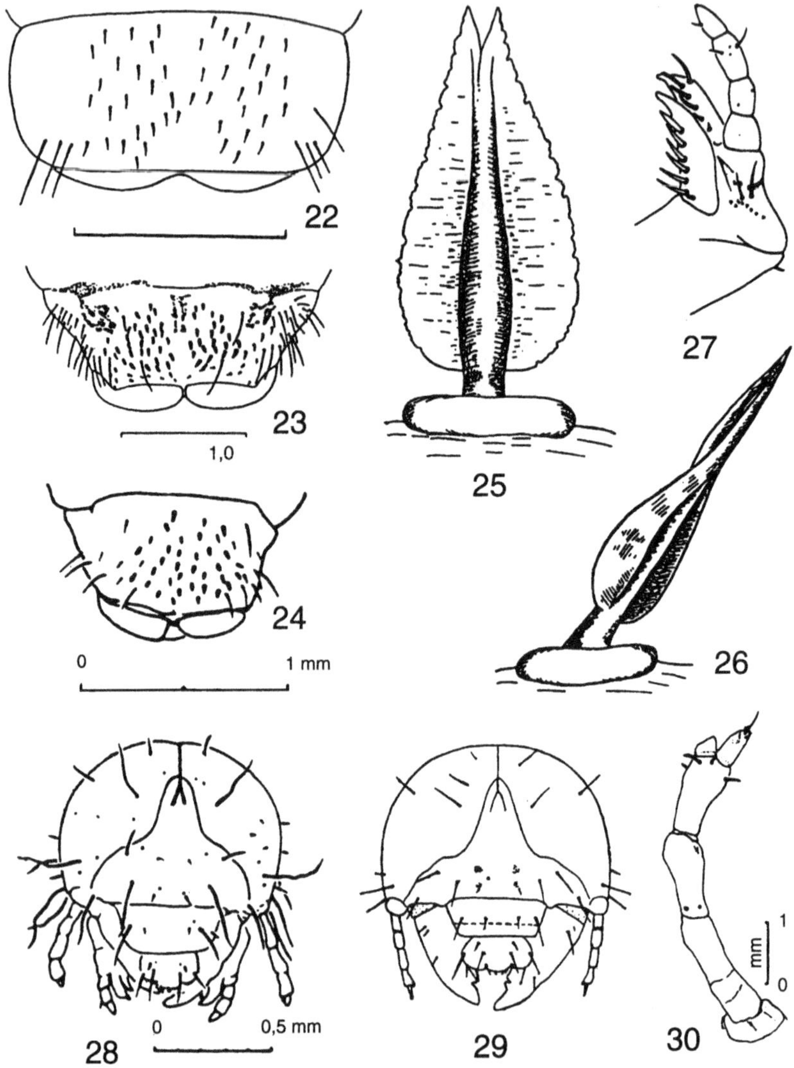

Abb. 22: *Aphodius erraticus*, Raster (aus FROLOV 1994)
Abb. 23: *Aphodius erraticus*, Raster (aus MADLE 1935)
Abb. 24: *Aphodius sturmi*, Raster (aus KIM & LUMARET 1986)
Abb. 25: *Aphodius fossor*, Plattenborste auf dem Raster, Aufsicht (aus MADLE 1935)
Abb. 26: *Aphodius fossor*, Plattenborste auf dem Raster, von der Seite (aus MADLE 1935)
Abb. 27: *Aphodius constans*, rechte Maxille von dorsal (nach LUMARET aus PAULIAN & BARAUD 1992)
Abb. 28: *Aphodius sturmi*, Kopf (aus KIM & LUMARET 1986); die Anzahl der epicranialen Borsten ist offenbar nicht korrekt eingezeichnet, da in der Beschreibung von „quatres soies principales“ die Rede ist.
Abb. 29: *Aphodius subterraneus*, Kopf (aus ZHANG 1984)
Abb. 30: *Aphodius sturmi*, Antenne (aus KIM & LUMARET 1986)

gekörnt, ohne Runzeln. 1. Fühlerglied etwas kürzer als das 2. (Abb. 46). Raster mit ca. 90 kräftigen Borsten (Abb. 47), Analsternit mit einer medianen, longitudinalen Impression. *coniugatus* (PANZER)

25* Innenrand der Lacinia mit maximal 7 kräftigen Borsten; Clypeus schmaler trapezförmig (Abb. 7, 48). – Labrum mit einer Reihe von 4 kräftigen Borsten 26

26 Kopfkapselbreite: 1,8 mm; Kopf ockerfarben. Die ersten drei Fühlerglieder von annähernd gleicher Länge (Abb. 49). Stipes mit einer Reihe von 12–13 Zähnchen, die am Ende oft in Doppelreihe stehen (Abb. 50); weiter distal mit 3–4 zusätzlichen Zähnchen. – Raster mit 80–90 kräftigen, nach caudal ausgerichteten Borsten (Abb. 56). *foetidus* (HERBST), L_3

26* Kopfkapselbreite: 2,06–(2,28)–2,51 mm; Kopf (Abb. 7) rotbraun. Die ersten beiden Fühlerglieder von annähernd gleicher Länge, das 3. kürzer. Stipes mit einer Reihe von 14–15 Zähnchen, die am Ende oft in Doppelreihe stehen; weiter distal mit 2–3 zusätzlichen Zähnchen. – Raster mit 80–90 starken, braunen Borsten. *fimetarius* (LINNAEUS), L_3

27 Seitenwülste des Abdomen mit je 3 Haarborsten. Raster mit 60–70 gedrungenen oder abgeflachten, starken, spitzen, dunkelbraunen Borsten. – Mittlere Abdominaltergite mit kleinen, dörnchenförmigen, nicht auf Höckern stehenden Borsten 30

27* Seitenwülste des Abdomen mit 2 Haarborsten. Raster mit 45–60 Borsten 28

28 Galea ventral mit einem Kamm von 17–18 sehr dicht stehenden Dörnchen. – Kopf hell gelbrot (-braun). Raster mit 50–60 Borsten. Kopfkapselbreite: 1,47–1,58 mm. *fimetarius* (LINNAEUS), L_2

28* Galea ventral mit einem Kamm von 8–15 Dörnchen. – Raster an der Basis mit bis zur Rastermitte reichenden Kahlstelle 9

28** Galea ventral mit einem Kamm von ca. 14 Dörnchen. – Raster an der Basis mit kürzerer, undeutlicher Kahlstelle 33

29 Kopfkapselbreite: 1,01–1,09 mm. Raster mit 45–50 gelb(-braunen) Borsten. – Kopf gelb(-braun). *ictericus* (LAICHARTING), L_2

29* Kopfkapselbreite: 1,63–1,65 mm. Raster mit 50–60 hellbraunen Borsten. – Kopf hell bräunlichgelb bis hellbraun. Alle 4 Eindrücke auf einer Seite des Kopfes liegen in einer flachen, gemeinsamen Längsdepression. *ictericus* (LAICHARTING), L_3

30 Kopfkapselbreite: 1,52–1,54 mm (MADLE 1936), 1,73–1,85 mm (FROLOV 1996); Kopf dunkel pechbraun, (schwach) glänzend, chagriniert, teilweise runzelig. *rufus* (MOLL), L_3

30* Kopfkapselbreite: 1,15–1,24 mm; Kopf tief dunkelbraun. *rufus* (MOLL), L_2

31 Kopf dunkelbraun bis schwarzbraun, matt seidig schimmernd. – 1. Fühlerglied nicht länger als das 2 32

31* Kopf gelb, gelbrot, gelbbraun bis hellbraun, (meist) stark glänzend 34

32 Ventralseite der Galea mit einer kammartigen Reihe von ca. 14 kräftigen Borsten 33

32* Ventralseite der Galea mit einer kammartigen Reihe von ca. 8 kräftigen Borsten. – Raster mit ca. 60 dunkelbraunen Borsten, auch apikal mit einer kleineren Kahlstelle. Kopfkapselbreite: 1,5 mm. *haemorrhoidalis* (LINNAEUS)[13], L_3

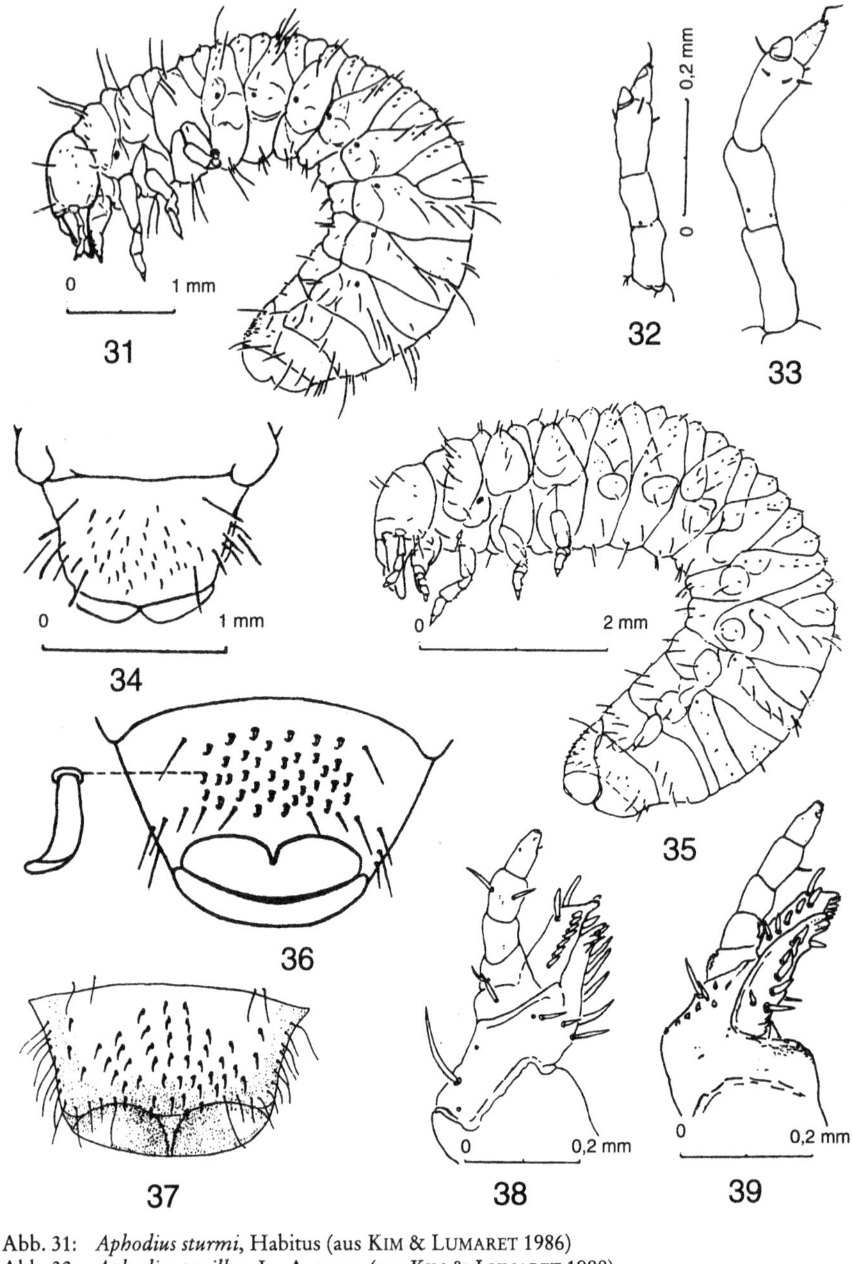

Abb. 31: *Aphodius sturmi*, Habitus (aus Kim & Lumaret 1986)
Abb. 32: *Aphodius pusillus*, L_3, Antenne (aus Kim & Lumaret 1988)
Abb. 33: *Aphodius pusillus*, L_2, Antenne (aus Kim & Lumaret 1988)
Abb. 34: *Aphodius pusillus*, Raster (aus Kim & Lumaret 1988)
Abb. 35: *Aphodius pusillus*, L_3, Habitus (aus Kim & Lumaret 1988)
Abb. 36: *Aphodius subterraneus*, Raster (aus Zhang 1984)
Abb. 37: *Aphodius lividus*, Raster (aus Hafez 1939)
Abb. 38: *Aphodius pusillus*, rechte Maxille von ventral (aus Kim & Lumaret 1988)
Abb. 39: *Aphodius sturmi*, linke Maxille, von dorsal (aus Kim & Lumaret 1986)

33 Raster mit ca. 60 großen, breiten, flachen, zugespitzten Borsten, die in ihrem 2. Drittel an breitesten sind. Kopfkapselbreite bis 1,79 mm.
alpinus SCOPOLI, L_3

33* Raster mit 40–50 Borsten. Kopfkapselbreite geringer.
alpinus SCOPOLI, L_2

34 Kopfkapsel graubraun, mit je einer bräunlichen Makel an der Basis des Clypeus und beidseitig auf dem Vertex; Clypeus etwas dunkler, das vordere Drittel auf der ganzen Breite bandförmig gelb; Clypeus auf jeder Seite nur mit einer Borste (Abb. 51). – Kopfkapsel und Clypeus fein netzartig runzelig. 1. und 2. Fühlerglied nahezu gleich lang (Abb. 53) Raster mit zahlreichen, auf der ganzen Fläche regelmäßig verteilten, kleinen, konischen Börstchen (Abb. 52). *melanostictus* W. SCHMIDT

34* Kopf/Clypeus anders gefärbt, meist mehr oder weniger einheitlich gelb, gelbbraun oder rotbraun; Clypeus mit mehr Borsten (bei *A. lividus* nicht beschrieben) 35

35 Innenseite der Lacinia mit 7 kräftigen und 3 basalwärts versetzten, feineren Borsten. Kopfkapselbreite: 2,9 mm. – Kopfkapsel ockerfarben. 1. und 2. Fühlerglied ungefähr gleichlang (Abb. 55). Raster mit über 200 Plattenborsten (Abb. 54) (Untergattung *Coprimorphus* MULSANT).
scrutator (HERBST), L_3

35* Innenseite der Lacinia mit 5 kräftigen und 1 basalwärts versetzten, feineren Borste (von dorsal betrachten). Kopfkapselbreite maximal 1,35 mm. Raster mit 27–42 Borsten .... 21[14]

Anmerkungen

1 Diese Form der Borstenreihen findet sich auch bei den asiatischen *Acrossus*-Arten *A. planicollis* MÉNÉTRIÉS (s. DŽAMBAZIŠVILI & MEDVEDEV 1974: 15) und *A. gagatinus* MÉNÉTRIÉS (s. MEDVEDEV 1964) und scheint somit ein Merkmal dieser Untergattung zu sein. Die einzige bisher bekannte Ausnahme ist *Aphodius atratus* WATERHOUSE, der nach Ausprägung des Epipharynx zu *Acrossus* im heutigen Sinne zu rechnen ist (DELLACASA in litt., 1996), dessen Larve jedoch nach YAMASHITA et al. (1982) keine Palidia aufweist. So kann erst eine phylogenetische Analyse klären, welche Merkmalsausprägungen die Untergattung *Acrossus* konstituieren.
Ein ähnliches Muster wie bei den anfangs genannten *Acrossus*-Arten findet sich auch bei *Aphodius (Alocoderus) procerus* HAROLD (Abb. 57). Die Larve der in Mitteleuropa vorkommenden *Alocoderus*-Art *A. hydrochaeris* ist bisher nicht bekannt, doch könnte auch bei ihr der Raster ähnlich ausgeprägt sein.

2 Die Abbildungen 43a und 44a auf p. 495 der Arbeit von KIM & LUMARET (1986) sind vertauscht.

3 KIM & LUMARET (1986) „komplettieren“ die Beschreibung der Larve von *A. sordidus* von MADLE (1936: 20). Sie übersehen dabei jedoch, daß MADLE später selbst äußerte, daß es sich bei seiner Beschreibung nicht um *A. sordidus*, sondern möglicherweise um *A. erraticus* handle (VAN EMDEN 1941: 184). Somit sind beide Beschreibungen nicht kombinierbar. – Die Larve einer zweiten *Bodilus*-Art, *A. laetus* WIEDEMANN aus dem südlichen Afrika, wurde von PRINS (1984: 259–262) beschrieben. Beide *Bodilus*-Larven besitzen einen ähnlich gestalteten Raster mit divergierenden Palidia im hinteren Teil und davor median mit einer mehr oder weniger dreieckigen kahlen Fläche (Abb. 13, 58).

4 Nach JERATH (1960: 63, 93) besteht der Raster bei *A. prodromus* aus Kentucky (U.S.A.) aus 34–47 relativ gleichförmigen Borsten, die in mehr oder weniger irregulären Reihen angeordnet

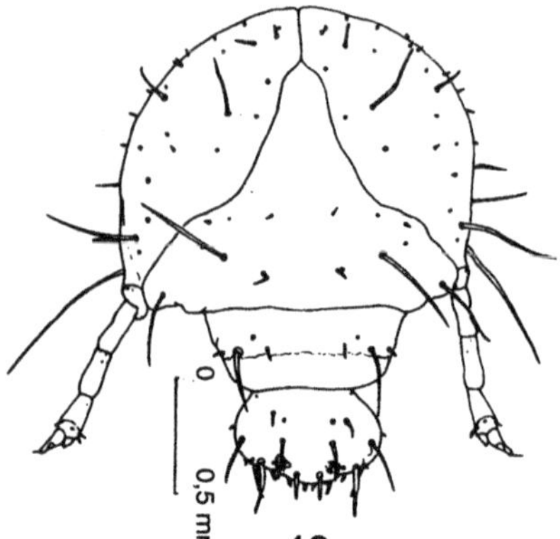

40

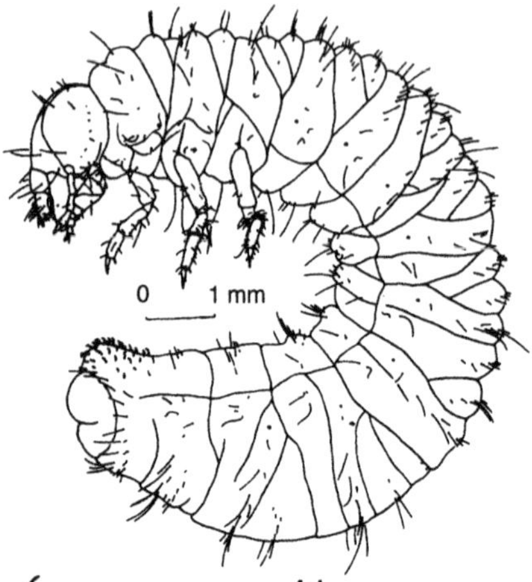

41

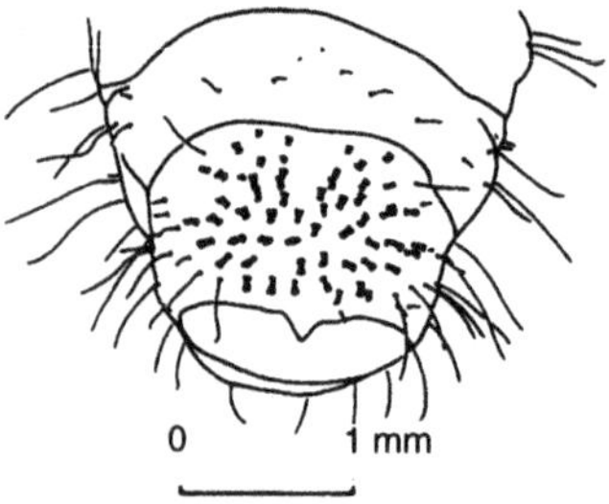

42

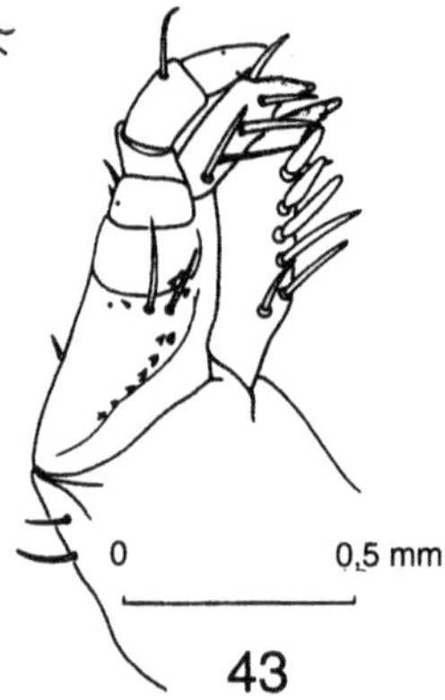

43

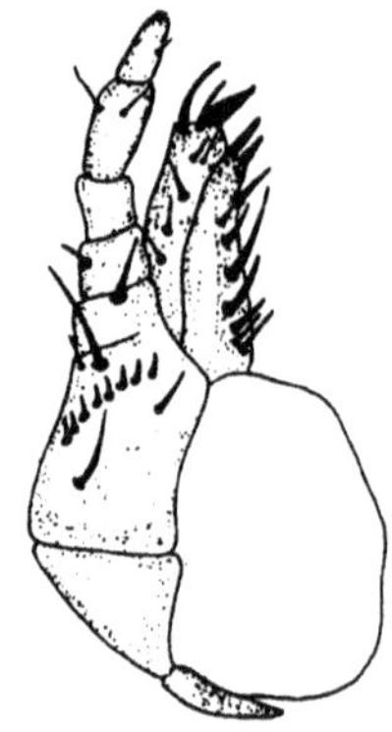

44

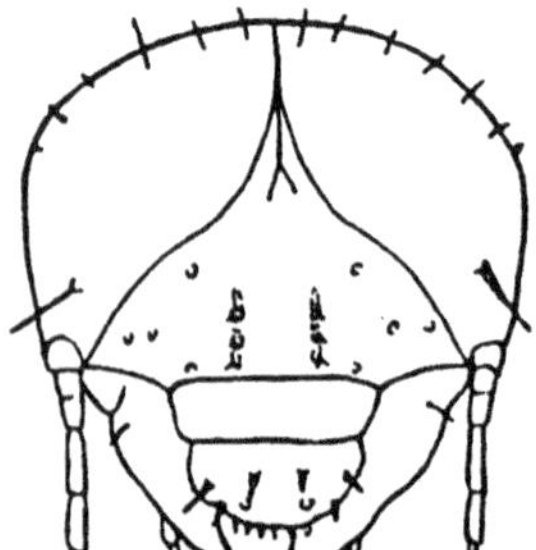

45

46

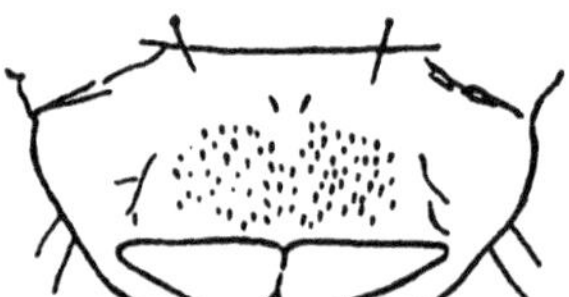

47

Abb. 40: *Aphodius abdominalis*, Kopfkapsel (aus LUMARET & STIERNET 1984)
Abb. 41: *Aphodius abdominalis*, Habitus (aus LUMARET & STIERNET 1984)
Abb. 42: *Aphodius abdominalis*, Raster (aus LUMARET & STIERNET 1984)
Abb. 43: Aphodius *abdominalis*, linke Maxille von dorsal (aus LUMARET & STIERNET 1984)
Abb. 44: *Aphodius lividus*, rechte Maxille von ventral (aus HAFEZ 1939)
Abb. 45: *Aphodius coniugatus*, Kopf (aus MAL'CEV 1966)
Abb. 46: *Aphodius coniugatus*, Antenne (aus MAL'CEV 1966)
Abb. 47: *Aphodius coniugatus*, Raster (aus MAL'CEV 1966)

sind (Abb. 59). Palidia sind, nach seinem Bestimmungsschlüssel, ausdrücklich nicht ausgeprägt. Ob diese Differenzen intraspezifischer Natur sind, auf Fehlbestimmung oder eidonomischer Differenz zwischen den nordamerikanischen und den paläarktischen Populationen beruht, kann hier nicht entschieden werden.

5 Die Larve einer weiteren Art der Untergattung *Calamosternus*, *A. sublimbatus* MOTSCHULSKY, wurde von YAMASHITA et al. (1982) und wenige Jahre später erneut von KIM & LUMARET (1988) beschrieben. Diese Larve unterscheidet sich in der Ausprägung des Raster (ohne Palidia), der Antenne (1. Fühlerglied länger als das 2.) sowie in der Beborstung der Galea und unterscheidet sich damit grundlegend von der Larve von *A. granarius*. Untergattungs-spezifische Larvalmerkmale lassen sich bisher nicht diagnostizieren.

6 Vor wenigen Jahren wurde *Aphodius ater* aufgespalten in *A. ater* und *A. convexus* (PITTINO & MARIANI 1993). Das von MADLE (1936) für seine Beschreibung verwendete Material stammt aus Norddeutschland und Skandinavien, wo letztere Art vermutlich nicht vorkommt. Folglich beschrieb er in der Tat nur *A. ater*, die Larve von *A. convexus* bleibt weiterhin unbekannt.

7 Diese Anordnung der Borsten des Raster findet sich auch bei der Larve von *A. (Colobopterus) quadratus* REICHE (syn.: *A. apicalis* HAROLD), beschrieben aus Korea (KIM & LUMARET 1987). Zusammen mit dem langen 1. Fühlerglied und dem Vorhandensein von beulenartigen Strukturen auf dem Clypeus gehört sie zu den diagnostischen Larvalmerkmalen dieser Untergattung.

8 Ich gehe davon aus, daß die von MADLE (1936) unter dem Namen *A. sordidus* beschriebene Larve zu dieser Art gehört (cfr. Fußnote 3) und habe daher auch diese Beschreibung hier berücksichtigt.

9 Der Raster bei *Aphodius (Teuchestes) sorex* (FABRICIUS) (= *A. analis* (FABRICIUS)) besteht aus 70–80 (ZHANG 1984: 25), bei *A. (Teuchestes) brachysomus* SOLSKY aus 60–80 Borsten (KIM & LUMARET 1988: 162), so daß die hohe Borstenzahl von über 120 kein diagnostisches Merkmal für die Untergattung *Teuchestes* ist.

10 Die Benennung dieser Art ist nicht einheitlich. KIM & LUMARET (1986) betrachten in ihrer Larvenbeschreibung den Namen *A. sturmi* HAROLD, 1870 irrtümlich als jüngeres Synonym von *A. illigeri* MULSANT & REY. Der Jahrgang 1869 der Annales de la Société d'Agriculture de Lyon, der die Originalbeschreibung von *A. illigeri* enthält, erschien nach DERKSEN & SCHEIDING-GÖLLNER (1968: 158) erst im Jahre 1870 und damit, da die genaueren Daten unbekannt sind, gleichzeitig mit der Beschreibung von *A. sturmi* (HAROLD 1870). Bei Gleichzeitigkeit der Publikation gilt nach Code Art. 24 das Urteil des ersten Revisors. Dieser ist HAROLD (1873a, b) selbst. Er verwirft den Namen *A. illigeri* und spricht sich für *A. sturmi* aus. ÁDÁM (1994) verwendet für diese Art das Binomen *Subrinus rufus* (STURM, 1805). Da STURM seine Art als *Aphodius rufus* beschrieben hatte, stellt es ein jüngeres Homonym von *Aphodius rufus* (MOLL, 1782) CREUTZER, 1799 dar und kann nicht als valider Name verwendet werden. Daher bleibt *A. sturmi* der gültige Name.

11 Die ausführliche, bebilderte Beschreibung dieser Larve erfolgt demnächst in den „Entomologischen Blättern" (KRELL, in Vorb.).

12 Auch *Aphodius* (s. str.) *elegans* ALLIBERT besitzt 80–95 Borsten auf dem Raster (ZHANG 1984: 24; KIM & LUMARET 1986: 487f). Nach KIM & LUMARET (l.c.) besitzt diese Art einen undeutlich begrenzten, medianen, transversalen Kahlbereich. Die relativ hohe Borstenzahl von über 80 bei der L_3 sowie ein basaler, medianer Kahlbereich scheinen diagnostische Merkmale der Untergattung *Aphodius* s. str. zu sein.

13 Hierher gelangt man auch, wenn man das Material aus dem Museum Kopenhagen bestimmt, auf dem wahrscheinlich die Beschreibung HENRIKSENs (1925: 148f) von *Aphodius brevis* ERICHSON beruht. Die Determination dieses Materials beruht nur auf der Anwesenheit adulter Exemplare dieser Species im gleichen Substrat und muß daher als unzuverlässig eingestuft werden. Daher wurde auch auf eine nähere Untersuchung des mäßig gut erhaltenen Originalmaterials verzichtet.

14 Nach JERATH (1960: 64) ist bei *A. lividus* das 1. Fühlerglied länger als das 2., nach HAFEZ (1939: 293) hingegen sind beide Glieder nahezu gleichlang. Letzteres beschreibt auch WALTER (1982: 107) bei *A. lividus sublividus* BALTHASAR aus Zaïre. Auf Grund dieser möglichen Variabilität wird hier auf die Leitzahl 21 zurückverwiesen.

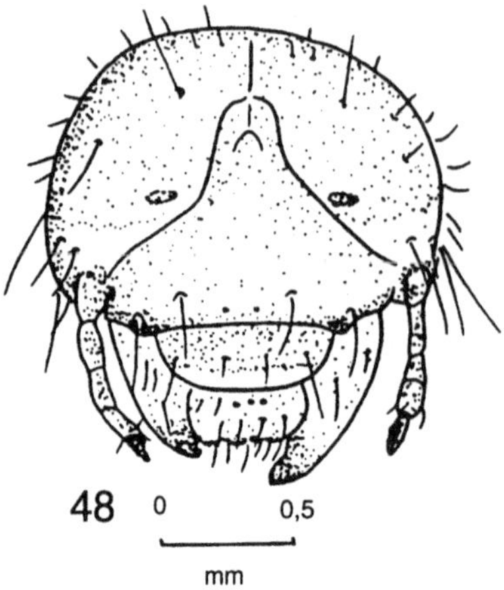

48

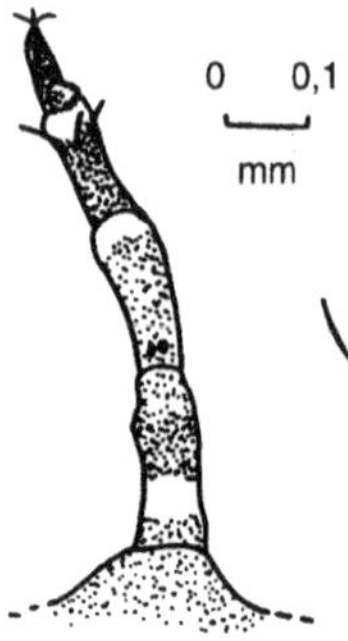

49

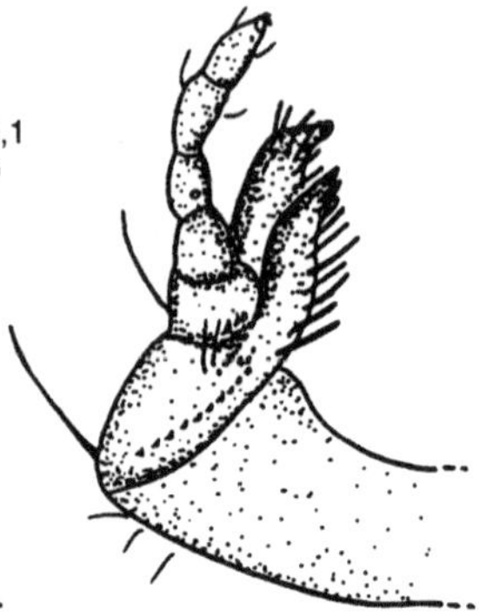

50

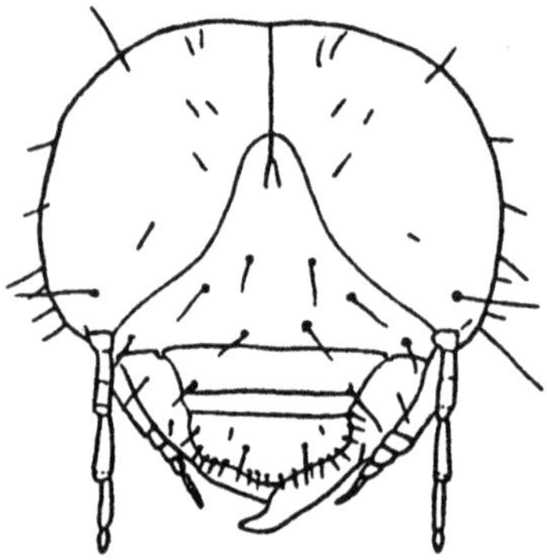

51

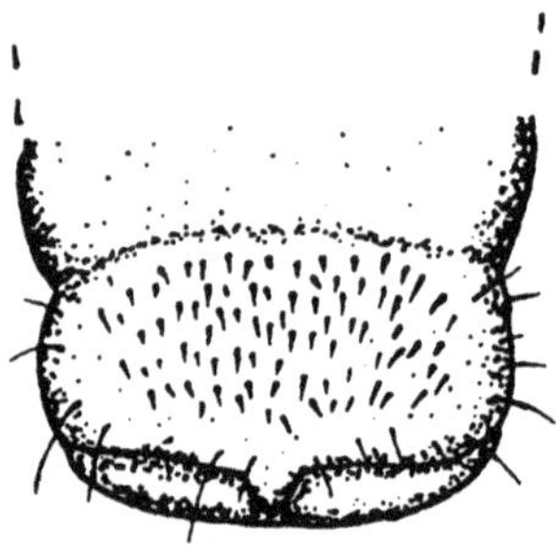

54

52

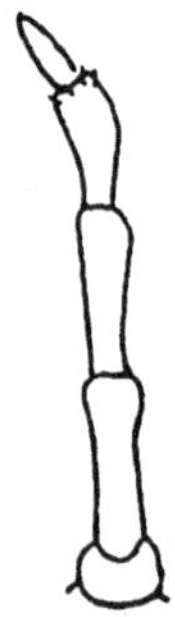

53

55

Abb. 48: *Aphodius foetidus*, Kopf (aus BARBERO & PALESTRINI 1993)
Abb. 49: *Aphodius foetidus*, Antenne (aus BARBERO & PALESTRINI 1993)
Abb. 50: *Aphodius foetidus*, linke Maxille von dorsal (aus BARBERO & PALESTRINI 1993)
Abb. 51: *Aphodius melanostictus*, Kopf (aus MAL'CEV 1966)
Abb. 52: *Aphodius melanostictus*, Raster (aus MAL'CEV 1966)
Abb. 53: *Aphodius melanostictus*, Antenne (aus MAL'CEV 1966)
Abb. 54: *Aphodius scrutator*, Raster (aus BARBERO & PALESTRINI 1995)
Abb. 55: *Aphodius scrutator*, Antenne (aus BARBERO & PALESTRINI 1995)

Literatur

ÁDÁM, L. (1994): A check-list of the Hungarian Scarabaeoidea with the description of ten new taxa (Coleoptera). – Folia ent. hung. 55: 5–17.

BARBERO, E. & PALESTRINI, C. (1993): Morfologia degli stadi preimaginali di *Aphodius* (s.str.) *foetidus* (HERBST, 1783). – Lambillionea 93: 143–151.

BARBERO, E. & PALESTRINI, C. (1995): *Aphodius (Coprimorphus) scrutator* descrizione della larva e note di biologia riproduttiva (Coleoptera, Scarabaeoidea, Aphodiidae). – Fragm. ent. 26: 341–352.

DERKSEN, W. & SCHEIDING-GÖLLNER, U. (1968): Index Litteraturae Entomologicae. Serie II: Die Welt-Literatur über die gesamte Entomologie von 1864 bis 1900. Band III: M–R. – Berlin: Deutsche Akademie der Landwirtschaftswissenschaften, Deutsche Demokratische Republik.

DŽAMBAZIŠVILI, JA. S. & MEDVEDEV, S. I. (1974): Opisanie ličinok četyrech vidov plastinčatousych žukov (Coleoptera, Scarabaeidae) iz Gruzii. – Vest. Zool., Inst. Zool., Akad. Nauk Ukr. SSR 1974(5): 14–19.

EMDEN, F. I. VAN (1941): Larvae of British beetles. II. A key to the British Lamellicornia larvae. – Entomologist's mon. Mag. 77: 117–127, 181–192.

FROLOV, A. V. (1995): On the Larval Morphology of Two Species of *Aphodius* (Coleoptera, Scarabaeidae). – Ent. Rev., Wash. 74: 34–41. (russ. Original: Opisanie ličinok s vozrasta dvuch vidov žukov roda *Aphodius* (Coleoptera, Scarabaeidae). – Zool. Ž. 73 (1994): 103–110.)

FROLOV, A. V. (1996): Descriptions of *Aphodius distinctus* MÜLL. and *A. scybalarus* [sic] F. (Coleoptera, Scarabeidae [sic]) Larvae. – Ent. Rev. Wash. 619–626. (russisches Original: Opisanie licinok *Aphodius distinctus* MÜLL. i *A. scybalarius* F. (Coleoptera, Scarabaeidae). – Ent. Obozr. 75: 577–586).

HAFEZ, M. (1939): The Life History of *Aphodius lividus* OLIV. (Coleoptera: Scarabaeidae). – Bull. Soc. Fouad I Ent. 23: 288–300.

HAROLD, E. VON (1870): Berichtigungen und Zusätze zum Catalogus Coleopterorum synonymicus et systematicus. – Col. Hefte 6: 102–110.

HAROLD, [E.] DE (1873a): [Ohne Titel]. – Abeille 15, Nouvelles et Faits divers, (2)1: 1.

HAROLD, [E.] DE (1873b): [Besprechung von:] Histoire naturelle des Coléoptères de France, par E. MULSANT, Lamellicornies – Pectinicornes. 1871. (2 Edit.). – Col. Hefte 11: 114–121.

HENRIKSEN, K. L. (1925): Torbistlarverne. – In: HANSEN, V.: Biller VI. Torbister. – Danmarks Fauna 29. Kobenhavn, Gads, S. 125–170.

JERATH, M. L. (1960): Notes on larvae of nine genera of Aphodiinae in the United States (Coleoptera : Scarabaeidae). – Proc. U. S. natn. Mus. 111: 43–94.

KIM, J. I. & LUMARET, J.-P. (1986): Contribution à l'étude des Aphodiidae de Corée. Description des larves de quatre espèces *d'Aphodius* (Coleoptera, Scarabaeoidea). – Nouv. Rev. Ent. N. S. 3: 485–496.

KIM, J. I. & LUMARET, J.-P. (1987): Troisième contribution à l'étude des Aphodiidae de Corée : redescription de la larve d'*Aphodius apicalis* HAR. (Col.). – Bull. Soc. ent. Fr. 91: 171–176.

KIM, J. I. & LUMARET, J.-P. (1988): Deuxième contribution à l'étude des Aphodiidae de Corée (Coleoptera, Scarabaeoidea). – Nouv. Rev. Ent. N. S. 5: 159–172.

KRELL, F.-T. (in Vorb.): Die Larve von *Aphodius (Limarus) zenkeri* GERMAR (Coleoptera: Scarabaeidae). – Ent. Bl. Biol. Syst. Käfer.

LUMARET, J.-P. & STIERNET, N. (1984): Contribution à l'étude de la faune des alpes suisses. Description de la larve d'*Aphodius (Agolius) abdominalis* BONELLI, 1812 (Coleoptera, Aphodiidae). – Mitt. schweiz. ent. Ges. 57: 335–340.

MADLE, H. (1935): Die Larven der Gattung *Aphodius* I. – Arb. physiol. angew. Ent. 2: 289–304.

MADLE, H. (1936): Die Larven der Gattung *Aphodius* I. – Arb. physiol. angew. Ent. 3: 1–20.

MAL'TSEV, I. V. (1966): New lamellicorn larvae (Coleoptera, Scarabaeidae) from the Crimea. – Ent. Rev., Wash. 45: 80–82. (russisches Original: MAL'CEV [MALTZEV], I. V. (1966): Opisanie nekotorych neizvestiych ličinok plastinčatousych žukov (Coleoptera, Scarabaeidae) iz Krima. – Ent. Obozr. 45: 144–149.)

MEDVEDEV, S. I. (1952): Ličinki plastinčatousych žukov fauny SSSR. – Opredeliteli po faune SSSR 47: 344 pp. – Akad. Nauk SSSR, Moskva, Leningrad.

MEDVEDEV, S. I. (1964): Opisanie ličinki *Aphodius gagatinus* MÉN. (Coleoptera, Scarabaeidae). – Zool. Ž. 43: 1724–1725.
PALESTRINI, C. & BARBERO, E. (1992): Gli stadi preimaginali di *Aphodius (Biralus) satellitius* (HERBST, 1789) (Coleoptera: Scarabaeoidea: Aphodiinae). – Elytron 6: 109–117.
PAULIAN, R. & BARAUD, J. (1982): Faune des Coléoptères de France II. Lucanoidea et Scarabaeoidea. – Encycl. ent. 43: 478 S., 16 Taf.
PITTINO, R. & MARIANI, G. (1993): *Aphodius (Agrilinus) convexus* ERICHSON: a misinterpreted valid species from the western palaearctic fauna. – Boll. Soc. ent. ital. 125: 131–142.
PRINS, A. J. (1984): Morphological and biological notes on some South African arthropods associated with decaying organic matter. Part 3. The families Dermestidae, Cantharidae, Melyridae, Tenebrionidae, and Scarabaeidae (Coleoptera). – Ann. S. Afr. Mus. 94: 203–304.
TASHIRO, H. (1987): Turfgrass Insects of the United States and Canada. – Cornell University Press, Ithaca NY. xiv+391 pp., 64 Taf.

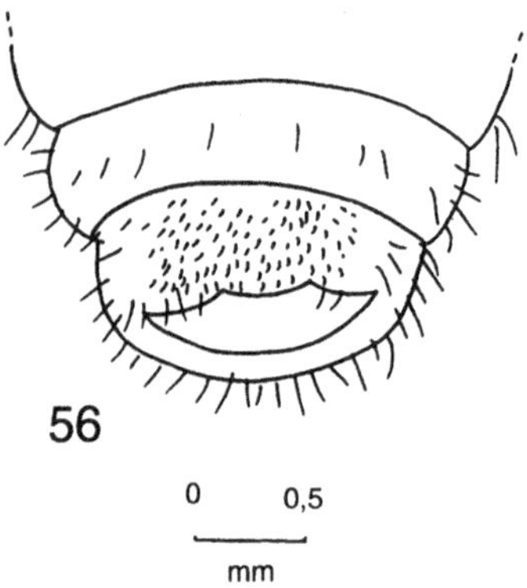

56

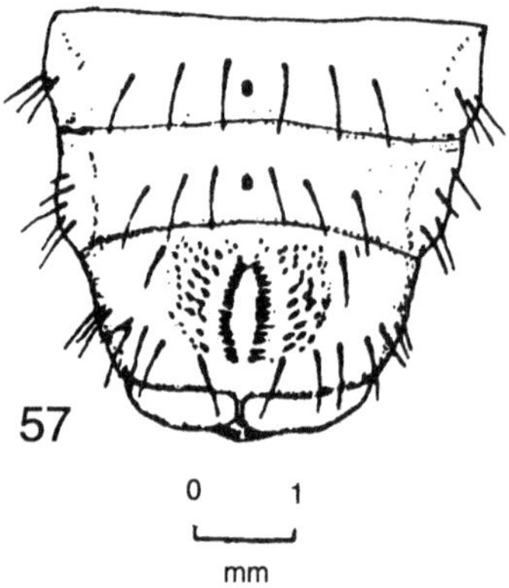

57

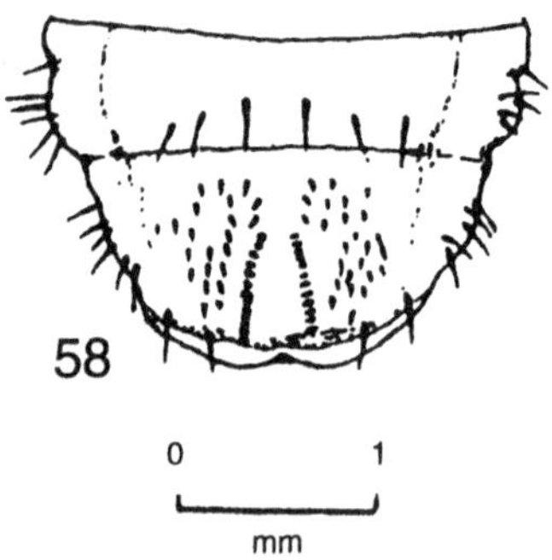

58

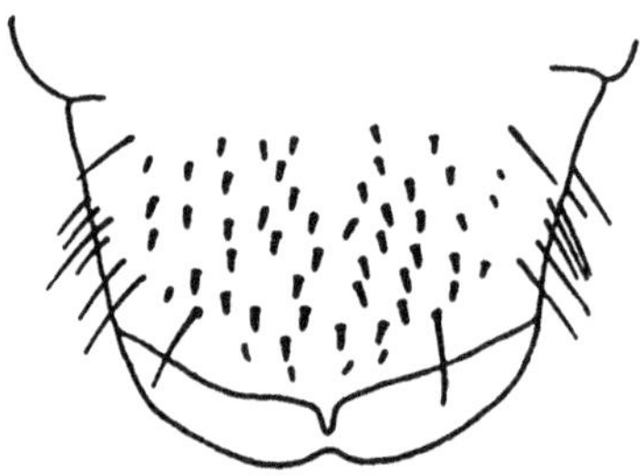

59

Abb. 56: *Aphodius foetidus*, Raster (aus BARBERO & PALESTRINI 1993)
Abb. 57: *Aphodius procerus*, Raster (aus PRINS 1984)
Abb. 58: *Aphodius laetus*, Raster (aus PRINS 1984)
Abb. 59: *Aphodius prodromus* (?), Raster (aus JERATH 1960)

WALTER, P. (1982): Descriptions de larves d'Aphodiidae afro-tropicaux (Col.). – Bull. Soc. ent. Fr. 87: 91–109.

YAMASHITA, I., KOJIMA, K. & MIYAKE, Y. (1982): (Larvae and Pupae of four species of dung-beetls [sic!] (Studies on the application of dung-beetles V).) – Gensei 41: 9–15 [Text japanisch].

ZHANG, ZHI-LI (1984): Economic Insect Fauna of China. Fasc. 28. Coleoptera: Larvae of Scarabaeoidea. – Science Press, Beijing. vi + 107 S., 21 Taf. [Text chinesisch; die Beschreibung der Larve von *A. subterraneus* wurde freundlicherweise von Prof. ZHANG, Beijing, ins Englische übertragen].

ZOCCHI, R. (1969): Contributo alla conoscenza della morfologia larvale del coleottero scarabeide *Aphodius rufipes* (L.). – Redia 51: 219–227.

11. Überfamilie: Cantharoidea

51. Familie: Cantharidae

von BERNHARD KLAUSNITZER

(Abb. 1–70)

Die frisch geschlüpften Larven der Arten der Unterfamilie Cantharinae unterscheiden sich deutlich von den späteren Stadien (Embryonalmerkmale) und werden Praelarven (Vorlarven) genannt (VERHOEFF 1917, JANSSEN 1964) (Abb. 3). JANSSEN (1964) beobachtete bei *Cantharis* 2 und bei *Rhagonycha* 3 Vorlarvenstadien, die wie folgt unterschieden werden können.

Vorlarve 1 (*Cantharis* und *Rhagonycha*): Kopf breiter als lang (Abb. 1). Wülste der Antennen schräg zur Seite gerichtet, breit und stumpf. Wülste von Maxillen und Labium überragen die Spitzen der Mandibeln nur wenig. Körper schwach beborstet (Abb. 3).

Vorlarve 2 (*Rhagonycha*): Kopf etwa so lang wie breit. Sie ähnelt stark der Vorlarve 1.

Vorlarve 2 (*Cantharis*) und Vorlarve 3 (*Rhagonycha*): Kopf länger als breit (Abb. 2). Wülste der Antennen nach vorn gerichtet, schlanker. Wülste von Maxillen und Labium schlanker, sie überragen die Spitzen der Mandibeln erheblich. Körper auffallend stärker beborstet.

Der Körper der Vorlarven ist weichhäutig, 1–2 mm lang, kaum sklerotisiert (auch die Mandibeln und Klauen nicht), blaßgelb. Die Beine sind nur schwach gegliedert. Der Kopf ist nur schwach beborstet, das 1. und 2. Antennenglied sind noch nicht deutlich getrennt, die Maxillarpalpen und Labialpalpen sind noch nicht gegliedert, das Retinaculum ist nur als Anlage entwickelt.

Die Vorlarven nehmen keine Nahrung auf und bleiben gemeinsam am Gelegeort beisammen. Bei *Cantharis* erfolgt etwa einen Tag nach dem Schlüpfen aus dem Ei die erste Häutung. Nach 2–4 Tagen (es gibt Artunterschiede) häutet sich das Vorlarvenstadium 2 zur L_1. Auch bei den *Rhagonycha*-Arten dauert die Vorlarvenperiode insgesamt 2–5 Tage.

Die exakte Zahl der an die Vorlarven anschließenden Larvenstadien ist nicht bekannt, sie dürfte aber relativ hoch sein. JANSSEN (1963) nennt für *Cantharis* 6 und *Rhagonycha* 7, mit den Vorlarvenstadien ergeben sich 8 bzw. 10. Diese Angaben werden auch von BURAKOWSKI & KUSKA (1992) bestätigt.

Charakteristik der Familie nach larvalen Merkmalen:

Körper langgestreckt, annähernd parallelseitig, nach hinten etwas schmaler werdend, weichhäutig (Abb. 7, 8). Oberfläche mit zahlreichen Haaren dicht bedeckt, samtartig wirkend. Die Larven sind braun, rötlich oder schwarz. Mitunter ist eine Zeichnung vorhanden, die zur Bestimmung genutzt werden kann (Abb. 6, 25–28, 38, 39, 47, 69). Körperlänge der adulten Larve 5–20 (max. 30) mm. Stigmen biforat (Abb. 23), ohne Verschlußapparat, anterolateral auf dem Mesothorax und dem 1.–8. Abdominalsegment gelegen (Abb. 21).

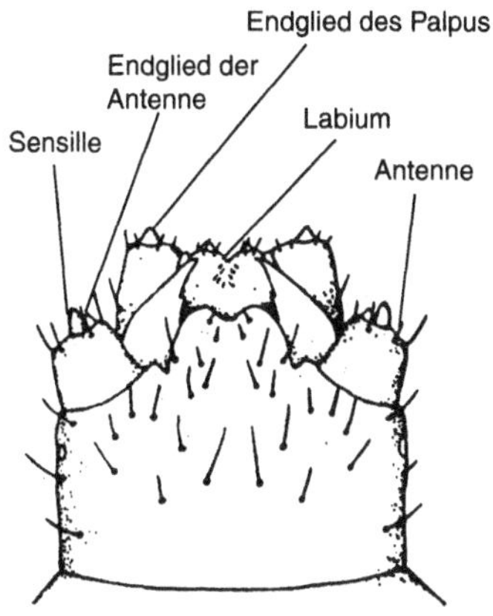

1

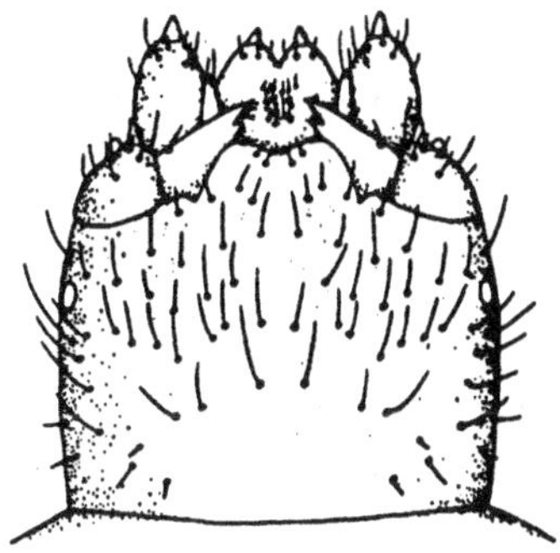

2

3

Abb. 1: *Cantharis fusca,* Vorlarve 1, Kopfkapsel, dorsal (aus JANSSEN 1964)
Abb. 2: *Cantharis fusca,* Vorlarve 2, Kopfkapsel, dorsal (aus JANSSEN 1964)
Abb. 3: *Cantharis livida,* Vorlarve 1, Habitus, dorsal (aus JANSSEN 1964)

Kopf prognath, dorsoventral abgeflacht, völlig frei liegend, dunkel pigmentiert und stark sklerotisiert, hinten mit feinen Borsten bedeckt, außerdem entspringen einige längere Borsten. Der vordere Teil der Kopfkapsel ist glatt und glänzend. Kopfkapsel ± rechteckig (Abb. 4, 9, 44, 48, 60–62). Keine dorsalen Kopfnähte vorhanden (Abb. 4, 9, 44, 48, 60, 62). Parietalia dorsal völlig nahtlos miteinander und mit dem Frontale verwachsen. Die Epicranialhälften sind auch ventral miteinander verschmolzen, eine Gula ist nicht abgetrennt. In der für die Familie charakteristischen halbkreisförmigen Vertiefung (Sinus maxillaris) liegt der Labiomaxillarkomplex (Abb. 10, 61). Hinter der Antennenbasis befindet sich jederseits ein großes Stemma (Abb. 9, 10).

Antennen dreigliedrig, 2. Glied von variabler Form, 3. Glied lang und schmal, zugespitzt. Daneben entspringt auf dem 2. Glied ein kuppelförmiger bis ovaler Sinnesanhang (Abb. 16, 37, 45, 52, 53, 66).

Frons, Clypeus und Labrum sind miteinander verschmolzen und bedecken als große Fläche die gesamte Oberseite der Kopfkapsel. Der Vorderrand bildet das Nasale, dessen im Detail verschiedener Bau zur Unterscheidung der Gattungen (und Arten) herangezogen werden kann. Typisch für das Nasale ist ein Mittelzahn (Abb. 11, 29, 30, 33–36, 62–65). Bei einigen Gattungen sind auf der Unterseite als Reste des Labrums gedeutete, gezähnte Höcker vorhanden (Labralhöcker) (Abb. 12).

Mandibeln (Abb. 5, 13–15, 46, 57, 67, 68) sichelförmig, mit einer offenen Furche (Schlürfrinne), die bei *Malthinus* fast geschlossen ist. Vielfach befindet sich eine Reihe feiner Haare in der Mitte des Innenrandes. Mandibeln ohne Mola, mit gut entwickeltem Retinaculum, das bei *Malthinus* fast immer fehlt (Abb. 54–56).

Labiomaxillarkomplex nach vorn geschoben, am Vorderrand der Kopfkapsel gelegen (Abb. 10, 61). Cardo klein, Stipes groß (Abb. 17). Lacinia dicht behaart (Abb. 17). Galea eingliedrig, mit dem Stipes gelenkig verbunden (Abb. 17). Maxillarpalpen viergliedrig (Abb. 14, 61). Labium mit gut entwickelten Praementum und Mentum (Abb. 10, 61). Labialpalpen zweigliedrig (Abb. 10, 61). Ligula fehlt (Abb. 10, 61).

Thorax und Abdomen ohne deutlich abgesetzte Sklerite. Auf dem Thorax und dem 9. Abdominalsegment sind schwach sklerotisierte Stellen zu sehen (Muskelansätze). Thoraxsegmente von annähernd gleicher Größe, der Prothorax ist meist etwas größer (Abb. 7, 8a, d). Dorsal befinden sich auf den Thoraxsegmenten 1 Paar Poren von Segmentaldrüsen (Wehrdrüsen) (Abb. 7, 8a, d, 22), jeweils mit einem Paar dunkler Flecke. Beine mit voller Gliederzahl (Abb. 18). Klauen mit mehreren Borsten (Abb. 19, 40, 70).

Abdominalsegmente 1–8 annähernd gleich groß. Mit je einem Paar Poren von Segmentaldrüsen (Wehrdrüsen) auf dem 1.–8. Abdominalsegment (Malthininae) (Abb. 58, 59) oder auch auf dem 9. Abdominalsegment (Cantharinae) (Abb. 7, 8c, g, 20, 21, 24, 41, 42). Manchmal ist auch ein 2. Paar vorhanden (Nebendrüsen). Die Stigmen, mit denen die Poren verwechselt werden könnten, liegen ventrad von diesen (Abb. 8c, g, 21). Urogomphi sind nicht vorhanden. 10. Abdominalsegment klein (Abb. 8b, c, f, g), von der Dorsalseite kaum zu sehen (bei *Malthodes seriepunctatus* mit einem Paar Haken, Abb. 59).

Die Larven einiger Arten erscheinen bereits sehr früh im Jahr auf der Bodenoberfläche. Man findet sie außerhalb dieser Zeit unter Steinen, Laub und Waldstreu, im Mulm und unter morscher Rinde. Die Larven der Cantharidae dürften nach bisheriger Kenntnis in den meisten Fällen räuberisch sein.

Die Aufteilung von *Cantharis* LINNAEUS in die Gattungen *Ancistronycha* MÄRKEL und *Metacantharis* BOURGEOIS sowie *Cantharis* kann an Hand der Larven vorläufig nicht nachvollzogen werden, so daß alle drei in der folgenden Bestimmungstabelle unter *Cantharis* laufen.

Weiterhin sind die Larven der mitteleuropäischen Arten der Gattungen *Armidia* MULSANT und *Cratosilis* MOTSCHULSKY unbekannt, so daß die folgende Bestimmungstabelle als provisorisch angesehen werden muß.

Tabelle für die Gattungen (nach LARSSON 1938, STRIGANOVA 1962, 1964, FITTON 1975, KLAUSNITZER 1978)

1 Auf den Abdominalsegmenten 1–8 je ein Paar Poren der Segmentaldrüsen vorhanden, auf dem 9. Abdominalsegment fehlen diese (Abb. 58, 59). Mandibeln ohne Borstenfranse auf der Höhe des Retinaculum (Abb. 54–57, 67, 68). Der Sinnesanhang des 2. Antennengliedes inseriert unterhalb der Spitze dieses Gliedes, es ist tief ausgeschnitten (Abb. 52, 53, 66). Körperlänge der adulten Larven höchstens 8 mm. (Malthininae) 2

1* Auf dem 1.–9. Abdominalsegment befindet sich je ein Paar Poren der Segmentaldrüsen (Abb. 7, 8c, g, 24). Mandibeln mit einer Borstenreihe auf der Höhe des Retinaculum (Abb. 15, 42). Der Sinnesanhang des 2. Antennengliedes inseriert an dessen Spitze neben dem 3. Antennenglied, das 2. Glied ist nicht ausgeschnitten (Abb. 4, 16, 37, 45). (Cantharinae) 3

2 Vorderrand des Nasale mit einem Mittelzahn, der von tief eingeschnittenen Paramedianfurchen begrenzt ist und niemals Borsten trägt (Abb. 62–65). 2. Antennenglied an der Seite tief ausgeschnitten (Abb. 66). Mandibeln mit kräftigem Retinaculum (Abb. 67, 68) und vollkommen offener

Schlürfrinne. Borsten der Abdominalsegmente von sehr verschiedener Länge; zwischen den kurzen Borsten befinden sich einzelne verhältnismäßig lange Borsten. *Malthodes* KIESENWETTER (S. 139)

2* Vorderrand des Nasale in der Mitte dreieckig zugespitzt, aber ohne einen von Paramedianfurchen begrenzten Mittelzahn (Abb. 48–51). Auf dem Mittelfortsatz befindet sich ein Paar Borsten. 2. Antennenglied an der Seite weniger tief ausgeschnitten (Abb. 52). Mandibeln gewöhnlich ohne Retinaculum (Abb. 54–56) (bei *M. seriepunctatus* KIESENWETTER ist ein Retinaculum vorhanden (Abb. 57), mit einer nach vorn allmählich geschlossenen Rinnenspalte). Beborstung der Abdominalsegmente relativ gleichmäßig. *Malthinus* LATREILLE (S. 136)

3 Retinaculum der Mandibeln zu einem kleinen Knötchen an der oberen Innenecke des Incisivus reduziert. *Podabrus* WESTWOOD

3* Retinaculum der Mandibeln gut entwickelt (Abb. 13, 14, 46) 4

4 Auf der Unterseite des Nasale sind als Reste des Labrum Zahnhöcker (Labralhöcker) vorhanden (Abb. 12). Auf den Abdominalsegmenten fehlen Nebenporen; wenn sie vorhanden sind, dann sind sie anders gestaltet 5

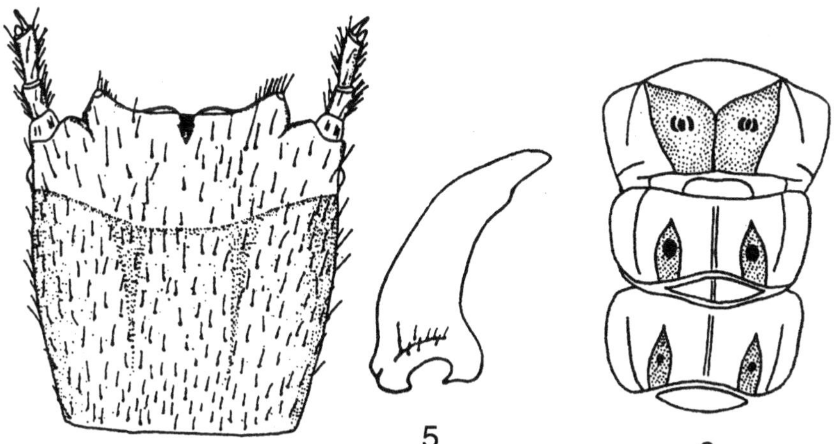

4 5 6

Abb. 4: *Podabrus alpinus*, Kopfkapsel, dorsal (aus STRIGANOVA 1962)
Abb. 5: *Podabrus alpinus*, linke Mandibel, (aus FITTON 1975)
Abb. 6: *Podabrus alpinus*, Thorax, dorsal (aus STRIGANOVA 1964)

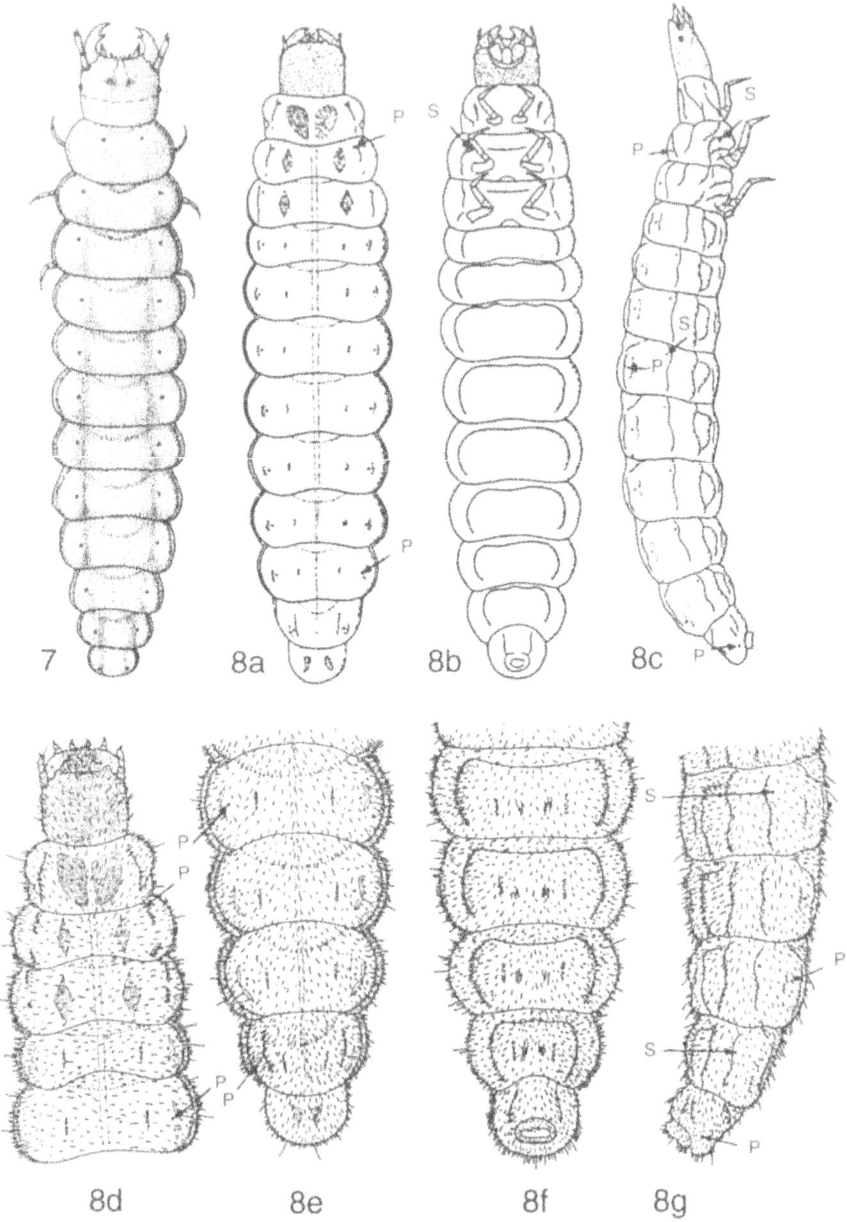
7
8a
8b
8c
8d
8e
8f
8g
P
S

4* Auf der Unterseite des Nasale sind keine Labralhöcker vorhanden (Abb. 32). Die Nebenporen auf den Abdominalsegmenten sind von einer dichten Gruppe kleiner Härchen umgeben, die dunkel pigmentiert erscheinen. Auf dem 9. Abdominalsegment liegen die beiden Nebenporen etwas vor der Verbindungslinie der beiden Segmentaldrüsenporen. Pronotum mit 2 großen, gelbbraunen Flecken, die dunkel umrändert sind. Kopf gelbbraun und schwarz. Körperlänge 10–15 mm. (*Rhagonycha atra* LINNAEUS hat ebenfalls keine Labralhöcker, ist aber nur 6–7 mm lang und anders gefärbt.) *Absidia* MULSANT (= *Podistra* MOTSCHULSKY)

5 An der Basis des Retinaculum der Mandibeln befindet sich ein kleines zusätzliches Zähnchen (Abb. 46). *Silis* CHARPENTIER

5* Kein zusätzliches Zähnchen auf der Mandibelinnenseite neben dem Retinaculum (Abb. 13, 14) 6

6 Die Thorax- und Abdominalsegmente sind mit sehr kurzen gebogenen Haaren bedeckt (Abb. 43), die auf der Dorsalseite der Abdominalsegmente nach der Mittellinie gerichtet sind. Außerdem sind einzelne lange Haare vor allem auf dem 9. Abdominalsegment vorhanden. Klauen mit feinen Borsten (Abb. 40). Larven nicht größer als 15 mm, weißlich. *Rhagonycha* ESCHSCHOLTZ (S. 135)

6* Die Larven sind mit rechtwinklig abstehenden geraden Haaren unterschiedlicher Länge dicht bedeckt (Abb. 31). Auf dem 9. Abdominalsegment fallen keine längeren Haare auf. Klauen nur mit kräftigen Borsten (Abb. 19). Larven größer, bei den meisten Arten bis 30 mm lang, dunkelbraun bis grau. Auf der Bodenoberfläche, oft zeitig im Jahr („Schneewürmer"). *Cantharis* LINNAEUS (S. 131) (einschließlich *Ancistronycha* MÄRKEL und *Metacantharis* BOURGEOIS)

1. Unterfamilie: Cantharinae

1. Tribus: Podabrini

1. Gattung: *Podabrus* WESTWOOD

Bisher ist nur die Larve von *Podabrus alpinus* (PAYKULL) bekannt (LARSSON 1938, STRIGANOVA 1962, FITTON 1975) (Abb. 4–6). Die Larve der aus Österreich nachgewiesenen Art *P. obscuripes* SAHLBERG ist bisher unbekannt.

Abb. 7: *Cantharis* sp., Habitus, dorsal (aus LARSSON 1938)
Abb. 8a: *Cantharis livida*, Habitus, dorsal (aus FIORI 1948). Abkürzungen: P = Porus, S = Stigma (gilt auch für Abb. 20, 21, 24, 41, 42, 58)
Abb. 8b: *Cantharis livida*, Habitus, ventral (aus FIORI 1948)
Abb. 8c: *Cantharis livida*, Habitus, lateral (aus FIORI 1948)
Abb. 8d: *Cantharis livida*, Kopf, Thorax, 1./2. Abdominalsegment, dorsal (aus FIORI 1948)
Abb. 8e: *Cantharis livida*, 5.–9. Abdominalsegment, dorsal (aus FIORI 1948)
Abb. 8f: *Cantharis livida*, 5.–10. Abdominalsegment, ventral (aus FIORI 1948)
Abb. 8g: *Cantharis livida*, 5.–10. Abdominalsegment, lateral (aus FIORI 1948)

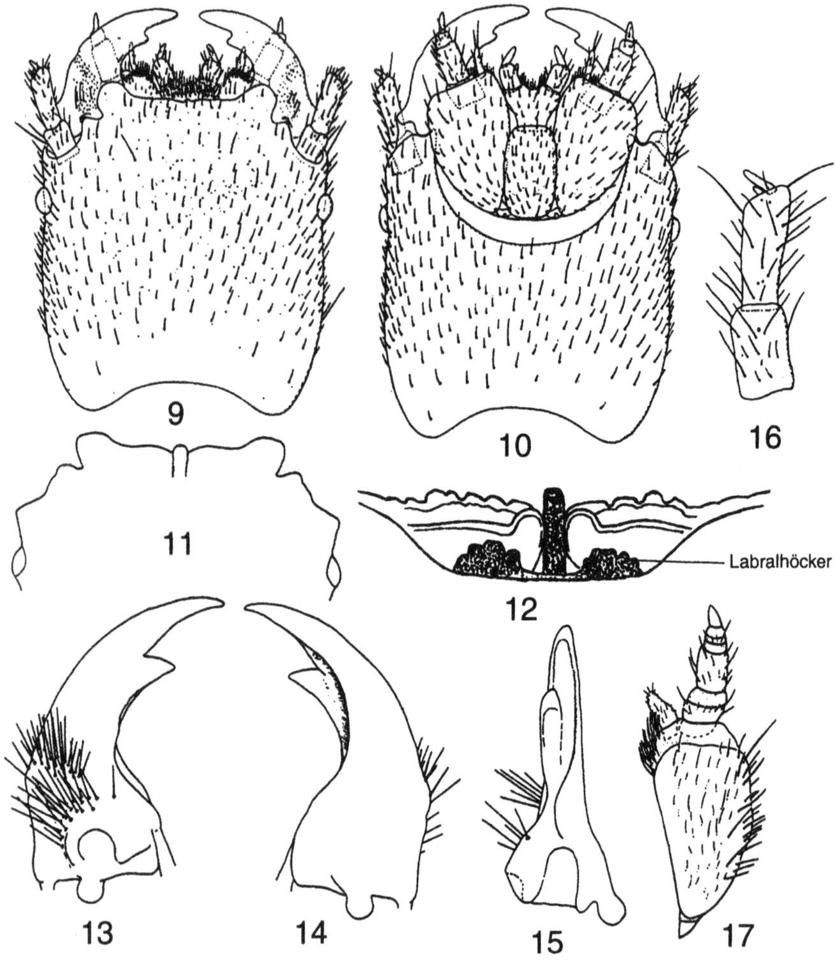

Abb. 9: *Cantharis livida*, Kopfkapsel, dorsal (aus FIORI 1948)
Abb. 10: *Cantharis livida*, Kopfkapsel, ventral (aus FIORI 1948)
Abb. 11: *Cantharis pallida*, Nasale (aus FITTON 1975)
Abb. 12: *Cantharis rustica*, Nasale, ventral (aus VERHOEFF 1917)
Abb. 13: *Cantharis* sp., linke Mandibel, dorsal (aus FITTON 1975)
Abb. 14: *Cantharis* sp., linke Mandibel, ventral (aus FITTON 1975)
Abb. 15: *Cantharis* sp.,linke Mandibel, von innen (aus FITTON 1975)
Abb. 16: *Cantharis livida*, Antenne (aus FIORI 1948)
Abb. 17: *Cantharis* sp., Maxille (aus LESAGE 1991)

2. Tribus: Cantharini

2. Gattung: *Cantharis* LINNAEUS

In Mitteleuropa kommen 27 Arten vor. Da nur die Larven von 11 Arten bekannt sind, ist die folgende Tabelle als provisorisch zu betrachten. Hinzu kommt, daß die Verwendbarkeit der Merkmale noch näher überprüft werden muß. Diese Bemerkung trifft auch für die anderen Bestimmungstabellen für Arten der Cantharidae zu.

Provisorische Tabelle für die Arten (adulte Larven) (nach LARSSON 1938)

1 Kopf einfarbig dunkelbraun bis schwarzbraun, in der Regel mit helleren Mundpartien 2
1* Kopf hellbraun 8
2 Größere Arten, erwachsene Larven mindestens 13 mm lang 3
2* Kleinere Arten, erwachsene Larven höchstens 13 mm lang 6
3 Das helle Medianband auf den Segmenten ist ohne Verbindung zum Ringband. Hinteres Ringband in der Mitte und an den Seiten unterbrochen und somit auf 2 kurze Stücke reduziert (Abb. 27). *fusca* LINNAEUS
3* Das Medianband hat auf jeden Fall eine Verbindung zum hinteren Ringband, das in der Mitte und an den Seiten nicht unterbrochen ist (Abb. 28) 4
4 Kopf sehr dunkel, schwarzbraun, mit deutlich, jedoch schwach gewölbten Seiten 5
4* Kopf heller bräunlich, mit geraden oder nur äußerst schwach gewölbten Seiten. *rustica* FALLEN
5 Mitteldorn des Nasale mehr als doppelt so lang wie breit. Das Medianband auf den Abdominalsegmenten kann fehlen oder vorhanden sein. Erwachsene Larve 15–20 mm lang. *livida* LINNAEUS
5* Mitteldorn des Nasale nicht doppelt so lang wie breit. Das Medianband fehlt auf den Abdominalsegmenten immer. Erwachsene Larven 10–17 mm lang. *quadripunctata* (MÜLLER)
6 Mitteldorn des Nasale mindestens doppelt so lang wie breit. Erwachsene Larven höchstens 12 mm lang. Kopfseiten gerade oder gewölbt 7
6* Mitteldorn des Nasale nicht doppelt so lang wie breit. Erwachsene Larven 10–17 mm lang. Kopfseiten deutlich gewölbt. *quadripunctata* (MÜLLER)
7 Kopfseiten gerade oder fast gerade. *figurata* MANNERHEIM
7* Kopfseiten gewölbt. *thoracica* (OLIVIER) (= *bicolor* HERBST)
8 Mitteldorn des Nasale 2–3 mal so lang wie breit. Das Medianband auf dem Prothorax endet im allgemeinen deutlich ein Stück vor dem Vorderrand des Pronotum 9
8* Mitteldorn des Nasale höchstens doppelt so lang wie breit. Das Medianband reicht auf dem Prothorax in der Regel bis zum Vorderrand des Pronotum oder bis ganz kurz davor, es ist aber undeutlich 10
9 Größere Art, erwachsene Larve 15–20 mm lang. *pellucida* FABRICIUS
9* Kleinere Art, erwachsene Larve 9–13 mm lang. *Metacantharis clypeata* (ILLIGER) (= *haemorrhoidalis* FABRICIUS)
10 Das Medianband fehlt auf den Abdominalsegmenten völlig, Mitteldorn des Nasale ca. 1,75 mal so lang wie breit 11

18

19

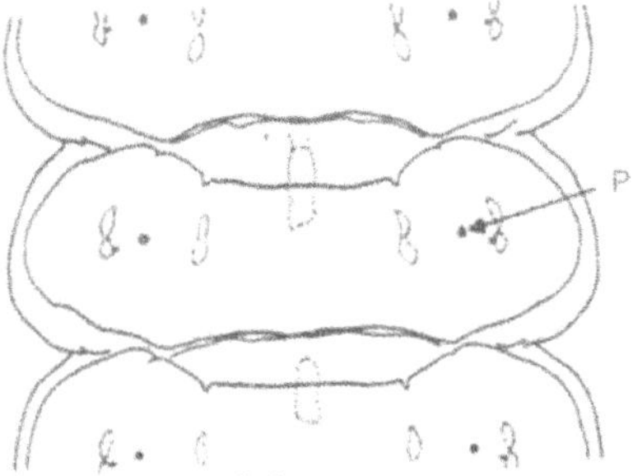

20

22

23

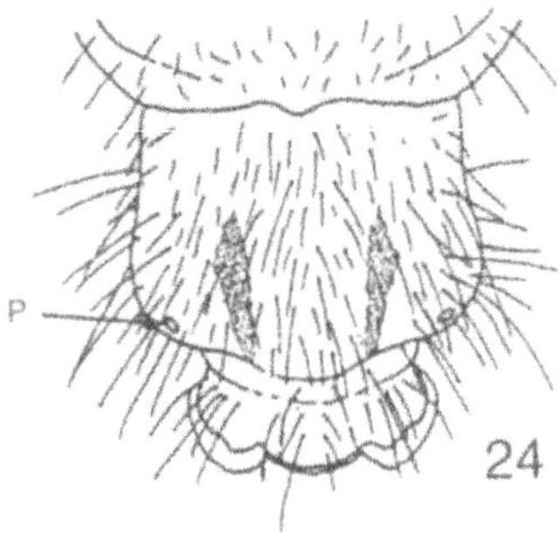

24

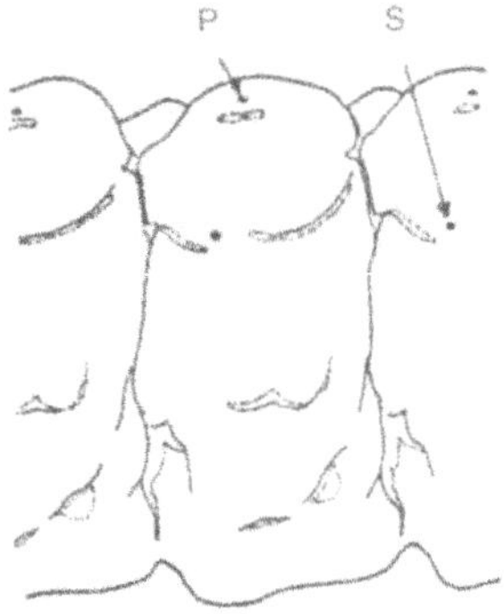

21

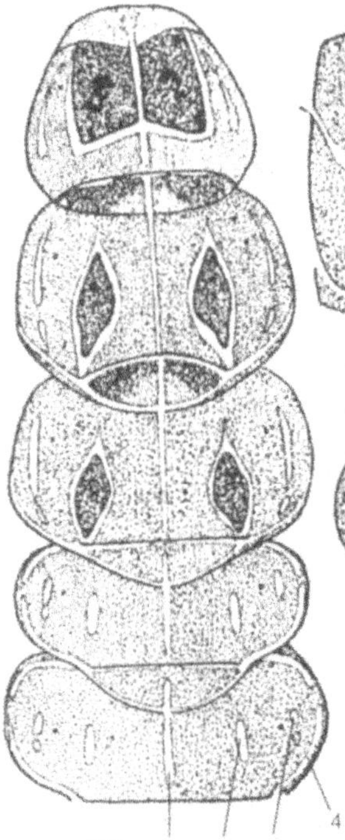

25

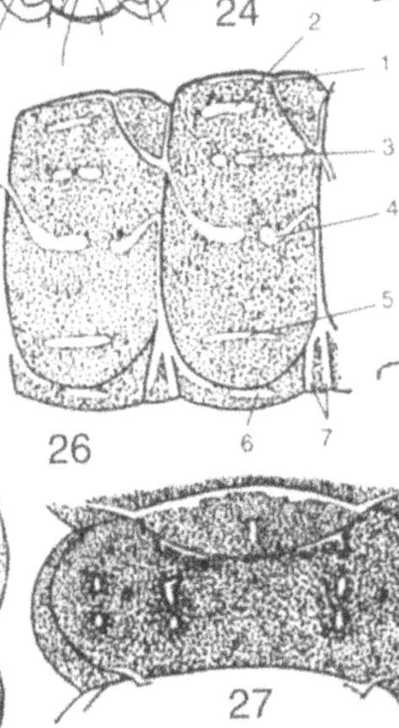

26

29

30

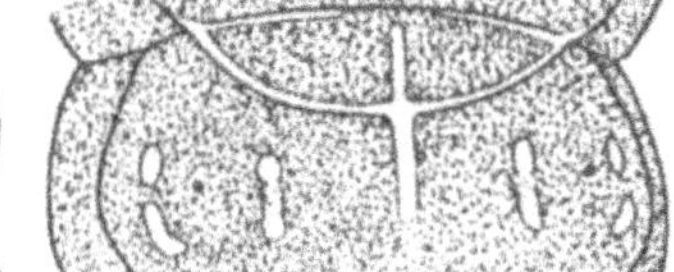
27

31

28

10* Auf den Abdominalsegmenten ist ein Medianband oft vorhanden, jedoch sehr undeutlich. Mitteldorn des Nasale ca. 1,5 mal so lang wie breit 12

11 Vorderrand des Nasale nur ganz schwach gewölbt (Abb. 29). Erwachsene Larve 12–17 mm lang. *nigricans* (MÜLLER)

11* Vorderrand des Nasale deutlich gewölbt (Abb. 30). Voll ausgewachsene Larve 14–20 mm lang. *obscura* LINNAEUS

12 Seiten der Kopfkapsel fast gerade. Erwachsene Larve 12–15 mm lang. *rufa* LINNAEUS

12* Seiten der Kopfkapsel schwach, aber deutlich und gleichmäßig gewölbt. Erwachsene Larve 8–12 mm lang. *pallida* GOEZE

2a. Gattung: *Ancistronycha* MÄRKEL

Die Larven von *Ancistronycha abdominalis* (FABRICIUS), *A. cyanipennis* (FALDERMAN) (= *violacea* (PAYKULL)) und *A. erichsonii* (BACH) sind bisher nicht ausreichend bekannt, so daß gar nicht sicher ist, ob eventuell zu findende Larven der genannten Arten in der Gattungs-Tabelle als „*Cantharis*" eingeordnet würden. BELING (1885) und LUZE (1902) veröffentlichten Beschreibungen der Larve von *A. abdominalis*, die jedoch eine Einordnung nicht sicher gestatten.

2b. Gattung: *Metacantharis* BOURGEOIS

Zu dieser Gattung gehören *Metacantharis clypeata* (ILLIGER) (= *haemorrhoidalis* (FABRICIUS)) und *M. discoidea* (AHRENS). LARSSON (1938) berücksichtigt die zuerst genannte Art in seiner *Cantharis*-Tabelle. Jedoch reichen die bisherigen Kenntnisse nicht aus, die Gattung *Metacantharis* in der Bestimmungstabelle von *Cantharis* zu trennen. Die Larve von *M. discoidea* ist bisher nicht bekannt.

Abb. 18: *Cantharis livida*, Mittelbein (aus FIORI 1948)
Abb. 19: *Cantharis* sp., Mittelbein, Klaue (aus FITTON 1975)
Abb. 20: *Cantharis* sp., 3. Abdominalsegment, dorsal (aus FITTON 1975)
Abb. 21: *Cantharis* sp., 3. Abdominalsegment, lateral (aus FITTON 1975)
Abb. 22: *Cantharis* sp., Pore einer Segmentaldrüse (aus LESAGE 1991)
Abb. 23: *Cantharis* sp., Stigma (aus LESAGE 1991)
Abb. 24: *Cantharis cryptica* ?, 9./10. Abdominalsegment, dorsal (aus FITTON 1975)
Abb. 25: *Cantharis pellucida*, Thorax, 1./2. Abdominalsegment, dorsal (aus LARSSON 1938). 1 = Medianband, 2 = inneres Rückenband, 3 = äußeres Rückenband, 4 = seitliches Rückenband
Abb. 26: *Cantharis pellucida*, 5./6. Abdominalsegment, lateral (aus LARSSON 1938). Nr. 1–4 siehe Abb. 25, 5 = Seitenband, 6 = seitliches Bauchband, 7 = vorderes Ringband, 8 = hinteres Ringband
Abb. 27: *Cantharis fusca*, Abdominalsegment, dorsal (aus LARSSON 1938)
Abb. 28 *Cantharis rustica*, Abdominalsegment, dorsal, (aus LARSSON 1938)
Abb. 29: *Cantharis nigricans*, Nasale, Vorderrand (aus LARSSON 1938)
Abb. 30: *Cantharis obscura*, Nasale, Vorderrand (aus LARSSON 1938)
Abb. 31: *Cantharis* sp., 6. Abdominalsegment, Borsten (aus FITTON 1975)

3. Gattung: *Absidia* MULSANT
(= *Podistra* MOTSCHULSKY)

Die Angaben über *Absidia* MULSANT beruhen nur auf *A. schoenherri* (DEJEAN) (= *pilosa* (PAYKULL)) (VERHOEFF 1922, LARSSON 1938) (Abb. 32), die Larven der übrigen 5 Arten sind unbekannt.

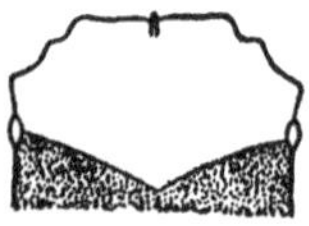
33

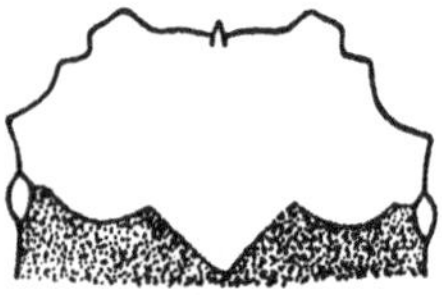
34

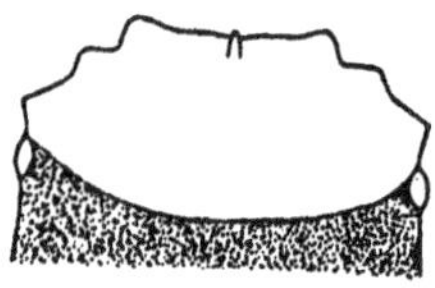
35

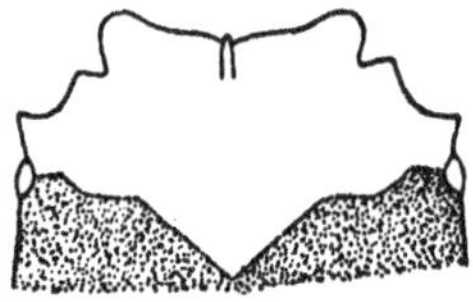
36

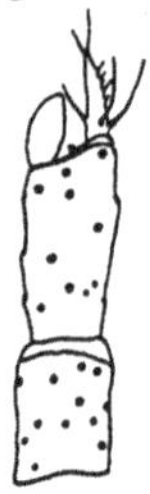
37

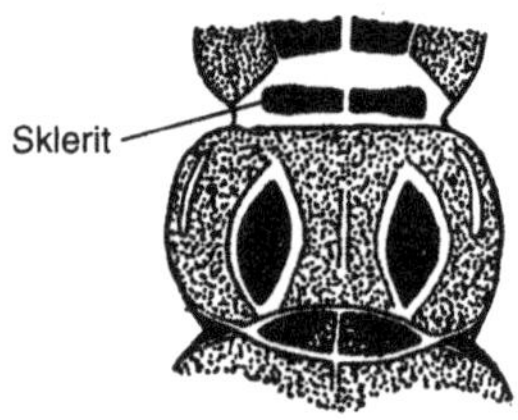

38

39

40

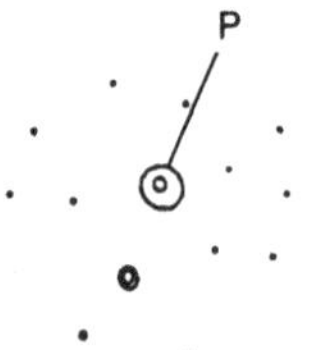

41

42

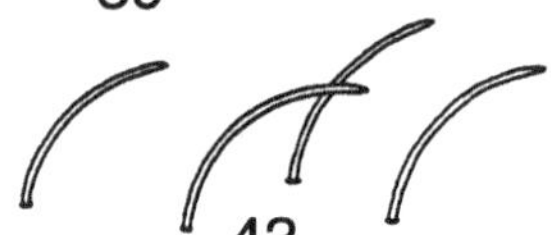
43

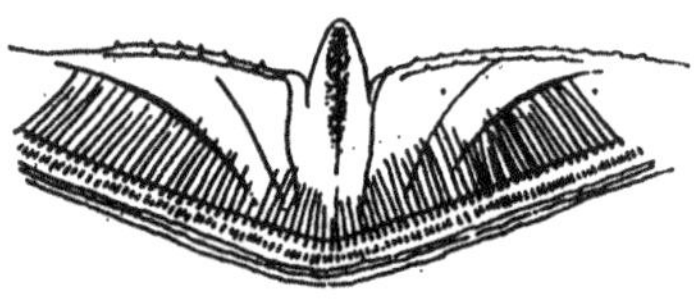
32

Abb. 32: *Absidia schoenherri,* Nasale, ventral (aus VERHOEFF 1923)
Abb. 33: *Rhagonycha atra,* Kopfkapsel, Vorderteil (aus LARSSON 1938)
Abb. 34: *Rhagonycha limbata,* Kopfkapsel, Vorderteil (aus LARSSON 1938)
Abb. 35: *Rhagonycha testacea,* Kopfkapsel, Vorderteil (aus LARSSON 1938)
Abb. 36: *Rhagonycha lignosa,* Kopfkapsel, Vorderteil (aus LARSSON 1938)
Abb. 37: *Rhagonycha testacea,* Antenne (aus FITTON 1975)
Abb. 38: *Rhagonycha fulva,* Mesothorax, dorsal (aus LARSSON 1938)
Abb. 39: *Rhagonycha lutea,* Mesothorax, dorsal (aus LARSSON 1938)
Abb. 40: *Rhagonycha fulva,* Vorderbein, Klaue (aus FITTON 1975)
Abb. 41: *Rhagonycha limbata,* 8. Abdominalsegment, Pore der Segmentaldrüse (aus LARSSON 1938)
Abb. 42: *Rhagonycha lignosa,* 8. Abdominalsegment, Pore der Segmentaldrüse (aus LARSSON 1938)
Abb. 43: *Rhagonycha fulva,* 6. Abdominalsegment, Borsten (aus FITTON 1975)

4. Gattung: *Armidia* MULSANT

Die Larve von *Armidia signata* (GERMAR) ist bisher nicht bekannt.

5. Gattung: *Rhagonycha* ESCHSCHOLTZ

Weil die Larven von 11 Arten noch unbekannt sind, muß die folgende Bestimmungstabelle als provisorisch angesehen werden.

Provisorische Tabelle für die Arten (adulte Larven) (nach LARSSON 1938 und GHILAROV 1964)

1 Kopf einfarbig und gleichmäßig gefärbt 2

1* Kopf mehr oder weniger deutlich zweifarbig, ein hellerer und ein dunklerer Teil sind voneinander zu unterscheiden (Abb. 33–36) 3

2 Der Abstand zwischen den rechteckigen Skleriten auf dem Vorwulst des Mesothorax ist ebenso groß wie diese lang sind (Abb. 39). Behaarung mit starker Basis, das gibt den Larven ein schwarz-gesprenkeltes Aussehen. *lutea* (MÜLLER)

2* Der Abstand zwischen den rechteckigen Skleriten auf dem Vorwulst des Mesothorax ist deutlich geringer als deren Länge (Abb. 38). Behaarung schwächer. *fulva* (SCOPOLI)

3 Kopfkapsel höchstens etwas breiter als lang, meist sind Länge und Breite etwa gleich 4

3* Kopfkapsel etwa 1,5mal so breit wie lang. Der hellere Teil der Kopfkapsel wird hinten von zwei durchgehenden geraden oder schwach gebogenen Linien begrenzt, die sich in der Mitte in einem stumpfen Winkel treffen (Abb. 33). *atra* (LINNAEUS)

4 Auf dem Abdomen ist ein Medianband zu sehen, wenn auch undeutlich. Der helle vordere Teil der Kopfkapsel ist hinten in einem gleichmäßigen Bogen von dem dunkleren Teil der Kopfkapsel abgesetzt (Abb. 35). Der Vorderrand des Nasale ist neben dem Mittelzahn annähernd gerade. *testacea* (LINNAEUS)

4* Abdomen ohne Medianband. Der helle vordere Teil der Kopfkapsel ist in der Mitte winkelförmig nach hinten ausgezogen (Abb. 34, 36) 5

5 Auf dem 8. Abdominalsegment ist der Abstand zwischen der Pore und dem schräg dahinter stehenden, auffälligen Punkt kaum größer als der Durchmesser der Pore (Abb. 41). Der Vorderrand des Nasale ist neben dem Mittelzahn annähernd gerade (Abb. 34). *limbata* THOMSON

5* Auf dem 8. Abdominalsegment ist der Abstand zwischen der Pore und dem schräg dahinter stehenden auffälligen Punkt mindestens doppelt so groß wie der Durchmesser der Pore (Abb. 42). Der Vorderrand des Nasale ist neben dem Mittelzahn gleichmäßiger nach innen gebogen (Abb. 36). *lignosa* (MÜLLER)

6. Gattung: *Cratosilis* MOTSCHULSKY

Die Larven der 3 mitteleuropäischen Arten sind bisher nicht bekannt, so daß die Gattung nicht in die Bestimmungstabelle aufgenommen werden konnte.

3. Tribus: Silini

7. Gattung: *Silis* CHARPENTIER

LARSSON (1938) und FITTON (1975) kennen die Larve von *Silis ruficollis* (FABRICIUS), die Larve von *S. nitidula* (FABRICIUS) ist weitgehend unbekannt (Abb. 44–47).

2. Unterfamilie: Malthininae

4. Tribus: Malthinini

8. Gattung: *Malthinus* LATREILLE

LARSSON (1938) verdanken wir eine Tabelle für 3 Arten, die durch die Beschreibung der stark abweichenden Art *M. seriepunctatus* KIESENWETTER durch FITTON (1975) ergänzt werden kann. Die Larven der übrigen 6 Arten sind bisher unbekannt.

Provisorische Tabelle für die Arten (adulte Larven) (nach LARSSON 1938, FITTON 1975)

1 Mandibeln mit Retinaculum (Abb. 57). 2. Antennenglied an der Seite tief ausgeschnitten (Abb. 53). 10. Abdominalsegment mit einem Paar sklerotisierter Haken (Abb. 59). *seriepunctatus* KIESENWETTER

1* Mandibeln ohne Retinaculum (Abb. 54–56). 2. Antennenglied an der Seite weniger tief ausgeschnitten (Abb. 52). 10. Abdominalsegment ohne sklerotisierte Haken 2

2 Vorderrand des Nasale mit einem Einschnitt zwischen den Adnasalia und dem Mittelzahn (Abb. 49, 51) 3

2* Vorderrand des Nasale flach rundlich zugespitzt (Abb. 48). *frontalis* (MARSHAM)

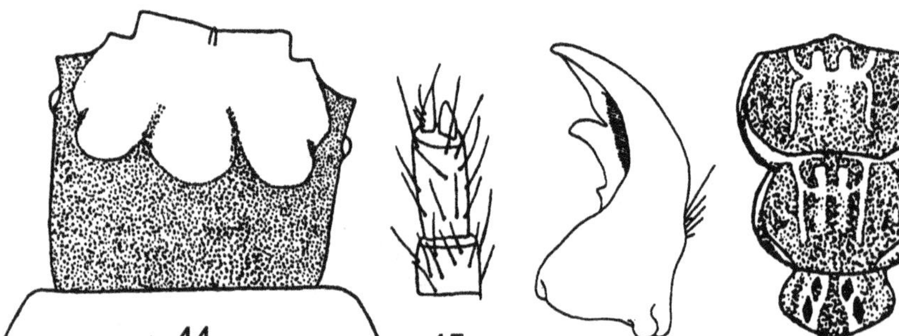

44 45 46 47

Abb. 44: *Silis ruficollis*, Kopfkapsel, dorsal (aus LARSSON 1938)
Abb. 45: *Silis nitidula*, Antenne (aus VERHOEFF 1923)
Abb. 46: *Silis ruficollis*, linke Mandibel, ventral (aus FITTON 1975)
Abb. 47: *Silis ruficollis*, 7.–9. Abdominalsegment, dorsal (aus LARSSON 1938)

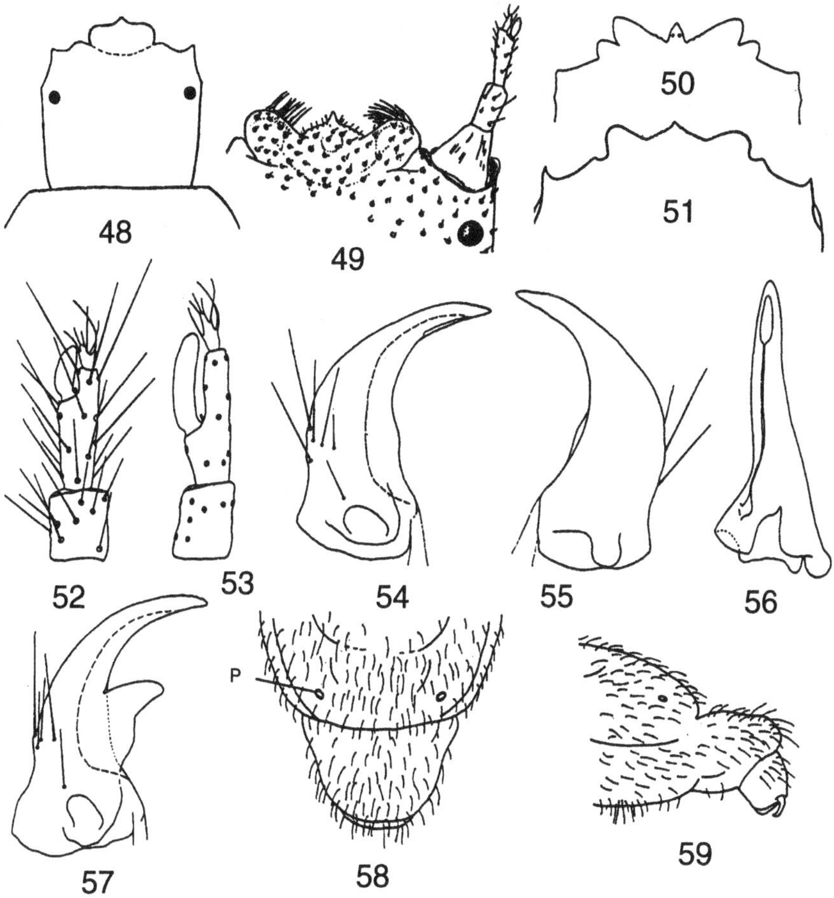

Abb. 48: *Malthinus frontalis*, Kopfkapsel, dorsal (aus LARSSON 1938)
Abb. 49: *Malthinus punctatus*, Vorderrand der Kopfkapsel (aus BÖVING & CRAIGHEAD 1931)
Abb. 50: *Malthinus seriepunctatus*, Vorderrand der Kopfkapsel (aus FITTON 1975)
Abb. 51: *Malthinus biguttatus?* Vorderrand der Kopfkapsel (aus LARSSON 1938)
Abb. 52: *Malthinus flaveolus*, Antenne (aus FITTON 1975)
Abb. 53: *Malthinus seriepunctatus*, Antenne (aus FITTON 1975)
Abb. 54: *Malthinus flaveolus*, linke Mandibel, dorsal (aus FITTON 1975)
Abb. 55: *Malthinus flaveolus*, linke Mandibel, ventral (aus FITTON 1975)
Abb. 56: *Malthinus flaveolus*, linke Mandibel, von innen (aus FITTON 1975)
Abb. 57: *Malthinus seriepunctatus*, linke Mandibel, dorsal (aus FITTON 1975)
Abb. 58: *Malthinus seriepunctatus*, 8./9. Abdominalsegment, dorsal (aus FITTON 1975)
Abb. 59: *Malthinus seriepunctatus*, 8.–10. Abdominalsegment, lateral (aus FITTON 1975)

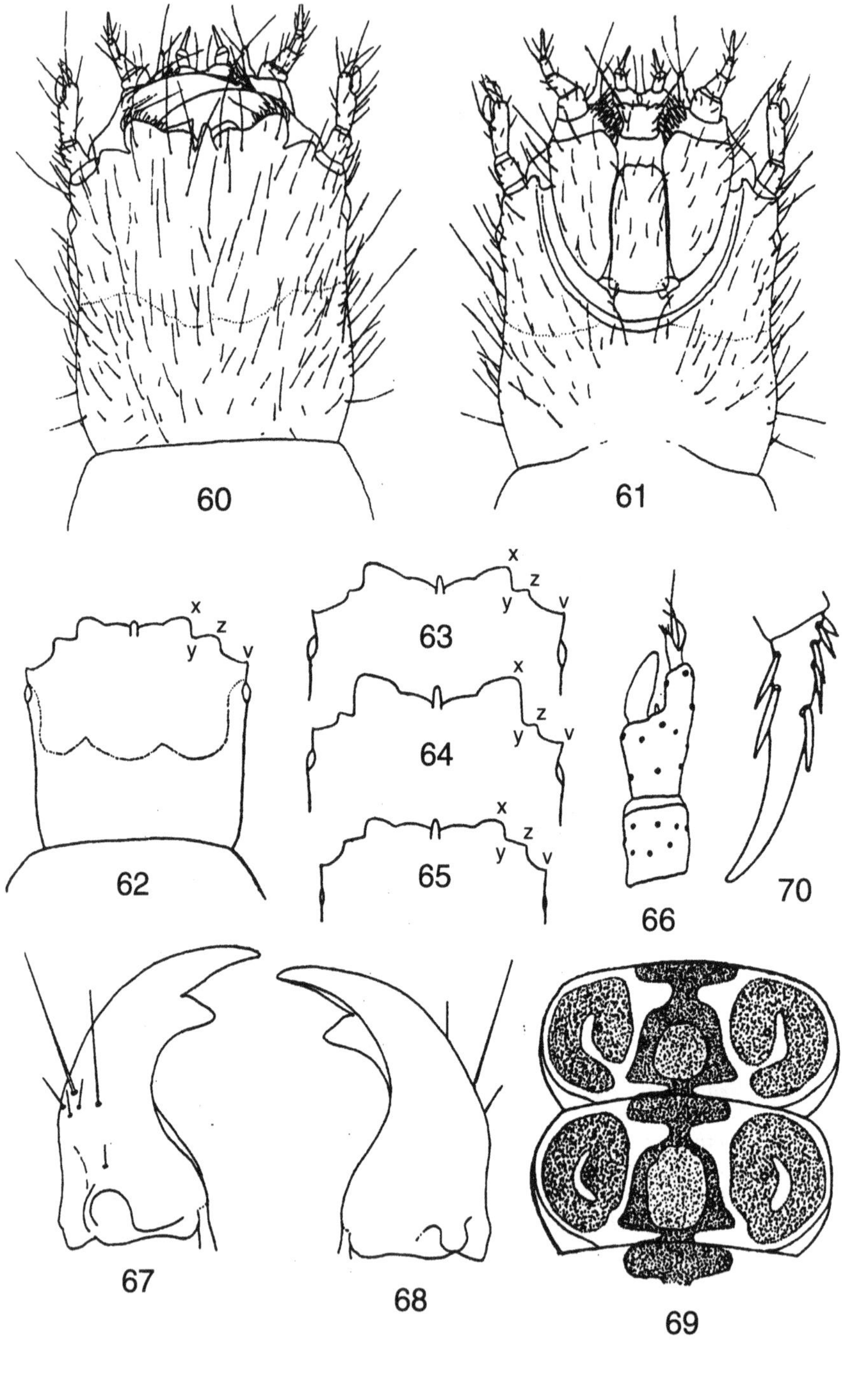
60
61
x
z
y
v
62
x
z
y
v
63
x
z
y
v
64
x
z
y
v
65
66
70
67
68
69

3 Von der Dorsalseite betrachtet berührt das deutliche Stemma nicht den Rand der Kopfkapsel (Abb. 49). Die Poren sind fein aber deutlich.
punctatus (FOURCROY) (= *flaveolus* (HERBST))

3* Das undeutliche Stemma befindet sich an der Seite der Kopfkapsel (Abb. 51). Die Poren sind von normaler Größe. Da aber der sie umgebende Chitinring sehr schwach ist, sind sie schwer zu erkennen.
biguttatus (LINNAEUS) ? (= *biguttulus* (PAYKULL))

9. Gattung: *Malthodes* KIESENWETTER

In Mitteleuropa kommen 36 Arten vor. Wegen der wenigen als Larve bekannten Arten ist die folgende Tabelle nur als ein erster Behelf zu betrachten.

Provisorische Tabelle für die Arten (adulte Larven) (nach LARSSON 1938 und STRIGANOVA 1964)

1 Die Sensille auf dem 2. Antennenglied ist länger als das 1. Glied.
spathifer KIESENWETTER

1* Die Sensille auf dem 2. Antennenglied ist kürzer als das 1. Glied (Abb. 66) 2

2 Seitenwinkel des Nasale größer. Abstand zwischen den Punkten x und y der lateralen Seiten etwa gleich dem Abstand zwischen den Punkten y und v (Abb. 64). *guttifer* KIESENWETTER

2* Seitenwinkel des Nasale kleiner. Abstand zwischen den Punkten x und y der lateralen Seiten viel kleiner als der Abstand zwischen den Punkten y und v (Abb. 62, 63) 3

3 Vorderrand des Nasale stark nach innen abfallend. Abstand zwischen den Punkten x und y größer als zwischen y und z (Abb. 63).
mysticus KIESENWETTER

3* Vorderrand des Nasale schwach nach innen abfallend. Abstand zwischen den Punkten x und y etwa gleich dem Abstand zwischen y und z (Abb. 62). – Körperoberfläche mit charakteristischer Zeichnung (Abb. 69).
marginatus LATREILLE

Abb. 60: *Malthodes* sp., Kopfkapsel, dorsal (aus FITTON 1975)
Abb. 61: *Malthodes* sp., Kopfkapsel, ventral (aus FITTON 1975)
Abb. 62: *Malthodes marginatus*, Kopfkapsel, dorsal (aus LARSSON 1938)
Abb. 63: *Malthodes mysticus*, Nasale (aus LARSSON 1938)
Abb. 64: *Malthodes guttifer*, Nasale (aus LARSSON 1938)
Abb. 65: *Malthodes spathifer*, Nasale (aus LARSSON 1938)
Abb. 66: *Malthodes* sp., Antenne (aus FITTON 1975)
Abb. 67: *Malthodes* sp., linke Mandibel, dorsal (aus FITTON 1975)
Abb. 68: *Malthodes* sp., linke Mandibel, ventral (aus FITTON 1975)
Abb. 69: *Malthodes marginatus*, 2./3. Abdominalsegment, dorsal (aus LARSSON 1938)
Abb. 70: *Malthodes* sp., Klaue, (aus LESAGE 1991)

Literatur

BELING, T. (1885): Beitrag zur Biologie einiger Käfer aus der Familie Telephoridae. – Ber. ent. Z. 29: 350–362.

BÖVING, A. G. & K. CRAIGHEAD (1931): An illustrated synopsis of the principal larval forms of the order Coleoptera. – Ent. Amer. 11 (N.S.): 1–351.

BURAKOWSKI, B. & A. KUSKA (1992): Studien an der Biologie, Ökologie und Verbreitung der Weichkäfer in Polen (Col., Cantharidae). – Bull. Ent. de Pologne 61: 97 – 118.

FIORI, G. (1948/1949): Contributo alla conoscenza morfologica ed etologica dei Coleotteri. IV. *Cantharis livida* L. – Boll. Ist. Entomol. Univ. Bologna 17: 265–274.

FITTON, M. G. (1975): The larvae of the British genera of Cantharidae (Col.). – J. Entomol. B 44: 243–254.

JACKSON, G. J. & R. A. CROWSON (1969): A comparative anatomical study of the digestive, excretory and central nervous systems of *Malachius viridis* F. (Col., Melyridae) and *Rhagonycha usta* GEMM. (Col., Cantharidae), with observations on their diet and taxonomy. – Ent. Monthly Mag. 105: 93–98.

JANSSEN, W. (1963): Untersuchungen zur Morphologie, Biologie und Ökologie von *Cantharis* L. und *Rhagonycha* ESCHSCH. (Col., Cantharidae). – Z. wiss. Zool. 169: 115–202.

JANSSEN, W. (1964): Über Vorlarvenstadien bei Weichkäfern (Col., Cantharidae). – Faun. Mitt. Norddtschl. 2 (4): 94–98.

KLAUSNITZER, B. (1978): Cantharidae. In: KLAUSNITZER, B.: Bestimmungsbücher zur Bodenfauna Europas, Lieferung 10, Ordnung Coleoptera (Larven). – W. Junk, The Hague.

LARSSON, S. G. (1938): Cantharidae, Larven. In: HANSEN, V.: Malacodermata, Fossipedes, Macrodactylia og Brachymera. – Danmarks Fauna 44, Kopenhagen.

LESAGE, L. (1991): Cantharidae (Cantharoidea) (including Chauliognathidae). In: STEHR, F. W.: Immature Insects. Volume 2. – Kendall, Iowa.

LUZE, G. (1902): Die Metamorphose von *Cantharis abdominalis* F.-Ber. ent. Z. 47: 239–242.

PETERSON, A. (1957): Larvae of Insects. Part II. – Ann Arbor, Michigan.

POTOTSKAJA, V. A. (1983): Phylogenetic links and composition of the superfamily Cantharoidea (Col.) based on study of larval characters. – Entomol. Obozr. 62 (3): 549–554 (russisch).

STRIGANOVA, B. R. (1962): The larva of *Podabrus alpinus* L. and several morphological peculiarities of cantharidid larvae (Col.). – Zool. Zh. 41: 546–551 (russisch).

STRIGANOVA, B. R. (1964): Cantharidae. In: GHILAROV, M. S.: Bestimmungsbuch für bodenbewohnende Insektenlarven. – Moskau (russisch).

VERHOEFF, K. W. (1917): Zur Entwicklung, Morphologie und Biologie der Vorlarven und Larven der Canthariden. – Arch. Naturgesch. (A) 83: 102–140.

VERHOEFF, K. W. (1923): Beiträge zur Kenntnis der Coleopteren-Larven mit besonderer Berücksichtigung der Clavicornia. – Arch. Naturgesch. (A) 89: 1–109.

17. Überfamilie: Chrysomeloidea

114. Familie: Cerambycidae

zusammengestellt von BERNHARD KLAUSNITZER

(Abb. 1–547)

Das von HARDE (1966) als „3. Unterfamilie Spondylinae" geführte Taxon wird mit seiner „4. Unterfamilie Aseminae" vereinigt und muß aus Prioritätsgründen Spondylidinae heißen. In diese Gruppe werden auch die Gattungen *Anisarthron* und *Saphanus* aus der Unterfamilie Cerambycinae transferiert. Die Necydalini werden zu einer eigenen Unterfamilie Necydalinae.

Die Anordnung und Numerierung der einzelnen Gattungen folgt der Zusammenstellung von HARDE (1966). Zur Aktualisierung der Nomenklatur wurden die Bearbeitungen der Cerambycidae von LUCHT (1994), BENSE (1995) sowie BENSE & ADLBAUER (im Druck) herangezogen. Auf eine Umgruppierung und neue Numerierung der Gattungen wurde verzichtet.

Bei den folgenden Tabellen (außer der Tabelle für die Gattungen der Lamiinae) handelt es sich um Übersetzungen bzw. Adaptationen an den Charakter dieser Reihe auf der Grundlage der hervorragenden Arbeiten von ŠVÁCHA & DANILEVSKY (1986, 1987, 1988; erschienen 1987, 1988, 1989) sowie TEPPNER (1969). Hinzu kommt weitere Literatur, angefangen bei den grundlegenden Publikationen von VAN EMDEN (1939) und DUFFY (1953) über das Buch von v. DEMELT (1966) bis zu den ausgezeichneten Veröffentlichungen von PAULUS (1968a, 1968b, 1969, 1976) über *Rhagium, Agapanthia* und *Calamobius.*

Aus allen diesen Quellen entstand vor einigen Jahren eine Bestimmungstabelle für den Privatgebrauch, zugeschnitten für die mitteleuropäische Fauna und möglichst knapp im Text. Diese Tabelle wurde für umfangreiche Bestimmungsarbeiten genutzt und am eigenen Sammlungsmaterial getestet. Sie erscheint jetzt hier, nochmals bearbeitet und dem Charakter dieser Buchreihe angepaßt. Die Urheberschaft gebührt natürlich den genannten Kollegen. Der eigene Anteil ist gering und auf Übersetzung, Umbau von Schlüsseln sowie Bemühungen um eine gewisse Einheitlichkeit der Darstellung beschränkt.

Für die Bestimmung der einzelnen Arten ist die Kenntnis der Wirtspflanze(n), auch des Fraßbildes sehr hilfreich. Einige Angaben dazu finden sich in den Bestimmungstabellen. Für ausführlichere Ausführungen muß auf die umfangreiche Spezialliteratur zur Biologie der Cerambycidae verwiesen werden (Zusammenfassungen bei ALLENSPACH 1973, BENSE 1995, BILÝ & MEHL 1989, BURAKOWSKI et al. 1990, v. DEMELT 1966, DUFFY 1953, ESCHERICH 1923, FUNKE 1957, HARDE 1966, HELLRIGL 1974, HEYROVSKY 1955, HORION 1974, 1975, KASZAB 1971, KEMNER 1922, KLAUSNITZER & SANDER 1981, ŠVÁCHA & DANILEVSKY 1986, 1987, 1988, TEPPNER 1969, ZABRANSKY 1989).

Charakteristik der Familie nach larvalen Merkmalen:

Körper meist gerade, langgestreckt, mit parallelen Seiten oder nach vorn etwas erweitert, zylindrisch bis deutlich abgeplattet (Abb. 1, 2, 26, 36, 58a, 104, 111, 170, 180, 188, 189, 199, 210, 221, 248, 265, 267, 306, 313, 314, 320, 330, 335, 337, 339, 342, 343, 351, 354, 357, 358, 369, 372, 376, 377, 380, 381, 383, 385, 386, 394, 408, 410, 415,

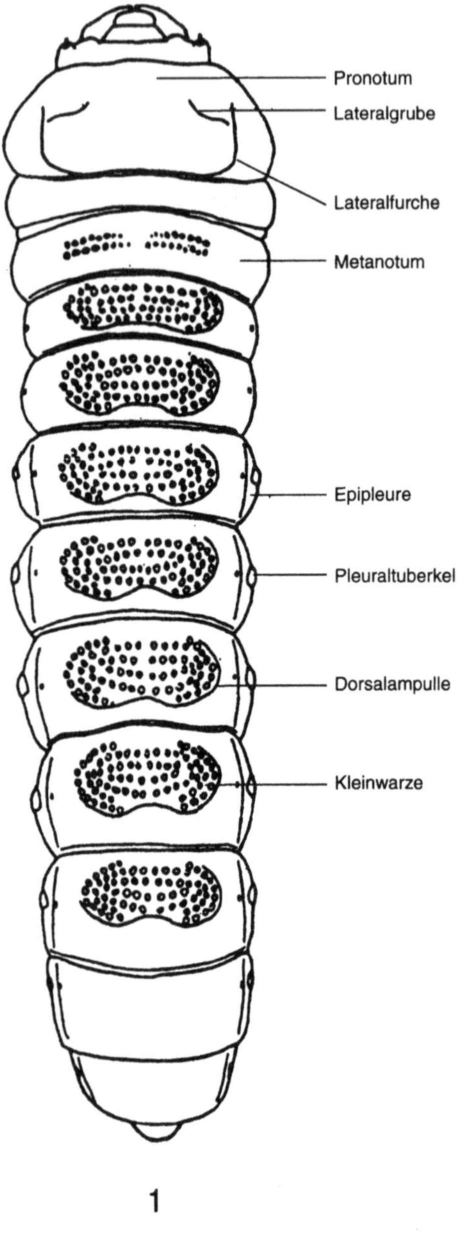

Abb. 1: Lamiinae, *Monochamus* sp., Habitus, dorsal, schematisch (aus TEPPNER 1968/1969)

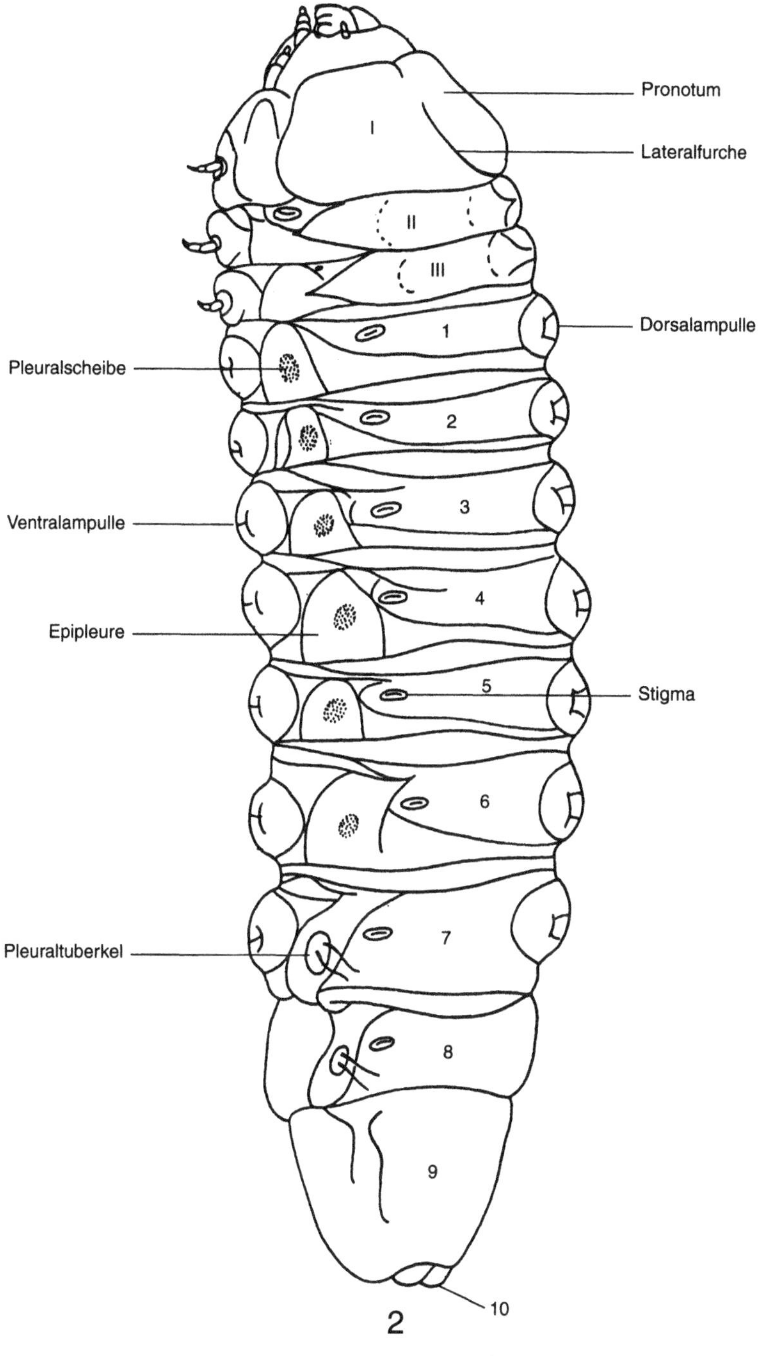

Abb. 2: Prioninae, Habitus, lateral, schematisch. I–III = Thoraxsegmente, 1–10 = Abdominalsegmente (aus v. DEMELT 1966)

416, 430, 437, 440, 446, 453, 456, 459, 460, 468, 476–478, 489, 490, 494, 510–514, 522–525, 535, 537–539). Färbung hell, nur der Vorderrand der Kopfkapsel und gelegentlich der Tergit des 9. Abdominalsegmentes dunkler, meist braun. Dorsal und ventral befinden sich ± hervortretende Ampullen (Kriechwülste) (Abb. 61, 68, 96–99, 101, 102, 109, 117, 123, 131, 135, 140, 141, 160, 167, 175, 182, 219, 231, 232, 241, 242, 285, 287, 299, 307, 308, 318, 336, 353, 355, 365, 378, 392, 393, 405–407, 413, 426, 439, 444b, 475, 499–501, 519, 520, 531, 532, 536). Diese fördern die Bewegungsmöglichkeit der Larven innerhalb ihrer Gänge erheblich. Die Feinstruktur der Kriechwülste (Muster kleiner Wärzchen o. a.) kann artspezifisch verschieden sein und eignet sich als Bestimmungsmerkmal. Durch Verlagerung der Hämolymphe können die Ampullen ausgestülpt oder eingezogen werden, wodurch eine Bewegung in den Gängen möglich wird. Körperlänge 5–80 mm. Stigmen (Abb. 55, 73, 108, 128, 138, 151, 161, 258, 263, 304, 484c, 543) annular (bei der L_1 biforat) oder annular-multiforat, niemals cribriform. Sie liegen lateral am Mesothorax und am 1.–8. Abdominalsegment, der Metathorax trägt ein rudimentäres Stigma (Abb. 2, 5, 6, 26, 36, 40, 109, 160, 175, 180, 306, 314, 338, 339, 445, 468, 477, 494, 513, 524, 525).

Kopf prognath, bei vielen Arten ± weit in den Prothorax zurückgezogen (Abb. 52, 57, 325, 370, 387, 388, 395, 396, 412, 417, 422, 424, 435, 438, 441, 442, 447, 473, 482, 491, 515, 521, 529, 540). Epicranialnaht lang (Abb. 3, 31, 34, 35, 315, 344, 359, 360, 449) oder völlig fehlend (Abb. 332, 340, 389). Frontalnaht V-förmig, an der Basis verbunden, oft undeutlich ausgebildet (Abb. 3, 31, 34, 35, 57, 70, 71, 77–81, 105, 118, 127, 134, 139, 154, 158, 165, 171–173, 181, 184, 190–192, 200, 201, 214, 27, 222, 237, 249, 260, 268, 275, 281, 286, 292, 315, 359, 360, 431, 448, 449, 479, 495, 496). Die Frons ist zweigeteilt und in der Mitte durch eine Medialnaht getrennt (Abb. 3, 31, 34, 35, 57, 70, 71, 105, 118, 127, 134, 139, 154, 158, 165, 171–173, 181, 184, 190–192, 200, 201, 211, 214, 217, 222, 237, 249, 260, 268, 275, 281, 286, 292, 315, 359, 360, 431, 448, 449, 479, 483, 495, 496). In den Vorderecken befindet sich vielfach eine kurze, quere Transfrontalnaht, die aber auch in völliger Breite ausgebildet sein kann (Abb. 3, 31, 34, 35, 77, 78, 80, 118, 127, 134, 139, 154, 158, 165, 171–173, 181, 190–192, 200, 201, 214, 217, 237, 260, 275, 281). Den größten Teil der Kopfkapsel bilden die beiden Hälften des Epicranium, zwischen denen eine ± schmale Cranialregion liegt (Abb. 3). Endocarina vorhanden. Gula und Hypostoma als breite Verbindung zwischen Labium, dem Hinterhauptsloch und den Epicranium-Hälften angelegt (Abb. 4). Bei einigen Unterfamilien ist das Hinterhauptsloch in zwei Öffnungen geteilt, zwischen denen die Metatentorialbrücke liegt. Das Hypostoma ist durch die Hypostomalnaht jederseits vom Epicranium abgesetzt (Abb. 4). Auf jeder Seite der Kopfkapsel sind 1–6, meist undeutliche Stemmata vorhanden (Abb. 37, 146, 218, 223, 228, 229, 270, 300, 302, 321, 322, 326, 363, 398, 423a) oder sie fehlen. In Seitenansicht werden die beiden hinter der Antenne gelegenen Stemmata als dorsale, die darauf folgenden, dem Vorderrand der Kopfkapsel nahe gelegenen als Haupt-Stemmata, und das letzte – wie die dorsalen weiter zurück liegend – als ventrales Stemma bezeichnet (Abb. 37).

Abb. 3: *Ergates faber,* Kopfkapsel, dorsal, schematisch (aus v. DEMELT 1966)
Abb. 4: *Ergates faber,* Kopfkapsel, ventral, schematisch (aus v. DEMELT 1966)

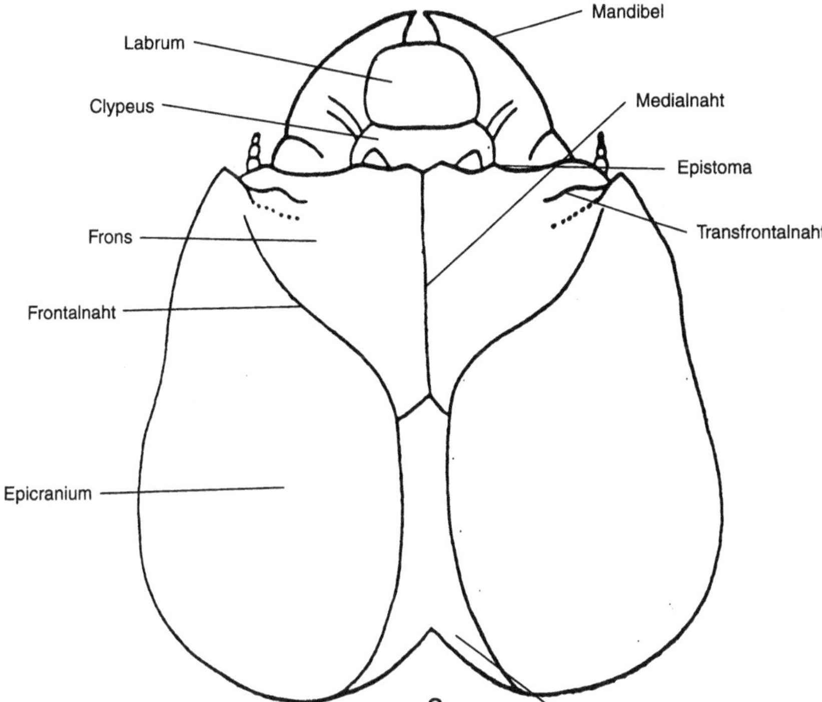
Mandibel
Labrum
Medialnaht
Clypeus
Epistoma
Transfrontalnaht
Frons
Frontalnaht
Epicranium
Cranialregion

3

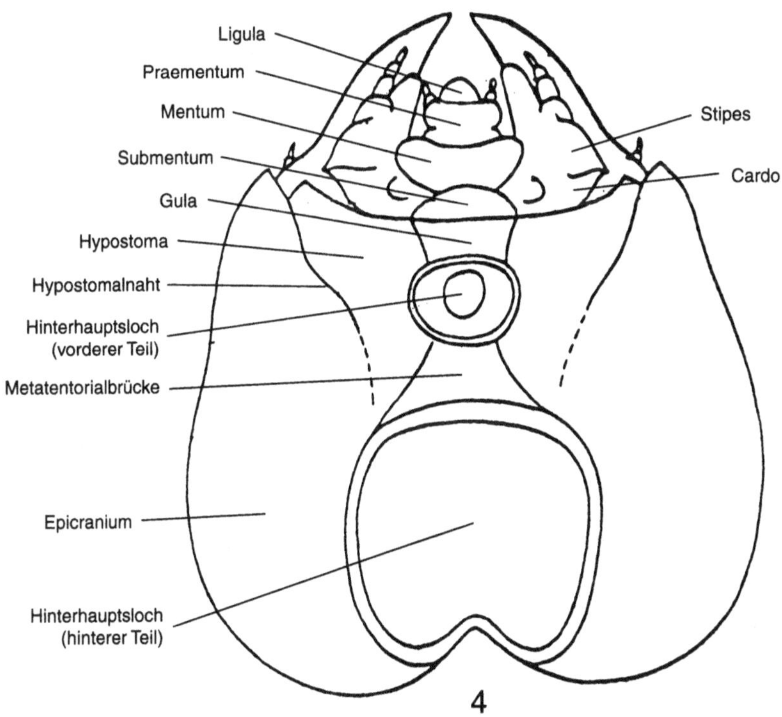
Ligula
Praementum
Stipes
Mentum
Submentum
Cardo
Gula
Hypostoma
Hypostomalnaht
Hinterhauptsloch
(vorderer Teil)
Metatentorialbrücke
Epicranium
Hinterhauptsloch
(hinterer Teil)

4

Antennen meist kurz, dreigliedrig (Abb. 22a, 29, 41, 42, 53, 58c, 66, 186, 195, 303, 333, 402) oder zweigliedrig (Abb. 22b, 256) mit einem Sinneskegel auf dem 2. Glied (Abb. 212, 239, 240, 341, 346, 356b, 371, 395, 423b, 462, 484a). Frontoclypealnaht vorhanden, Labrum frei abgegliedert (Abb. 3, 28, 31, 34, 35, 43, 47, 48, 70, 71, 85–87, 105, 113, 119, 181, 190, 194, 200, 211, 214, 222, 249, 252, 254, 262, 268, 272a, 275, 277, 279, 281, 286, 292, 295, 315, 359, 360, 431, 448, 449, 479, 483, 497). Vorderrand der Stirn als Epistoma oft über den Clypeus hinaus verlängert, sklerotisiert und gezähnt (Abb. 3, 382, 455).

Mandibeln robust, ohne Mola (manchmal ist eine Pseudomola vorhanden) (Abb. 38, 59, 88–93, 107, 114, 120, 136, 155, 196, 219, 253, 271, 278, 280, 296, 297, 311, 312, 316, 323, 347, 348, 352, 361, 362, 418, 436, 454, 469, 470, 474, 480, 492, 498, 533). Incisivus ein- oder zweispitzig, oft abgestumpft. Labiomaxillarkomplex ± vorgestreckt (Abb. 33, 65, 106, 112, 159, 166, 176, 185, 193, 250, 261, 269, 276, 294, 331, 345, 366, 397, 432, 443, 472, 483). Maxille mit ± gut entwickelter Gelenkmembran, Cardo transvers oder undeutlich, mit dem Labium zu einer einheitlichen Platte oder membranösen Fläche verbunden. Stipes länglich oder transvers. Mala gerundet, mit dem Stipes fest verbunden (Abb. 44–46, 60, 94, 202, 251, 298, 317,

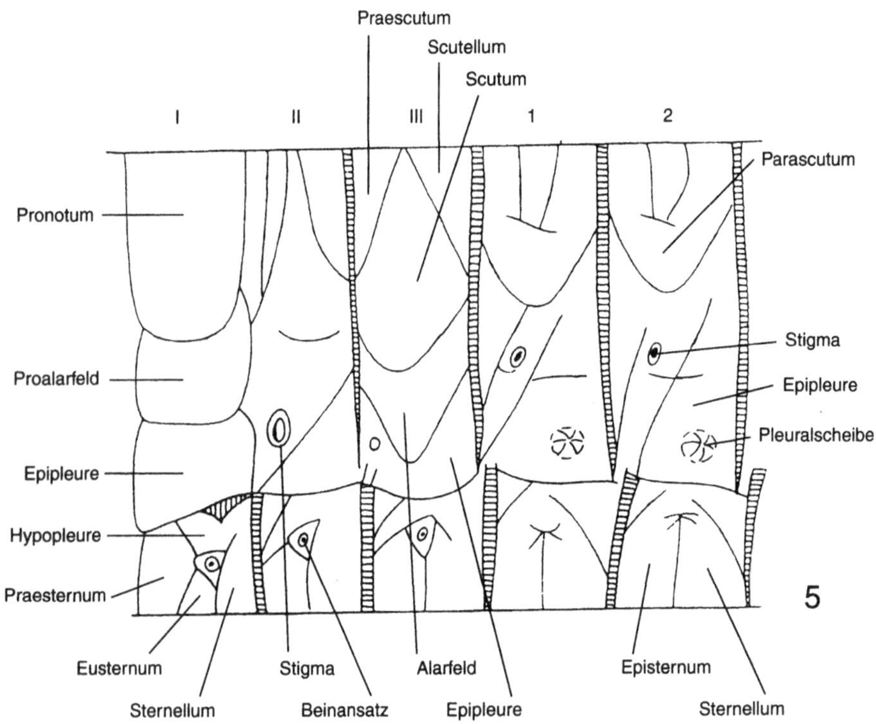

Abb. 5: Prioninae, Thorax, 1. und 2. Abdominalsegment, lateral, schematisch. Ziffern siehe Abb. 2 (nach CRAIGHEAD 1923 aus V. DEMELT 1966)

348a, 396, 444a, 484b, 399, 463, 464, 472, 502–506, 541, 542). Maxillarpalpen zweigliedrig (Abb. 464, 542) oder dreigliedrig (Abb. 44–46, 60, 94, 202, 203, 226, 251, 298, 317, 339, 348a, 396, 444a, 484b, 463, 472, 502–506, 541). Labium mit ± verschmolzenem Mentum und Submentum (Abb. 49, 50, 67, 95, 121, 148, 225, 255, 272b, 310, 491, 504–506). Das davor liegende Praementum trägt die zweigliedrigen Labialpalpen, Ligula meist gut entwickelt (Abb. 4, 49, 50, 95, 121, 148, 225, 255, 272b, 310, 348b, 491, 420, 421, 502–506).

Prothorax meist größer als die beiden anderen Thoraxsegmente (Abb. 1, 2, 6, 30, 32, 52, 57, 80–84, 105, 115, 130, 134, 139, 149, 154, 158, 174, 181, 184, 222, 230, 252, 292, 309, 324, 325, 327, 328, 367, 387, 388, 395, 396, 412, 424, 433, 435, 438, 441, 442, 447, 456, 473, 481, 482, 485, 486, 491, 507–509, 515–517, 521, 526–530, 540). Pronotum deutlich abgesetzt, mitunter jederseits mit einer Lateralfurche und einer Lateralgrube (Abb. 30, 32, 52, 57, 58b, 59, 309, 325, 396, 433, 456, 473, 481, 485, 186, 515–517, 521, 526–530, 540). Es schließen sich jederseits das Postalarfeld und die Epipleuren an (Abb. 5, 6). Das Pleuralfeld ist meist in ein Episternum und ein Epimeron geteilt (Abb. 6). Ventral folgen das Coxosternum mit den Vorderbeinen und eine gewöhnlich dreigeteilte Ventralfläche mit Praesternum (seitlich als Lateropraesternum ausgedehnt), Eusternum (manchmal auch als Mediopraesternum bezeichnet) und Sternellum (Abb. 6). Meso- und Metathorax sind sich recht ähnlich, dorsal werden Praescutum, Scutum und Scutellum unterschieden, ventral Eusternum und Sternellum. Dazwischen liegen Alarfeld, Epipleure, Praesternum, Episternum, Epimeron und das Coxalfeld (Abb. 6). Auf den Teilen des Tergum und Sternum ge-

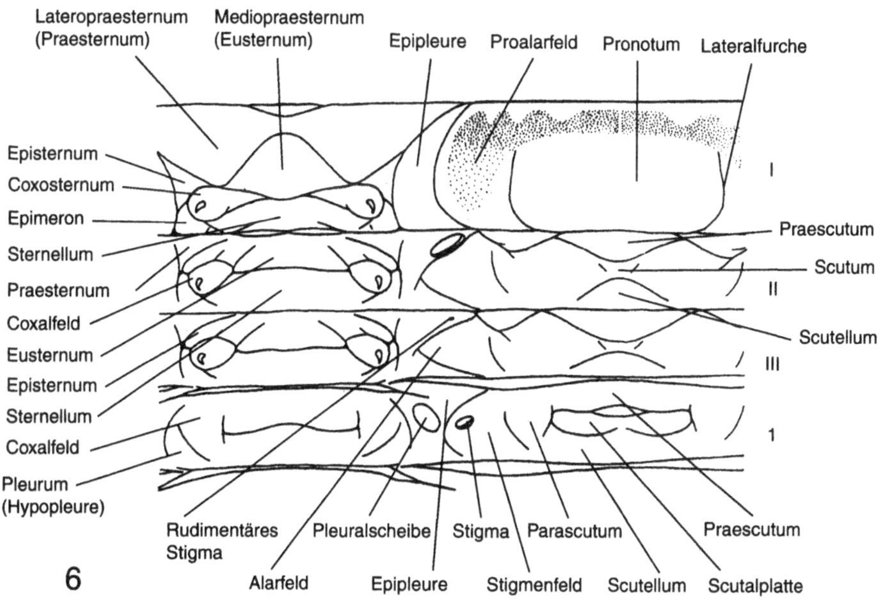

6

Abb. 6: Lepturinae, Thorax und 1. Abdominalsegment, links ventral, rechts dorsal, schematisch. Ziffern siehe Abb. 2 (aus Švácha & Danilevsky 1986)

wöhnlich deutlich sklerotisierte Flecken, die feine Borsten (Micro-Borsten) oder Dörnchen (Micro-Dörnchen) tragen können (Abb. 7). Beine ± reduziert (Abb. 2, 26, 27, 36, 39, 58d, 122, 129, 156, 162, 168, 174, 180, 183, 197, 235, 257, 259, 266, 283, 284, 291, 305, 306, 314, 324, 328, 329, 335, 357, 367, 370, 403, 404, 414) oder fehlend (Abb. 339, 468, 477, 478, 494, 513, 514, 524, 525), weit voneinander entfernt. Klauen (Abb. 58d, 169, 179, 207, 208, 236c) gewöhnlich ohne Borsten, bei den Necydalinae und Lepturinae mit einer Borste.

1.–6. Abdominalsegment (vielfach auch das 7.) dorsal und ventral mit Ampullen (Abb. 1, 2), die oft mit kleinen Warzen bedeckt sind. Dorsal sind meist Praescutum, Scutalplatte (mit Ampullen), daneben ein Parascutum und nach hinten ein Scutellum voneinander zu trennen (Abb. 6). Seitlich folgen das Stigmenfeld und die Epipleure, innerhalb derer eine Pleuralscheibe (oder Pleuraltuberkel) liegen kann (Abb. 6). Das Pleurum (Hypopleure) und das Coxalfeld vermitteln zu Eusternum und Sternellum (Abb. 6). Tergite meist mit Flecken, die ebenfalls feine Borsten (Micro-Borsten) oder Dörnchen (Micro-Dörnchen) tragen können. 9. Abdominaltergit meist einfach (Abb. 177, 187, 213, 264, 290, 493), manchmal mit kleinen Urogomphi (Abb. 51, 63, 64, 69, 74–76, 125, 319), einer kleinen sklerotisierten Platte (Abb. 465–467) oder einem mittleren Fortsatz (Kaudaldorn) (Abb. 103, 110, 133, 136, 144, 145, 152, 153, 157, 163, 164, 451, 4524, 456). 10. Abdominalsegment ± oval, meist transvers, gewöhnlich nach hinten orientiert (Abb. 2, 178, 198, 209, 213, 215, 216, 236, 290, 458, 534). Analöffnung Y-förmig, T-förmig, gelegentlich quer (Abb. 51, 56, 634, 64, 69, 74–76, 319, 427–429, 434).

Das 1. Larvenstadium kann in vielen Fällen in der Ausprägung für die Determination wichtiger Merkmale von den späteren Stadien abweichen. Die folgenden Bestimmungstabellen gelten deshalb nicht in jedem Falle auch für die L_1. Eine Verallgemeinerung ist aber kaum möglich, bei der Determination von Larven dieses Stadiums ist jedoch besondere Vorsicht geboten.

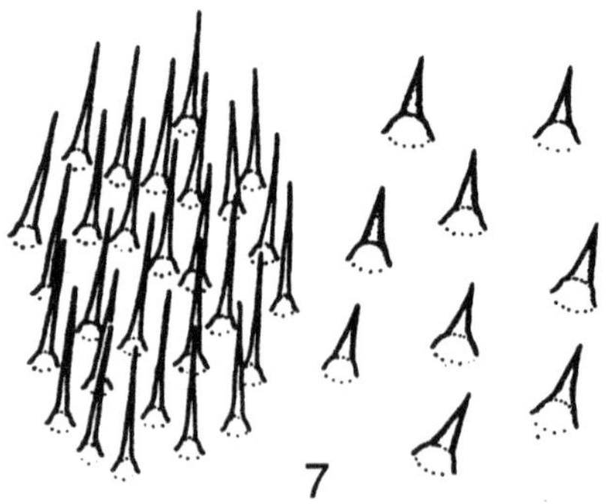

7

Abb. 7: Mikro-Borsten (links), Mikro-Dörnchen (rechts) (aus ŠVÁCHA & DANILEVSKY 1986)

Wichtige Merkmale des 1. Stadiums sind:

- Vorhandensein von Eizähnen, meist auf dem Meso- und Metathorax sowie dem 1.–8. Abdominalsegment und der Kopfkapsel (Abb. 23).
- Stemmata, wenn vorhanden, gut sichtbar; vielfach sind es sechs.
- Beine, besonders die Klauen, länger als bei den späteren Stadien (Abb. 24a).
- 9. Abdominalsegment ohne Urogomphi bzw. Kaudaldorn.
- Borsten proportional länger (Abb. 24b).
- Stigmen biforat (Abb. 25a, 25b).

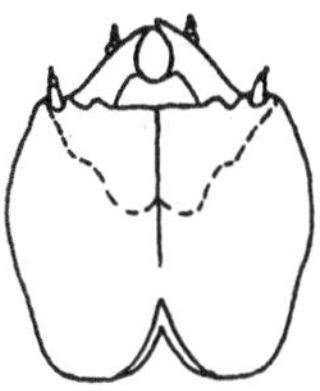
8

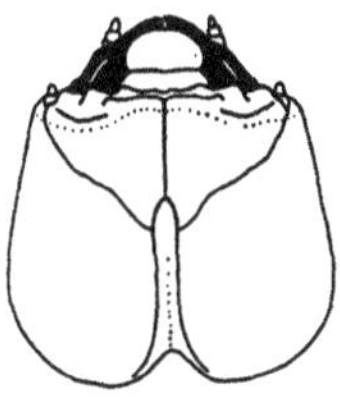
10

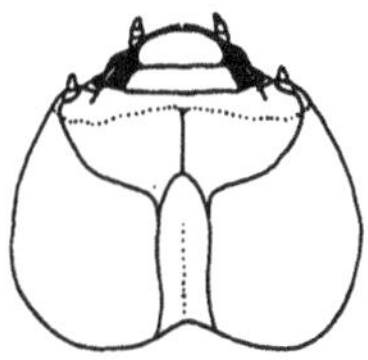
12

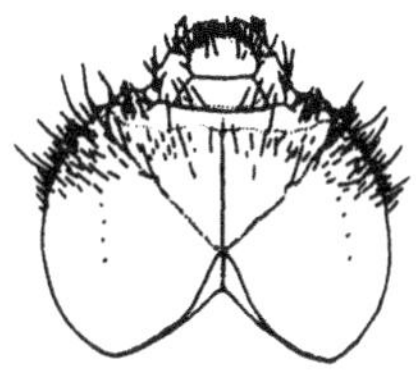
14

9

11

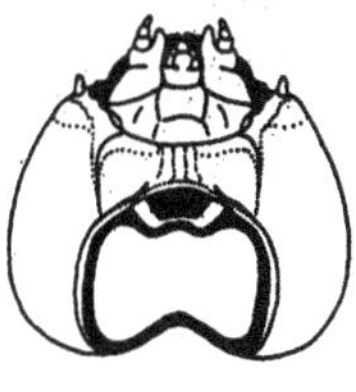
13

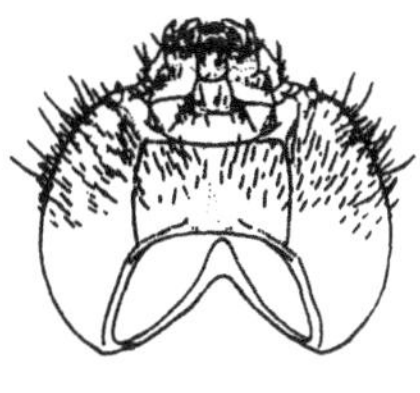
15

Abb. 8: Parandrinae, Kopfkapsel, dorsal, schematisch (aus MAMAEV & DANILEVSKY 1975)
Abb. 9: Parandrinae, Kopfkapsel, ventral, schematisch (aus MAMAEV & DANILEVSKY 1975)
Abb. 10: Prioninae, Kopfkapsel, dorsal, schematisch (aus ŠVÁCHA & DANILEVSKY 1986)
Abb. 11: Prioninae, Kopfkapsel, ventral, schematisch (aus ŠVÁCHA & DANILEVSKY 1986)
Abb. 12: Spondylidinae, Kopfkapsel, dorsal, schematisch (aus ŠVÁCHA & DANILEVSKY 1986)
Abb. 13: Spondylidinae, Kopfkapsel, ventral, schematisch (aus ŠVÁCHA & DANILEVSKY 1986)
Abb. 14: Lepturinae, *Anastrangalia dubia*, Kopfkapsel, dorsal (aus ŠVÁCHA & DANILEVSKY 1986)
Abb. 15: Lepturinae, *Anastrangalia dubia*, Kopfkapsel, ventral (aus ŠVÁCHA & DANILEVSKY 1986)

Körpermaße der L_1 (Beispiele) (Angaben nach DUFFY 1953)

Art	Körperlänge [mm]	maximale Breite (in Höhe des Prothorax) [mm]	Kopfkapselbreite [mm]
Prionus coriarius	5,0		0,75 (Durchschnitt)
Rhagium bifasciatum	1,6		
Asemum striatum	1,5	0,45	
Molorchus minor	1,5	0,30	
Aromia moschata	2,5		
Phymatodes testaceus	1,2	0,45	
Phytoecia cylindrica	2,0	0,6	
Pseudovadonia livida 1,5 (nach BURAKOWSKI 1979)	0,4	0,35	

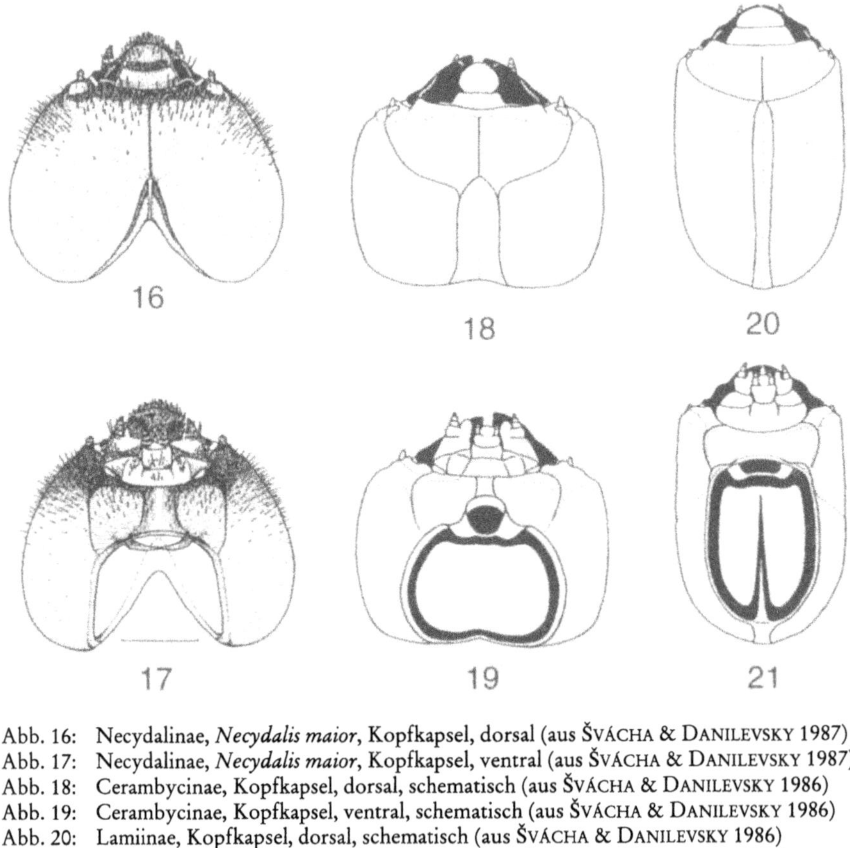

Abb. 16: Necydalinae, *Necydalis maior*, Kopfkapsel, dorsal (aus ŠVÁCHA & DANILEVSKY 1987)
Abb. 17: Necydalinae, *Necydalis maior*, Kopfkapsel, ventral (aus ŠVÁCHA & DANILEVSKY 1987)
Abb. 18: Cerambycinae, Kopfkapsel, dorsal, schematisch (aus ŠVÁCHA & DANILEVSKY 1986)
Abb. 19: Cerambycinae, Kopfkapsel, ventral, schematisch (aus ŠVÁCHA & DANILEVSKY 1986)
Abb. 20: Lamiinae, Kopfkapsel, dorsal, schematisch (aus ŠVÁCHA & DANILEVSKY 1986)
Abb. 21: Lamiinae, Kopfkapsel, ventral, schematisch (aus ŠVÁCHA & DANILEVSKY 1986)

Die Angaben zu den Körpermaßen sollen nur ungefähre Größenvorstellungen vermitteln. Die Körperlänge ist bekanntermaßen von vielen Fehlerquellen beeinflußt, z. B. schon durch die Art der Fixierung. Die Kopfkapselbreite – als exaktere Größe – wurde bisher nur an einem kleinen Material gemessen. Es fehlen völlig Tabellen für die Maße der einzelnen Stadien, so daß auch diese Zahl nur einer vorläufigen Orientierung dienen kann.

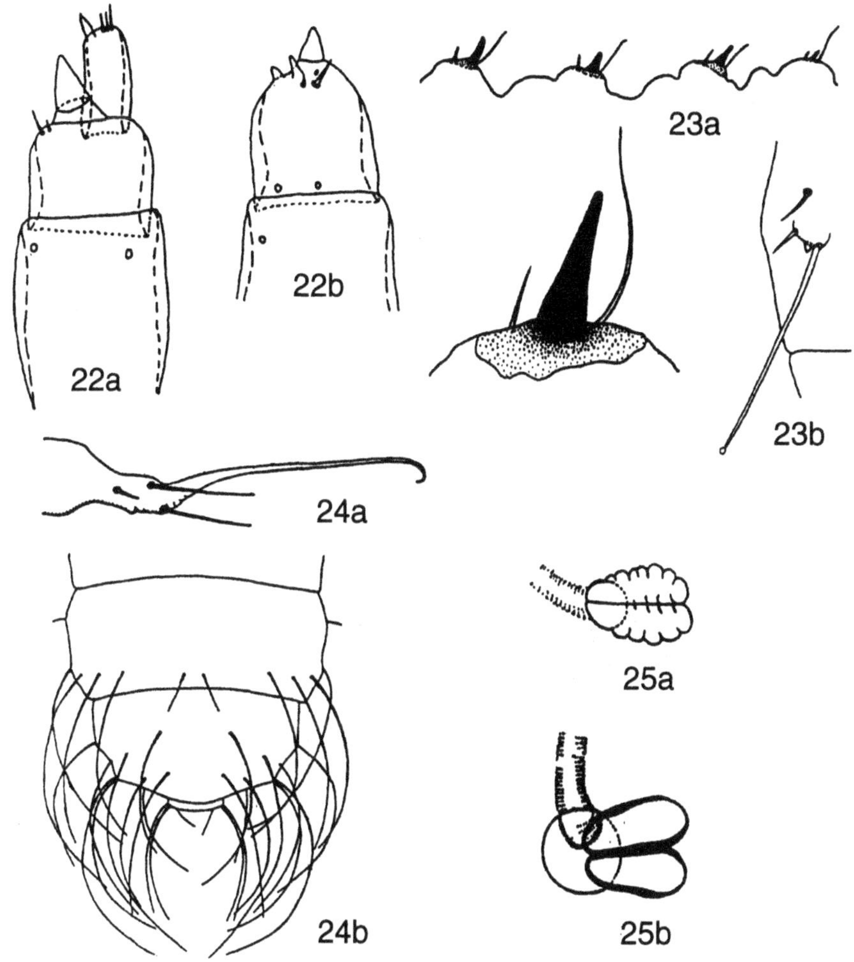

Abb. 22a: Antenne, dreigliedrig (aus Duffy 1953)
Abb. 22b: Antenne, zweigliedrig (aus Duffy 1953)
Abb. 23a: *Aromia moschata*, L_1, Eizähne, 3.–6. Abdominalsegment, darunter ein Eizahn in stärkerer Vergrößerung (aus Duffy 1953)
Abb. 23b: *Rhagium inquisitor*, L_1, Eizähne, 5. Abdominalsegment (aus Gardiner 1966)
Abb. 24a: *Asemum striatum*, L_1, Mittelbein, Klaue (aus Duffy 1953)
Abb. 24b: *Prionus coriarius*, L_1, 8.–10. Abdominalsegment, dorsal (aus Duffy 1953)
Abb. 25a: *Rhagium mordax*, L_1, abdominales Stigma (aus Duffy 1953)
Abb. 25b: *Lamia textor*, L_1, abdominales Stigma (aus Duffy 1953)

Tabelle für die Unterfamilien (nach VAN EMDEN 1939, DUFFY 1953, VON DEMELT 1966, 1978, MAMAEV & DANILEVSKY 1975, KLAUSNITZER & SANDER 1981, ŠVÁCHA & DANILEVSKY 1986)

1 Clypeus sehr schmal, nur mit schmalen Basalarmen, die bis zum Mandibelgelenk reichen (Abb. 18). Diese Arme können ± gleichförmig sklerotisiert und mit dem Rand des Epistoma verschmolzen sein. Mandibeln kurz, an der Spitze breit gerundet, löffelartig (meißelförmig) (Abb. 323, 347, 348, 352, 361, 362, 418), Mandibelspitze und Dorsalwinkel ± fehlend. Cerambycinae (S. 210)

1* Clypeus ± trapezförmig, er füllt den Raum zwischen den Mandibelgelenken völlig aus (Abb. 8, 10, 12, 14, 16, 20). Mandibeln mit deutlicher Spitze (Abb. 38, 59, 88, 93, 107, 114, 120, 136, 155, 196, 219, 253, 262, 271, 278, 280, 296, 297, 311, 312, 316, 436, 454, 469, 470, 474, 480, 492, 498, 533) (die gelegentlich gespalten ist), nicht abgerundet und ± deutlichem Dorsalwinkel 2

2 Beine fehlend oder nur als ± rudimentäre ein- bis zweigliedrige Reste erhalten (nur bei stärkerer Vergrößerung sichtbar) (Abb. 468, 477, 478, 494, 513, 514, 524, 525). Cardo sehr stark reduziert (Abb. 472, 504–506). Basis des Labiomaxillarkomplexes mit der Kopfkapsel entlang der gesamten Breite fest verbunden (Abb. 21, 432, 483), die distalen Teile der Maxillen sind nur gegenüber den Stipites beweglich. Kopfkapsel fast immer länglich, mit ± parallelen Seiten, etwas nach hinten konvergierend (Abb. 20, 21, 431, 461, 479, 483, 495, 496). Die Epicranium-Hälften sind auf der gesamten Länge miteinander verschmolzen und hinten gemeinsam abgerundet (Abb. 20, 431). Hinterhauptsloch hinten vom Epicranium umschlossen (Abb. 21, 432). Lamiinae (S. 238)

2* Beine deutlich viergliedrig (Abb. 39, 122, 129, 156, 162, 169, 183, 197, 207, 208, 235, 259, 284, 291, 306) (ohne Coxa, der Trochanter kann ± reduziert und undeutlich sein). Cardo frei beweglich, wohl ausgebildet (Abb. 60). Kopfkapsel annähernd quadratisch bis transvers. Die Epicranium-Hälften sind hinten jederseits separat gerundet (Abb. 8, 10, 12, 14, 16) .. 3

3 Metatentorialbrücke breit (Abb. 11), flach und fest, sie liegt in der gleichen Ebene wie das Hypostoma. Hypostomalplatten breit, vorn durch eine schmale Gula miteinander verbunden (Abb. 11). Antennale Hauptsensille flach (Abb. 41, 42), selten rundlich konvex (Abb. 29), niemals konisch. Pleuralscheiben manchmal vorhanden, wenigstens am 1. Abdominalsegment (Abb. 36, 40) 4

3* Metatentorialbrücke in der Mitte sehr schmal, meistens nur bandförmig (Abb. 13, 17, 65). Gula länger (Abb. 13, 15, 17). Antennale Hauptsensille spitz, konisch (Abb. 22a, 22b, 58c, 66, 186, 195, 212, 239, 240, 256, 303). Es sind keine deutlichen Pleuralscheiben vorhanden (Abb. 305) 5

4 Basale Hälfte des Pronotum und die Ampullen ± rauh gekörnt (Abb. 26, 30). Labrum herzförmig, viel länger als breit (Abb. 28). Keine Pleuralscheiben vorhanden (Abb. 26). Epistoma nicht über den Clypeus hinausragend, Vorderrand der Stirn glatt (Abb. 30). 3. Antennenglied länger als breit (Abb. 29). Parandrinae (S. 155)

4* Basale Hälfte des Pronotum und Ampullen ohne auffällige Rauhigkeiten (Abb. 32, 36). Labrum höchstens so lang wie breit, niemals so lang wie bei *Parandra* (Abb. 43, 47). Einige Abdominalsegmente immer mit Pleuralscheiben. Epistoma teilweise über den Clypeus hinausragend, Vorderrand der Stirn meist mit Zähnen oder Höckern (Abb. 31, 32, 34, 35). 3. Antennenglied höchstens so lang wie breit (Abb. 41, 42). Prioninae (S. 155)

5 Klauen ohne Borste (Abb. 58d). Die Frontalnähte münden separat an den Seiten der breiten Cranialregion weit hinter deren vorderer Spitze (Abb. 12, 315). Epicranium-Hälften in der gesamten Länge miteinander verbunden, Kopfkapsel hinten nicht oder nur wenig eingekerbt (Abb. 12, 70, 71, 315). Die Epipleuren ragen am 7.–9. Abdominalsegment vor (Abb. 313). Lateralfurchen des Pronotum lang und deutlich (Abb. 52, 57, 58b, 367). Spondylidinae (= Aseminae + Spondylidinae) (S. 157)

5* Klauen mit deutlicher Borste (Abb. 122, 129, 156, 162, 169, 179, 183, 197, 207, 208, 235, 259, 284, 291, 306). Die Frontalnähte treffen sich völlig (Abb. 14) oder fast völlig (Abb. 16) an der Frontalbasis. Die Epicranium-Hälften sind nur selten in ihrer gesamten Länge miteinander verbunden, Kopfkapsel hinten fast immer ± tief eingebuchtet (Abb. 14, 16). Die Epipleuren ragen wenigstens am 6.–9. Abdominalsegment vor (Abb. 104, 170, 180, 188, 189, 199, 221, 248), meistens jedoch an allen Abdominalseg-

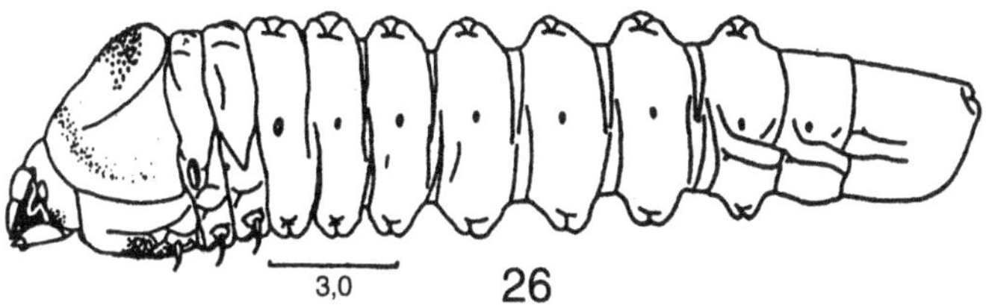

26

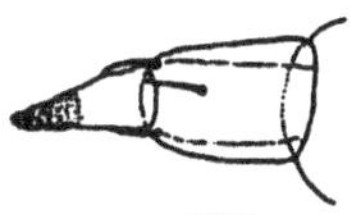
27

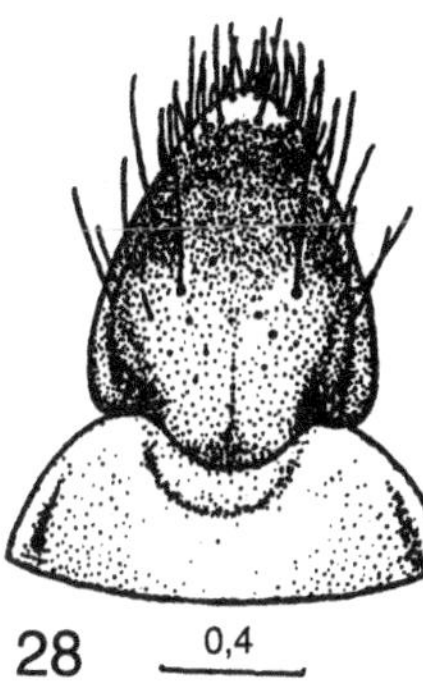

28

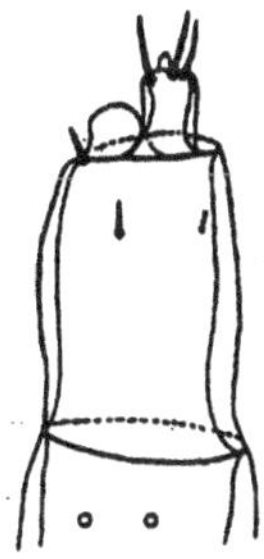
29

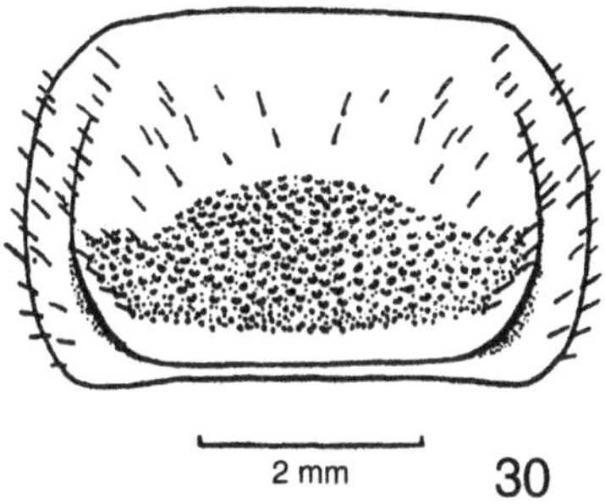

30

Abb. 26: *Parandra brunnea,* Habitus, lateral (aus ŠVÁCHA & DANILEVSKY 1986)
Abb. 27: *Parandra brunnea,* Mittelbein, Tibiotarsus, Klaue (aus DUFFY 1953)
Abb. 28: *Parandra brunnea,* Labrum, Clypeus (aus ŠVÁCHA & DANILEVSKY 1986)
Abb. 29: *Parandra brunnea,* Antenne, Spitze (aus DUFFY 1953)
Abb. 30: *Parandra brunnea,* Prothorax, dorsal (aus DUFFY 1953)

menten, außer dem 10.. Lateralfurchen des Pronotum selten lang und deutlich (Abb. 309) 6

6 Dorsalampullen mit zwei breiten separaten Eindrücken auf jeder Seite (Abb. 307, 308). Lateropraesternum des Prothorax in ganzer Breite mit feinen Dörnchen besetzt, Lateralfurchen wenigstens in der hinteren Hälfte deutlich (Abb. 309). Necydalinae (S. 210)

6* Dorsalampullen nur mit einem lateralen Eindruck (Abb. 101, 102, 117, 123, 135, 140, 141, 220, 231, 285, 287, 299). Lateropraesternum des Prothorax meist nur entlang des Vorderrandes mit feinen Dörnchen besetzt (Abb. 100, 168, 257). Lateralfurchen auf dem Pronotum meist rudimentär oder fehlend (Abb. 80, 81, 105, 115, 130, 134, 139, 149, 154, 158, 174, 181, 184, 222, 230, 252, 292). Lepturinae (S. 164)

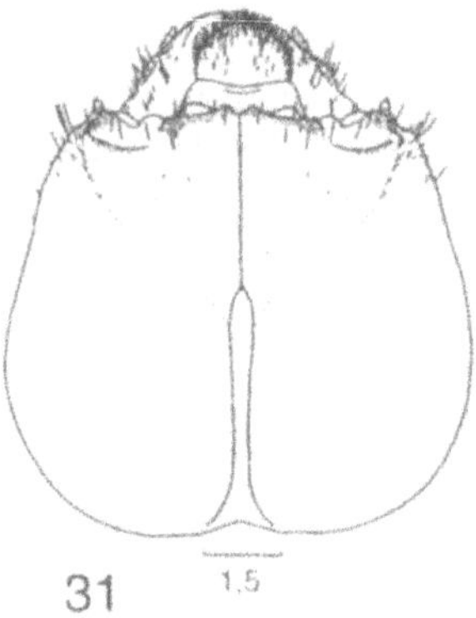

31

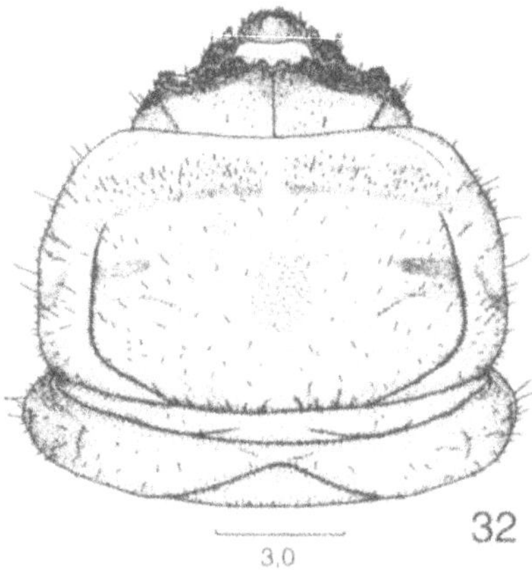

32

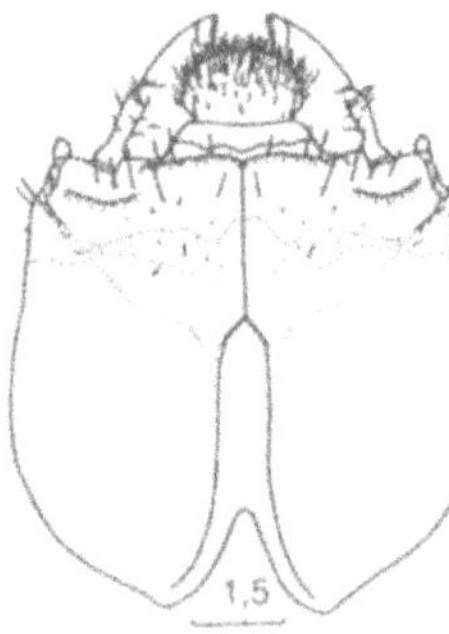

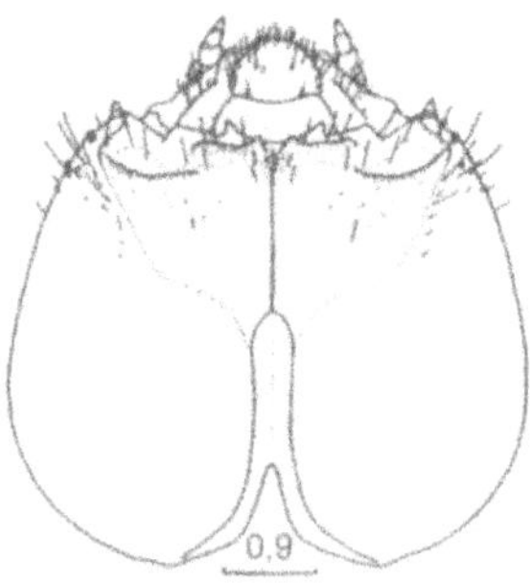

33 34 35

Abb. 31: *Megopis scabricornis*, Kopfkapsel, dorsal (aus Švácha & Danilevsky 1986)
Abb. 32: *Ergates faber*, Kopf, Pro- und Mesothorax (aus Švácha & Danilevsky 1986)
Abb. 33: *Ergates faber*, Kopfkapsel, ventral (aus Švácha & Danilevsky 1986)
Abb. 34: *Prionus coriarius*, Kopfkapsel, dorsal (aus Švácha & Danilevsky 1986)
Abb. 35: *Tragosoma depsarium*, Kopfkapsel, dorsal (aus Švácha & Danilevsky 1986)

1. Unterfamilie: Parandrinae

1. Gattung: *Parandra* LATREILLE

Parandra brunnea (FABRICIUS) kommt nur in Dresden vor, wohin sie aus Nordamerika verschleppt wurde. Körperlänge max. 40 mm, Kopfkapselbreite 3,6 mm. In Laubbäumen (Tilia) (Abb. 8, 9, 26, 27, 30).

2. Unterfamilie: Prioninae

Tabelle für die Gattungen (nach VAN EMDEN 1939, DUFFY 1953, MAMAEV & DANILEVSKY 1975, KLAUSNITZER & SANDER 1981, ŠVÁCHA & DANILEVSKY 1986)

1 Wenigstens ein deutlich entwickeltes Stemma auf jeder Seite der Kopfkapsel vorhanden (Abb. 37). Pleuralsklerite an den Abdominalsegmenten klein, undeutlich oder nahezu fehlend (Abb. 36). Labrum etwa so breit wie lang (Abb. 43). Vorderrand der Stirn (Epistoma) mit Zähnen oder zahnartigen Vorsprüngen (Abb. 31, 32, 35) 2

1* Stemmata fehlend. 1.–6. Abdominalsegment mit großen, deutlich begrenzten scheibenförmigen Pleuralskleriten (Pleuralscheiben) (Abb. 40). Labrum breiter als lang (Abb. 46). Vorderrand der Stirn (Epistoma) ohne Vorsprünge oder Zähne. *Prionus* MÜLLER

2 Kopfkapsel hinten tief eingekerbt (Abb. 33, 35). Gula kurz, nicht von den Postgularloben bedeckt (Abb. 33). Auch am 4. Abdominalsegment sind Pleuralscheiben vorhanden. Epistoma mit 4 Zähnchen (Abb. 32, 35) 3

2* Kopfkapsel hinten kaum eingebuchtet (Abb. 31). Gula von den Postgularloben bedeckt. Nur 1.–3. Abdominalsegment mit schwach entwickelten, gestreiften Pleuralscheiben. Epistoma mit 2 Zähnchen (Abb. 31). *Megopis* SERVILLE

3 Hintere Kerbe der Kopfkapsel breit (Abb. 33). 3. Antennenglied klein, rund, weitgehend reduziert, knopfförmig (Abb. 41). Palpifer oft mit einem Fortsatz (Abb. 44). 1.–4. Abdominalsegment mit schwach ausgebildeten Pleuralscheiben. Zähne am Epistoma deutlich eckig vorspringend (Abb. 32). *Ergates* SERVILLE

3* Hintere Kerbe der Kopfkapsel schmal (Abb. 35). 3. Antennenglied größer, zylindrisch, etwa so lang wie breit. Palpifer ohne Fortsatz (Abb. 46). 1.–6. Abdominalsegment mit schwach ausgebildeten Pleuralscheiben. Zähne am Epistoma, vor allem die seitlichen, flach, breit, weniger deutlich vorspringend (Abb. 35). *Tragosoma* SERVILLE

2. Gattung: *Megopis* SERVILLE

Megopis scabricornis (SCOPOLI). Körperlänge max. 70 mm (Abb. 31, 43). In Laubbäumen (polyphag), in stehenden und liegenden Stämmen.

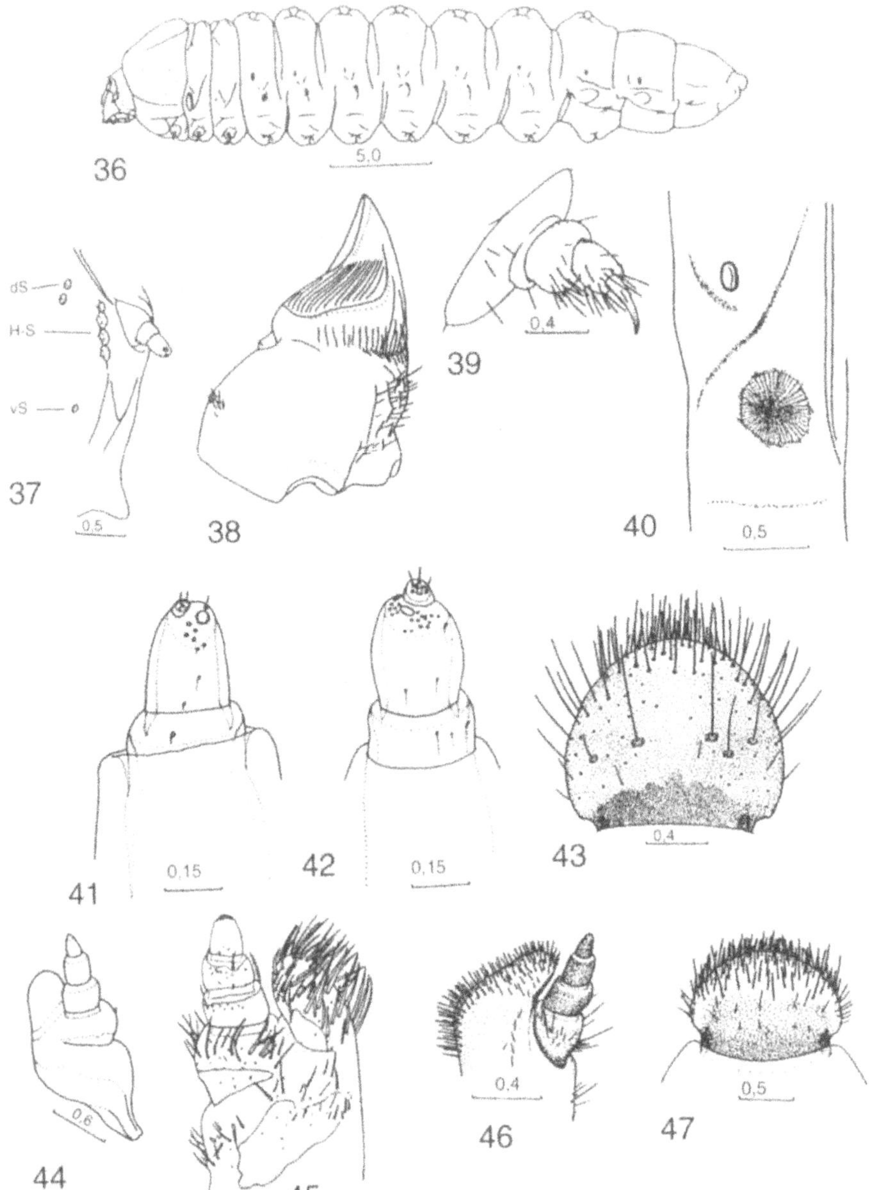
36
5,0
37
dS
H-S
vS
0,5
38
39
0,4
40
0,5
41
0,15
42
0,15
43
0,4
44
0,6
45
46
0,4
47
0,5

3. Gattung: *Ergates* SERVILLE

Ergates faber (LINNAEUS). Körperlänge max. 70–80 mm, Kopfkapselbreite 11,75 mm (Abb. 32, 33, 37–39, 41, 44). In Nadelbäumen (besonders Pinus, auch Picea u. a. Arten), ausnahmsweise in Laubbäumen. Bevorzugt in Stubben und Wurzeln im Bodenbereich.

4. Gattung: *Prionus* MÜLLER

Prionus coriarius (LINNAEUS). Körperlänge max. 70 mm, Kopfkapselbreite 9,2 mm (Abb. 34, 40, 42, 45, 47). In Laub- und Nadelbäumen (polyphag). In totem Holz von Stubben und im Wurzelbereich.

5. Gattung: *Tragosoma* SERVILLE

Tragosoma depsarium (LINNAEUS). Körperlänge max. 50 mm (Abb. 35, 36, 46). In Nadelbäumen. In toten, liegenden Stämmen und Stubben.

3. Unterfamilie: Spondylidinae

(einschließlich Aseminae)

Tabelle für die Gattungen (nach VAN EMDEN 1939, DUFFY 1953, MAMAEV & DANILEVSKY 1975, KLAUSNITZER & SANDER 1981, ŠVÁCHA & DANILEVSKY 1986)

1 Kopfkapsel mit 1 oder 2 voll entwickelten Stemmata auf jeder Seite, die ± eng neben dem Pleurostoma und dem lateroventralen Teil des Antennenrings gelegen sind. Hintere Hälfte des Pronotum ohne feine Dörnchen (Abb. 313, 314) 2

1* Bei Larven späterer Stadien sind voll entwickelte Stemmata kaum ausgeprägt, bei jüngeren Larven sind sie meist sichtbar, liegen jedoch weiter hinten und berühren das Pleurostoma nicht. Hintere Hälfte des Pronotum deutlich und ± vollständig mit feinen Dörnchen bedeckt (Abb. 52, 57, 58b, 68) 3

Abb. 36: *Tragosoma depsarium,* Habitus, lateral (aus ŠVÁCHA & DANILEVSKY 1986)
Abb. 37: *Ergates faber,* Kopfkapsel, lateral, Stemmata, Antenne (aus ŠVÁCHA & DANILEVSKY 1986). Abkürzungen: dS = dorsale Stemmata, H-S = Haupt-Stemmata, vS = ventrales Stemma.
Abb. 38: *Ergates faber,* rechte Mandibel, dorsal (aus ŠVÁCHA & DANILEVSKY 1986)
Abb. 39: *Ergates faber,* Mittelbein (aus ŠVÁCHA & DANILEVSKY 1986)
Abb. 40: *Prionus komarovi,* 1. Abdominalsegment, Epipleure, Stigma (aus ŠVÁCHA & DANILEVSKY 1986)
Abb. 41: *Ergates faber,* Antenne, Spitze (aus ŠVÁCHA & DANILEVSKY 1986)
Abb. 42: *Prionus coriarius,* Antenne, Spitze (aus ŠVÁCHA & DANILEVSKY 1986)
Abb. 43: *Megopis scabricornis,* Labrum (aus ŠVÁCHA & DANILEVSKY 1986)
Abb. 44: *Ergates faber,* Maxille (aus ŠVÁCHA & DANILEVSKY 1986)
Abb. 45: *Prionus coriarius,* Maxille (aus DUFFY 1953)
Abb. 46: *Tragosoma depsarium,* Maxille (aus ŠVÁCHA & DANILEVSKY 1986)
Abb. 47: *Prionus coriarius,* Labrum (aus ŠVÁCHA & DANILEVSKY 1986)

2 Labrum herzförmig bis annähernd kreisförmig, meist etwas kürzer als breit (Abb. 369). *Anisarthron* DEJEAN

2* Labrum transvers, wenigstens doppelt so breit wie lang (Abb. 315). *Saphanus* SERVILLE

3 Antennen dick, zweigliedrig (Abb. 53). Tormae T-förmig, mit langem, deutlichem Vorderast (Abb. 54). Alle funktionstüchtigen Stigmen haben etwa die gleiche Größe, ohne von außen sichtbare Marginal-Kammern (Abb. 55). Urogomphi rudimentär (Abb. 56). *Nothorhina* REDTENBACHER

3* Antennen viel kürzer, dreigliedrig (Abb. 58c, 66). Tormae nicht T-förmig (Abb. 72). Stigmen des Mesothorax deutlich größer als die des Abdomen, mit 2 oder mehr ± deutlichen Marginal-Kammern (Abb. 73). Urogomphi deutlich entwickelt (Abb. 51, 63, 64, 69, 74–76) 4

4 Mandibeln im Spitzenteil glatt, ohne Furchen oder Kiele. Ventralsklerite in der Mitte sehr kurz, das Verhältnis von Breite zu Länge ist größer als 4. Labrum deutlich transvers (Abb. 70, 71). *Tetropium* KIRBY (S. 164)

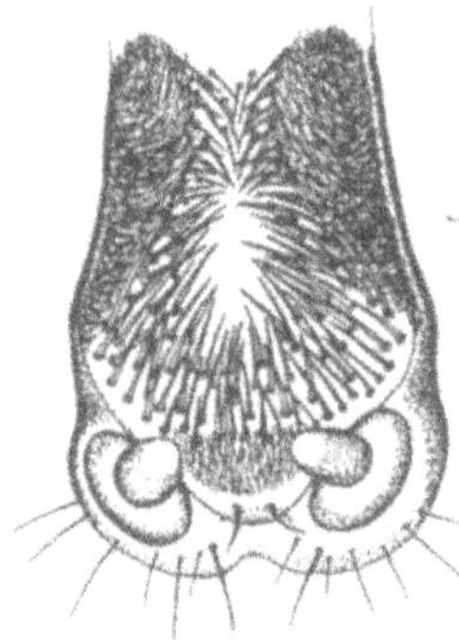

49

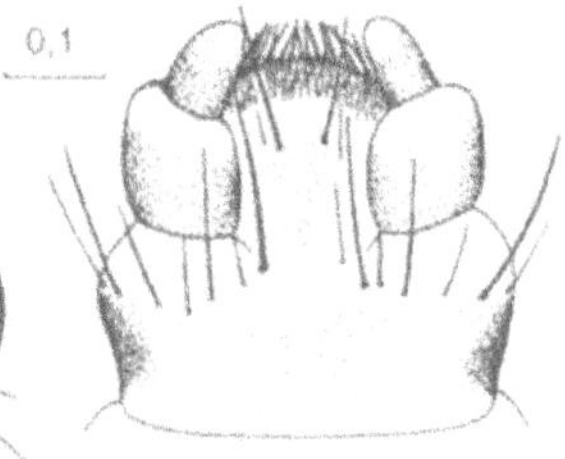

50

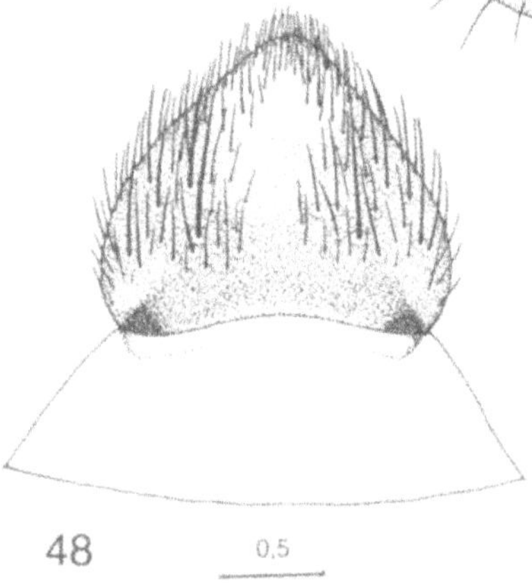

48

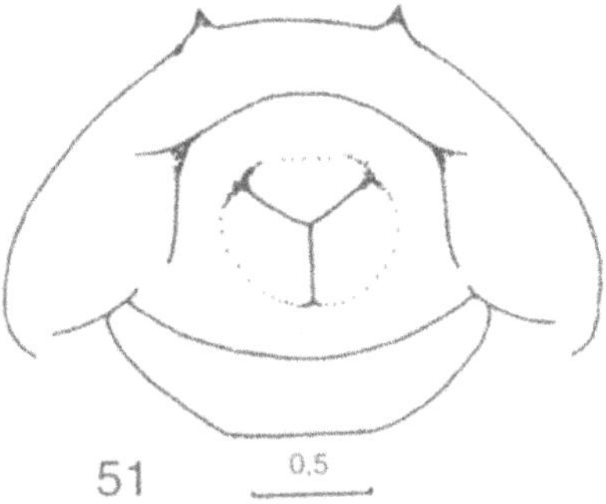

51

Abb. 48: *Spondylis buprestoides*, Labrum (aus ŠVÁCHA & DANILEVSKY 1986)
Abb. 49: *Spondylis buprestoides*, Labium, Spitze von vorn (aus ŠVÁCHA & DANILEVSKY 1986)
Abb. 50: *Spondylis buprestoides*, Labium, Spitze (aus ŠVÁCHA & DANILEVSKY 1986)
Abb. 51: *Spondylis buprestoides*, Abdomenende von hinten (aus ŠVÁCHA & DANILEVSKY 1986)

4* Mandibeln mit einem großem Kiel auf der Kaufläche, der zwei deutliche gestreifte Flächen voneinander trennt (Abb. 59). Ventralsklerite länger, das Verhältnis von Breite zu Länge beträgt weniger als 3, niemals mehr als 4. Labrum länglich (Abb. 48) 5

5 Die ventralen Borsten der Ligula sind von denen der Dorsalseite durch ein breites Band langer feiner Haare getrennt (Abb. 49, 50). Urogomphi klein, dünn, weit voneinander getrennt (wenigstens das siebenfache ihrer eigenen Länge) (Abb. 51). *Spondylis* FABRICIUS

5* Die ventralen Borsten der Ligula sind von den übrigen nur undeutlich getrennt, ein Band feiner Haare fehlt (Abb. 67). Die Urogomphi stehen bedeutend enger beieinander (Abb. 63, 64, 69) 6

6 Hintere Frontalhälfte glänzend, meist ohne feine Netzung. Die mit kleinen Dörnchen besetzte Fläche des Pronotum mit wenigen großen glatten Flecken bedeckt (Abb. 68), die Dörnchen sind feiner und weniger deut-

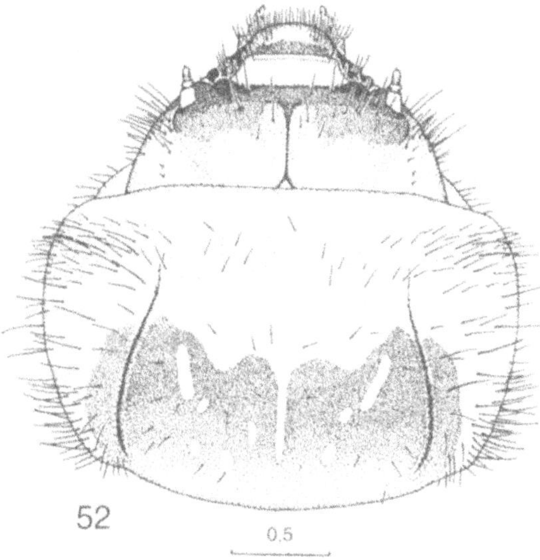

52

53

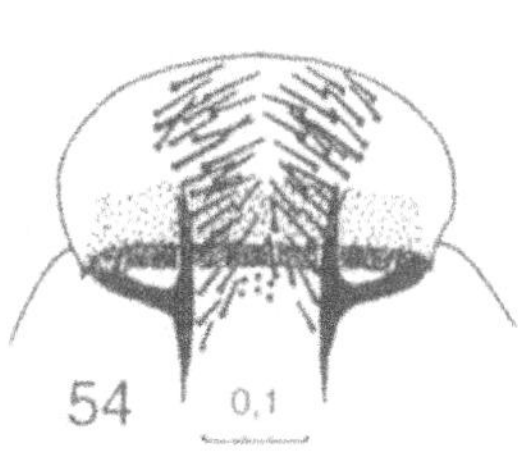

54

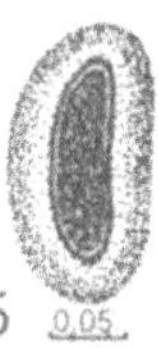

55

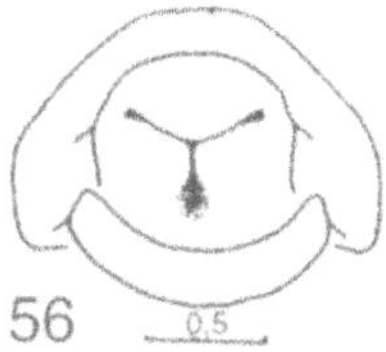

56

Abb. 52: *Nothorhina punctata,* Kopf, Prothorax, dorsal (aus ŠVÁCHA & DANILEVSKY 1986)
Abb. 53: *Nothorhina punctata,* Antenne, Spitze (aus ŠVÁCHA & DANILEVSKY 1986)
Abb. 54: *Nothorhina punctata,* Epipharynx (aus ŠVÁCHA & DANILEVSKY 1986)
Abb. 55: *Nothorhina punctata,* abdominales Stigma (aus ŠVÁCHA & DANILEVSKY 1986)
Abb. 56: *Nothorhina punctata,* Abdomenende von hinten (aus ŠVÁCHA & DANILEVSKY 1986)

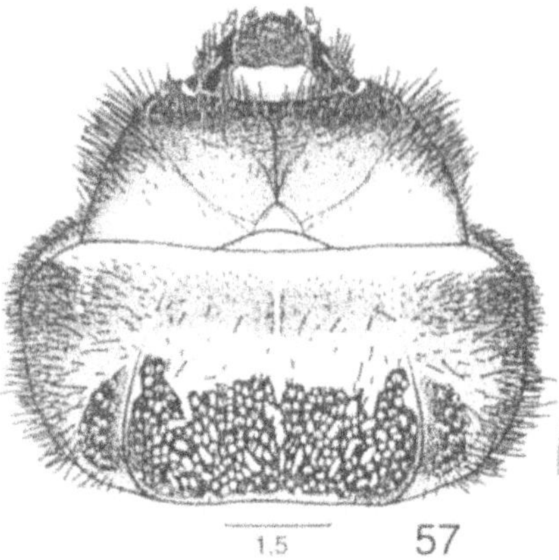

57

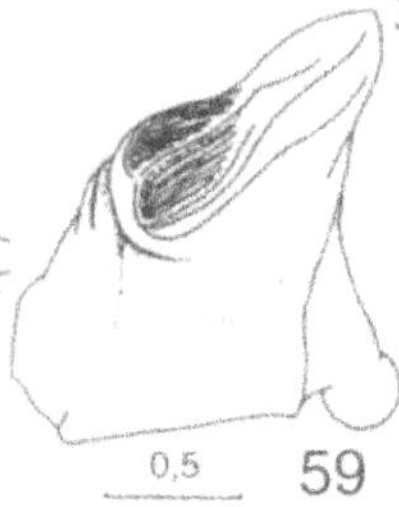

59

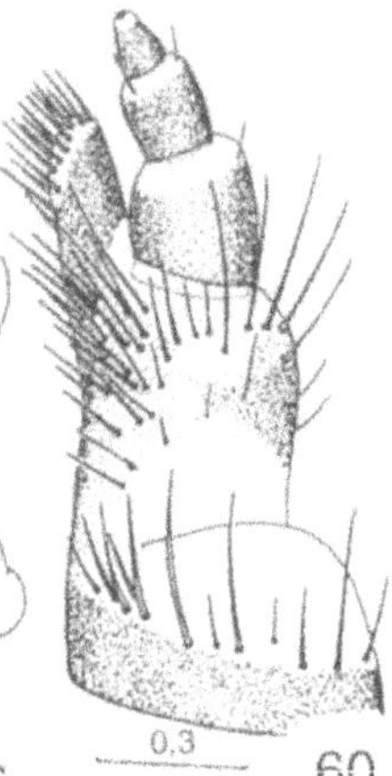

60

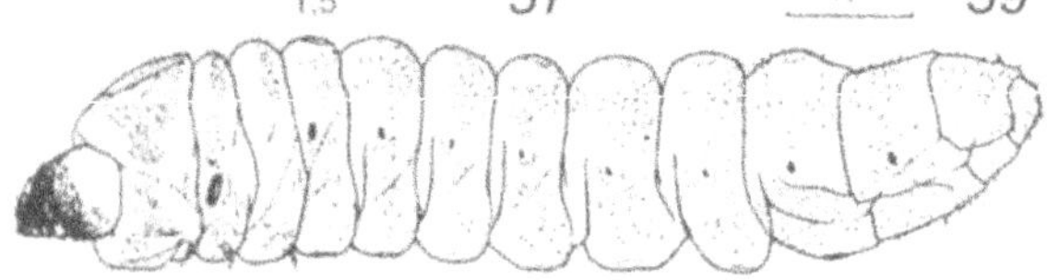

58a

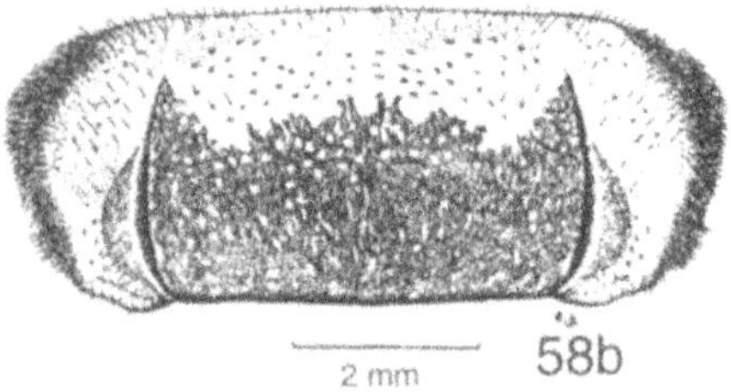

58b

58c

58d

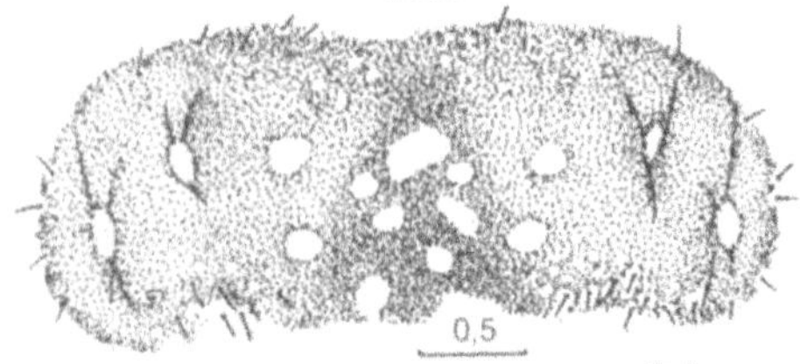

61

62

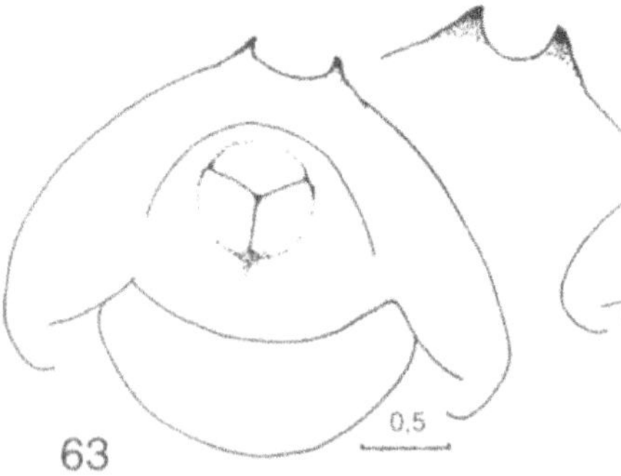

63

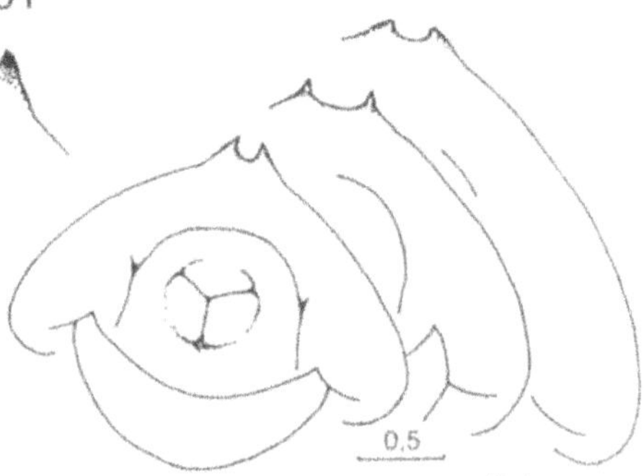

64

lich. Die Hauptsensille der Antenne relativ schwach entwickelt, schmaler als das 3. Antennenglied, deutlich länger als breit (Abb. 66). Urogomphi länger als an der Basis breit, etwas nach der Seite gebogen, nur Spitzen deutlich sklerotisiert (Abb. 69). 3. Glied des Maxillarpalpus fast so lang wie das 2. (Abb. 65). *Asemum* ESCHSCHOLTZ

6* Hintere Frontalhälfte deutlich genetzt, matt. Die mit kleinen Dörnchen besetzte Fläche des Pronotum mit zahlreichen kleinen glatten Flecken bedeckt (Abb. 57, 58b), die Dörnchen sind gröber und deutlicher. Die Hauptsensille der Antenne kräftiger, höchstens etwas länger als breit (Abb. 58c). Urogomphi kürzer als an der Basis breit, leicht nach oben gebogen (Abb. 63, 64). 3. Glied des Maxillarpalpus etwas mehr als halb so lang wie das 2. *Arhopalus* SERVILLE (S. 162)

6. Gattung: *Spondylis* FABRICIUS

Die ehemalige Unterfamilie Spondylidinae mit der einzigen Gattung *Spondylis* wurde unter Einschluß der Unterfamilie Aseminae als neue Unterfamilie Spondylidinae (im erweiterten Sinne) aufgestellt. In diese Unterfamilie werden auch die bisher bei den Cerambycinae eingeordneten Gattungen *Saphanus* und *Anisarthron* eingefügt.

Spondylis buprestoides (LINNAEUS). Körperlänge max. 32 mm (Abb. 48–51). In Nadelbäumen (besonders Pinus), vor allem in Wurzeln.

7. Gattung: *Nothorhina* REDTENBACHER

Nothorhina punctata (FABRICIUS). Körperlänge max. 13 mm (Abb. 52–56). In lebenden Pinus. In der sonnenexponierten Rinde in 1–3 m Höhe.

Abb. 57: *Arhopalus rusticus,* Kopf, Prothorax, dorsal (aus ŠVÁCHA & DANILEVSKY 1986)
Abb. 58a: *Arhopalus ferus,* Habitus, lateral (aus DUFFY 1953)
Abb. 58b: *Arhopalus ferus,* Prothorax, dorsal (aus DUFFY 1953)
Abb. 58c: *Arhopalus ferus,* Antenne (aus DUFFY 1953)
Abb. 58d: *Arhopalus ferus,* Klaue (aus DUFFY 1953)
Abb. 59: *Arhopalus rusticus,* linke Mandibel (aus ŠVÁCHA & DANILEVSKY 1986)
Abb. 60: *Arhopalus rusticus,* Maxille (aus ŠVÁCHA & DANILEVSKY 1986)
Abb. 61: *Arhopalus rusticus,* 2. Abdominalsegment, Dorsalampulle (aus ŠVÁCHA & DANILEVSKY 1986)
Abb. 62: *Arhopalus rusticus,* Prothorax, Praesternum (aus ŠVÁCHA & DANILEVSKY 1986)
Abb. 63: *Arhopalus ferus,* Abdomenende von hinten (aus ŠVÁCHA & DANILEVSKY 1986)
Abb. 64: *Arhopalus rusticus,* Abdomenende von hinten (aus ŠVÁCHA & DANILEVSKY 1986)

8. Gattung: *Arhopalus* SERVILLE
(= *Criocephalus* MULSANT)

Tabelle für die Arten (nach VAN EMDEN 1939, DUFFY 1953, ŠVÁCHA & DANILEVSKY 1986)

1 Urogomphi gewöhnlich weiter voneinander getrennt (3 bis 4mal so weit wie ihr Durchmesser an der Basis (Abb. 63), ihre Spitzen sind deutlich abstumpft. Die glänzenden Flecke auf der hinteren Fläche des Pronotum sind kleiner, die von ihnen insgesamt bedeckte Fläche ist geringer (Abb. 58b). Die Körnung auf dem Prothorax ist sehr fein, die einzelnen Körnchen können bei 16facher Vergrößerung kaum unterschieden werden. Haare an den Seiten der Kopfkapsel nicht lang und dicht, sie erreichen

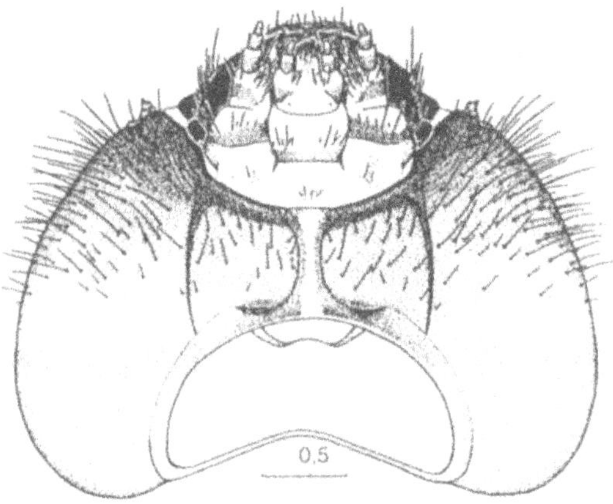

65

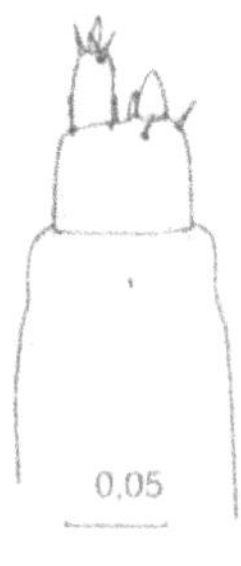

66

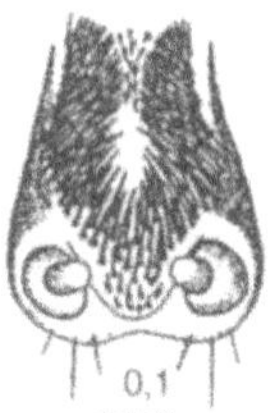

67

68

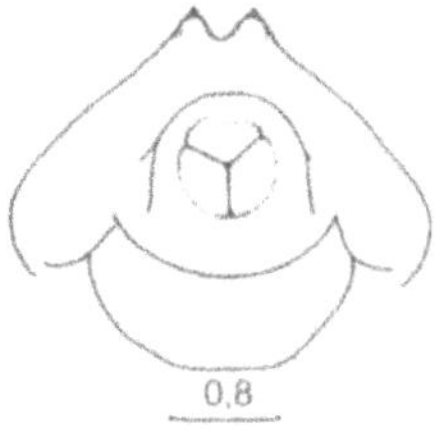

69

Abb. 65: *Asemum striatum*, Kopfkapsel, ventral (aus ŠVÁCHA & DANILEVSKY 1986)
Abb. 66: *Asemum striatum*, Antenne (aus ŠVÁCHA & DANILEVSKY 1986)
Abb. 67: *Asemum striatum*, Labium, Spitze von vorn (aus ŠVÁCHA & DANILEVSKY 1986)
Abb. 68: *Asemum striatum*, Pronotum, Bereich mit Mikroskulptur (aus ŠVÁCHA & DANILEVSKY 1986)
Abb. 69: *Asemum striatum*, Abdomenende von hinten (aus ŠVÁCHA & DANILEVSKY 1986)

nicht das Hinterende der Frontalnähte. In Nadelbäumen (Pinus, Picea), unter Rinde und im Holz abgestorbener Bäume.

ferus (MULSANT) (= *tristis* auct. non (FABRICIUS))

1* Urogomphi näher beieinander stehend, ihre Spitzen sind konisch (Abb. 64). Die glänzenden Flecke auf der hinteren Fläche des Pronotum sind größer, die von ihnen insgesamt bedeckte Fläche ist relativ groß (Abb. 57). Die Körnung auf dem Prothorax ist kräftiger, die einzelnen Körnchen können bei 16facher Vergrößerung deutlich unterschieden werden. Haare an den Seiten der Kopfkapsel sehr lang und dicht, sie erreichen das Hinterende der Frontalnähte. Körperlänge max. 35 mm, Kopfkapselbreite 6,6 mm. In Nadelbäumen (mehrere Arten). Unter Rinde und im Holz stehender und liegender Stämme. *rusticus* (LINNAEUS)

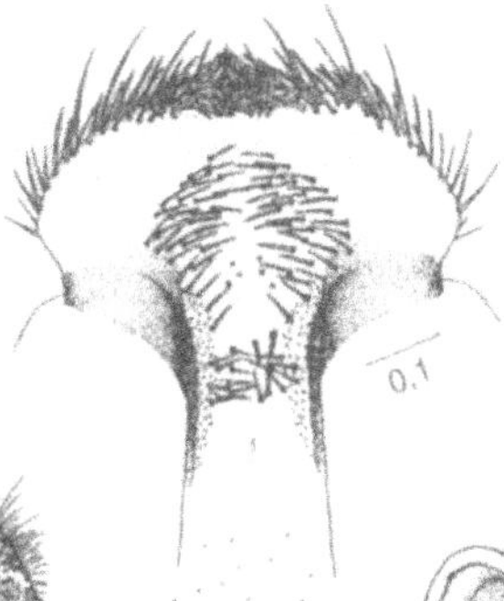

72

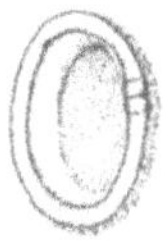

73

0,05

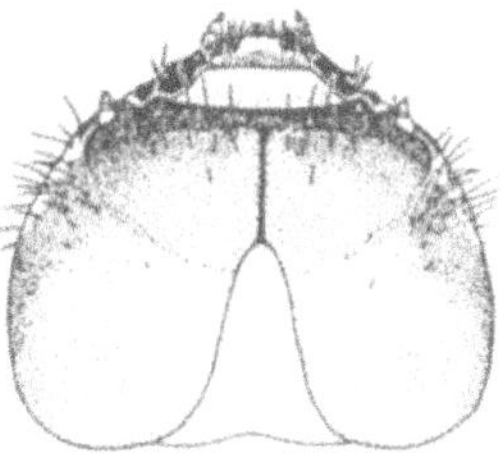

70 0,5

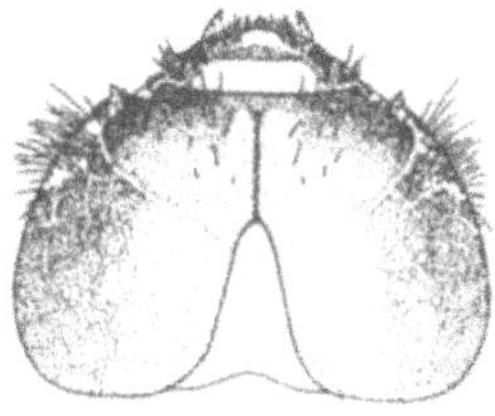

71 0,5

74 0,8

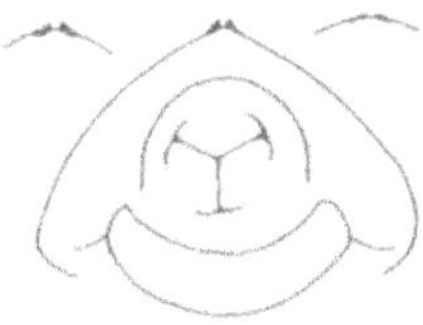

75 0,8

76 0,8

Abb. 70: *Tetropium fuscum*, Kopfkapsel, dorsal (aus ŠVÁCHA & DANILEVSKY 1986)
Abb. 71: *Tetropium gabrieli*, Kopfkapsel, dorsal (aus ŠVÁCHA & DANILEVSKY 1986)
Abb. 72: *Tetropium castaneum*, Epipharynx (aus ŠVÁCHA & DANILEVSKY 1986)
Abb. 73: *Tetropium castaneum*, abdominales Stigma (aus ŠVÁCHA & DANILEVSKY 1986)
Abb. 74: *Tetropium castaneum*, Abdomenende von hinten (aus ŠVÁCHA & DANILEVSKY 1986)
Abb. 75: *Tetropium fuscum*, Abdomenende von hinten (aus ŠVÁCHA & DANILEVSKY 1986)
Abb. 76: *Tetropium gabrieli*, Abdomenende von hinten (aus ŠVÁCHA & DANILEVSKY 1986)

9. Gattung: *Asemum* ESCHSCHOLTZ

Asemum striatum (LINNAEUS). Körperlänge max. 26 mm, Kopfkapselbreite 4,9 mm (Abb. 65–69). In Nadelbäumen (besonders Pinus), unter Rinde, später im Holz von toten Stämmen und in Stubben.

10. Gattung: *Tetropium* KIRBY

Die Larven der 3 in Mitteleuropa vorkommenden Arten ähneln sich sehr, die morphologischen Merkmale überschneiden sich, vor allem junge Larven sind praktisch unbestimmbar. Hilfreich ist für die Unterscheidung ist die Kenntnis der Wirtspflanze (siehe Tabelle). Unter Rinde stehender und liegender Stämme.

Art	Wirtspflanze	Körperlänge	Pigmentierung des Epicranium	Urogomphi	Mikro-Dörnchen am Lateropraesternum	Mikroskulptur auf der Kopfkapsel
castaneum (LINNAEUS)	Picea, auch Pinus, Abies	25–27 mm	variabel	Abb. 74	variabel	Vorderteil der Kopfkapsel ± deutlich mit einer Mikroskulptur, matt, wenigstens an den Vorderecken der Stirn
fuscum (FABRICIUS)	Picea, Pinus	bis 23 mm	Epicranium-Hälften seitlich ohne netzartige Musterung (Abb. 70)	Abb. 75	keine große glatte Fläche auf der Mitte der Hälften des Lateropraesternum	Vorderteil der Kopfkapsel höchstens mit schwacher Mikroskulptur, auch an den Vorderecken der Stirn glänzend
gabrieli WEISE	Larix	bis 20 mm (Kopfkapselbreite 3,1 mm)	Epicranium-Hälften seitlich mit netzartiger Musterung (Abb. 71)	Abb. 76	auf jeder Hälfte des Lateropraesternum befindet sich eine große glatte Fläche	intermediär

4. Unterfamilie: Lepturinae

Tabelle für die Gattungen (nach VAN EMDEN 1939, DUFFY 1953, MAMAEV & DANILEVSKY 1975, KLAUSNITZER & SANDER 1981, ŠVÁCHA & DANILEVSKY 1988)

1 Mandibeln mit 3 deutlichen inneren Kielen (Abb. 107, 114, 120). Ligula zwischen den Labialpalpen kaum ausgebildet (Abb. 121). Urogomphi vorhanden (Abb. 125, 126) oder 9. Abdominalsegment mit schwanzartigem Fortsatz (Abb. 104, 110) 2

1* Mandibeln mit 2 Innenkielen, welche stumpf, reduziert oder undeutlich sein können (Abb. 92, 93, 148, 196, 219, 253, 280). Ligula zwischen den Labialpalpen deutlich entwickelt (Abb. 95, 225, 255, 272b). 9. Abdominalsegment ohne Urogomphi (Abb. 170, 177, 180, 187–189, 198, 199, 210, 213, 216, 221, 236, 248, 264, 265, 267, 290) oder mit einem Kaudaldorn (Abb. 133, 137, 144, 145, 152, 153, 157, 163) 4

2 Pleuralloben des 1.–5. Abdominalsegmentes mit den Epipleuren verschmolzen. Rudimente der Lateralfurchen sind in Form von sehr deutlichen tiefen Eindrücken erhalten (Abb. 111, 115). Epicranialhälften auf großer Breite miteinander verschmolzen. *Xylosteus* FRIVALDSKY

2* Die Pleuralloben auf dem 1.–5. Abdominalsegment sind von den Epipleuren getrennt (Abb. 109). Rudimente der Lateralfurchen des Prothorax schwach entwickelt, undeutlich oder fehlend (Abb. 105). Die Epicranialhälften berühren sich ± nur in einem Punkt (Abb. 118) 3

3 Mala sehr breit (Abb. 106). 9. Abdominalsegment mit langem Mittelfortsatz (Abb. 104, 110). *Rhamnusium* LATREILLE

3* Mala schmal, zylindrisch. 9. Abdominalsegment mit deutlichen Urogomphi (Abb. 125, 126). *Oxymirus* MULSANT

4 Antennen dreigliedrig (Abb. 186, 195, 303), selten zweigliedrig (2. Glied vollständig reduziert). (Die Gattung *Cortodera*, die in diesem Charakter nicht durchgehend einheitlich ist, wird auch unter dem Merkmal 4* aufgeschlüsselt) 5

4* Antennen zweigliedrig, 3. Antennenglied fehlend (Abb. 212, 256) 28

5 9. Abdominalsegment mit einem Mitteldorn, der oft auf einer großen dreieckigen Basis entspringt (bei den erwachsenen Larven von *Gaurotes* kann dieser Dorn weitgehend reduziert und unter einem Büschel Borsten verborgen sein, Abb. 164) (Abb. 133, 137, 144, 145, 163) 6

5* 9. Abdominalsegment ohne kaudalen Dorn (Abb. 170, 177, 187–189, 198, 216, 221, 236, 265, 267, 290) 9

6 Dorsalampullen gekörnt (Abb. 160), feine Dörnchen sind kaum ausgebildet. *Gaurotes* LE CONTE

6* Dorsalampullen ohne Körnchen, weitgehend mit feinen Dörnchen bedeckt (Abb. 131, 135, 140, 141) 7

7 Die Dorsalampulle des 7. Abdominalsegmentes fehlt oder ist stark reduziert. Vordere Querlinie der Dorsalampullen einfach (Abb. 131). *Stenocorus* FABRICIUS (S. 173)

7* Dorsalampulle des 7. Abdominalsegmentes höchstens schwach reduziert (Abb. 141). Vordere Querlinien der dorsalen Ampullen breit verdoppelt, eine breite mit kleinen Dörnchen besetzte Fläche einschließend (Abb. 135, 140, 141) 8

8 Pronotum (Abb. 134) und Eusternum (Mediopraesternum) mit kleinen Dörnchen. Stemmata fehlend. *Akimerus* SERVILLE

8* Pronotum (Abb. 139) und Eusternum (Mediopraesternum) ohne kleine Dörnchen. Kopfkapsel jederseits mit 6 Stemmata oder höchstens das ventrale Stemma nicht sichtbar. *Pachyta* DEJEAN (S. 178)

9 Ampullen ± ungekörnt, vollständig mit feinen Borsten bedeckt oder wenigstens fein genetzt, matt. 7. Abdominalsegment dorsal und ventral ohne Ampullen. *Pidonia* MULSANT

9* Ampullen deutlich gekörnt, die Körnchen sind glatt und glänzend (Abb. 167, 189, 220, 231, 232, 241, 242, 285, 287, 299), selten kommen feine Dörnchen vor, und die Körnung ist etwas zurückgedrängt. In diesem Fall ist ein großes Stemma vorhanden und wenigstens die ventrale Ampulle des 7. Abdominalsegmentes vorhanden 10

10 Antennen klein, 2. Glied extrem reduziert, unsklerotisiert, kaum zu sehen oder ± fehlend (Abb. 195). Transfrontalnaht bei höheren Stadien vorhanden, schmal, so deutlich wie die Frontalnaht (Abb. 165, 171–173). Ventralsklerite des Cranium ohne Borsten oder höchstens mit einer Borste auf jeder Seite 11

10* Antennen länger, 2. Glied gut entwickelt, sklerotisiert (Abb. 239, 240, 303). Transfrontalnaht undeutlich (Abb. 214, 217, 222, 237, 268, 281, 286, 292) oder wenigstens undeutlicher als die Frontalnaht (relativ deutlich ist sie bei *Lepturobosca*). Ventralsklerite des Cranium wenigstens mit 2–4 deutlichen Borsten auf jeder Seite, meistens sind es viel mehr (Abb. 233, 234, 288, 289) 13

11 Seiten der Kopfkapsel deutlich konvex (Abb. 166, 171–173, 176). 2 oder 3 deutliche Haupt-Stemmata auf jeder Seite der Kopfkapsel vorhanden (Abb. 166, 176). Maxillen schlank, Mala mit einem breiten, schrägen, pigmentierten Band 12

11* Seiten der Kopfkapsel schwach konvex bis subparallel (Abb. 190–193). Nur ein großes Haupt-Stemma auf jeder Seite der Kopfkapsel. Maxillen robust, Mala ohne ein ventrales, pigmentiertes Band (Abb. 193).
Cortodera MULSANT, partim (S. 187)

12 Dorsale Ampullen nur lateral gekörnt, locker mit kleinen Dörnchen besetzt (Abb. 167). Körper und Kopf nicht extrem abgeflacht.
Pseudogaurotina PLAVILSTSHIKOV

12* Dorsale Ampullen flach, vollständig mit feinen Körnchen bedeckt, Dörnchen kaum vorhanden oder fehlend. Körper und teilweise auch der Kopf extrem abgeflacht. *Acmaeops* LE CONTE (S. 183)

13 Die Epicranialhälften berühren einander ± nur in einem Punkt (Abb. 292). Meta- und gelegentlich auch Mesonotum mit deutlichen zentralen Körnchen. Ligula nur mit sehr wenigen Ventralborsten, bedeckt mit kräftigen Mikro-Borsten 14

13* Epicranialhälften entlang ihrer gesamten Länge (wenigstens 1/5 der mittleren Frontallänge) miteinander verbunden (Abb. 214, 217, 237, 268, 275, 281, 286). Metanotum selten granuliert (Abb. 274), wenn, dann Ligula mit dichten starken Borsten (Abb. 272b) 15

14 Jede Seite der Kopfkapsel mit 3 Haupt-Stemmata, die selten teilweise miteinander verschmolzen sind. Labrum meist nicht transvers, sondern herzförmig bis halbkreisförmig, breit sklerotisiert (Abb. 295).
Pedostrangalia SOKOLOV (S. 206)

14* Kopfkapsel jederseits nur mit einem großen Haupt-Stemma. Labrum transvers, nur die Basalhälfte sklerotisiert (Abb. 279).
Lepturobosca REITTER

15 Ligula ± dicht beborstet (Abb. 272b) 16

15* Ligula mit 2–4 ventralen Borsten, andernfalls mit langen dichten Mikro-Borsten bedeckt (Abb. 225) 24

16 Das Pigmentband auf dem Tergit des Prothorax mit 3 vorderen Kerben auf jeder Seite, die mittlere kann sehr breit und seicht sein (Abb. 230, 246). Beine kurz (Abb. 235), Femur und Tibiotarsus der Hinterbeine zusammen kürzer oder selten so lang wie $^{1}/_{4}$ der Entfernung zwischen den Innenseiten der hinteren Trochanteren. 17

16* Dorsales Pigmentband auf dem Prothorax auf jeder Seite breit ausgerandet, ohne Kerben (Abb. 247). Femur und Tibiotarsus der Hinterbeine zusammen wenigstens etwas länger als $^1/_4$ der Entfernung zwischen der Basis der Hinterbeine. Beine (Abb. 284) gelegentlich relativ lang 23

17 Stigmenkammern sehr groß (Abb. 263). Pronotum ohne Mikro-Dörnchen. *Vadonia* MULSANT

17* Stigmenkammern nicht auffällig groß 18

18 Eusternum (Mediopraesternum) des Prothorax mit einer großen, von kleinen Dörnchen bedeckten Fläche (Abb. 227) 19

18* Eusternum (Mediopraesternum) des Prothorax ohne feine Dörnchen, oder sie sind sehr stark reduziert (Abb. 273) 21

19 Auf den Mandibeln ist ein relativ großer Kiel vorhanden (Abb. 271). *Corymbia* DES GOZIS, partim (S. 197)

19* Die Mandibeln sind an der Spitze glatt, ein Kiel ist höchstens schwach ausgebildet und in Dorsalansicht nicht zu erkennen 20

20 Mandibeln mit wenigstens 1–2 zusätzlichen Borsten. Basalflecke des Mentum miteinander verbunden oder höchstens schmal getrennt. Tormae breit, stark gebogen (Abb. 224). Hinterer Bereich des Epipharynx mit einem deutlichen Sklerit (Abb. 224). *Leptura* LINNAEUS (S. 193)

20* Mandibeln mit 2 Borsten. Basalflecke des Mentum breit voneinander getrennt. Tormae schmaler, etwas schräg (Abb. 238). Hinterer Bereich des Epipharynx höchstens fein und diffus sklerotisiert, ohne ein deutlich definiertes Sklerit (Abb. 238). *Anoplodera* MULSANT

21 Die Borsten des Epipharynx reichen nicht bis zu der mittleren Gruppe der Sensillen (Abb. 301). Dorsalampullen des 7. Abdominalsegmentes fehlend. Stemma kleiner und deutlich weiter vom Pleurostoma entfernt (Abb. 300). Labrum immer mit mehr als 2 Borsten auf seiner Fläche. *Lepturalia* REITTER

21* Die Borsten des Epipharynx reichen bis zur mittleren Gruppe der Sensillen. Dorsalampullen des 7. Abdominalsegmentes vorhanden, wenn schwach entwickelt oder fehlend (*Corymbia fulva* ?, *C. maculicornis*), dann ist das Stemma sehr groß und berührt das Pleurostoma (Abb. 270). Labrum fast immer nur mit 2 Borsten auf der Scheibe 22

22 Ventralsklerite sehr lang. Die Breite der vorderen Öffnung der Kopfkapsel ist im Verhältnis zur Länge der Mitte der Gula kleiner als 2,7. Dorsalampulle des 7. Abdominalsegmentes nicht stark reduziert, eher deutlich vorhanden. *Anastrangalia* CASEY (S. 202)

22* Ventralsklerite kürzer. Die Breite der vorderen Öffnung der Kopfkapsel ist im Verhältnis zur Länge der Mitte der Gula größer als 2,7. Wenn dieser Wert jedoch nahezu erreicht wird, dann ist die Dorsalampulle des 7. Abdominalsegmentes rudimentär oder fehlt. *Corymbia* DES GOZIS, partim (S. 197)

23 Beine relativ lang (Abb. 284), Femur und Tibiotarsus der Hinterbeine zusammen immer ± deutlich länger als die Hälfte der Breite der Ventralsklerite. Clypeus schmal (Verhältnis zwischen maximaler Kopfkapselbreite und Clypeusbreite 2,9 und mehr), schwach nach vorn abnehmend (Abb. 281). Ventralsklerite relativ länger (Verhältnis von Breite zu mittlerer Länge etwa 3–3,4). *Judolia* MULSANT

23* Beine kürzer, wenn Femur und Tibiotarsus der Hinterbeine in Ausnahmefällen zusammen so lang wie oder länger als die Hälfte der Breite des Ventralsklerits sind, dann ist der Clypeus relativ breiter (Verhältnis zwischen maximaler Kopfkapselbreite und Clypeusbreite weniger als 2,9, meist 2,5–2,8) und viel mehr nach vorn zugespitzt (Abb. 286). Ventralsklerite meist relativ kürzer (Abb. 288, 289). *Pachytodes* PIC (S. 206)

24 Kopfkapsel jederseits mit 3 Stemmata (Abb. 218). Praefrons wenigstens bei den höheren Stadien mit einem deutlichen Tuberkel jederseits der mittleren Frontalnaht (Abb. 218). Basale Pigmentierung des Mentum nicht unterbrochen. Ventralsklerite lang (etwa 2,5–2,9). *Nivellia* MULSANT

24* Kopfkapsel jederseits mit einem oder 2 Stemmata (Abb. 223, 302). Praefrons ohne Tuberkeln (Abb. 223, 302). Mentum mit 2 breit voneinander getrennten basalen Flecken (Abb. 225) 25

25 Eusternum (Mediopraesternum) des Prothorax ohne kleine Dörnchen .. 26

25* Eusternum (Mediopraesternum) des Prothorax mit 2 großen, gelegentlich miteinander verbundenen, von kleinen Dörnchen bedeckten Flächen (Abb. 226) 27

26 Haupt-Stemmata wenig konvex, Pigmentierung undeutlich und gewöhnlich nicht verschmolzen. Dorsale und ventrale Stemmata meist unmerklich. Das Pigmentband des Pronotums besitzt vorn 2 Kerben (Abb. 243). *Cornumutila* LETZNER

26* Haupt-Stemmata groß, deutlich konvex, mit einem großen kompakten Pigmentflecken. Wenigstens die dorsalen Stemmata ebenfalls mit deutlichen Pigmentflecken (Abb. 302). Pigmentband des Prothorax mit 3 Kerben. *Stenurella* VILLIERS (S. 208)

27 Pigmentband des Prothorax mit 3 Kerben an jeder Seite (Abb. 222, 245). Palpifer ohne basalen Fleck (Abb. 226). Adfrontale Borste nicht in Richtung der Frontalnaht verschoben (Abb. 222). Mandibeln mit 1–3 kurzen zusätzlichen Borsten bei der oberen Hauptborste. *Rutpela* CASEY

27* Pigmentband des Prothorax mit 2 Paar Kerben (Abb. 244), das mittlere Paar kann fehlen oder rudimentär sein. Palpifer mit einem ± deutlichen basalen Fleck. Die adfrontale Borste ist in die postfrontale Region verschoben. 2 Mandibular-Borsten vorhanden. *Strangalia* SERVILLE

28 9. Tergit mit einem Kaudaldorn, der auf einer großen dreieckigen Basis entspringt (Abb. 152, 153, 157) 29

28* 9. Abdominalsegment ohne Kaudaldorn (Abb. 180, 188, 189, 198, 199, 210, 213, 248, 264) 31

29 Pronotum ohne eine von Mikro-Dörnchen bedeckte Fläche (Abb. 154) . 30

29* Pronotum an der Basis mit einer schmalen, von Mikro-Dörnchen bedeckten Fläche (Abb. 149). *Evodinus* LE CONTE (S. 181)

30 Ventralsklerite lang (Abb. 100). Meist sind mehr als 6 Epistomal-Borsten (Abb. 85) und 3–4 Mandibel-Borsten vorhanden. Ligula dicht beborstet (Abb. 95). Dorsales Pigmentband des Prothorax mit 2 lateralen Kerben an jeder Seite (Abb. 80). *Rhagium* FABRICIUS, partim (S. 171)

30* Ventralsklerite sehr kurz. 6 Epistomal-Borsten (Abb. 154) und 2 Mandibel-Borsten (Abb. 155) vorhanden. Ligula mit wenigen Borsten bedeckt. Dorsalband des Prothorax ohne Kerben (Abb. 154).
Brachyta FAIRMAIRE

31 Körper ± flachgedrückt (Abb. 180). Kopfkapsel an den Seiten stark konvex (Abb. 79, 181, 200, 201). Dorsalampulle des 7. Abdominalsegmentes gut entwickelt (Abb. 199). Antennen sehr klein (Abb. 81). Ventralsklerite länger (Abb. 100, 204–206), und/oder 3 große Stemmata vorhanden 32

31* Körper nicht oder wenig abgeflacht. Seiten der Kopfkapsel wenig konvex bis subparallel (Abb. 190–193, 211, 249, 250, 260, 261). Dorsalampulle des 7. Abdominalsegmentes fehlend (Abb. 188, 189, 248), nur bei *Vadonia* deutlich, dann aber Antennen relativ lang. Ventralsklerite sehr kurz. Ein Haupt-Stemma vorhanden, das bei *Pseudovadonia* fehlt 34

32 Hinterrand des Pronotum mit einer deutlichen Querreihe von Borsten (Abb. 81). Ligula mit zahlreichen Borsten (vgl. Abb. 95). Meist sind nicht 3 deutlich getrennte Haupt-Stemmata vorhanden.
Rhagium FABRICIUS, partim (S. 171)

32* Hinterrand des Pronotum meist ohne Borsten (Abb. 181, 199). Ligula mit 2–4 ventralen Borsten, der apikale Rand und die Dorsalränder sind mit Mikro-Borsten bedeckt. 3 große Haupt-Stemmata vorhanden 33

33 Körper grau mit extrem langen, starken Borsten (Abb. 180, 181). Proalarfeld mit großen dunklen Flecken (Abb. 181). Seiten der Kopfkapsel etwas eckig (Abb. 181). *Dinoptera* MULSANT

33* Körper weiß, Borsten feiner, kürzer. Proalarfeld ohne dunkle Flecken. Seiten der Kopfkapsel gleichmäßig gerundet, konvex (Abb. 200, 201).
Grammoptera SERVILLE (S. 189)

34 Antennen sehr klein, 2. Glied extrem reduziert (Abb. 195). Transfrontalnaht bei höheren Stadien scharf (Abb. 191, 192). Mala ohne ein ventrales schräges Pigmentband (Abb. 193). *Cortodera* MULSANT, partim (S. 187)

34* Antennen ± lang, 2. Glied höchstens schwach transvers (Abb. 212, 256). Transfrontalnaht diffus (Abb. 211, 260) oder fehlend (Abb. 249). Mala mit einem ventralen Pigmentband 35

35 Frontalnähte ± diffus, Epicranialhälften breit miteinander verschmolzen (Abb. 211). Mandibeln normal, Spitze einfach. *Alosterna* MULSANT

35* Frontalnähte scharf, Epicranialhälften nur auf kurzer Strecke verbunden (Abb. 249). Spitze der Mandibeln stumpf, ± deutlich gespalten (Abb. 253).
Pseudovadonia LOBANOV, DANILEVSKY et MURZIN

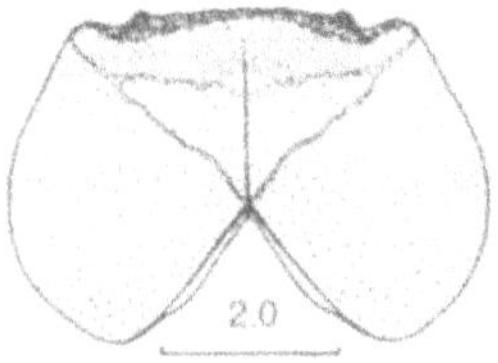

77

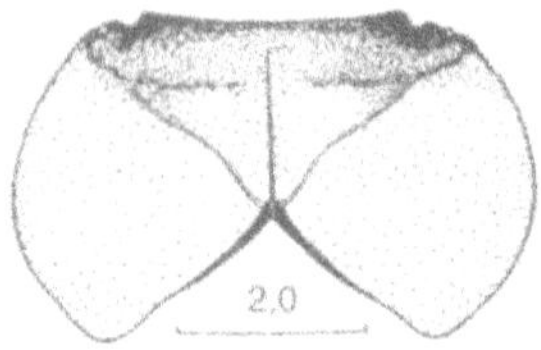

78

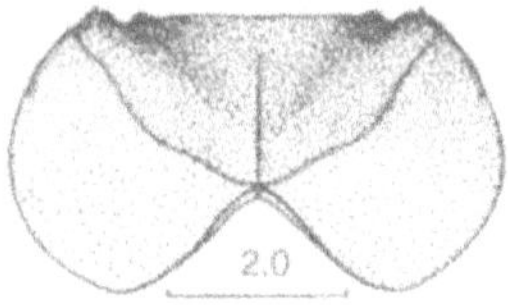

79

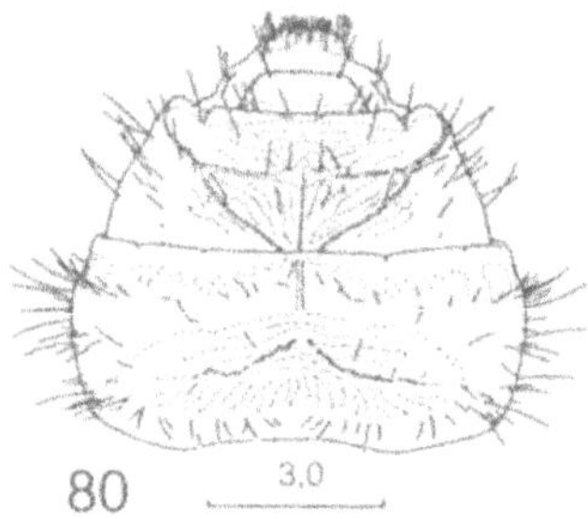

80

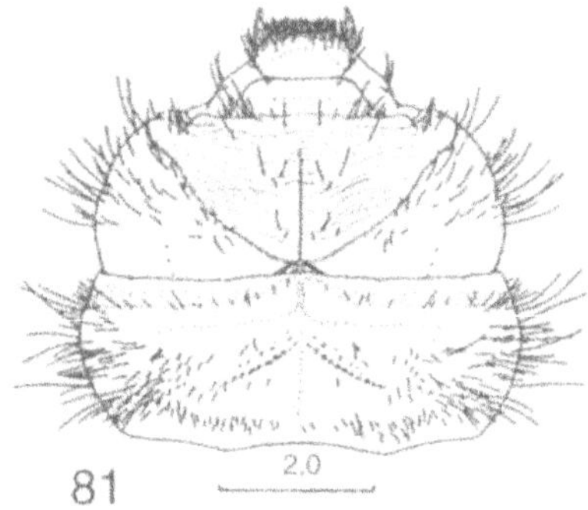

81

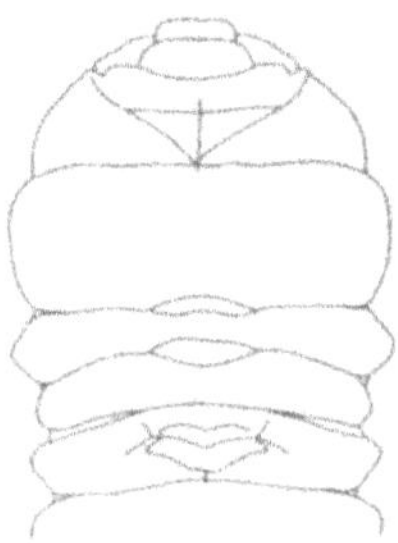

82

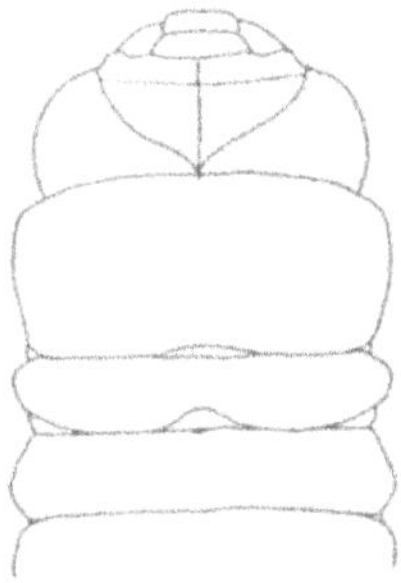

83

84

Abb. 77: *Rhagium bifasciatum*, Kopfkapsel, dorsal (aus ŠVÁCHA & DANILEVSKY 1988)
Abb. 78: *Rhagium mordax*, Kopfkapsel, dorsal (aus ŠVÁCHA & DANILEVSKY 1988)
Abb. 79: *Rhagium inquisitor*, Kopfkapsel, dorsal (aus ŠVÁCHA & DANILEVSKY 1988)
Abb. 80: *Rhagium bifasciatum*, Kopf, Pro- und Mesothorax, dorsal (aus ŠVÁCHA & DANILEVSKY 1988)
Abb. 81: *Rhagium inquisitor*, Kopf, Pro- und Mesothorax, dorsal (aus ŠVÁCHA & DANILEVSKY 1988)
Abb. 82: *Rhagium mordax / bifasciatum*, Kopf, Thorax, dorsal (aus PAULUS 1969)
Abb. 83: *Rhagium sycophanta*, Kopf, Thorax, dorsal (aus PAULUS 1969)
Abb. 84: *Rhagium inquisitor*, Kopf, Thorax, dorsal (aus PAULUS 1969)

11. Gattung: *Rhagium* FABRICIUS

Tabelle für die Arten (nach VAN EMDEN 1939, DUFFY 1953, PAULUS 1969, MAMAEV & DANILEVSKY 1975, ŠVÁCHA & DANILEVSKY 1988)

1 9. Abdominalsegment mit sklerotisiertem Kaudaldorn (Abb. 103). Frons mit deutlicher Querfurche (Abb. 77, 78, 80). Kopf höchstens so breit wie das Pronotum (Abb. 82) 2

1* 9. Abdominalsegment ohne sklerotisierten Kaudaldorn. Frons mit undeutlicher Quernaht (Abb. 83) oder diese fehlt völlig (Abb. 79, 80). Kopf so breit (Abb. 83) oder breiter als das Pronotum (Abb. 84) 3

2 Dorsalampullen mit deutlichen runden Kleinwarzen (Abb. 96, 101). Vorderteil der Frons bis zur deutlich markierten Querfurche deutlich dunkler als dahinter (Abb. 77). Mandibelspitze scharf, mit einer breiten Schneidefläche (Abb. 88, 92). Caudaldorn (Abb. 103) länger und spitzer. Körperlänge max. 38 mm, Kopfkapselbreite 6,1 mm. In Nadel- und Laubbäumen. Im Holz liegender Stämme und in Stubben. *bifasciatum* FABRICIUS

2* Dorsalampullen mit größeren flachen Tuberkeln (Abb. 97). Frons von vorn nach hinten allmählich heller werdend, die weniger deutliche Querfurche bildet keine scharfe Grenze (Abb. 78). Mandibelspitze stumpf, ohne breite Schneidefläche (Abb. 89). Kaudaldorn kürzer und weniger sklerotisiert. Körperlänge max. 36 mm. In Laubbäumen (polyphag), auch in Nadelbäumen. Vor allem unter der Rinde von alten Stubben. *mordax* (DE GEER)

3 Kopfkapsel weniger abgeflacht, ca. 1,5 x so breit wie lang (Abb. 83). Pronotum etwa doppelt so breit wie lang (Abb. 83). Frons bei höheren Stadien mit einer Quernaht. Rand des Epistoma mit ca. 6 Borsten (Abb. 86). 1. und 2. Glied des Maxillarpalpus etwa gleichlang, 3. Glied ca. halb so lang wie das zweite. Körperlänge max. 45 mm. In Laubbäumen (besonders Quercus). Vor allem unter der Rinde von Stubben, meist im Boden. *sycophanta* (SCHRANK)

3* Kopfkapsel extrem abgeflacht, etwa doppelt so breit wie lang (Abb. 84). Pronotum etwa dreimal so breit wie lang (Abb. 84). Frons bei allen Stadien ohne Quernaht (Abb. 79, 81). Rand des Epistoma mit ca. 20 Borsten (Abb. 87). 2. Glied des Maxillarpalpus etwas länger als das 1., das 3. ca. $^3/_4$ so lang wie das 2. (Abb. 94). Körperlänge max. 30 mm, Kopfkapselbreite 5,75 mm. In Nadelbäumen, auch in Laubbäumen. Unter der Rinde von toten Stämmen und Stubben. *inquisitor* (LINNAEUS)

12. Gattung: *Rhamnusium* LATREILLE

Rhamnusium bicolor (SCHRANK). Körperlänge max. 30 mm (Abb. 104–110). In Laubbäumen, bevorzugt abgestorbene Stammpartien lebender Bäume.

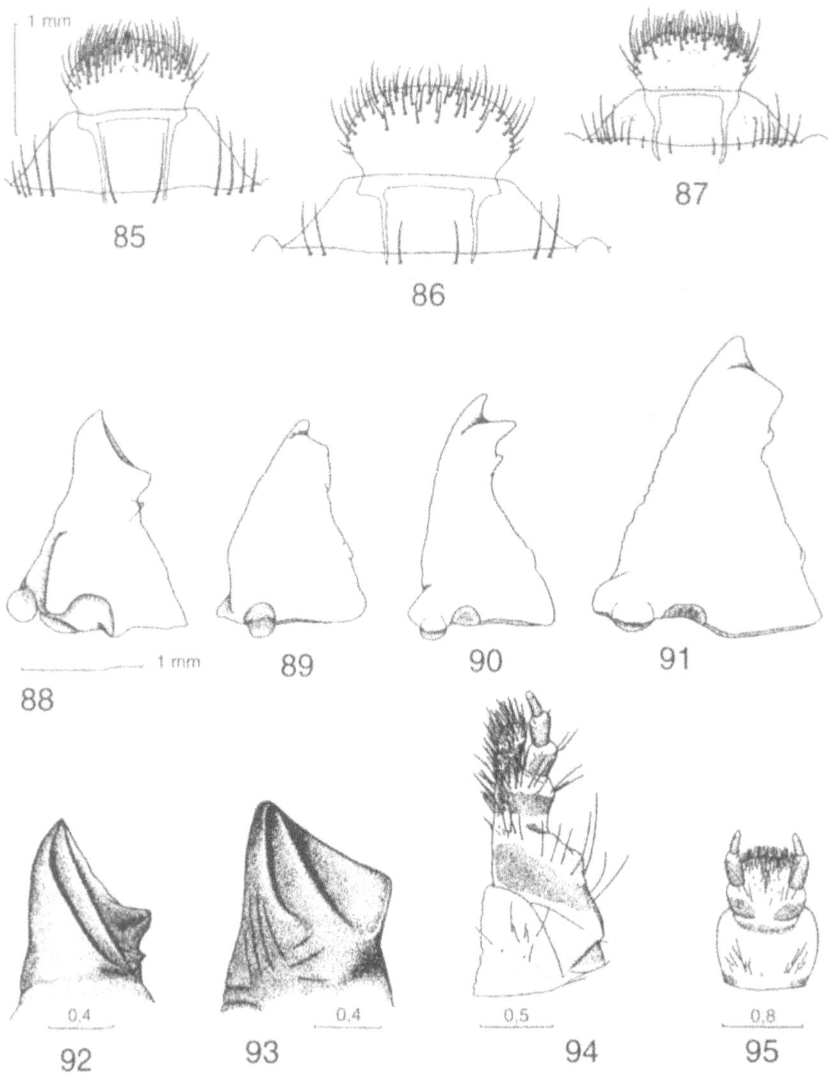

Abb. 85: *Rhagium mordax,* Labrum, Clypeus, Epistoma (aus PAULUS 1969)
Abb. 86: *Rhagium sycophanta,* Labrum, Clypeus, Epistoma (aus PAULUS 1969)
Abb. 87: *Rhagium inquisitor,* Labrum, Clypeus, Epistoma (aus PAULUS 1969)
Abb. 88: *Rhagium bifasciatum,* linke Mandibel (aus PAULUS 1969)
Abb. 89: *Rhagium mordax,* linke Mandibel (aus PAULUS 1969)
Abb. 90: *Rhagium inquisitor,* linke Mandibel (aus PAULUS 1969)
Abb. 91: *Rhagium sycophanta,* linke Mandibel (aus PAULUS 1969)
Abb. 92: *Rhagium bifasciatum,* rechte Mandibel, Spitze, ventral (aus ŠVÁCHA & DANILEVSKY 1988)
Abb. 93: *Rhagium sycophanta,* rechte Mandibel, Spitze, ventral (aus ŠVÁCHA & DANILEVSKY 1988)
Abb. 94: *Rhagium inquisitor,* Maxille (aus ŠVÁCHA & DANILEVSKY 1988)
Abb. 95: *Rhagium bifasciatum,* Labium (aus ŠVÁCHA & DANILEVSKY 1988)

13. Gattung: *Xylosteus* FRIVALDSKY

Xylosteus spinolae FRIVALDSKY. Körperlänge 12 mm und größer (Abb. 111–117). In Corylus avellana in totem Holz unterer Stammteile und in Wurzeln. In Mitteleuropa nur im äußersten Südosten.

14. Gattung: *Oxymirus* MULSANT

(= *Toxotus* auct. non ZETTERSTEDT)

Oxymirus cursor (LINNAEUS). Körperlänge max. 38 mm (Abb. 118–126). In Nadel- und Laubbäumen (polyphag). In feuchten, morschen, liegenden Stämmen und Ästen. Larven gehen zur Verpuppung in den Boden.

15. Gattung: *Stenocorus* FABRICIUS

(= *Toxotus* ZETTERSTEDT)

Körperlänge max. 28 mm.

Tabelle für die Arten (nach ŠVÁCHA & DANILEVSKY 1988)

1 Pronotum ohne feine Dörnchen. Epicranium-Hälften kurz miteinander verbunden (Abb. 127). Die Adfrontalborste immer tief innerhalb der Postfrontalregion gelegen (Abb. 127). In Laubbäumen (Quercus, Acer u. a.), in abgestorbenen Wurzeln. *quercus* (GOETZ)

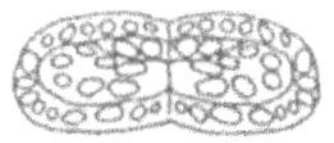
96

97
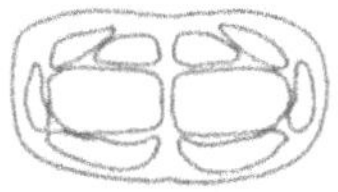
98

99
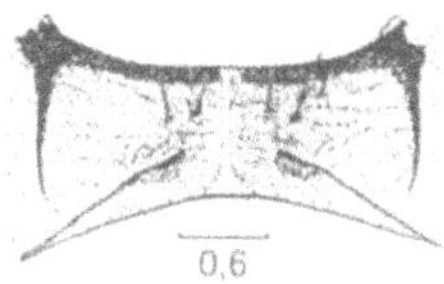

100
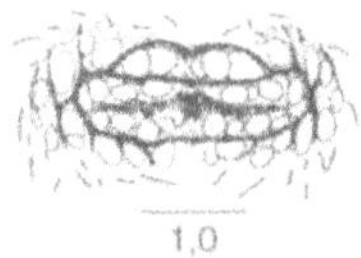

101
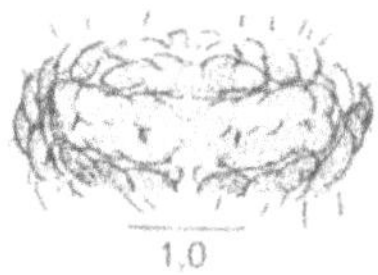

102
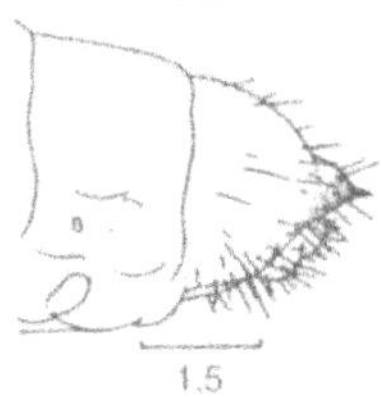

103

Abb. 96: *Rhagium bifasciatum,* 3. Abdominalsegment, Dorsalampulle (aus PAULUS 1969)
Abb. 97: *Rhagium mordax,* 3. Abdominalsegment, Dorsalampulle (aus PAULUS 1969)
Abb. 98: *Rhagium sycophanta,* 3. Abdominalsegment, Dorsalampulle (aus PAULUS 1969)
Abb. 99: *Rhagium inquisitor,* 3. Abdominalsegment, Dorsalampulle (aus PAULUS 1969)
Abb. 100: *Rhagium inquisitor,* Ventralsklerit (aus ŠVÁCHA & DANILEVSKY 1988)
Abb. 101: *Rhagium bifasciatum,* 5. Abdominalsegment, Dorsalampulle (aus ŠVÁCHA & DANILEVSKY 1988)
Abb. 102: *Rhagium sycophanta,* 5. Abdominalsegment, Dorsalampulle (aus ŠVÁCHA & DANILEVSKY 1988)
Abb. 103: *Rhagium bifasciatum,* Abdomenende, lateral (aus ŠVÁCHA & DANILEVSKY 1988)

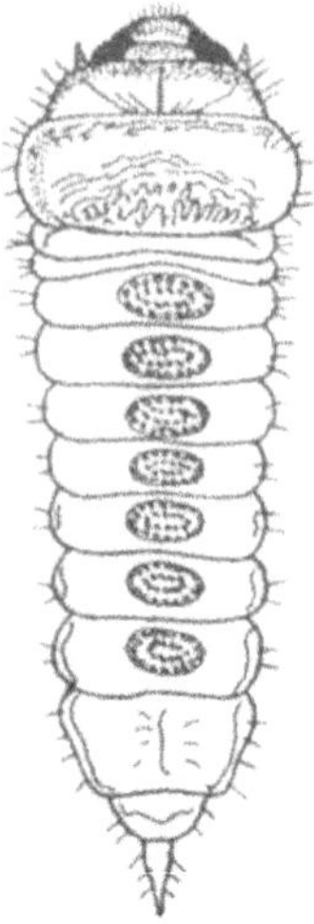

104

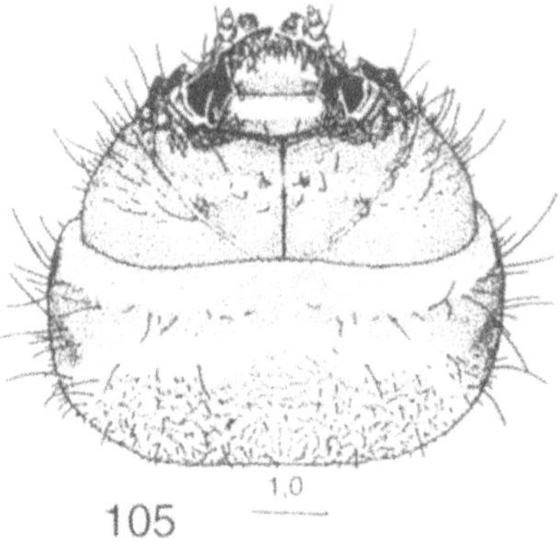

105

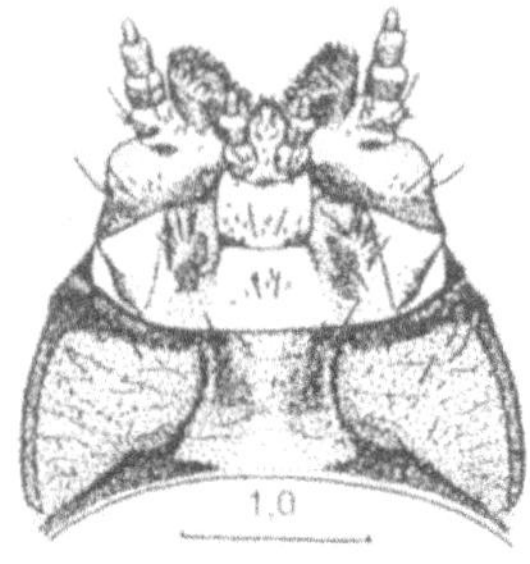

106

107

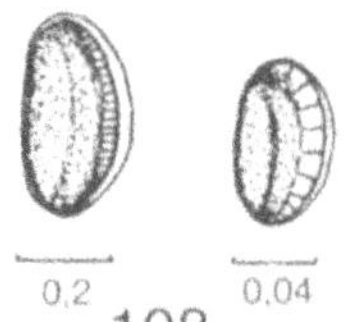

108

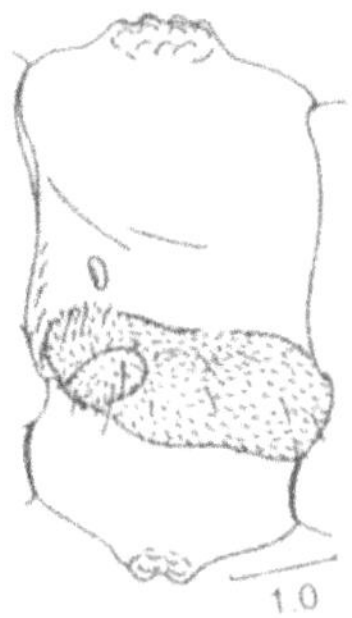

109

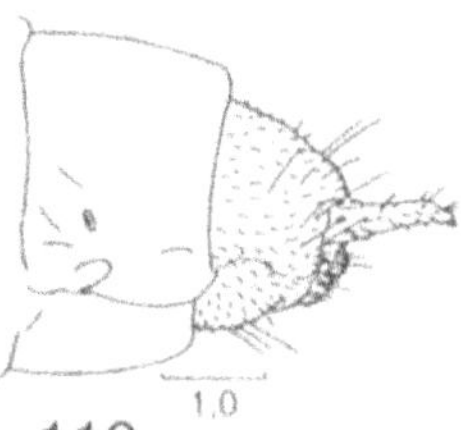

110

Abb. 104: *Rhamnusium bicolor*, Habitus, dorsal (aus v. DEMELT 1966)
Abb. 105: *Rhamnusium bicolor*, Kopf, Prothorax, dorsal (aus ŠVÁCHA & DANILEVSKY 1988)
Abb. 106: *Rhamnusium bicolor*, Kopfkapsel, ventral (aus ŠVÁCHA & DANILEVSKY 1988)
Abb. 107: *Rhamnusium bicolor*, rechte Mandibel, dorsolateral und medial (aus ŠVÁCHA & DANILEVSKY 1988)
Abb. 108: *Rhamnusium bicolor*, abdominales Stigma einer adulten (links) und einer jungen (rechts) Larve (aus ŠVÁCHA & DANILEVSKY 1988)
Abb. 109: *Rhamnusium bicolor*, 7. Abdominalsegment, lateral (aus ŠVÁCHA & DANILEVSKY 1988)
Abb. 110: *Rhamnusium bicolor*, Abdomenende, lateral (aus ŠVÁCHA & DANILEVSKY 1988)

1* Pronotum weit mit kleinen Dörnchen besetzt (Abb. 130). Epicranium-Hälften berühren einander nur in einem Punkt. Die Adfrontalborste liegt niemals tief innerhalb der Postfrontalregion. In Laubbäumen (polyphag), besonders in Wurzeln und Stubben bzw. im Boden.
meridianus (LINNAEUS)

16. Gattung: *Akimerus* SERVILLE

Akimerus schaefferi (LAICHARTING). Körperlänge max. 50 mm (Abb. 134–138). In Laubbäumen (wahrscheinlich nur Quercus), in abgestorbenen Wurzeln.

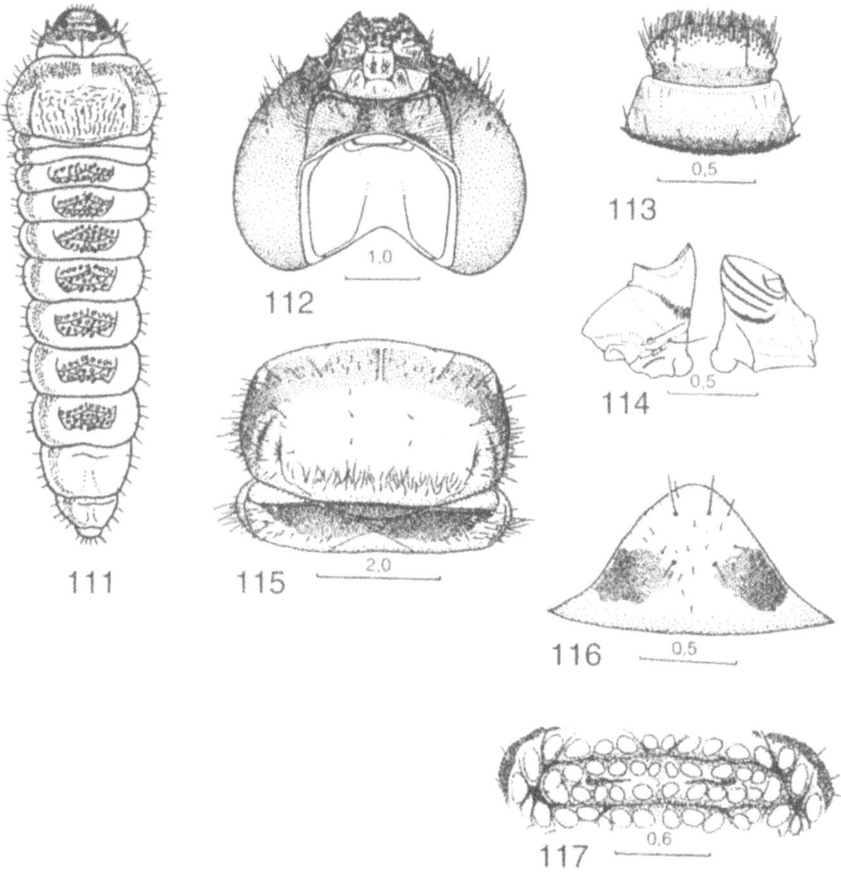

Abb. 111: *Xylosteus spinolae*, Habitus, dorsal (aus v. DEMELT 1966)
Abb. 112: *Xylosteus spinolae*, Kopfkapsel, ventral (aus ŠVÁCHA & DANILEVSKY 1988)
Abb. 113: *Xylosteus spinolae*, Labrum, Clypeus (aus ŠVÁCHA & DANILEVSKY 1988)
Abb. 114: *Xylosteus spinolae*, rechte Mandibel, dorsolateral und medial (aus ŠVÁCHA & DANILEVSKY 1988)
Abb. 115: *Xylosteus spinolae*, Pro- und Mesothorax (aus ŠVÁCHA & DANILEVSKY 1988)
Abb. 116: *Xylosteus spinolae*, Prothorax, Eusternum (aus ŠVÁCHA & DANILEVSKY 1988)
Abb. 117: *Xylosteus spinolae*, 2. Abdominalsegment, dorsal (aus ŠVÁCHA & DANILEVSKY 1988)

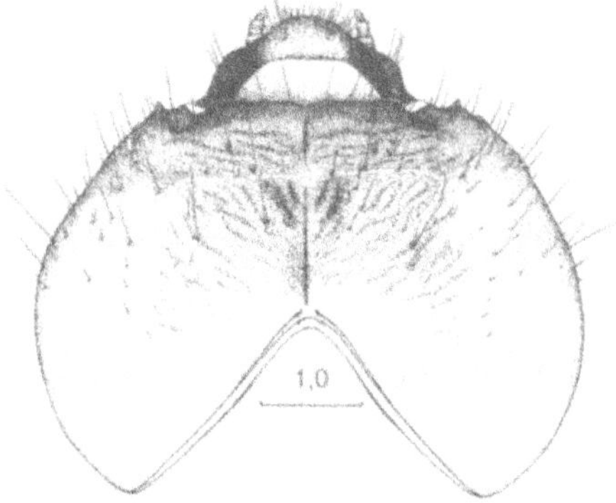

118

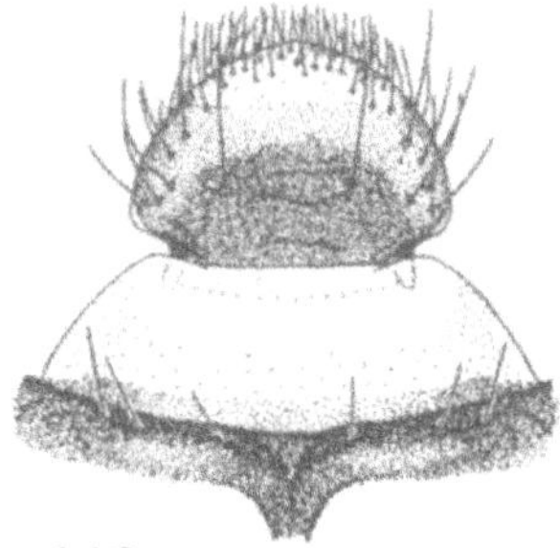

119

120

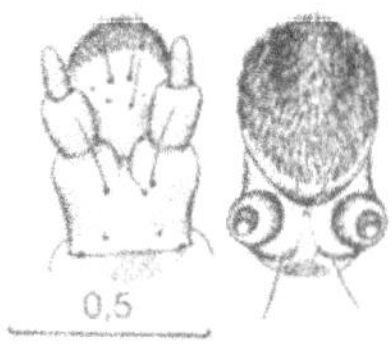

121

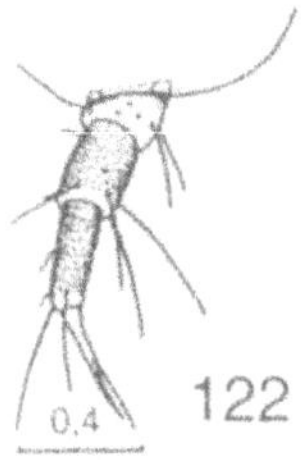

122

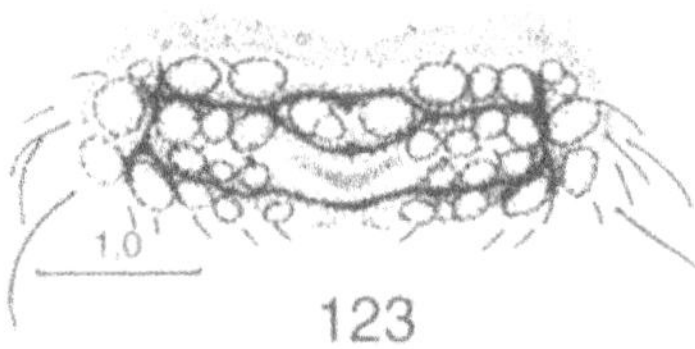

123

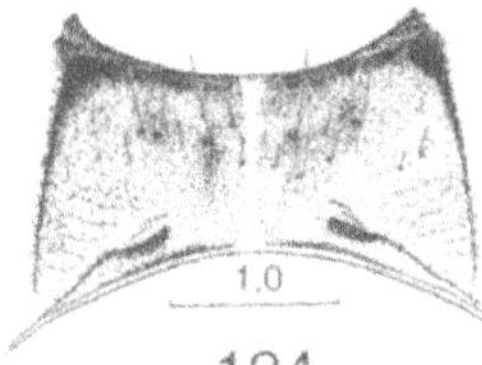

124

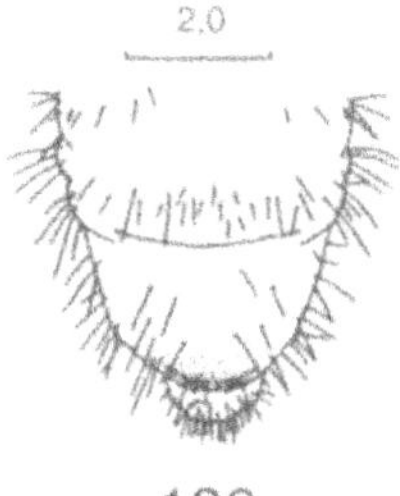

126

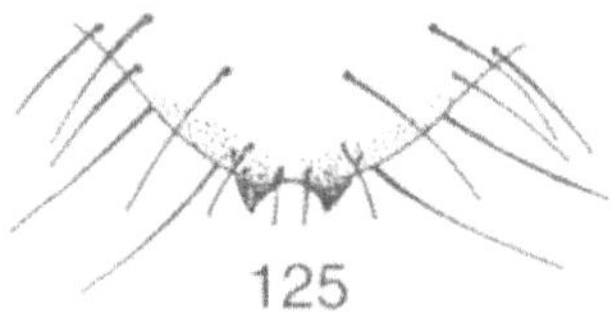

125

Abb. 118: *Oxymirus cursor*, Kopfkapsel, dorsal (aus ŠVÁCHA & DANILEVSKY 1988)
Abb. 119: *Oxymirus cursor*, Labrum, Clypeus (aus ŠVÁCHA & DANILEVSKY 1988)
Abb. 120: *Oxymirus cursor*, rechte Mandibel, dorsolateral und medial (aus ŠVÁCHA & DANILEVSKY 1988)
Abb. 121: *Oxymirus cursor*, Labium (aus ŠVÁCHA & DANILEVSKY 1988)
Abb. 122: *Oxymirus cursor*, Vorderbein (aus ŠVÁCHA & DANILEVSKY 1988)
Abb. 123: *Oxymirus cursor*, 1. Abdominalsegment, Dorsalampulle (aus ŠVÁCHA & DANILEVSKY 1988)
Abb. 124: *Oxymirus cursor*, Ventralsklerit (aus ŠVÁCHA & DANILEVSKY 1988)
Abb. 125: *Oxymirus cursor*, 9. Abdominalsegment, Hinterrand (aus PALM 1960)
Abb. 126: *Oxymirus cursor*, 8.–10. Abdominalsegment, dorsal (aus ŠVÁCHA & DANILEVSKY 1988)

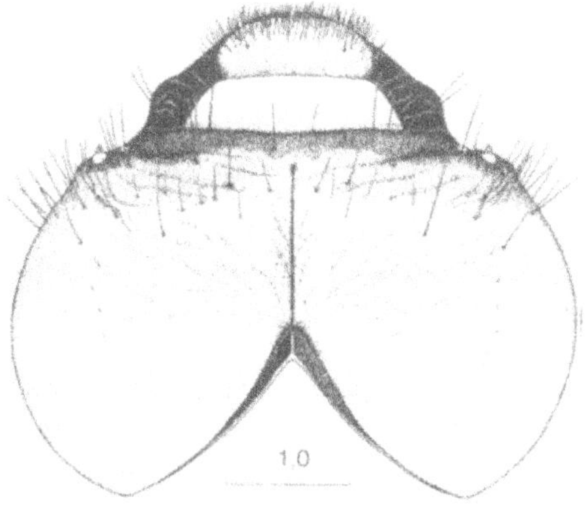

127

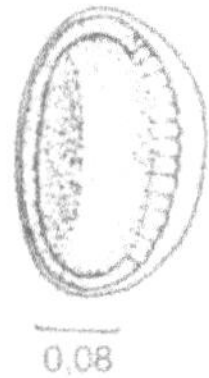

128

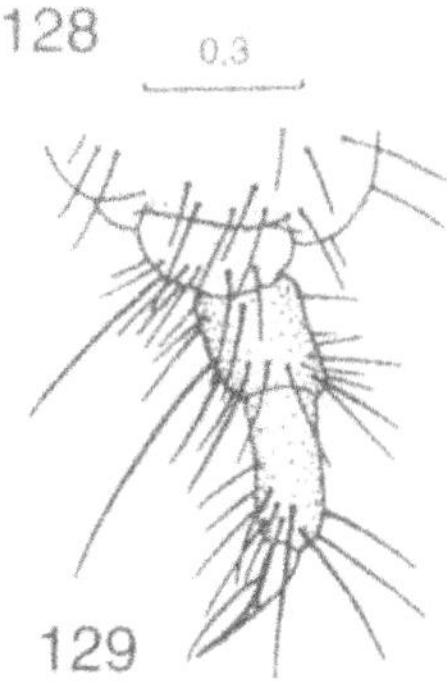

129

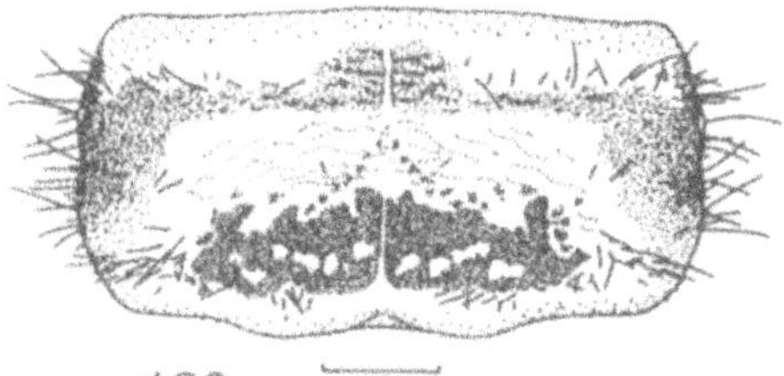
130

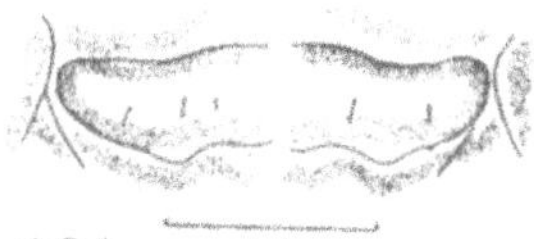
131

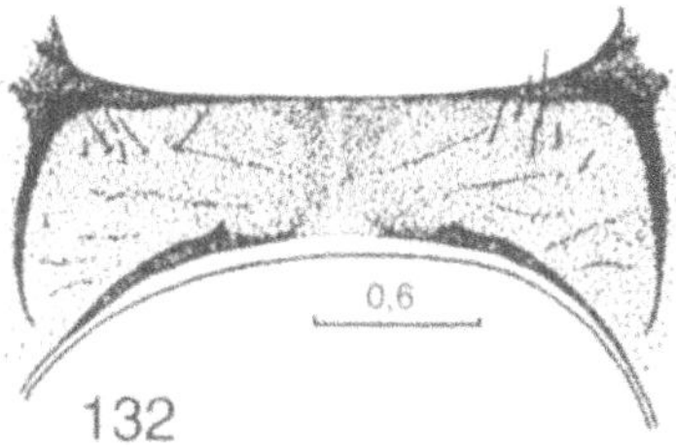

132

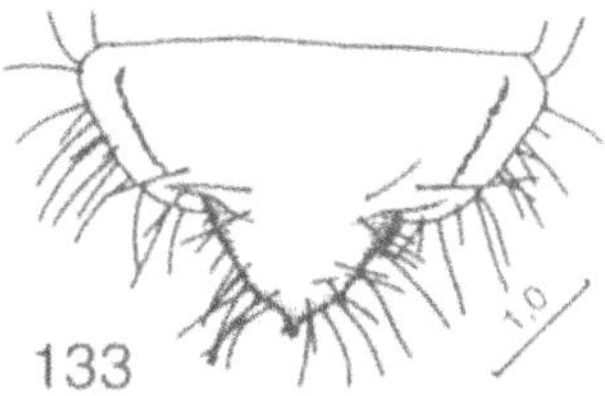
133

Abb. 127: *Stenocorus quercus*, Kopfkapsel, dorsal (aus ŠVÁCHA & DANILEVSKY 1988)
Abb. 128: *Stenocorus quercus*, 3. Abdominalsegment, Stigma (aus ŠVÁCHA & DANILEVSKY 1988)
Abb. 129: *Stenocorus quercus*, Hinterbein (aus ŠVÁCHA & DANILEVSKY 1988)
Abb. 130: *Stenocorus meridianus*, Prothorax (aus ŠVÁCHA & DANILEVSKY 1988)
Abb. 131: *Stenocorus quercus*, 5. Abdominalsegment, dorsal (aus ŠVÁCHA & DANILEVSKY 1988)
Abb. 132: *Stenocorus quercus*, Ventralsklerit (aus ŠVÁCHA & DANILEVSKY 1988)
Abb. 133: *Stenocorus meridianus*, Abdomenende, dorsal (aus ŠVÁCHA & DANILEVSKY 1988)

17. Gattung: *Pachyta* DEJEAN

Tabelle für die Arten (nach ŠVÁCHA & DANILEVSKY 1988)

1 Basis des Kaudaldorns kürzer und breiter (Abb. 144). Dorsalampulle des 7. Abdominalsegmentes meist nicht reduziert. Kopfkapsel deutlicher flach gedrückt. Rand des Frontoclypeus schwächer ausgebildet (Abb. 142). Körperlänge max. 28 mm. In Nadelbäumen (besonders Pinus). Unter der Rinde von Wurzeln. *quadrimaculata* (LINNAEUS)

1* Basis des Kaudaldorns länger und schlanker (Abb. 145). Dorsalampulle des 7. Abdominalsegmentes leicht reduziert (Abb. 141). Kopfkapsel weniger flach gedrückt. Rand des Frontoclypeus deutlicher abgesetzt (Abb. 143). In Nadelbäumen (besonders Picea). Unter der Rinde von Wurzeln und an der Stammbasis. *lamed* (LINNAEUS)

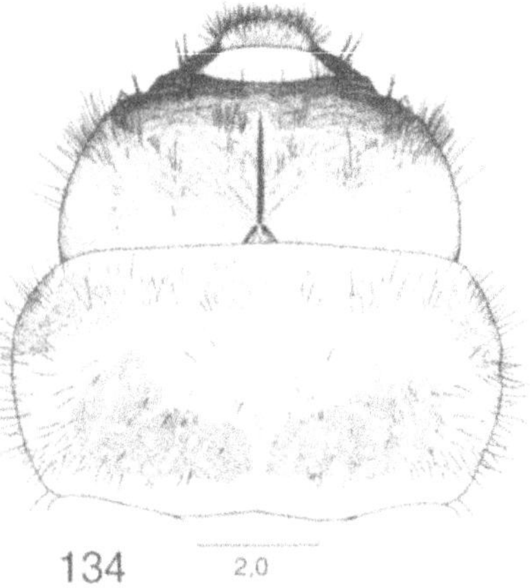

134

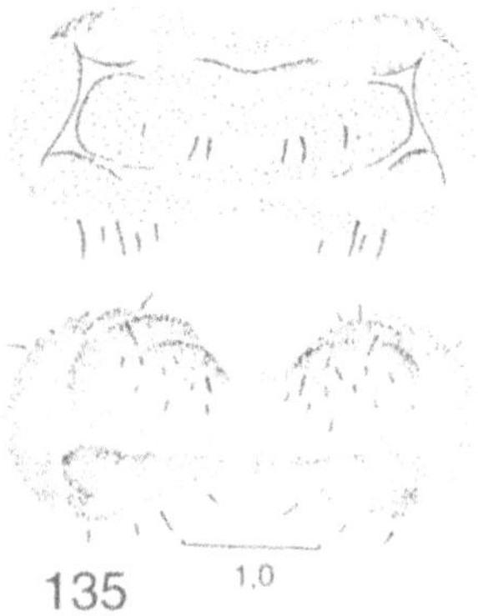

135

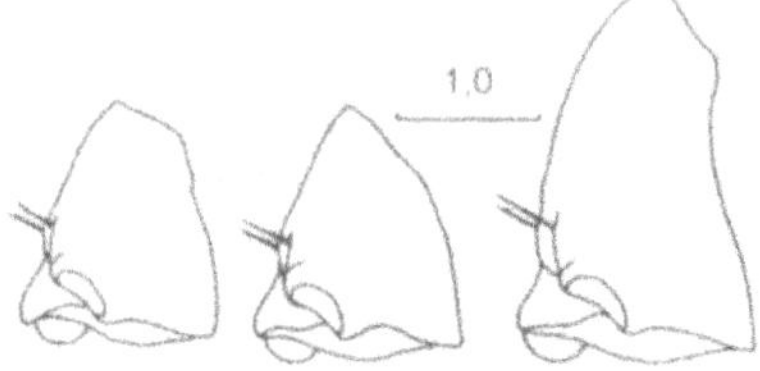

136

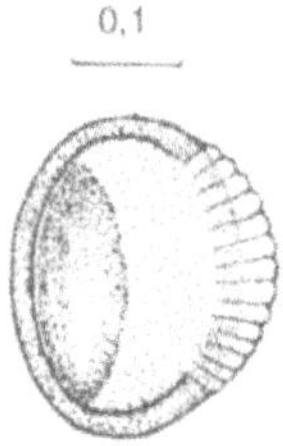

138

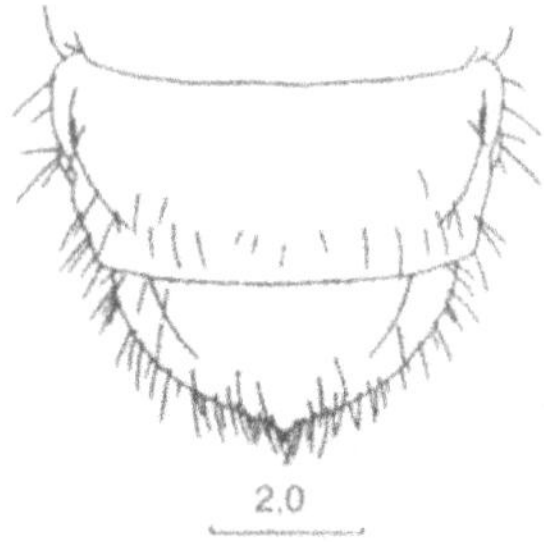

137

Abb. 134: *Akimerus schaefferi*, Kopf, Prothorax, dorsal (aus ŠVÁCHA & DANILEVSKY 1988)

Abb. 135: *Akimerus schaefferi*, 5. Abdominalsegment, oben dorsal, unten ventral (aus ŠVÁCHA & DANILEVSKY 1988)

Abb. 136: *Akimerus schaefferi*, linke Mandibel, dorsal, Variabilität (aus ŠVÁCHA & DANILEVSKY 1988)

Abb. 137: *Akimerus schaefferi*, 8./9. Abdominalsegment, dorsal (aus ŠVÁCHA & DANILEVSKY 1988)

Abb. 138: *Akimerus schaefferi*, 3. Abdominalsegment, Stigma (aus ŠVÁCHA & DANILEVSKY 1988)

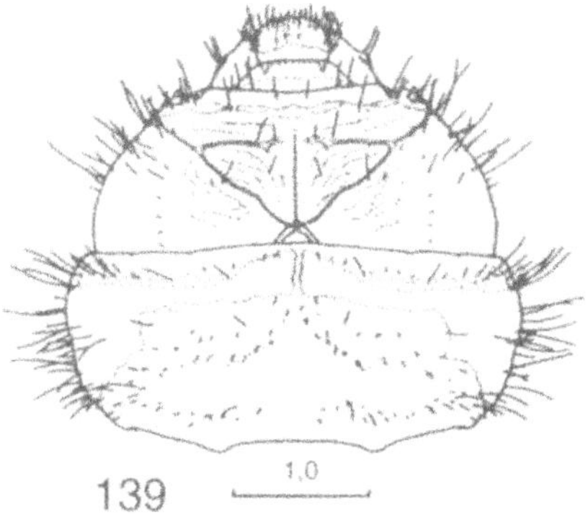

139

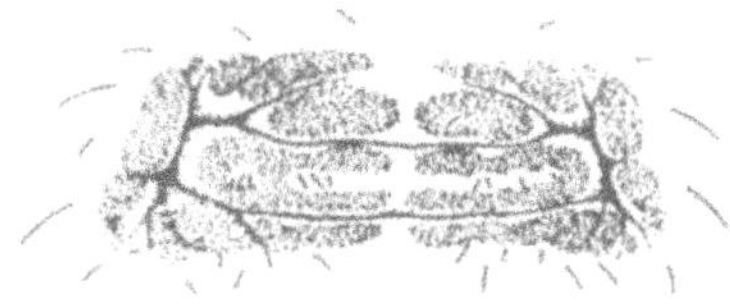

140

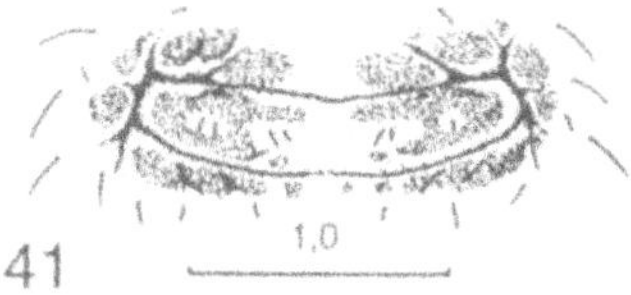

141

142

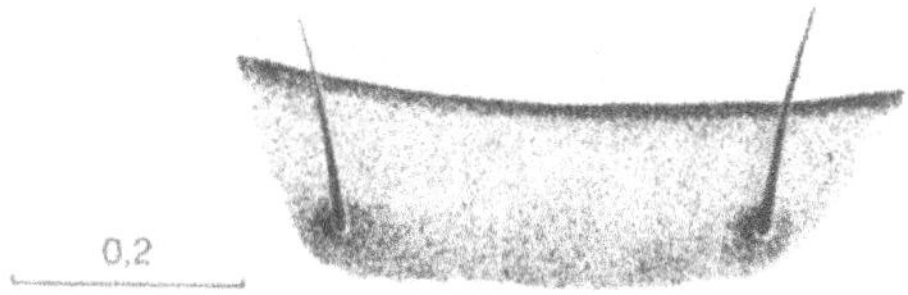

143

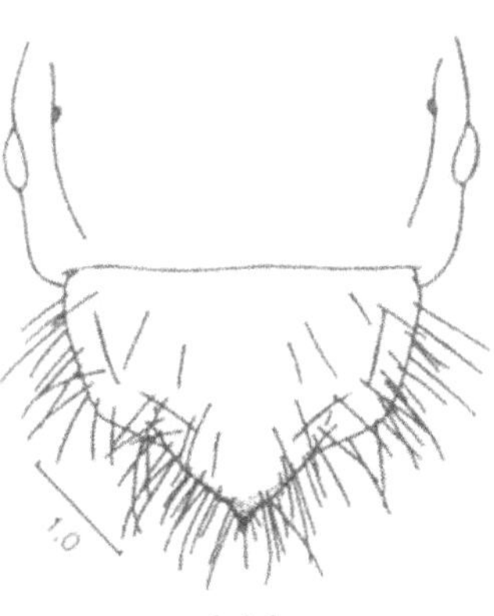

144

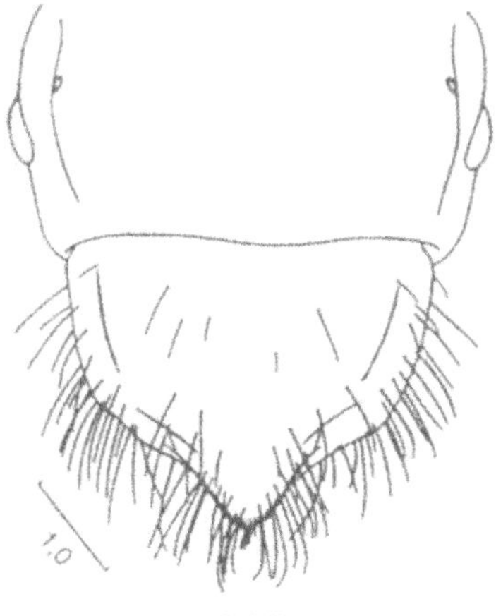

145

Abb. 139: *Pachyta quadrimaculata*, Kopf, Prothorax, dorsal (aus ŠVÁCHA & DANILEVSKY 1988)
Abb. 140: *Pachyta lamed*, 6. Abdominalsegment, dorsal (aus ŠVÁCHA & DANILEVSKY 1988)
Abb. 141: *Pachyta lamed*, 7. Abdominalsegment, dorsal(aus ŠVÁCHA & DANILEVSKY 1988)
Abb. 142: *Pachyta quadrimaculata*, Epistoma (aus ŠVÁCHA & DANILEVSKY 1988)
Abb. 143: *Pachyta lamed*, Epistoma (aus ŠVÁCHA & DANILEVSKY 1988)
Abb. 144: *Pachyta quadrimaculata*, 8./9. Abdominalsegment, dorsal (aus ŠVÁCHA & DANILEVSKY 1988)
Abb. 145: *Pachyta lamed*, 8./9. Abdominalsegment, dorsal (aus ŠVÁCHA & DANILEVSKY 1988)

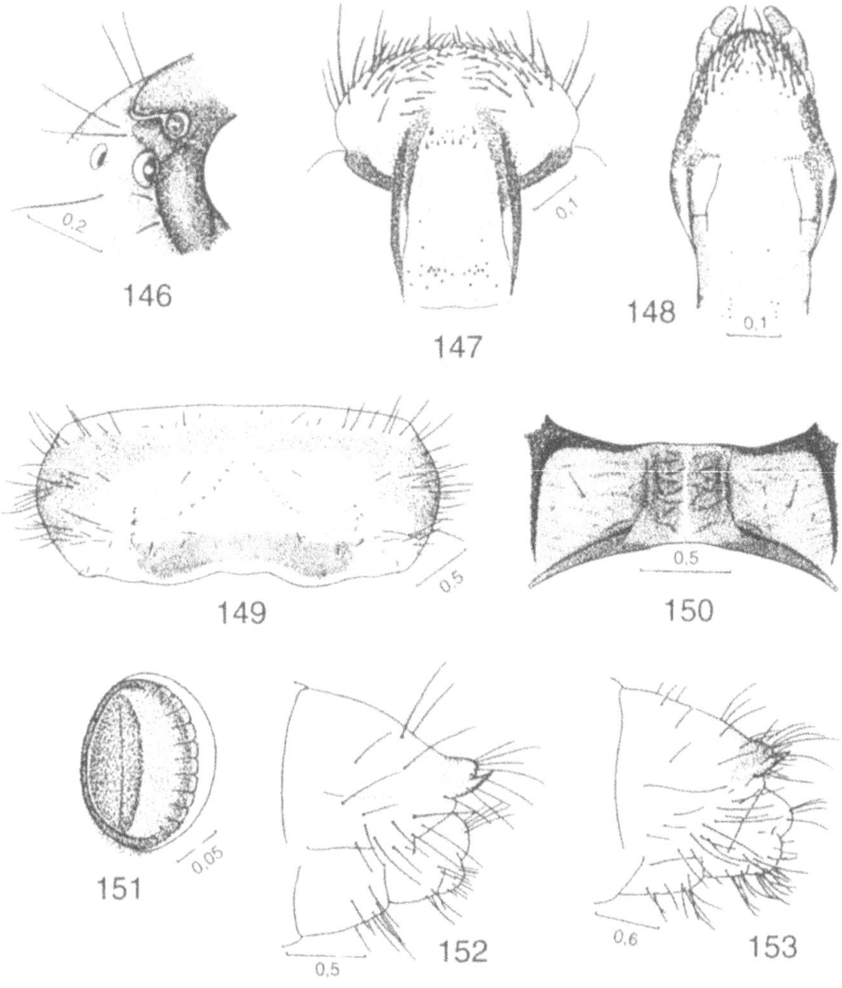

Abb. 146: *Evodinus clathratus*, Kopfkapsel, Stemmataregion (aus ŠVÁCHA & DANILEVSKY 1988)
Abb. 147: *Evodinus borealis*, Epipharynx (aus ŠVÁCHA & DANILEVSKY 1988)
Abb. 148: *Evodinus borealis*, Labium (aus ŠVÁCHA & DANILEVSKY 1988)
Abb. 149: *Evodinus clathratus*, Prothorax, dorsal (aus ŠVÁCHA & DANILEVSKY 1988)
Abb. 150: *Evodinus clathratus*, Ventralsklerit (aus ŠVÁCHA & DANILEVSKY 1988)
Abb. 151: *Evodinus clathratus*, 3. Abdominalsegment, Stigma (aus ŠVÁCHA & DANILEVSKY 1988)
Abb. 152: *Evodinus borealis*, Abdomenende, lateral (aus ŠVÁCHA & DANILEVSKY 1988)
Abb. 153: *Evodinus clathratus*, Abdomenende, lateral (aus ŠVÁCHA & DANILEVSKY 1988)

18. Gattung: *Evodinus* LE CONTE

Tabelle für die Arten (nach ŠVÁCHA & DANILEVSKY 1988)

1 Hypostomalnaht die Postoccipitalnaht nicht erreichend. Gula gewöhnlich mit einer großen Borste auf einer oder beiden Seiten, selten fehlen diese. Vorderrand der Ventralsklerite gerade oder schwach konvex (Abb. 150). Basis des Kaudaldorns dorsal nur wenig hervorragend (Abb. 153). Körperlänge max. 17 mm. In Laub- und Nadelbäumen. Unter loser Rinde von Ästen und Stämmen. *clathratus* (FABRICIUS)

1* Hypostomalnaht die Postoccipitalnaht nahezu völlig erreichend. Gula ohne große Borsten. Vorderrand der Ventralsklerite ± fließend ausgerandet. Basis des Kaudaldorns dorsal abrupt hervorstehend (Abb. 152). Körperlänge max. 15 mm. In verschiedenen Nadelbäumen. Unter Rinde von Ästen und Stämmen. In Mitteleuropa nur im Osten. *borealis* (GYLLENHAL)

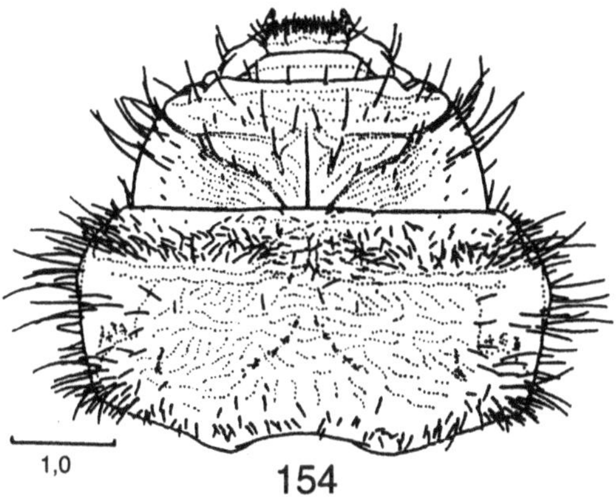

154

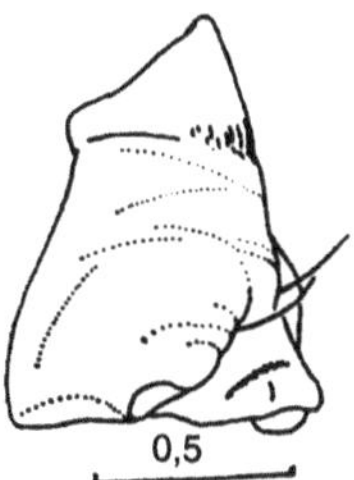

155

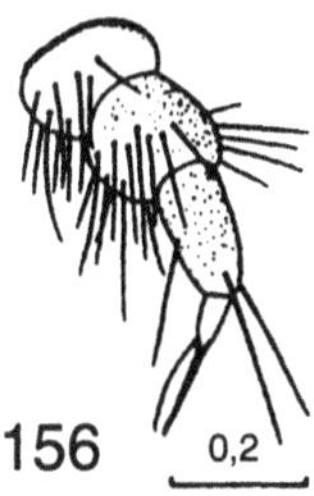

156

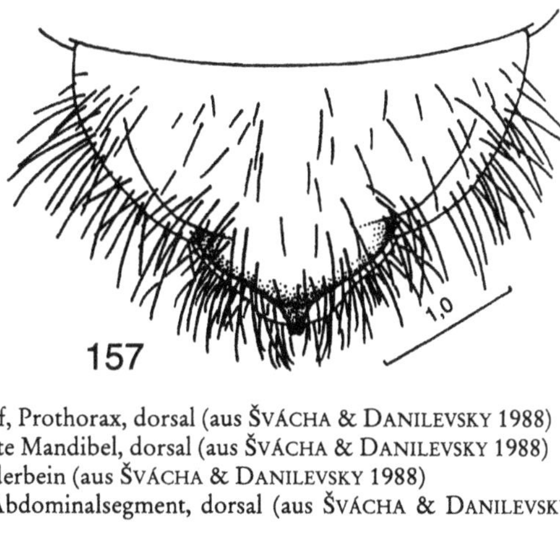

157

Abb. 154: *Brachyta interrogationis*, Kopf, Prothorax, dorsal (aus ŠVÁCHA & DANILEVSKY 1988)
Abb. 155: *Brachyta interrogationis*, rechte Mandibel, dorsal (aus ŠVÁCHA & DANILEVSKY 1988)
Abb. 156: *Brachyta interrogationis*, Vorderbein (aus ŠVÁCHA & DANILEVSKY 1988)
Abb. 157: *Brachyta interrogationis*, 9. Abdominalsegment, dorsal (aus ŠVÁCHA & DANILEVSKY 1988)

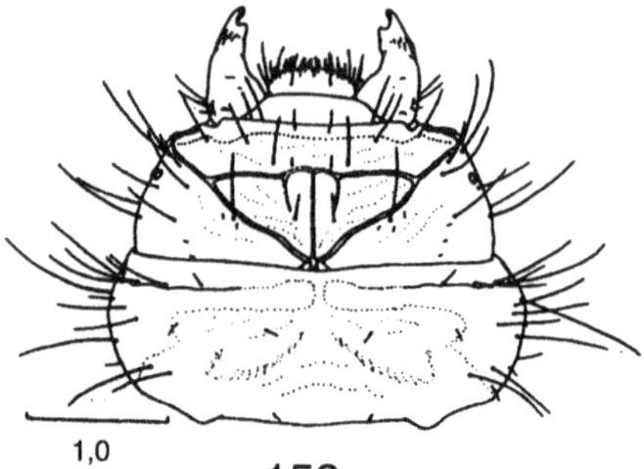

158

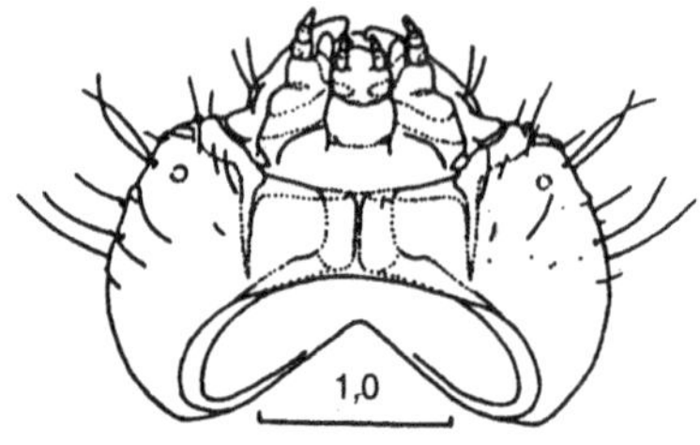

159

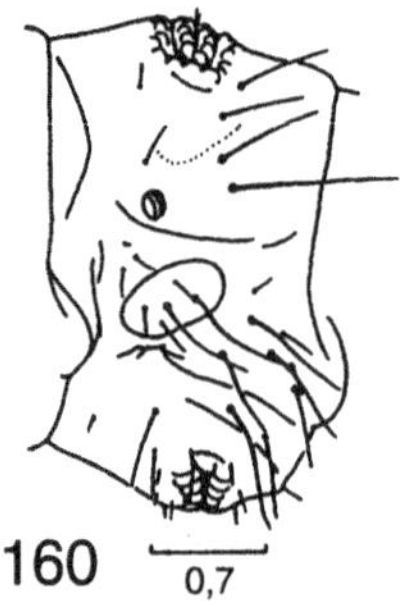

160

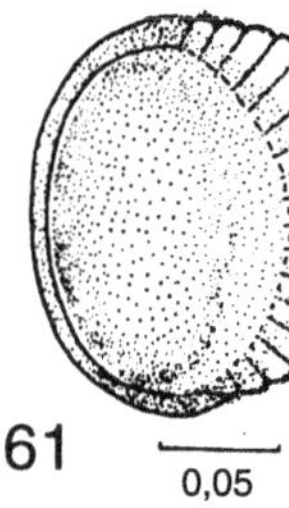

161

162

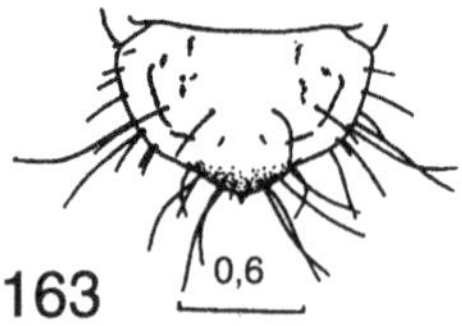

163

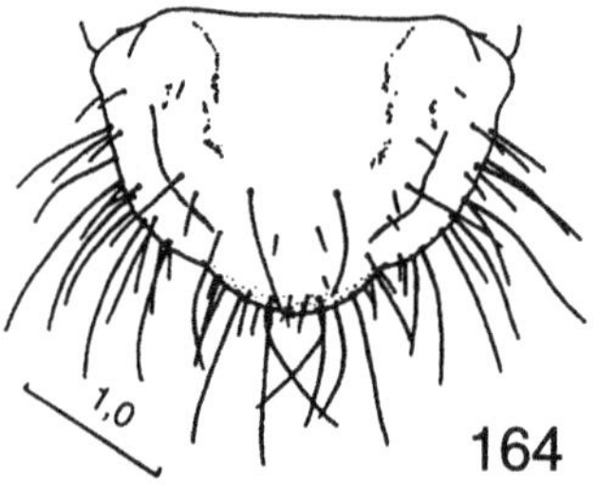

164

Abb. 158: *Gaurotes virginea*, Kopf, Prothorax, dorsal (aus ŠVÁCHA & DANILEVSKY 1988)
Abb. 159: *Gaurotes virginea*, Kopfkapsel, ventral (aus ŠVÁCHA & DANILEVSKY 1988)
Abb. 160: *Gaurotes virginea*, 6. Abdominalsegment, lateral (aus ŠVÁCHA & DANILEVSKY 1988)
Abb. 161: *Gaurotes virginea*, 3. Abdominalsegment, Stigma (aus ŠVÁCHA & DANILEVSKY 1988)
Abb. 162: *Gaurotes virginea*, Hinterbein (aus ŠVÁCHA & DANILEVSKY 1988)
Abb. 163: *Gaurotes virginea*, jüngere Larve, 9. Abdominalsegment, dorsal (aus ŠVÁCHA & DANILEVSKY 1988)
Abb. 164: *Gaurotes virginea*, adulte Larve, 9. Abdominalsegment, dorsal (aus ŠVÁCHA & DANILEVSKY 1988)

18a. Gattung: *Brachyta* FAIRMAIRE

(früher zu *Evodinus* LE CONTE)

Brachyta interrogationis (LINNAEUS). Körperlänge max. 25 mm (Abb. 154–157). In Geranium sylvaticum, in und an den Wurzeln.

19. Gattung: *Gaurotes* LE CONTE

Gaurotes virginea (LINNAEUS). Körperlänge max. 18 mm (Abb. 158–164). In Nadelbäumen (besonders Picea). Unter loser Rinde stehender und liegender Stämme, Verpuppung im Boden.

19a. Gattung: *Pseudogaurotina* PLAVILSTSHIKOV

(früher zu *Gaurotes* LE CONTE)

Pseudogaurotina excellens BRANKSIK. Körperlänge max. (?) 17 mm (Abb. 165–169). In Lonicera-Arten, unter Rinde von lebenden Ästen und im Wurzelbereich. In Mitteleuropa nur im Osten.

20. Gattung: *Acmaeops* LE CONTE

Die Larven verpuppen sich im Boden.

Tabelle für die Arten (nach ŠVÁCHA & DANILEVSKY 1988)

1 Beine nicht besonders lang, Hinterbeine kürzer als die Hälfte ihres basalen Abstandes. Klauen schlanker, fast so lang wie der Tibiotarsus, nicht deutlich zusammengedrückt oder sichelförmig (Abb. 179). Bei den älteren Stadien sind die unteren 2 Haupt-Stemmata ± miteinander verschmolzen (Abb. 176) 2

1* Beine extrem lang (Abb. 170, 174), Klauen ca. halb so lang wie der Tibiotarsus, zusammengedrückt, sichelförmig. Die unteren beiden Haupt-Stemmata sind voneinander getrennt. Körperlänge max. (?) 11 mm. In Nadelbäumen, unter loser Rinde von stark ausgetrockneten Ästen und Stämmen. *pratensis* (LAICHARTING)

2 Hinterwinkel der Stirn kurz, breit (Abb. 172). Postfrons deutlicher transvers (max. Breite zur Länge in der Mitte größer als 2,4). Kopfkapsel immer deutlich transvers, Seiten scharf hervorstehend bis etwas winklig (Abb. 172). Sternum des 9. Abdominalsegmentes mit bis zu 10 Borsten auf jeder Seite. Körperlänge max. 19 mm. In Nadelbäumen (besonders Pinus), unter Rinde von dicken abgestorbenen Ästen. *marginatus* (FABRICIUS)

2* Hinterwinkel der Stirn deutlicher abgesetzt (Abb. 173). Postfrons weniger transvers (max. Breite zur Länge in der Mitte 2,1–2,2, selten bis 2,3). Kopfkapsel weniger transvers, die Seiten ragen nicht so deutlich hervor (Abb. 173). Sternum des 9. Abdominalsegmentes bei älteren Stadien mit 10, meist sogar mehr Borsten auf jeder Seite. Körperlänge max. 18 mm. In Nadelbäumen (besonders Picea). In und unter der Rinde stehender und liegender Stämme. *septentrionis* (THOMSON)

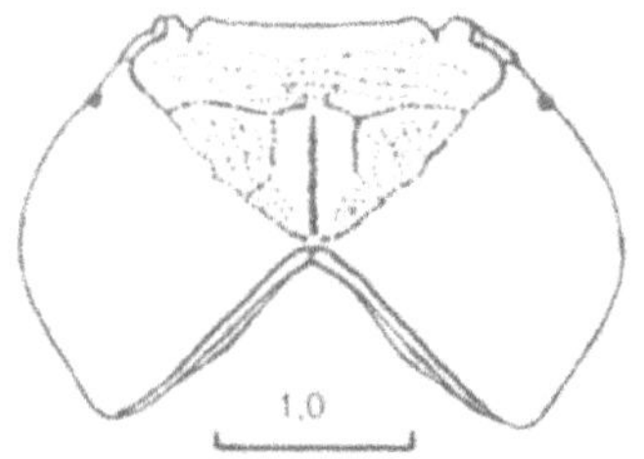

165

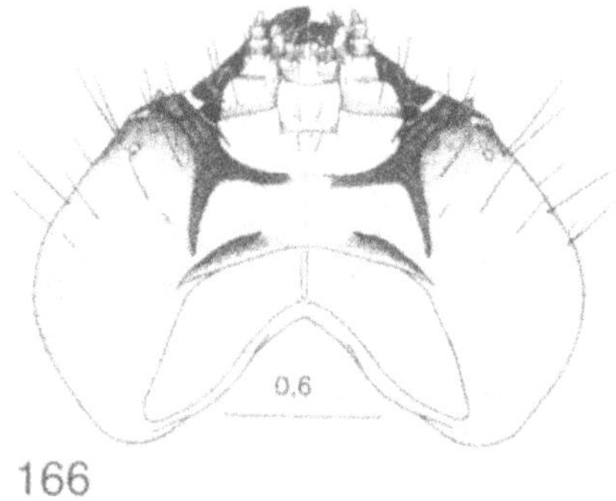

166

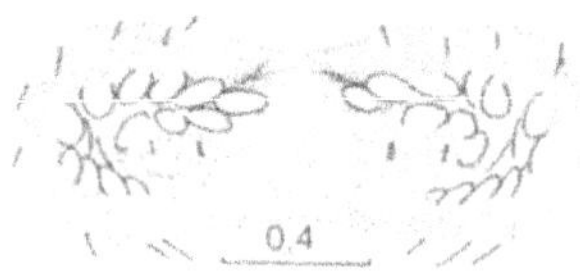

167

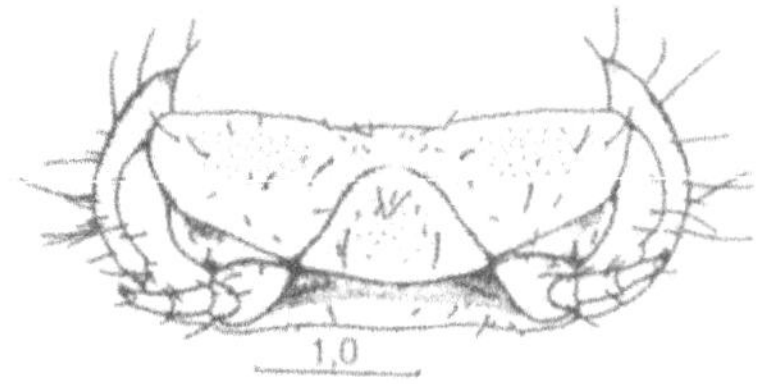

168

169

Abb. 165: *Pseudogaurotina excellens*, Kopfkapsel, dorsal (aus ŠVÁCHA & DANILEVSKY 1988)
Abb. 166: *Pseudogaurotina excellens*, Kopfkapsel, ventral (aus ŠVÁCHA & DANILEVSKY 1988)
Abb. 167: *Pseudogaurotina excellens*, 5. Abdominalsegment, dorsal (aus ŠVÁCHA & DANILEVSKY 1988)
Abb. 168: *Pseudogaurotina excellens*, Prothorax, ventral (aus ŠVÁCHA & DANILEVSKY 1988)
Abb. 169: *Pseudogaurotina excellens*, Vorderbein, Tibiotarsus, Klaue(aus ŠVÁCHA & DANILEVSKY 1988)

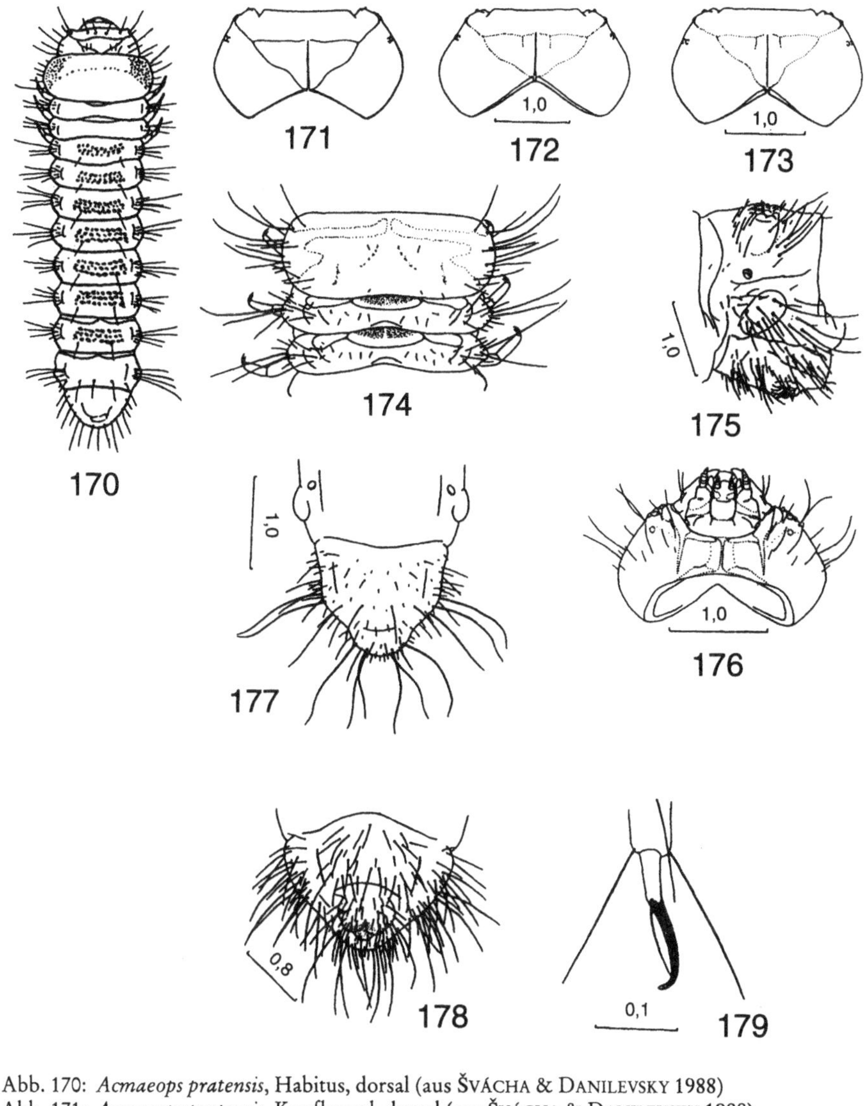

Abb. 170: *Acmaeops pratensis*, Habitus, dorsal (aus ŠVÁCHA & DANILEVSKY 1988)
Abb. 171: *Acmaeops pratensis*, Kopfkapsel, dorsal (aus ŠVÁCHA & DANILEVSKY 1988)
Abb. 172: *Acmaeops marginatus*, Kopfkapsel, dorsal (aus ŠVÁCHA & DANILEVSKY 1988)
Abb. 173: *Acmaeops septentrionis*, Kopfkapsel, dorsal (aus ŠVÁCHA & DANILEVSKY 1988)
Abb. 174: *Acmaeops pratensis*, Thorax, dorsal (aus ŠVÁCHA & DANILEVSKY 1988)
Abb. 175: *Acmaeops septentrionis*, 6. Abdominalsegment, lateral (aus ŠVÁCHA & DANILEVSKY 1988)
Abb. 176: *Acmaeops septentrionis*, Kopfkapsel, ventral (aus ŠVÁCHA & DANILEVSKY 1988)
Abb. 177: *Acmaeops pratensis*, Abdomenende, dorsal (aus ŠVÁCHA & DANILEVSKY 1988)
Abb. 178: *Acmaeops septentrionis*, 9./10. Abdominalsegment, ventral (aus ŠVÁCHA & DANILEVSKY 1988)
Abb. 179: *Acmaeops septentrionis*, Tibiotarsus, Klaue (aus ŠVÁCHA & DANILEVSKY 1988)

20a. Gattung: *Dinoptera* Mulsant

(früher zu *Acmaeops* Le Conte)

Dinoptera collaris (Linnaeus). Körperlänge max. 12 mm, Kopfkapselbreite 2,2 mm (Abb. 181–183). In Laubbäumen (polyphag). Unter loser, trockener Rinde von liegenden Ästen. Verpuppung im Boden.

21. Gattung: *Pidonia* Mulsant

Pidonia lurida (Fabricius). Körperlänge max. 19 mm (Abb. 184–187). In Nadel- und Laubbäumen (polyphag). Unter der Rinde von toten Wurzeln. Verpuppung im Boden.

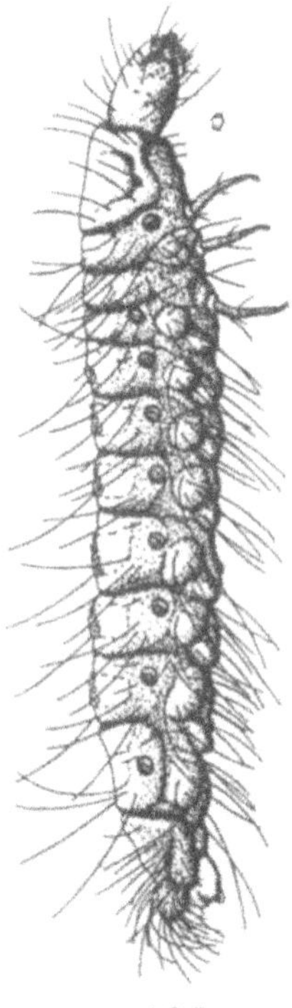

180

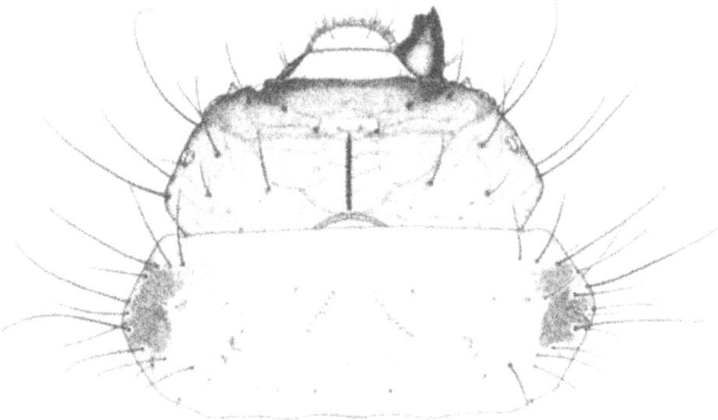

181

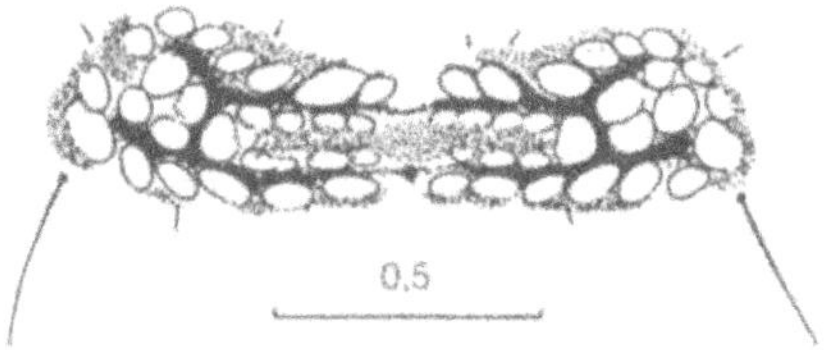

182

183

Abb. 180: *Dinoptera collaris*, Habitus, lateral (aus Duffy 1953)
Abb. 181: *Dinoptera collaris*, Kopf, Prothorax, dorsal (aus Švácha & Danilevsky 1988)
Abb. 182: *Dinoptera collaris*, 2. Abdominalsegment, dorsal (aus Švácha & Danilevsky 1988)
Abb. 183: *Dinoptera collaris*, Hinterbein (aus v. Demelt 1966)

22. Gattung: *Cortodera* MULSANT

Es fehlt *Cortodera flavimana* (WALTL)

Tabelle für die Arten (nach ŠVÁCHA & DANILEVSKY 1988)

1 Ventrales Stemma vorhanden, mit deutlichem Pigmentfleck. Spitze der Mandibeln breit verdoppelt (Abb. 196). Beborstung des Körpers geringer. Das Latero- und Mediopraesternum (Eusternum) des Prothorax gewöhnlich mit 4–5 und 3 Paaren, oder (*femorata*) es sind nur wenige kurze Zusatzborsten vorhanden 2

1* Ventrales Stemma undeutlich, ein Pigmentfleck ist nur bei sehr jungen Larven vorhanden. Mandibelspitze nicht verdoppelt. Beborstung des Körpers sehr dicht (Abb. 189), Medio- und Lateropraesternum des Prothorax bei höheren Stadien mit zahlreichen Borsten 3

2 Hinterwinkel der Stirn weniger zugespitzt, gewöhnlich mehr abgerundet (Abb. 190). Hypostomalnähte meist wenig auseinanderstrebend, sie erreichen (manchmal nur fast) die Postoccipitalnaht. Pigmentierung des Palpiger durch die Breite des 2. Gliedes des Labialpalpus oder eine geringere

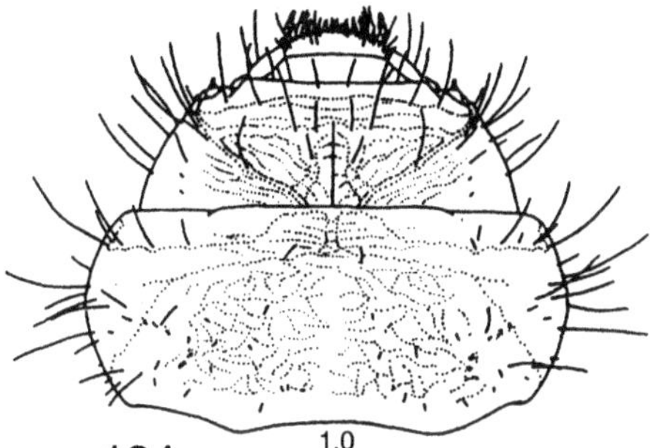

184

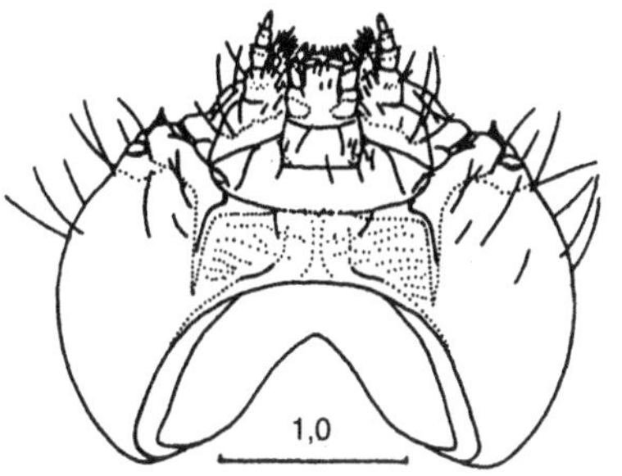

185

186

187

Abb. 184: *Pidonia lurida*, Kopf, Prothorax, dorsal (aus ŠVÁCHA & DANILEVSKY 1988)
Abb. 185: *Pidonia lurida*, Kopfkapsel, ventral (aus ŠVÁCHA & DANILEVSKY 1988)
Abb. 186: *Pidonia lurida*, Antenne (aus ŠVÁCHA & DANILEVSKY 1988)
Abb. 187: *Pidonia lurida*, 9./10. Abdominalsegment, dorsal (aus ŠVÁCHA & DANILEVSKY 1988)

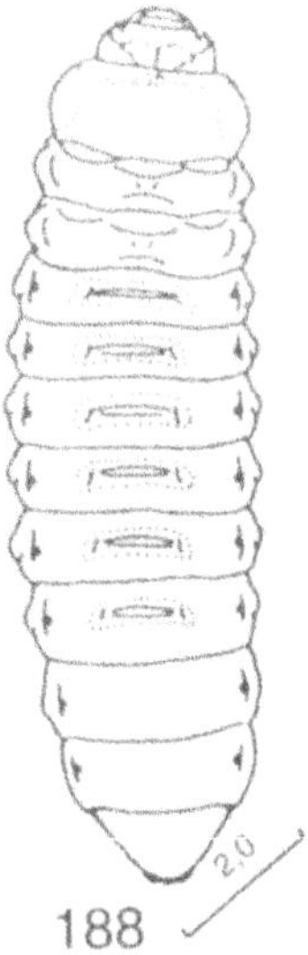

188

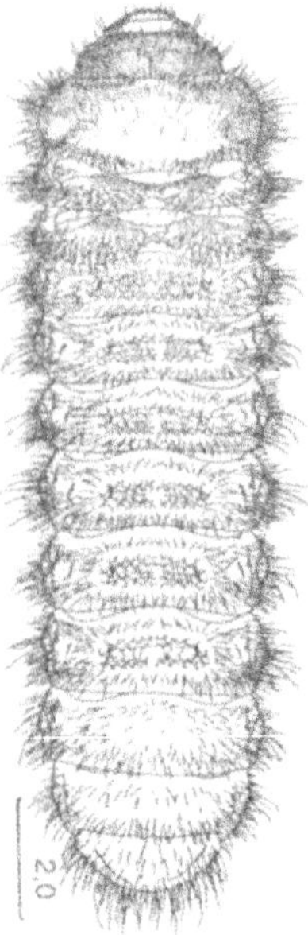

189

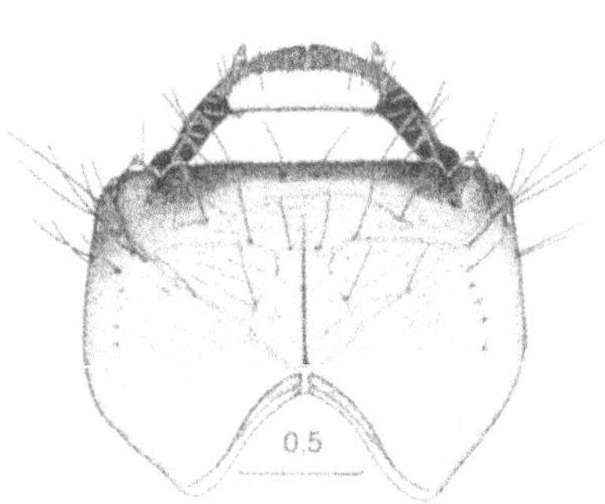

190

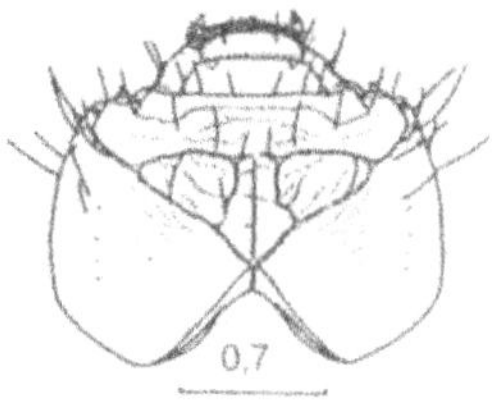

191

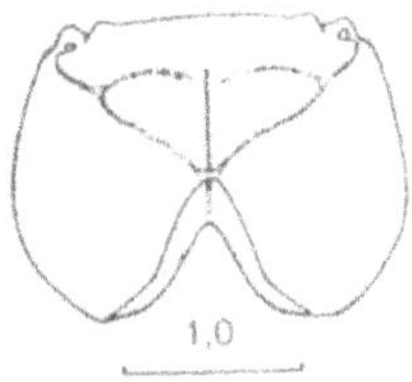

192

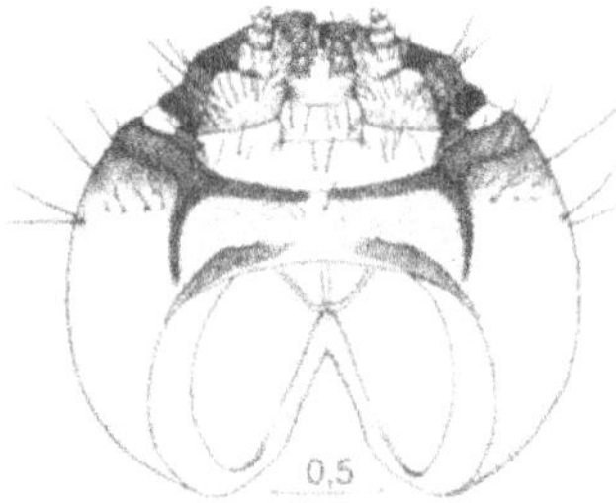

193

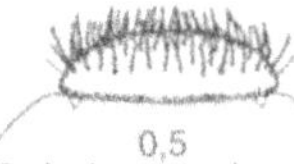

194

195

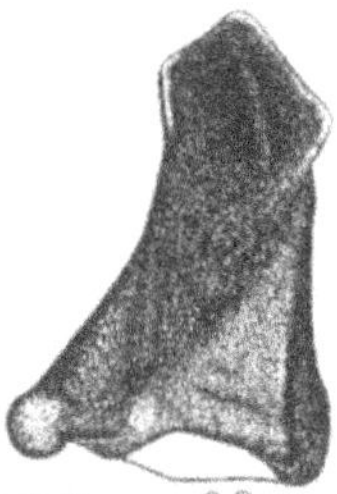

196

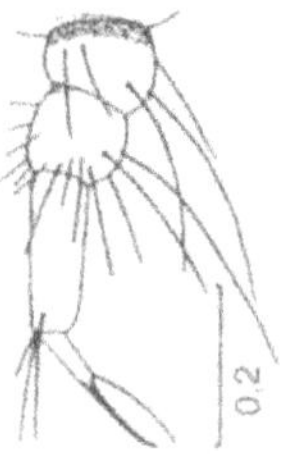

197

198

Entfernung getrennt. Körperlänge max. 13 mm. In oberen Bodenschichten und in Wurzeln von Laubbäumen. Larven sehr beweglich, wechseln die Nahrungsquelle. *humeralis* (SCHALLER)

2* Hinterrand der Frons scharf winkelig zugespitzt (Abb. 191). Die Hypostomalnähte erreichen nicht die Postoccipitalnaht, gewöhnlich divergieren sie stärker. Die Pigmentierung des Palpiger ist durch eine Breite oder mehr des 2. Gliedes des Labialpalpus getrennt. Körperlänge max. 14 mm. Biologie weitgehend unbekannt (die Larven wurden in Zapfen von Picea und in Rindenstücken gefunden, die in der Humusschicht lagen). *femorata* (FABRICIUS)

3 Körper meist ohne kleine Dörnchen, auch die Nota des Meso- und Metathorax (wenigstens bei höheren Stadien) ohne feine Dörnchen. Körperlänge max. 20 mm. In Wurzeln von Centaurea. *holosericea* (FABRICIUS)

3* Körper deutlich mit feinen Dörnchen besetzt, auch die Nota des Meso- und Metathorax. Körperlänge max. 17 mm. In und an Wurzeln von Centaurea. In Mitteleuropa nur im Südosten. *villosa* HEYDEN

23. Gattung: *Grammoptera* SERVILLE

Tabelle für die Arten (nach DUFFY 1953, MAMAEV & DANILEVSKY 1975, ŠVÁCHA & DANILEVSKY 1988)

1 Beine lang, vor allem die Klauen der Hinterbeine viel kürzer als der Tibiotarsus, deutlich zusammengedrückt (Abb. 207). Kopfkapsel mit kräftigen feinen Körnchen. Körperlänge max. 12 mm. In Laubbäumen. Unter Rinde oder in weißfaulem Holz trockener Zweige und Äste. *ustulata* (SCHALLER)

1* Beine viel kürzer, Klauen höchstens schwach zusammengedrückt, ± nadelförmig (Abb. 208). Meist sind nur einige Regionen der Kopfkapsel mit feinen Körnchen bedeckt 2

2 Ventralsklerite länger (Breite in der Mitte zu Länge in der Mittellinie etwa 3,5, selten bis 4; Abb. 205). Wenigstens die Lateralabschnitte der Transfrontalnaht relativ scharf und schmal (Abb. 200). Körperlänge max. 11 mm, Kopfkapselbreite 2,1 mm. In Laubbäumen (polyphag). Unter Rinde von trockenen Zweigen und Ästen. *ruficornis* (FABRICIUS)

Abb. 188: *Cortodera humeralis*, Habitus, dorsal (aus ŠVÁCHA & DANILEVSKY 1988)
Abb. 189: *Cortodera villosa*, Habitus, dorsal (aus ŠVÁCHA & DANILEVSKY 1988)
Abb. 190: *Cortodera humeralis*, Kopfkapsel, dorsal (aus ŠVÁCHA & DANILEVSKY 1988)
Abb. 191: *Cortodera femorata*, Kopfkapsel, dorsal (aus ŠVÁCHA & DANILEVSKY 1988)
Abb. 192: *Cortodera holosericea*, Kopfkapsel, dorsal (aus ŠVÁCHA & DANILEVSKY 1988)
Abb. 193: *Cortodera villosa*, Kopfkapsel, ventral (aus ŠVÁCHA & DANILEVSKY 1988)
Abb. 194: *Cortodera villosa*, Labrum (aus ŠVÁCHA & DANILEVSKY 1988)
Abb. 195: *Cortodera humeralis*, Antenne (aus ŠVÁCHA & DANILEVSKY 1988)
Abb. 196: *Cortodera humeralis*, rechte Mandibel, medial (aus ŠVÁCHA & DANILEVSKY 1988)
Abb. 197: *Cortodera humeralis*, Hinterbein (aus ŠVÁCHA & DANILEVSKY 1988)
Abb. 198: *Cortodera humeralis*, Abdomenende, lateral (aus ŠVÁCHA & DANILEVSKY 1988)

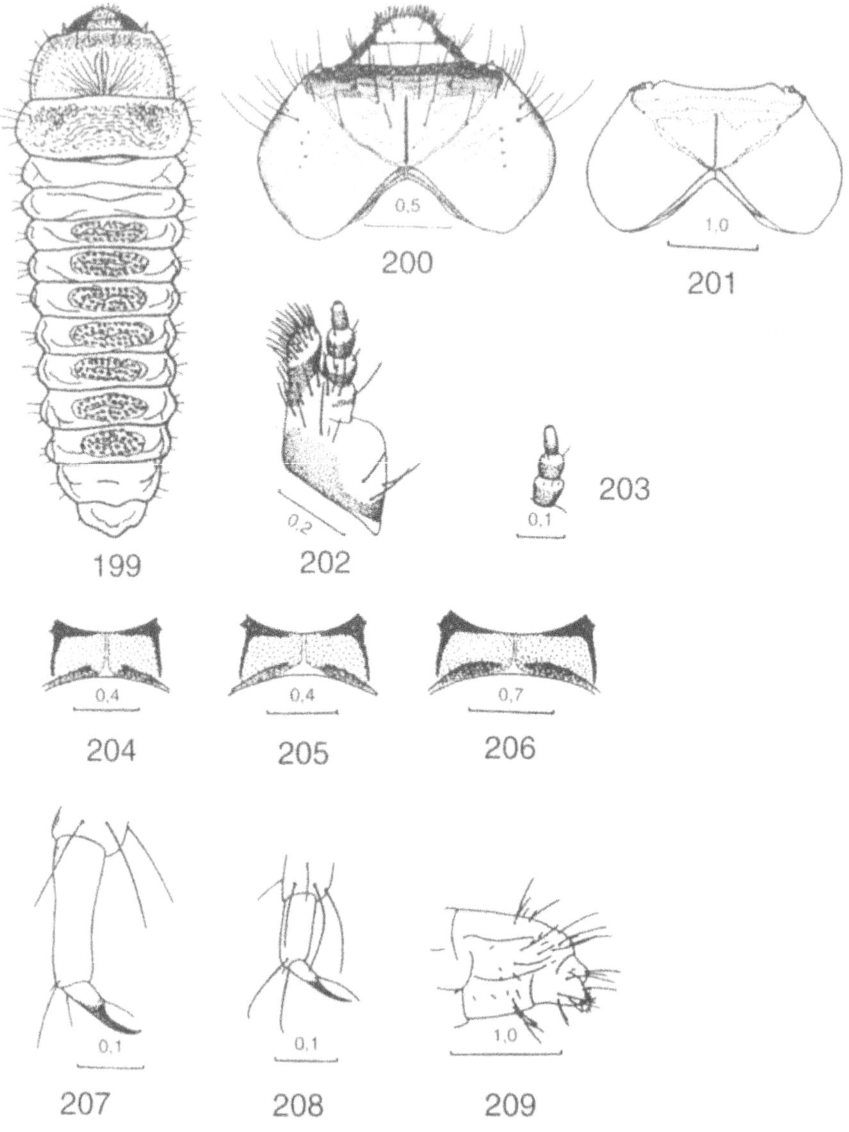

Abb. 199: *Grammoptera ustulata*, Habitus, dorsal (aus v. DEMELT 1966)
Abb. 200: *Grammoptera ruficornis*, Kopfkapsel, dorsal (aus ŠVÁCHA & DANILEVSKY 1988)
Abb. 201: *Grammoptera abdominalis*, Kopfkapsel, dorsal (aus ŠVÁCHA & DANILEVSKY 1988)
Abb. 202: *Grammoptera abdominalis*, Maxille (aus ŠVÁCHA & DANILEVSKY 1988)
Abb. 203: *Grammoptera ruficornis*, Maxillarpalpus (aus ŠVÁCHA & DANILEVSKY 1988)
Abb. 204: *Grammoptera ustulata*, Ventralsklerit (aus ŠVÁCHA & DANILEVSKY 1988)
Abb. 205: *Grammoptera ruficornis*, Ventralsklerit (aus ŠVÁCHA & DANILEVSKY 1988)
Abb. 206: *Grammoptera abdominalis*, Ventralsklerit (aus ŠVÁCHA & DANILEVSKY 1988)
Abb. 207: *Grammoptera ustulata*, Hinterbein, Tibiotarsus, Klaue (aus ŠVÁCHA & DANILEVSKY 1988)
Abb. 208: *Grammoptera ruficornis*, Hinterbein, Tibiotarsus, Klaue (aus ŠVÁCHA & DANILEVSKY 1988)
Abb. 209: *Grammoptera ustulata*, Abdomenende, lateral (aus ŠVÁCHA & DANILEVSKY 1988)

2* Ventralsklerite breiter (Breite in der Mitte zu Länge in der Mittellinie 4 oder mehr; Abb. 206). Transfrontalnaht ± breit, undeutlich (Abb. 201). Körperlänge max. 14 mm. In Laubbäumen (besonders Quercus). Unter Rinde und in morschem Holz von Zweigen, Ästen und Stämmen.
abdominalis (STEPHENS) (= *variegata* (GERMAR))

24. Gattung: *Alosterna* MULSANT

Es fehlt *Alosterna erythropus* (GEBLER) (= *Grammoptera erythropus* GEBLER).

Alosterna tabacicolor (DE GEER). Körperlänge max. 15 mm (Abb. 210–213). Besonders in Laubbäumen, auch in Nadelbäumen. Unter Rinde, in verpilztem Holz von Ästen.

25. Gattung: *Cornumutila* LETZNER

Cornumutila quadrivittata (GEBLER). Körperlänge max. 20 mm (Abb. 214–216, 243). In verschiedenen Nadelbäumen, tief in totem Holz stehender Stämme. In Mitteleuropa nur im Süden und Südosten.

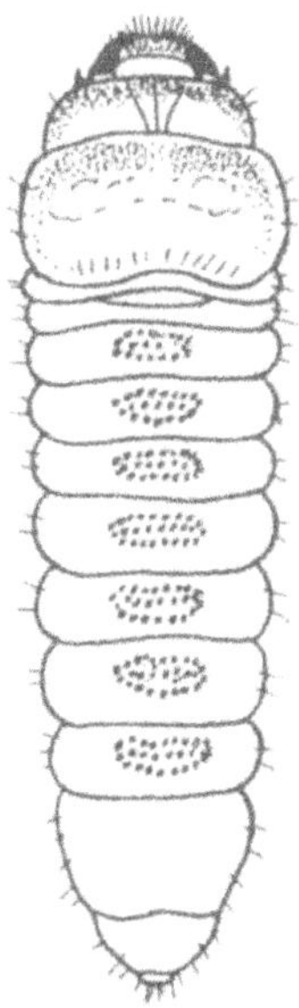

210

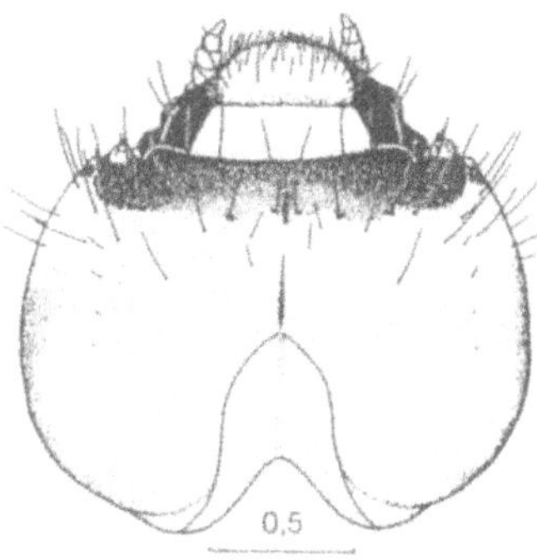

211

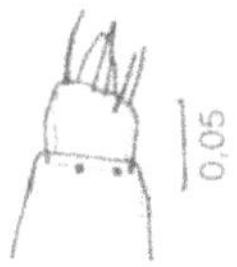

212

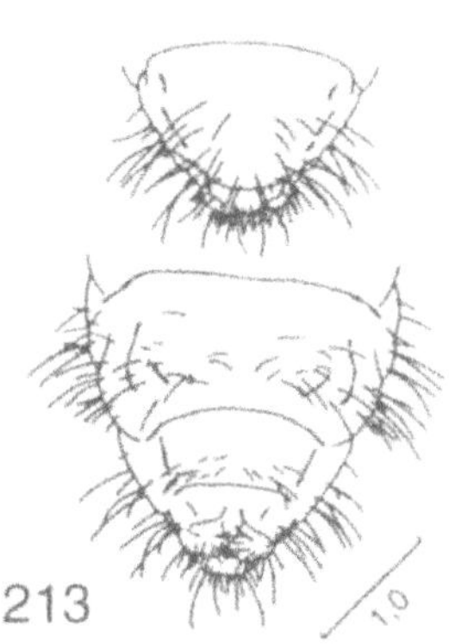

213

Abb. 210: *Alosterna tabacicolor*, Habitus, dorsal (aus v. DEMELT 1966)
Abb. 211: *Alosterna tabacicolor*, Kopfkapsel, dorsal (aus ŠVÁCHA & DANILEVSKY 1988)
Abb. 212: *Alosterna tabacicolor*, Antenne, Spitze (aus DUFFY 1953)
Abb. 213: *Alosterna tabacicolor*, Abdomenende, oben dorsal, unten ventral (aus ŠVÁCHA & DANILEVSKY 1988)

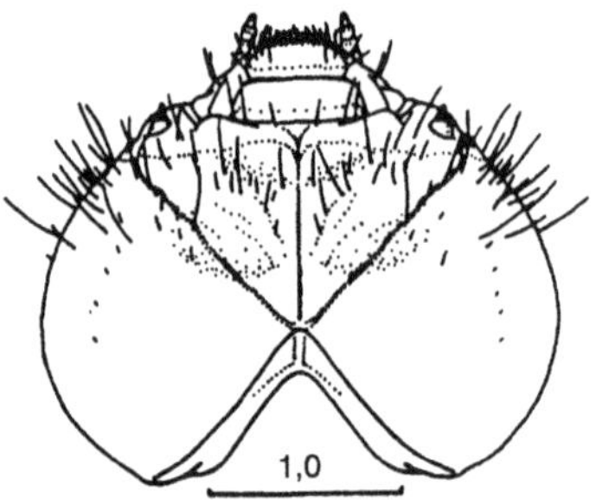

214

215

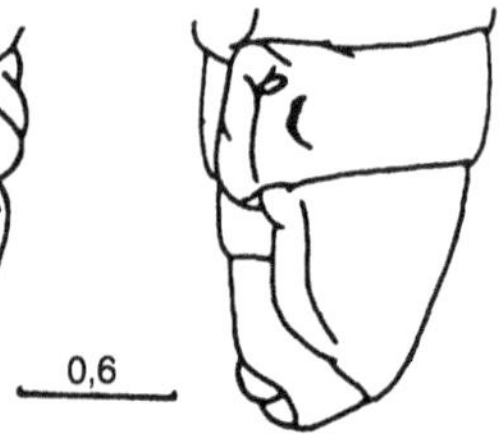

216

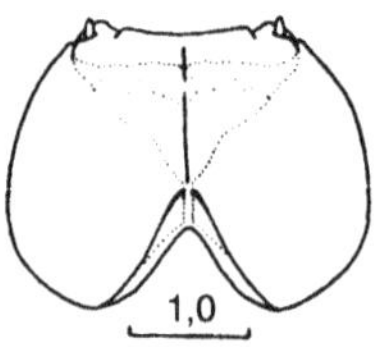

217

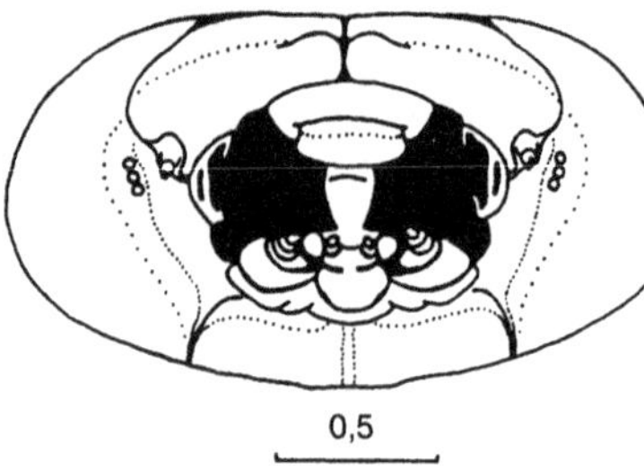

218

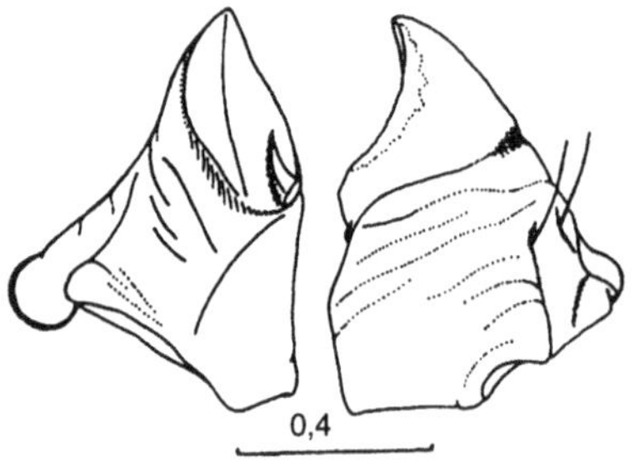

219

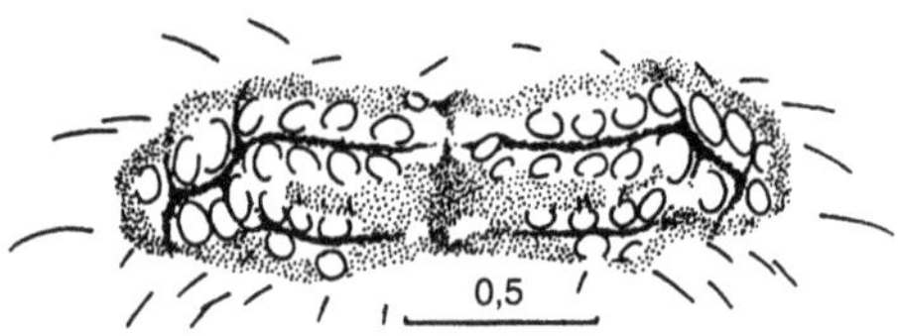

220

Abb. 214: *Cornumutila quadrivittata*, Kopfkapsel, dorsal (aus ŠVÁCHA & DANILEVSKY 1988)
Abb. 215: *Cornumutila quadrivittata*, Abdomenende, ventral (aus ŠVÁCHA & DANILEVSKY 1988)
Abb. 216: *Cornumutila quadrivittata*, Abdomenende, lateral (aus ŠVÁCHA & DANILEVSKY 1988)
Abb. 217: *Nivellia sanguinosa*, Kopfkapsel, dorsal (aus ŠVÁCHA & DANILEVSKY 1988)
Abb. 218: *Nivellia sanguinosa*, Kopfkapsel, von vorn (aus ŠVÁCHA & DANILEVSKY 1988)
Abb. 219: *Nivellia sanguinosa*, rechte Mandibel, dorsal und medial (aus ŠVÁCHA & DANILEVSKY 1988)
Abb. 220: *Nivellia sanguinosa*, 3. Abdominalsegment, dorsal (aus ŠVÁCHA & DANILEVSKY 1988)

26. Gattung: *Nivellia* MULSANT

Nivellia sanguinosa (GYLLENHAL) (Abb. 217–220). In Laubbäumen (besonders Alnus). In Ästen und Stämmen. In Mitteleuropa nur im Osten und Südosten.

27. Gattung: *Leptura* LINNAEUS

Die Arten der ehemaligen Gattung *Leptura* wurden sämtlich auf die folgenden Gattungen 27a bis 27f aufgeteilt. Zu *Leptura* gehören jetzt 6 Arten aus der ehemaligen Gattung *Strangalia* SERVILLE), von denen *aethiops, arcuata (= mimica), aurulenta, quadrifasciata* und *thoracica* nach der folgenden Bestimmungstabelle unterschieden werden können.

1 Eusternum (Mediopraesternum) mit einem breiten, transversen Band feiner Dörnchen, das sehr selten schmal unterbrochen sein kann. Die dunkle Pigmentierung der Gena schmaler als die doppelte Breite des Pleurostom.

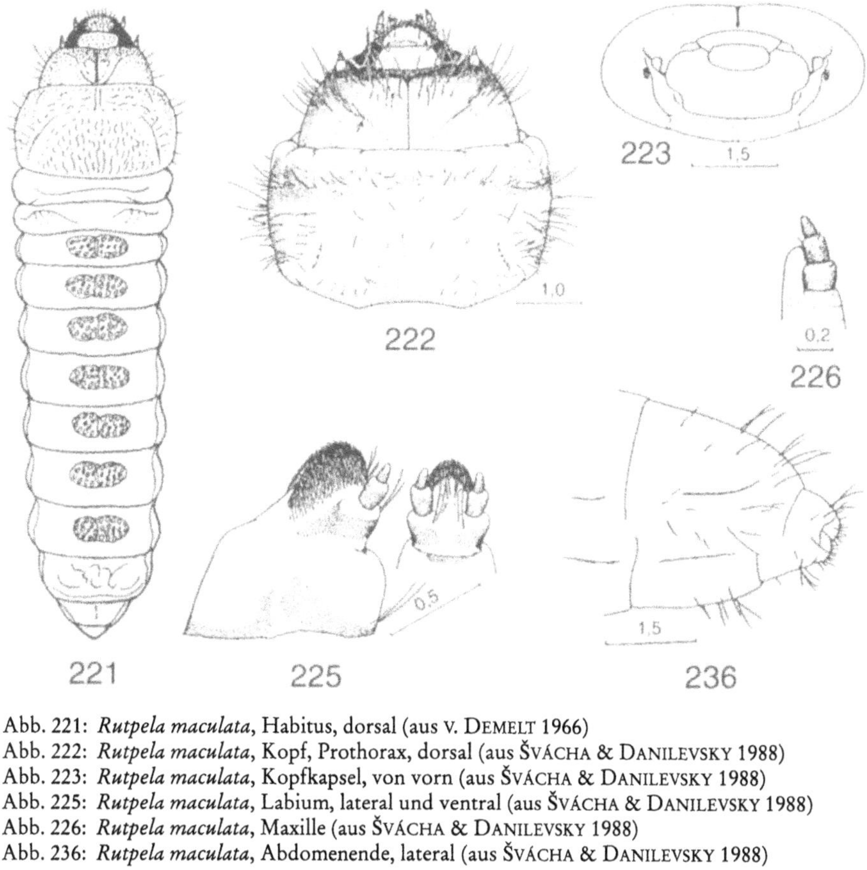

Abb. 221: *Rutpela maculata*, Habitus, dorsal (aus v. DEMELT 1966)
Abb. 222: *Rutpela maculata*, Kopf, Prothorax, dorsal (aus ŠVÁCHA & DANILEVSKY 1988)
Abb. 223: *Rutpela maculata*, Kopfkapsel, von vorn (aus ŠVÁCHA & DANILEVSKY 1988)
Abb. 225: *Rutpela maculata*, Labium, lateral und ventral (aus ŠVÁCHA & DANILEVSKY 1988)
Abb. 226: *Rutpela maculata*, Maxille (aus ŠVÁCHA & DANILEVSKY 1988)
Abb. 236: *Rutpela maculata*, Abdomenende, lateral (aus ŠVÁCHA & DANILEVSKY 1988)

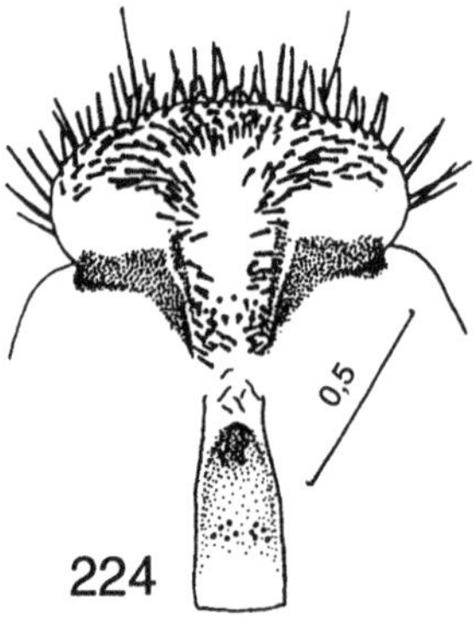

224

227

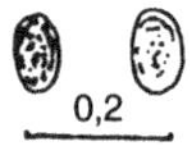

228 229

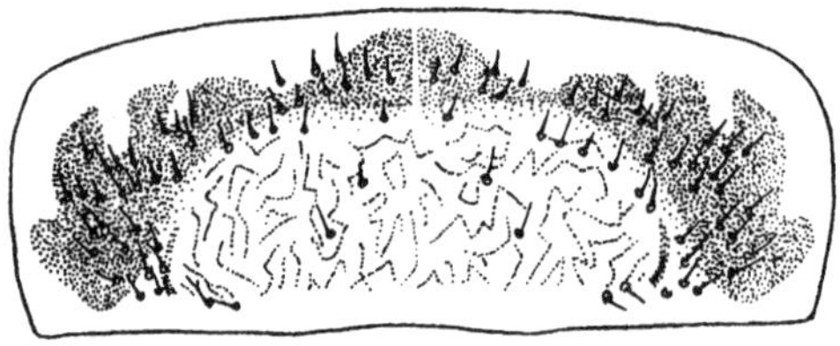

230

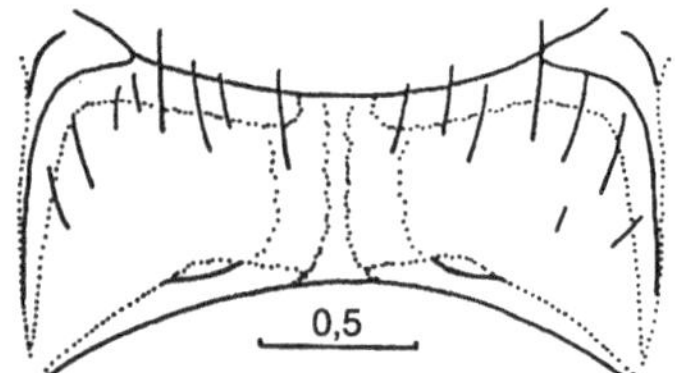

233

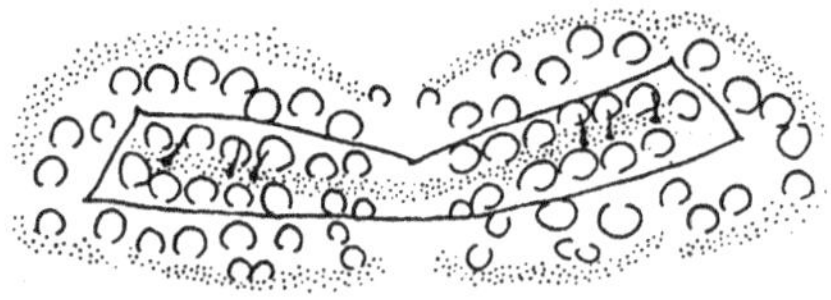

231

232

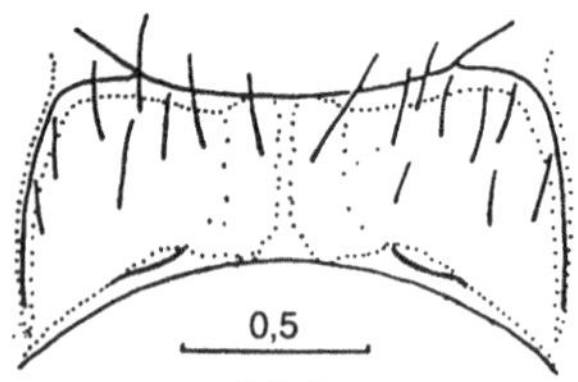

234

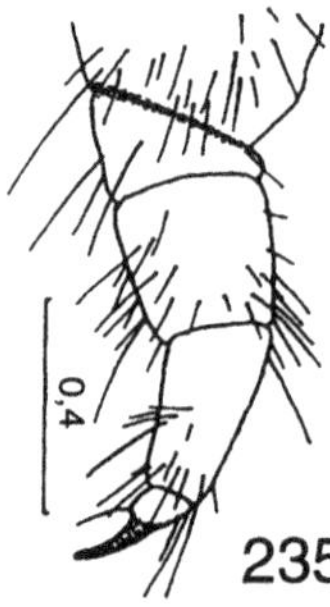

235

Abb. 224: *Leptura quadrifasciata*, Epipharynx (aus ŠVÁCHA & DANILEVSKY 1988)
Abb. 227: *Leptura thoracica*, Prothorax, Eusternum (aus ŠVÁCHA & DANILEVSKY 1988)
Abb. 228: *Leptura aethiops,* Haupt-Stemma (aus ŠVÁCHA & DANILEVSKY 1988)
Abb. 229: *Leptura arcuata*, Haupt-Stemma (aus ŠVÁCHA & DANILEVSKY 1988)
Abb. 230: *Leptura thoracica*, Prothorax, dorsal (aus MAMAEV & DANILEVSKY 1975)
Abb. 231: *Leptura thoracica*, Abdominalsegment, dorsal (aus MAMAEV & DANILEVSKY 1975)
Abb. 232: *Leptura thoracica*, 7. Abdominalsegment, dorsal (aus MAMAEV & DANILEVSKY 1975)
Abb. 233: *Leptura aurulenta*, Ventralsklerit (aus ŠVÁCHA & DANILEVSKY 1988)
Abb. 234: *Leptura arcuata*, Ventralsklerit (aus ŠVÁCHA & DANILEVSKY 1988)
Abb. 235: *Leptura thoracica*, Hinterbein (aus ŠVÁCHA & DANILEVSKY 1988)

Ventralsklerite bei jungen Larven nicht, bei älteren etwas dunkler als das Epicranium. Beine mit nur wenigen Borsten 2

1* Eusternum (Mediopraesternum) mit 2 voneinander getrennten, von feinen Dörnchen bedeckten Flecken (Abb. 227). Gena sehr breit und kräftig sklerotisiert, sehr dunkel. Ventralsklerite auch bei jungen Larven deutlich dunkler als das Epicranium, bei älteren Larven braunrot. Beine bei späte-

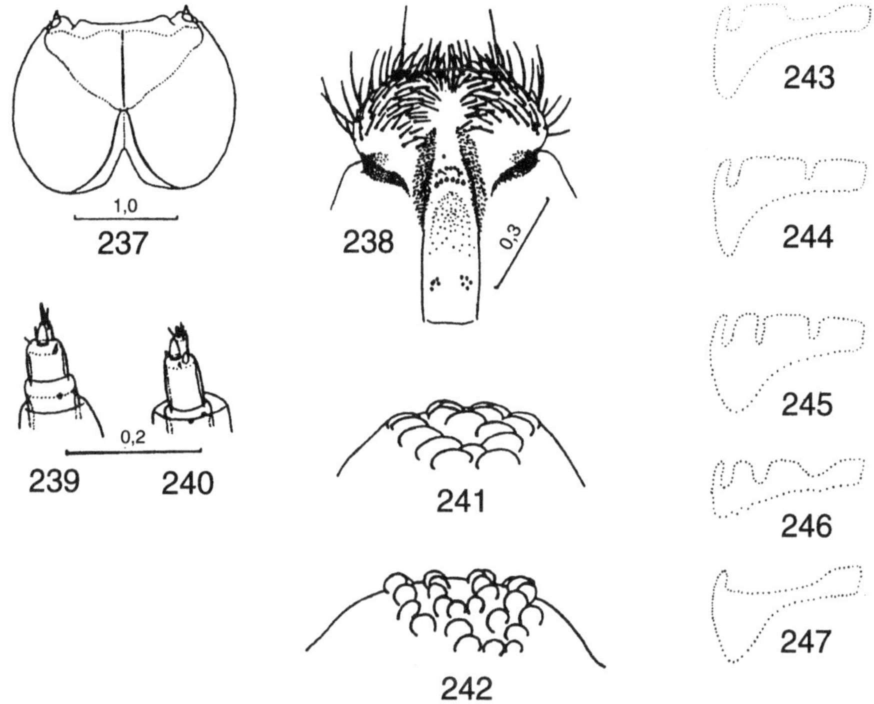

Abb. 237: *Anoplodera sexguttata*, Kopfkapsel, dorsal (aus ŠVÁCHA & DANILEVSKY 1988)

Abb. 238: *Anoplodera sexguttata*, Epipharynx (aus ŠVÁCHA & DANILEVSKY 1988)

Abb. 239: *Vadonia unipunctata*, Antenne (aus ŠVÁCHA & DANILEVSKY 1988)

Abb. 240: *Anoplodera sexguttata*, Antenne (aus ŠVÁCHA & DANILEVSKY 1988)

Abb. 241: *Anoplodera sexguttata*, Abdominalsegment, Dorsalampulle (aus ŠVÁCHA & DANILEVSKY 1988)

Abb. 242: *Leptura aurulenta*, Abdominalsegment, Dorsalampulle (aus ŠVÁCHA & DANILEVSKY 1988)

Abb. 243: *Cornumutila quadrivittata*, Prothorax, dorsal, Umriß der Pigmentierung der linken Seite (aus ŠVÁCHA & DANILEVSKY 1988)

Abb. 244: *Strangalia attenuata*, Prothorax, dorsal, Umriß der Pigmentierung der linken Seite (aus ŠVÁCHA & DANILEVSKY 1988)

Abb. 245: *Rutpela maculata*, Prothorax, dorsal, Umriß der Pigmentierung der linken Seite (aus ŠVÁCHA & DANILEVSKY 1988)

Abb. 246: *Anoplodera sexguttata*, Prothorax, dorsal, Umriß der Pigmentierung der linken Seite (aus ŠVÁCHA & DANILEVSKY 1988)

Abb. 247: *Judolia / Pachytodes*, Prothorax, dorsal, Umriß der Pigmentierung der linken Seite (aus ŠVÁCHA & DANILEVSKY 1988)

ren Stadien dicht mit Borsten bedeckt (Abb. 235). In Laubbäumen (besonders Fagus). In dicken, toten, noch stehenden Stämmen. In Mitteleuropa nur im äußersten Osten und Südosten. *thoracica* CREUTZER

2 Dorsalampulle des 7. Abdominalsegmentes völlig fehlend. Körperlänge 24 mm, Kopfkapselbreite 4,25 mm. In Laubbäumen (besonders Weichhölzer), auch in Nadelbäumen. In morschen Stubben. *quadrifasciata* LINNAEUS

2* Dorsalampulle des 7. Abdominalsegmentes stark reduziert, jedoch sind einige Körnchen immer vorhanden 3

3 Ventralsklerite kürzer, die dunkle Pigmentierung des Vorderrandes relativ breiter (Abb. 233). Metanotum ohne Körnchen. In Laubbäumen (besonders Fagus), vor allem in Stubben und Wurzeln. *aurulenta* FABRICIUS

3* Ventralsklerite etwas länger, Pigmentierung relativ schmaler (Abb. 234). Metanotum meist mit mehreren glänzenden Körnchen. Die beiden Arten sind vielleicht an der Pigmentierung des Haupt-Stemma zu trennen (Abb. 228, 229). In Laubbäumen (polyphag) (*arcuata* besonders in liegenden Stämmen von Alnus; *aethiops* in dünnen Stämmen und in Ästen). *arcuata* PANZER und *aethiops* PODA

Gattung: *Rutpela* CASEY

Die Larve von *Rutpela (Leptura) maculata* (PODA) ist in der Bestimmungstabelle für die Gattungen (S. 164) enthalten. Körperlänge dieser Art max. 30 mm. Larven in weißfaulem Holz von Laubbäumen (polyphag).

27a. Gattung: *Anoplodera* MULSANT

(früher zu *Leptura* LINNAEUS)

Die Angaben in der Bestimmungstabelle beziehen sich auf *Anoplodera sexguttata* (FABRICIUS) (Abb. 237, 238, 240, 241, 246), die sich im morschen Holz von Laubbäumen entwickelt. Die Larve von *Anoplodera rufipes* (SCHALLER) ist unbekannt.

27b. Gattung: *Pseudovadonia* LOBANOV, DANILEVSKY et MURZIN

(früher zu *Leptura* LINNAEUS)

Pseudovadonia livida (FABRICIUS). Körperlänge max. 15 mm, Kopfkapselbreite 1,75 mm (Abb. 248–259). Die Larven leben frei im Boden und ernähren sich vom Mycel des Nelken-Schwindlings (Marasmius oreades).

27c. Gattung: *Vadonia* MULSANT

(früher zu *Leptura* LINNAEUS)

Die Angaben in der Bestimmungstabelle beziehen sich auf *Vadonia unipunctata* (FABRICIUS) (Abb. 239, 260–264). Sie entwickelt sich in Knautia arvensis und kommt in Mitteleuropa nur im Südosten vor. Die Larve von *Vadonia steveni* (SPERK) ist unbekannt. Die Art lebt in Mitteleuropa nur im äußersten Südosten.

27d. Gattung: *Corymbia* DES GOZIS

(früher zu *Leptura* LINNAEUS)

Die Larven von 8 Arten können nach der folgenden Bestimmungstabelle getrennt werden, die von *Corymbia hybrida* (REY) (in Mitteleuropa nur im Südwesten) ist nicht bekannt.

Tabelle für die Arten (nach ŠVÁCHA & DANILEVSKY 1988)

1 Eusternum (Mediopraesternum) des Prothorax mit einer großen, von kleinen Dörnchen bedeckten Fläche (vgl. Abb. 227). Körperlänge 33 mm. In verschiedenen Nadelbäumen, in feuchtem morschem Holz von Stubben und Wurzeln. *rubra* (LINNAEUS)

1* Eusternum (Mediopraesternum) des Prothorax ohne feine Dörnchen, oder sie sind sehr stark reduziert (vgl. Abb. 273) 2

2 Dorsalampulle des 7. Abdominalsegmentes vorhanden (Abb. 267), sie ist gewöhnlich etwa halb so groß wie die Ampulle des 6. oder etwas kleiner, mit höchstens 2 ± kompletten Reihen von Körnchen. Haupt-Stemma nicht bemerkenswert groß und konvex, gewöhnlich mit einem nur schwach ausgebildeten Pigmentfleck. Dorsale Stemmata meist ohne Pigmentierung 3

2* Dorsalampulle des 7. Abdominalsegmentes undeutlich oder fehlend (Abb. 266). Haupt-Stemma groß, annähernd kreisförmig, deutlich konvex und mit einem Pigmentfleck versehen (Abb. 270). Dorsale Stemmata deutlich pigmentiert 7

3 Metanotum mit einer relativ großen Mittelfläche, ohne feine Dörnchen und in große flache Körnchen aufgeteilt (Abb. 274). Ventralskslerite mit mehr als 10 Borsten auf jeder Seite. Die feinen Dörnchen auf den Kriechwülsten sind zu kleinen Flecken in den Vorderecken rückgebildet oder fehlen völlig; die Körnchen sind groß, flach und eng beieinander liegend. In Laubbäumen (besonders Fagus). Im dunkelbraunen Innenholz von Stamm- und Asthöhlen. *erythroptera* (HAGENBACH)

3* Metanotum ohne glänzende Körnchen in der Mitte, falls solche vorhanden sind, sind sie klein und undeutlich. Die übrigen Merkmale sind anders kombiniert. 4

4 Ligula ohne Pigmentfleck. Labrum gewöhnlich mit 2 Borsten auf der Scheibe, oder es sind höchstens 1 bis 2 kleine zusätzliche Borsten vorhanden. Ventralsklerite meist nur wenig dunkler als das Epicranium. Palpifer oft mit einem basalen Fleck. Mandibeln meist mit einigen kleinen Zusatzborsten bedeckt 5

4* Ligula mit einem deutlich paarigen oder V-förmigen Pigmentfleck (Abb. 272b), das oft sogar bei jungen Larven zu sehen ist. Labrum mit mehreren Borsten auf der Scheibe, die in einer ± regelmäßigen Querreihe stehen (Abb. 272a). Ventralsklerite sehr kurz, bei erwachsenen Larven viel dunkler als das Epicranium. Palpifer ohne Basalfleck. Mandibeln mit 2 Borsten. In Laubbäumen (besonders Fagus), in morschem Holz dicker Äste und Stämme. *scutellata* (FABRICIUS)

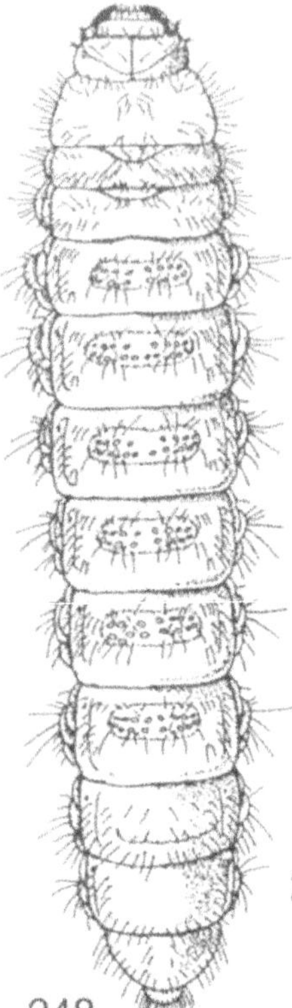

248

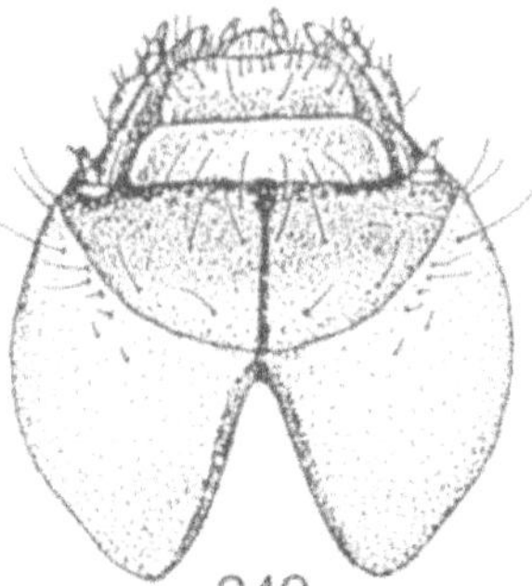

249

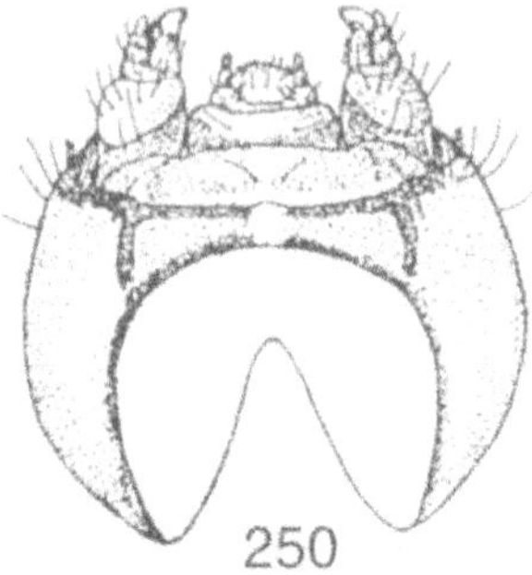

250

251

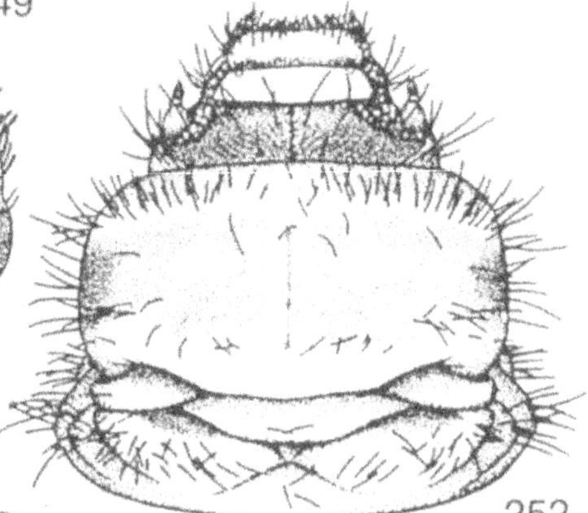

252

253

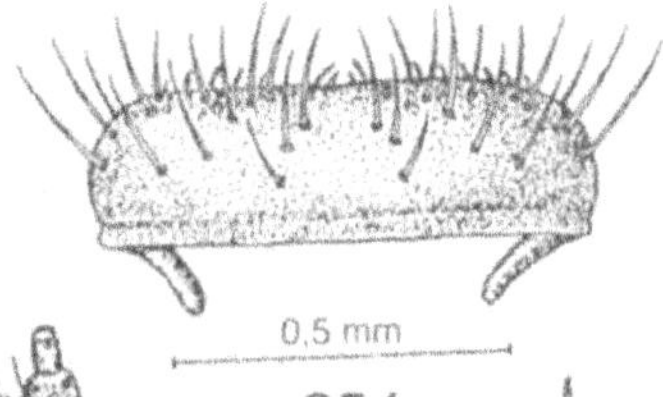

254

255

256

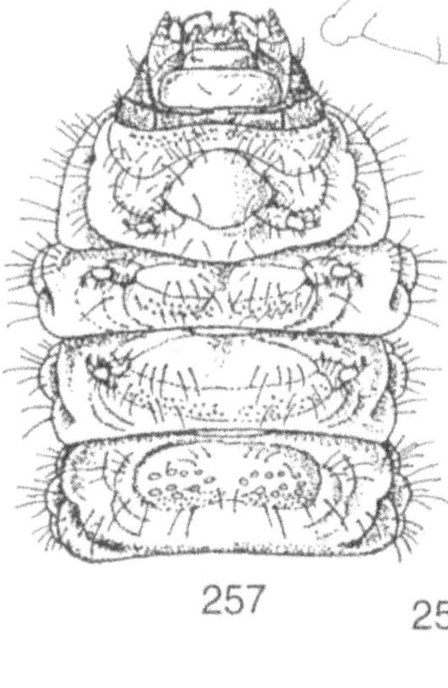

257

258

259

5 Mediopraesternum des Prothorax sehr deutlich und einförmig fein genetzt, vollständig matt. Haupt-Stemma groß, konvex, deutlich abgegrenzt, Kutikula völlig durchscheinend. Entwicklung wahrscheinlich in Laubbäumen. In Mitteleuropa nur im Osten und Südosten. *tesserula* (CHARPENTIER)

5* Mediopraesternum des Prothorax kaum fein genetzt, wenigstens einige scheibenförmige Flecke glänzend. Haupt-Stemma kleiner, nicht scharf abgegrenzt, die Kutikula ist oft am Rand pigmentiert 6

6 Adfrontal-Borste nicht oder höchstens sehr wenig in die Postfrontalregion verschoben. Palpifer mit einem großen Basalfleck (undeutlich bei sehr jungen Larven). Ventralsklerite mit 9–14 Borsten auf jeder Seite, selten weniger. In Nadel- und Laubbäumen, in totem, dickem Holz. In Mitteleuropa nur im Osten. *variicornis* (DALMAN)

6* Adfrontal-Borste tief in die Postfrontalregion verlagert. Palpifer nur mit einem sehr kleinen Basalfleck, der manchmal fehlt. Ventralsklerite mit 3–10 (gewöhnlich 4–8) Borsten auf jeder Seite. In Laubbäumen. In Mitteleuropa nur im Süden und Westen. *cordigera* (FÜSSLINS)

7 Vordere Öffnung der Kopfkapsel und Mundwerkzeuge relativ schmaler (Breite der Kopfkapsel zu Breite der vorderen Öffnung etwa 1,9). Ventralsklerite dicht mit rauhen Körnchen bedeckt. Dorsalampulle des 7. Abdominalsegmentes fehlend (Abb. 265). In Laub- und Nadelbäumen, in Ästen und Wurzeln von liegendem Totholz. *maculicornis* (DE GEER)

7* Vordere Öffnung der Kopfkapsel und Mundwerkzeuge relativ breiter (Breite der Kopfkapsel zu Breite der vorderen Öffnung etwa 1,7–1,8). Ventralsklerite nicht so rauh und deutlich gekörnt. Dorsalampulle des 7. Abdominalsegmentes wenigstens rudimentär erhalten. In Laubbäumen, in Stubben ? *fulva* (DE GEER) ?

Abb. 248: *Pseudovadonia livida*, Habitus, dorsal (aus BURAKOWSKI 1979)
Abb. 249: *Pseudovadonia livida*, Kopfkapsel, dorsal (aus BURAKOWSKI 1979)
Abb. 250: *Pseudovadonia livida*, Kopfkapsel, ventral (aus BURAKOWSKI 1979)
Abb. 251: *Pseudovadonia livida*, Maxille (aus BURAKOWSKI 1979)
Abb. 252: *Pseudovadonia livida*, Kopf, Prothorax, dorsal (aus BURAKOWSKI 1979)
Abb. 253: *Pseudovadonia livida*, rechte Mandibel, dorsal und medial (aus ŠVÁCHA & DANILEVSKY 1988)
Abb. 254: *Pseudovadonia livida*, Labrum (aus BURAKOWSKI 1979)
Abb. 255: *Pseudovadonia livida*, Labium, ventral (aus BURAKOWSKI 1979)
Abb. 256: *Pseudovadonia livida*, Antenne (aus ŠVÁCHA & DANILEVSKY 1988)
Abb. 257: *Pseudovadonia livida*, Kopf, Thorax, 1. Abdominalsegment, ventral (aus BURAKOWSKI 1979)
Abb. 258: *Pseudovadonia livida*, Stigma (aus BURAKOWSKI 1979)
Abb. 259: *Pseudovadonia livida*, Mittelbein (aus BURAKOWSKI 1979)

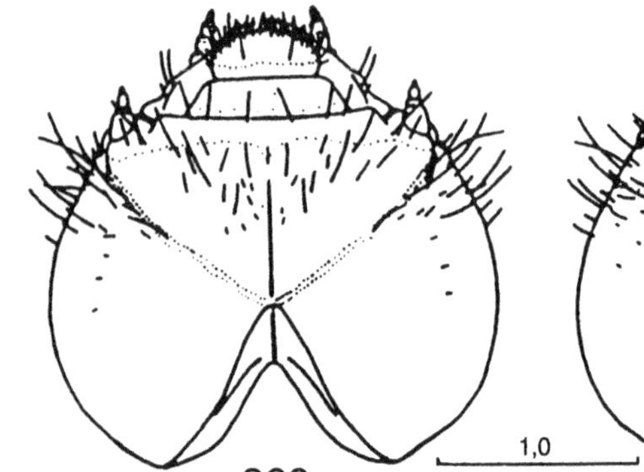

260

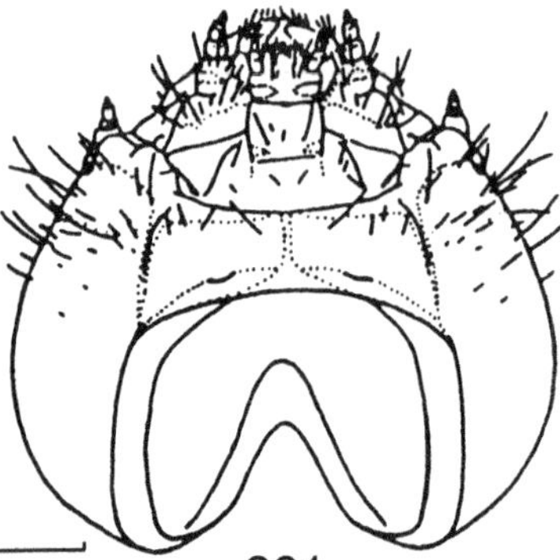

261

262

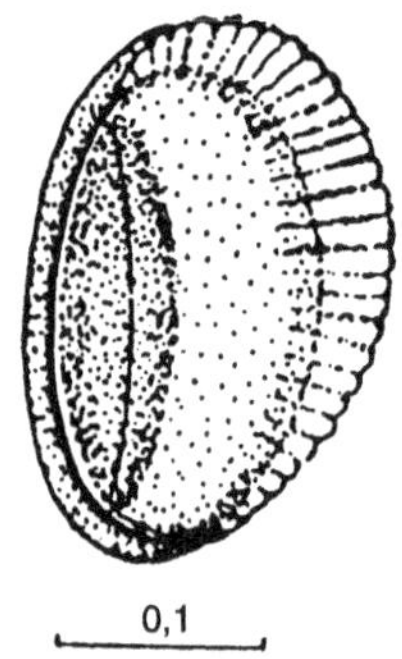

263

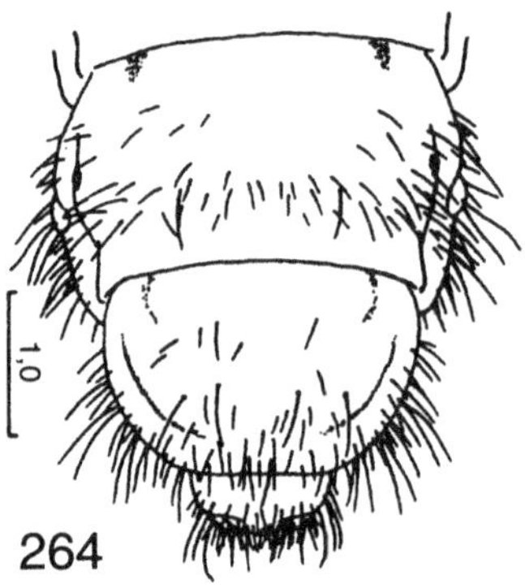

264

Abb. 260: *Vadonia unipunctata*, Kopfkapsel, dorsal (aus ŠVÁCHA & DANILEVSKY 1988)
Abb. 261: *Vadonia unipunctata*, Kopfkapsel, ventral (aus ŠVÁCHA & DANILEVSKY 1988)
Abb. 262: *Vadonia unipunctata*, rechte Mandibel, dorsal (aus ŠVÁCHA & DANILEVSKY 1988)
Abb. 263: *Vadonia unipunctata*, Mesothorax, Stigma (aus ŠVÁCHA & DANILEVSKY 1988)
Abb. 264: *Vadonia unipunctata*, 8.–10. Abdominalsegment, dorsal (aus ŠVÁCHA & DANILEVSKY 1988)

Abb. 265: *Corymbia maculicornis*, Habitus, dorsal (aus v. DEMELT 1966)
Abb. 266: *Corymbia maculicornis*, Habitus, lateral (aus v. DEMELT 1966)
Abb. 267: *Corymbia scutellata*, Habitus, dorsal (aus v. DEMELT 1966)
Abb. 268: *Corymbia scutellata*, Kopfkapsel, dorsal (aus ŠVÁCHA & DANILEVSKY 1988)
Abb. 269: *Corymbia scutellata*, Kopfkapsel, ventral (aus ŠVÁCHA & DANILEVSKY 1988)
Abb. 270: *Corymbia maculicornis*, Kopfkapsel, von vorn (aus ŠVÁCHA & DANILEVSKY 1988)
Abb. 271: *Corymbia rubra*, rechte Mandibel, dorsal (aus ŠVÁCHA & DANILEVSKY 1988)
Abb. 272a: *Corymbia scutellata*, Labrum (aus DUFFY 1953)
Abb. 272b: *Corymbia scutellata*, Labium (aus ŠVÁCHA & DANILEVSKY 1988)
Abb. 273: *Corymbia scutellata*, Prothorax, Eusternum (aus ŠVÁCHA & DANILEVSKY 1988)
Abb. 274: *Corymbia erythroptera*, Meso- und Metathorax, dorsal (aus ŠVÁCHA & DANILEVSKY 1988)

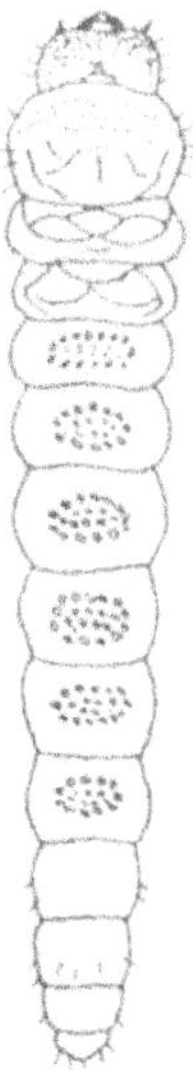
265

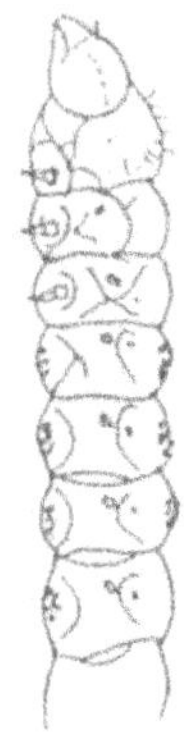
266

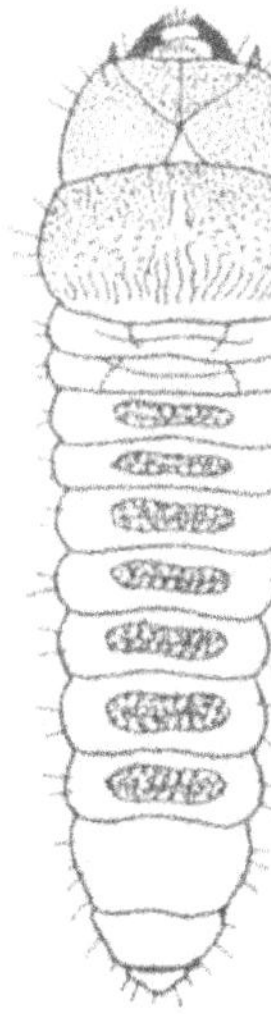
267

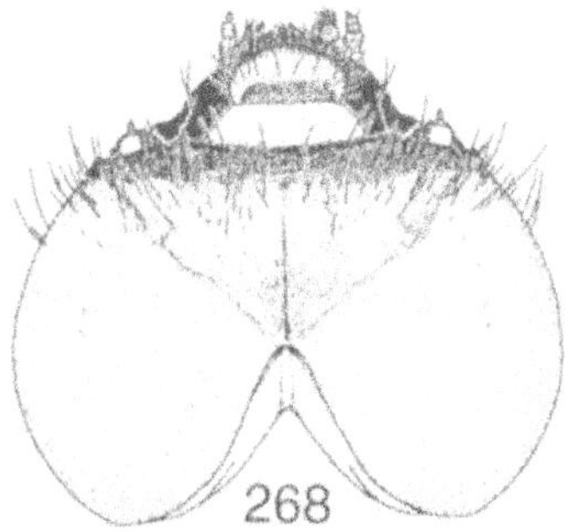
268

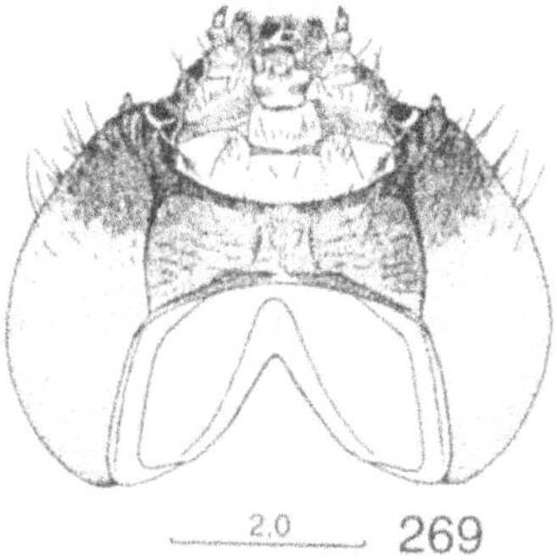

269

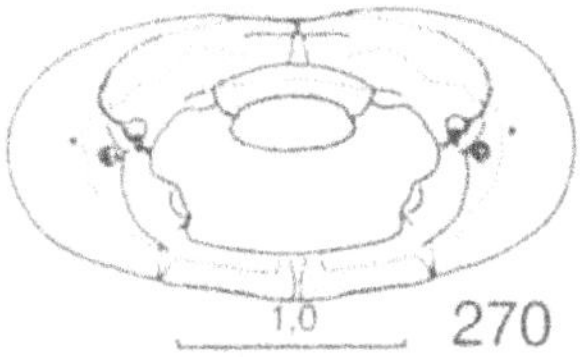

270

271

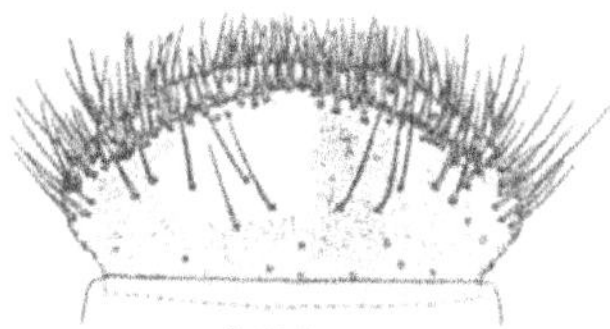
272a

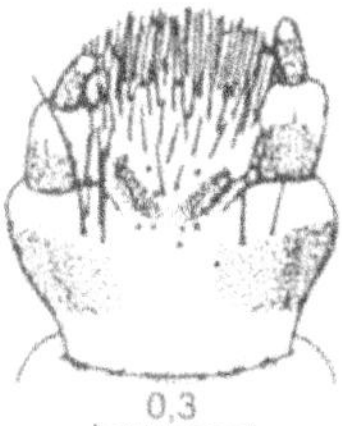

272b

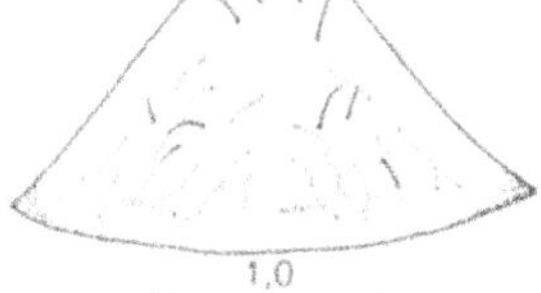

273

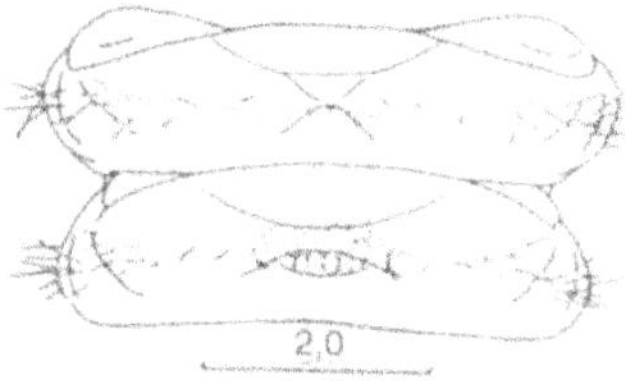

274

27e. Gattung: *Anastrangalia* CASEY

(früher zu *Leptura* LINNAEUS)

Die Larve von *Anastrangalia sanguinolenta* (LINNAEUS) kann nach der Bestimmungstabelle von den anderen beiden Arten unterschieden werden. *Anastrangalia dubia* (SCOPOLI) und *Anastrangalia reyi* (HEYDEN) (= *inexspectata* (JANSSEN et SJÖBERG)) können vorläufig nicht getrennt werden.

Tabelle für die Arten (nach ŠVÁCHA & DANILEVSKY 1988)

1 Labrum relativ länger (Abb. 277). Haupt-Stemma nur undeutlich pigmentiert, gelegentlich sogar ohne Pigment. Ventralsklerite bei höheren Stadien deutlich dunkler als die Dorsalseite der Kopfkapsel. Sie sind selten mit weniger als 15 Borsten auf jeder Seite besetzt. In Nadelbäumen (*dubia* in oberen Teilen stehender toter Stämme, die Biologie von *reyi* ist vermutlich ähnlich). *dubia* (SCOPOLI) und *reyi* (HEYDEN)

1* Labrum meist kürzer, transvers elliptisch. Haupt-Stemma mit deutlichem Pigmentfleck, auch der des Dorsal-Stemma ist gewöhnlich gut zu sehen. Ventralsklerite nicht oder höchstens sehr wenig dunkler als die Dorsalseite der Kopfkapsel. Sie sind selten mit mehr als 15 Borsten auf jeder Seite bedeckt. In Nadelbäumen, in Stubben, liegenden Stämmen und Ästen. *sanguinolenta* (LINNAEUS)

27f. Gattung: *Lepturobosca* REITTER

(früher zu *Leptura* LINNAEUS)

Lepturobosca virens (LINNAEUS). Körperlänge max. 30 mm (Abb. 279, 280). In Nadel- und Laubbäumen. In großen Stubben und in liegenden Stämmen.

Abb. 275: *Anastrangalia dubia*, Kopfkapsel, dorsal (aus ŠVÁCHA & DANILEVSKY 1988)
Abb. 276: *Anastrangalia dubia*, Kopfkapsel, ventral (aus ŠVÁCHA & DANILEVSKY 1988)
Abb. 277: *Anastrangalia dubia*, Labrum (aus ŠVÁCHA & DANILEVSKY 1988)
Abb. 278: *Anastrangalia dubia*, rechte Mandibel, dorsal (aus ŠVÁCHA & DANILEVSKY 1988)
Abb. 279: *Lepturobosca virens*, Labrum, Clypeus (aus ŠVÁCHA & DANILEVSKY 1988)
Abb. 280: *Lepturobosca virens*, linke Mandibel, dorsolateral (aus ŠVÁCHA & DANILEVSKY 1988)

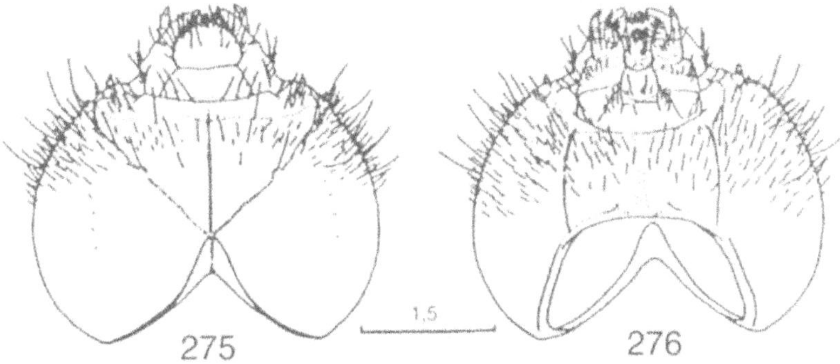

275 276

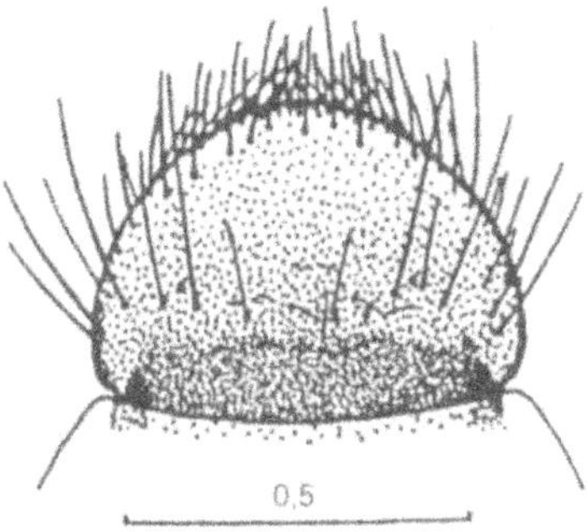

277

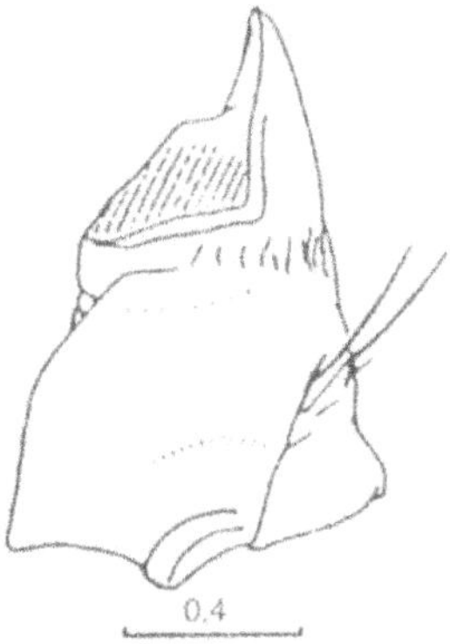

278

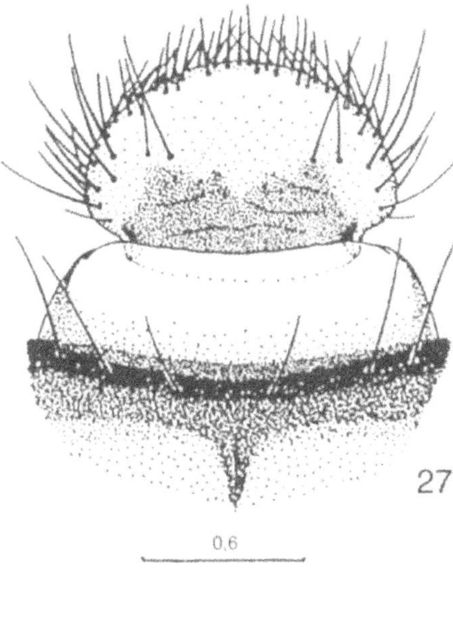

279

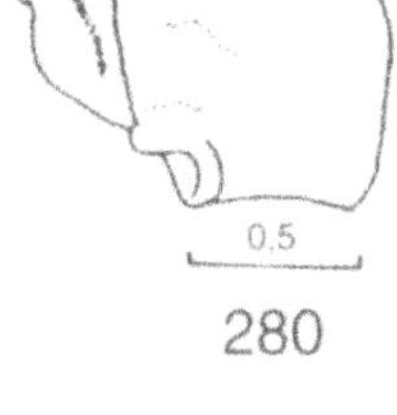

280

28. Gattung: *Judolia* MULSANT

Judolia sexmaculata (LINNAEUS). Körperlänge max. 20–22 mm (Abb. 281–285). In Nadelbäumen (besonders Picea). In Wurzeln, Stubben und der Stammbasis.

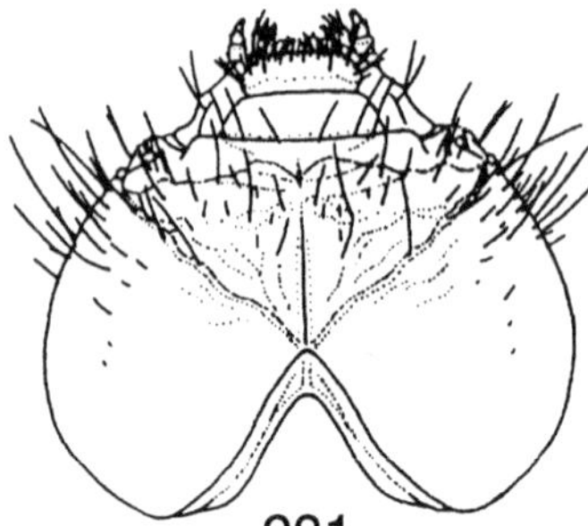

281

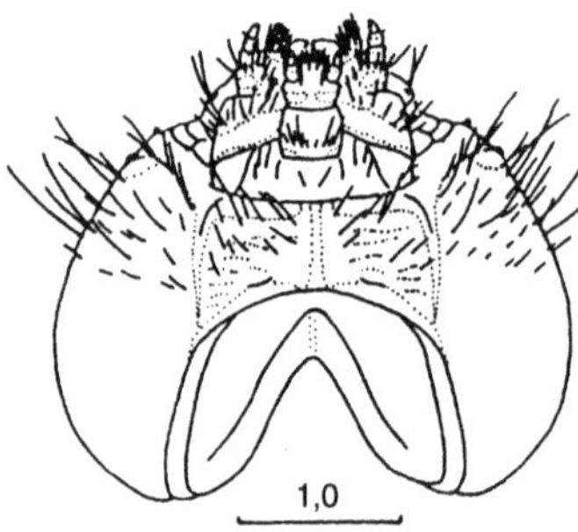

282

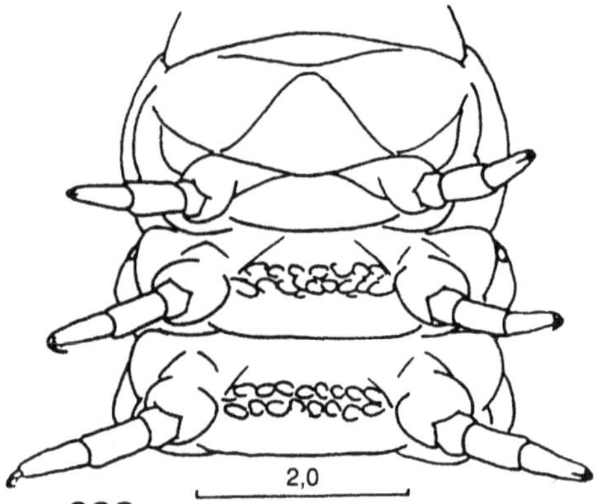

283

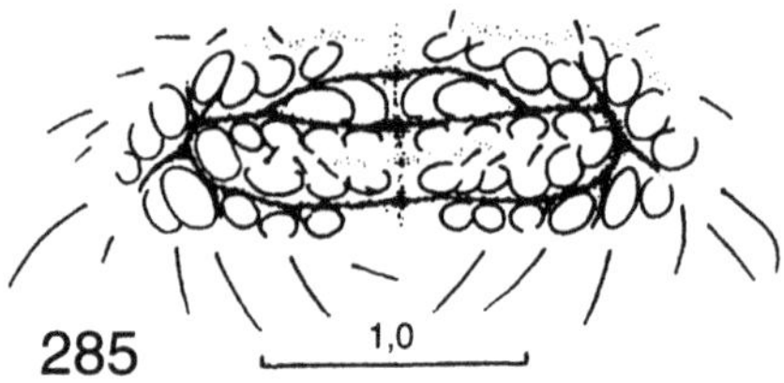

285

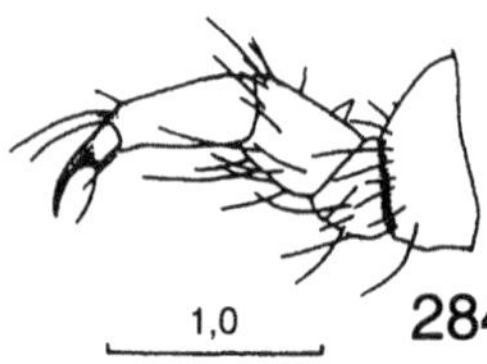

284

Abb. 281: *Judolia sexmaculata*, Kopfkapsel, dorsal (aus ŠVÁCHA & DANILEVSKY 1988)
Abb. 282: *Judolia sexmaculata*, Kopfkapsel, ventral (aus ŠVÁCHA & DANILEVSKY 1988)
Abb. 283: *Judolia sexmaculata*, Thorax, ventral (aus ŠVÁCHA & DANILEVSKY 1988)
Abb. 284: *Judolia sexmaculata*, Hinterbein (aus ŠVÁCHA & DANILEVSKY 1988)
Abb. 285: *Judolia sexmaculata*, 3. Abdominalsegment, dorsal (aus ŠVÁCHA & DANILEVSKY 1988)

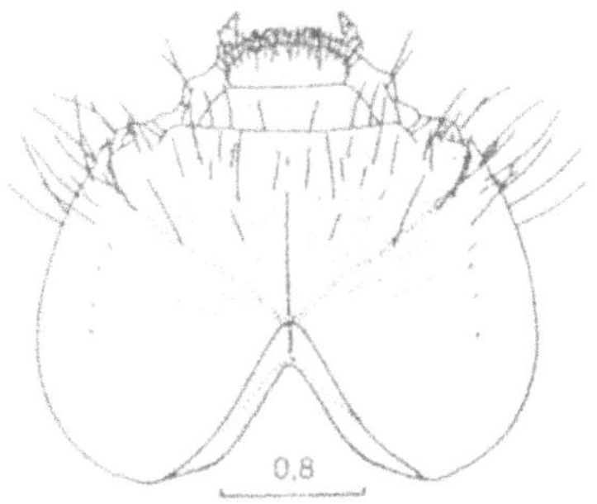

286

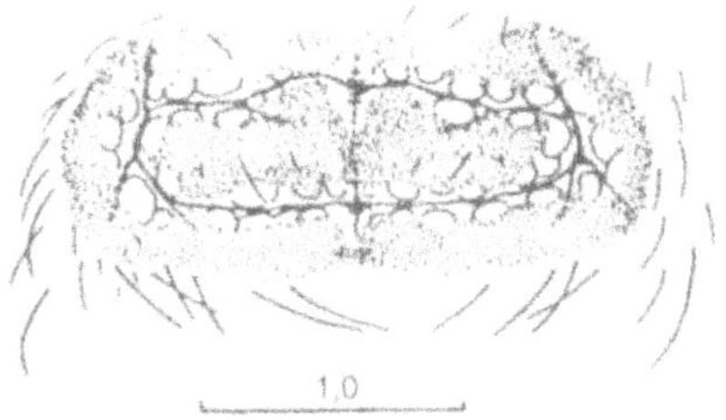

287

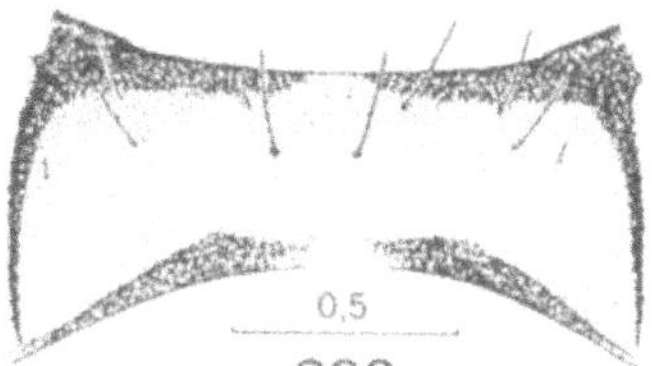

288

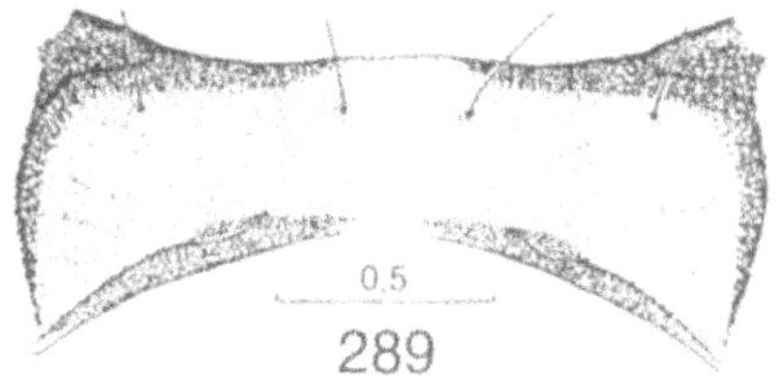

289

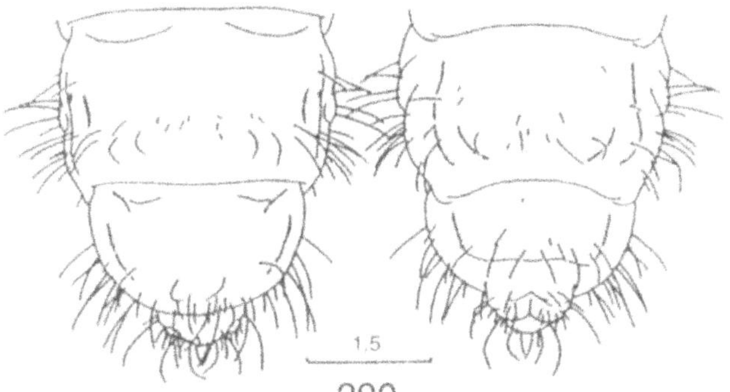

290

291

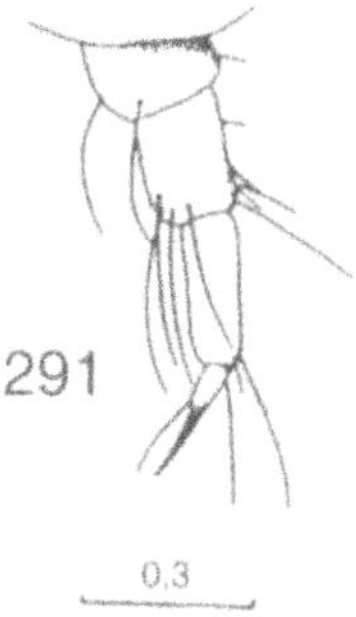

Abb. 286: *Pachytodes cerambyciformis*, Kopfkapsel, dorsal (aus ŠVÁCHA & DANILEVSKY 1988)
Abb. 287: *Pachytodes erratica*, 3. Abdominalsegment, dorsal (aus ŠVÁCHA & DANILEVSKY 1988)
Abb. 288: *Pachytodes cerambyciformis*, Ventralsklerit (aus ŠVÁCHA & DANILEVSKY 1988)
Abb. 289: *Pachytodes erratica*, Ventralsklerit (aus ŠVÁCHA & DANILEVSKY 1988)
Abb. 290: *Pachytodes cerambyciformis*, 8.–10. Abdominalsegment, links dorsal, rechts ventral (aus ŠVÁCHA & DANILEVSKY 1988)
Abb. 291: *Strangalia attenuata*, Hinterbein (aus ŠVÁCHA & DANILEVSKY 1988)

28a. Gattung: *Pachytodes* PIC

(früher zu *Judolia* MULSANT)

Körperlänge max. 20–22 mm.

Tabelle für die Arten (nach ŠVÁCHA & DANILEVSKY 1988)

1 Haupt-Stemma wenigstens so groß wie der Durchmesser des 1. Antennengliedes, deutlich umgrenzt, konvex. Ventralsklerite nicht extrem kurz (Abb. 288). In Laub- und Nadelbäumen, unterirdisch in den Wurzeln. *cerambyciformis* (SCHRANK)

1* Haupt-Stemma weitgehend reduziert, schwach konvex, nur wenig von der unterhalb gelegenen dunklen Fläche getrennt, viel kleiner als der Durchmesser des 1. Antennengliedes. Ventralsklerite breit, sehr kurz (Abb. 289). In Laubbäumen, unterirdisch in abgestorbenen Wurzeln. *erratica* (DALMAN)

29. Gattung: *Strangalia* SERVILLE

Strangalia attenuata (LINNAEUS). Körperlänge max. 25 mm (Abb. 244, 291). In Laub- und auch in Nadelbäumen. In Holz unterschiedlicher Dicke.

29a. Gattung: *Pedostrangalia* SOKOLOV

(früher zu *Strangalia* SERVILLE)

Tabelle für die Arten (nach ŠVÁCHA & DANILEVSKY 1988)

1 Ventralsklerit der Kopfkapsel kürzer (Verhältnis max. Breite zu Länge in der Mitte deutlich über 2, Abb. 294). Mandibeln mit deutlichem Lateralwulst (Abb. 296). Körperlänge max. 20 mm. In Laubbäumen (polyphag). Vor allem in rotfaulen Teilen lebender Bäume. *revestita* (LINNAEUS)

1* Ventralsklerit der Kopfkapsel deutlich länger (Verhältnis max. Breite zu Länge in der Mitte höchstens 2, meist weniger, Abb. 293). Mandibeln ohne deutlichen Lateralwulst (Abb. 297). Körperlänge max. 30 mm. In Nadel- und Laubbäumen, in Stubben und liegenden Stämmen. *pubescens* (FABRICIUS)

29b. Gattung: *Lepturalia* REITTER

(früher zu *Strangalia* SERVILLE)

Lepturalia nigripes (DE GEER) (Abb. 300, 301) lebt in Laubbäumen (besonders Betula) in weißfaulem, stehendem Holz. In Mitteleuropa nur im Osten und Südosten.

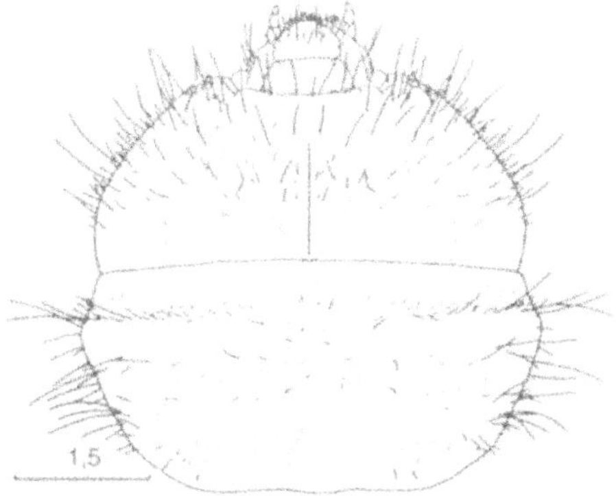

292

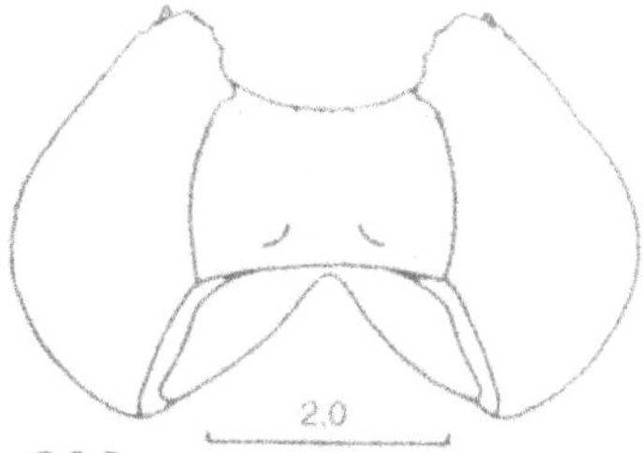

293

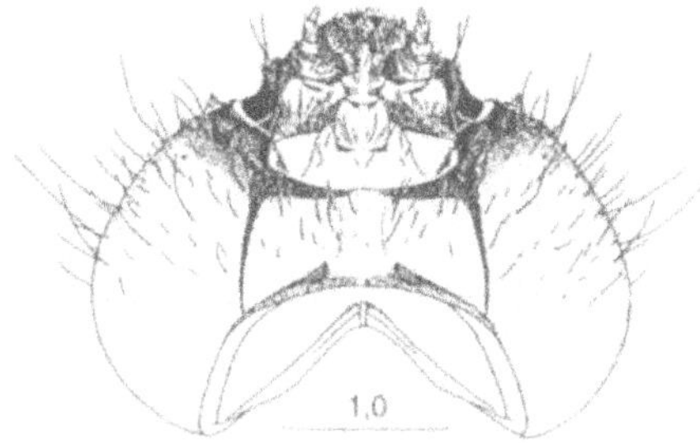

294

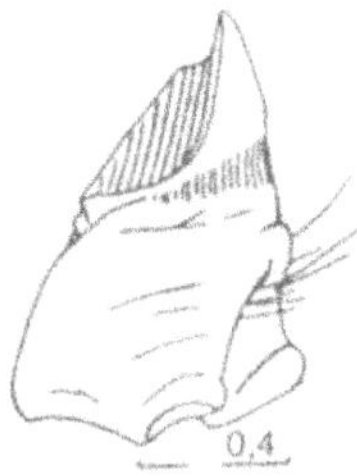

296

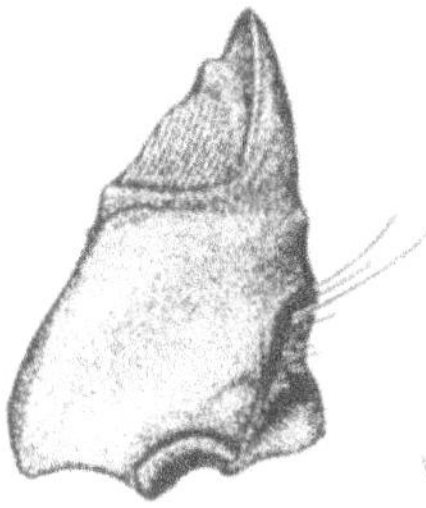

297

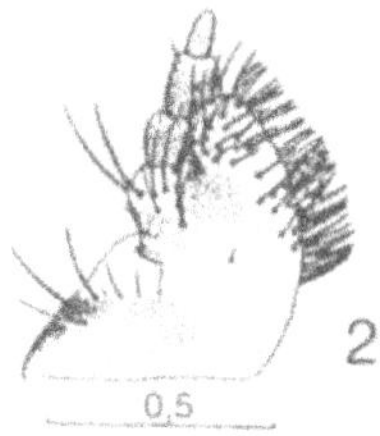

298

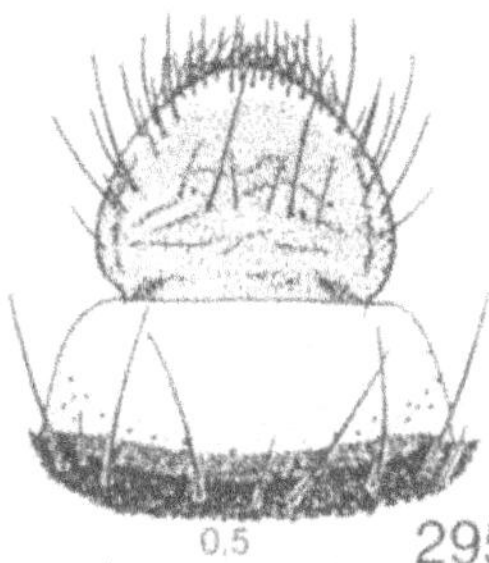

295

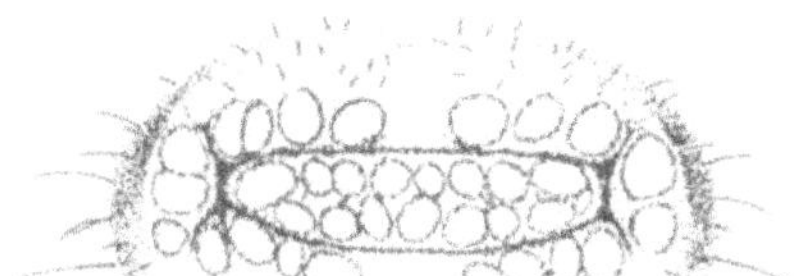

299

Abb. 292: *Pedostrangalia pubescens*, Kopf, Prothorax, dorsal (aus ŠVÁCHA & DANILEVSKY 1988)
Abb. 293: *Pedostrangalia pubescens*, Kopfkapsel, ventral (aus ŠVÁCHA & DANILEVSKY 1988)
Abb. 294: *Pedostrangalia revestita*, Kopfkapsel, ventral (aus ŠVÁCHA & DANILEVSKY 1988)
Abb. 295: *Pedostrangalia pubescens*, Labrum, Clypeus (aus ŠVÁCHA & DANILEVSKY 1988)
Abb. 296: *Pedostrangalia revestita*, rechte Mandibel, dorsal (aus ŠVÁCHA & DANILEVSKY 1988)
Abb. 297: *Pedostrangalia pubescens*, rechte Mandibel, dorsal (aus ŠVÁCHA & DANILEVSKY 1988)
Abb. 298: *Pedostrangalia pubescens*, Maxille (aus ŠVÁCHA & DANILEVSKY 1988)
Abb. 299: *Pedostrangalia pubescens*, 5. Abdominalsegment, dorsal (aus ŠVÁCHA & DANILEVSKY 1988)

29c. Gattung: *Stenurella* VILLIERS

(früher zu *Strangalia* SERVILLE)

Tabelle für die Arten (nach ŠVÁCHA & DANILEVSKY 1988)

1 Dorsalampulle des 7. Abdominalsegmentes gut entwickelt, etwa halb so groß wie die Ampulle des 6. Abdominalsegmentes. Ampullen praktisch ohne feine Dörnchen 2

1* Dorsalampulle des 7. Abdominalsegmentes extrem reduziert. Ampullen mit vielen kleinen Dörnchen bedeckt. Körperlänge max. 17 mm, für *melanura* wird eine Kopfkapselbreite von 2,75 mm genannt. In Laub- und Nadelbäumen, in dünnen und trockenen Ästen u. a. Teilen.
melanura (LINNAEUS) und *bifasciata* (MÜLLER)

2 Ventralsklerite sehr deutlich und rauh gekörnt. Körperlänge max. 13 mm. In Laubbäumen, in trockenen Ästen und in dünnen Stämmen.
nigra (LINNAEUS)

2* Ventralsklerite viel weniger deutlich gekörnt, nur mit feineren Körnchen bedeckt. Körperlänge max. 16 mm. In Laubbäumen (polyphag ?), in weißfaulen Ästen. In Mitteleuropa nur im Süden und Südosten.
septempunctata (FABRICIUS)

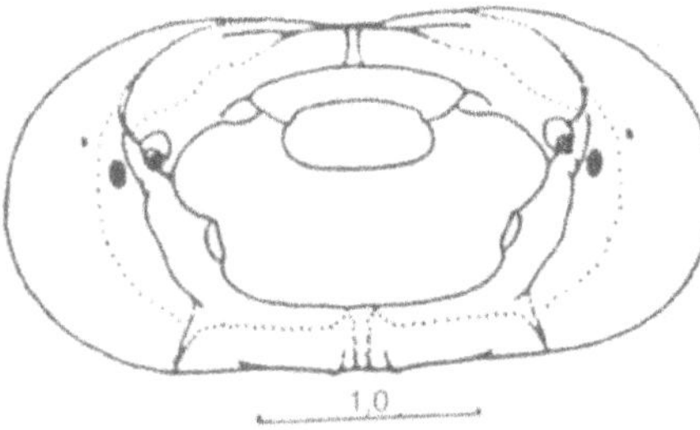

300

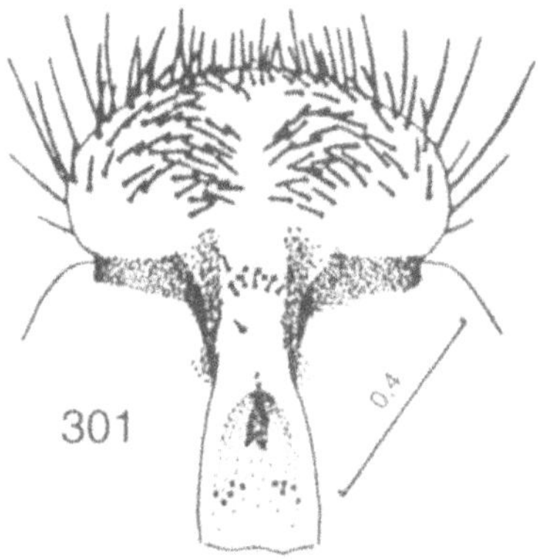

301

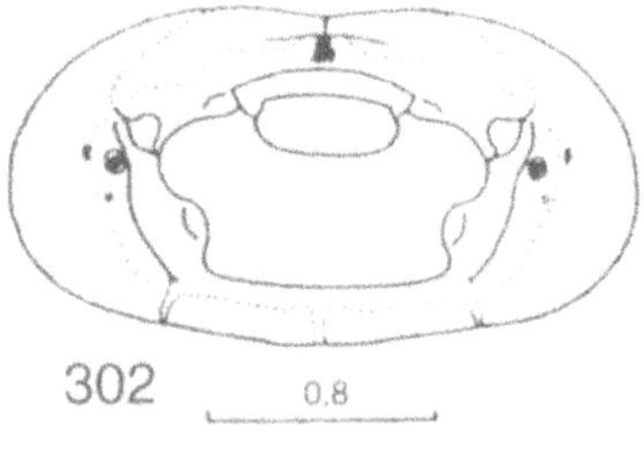

302

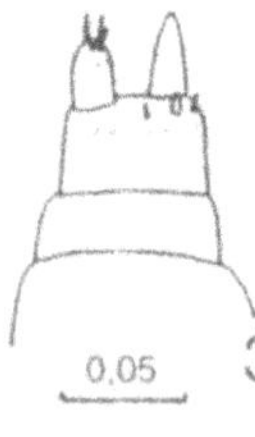

303

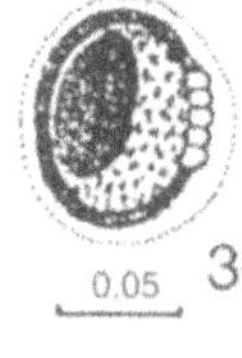

304

Abb. 300: *Lepturalia nigripes*, Kopfkapsel, von vorn (aus ŠVÁCHA & DANILEVSKY 1988)
Abb. 301: *Lepturalia nigripes*, Epipharynx (aus ŠVÁCHA & DANILEVSKY 1988)
Abb. 302: *Stenurella melanura*, Kopfkapsel, von vorn (aus ŠVÁCHA & DANILEVSKY 1988)
Abb. 303: *Stenurella melanura*, Antenne (aus ŠVÁCHA & DANILEVSKY 1988)
Abb. 304: *Stenurella nigra*, 4. Abdominalsegment, Stigma (aus ŠVÁCHA & DANILEVSKY 1988)

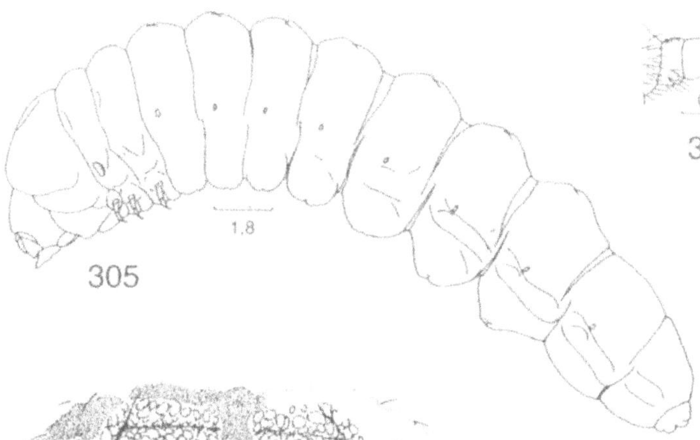

305

306

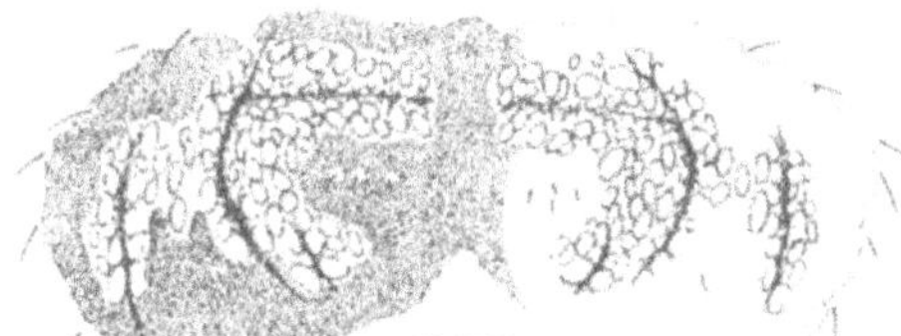

307

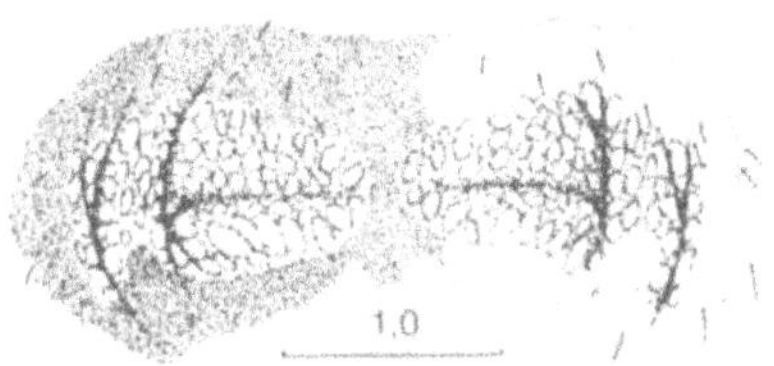

308

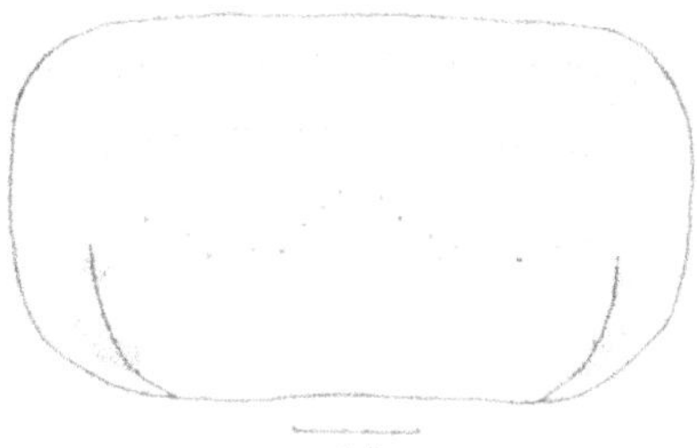

309

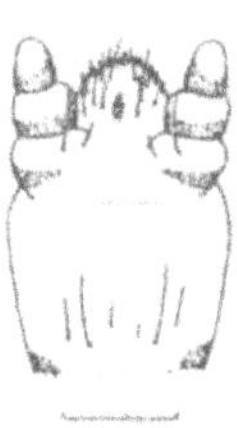

310

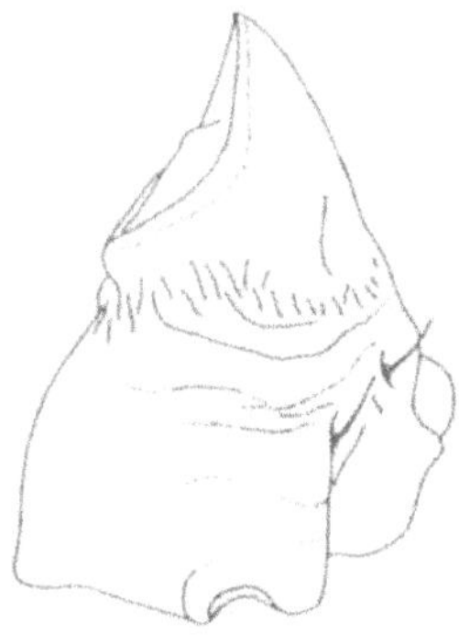

311

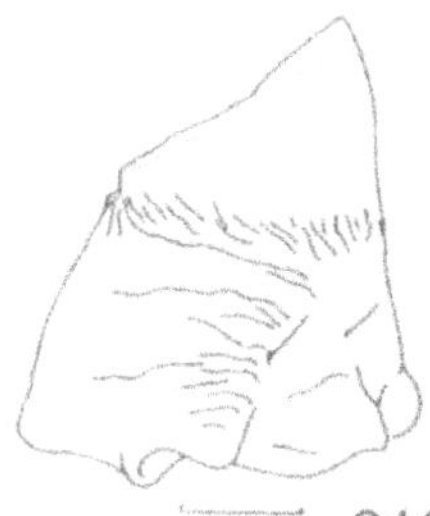

312

Abb. 305: *Necydalis maior*, Habitus, lateral (aus ŠVÁCHA & DANILEVSKY 1986)
Abb. 306: *Necydalis maior*, Hinterbein (aus ŠVÁCHA & DANILEVSKY 1986)
Abb. 307: *Necydalis maior*, 4. Abdominalsegment, dorsal (aus ŠVÁCHA & DANILEVSKY 1986)
Abb. 308: *Necydalis maior*, 4. Abdominalsegment ventral (aus ŠVÁCHA & DANILEVSKY 1986)
Abb. 309: *Necydalis maior*, Prothorax, dorsal (aus ŠVÁCHA & DANILEVSKY 1986)
Abb. 310: *Necydalis maior*, Labium (aus ŠVÁCHA & DANILEVSKY 1986)
Abb. 311: *Necydalis maior*, rechte Mandibel (aus ŠVÁCHA & DANILEVSKY 1986)
Abb. 312: *Necydalis ulmi*, rechte Mandibel (aus ŠVÁCHA & DANILEVSKY 1986)

5. Unterfamilie: Necydalinae

30. Gattung: *Necydalis* LINNAEUS

Tabelle für die Arten (nach ŠVÁCHA & DANILEVSKY 1986)

1 Basis des Pronotum mit einem breiten, transversen Band von deutlichen, aber mikroskopisch kleinen Dörnchen. Körperlänge 25–40 mm. In verschiedenen Laubbäumen, in Partien morschen Holzes in Stämmen, Ästen u. a. *ulmi* CHEVROLAT

1* Basis des Pronotum ohne derartiges Dörnchenband (Abb. 309). Körperlänge 25–40 mm. In Laubbäumen. In totem, stehendem Holz in tiefen Teilen. *maior* LINNAEUS

6. Unterfamilie: Cerambycinae

Es fehlt *Pseudosphegesthes* REITTER

Tabelle für die Gattungen (nach VAN EMDEN 1939, DUFFY 1953, MAMAEV & DANILEVSKY 1975, KLAUSNITZER & SANDER 1981, ŠVÁCHA & DANILEVSKY 1987)

1 Kopfkapsel jederseits mit 3 vollständig entwickelten Stemmata (Abb. 321, 322, 326, 363) 2

1* Kopfkapsel jederseits höchstens mit 2 vollständig entwickelten Stemmata (Abb. 398, 423a), oder Stemmata fehlen völlig 7

2 Kriechwülste (Ampullen) des Abdomen deutlich mit Tuberkeln bedeckt. Epipleuren des Prothorax in ihrem vorderen Teil nicht mit dem Lateropraesternum verschmolzen (Abb. 324). Gena hinter den Stemmata pigmentiert (Abb. 321, 322). *Cerambyx* LINNAEUS (S. 215)

2* Kriechwülste (Ampullen) des Abdomen ohne deutliche Tuberkel (Abb. 365, 369, 413). Wenn sie doch einige Tuberkel tragen, ist die Gena hinter den Stemmata nicht pigmentiert. Epipleuren des Prothorax wenigstens in ihrem vorderen Teil mit dem Lateropraesternum verschmolzen (Abb. 328) 3

3 Mundrand breit pigmentiert. Die Gena ist hinter den Stemmata pigmentiert (Abb. 326, 363). Trochanter vorhanden (Abb. 329) oder Antennalring geschlossen 4

3* Mundrand schmal pigmentiert (Abb. 332). Die Gena ist hinter den Stemmata nicht pigmentiert, wenn doch ein kleiner Pigmentfleck vorhanden ist, dann fehlt der Trochanter und der Antennalring ist offen 6

4 Beine mit Trochanter (Abb. 329) 5

4* Beine ohne Trochanter (Abb. 414). *Plagionotus* MULSANT (S. 234)

5 Mentum an der Basis mit 2 deutlichen Skleriten (Abb. 364). Stemmata sehr klein, die Reihe der Stemmata ist etwa halb so lang wie die Antennengrube (Abb. 363). *Rosalia* SERVILLE

5* Mentum ohne Sklerite, oder diese sind undeutlich. Stemmata groß, die Reihe der Stemmata ist etwa so lang wie der Durchmesser der Antennengrube (Abb. 326). *Trichoferus* WOLLASTON

6 Vorderrand der Frons und des Hypostoma unpigmentiert. *Hylotrupes* SERVILLE

6* Vorderrand der Frons und des Hypostoma schmal pigmentiert (Abb. 332). *Axinopalpis* DEJEAN

7 Auf jeder Seite der Kopfkapsel sind 2 Stemmata vorhanden. *Deilus* SERVILLE

7* Auf jeder Seite der Kopfkapsel ist nur 1 Stemma vorhanden (Abb. 398, 423a), oder diese sind undeutlich 8

8 Ampullen des 3.–5. Abdominalsegmentes tief zweilappig und sehr deutlich hervorragend (Abb. 335, 336, 338, 353). Abdomen mit umfangreichen Einschnürungen (Abb. 335, 339) 9

8* Ampullen des 3.–5. Abdominalsegmentes nicht deutlich hervorragend (Abb. 342, 343, 357, 358, 372, 376, 378, 380, 381, 383, 385–388, 392–395, 406–408, 410, 415, 416, 426). Abdomen ohne umfangreiche Einschnürungen (Abb. 330, 342, 343, 358, 372, 376, 377, 380, 381, 383, 394, 395, 408, 410, 415, 416) 15

9 Maxillarpalpen zweigliedrig. Beine fehlen. *Nathrius* BRETHES

9* Maxillarpalpen dreigliedrig. Beine vorhanden (Abb. 335) 10

10 Pleurostoma braun, das pigmentierte Band ist wenigstens so breit wie der Durchmesser der Antennengrube 11

10* Pleurostoma nicht pigmentiert oder nur nahe des Mandibelgelenkes gelbweiß, oder es ist ein gelbweißes Band vorhanden, das schmaler als der Durchmesser der Antennengrube ist 13

11 Stemmata groß, mit dunklen Pigmentflecken, vollständig von der Pigmentierung der Gena umgeben. *Certallum* DEJEAN

11* Stemmata kleiner, Pigmentflecken undeutlich oder fehlend, nicht von der Pigmentierung der Gena umgeben 12

12 Epipleuren des 3.–6. Abdominalsegmentes mit kleinen, gebogenen Skleriten (Abb. 338). Vordere Hälfte des Hypostoma deutlich und gleichmäßig längs gestreift. *Obriopsis* MÜLLER

12* Epipleuren des 3.–6. Abdominalsegmentes ohne Sklerite (Abb. 335). Hypostoma beinahe glänzend, fein schräg gestreift. *Obrium* DEJEAN (S. 217)

13 Glänzende Platte des Pronotum schwach gestreift und fein genetzt. *Callimoxys* KRAATZ

13* Glänzende Platte des Pronotum glatt (Abb. 351), höchstens in ihrem Basalteil schwach gestreift und fein genetzt 14

14 2. Antennenglied transvers oder länglich. *Stenopterus* ILLIGER (S. 219)

14* 2. Antennenglied annähernd quadratisch. *Callimus* MULSANT

15 Beine vollständig fehlend. Gena mit sehr langen, dichten Borsten (Abb. 344). *Molorchus* FABRICIUS (S. 217)

15* Beine vorhanden, oft stark reduziert, so daß sie wie kleine Papillen erscheinen (Abb. 357, 403, 404, 423c). Wenn sie völlig fehlen, dann trägt die Gena keine sehr langen, dichten Borsten 16

16 Vorderrand des Hypostoma mit mehr als 4 Tuberkeln oder länglichen Kielen, oder längs gestreift (Abb. 384). 17

16* Vorderrand des Hypostoma flach (Abb. 409, 411, 419) oder fein quer gestreift. Wenn Tuberkel (Abb. 382) oder Kiele vorhanden sind, dann fehlen die Beine oder Subfossal-Fortsätze sind vorhanden (Abb. 382) 18

17 Stemmata nicht völlig von der Pigmentierung der Gena umrundet. Vorderrand des Hypostoma schwach längs gestreift (Abb. 384).
Pyrrhidium FAIRMAIRE

17* Stemmata völlig von der Pigmentierung der Gena umrundet. Vorderrand des Hypostoma mit ± deutlichen Längsstreifen (Abb. 425).
Purpuricenus DEJEAN (S. 237)

18 Beine vorhanden (Abb. 357, 423c), wenn sie nur als ungegliederte Papillen ausgebildet sind (Abb. 403, 404), dann ist das Pronotum fein genetzt oder angerauht (*Xylotrechus, Neoclytus*); oder die Ampullen des Abdomen sind glatt und ohne feine Oberflächenskulptur (*Chlorophorus*); oder die Stemmata werden von der Pigmentierung der Gena umgeben (*Cyrtoclytus*); oder die Pleuralscheiben sind deutlich ausgebildet (*Phymatodes*, partim) 19

18* Beine vollständig fehlend, wenn Beine als ungegliederte Papillen vorhanden sind, dann ist das Pronotum glänzend, die Ampullen des Abdomen sind fein genetzt, die Stemmata werden nicht von der Pigmentierung der Gena umgeben und die Pleuralscheiben sind undeutlich ausgebildet.
Clytus LAICHARTING (S. 233)

19 Pronotum in seinem hinteren Teil rauh (Abb. 394) oder fein genetzt (Abb. 395, 396). Die Stemmata werden von der Pigmentierung der Gena umgeben. Beine als ungegliederte Papillen ausgebildet (Abb. 403, 404).
Xylotrechus CHEVROLAT (S. 230)

19* Pronotum weder rauh noch fein genetzt (Abb. 356a, 372, 376, 377, 380, 381, 385–388, 415, 416), wenn doch genetzt, dann sind die Stemmata nicht von der Pigmentierung der Gena umgeben 20

20 Die dorsalen Ampullen der Abdominalsegmente fein längs gestreift (Abb. 378), wenn nicht gestreift (Abb. 377), dann trägt das Sternum des 7. Abdominalsegmentes 2 sklerotisierte Platten (Abb. 379). Stemmata undeutlich oder fehlend. *Semanotus* MULSANT (S. 227)

20* Die dorsalen Ampullen der Abdominalsegmente sind nicht fein längs gestreift (Abb. 330, 372, 376, 380, 381, 385–388, 392, 393, 410, 415, 416). Sternum des 7. Abdominalsegmentes ohne sklerotisierte Platten, die Stemmata sind deutlich 21

21 Die Stemmata sind von der Pigmentierung der Gena umgeben (Abb. 382, 423a), wenn nicht, dann trägt das Mentum Basalsklerite oder die Mandibel hat eine tiefe transverse Einschnürung und ihr Basalteil ist hell (Abb. 361) 22

21* Die Stemmata sind nicht von der Pigmentierung der Gena umgeben. Mentum ohne Basalsklerite. Mandibeln ohne tiefe transverse Einschnürung (Abb. 418) 28

22 Cardo ± dicht beborstet. *Aromia* SERVILLE

22* Cardo glatt, nur mit lateralen Borsten 23

23 Pleuralscheiben des 2. und 3. Abdominalsegmentes sehr deutlich 24

23* Pleuralscheiben des 2. und 3. Abdominalsegmentes undeutlich oder fehlend 27

24 Glatte Fläche des Pronotum sehr deutlich, regelmäßig und dicht gestreift, glänzend. *Leioderes* REDTENBACHER

24* Glatte Fläche des Pronotum unregelmäßig gerunzelt (Abb. 372, 380, 381), oft matt 25

25 Pleuralscheiben sehr groß, wenigstens die Scheiben des 3. Abdominalsegmentes sind größer als die Stigmen des Mesothorax.
Callidium FABRICIUS (S. 227)

25* Pleuralscheiben des 3. Abdominalsegmentes kleiner als die Stigmen des Mesothorax 26

26 Pleuralscheiben des 3. Abdominalsegmentes kleiner als dessen Stigma.
Ropalopus MULSANT (S. 224)

26* Pleuralscheiben des 3. Abdominalsegmentes größer als dessen Stigma.
Pronocera MOTSCHULSKY

27 Femur und Tibiotarsus deutlich, sklerotisiert (Abb. 423c).
Anaglyptus MULSANT

27* Femur und Tibiotarsus undeutlich, falls etwas sichtbar, dann ohne Pigmentierung. *Cyrtoclytus* GANGLBAUER

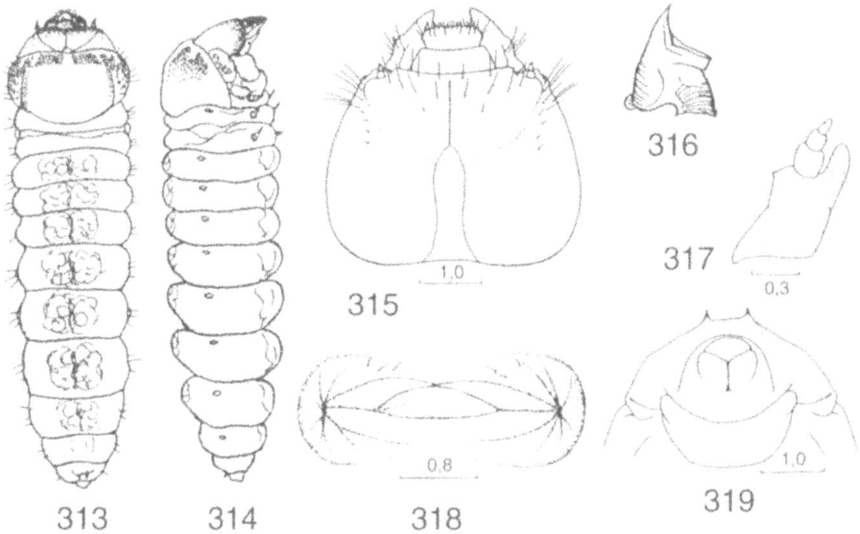

Abb. 313: *Saphanus piceus*, Habitus, dorsal (aus v. DEMELT 1966)
Abb. 314: *Saphanus piceus*, Habitus, lateral (aus v. DEMELT 1966)
Abb. 315: *Saphanus piceus*, Kopfkapsel, dorsal (aus ŠVÁCHA & DANILEVSKY 1986)
Abb. 316: *Saphanus piceus*, linke Mandibel, dorsal (aus v. DEMELT 1966)
Abb. 317: *Saphanus piceus*, Maxille (aus ŠVÁCHA & DANILEVSKY 1986)
Abb. 318: *Saphanus piceus*, 3. Abdominalsegment, Dorsalampulle (aus ŠVÁCHA & DANILEVSKY 1986)
Abb. 319: *Saphanus piceus*, Abdomenende von hinten (aus ŠVÁCHA & DANILEVSKY 1986)

28 Labiomaxillarkomplex sehr klein (Abb. 331), die Palpen sind von oben nicht sichtbar. *Penichroa* STEPHENS

28* Labiomaxillarkomplex nicht sehr klein, Maxillarpalpen von oben sichtbar 29

29 Pleuralscheiben des 2. und 3. Abdominalsegmentes ± deutlich, wenn schwer zu sehen, sind deutlich ausgebildete Beine mit pigmentierten Gliedern vorhanden 30

29* Pleuralscheiben undeutlich, wenn zu sehen, dann Beine ohne Pigmentierung, meist in Form von unpigmentierten Papillen 31

30 Pleuralscheiben des 2. und 3. Abdominalsegmentes sehr groß und deutlich. Ampullen des Abdomen glänzend, irregulär gerunzelt. Stemmata mit dunklen Pigmentflecken. Pigmentierung des Prothorax blaß. *Lioderina* GANGLBAUER

30* Pleuralscheiben des 2. und 3. Abdominalsegmentes klein, meist schlecht zu sehen. Wenn sie groß und deutlich sind, dann sind die abdominalen

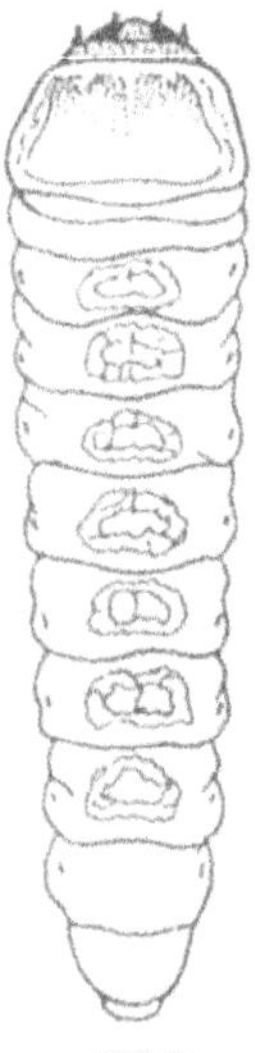

320

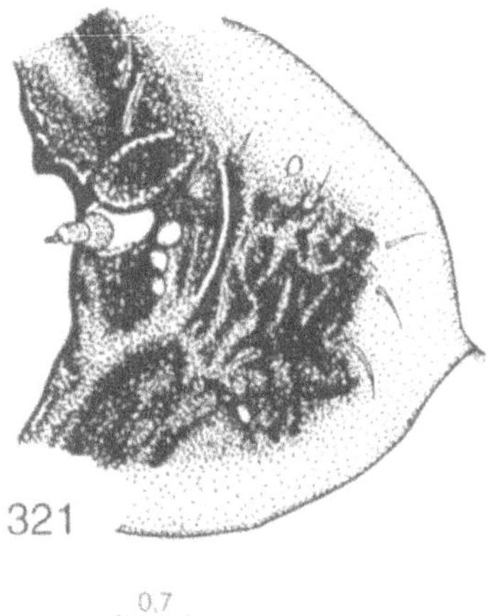

321

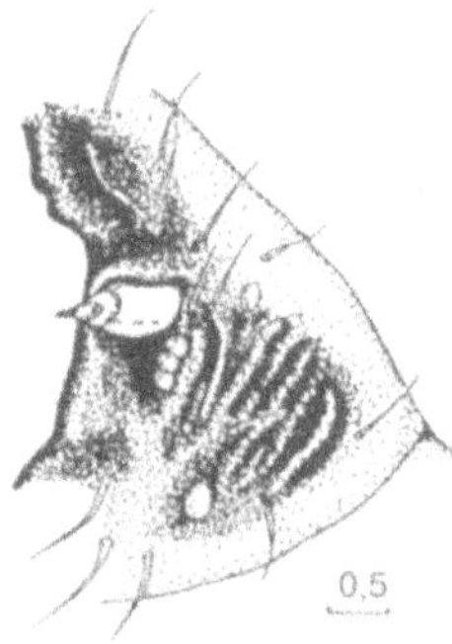

322

323

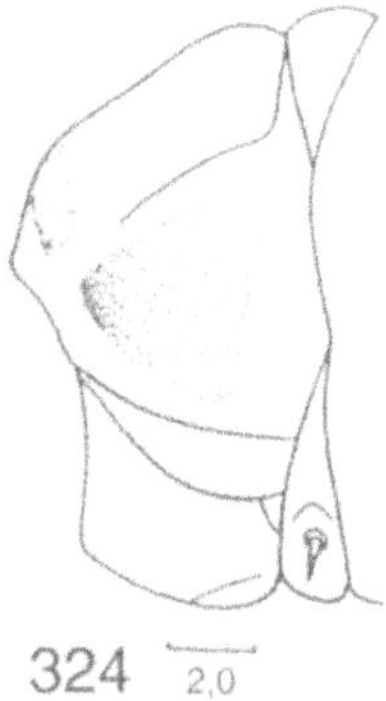

324

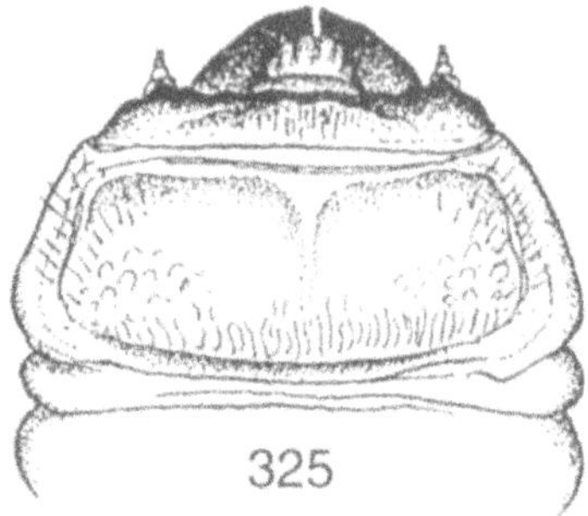

325

Abb. 320: *Cerambyx cerdo*, Habitus, dorsal (aus ŠVÁCHA & DANILEVSKY 1987)
Abb. 321: *Cerambyx cerdo*, Kopfkapsel, Stemmataregion (aus ŠVÁCHA & DANILEVSKY 1987)
Abb. 322: *Cerambyx scopolii*, Kopfkapsel, Stemmataregion (aus ŠVÁCHA & DANILEVSKY 1987)
Abb. 323: *Cerambyx scopolii*, rechte Mandibel, dorsal (aus VAN EMDEN 1939)
Abb. 324: *Cerambyx cerdo*, Prothorax, lateral (aus ŠVÁCHA & DANILEVSKY 1987)
Abb. 325: *Cerambyx scopolii*, Kopf, Prothorax, dorsal (aus v. DEMELT 1966)

Ampullen gleichmäßig von feinen Körnchen bedeckt oder genetzt. Stemmata meist mit grauen Pigmentflecken. *Phymatodes* MULSANT (S. 229)

31 Abdominale Ampullen fein genetzt (Abb. 330) 32

31* Abdominale Ampullen unregelmäßig gerunzelt (Abb. 415, 416) 33

32 Gula transvers. *Gracilia* SERVILLE

32* Gula länglich. *Neoclytus* THOMSON

33 Beine sehr klein, aber deutlich gegliedert, Tibiotarsus pigmentiert. *Isotomus* MULSANT

33* Beine als unsegmentierte Papillen ausgebildet. Wenn der Tibiotarsus deutlich ist, dann ist er unpigmentiert. *Chlorophorus* CHEVROLAT (S. 236)

31. Gattung: *Saphanus* SERVILLE

Saphanus piceus (LAICHARTING) wird der Unterfamilie Spondylidinae zugeordnet und kann nach der betreffenden Bestimmungstabelle (S. 157) erkannt werden. Körperlänge max. 30 mm (Abb. 313–319). In Laubbäumen, selten in Nadelbäumen. Entwicklung in feuchtem, faulendem Holz in Bodennähe.

32. Gattung: *Cerambyx* LINNAEUS

Die Larven von *Cerambyx miles* BONELLI (In Mitteleuropa nur im Süden und Südosten), *C. nodulosus* GERMAR (in Mitteleuropa nur im äußersten Südosten) und *C. velutinus* BRULLÉ (in Mitteleuropa nur im äußersten Süden) sind nicht bekannt.

Tabelle für die Arten (nach VAN EMDEN 1939, DUFFY 1953, MAMAEV & DANILEVSKY 1975, ŠVÁCHA & DANILEVSKY 1987)

1 Kopfkapsel mit deutlicher transverser Kante, die nach hinten in die Sklerotisation der Gena übergeht (Abb. 322, 325). Schläfen rauh, mit einem deutlich erhöhten Kamm am hinteren Ende der sklerotisierten Fläche, der die dorsale Begrenzung der Antennengrube bildet. In Dorsalansicht ergeben sich 3 Tuberkeln: Supraantennal-Tuberkel, Postokularkante, hinterer Kamm. Die Reihe der Stemmata ist länger als der maximale Durchmesser der Antennengrube. Körperlänge max. 50 mm, Kopfkapselbreite 5,25 mm. In Laubbäumen (polyphag). In toten Ästen und Stämmen. *scopolii* FÜSSLINS

1* Kopfkapsel ohne transverse Kante (Abb. 321). Schläfen rauh, aber gleichmäßiger gekörnt. Die Kanten sind weniger deutlich, so daß in Dorsalansicht nur ein Tuberkel auffällt, die Postokularkante. Die Reihe der Stemmata ist kürzer als der maximale Durchmesser der Antennengrube. Körperlänge bis. 80 mm (max. 100 mm). In Quercus; sonnenexponierte, stehende Bäume. *cerdo* LINNAEUS

33. Gattung: *Trichoferus* WOLLASTON

Trichoferus pallidus (OLIVIER). Körperlänge max. 25 mm (Abb. 326, 328, 329). In Laubbäumen (besonders Quercus). Unter der Rinde von stehendem Totholz. Es wurden auch Angaben über die im Mediterrangebiet verbreitete Art *T. griseus* (FABRICIUS) verwendet (Abb. 327).

326

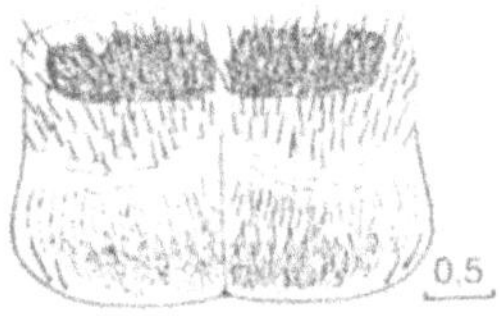

327

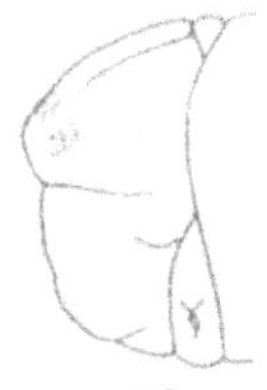
328

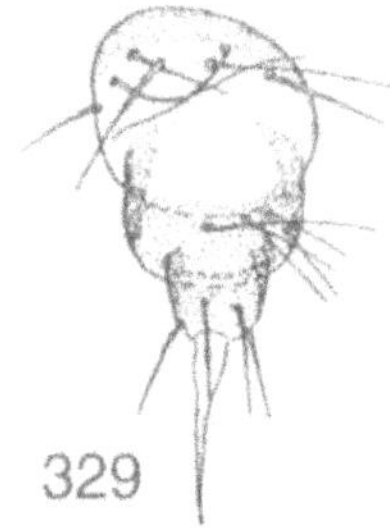
329

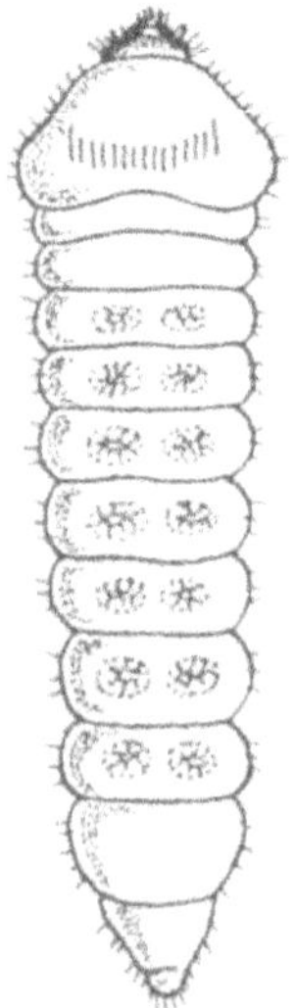
330

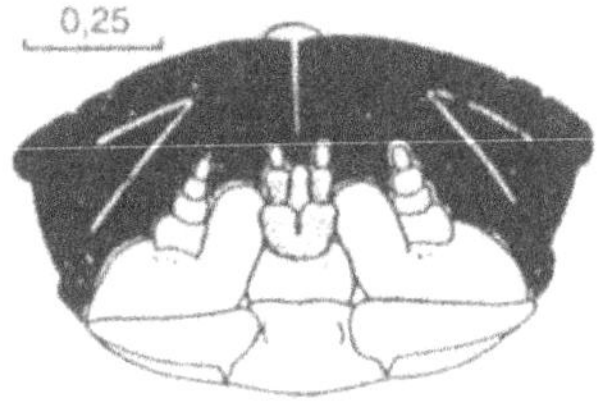

331

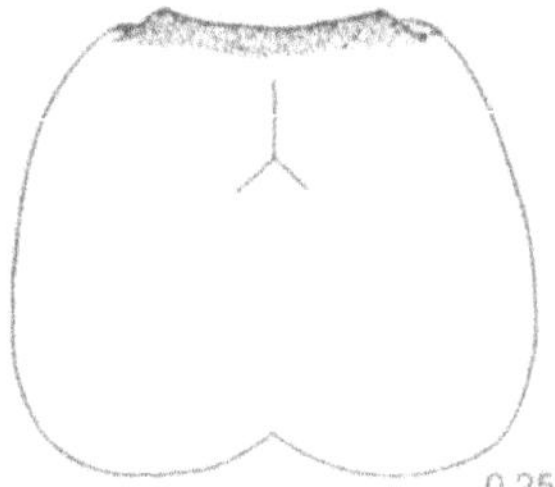
332

333

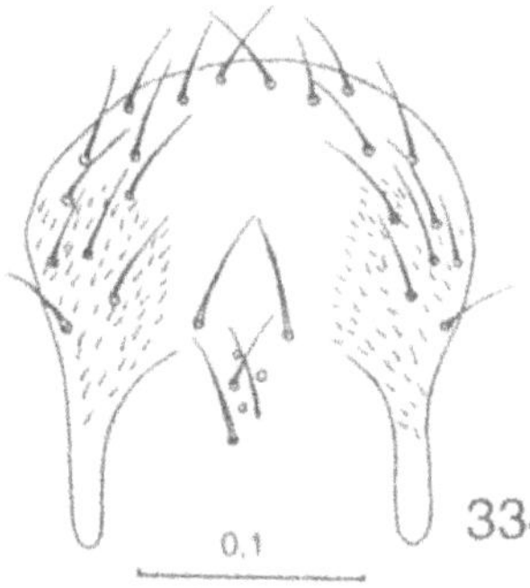

334

Abb. 326: *Trichoferus pallidus*, Kopfkapsel, Stemmataregion (aus ŠVÁCHA & DANILEVSKY 1987)
Abb. 327: *Trichoferus griseus*, Prothorax, dorsal (aus ŠVÁCHA & DANILEVSKY 1987)
Abb. 328: *Trichoferus pallidus*, Prothorax, lateral (aus ŠVÁCHA & DANILEVSKY 1987)
Abb. 329: *Trichoferus pallidus*, Bein (aus MAMAEV & DANILEVSKY 1975)
Abb. 330: *Gracilia minuta*, Habitus, dorsal (aus v. DEMELT 1966)
Abb. 331: *Penichroa fasciata*, Mundwerkzeuge, ventral (aus ŠVÁCHA & DANILEVSKY 1987)
Abb. 332: *Axinopalpis gracilis*, Kopfkapsel, dorsal (aus ŠVÁCHA & DANILEVSKY 1987)
Abb. 333: *Axinopalpis gracilis*, Antenne (aus ŠVÁCHA & DANILEVSKY 1987)
Abb. 334: *Axinopalpis gracilis*, Epipharynx (aus ŠVÁCHA & DANILEVSKY 1987)

34. Gattung: *Gracilia* SERVILLE

Gracilia minuta (FABRICIUS) (Abb. 330). Meist synanthrop in Korbwaren. Freilandvorkommen in dünnen Zweigen von Laubbäumen (polyphag).

35. Gattung: *Penichroa* STEPHENS

Penichroa fasciata (STEPHENS). Körperlänge max. 13 mm (Abb. 331). In Laubbäumen (polyphag), in Zweigen, Ästen und Wurzeln. In Mitteleuropa nur im äußersten Süden.

36. Gattung: *Axinopalpis* DEJEAN

Axinopalpis gracilis (KRYNICKI), Körperlänge max. 13 mm (Abb. 332–334). In Laubbäumen, in toten Zweigen.

37. Gattung: *Obrium* DEJEAN

Tabelle für die Arten (nach ŠVÁCHA & DANILEVSKY 1987)

1 Antennen kürzer, 2. Glied wenig länger als breit. Kopfkapsel etwa 1,4 mal so breit wie lang. Körperlänge max. 13 mm. In Nadelbäumen. Unter Rinde von toten Zweigen, Ästen und dünnen Stämmen. *brunneum* (FABRICIUS)

1* Antennen länger, 2. Glied etwa 1,5 mal so lang wie breit. Kopfkapsel etwa 1,5 mal so breit wie lang. Körperlänge max. 17 mm. In Laubbäumen (besonders Populus). Unter Rinde an toten, besonnten Ästen und Stämmen. *cantharinum* (LINNAEUS)

37a. Gattung: *Obriopsis* MÜLLER

(früher zu *Obrium* DEJEAN

Obriopsis bicolor (KRAATZ). Körperlänge max. 10 mm (Abb. 337, 338). In Laubbäumen (besonders Euonymus), in abgestorbenen Zweigen. In Mitteleuropa nur im Südosten.

38. Gattung: *Nathrius* BRETHES

Nathrius brevipennis (MULSANT). Körperlänge max. 7 mm (Abb. 339, 341). In Mitteleuropa synanthrop in Korbwaren (verschleppt). Im Freiland lebt diese Art polyphag in Laubbäumen.

39. Gattung: *Molorchus* FABRICIUS

Tabelle für die Arten (nach DUFFY 1953, MAMAEV & DANILEVSKY 1975, ŠVÁCHA & DANILEVSKY 1987)

1 Antenne deutlich dreigliedrig, alle Glieder sklerotisiert. Körperlänge max. 16 mm. In Nadelbäumen, selten in Laubbäumen. Unter Rinde von toten Ästen u. a. *minor* (LINNAEUS)

1* Das basale Antennenglied ist kaum zu sehen oder fehlt (Abb. 346), alle Glieder fast ohne Pigmentierung. Körperlänge max. 8,5–11 mm 2

2 Antenne zweigliedrig, Basalglied fehlend (Abb. 346). Körperlänge max. 9 mm. In Laubbäumen, unter Rinde von trockenen Ästen.
kiesenwetteri MULSANT et REY

2* Antenne dreigliedrig, Basalglied kaum sichtbar, aber vorhanden 3

3 Gula schmaler, der pigmentierte Vorderrand auf jeder Seite des Hypostoma etwa 3 mal so breit wie der wenig sklerotisierte Vorderrand der Gula (Abb. 350). Körperlänge max. 11 mm, Kopfkapselbreite 1,54 mm. In Laubbäumen. Unter Rinde von Zweigen, Ästen u. a.
umbellatarum (SCHREBER)

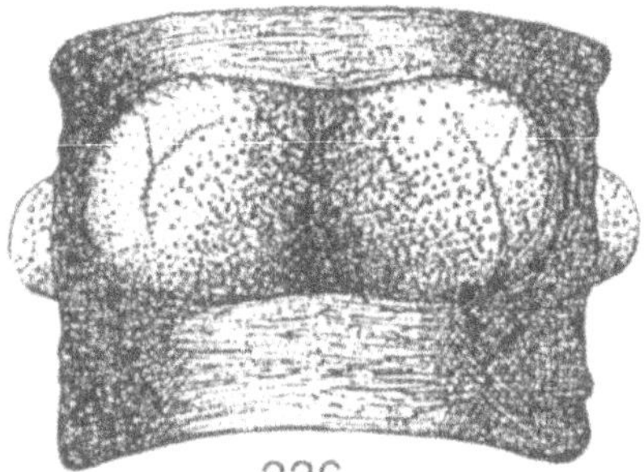

336

335

1,0

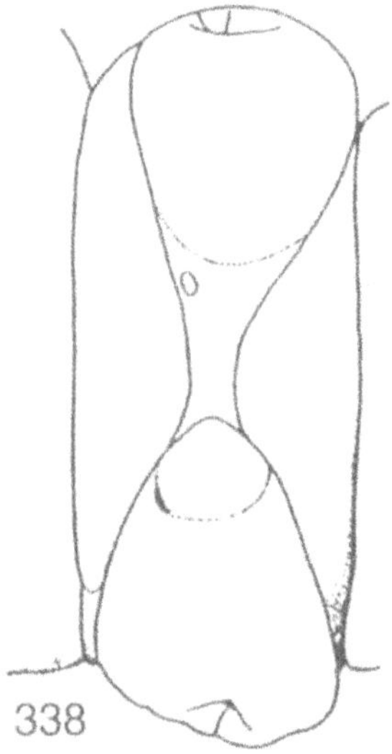

338

0,25

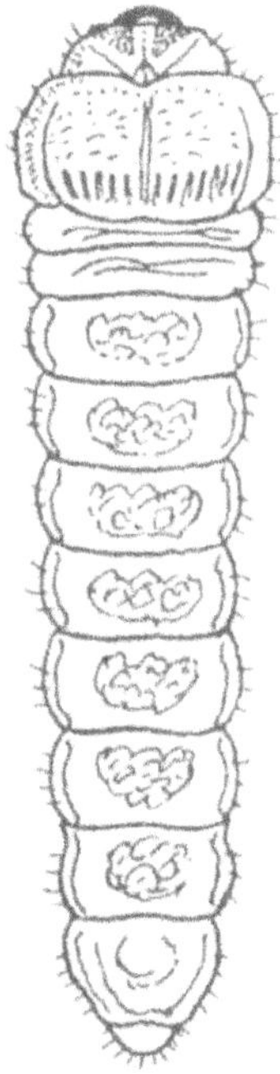

337

Abb. 335: *Obrium cantharinum*, Habitus, lateral (aus ŠVÁCHA & DANILEVSKY 1987)
Abb. 336: *Obrium cantharinum*, 3. Abdominalsegment, dorsal (aus DUFFY 1953)
Abb. 337: *Obriopsis bicolor*, Habitus, dorsal (aus v. DEMELT 1966)
Abb. 338: *Obriopsis bicolor*, Abdominalsegment, lateral (aus ŠVÁCHA & DANILEVSKY 1988)

3* Gula breiter, der pigmentierte Vorderrand auf jeder Seite des Hypostoma etwa 1,5–2 mal breiter wie der wenig sklerotisierte Vorderrand der Gula. Körperlänge max. 8,5 mm. In Pinus, in trockenen Zweigen und dünnen Ästen. *marmottani* BRISOUT

40. Gattung: *Stenopterus* ILLIGER

Körperlänge max. 18 mm.
Tabelle für die Arten (nach ŠVÁCHA & DANILEVSKY 1987)

1 2. Antennenglied deutlich transvers. In Mitteleuropa nur im Südosten. *flavicornis* KÜSTER

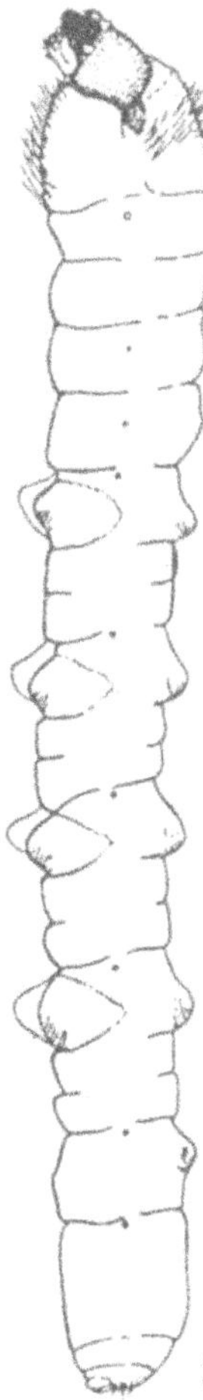

339

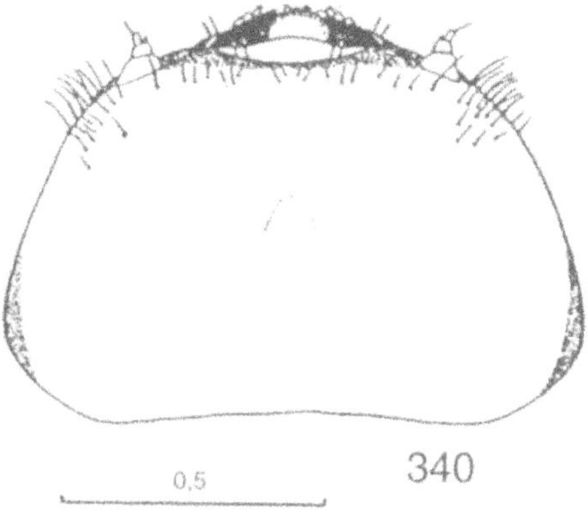

340

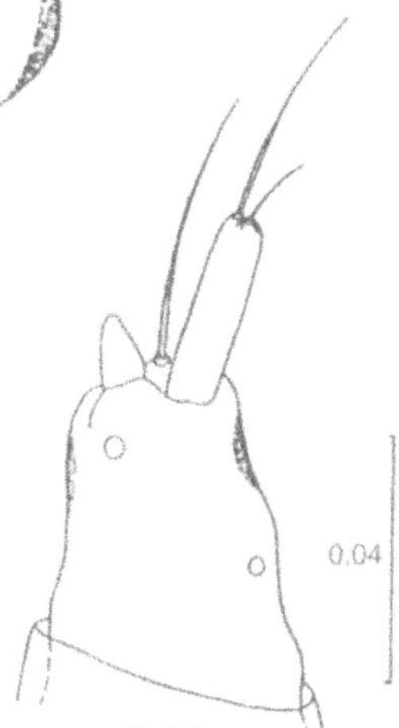

341

Abb. 339: *Nathrius brevipennis*, Habitus, lateral (aus DUFFY 1953)
Abb. 340: *Nathrius brevipennis*, Kopfkapsel, dorsal (aus ŠVÁCHA & DANILEVSKY 1988)
Abb. 341: *Nathrius brevipennis*, Antenne, Spitze (aus ŠVÁCHA & DANILEVSKY 1988)

1* 2. Antennenglied länglich 2
2 Kopfkapsel etwa 1,3 mal so breit wie lang. In Laubbäumen (polyphag). *rufus* (LINNAEUS)
2* Kopfkapsel etwa 1,4 mal so breit wie lang. In Laubbäumen, in Zweigen. In Mitteleuropa nur im Süden und Südosten. *ater* (LINNAEUS)

41. Gattung: *Callimoxys* KRAATZ

Callimoxys gracilis (BRULLÉ). Körperlänge max. 11 mm. In Laubbäumen, in Ästen. In Mitteleuropa nur im Osten und Südosten.

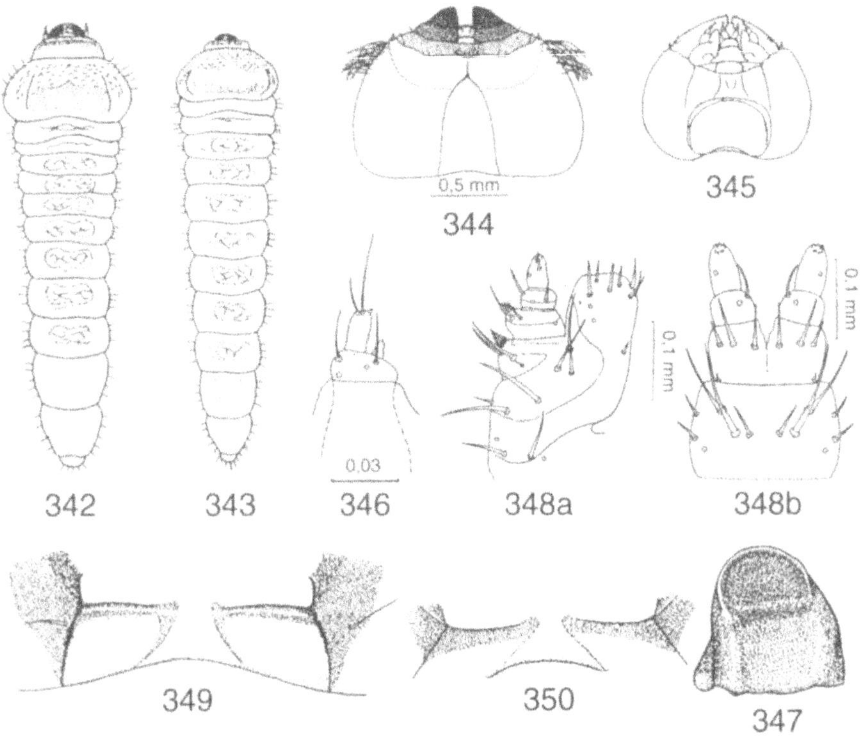

Abb. 342: *Molorchus minor*, Habitus, dorsal (aus v. DEMELT 1966)
Abb. 343: *Molorchus umbellatarum*, Habitus, dorsal (aus v. DEMELT 1966)
Abb. 344: *Molorchus umbellatarum*, Kopfkapsel, dorsal (aus DUFFY 1953)
Abb. 345: *Molorchus umbellatarum*, Kopfkapsel, ventral (aus v. DEMELT 1966)
Abb. 346: *Molorchus kiesenwetteri*, Antenne, Spitze (aus ŠVÁCHA & DANILEVSKY 1987)
Abb. 347: *Molorchus minor*, Mandibel, medial (aus ŠVÁCHA & DANILEVSKY 1987)
Abb. 348a: *Molorchus umbellatarum*, Maxille (aus DUFFY 1953)
Abb. 348b: *Molorchus umbellatarum*, Labium (aus DUFFY 1953)
Abb. 349: *Molorchus minor*, Hypostoma (aus ŠVÁCHA & DANILEVSKY 1987)
Abb. 350: *Molorchus umbellatarum*, Hypostoma (aus ŠVÁCHA & DANILEVSKY 1987)

42. Gattung: *Callimus* MULSANT

(= *Callimellum* STRAND)

Callimus angulatus (SCHRANK). Körperlänge max. 15,5 mm (Abb. 351–353). In Laubbäumen, in Ästen.

43. Gattung: *Certallum* DEJEAN

(= *Cartallum* SERVILLE)

Certallum ebulinum (LINNAEUS). Körperlänge max. 15 mm. In verschiedenen Krautpflanzen, in Wurzeln und Stengeln. In Mitteleuropa nur im äußersten Südwesten.

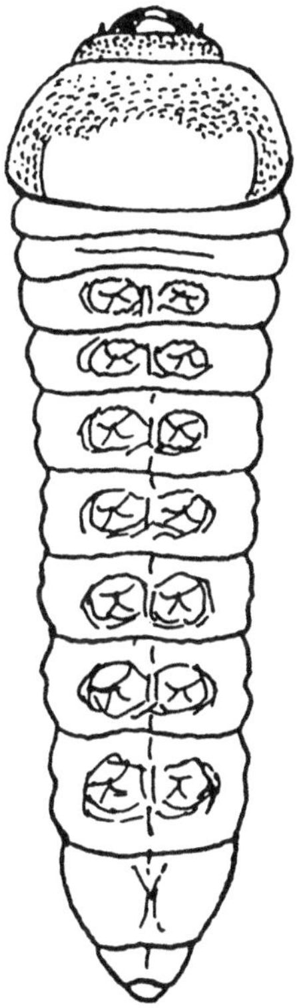

351

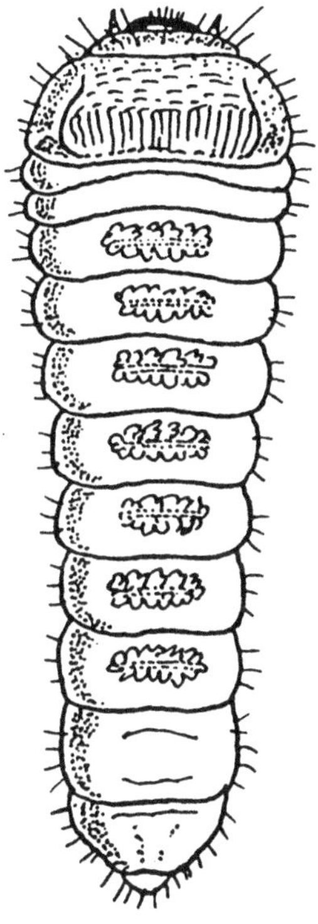

354

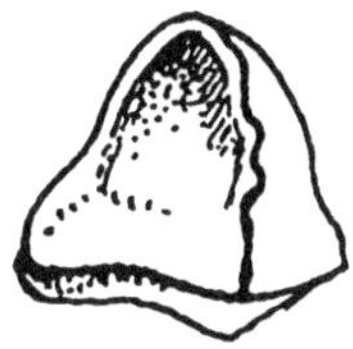

352

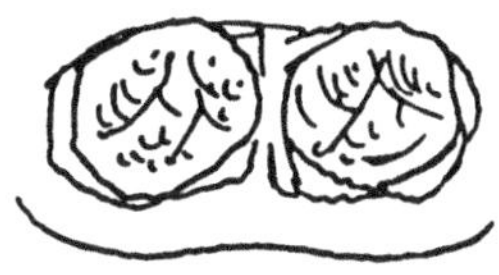

353

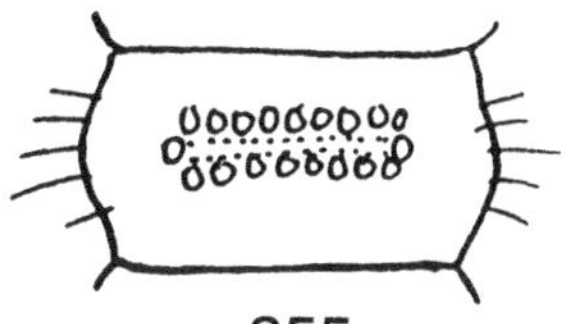

355

Abb. 351: *Callimus angulatus*, Habitus, dorsal (aus v. DEMELT 1966)
Abb. 352: *Callimus angulatus*, linke Mandibel (aus v. DEMELT 1966)
Abb. 353: *Callimus angulatus*, 7. Abdominalsegment, Dorsalampulle (aus v. DEMELT 1966)
Abb. 354: *Deilus fugax*, Habitus, dorsal (aus v. DEMELT 1966)
Abb. 355: *Deilus fugax*, Abdominalsegment, Ventralampulle (aus v. DEMELT 1966)

44. Gattung: *Deilus* SERVILLE

Deilus fugax (OLIVIER). Körperlänge max. 13 mm (Abb. 354, 355). In verholzten Fabaceae, unter Rinde und in trockenem Holz.

45. Gattung: *Aromia* SERVILLE

Aromia moschata (LINNAEUS). Körperlänge max. 35 mm (Abb. 356–362). Bei den Larven kann eine aktive und eine passive präpupale Form unterschieden werden. In Laubbäumen (besonders Salix). In Stämmen und Ästen.

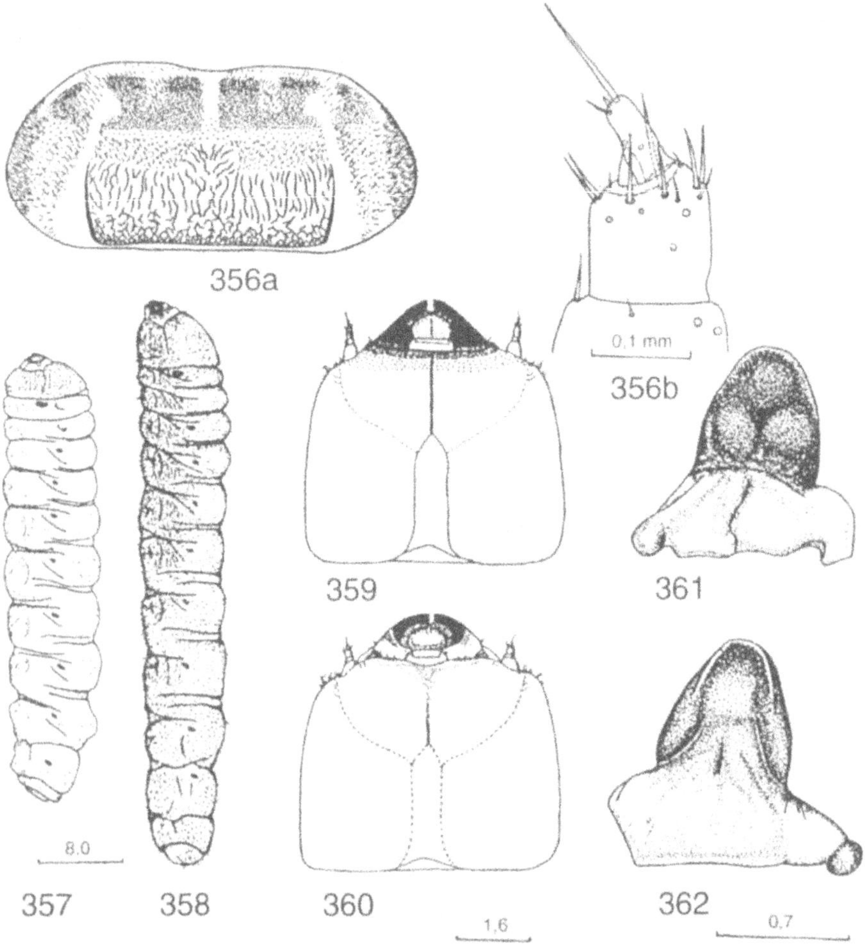

Abb. 356a: *Aromia moschata*, Prothorax, dorsal (aus DUFFY 1953)
Abb. 356b: *Aromia moschata*, Antenne, Spitze (aus DUFFY 1953)
Abb. 357: *Aromia moschata*, Habitus, lateral, aktive Form (aus ŠVÁCHA & DANILEVSKY 1987)
Abb. 358: *Aromia moschata*, Habitus, lateral, passive Form (aus ŠVÁCHA & DANILEVSKY 1987)
Abb. 359: *Aromia moschata*, Kopfkapsel, dorsal, aktive Form (aus DUFFY 1953)
Abb. 360: *Aromia moschata*, Kopfkapsel, dorsal, passive Form (aus DUFFY 1953)
Abb. 361: *Aromia moschata*, Mandibel von außen, passive Form (aus DUFFY 1953)
Abb. 362: *Aromia moschata*, Mandibel von innen, passive Form (aus DUFFY 1953)

46. Gattung: *Rosalia* SERVILLE

Rosalia alpina (LINNAEUS). Körperlänge max. 40 mm (Abb. 363–365). In Laubbäumen (fast nur Fagus). In Stubben, stehenden und liegenden Stämmen.

47. Gattung: *Anisarthron* DEJEAN

Anisarthron barbipes (SCHRANK) wird der Unterfamilie Spondylidinae zugeordnet und kann nach der betreffenden Bestimmungstabelle (S. 157) erkannt werden. Körperlänge max. 16 mm (Abb. 366–368). In Laubbäumen (polyphag). In abgestorbenen Teilen lebender Bäume.

48. Gattung: *Hylotrupes* SERVILLE

Hylotrupes bajulus (LINNAEUS). Körperlänge max. 30 mm, Kopfkapselbreite 4,25 mm (Abb. 369–371). Meist synanthrop in verbautem Nadelholz.

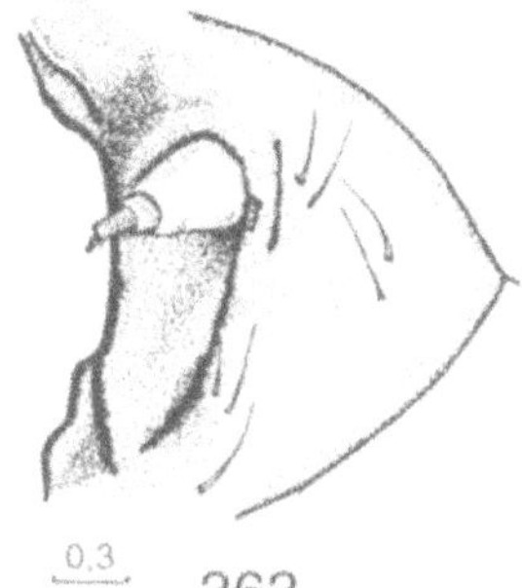

363

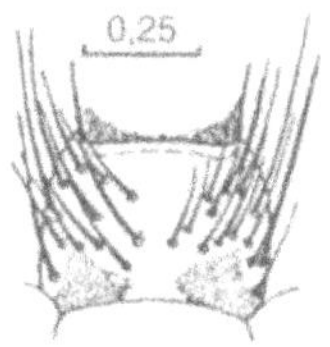

364

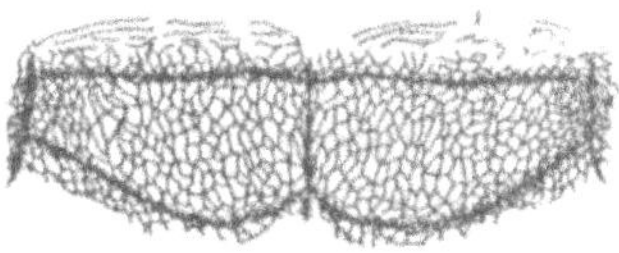

365

366

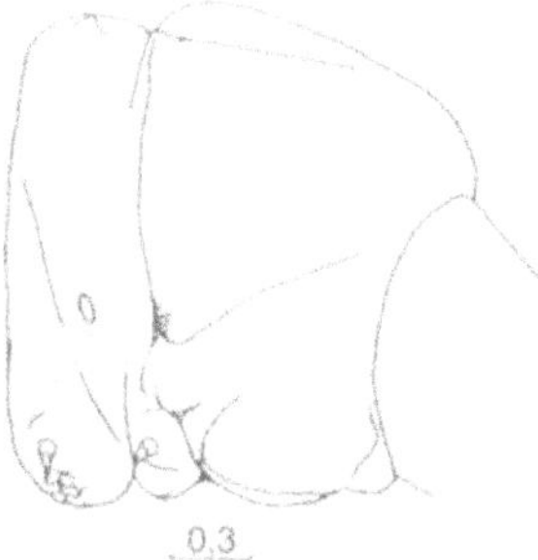

367

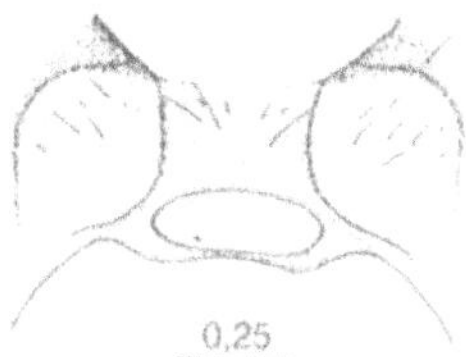

368

Abb. 363: *Rosalia alpina*, Kopfkapsel, Stemmataregion (aus ŠVÁCHA & DANILEVSKY 1987)
Abb. 364: *Rosalia alpina*, Mentum (aus ŠVÁCHA & DANILEVSKY 1987)
Abb. 365: *Rosalia alpina*, Abdominalsegment, dorsal (aus MAMAEV & DANILEVSKY 1975)
Abb. 366: *Anisarthron barbipes*, Labiomaxillarkomplex (aus ŠVÁCHA & DANILEVSKY 1986)
Abb. 367: *Anisarthron barbipes*, Pro- und Mesothorax (aus ŠVÁCHA & DANILEVSKY 1986)
Abb. 368: *Anisarthron cyrus*, Ventralsklerit (aus ŠVÁCHA & DANILEVSKY 1986)

49. Gattung: *Ropalopus* MULSANT

Tabelle für die Arten (nach ŠVÁCHA & DANILEVSKY 1987)

1 Vorderer Teil des Lateropraesternum mit 2 lateralen Büscheln von langen Borsten (Abb. 373) oder mit 2 paramedianen transversen Reihen von solchen Borsten und einem in der Mitte gelegenen Büschel (Abb. 375) .. 2

1* Lateropraesternum ohne solche Büschel von Borsten, die vorderen Borsten sind nur wenig länger als die hinteren (Abb. 374) 3

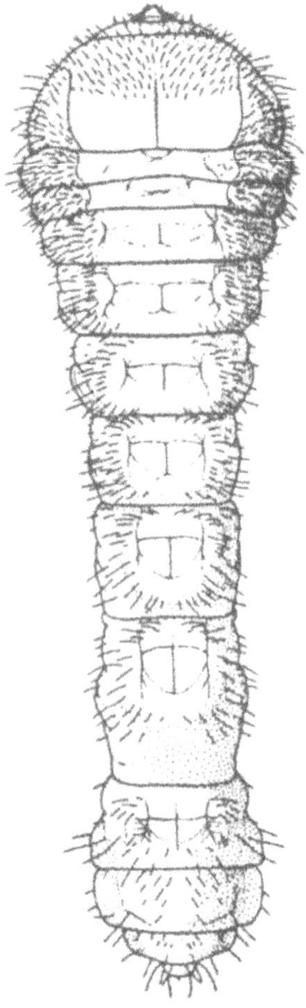

369

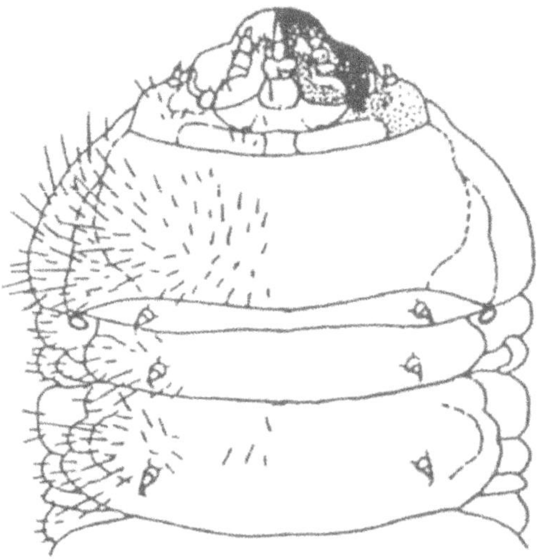

370

371

Abb. 369: *Hylotrupes bajulus*, Habitus, dorsal (aus DUFFY 1953)
Abb. 370: *Hylotrupes bajulus*, Kopf und Thorax, ventral (aus STEHR 1991)
Abb. 371: *Hylotrupes bajulus*, Antenne (aus DUFFY 1953)

2 Lateropraesternum mit 2 lateralen Büscheln von langen und dicken Borsten (Abb. 373). Körperlänge max. 25 mm. In Laubbäumen (polyphag), selten in Nadelbäumen. Unter Rinde und in trockenem Holz von Ästen und dünnen Stämmen. *clavipes* (FABRICIUS)

2* Lateropraesternum mit 2 paramedianen Reihen von langen dicken Borsten und einem in der Mitte gelegen Büschel solcher Borsten (Abb. 375). Körperlänge max. 13,5 mm. In Laubbäumen (besonders Quercus). Unter Rinde von dünnen Ästen vor allem in der Wipfelregion. *spinicornis* (ABEILLE)

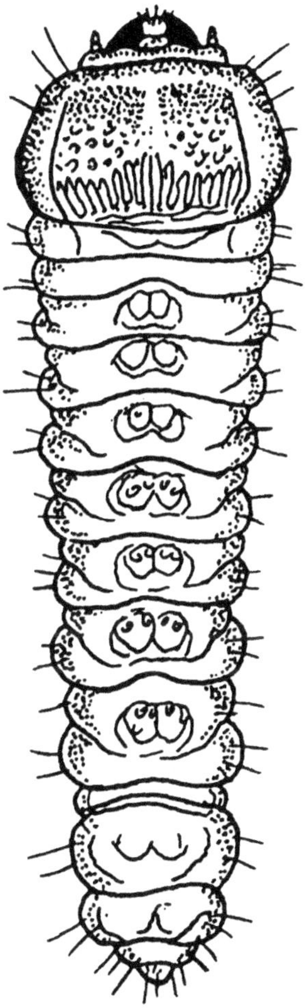
372

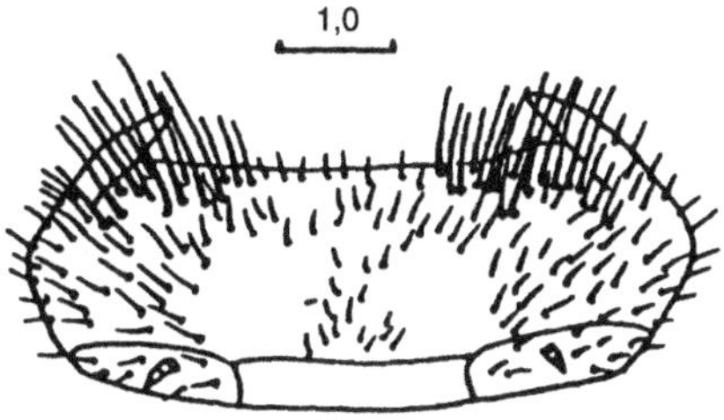

373

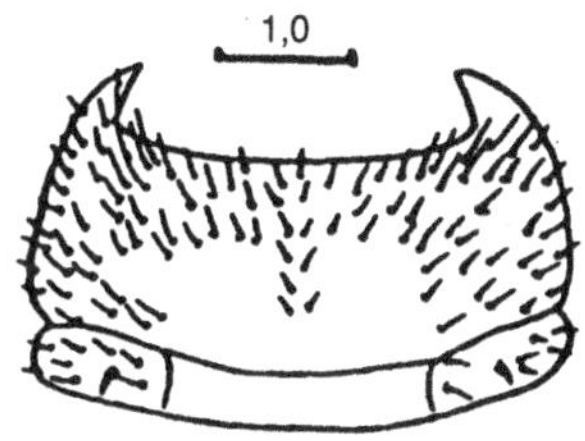

374

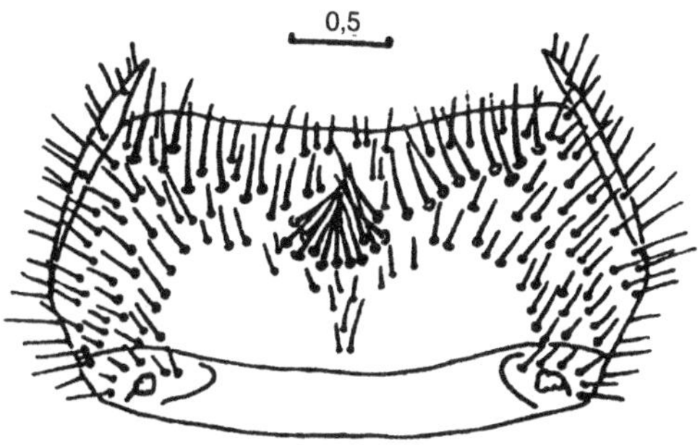

375

Abb. 372: *Ropalopus clavipes*, Habitus, dorsal (aus v. DEMELT 1966)
Abb. 373: *Ropalopus clavipes*, Prothorax, ventral (aus ŠVÁCHA & DANILEVSKY 1987)
Abb. 374: *Ropalopus macropus*, Prothorax, ventral (aus ŠVÁCHA & DANILEVSKY 1987)
Abb. 375: *Ropalopus spinicornis*, Prothorax, ventral (aus ŠVÁCHA & DANILEVSKY 1987)

3 Ampullen auf den Abdominalsegmenten matt und fein genetzt, die ventralen Ampullen in der Mitte fein gerunzelt. Prothorax mit breiter, gelboranger Pigmentierung. Körperlänge max. 30 mm. In Laubbäumen (besonders Acer). Unter der Rinde von Stämmen und Ästen. *R. insubricus* in Mitteleuropa nur im Südosten.
ungaricus (HERBST) und *insubricus* (GERMAR)

3* Ampullen der Abdominalsegmente glänzend, fein gekörnt, die ventralen Ampullen sind in der Mitte mit rauhen Runzeln bedeckt. Prothorax mit blaß gelber Pigmentierung 4

4 Vorderrand der Stirn relativ gerade. Pleuralscheiben in Richtung der Oberseite der Epipleuren verschoben. Bei erwachsenen Larven sind sie ventral von einer Pigmentierung umgeben. Körperlänge max. 16 mm. In Laubbäumen, unter Rinde von Zweigen und Ästen. *macropus* (GERMAR)

4* Vorderrand der Stirn hinter dem Labrum schwach ausgerandet und in der Mitte leicht aufgeworfen. Die Pleuralscheiben sind nach der Unterseite der Epipleuren verschoben und nicht von einem Pigmentring umgeben. In Laubbäumen (polyphag), unter Rinde von Zweigen und Ästen.
femoratus (LINNAEUS)

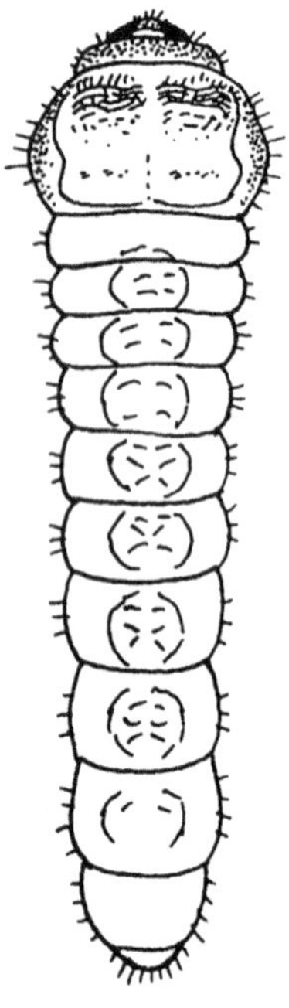

376

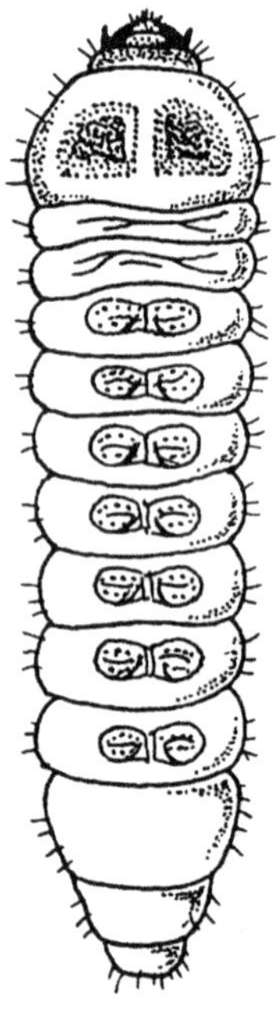

377

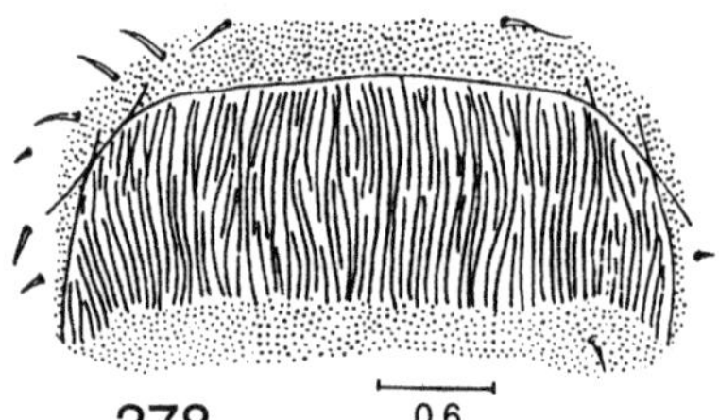

378

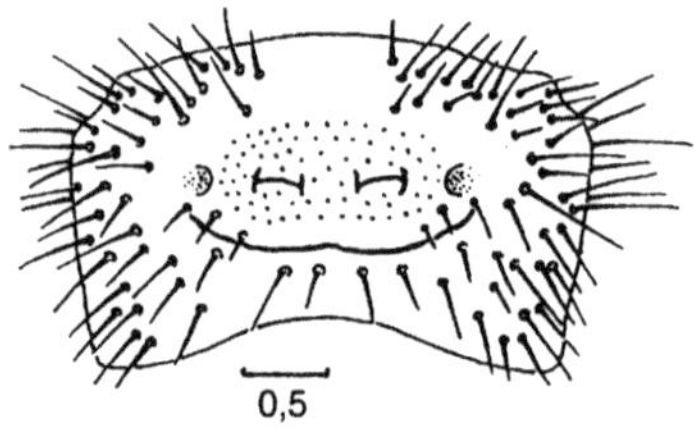

379

Abb. 376: *Leioderes kollari*, Habitus, dorsal (aus v. DEMELT 1966)
Abb. 377: *Semanotus undatus*, Habitus, dorsal (aus v. DEMELT 1966)
Abb. 378: *Semanotus persicus*, 2. Abdominalsegment, dorsal (aus ŠVÁCHA & DANILEVSKY 1987)
Abb. 379: *Semanotus undatus*, 7. Abdominalsegment, ventral (aus ŠVÁCHA & DANILEVSKY 1987)

50. Gattung: *Pronocera* MOTSCHULSKY

Pronocera angusta (KRIECHBAUM). Körperlänge max. 14 mm. In Nadelbäumen (besonders Picea). Unter der Rinde von Ästen.

51. Gattung: *Leioderes* REDTENBACHER

Leioderes kollari REDTENBACHER. Körperlänge max. 18 mm (Abb. 376). In Laubbäumen (besonders Acer). Unter der Rinde von Zweigen und Ästen vor allem in der Wipfelregion.

52. Gattung: *Semanotus* MULSANT

Tabelle für die Arten (nach MAMAEV & DANILEVSKY 1975, ŠVÁCHA & DANILEVSKY 1987)

1 Sternit des 7. Abdominalsegmentes mit 2 runden Skleriten (Abb. 379), die selten undeutlich sind. Die dorsalen Ampullen des 2.–4. Abdominalsegmentes ohne Längsstreifen (Abb. 377). Körperlänge max. 20 mm. In Nadelbäumen (besonders Picea). Unter der Rinde frisch abgestorbener Äste und Stämme. *undatus* (LINNAEUS)

1* Sternum des 7. Abdominalsegmentes immer ohne Sklerite. Die Längsstreifen auf den Dorsalampullen des 2.–4. Abdominalsegmentes sind nicht sehr deutlich. In Nadelbäumen (Juniperus, Cedrus). Unter der Rinde von Ästen und Stämmen. *russicus* (FABRICIUS)

53. Gattung: *Callidium* FABRICIUS

Tabelle für die Arten (nach MAMAEV & DANILEVSKY 1975, ŠVÁCHA & DANILEVSKY 1987)

1 Vorderrand des Hypostoma mit 4 deutlichen Zähnchen (Abb. 382). Körperlänge max. 20 mm. In Nadelbäumen, gelegentlich auch in Laubbäumen. Unter der Rinde von Ästen und dünnen Stämmen. *aeneum* (DE GEER)

1* Vorderrand des Hypostoma gerunzelt, aber ohne Zähnchen 2

2 Pleuralscheiben des 2. Abdominalsegmentes unterhalb der erhobenen Epipleuren gelegen, die Scheiben des 3. Abdominalsegmentes liegen oberhalb der Epipleuren nahe den Stigmen. Körperlänge max. 26 mm. In Nadelbäumen, gelegentlich in Laubbäumen. Unter der Rinde von Ästen und Stämmen. *violaceum* (LINNAEUS)

2* Die Pleuralscheiben des 2. und 3. Abdominalsegmentes liegen in derselben Ebene oben, nahe den Stigmen. Körperlänge max. 24 mm. In Nadelbäumen (besonders Picea). Unter der Rinde von Ästen und in stehenden und liegenden Stämmen. *coriaceum* PAYKULL

54. Gattung: *Pyrrhidium* FAIRMAIRE

Pyrrhidium sanguineum (LINNAEUS). Körperlänge max. 15 mm (Abb. 383, 384). In Laubbäumen (besonders Quercus), selten in Nadelbäumen. Unter Rinde von Ästen und Stämmen.

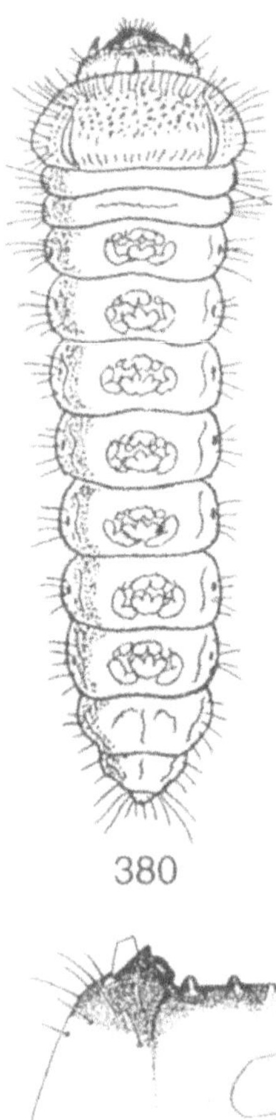

380

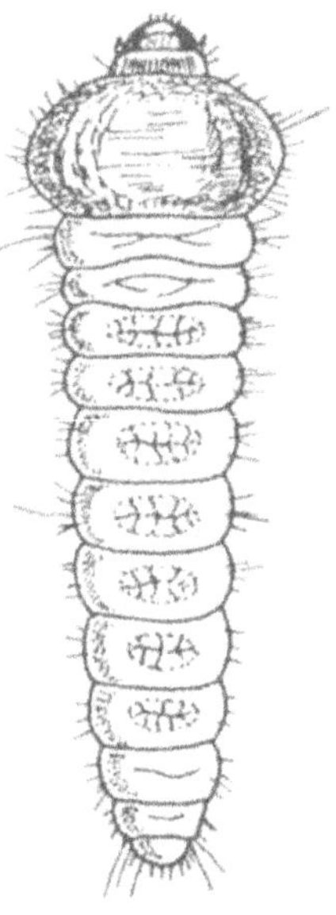

381

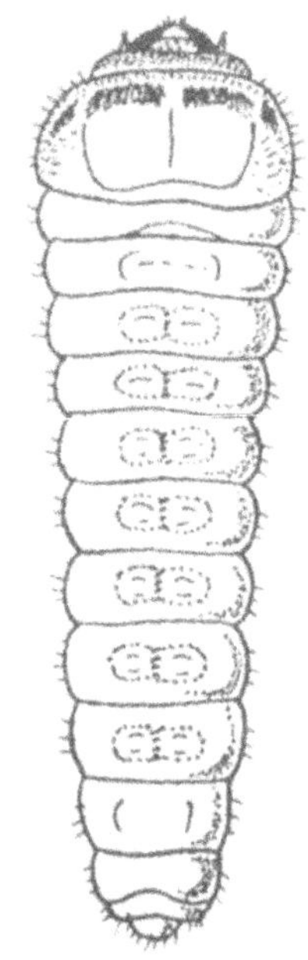

383

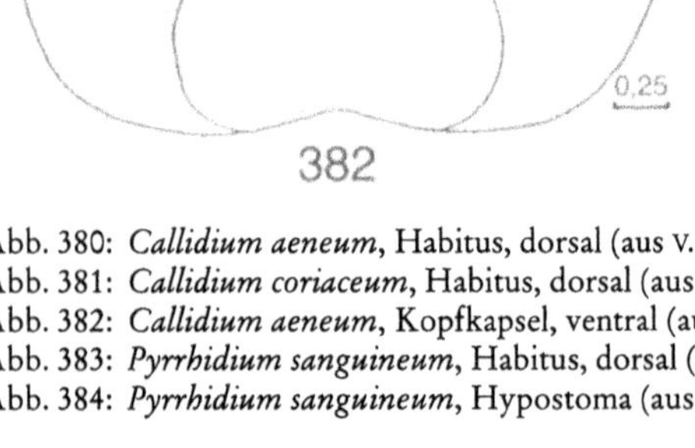

382

384

Abb. 380: *Callidium aeneum*, Habitus, dorsal (aus v. DEMELT 1966)
Abb. 381: *Callidium coriaceum*, Habitus, dorsal (aus v. DEMELT 1966)
Abb. 382: *Callidium aeneum*, Kopfkapsel, ventral (aus ŠVÁCHA & DANILEVSKY 1987)
Abb. 383: *Pyrrhidium sanguineum*, Habitus, dorsal (aus v. DEMELT 1966)
Abb. 384: *Pyrrhidium sanguineum*, Hypostoma (aus ŠVÁCHA & DANILEVSKY 1987)

55. Gattung: *Phymatodes* MULSANT

Es fehlen *Phymatodes lividus* (ROSSI) (in Mitteleuropa nur im Süden, Südwesten und Westen) und *Phymatodes rufipes* (FABRICIUS).

Tabelle für die Arten (nach ŠVÁCHA & DANILEVSKY 1987)

1 Femur vorhanden und deutlich. Prothorax mit schwacher gelber Pigmentierung. Borsten des Pronotum ohne Basalringe 2

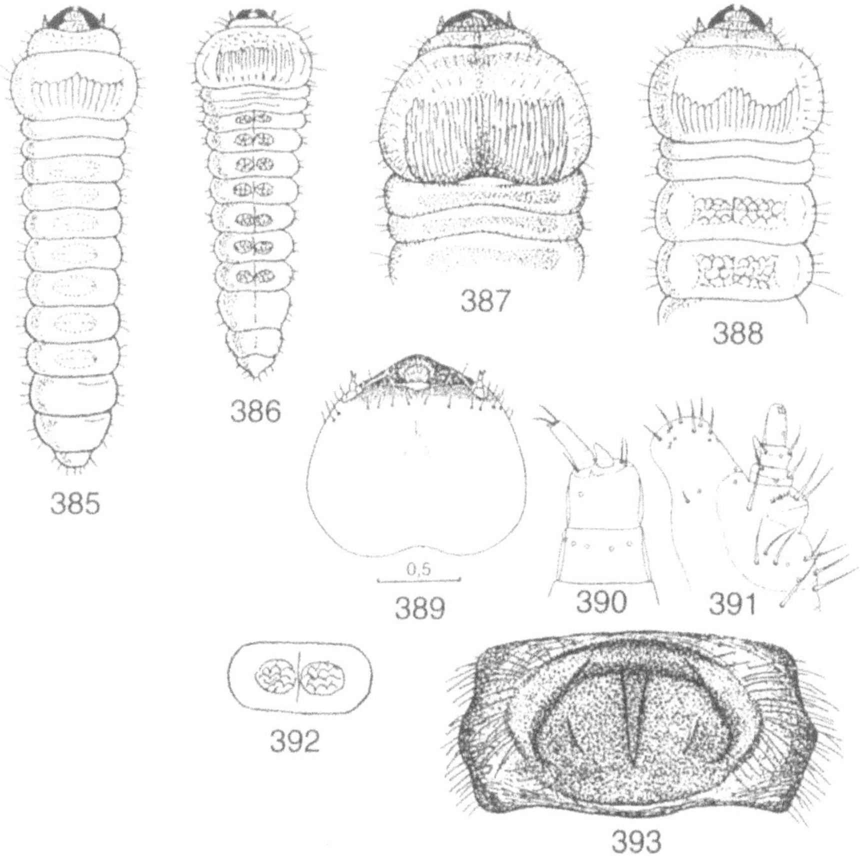

Abb. 385: *Phymatodes testaceus*, Habitus, dorsal (aus v. DEMELT 1966)
Abb. 386: *Phymatodes alni*, Habitus, dorsal (aus v. DEMELT 1966)
Abb. 387: *Phymatodes glabratus*, Kopf, Thorax, dorsal (aus v. DEMELT 1966)
Abb. 388: *Phymatodes fasciatus*, Kopf, Thorax, 1./2. Abdominalsegment, dorsal (aus v. DEMELT 1966)
Abb. 389: *Phymatodes alni*, Kopfkapsel, dorsal (aus ŠVÁCHA & DANILEVSKY 1987)
Abb. 390: *Phymatodes alni*, Antenne (aus DUFFY 1953)
Abb. 391: *Phymatodes alni*, Maxille (aus DUFFY 1953)
Abb. 392: *Phymatodes alni*, Abdominalsegment, Dorsalampulle (aus v. DEMELT 1966)
Abb. 393: *Phymatodes testaceus*, 3. Abdominalsegment, dorsal (aus DUFFY 1953)

1* Femur undeutlich, die Beine sind nur als schmale Papillen ausgeprägt. Prothorax mit einer breiten, gelb-orangen Pigmentierung, die Basalringe der Borsten sind deutlich. Körperlänge max. 7 mm. In Laubbäumen (polyphag). Unter der Rinde von dünnen Zweigen. *alni* (LINNAEUS)

2 Ampullen der Abdominalsegmente ohne feine Körnung oder Netzung, glänzend mit tiefen, transversen Furchen (Abb. 388). Körperlänge max. 9 mm. In Vitis, in abgestorbenen Ästen und Zweigen. In Mitteleuropa nur im Südosten. *fasciatus* (VILLERS)

2* Die Ampullen der Abdominalsegmente mit feiner Körnung oder Netzung, oft matt, ihre Querfurchen sind undeutlich (Abb. 385, 387, 393) 3

3 Gula braun, viel dunkler als das Hypostoma. Körperlänge max. 15,5 mm. In Laubbäumen (besonders Quercus). Unter Rinde und im Holz von Zweigen und Ästen an stehenden Stämmen. *pusillus* (FABRICIUS)

3 Gula blaß, die vordere Pigmentierung des Hypostoma unterbrochen ... 4

4 Trochanter deutlich. Körperlänge max. 15 mm. In Laubbäumen (polyphag). Unter der Rinde von Ästen und Stämmen. *testaceus* (LINNAEUS)

4* Trochanter undeutlich. Körperlänge max. 11,5 mm. In Nadelbäumen (besonders Juniperus). Unter der Rinde von Ästen und Stämmen. *glabratus* (CHARPENTIER)

56. Gattung: *Lioderina* GANGLBAUER

Lioderina linearis (HAMPE). Die Larven wurden in trockenen Zweigen von Amygdalus und Abies gefunden. In Mitteleuropa nur im Südosten.

57. Gattung: *Xylotrechus* CHEVROLAT

Tabelle für die Arten (nach MAMAEV & DANILEVSKY 1975, ŠVÁCHA & DANILEVSKY 1987)

1 Der hintere Teil des Pronotum ohne Rauhigkeit (Abb. 396), vorn glänzend, der breite Hinterrand mit einer Mikroskulptur versehen, matt. Die Ampullen der Abdominalsegmente fein genetzt, nicht rauh 2

1* Der hintere Teil des Pronotum mit einem ± breiten Rand von Rauhigkeiten (Abb. 394). Ampullen der Abdominalsegmente mit Rauhigkeiten 3

2 Hinter den Stemmata befindet sich jederseits ein Vorsprung. Gena breit und kräftig pigmentiert mit 2 transversen Furchen (Abb. 398). Die Pigmentierung der Gena hinter den Stemmata ist etwa so breit wie der Durchmesser der Antennengrube oder sogar breiter. Körperlänge max. 22 mm. In Quercus, unter der Rinde und im Holz von Ästen und Stämmen. *antilope* (SCHÖNHERR)

2* Hinter den Stemmata befindet sich kein Vorsprung. Gena fein gerunzelt, hinter den Stemmata schmal pigmentiert, die Pigmentierung etwa so breit wie der Durchmesser eines Stemma und viel schmaler als der Durchmesser der Antennengrube. Körperlänge max. 26 mm. In Laubbäumen (polyphag). In Ästen und dünnen Stämmen. *arvicola* (OLIVIER)

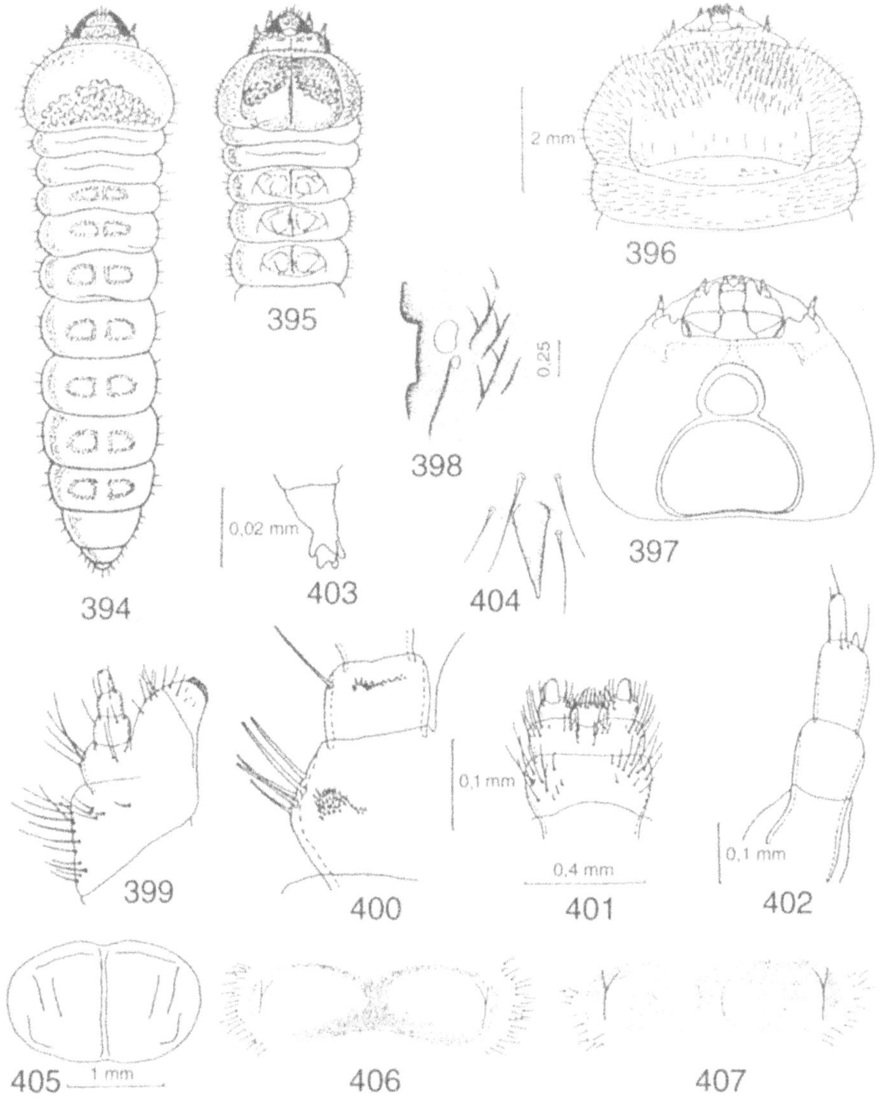

Abb. 394: *Xylotrechus rusticus*, Habitus, dorsal (nach PLAVILSTSHIKOV aus v. DEMELT 1966)
Abb. 395: *Xylotrechus pantherinus*, Kopf, Thorax und 1.–3. Abdominalsegment, dorsal (aus v. DEMELT 1966)
Abb. 396: *Xylotrechus arvicola*, Kopf, Pro- und Mesothorax, dorsal(aus TEPPNER 1965)
Abb. 397: *Xylotrechus arvicola*, Kopfkapsel, ventral (aus TEPPNER 1965)
Abb. 398: *Xylotrechus antilope*, Kopfkapsel, Stemmataregion (aus ŠVÁCHA & DANILEVSKY 1987)
Abb. 399: *Xylotrechus arvicola*, Maxille, ventral (aus TEPPNER 1965)
Abb. 400: *Xylotrechus arvicola*, 1. Glied des Maxillarpalpus und Palpifer (aus TEPPNER 1965)
Abb. 401: *Xylotrechus arvicola*, Labium, ventral (aus TEPPNER 1965)
Abb. 402: *Xylotrechus arvicola*, Antenne (aus TEPPNER 1965)
Abb. 403: *Xylotrechus arvicola*, Vorderbein (aus TEPPNER 1965)
Abb. 404: *Xylotrechus arvicola*, Bein (aus MAMAEV & DANILEVSKY 1975)
Abb. 405: *Xylotrechus arvicola*, Dorsalampulle, schematisch (aus TEPPNER 1965)
Abb. 406: *Xylotrechus pantherinus*, Abdominalsegment, dorsal (aus MAMAEV & DANILEVSKY 1975)
Abb. 407: *Xylotrechus rusticus*, Abdominalsegment, dorsal (aus MAMAEV & DANILEVSKY 1975)

3 Wenigstens die seitlichen Teile jeder abdominalen Ampulle in der Mitte ohne Rauhigkeiten (Abb. 406) 4

3* Die abdominalen Ampullen sind vollständig mit Rauhigkeiten bedeckt (Abb. 407) 5

4 Antennalring mit einer schmalen Öffnung. Körperlänge max. 25 mm. In Salix caprea. In lebendem oder frisch totem Holz von Stämmen. *pantherinus* (SAVENIUS)

4* Antennalring geschlossen. In Betula pendula, unter Rinde. In Mitteleuropa nur im äußersten Südosten. *capricornis* (GEBLER)

5 Gula länglich oder fast quadratisch. Antennenglieder relativ länger, 2. Glied etwa doppelt so lang wie breit, 3. Glied etwa ebenso lang, wie das 2. breit ist. Thoraxstigma mehr als doppelt so lang wie breit und ca. 1,7mal länger als das 1. Abdominalstigma. Körperlänge max. 32 mm. In Laubbäumen (besonders Populus). Unter Rinde und im Holz von stehenden (sonnenexponierten) oder liegenden Stämmen. *rusticus* (LINNAEUS)

5 Gula transvers. Antennenglieder relativ kürzer, 2. Glied etwa 1,3–1,4mal länger als breit, 3. Glied kürzer als das 2. Glied breit ist. Thoraxstigma etwa doppelt so lang wie breit und ca. 1,5mal länger als das 1. Abdominalstigma. Körperlänge max. 33 mm. In Laubbäumen (besonders Betula). Unter der Rinde von Ästen und Stämmen. *ibex* (GEBLER)

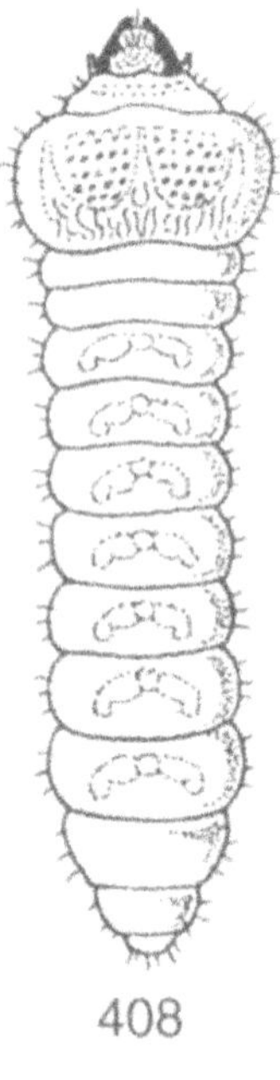

408

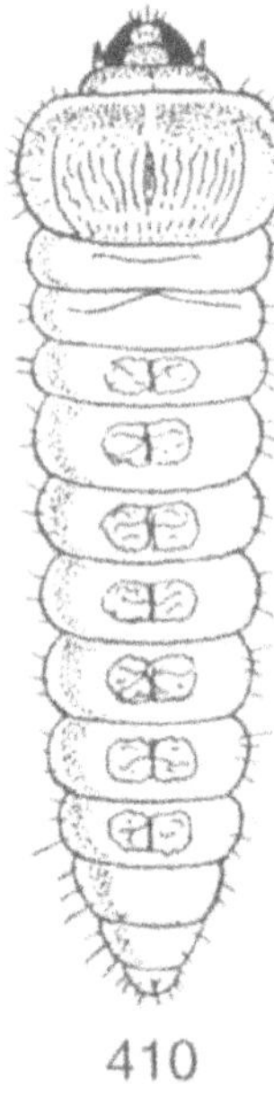

410

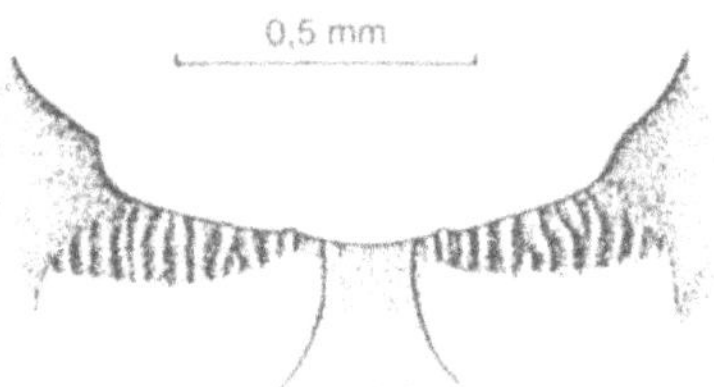

409

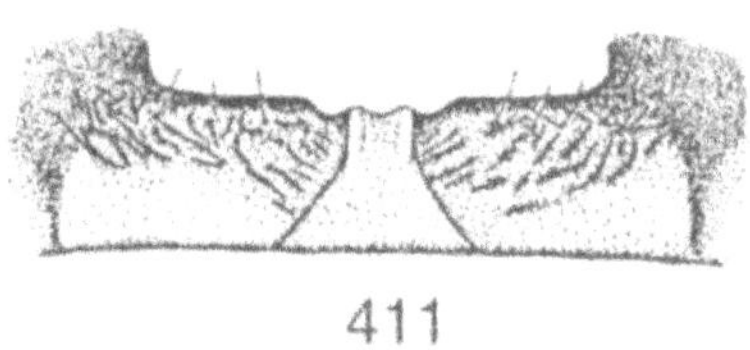

411

Abb. 408: *Clytus arietis*, Habitus, dorsal (nach PLAVILSTSHIKOV aus v. DEMELT 1966)
Abb. 409: *Clytus arietis*, Hypostoma (aus ŠVÁCHA & DANILEVSKY 1987)
Abb. 410: *Cyrtoclytus capra*, Habitus, dorsal (aus v. DEMELT 1966)
Abb. 411: *Cyrtoclytus capra*, Hypostoma (aus MAMAEV & DANILEVSKY 1975)

58. Gattung: *Clytus* LAICHARTING

Tabelle für die Arten (nach ŠVÁCHA & DANILEVSKY 1987)

1 Vorderrand des Hypostoma deutlich längsgestreift (Abb. 409) oder rauh gefurcht 2

1* Vorderrand des Hypostoma glatt 3

2 Vorderrand des Hypostoma mit deutlichen Längsstreifen (Abb. 409). Körperlänge max. 18 mm, Kopfkapselbreite 3,1 mm. In Laubbäumen (polyphag), selten in Juniperus. Unter Rinde und im Holz. *arietis* (LINNAEUS)

2* Vorderrand des Hypostoma undeutlich gerunzelt. Körperlänge max. 20 mm. In Nadelbäumen. Unter Rinde und im Holz von meist schwachen Stämmen. *lama* MULSANT

3 Pigmentierung des Pleurostom breit, viel breiter als die Antennengrube. Stemmata klein, ihr Durchmesser entspricht etwa der Breite des 2. Antennengliedes. Körperlänge max. 26 mm. In Laubbäumen (besonders Quercus). Unter Rinde toter Stämme und dicker Äste (vor allem in der Wipfelregion). *tropicus* (PANZER)

3* Pigmentierung des Pleurostom schmal, etwa so breit wie die Antennengrube. Stemmata größer als der Durchmesser des 2. Antennengliedes. Körperlänge max. 15 mm. In Laubbäumen (polyphag), in dünnen Zweigen und Ästen. *rhamni* GERMAR

59. Gattung: *Cyrtoclytus* GANGLBAUER

Cyrtoclytus capra (GERMAR). Körperlänge max. 22 mm (Abb. 410, 411). In Laubbäumen (polyphag, scheint Acer zu bevorzugen). In dünnen Stämmen.

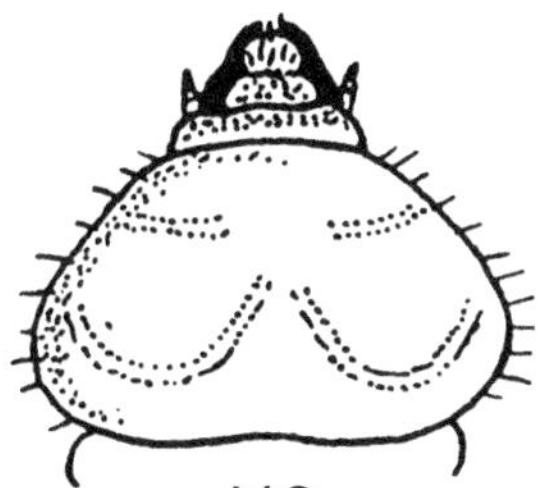

412

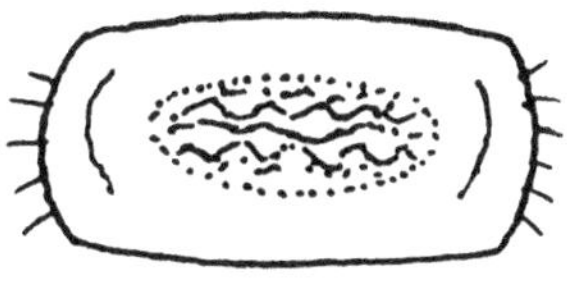

413

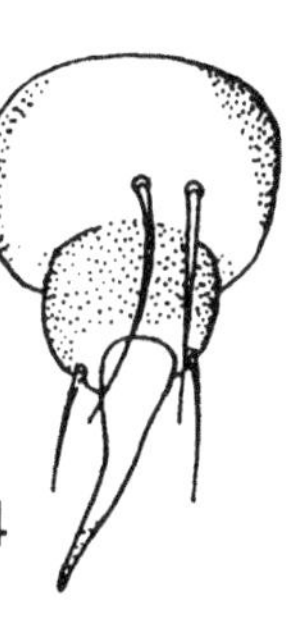

414

Abb. 412: *Plagionotus arcuatus*, Kopf, Prothorax, dorsal (aus v. DEMELT 1966)
Abb. 413: *Plagionotus arcuatus*, Abdominalsegment, dorsal (aus v. DEMELT 1966)
Abb. 414: *Plagionotus arcuatus*, Bein (aus MAMAEV & DANILEVSKY 1975)

60. Gattung: *Plagionotus* MULSANT

Tabelle für die Arten (nach MAMAEV & DANILEVSKY 1975, ŠVÁCHA & DANILEVSKY 1987)

1 Kopfkapsel jederseits mit einem Stemma. Labrum deutlich transvers. Larven in Stengeln von Kräutern. *floralis* (PALLAS)

1* Kopfkapsel jederseits mit 3 Stemmata. Labrum herzförmig gebogen 2

2 Ampullen der Abdominalsegmente sehr fein gekörnt, matt. Körperlänge max. 29 mm. In Laubbäumen (polyphag, mit einer Bevorzugung von Quercus). Unter Rinde sonnenexponierter Äste und Stämme. *arcuatus* (LINNAEUS)

2* Ampullen der Abdominalsegmente mit einer rauhen Körnung, glänzend. Körperlänge max. 35 mm. In Laubbäumen (besonders Quercus). Unter Rinde sonnenexponierter Äste und Stämme. *detritus* (LINNAEUS)

60a. Gattung: *Neoclytus* THOMSON

Neoclytus acuminatus (FABRICIUS). Körperlänge max. 26 mm. In Laubbäumen (polyphag). Unter Rinde und im Holz von Ästen. In Mitteleuropa nur im Süden.

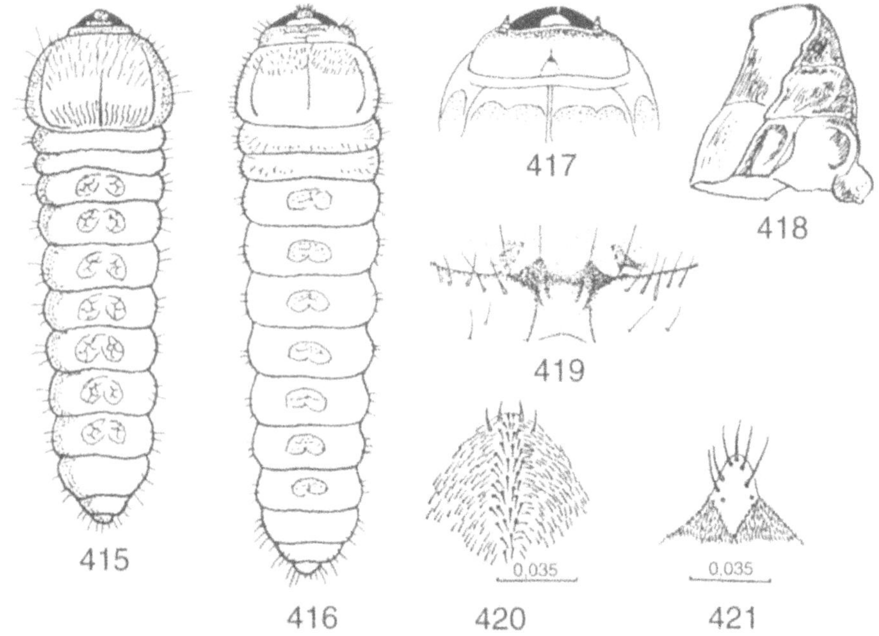

Abb. 415: *Chlorophorus varius*, Habitus, dorsal (aus v. DEMELT 1966)
Abb. 416: *Chlorophorus herbstii*, Habitus, dorsal (aus v. DEMELT 1966)
Abb. 417: *Chlorophorus herbstii*, Kopf, Prothorax, dorsal (aus v. DEMELT 1966)
Abb. 418: *Chlorophorus herbstii*, linke Mandibel (aus v. DEMELT 1966)
Abb. 419: *Chlorophorus varius*, Kopfkapsel, Gularregion (aus MAMAEV & DANILEVSKY 1975)
Abb. 420: *Chlorophorus sartor*, Ligula, dorsal (aus ŠVÁCHA & DANILEVSKY 1987)
Abb. 421: *Chlorophorus figuratus*, Ligula, dorsal (aus ŠVÁCHA & DANILEVSKY 1987)

60b. Gattung: *Pseudosphegesthes* REITTER

Die Larve von *Pseudosphegesthes cinereus* CASTELNAU et GORY ist nicht bekannt. In Mitteleuropa nur im Süden und Westen.

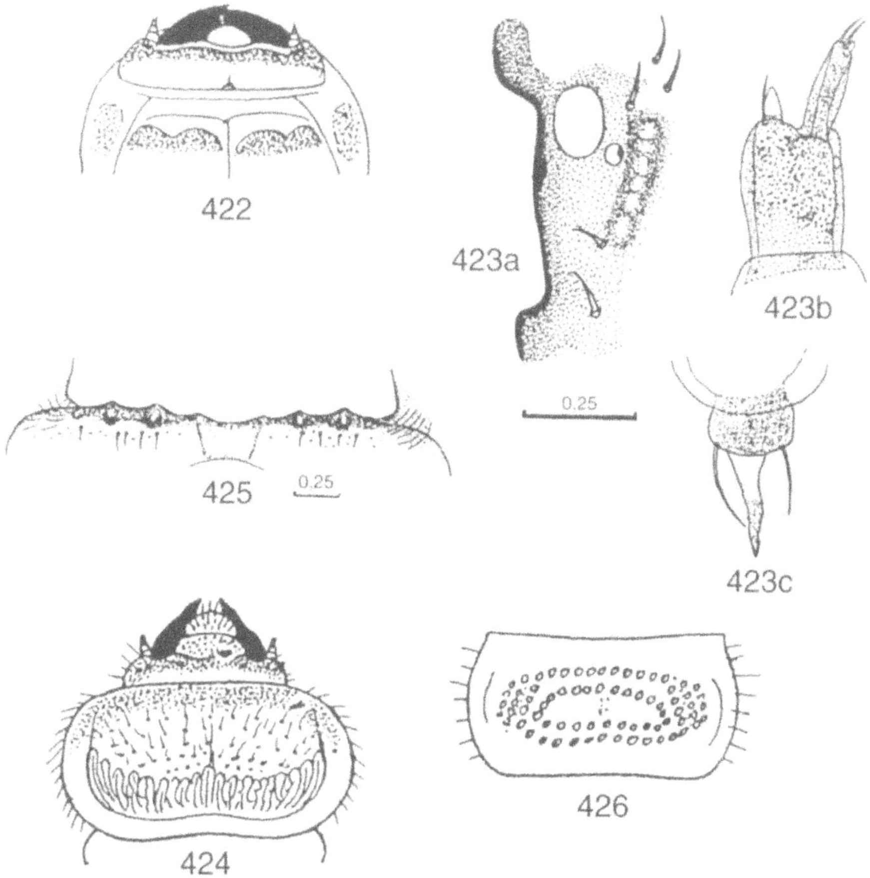

Abb. 422: *Anaglyptus mysticus*, Kopf, Prothorax, dorsal (aus v. DEMELT 1966)
Abb. 423a: *Anaglyptus mysticus*, Kopfkapsel, Stemmataregion (aus ŠVÁCHA & DANILEVSKY 1987)
Abb. 423b: *Anaglyptus mysticus*, Antenne (aus DUFFY 1953)
Abb. 423c: *Anaglyptus mysticus*, Mittelbein, Tibiotarsus, Klaue (aus DUFFY 1953)
Abb. 424: *Purpuricenus kaehleri*, Kopf, Prothorax, dorsal (aus v. DEMELT 1966)
Abb. 425: *Purpuricenus kaehleri*, Hypostoma (aus ŠVÁCHA & DANILEVSKY 1987)
Abb. 426: *Purpuricenus kaehleri*, Abdominalsegment, dorsal (aus v. DEMELT 1966)

61. Gattung: *Chlorophorus* CHEVROLAT

Es fehlen *Chlorophorus trifasciatus* FABRICIUS (in Mitteleuropa nur im Süden, Südwesten und Westen) und *Chlorophorus ruficornis* OLIVIER (in Mitteleuropa nur im äußersten Südwesten).

Tabelle für die Arten (nach ŠVÁCHA & DANILEVSKY 1987)

1 Mundöffnung kräftig pigmentiert, die Pigmentierung ist seitlich breiter als das Pleurostoma. Gula braun. Körperlänge max. 16 mm. In verholzten Fabaceae, in den Wurzeln. In Mitteleuropa nur im Südosten.
hungaricus SEIDLITZ

1* Mundöffnung meist schwach pigmentiert die seitliche Pigmentierung ist auf das Pleurostoma zurückgezogen. Gula blaß 2

2 Pleuralscheiben sind nur am 2. Abdominalsegment deutlich. Körperlänge max. 21 mm. In Laubbäumen (polyphag), selten in Juniperus.
pilosus (FORSTER)

2* Pleuralscheiben undeutlich oder auf dem 1.–3. Abdominalsegment vorhanden 3

3 Pleuralscheiben undeutlich. Körperlänge max. 20 mm. Die Larven von *varius* in Laubbäumen (polyphag), in exponierten toten Zweigen und Ästen, die von *herbstii* in Laubbäumen (besonders Tilia), in Zweigen und Ästen. *varius* (MÜLLER) und *herbstii* (BRAHM)

3* Auf dem 1.–3. Abdominalsegment sind Pleuralscheiben deutlich entwickelt 4

4 Dorsalseite der Ligula vollständig rauh (Abb. 420). Körperlänge max. 11 mm. In Laubbäumen (polyphag), in Zweigen und Ästen.
sartor (MÜLLER)

4* Dorsalseite der Ligula nur an der Basis rauh (Abb. 21 B). Körperlänge max. 18 mm. In Laubbäumen (polyphag), in Zweigen und Ästen.
figuratus (SCOPOLI)

62. Gattung: *Isotomus* MULSANT

Isotomus speciosus (SCHNEIDER). Körperlänge max. 24 mm. In Laubbäumen (polyphag).

63. Gattung: *Anaglyptus* MULSANT

Anaglyptus mysticus (LINNAEUS). Körperlänge max. 19 mm (Abb. 422, 423). In Laubbäumen (polyphag). In Ästen und dünnen Stämmen.

64. Gattung: *Purpuricenus* DEJEAN

Tabelle für die Arten (nach ŠVÁCHA & DANILEVSKY 1987)

1 Labrum länglich. Die Basalringe der Borsten auf dem Prothorax deutlich sichtbar (vor allem auf den pigmentierten Flecken auf dem seitlichen Praesternum). Streifen auf dem Hypostoma gering entwickelt, meist fehlend. In Laubbäumen, in dünnen Ästen. In Mitteleuropa nur im Südosten. *budensis* (GOETZ)

1* Labrum rund, etwa so lang wie breit. Die basalen Ringe der Borsten auf dem Prothorax sind sehr undeutlich. Streifen auf dem Hypostoma gut entwickelt. Körperlänge max. 32 mm. In Laubbäumen, in dünnen Ästen und Zweigen. *kaehleri* (LINNAEUS)

7. Unterfamilie: Lamiinae

von PETR ŠVÁCHA

Die Larven fast aller in Mitteleuropa vorkommenden Arten der Lamiinae sind verfügbar, so daß Bestimmungstabellen für die Arten möglich wären, mit Ausnahme von *Neodorcadion bilineatum, Dorcatypus tristis* sowie einigen *Dorcadion*- und *Phytoecia*-Arten, deren Larven unbekannt sind. Solche neue Tabellen sollen für einen späteren Band (möglichst Band 5) vorbereitet werden. Damit vorerst wenigstens eine Basis zur Unterscheidung von Arten dieser Unterfamilie gegeben werden kann, hat B. KLAUSNITZER Angaben aus der Literatur zusammengestellt und Tabellen für die Arten für diejenigen Gattungen beigefügt, hinter denen in der folgenden Tabelle ein Seitenverweis steht.

Die Bestimmungstabelle für die Gattungen gilt für die Larven aller bekannten Arten, auch für einige, die in den Tabellen für die Arten nicht enthalten sind.

Tabelle für die Gattungen

1 Hintere Region des Pronotum weitgehend mit Mikro-Dörnchen oder großen Skleriten bis zu groben Körnchen bedeckt (Abb. 442, 481, 485, 487, 516, 517, 526–530, 535, 537–540); wenn sie glatt ist (viele *Dorcadion*), dann ist die Analspalte transvers (Abb. 427, 434) 2

1* Pronotum ohne solche Sklerotisierung (Abb. 457) und Analspalte dreiteilig (Y-förmig). Sie teilt die Spitze des 10. Abdominalsegment in eine dorsale und zwei lateroventrale Papillen (Abb. 428, 429) 12

2 Anus als Querspalte ausgebildet (Abb. 427, 434) oder der ventrale Radius ist stark reduziert (cf. Abb. 428). 3. Antennenglied vorhanden (Abb. 431) 3

2* Anus dreispaltig (Y-förmig), der ventrale Radius ist nicht verkürzt (Abb. 429). Das 3. Antennenglied fehlt, Antennen zwei- oder eingliedrig (Abb. 484a) 6

3 Der ventrale Radius der Analspalte ist stark reduziert, aber vorhanden. *Monochamus* DEJEAN (S. 244)

3* Analspalte transvers, der ventrale Radius fehlt (Abb. 434) 4

4 Pronotum (bei den späteren Stadien der bekannten mitteleuropäischen Arten) ohne Mikro-Dörnchen (Abb. 433). Larven terricol. *Dorcadion* DALMAN

4* Hintere Region des Pronotum weitgehend mit Mikro-Dörnchen bedeckt. Holzbewohnende Arten 5

5 Haupt-Stemma besser entwickelt, bei jungen Larven nicht viel kleiner als die Antennengrube; meist gut zu sehen. *Lamia* FABRICIUS

[Die Larven von *Morimus* und *Lamia* sind äußerst ähnlich. Alle angegebenen Unterschiede sind nicht stichhaltig und liegen innerhalb der individuellen und durch die Größe bedingten Variabilität. Zusätzlich zu dem besser entwickelten Haupt-Stemma haben die Larven von *Lamia* in der Tendenz weniger dichte Borsten, schmalere Stigmen und die Mikro-Dörnchen auf den Kriechwülsten sind etwas weniger kompakt, wenn man diese Larven mit *Morimus*-Larven von etwa gleicher Größe vergleicht.]

5* Haupt-Stemma weniger deutlich, die Kutikula ist bei älteren Stadien meist sklerotisiert. *Morimus* SERVILLE

6 Pronotum hinten mit sehr feinen Mikro-Dörnchen bedeckt (Abb. 481, 485, 486; jedes einzelne deutlich schmaler als der Querschnitt der kräftig-

sten Pronotum-Borste). Pleuraltuberkeln des Abdomen mit großen sklerotisierten Gruben an beiden Seiten die Sklerotisierung kann bei jungen oder frisch gehäuteten Exemplaren weniger deutlich sein) 7

6* Pronotum hinten mit feinen bis sehr groben Körnchen bedeckt (Abb. 516, 517, 521, 526-530, 535, 537-540; jedes einzelne länger als der Querschnitt der kräftigsten Pronotum-Borste). Pleuraltuberkeln des Abdomen ohne sklerotisierte Gruben 8

7 Dorsale Kriechwülste bei den in Mitteleuropa vorkommenden Arten nicht granuliert, weitgehend mit mikroskopisch feinen Dörnchen bedeckt (Abb. 485, 486). *Acanthocinus* DEJEAN (S. 251)

7* Dorsale Kriechwülste granuliert. *Leiopus* SERVILLE

8 Pronotum mit langen, schmalen, schrägen Sublateral-Furchen (Abb. 526-530, 537-540). *Oberea* DEJEAN (S. 259)
Phytoecia DEJEAN (S. 262)

8* Pronotum meist mit kurzen, breiten Sublateral-Furchen (Abb. 510, 511, 515-517, 521, 535) 9

9 Mediopraesternum des Prothorax mit einer Reihe von groben Rauhigkeiten entlang des Basalrandes (Abb. 518).
Saperda FABRICIUS (partim; Gruppe 2) (S. 257)

9* Mediopraesternum des Prothorax ohne Rauhigkeiten entlang des Basalrandes 10

10 Sternellum des Prothorax, Tergite und Sternite des Meso- und Metathorax und alle Kriechwülste sehr sparsam mit kräftigen sklerotisierten Dörnchen bedeckt (Abb. 536). *Stenostola* DEJEAN

10* Sternellum des Prothorax, Tergite und Sternite des Meso- und Metathorax und alle Kriechwülste sehr dicht mit feinen Mikro-Dörnchen bedeckt (Abb. 519, 520; diese können auf dem Sternellum fehlen) 11

11 Sternellum mit Mikro-Dörnchen weit bedeckt, die fast so deutlich ausgebildet sind wie die des Mesosternum.
Saperda FABRICIUS (partim; Gruppe 1) (S. 257)

11* Sternellum ohne Mikro-Dörnchen oder diese sind stark reduziert und kaum sichtbar, in jedem Falle viel weniger deutlich ausgebildet als die des Mesosternum. *Menesia* MULSANT

12 Kopf ± weit in den Prothorax zurückgezogen, Stirn viel kürzer als die verborgene Coronarregion (Abb. 446-449, 459, 460, 473, 489-491). Hypostomalnähte deutlich, sie reichen völlig oder fast bis zu den Postoccipitalnähten. Ventrale Kriechwülste gut entwickelt 13

12* Kopf weit hervorragend, Stirn nach hinten verlängert und länger als die verborgene Coronarregion (Abb. 468, 494-496). Hypostomalnähte hinten undeutlich, sie erreichen bei weitem nicht die Postoccipitalnähte. Körper ± deutlich C-förmig, die ventralen Kriechwülste fehlen (Abb. 468, 494) . 20

13 Maxillarpalpen oft zweigliedrig (Abb. 464, 542), wenn dreigliedrig (Abb. 463; viele *Pogonocherus*), dann trägt der 9. Abdominaltergit hinten eine sklerotisierte Platte (Abb. 465–467) 14

13* Maxillarpalpen immer dreigliedrig und das 9. Abdominalsegment mit einem einfachen Dorn (Abb. 451, 452, 458) oder ohne Sklerotisierung (Abb. 453) 16

14 Die dorsalen und ventralen Intersegmentalzonen des Abdomen berühren einander nicht und überlappen breit (Abb. 544). Einige Teile mancher Abdominaltergite sind mit sklerotisierten Dörnchen bedeckt, oder der vordere pigmentierte Rand des ventralen Cranialsklerits ist von einer hellen mittleren Gularnaht unterbrochen. 9. Abdominalsegment ohne Sklerotisierung. *Tetrops* KIRBY (S. 265)

14* Die Intersegmentalzonen der vorderen Segmente des Abdomen sekundär vereinfacht, sie bilden einen meist einfachen Streifen (Abb. 545). Abdominaltergite ohne Dörnchen und der vordere pigmentierte Rand des ventralen Cranialsklerits ist nicht unterbrochen. 9. Abdominalsegment meist mit einem sklerotisierten Dorn oder einer Platte (Abb. 465–467, 489, 490) 15

15 Pronotum in der hinteren Hälfte mit einer deutlich dreieckigen, leicht erhobenen glänzenden Fläche. Stemmata praktisch fehlend. 8. Abdominaltergit hinten mit einer Querreihe von feinen Körnchen (Abb. 490, 493), der 9. Tergit kann einen einfachen Kaudaldorn tragen (Abb. 489, 490, 493; dieser ist oft undeutlich oder fehlt; sowohl der Dorn als auch die Granula fehlen bei *Exocentrus stierlini*). *Exocentrus* DEJEAN (S. 253)

15* Die glatte Fläche an der Basis des Pronotum ist nicht deutlich dreieckig und erhoben (Abb. 459, 460). Haupt-Stemma vorhanden. 8. Abdominaltergit ohne Körnchen (Abb. 459, 460). 9. Tergit gewöhnlich mit einer sklerotisierten Platte (Abb. 465-467; sie fehlt bei *Pogonocherus ovatus*, aber dann ist das Haupt-Stemma ungewöhnlich auffällig).
Pogonocherus DEJEAN (S. 246)

16 Die Pleuraltuberkel des Abdomen mit großen, tiefen, sklerotisierten Gruben an beiden Enden. Die Pigmentierung auf dem Praementum ist breit verschmolzen (Abb. 547). Ventraler Cranialsklerit kurz und flach. 9. Abdominalsegment ohne Sklerotisierung 17

16* Wenigstens die dorsalen sklerotisierten Gruben auf den Pleuraltuberkeln des Abdomen sind sehr undeutlich oder fehlen. Die Pigmentierung auf dem Praementum ist nicht breit verschmolzen (Abb. 546). Ventraler Cranialsklerit ± deutlich ausgebuchtet und/oder 9. Abdominalsegment mit einem Kaudaldorn (Abb. 451, 452, 458) 18

17 Stirn vorn ohne scharfe Längskiele. Die Körnchenreihen (Kleinwarzen) auf den Kriechwülsten des 3.-6. Abdominalsegment sind nicht unterbrochen. *Acanthoderes* SERVILLE

17* Stirn vorn mit scharfen Längskielen (Abb. 455). Die Kriechwülste des 3.-6. Abdominalsegment sind breit zweilappig, die Körnchenreihen (Kleinwarzen) sind in der Mitte durch einen glänzenden Eindruck unterbrochen. *Oplosia* MULSANT

18 Antennen dreigliedrig. Dorsale Kriechwülste mit mehr als 2 Querreihen von Körnchen (Kleinwarzen) (Abb. 447, 452). 9. Abdominalsegment spärlich beborstet. *Mesosa* LATREILLE (S. 244)

18* 3. Antennenglied fehlend. Dorsale Kriechwülste vereinfacht, mit 2 Querreihen von Körnchen (Kleinwarzen). 9. Abdominalsegment dicht beborstet (Abb. 458) 19

19 Tergum des 9. Abdominalsegment hinten mit einem vorragendem Dorn (Abb. 458). *Anaesthetis* DEJEAN
19* Tergum des 9. Abdominalsegment ohne einen vorragenden Dorn. *Stenidea* MULSANT
20 Dorsale Kriechwülste des 3.-5. Abdominalsegment scheinbar fehlend (eine flache transverse Grube, ohne oder höchstens mit undeutlichen

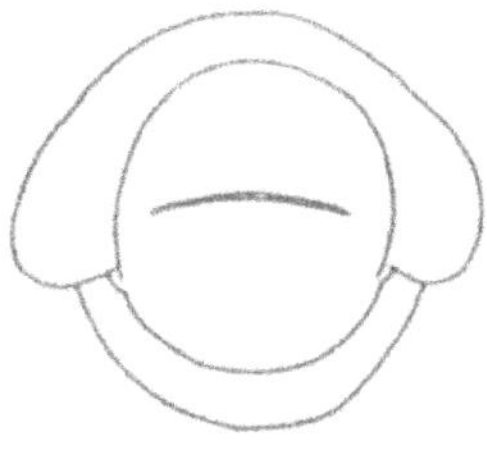
427

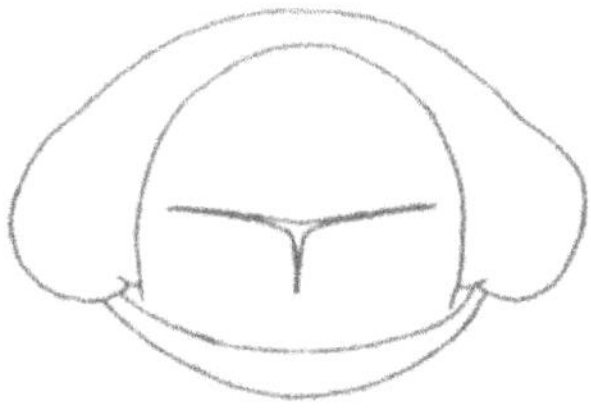
428

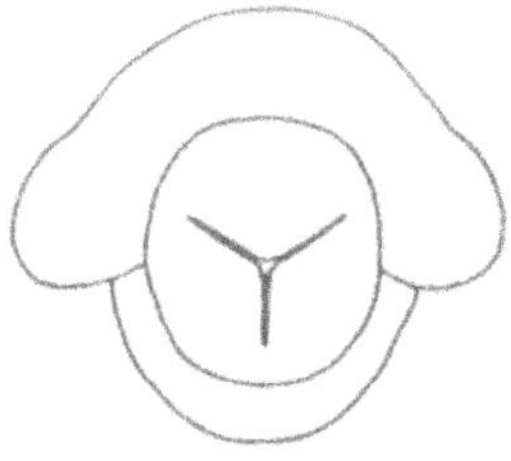
429

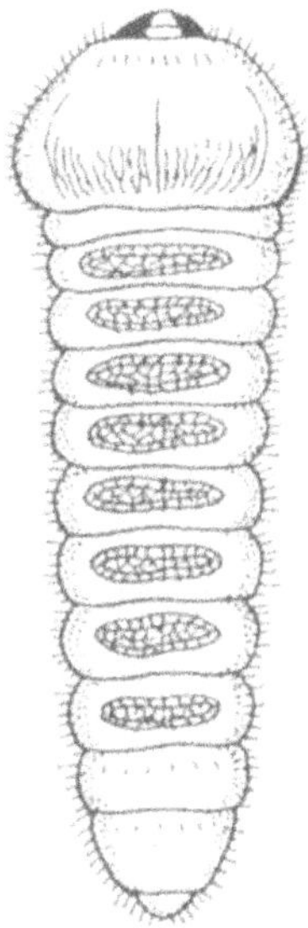
430

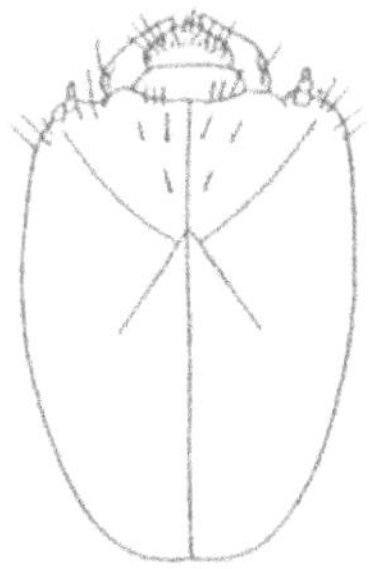
431

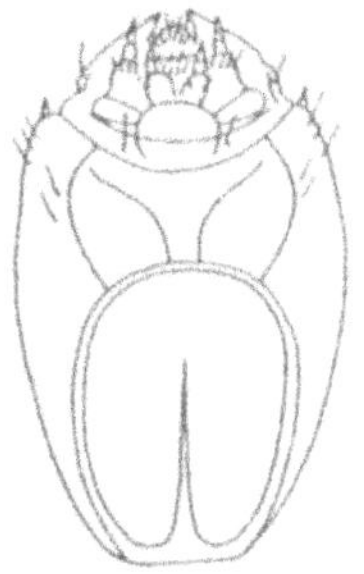
432

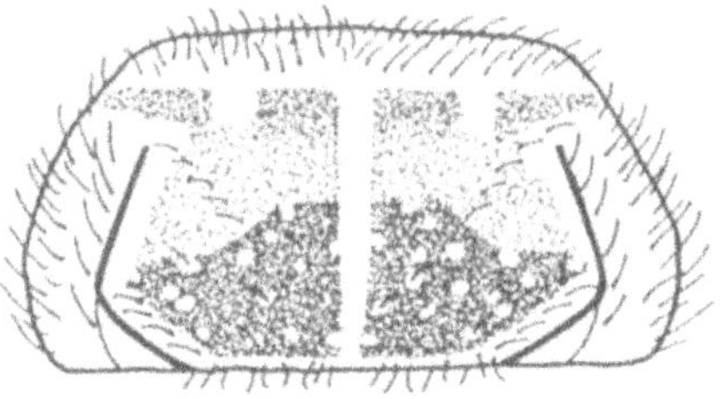
433

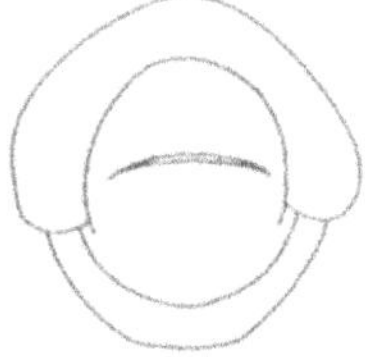
434

Abb. 427: Lamiinae, Abdomenende von hinten, schematisch, Analspalte quer (aus TEPPNER 1968/1969)
Abb. 428: Lamiinae, Abdomenende von hinten, schematisch, Analspalte T-förmig (aus TEPPNER 1968/1969)
Abb. 429: Lamiinae, Abdomenende von hinten, schematisch, Analspalte Y-förmig (aus TEPPNER 1968/1969)
Abb. 430: *Dorcadion carinatum*, Habitus, dorsal (aus v. DEMELT 1966)
Abb. 431: *Dorcadion* sp., Kopfkapsel, dorsal (aus v. DEMELT 1978)
Abb. 432: *Dorcadion* sp., Kopfkapsel, ventral (aus v. DEMELT 1978)
Abb. 433: *Dorcadion fuliginator*, Prothorax, dorsal (aus BRINGMANN 1991)
Abb. 434: *Dorcadion* sp., Abdomenende von hinten (aus v. DEMELT 1978)

Körnchen (Kleinwarzen) wenigstens auf dem 4. und 5. Segment). Stigmen schmal. Die Larven leben in Poaceae. *Theophilea* PIC

20* Dorsale Kriechwülste des 3.-5. Abdominalsegment reduziert (besonders stark bei *Calamobius*), aber mit 2 ± deutlichen (wenn auch zuweilen in der Mitte unterbrochenen) Reihen von Körnchen (Kleinwarzen) (Abb. 468, 494, 499–501). Stigmen breit oval bis fast kreisförmig 21

21 Kopfkapsel fast unpigmentiert, blaß gelbweiß, Frontalnähte diffus. Die Larven leben in Poaceae. *Calamobius* GUÉRIN

21 Kopfkapsel gelb bis braun, Frontalnähte deutlich (Abb. 495, 496). Die Larven leben nicht in Poaceae. *Agapanthia* SERVILLE (S. 255)

65. Gattung: *Dorcadion* DALMAN

Die Kenntnisse über die Larven der Gattung *Dorcadion* beziehen sich fast ausschließlich auf *Dorcadion fuliginator* (LINNAEUS) (Abb. 433), weiterhin auf unbestimmte *Dorcadion*-Larven (Abb. 431, 432, 434) sowie auf *D. carinatum* (Abb. 430).

Über die Larven der in Mitteleuropa nur im z. T. sogar äußersten Südosten vorkommenden Arten *D. aethiops* (SCOPOLI), *D. arenarium* (SCOPOLI), *D. decipiens* GERMAR, *D. fulvum* (SCOPOLI), *D. holosericeum* KRYNICKI, *D. pedestre* (PODA) und *D. scopolii* (HERBST) fehlen nähere Kenntnisse.

66. Gattung: *Neodorcadion* GANGLBAUER

Neodorcadion bilineatum (GERMAR). Die Larve dieser Art ist bisher nicht bekannt.

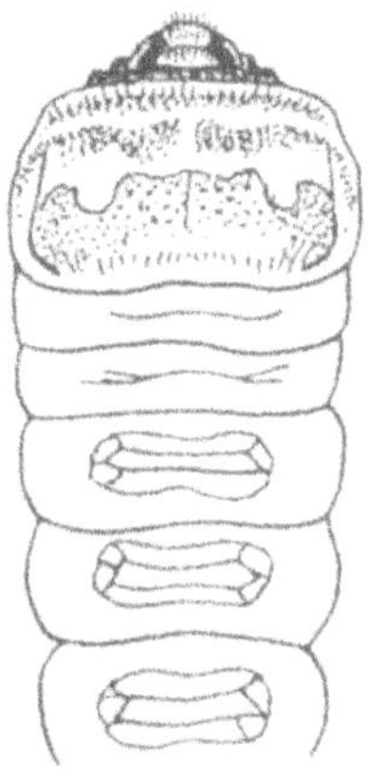

435

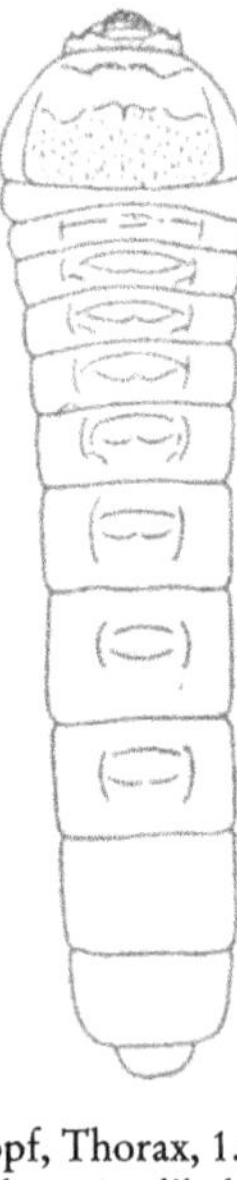

437

436

438

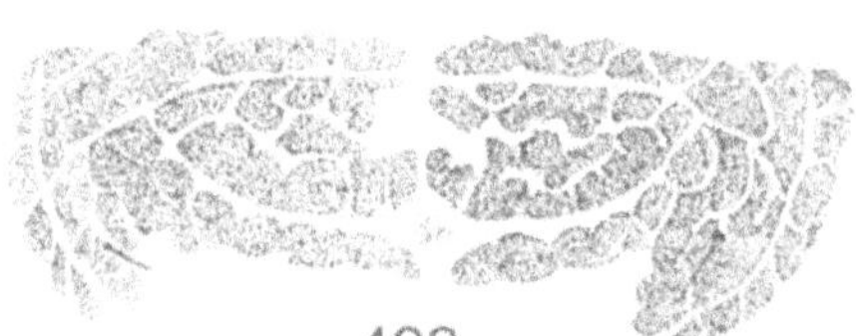

439

Abb. 435: *Morimus asper*, Kopf, Thorax, 1.–3. Abdominalsegment, dorsal (aus v. DEMELT 1966)
Abb. 436: *Morimus asper*, rechte Mandibel (aus v. DEMELT 1966)
Abb. 437: *Lamia textor*, Habitus, dorsal (aus KEMNER 1922)
Abb. 438: *Lamia textor*, Kopf, Prothorax, dorsal (aus v. DEMELT 1966)
Abb. 439: *Lamia textor*, Abdominalsegment, dorsal (aus MAMAEV & DANILEVSKY 1975)

67. Gattung: *Dorcatypus* THOMSON

Dorcatypus tristis (LINNAEUS). Die Larve dieser in Mitteleuropa nur im Südosten vorkommenden Art ist bisher nicht bekannt.

68. Gattung: *Morimus* SERVILLE

Morimus funereus MULSANT (Abb. 435, 436). In Laubbäumen (polyphag), auch in Nadelbäumen. In Wurzelstöcken und Stümpfen.

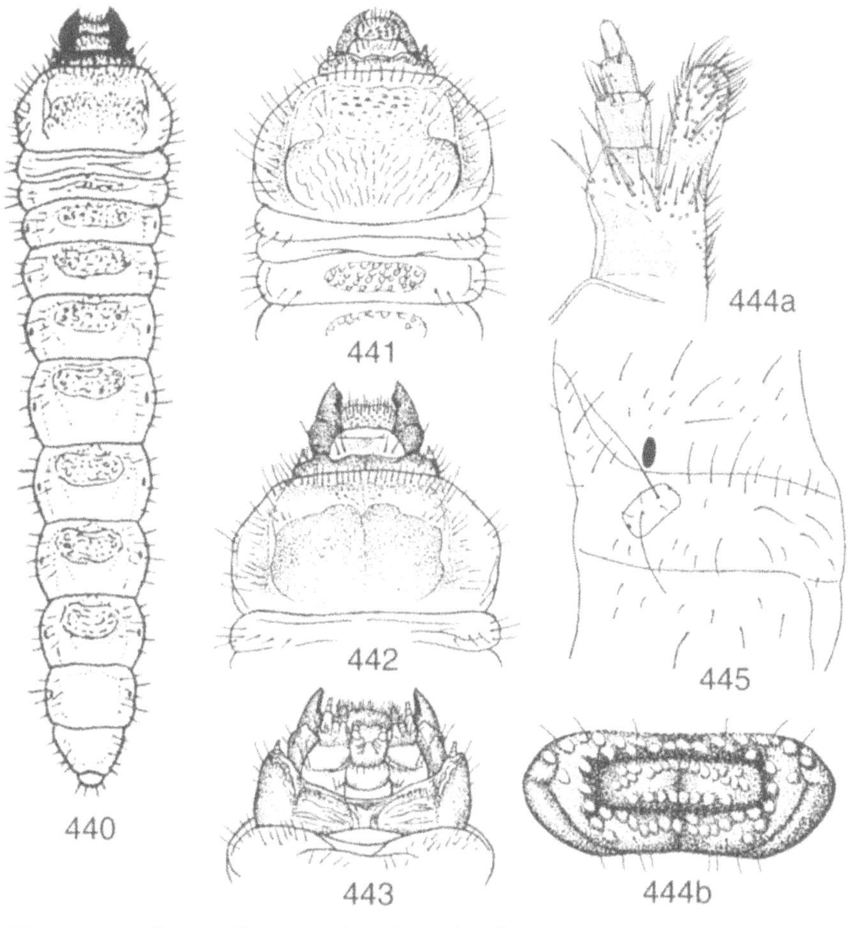

Abb. 440: *Monochamus galloprovincialis*, Habitus, dorsal (aus v. DEMELT 1966)
Abb. 441: *Monochamus sutor*, Kopf, Thorax, 1. Abdominalsegment, dorsal (aus v. DEMELT 1966)
Abb. 442: *Monochamus galloprovincialis*, Kopf, Prothorax, dorsal (aus v. DEMELT 1966)
Abb. 443: *Monochamus galloprovincialis*, Kopfkapsel, ventral (aus v. DEMELT 1966)
Abb. 444a: *Monochamus titillator*, Maxille (aus DUFFY 1953)
Abb. 444b: *Monochamus titillator*, 6. Abdominalsegment, dorsal (aus DUFFY 1953)
Abb. 445: *Monochamus* sp., Abdominalsegment, lateral (aus TEPPNER 1968/1969)

69. Gattung: *Lamia* FABRICIUS

Lamia textor (LINNAEUS) (Abb. 437–439). Körperlänge 30–40 mm. In Laubbäumen (besonders Salix, Populus). Unter Rinde und im Holz der Stammbasis und von Wurzeln.

70. Gattung: *Monochamus* DEJEAN

Provisorische Tabelle für die Arten (nach DUFFY 1953, TEPPNER 1968/1969, MAMAEV & DANILEVSKY 1975)

1 Abdominale Stigmen deutlich (fast um die Hälfte) kleiner als die des Thorax 2

1* Abdominale Stigmen nur um ca. $^1/_4$ kleiner als die des Thorax 3

2 Pleuraltuberkel der mittleren Abdominalsegmente neben den 2 langen Borsten noch mit ca. 10 kürzeren Haaren. Kleinwarzen ohne Mikro-Borsten. In Nadelbäumen (besonders Picea). Unter Rinde und im Holz von Zweigen (vor allem in der Wipfelregion). *saltuarius* (GEBLER)

2* Pleuraltuberkel der mittleren Abdominalsegmente neben den beiden langen Borsten meist mit nicht mehr als 5 kürzeren Borsten (Abb. 445). Wenn mehr Borsten vorhanden sind, dann sind auf den Kleinwarzen Mikro-Borsten deutlich entwickelt. Selbige sind bei Larven älterer Stadien bei 40facher Vergrößerung deutlich zu erkennen. In Pinus. Unter der Rinde und im Holz von Ästen (Wipfelregion) und von dünnen Stämmen. *galloprovincialis* (OLIVIER)

3 Kleinwarzen der Dorsalampullen mit deutlichen Mikro-Borsten. Kopfkapsel etwa 1,5 x so lang wie breit. In Nadelbäumen (besonders Picea). Unter der Rinde und im Holz stehender und liegender Stämme. *sutor* (LINNAEUS)

3* Mikro-Borsten auf den Kleinwarzen der Dorsalampullen noch deutlicher und auch auf denen der Ventralampullen gut zu sehen. Kopfkapsel 1,3 x so lang wie breit. In Nadelbäumen (besonders Picea). Unter der Rinde und im Holz stehender Stämme. *sartor* (FABRICIUS)

71. Gattung: *Mesosa* LATREILLE

Tabelle für die Arten (nach VAN EMDEN 1939, TEPPNER 1968/1969, MAMAEV & DANILEVSKY 1975)

1 Frons vorn in der gesamten Breite fein längs gerieft, Borsten nicht in auffälligen, länglichen Gruben (Abb. 447, 449). Wülste des Hypostoma schwächer und einheitlich, nicht in 2 Höcker gegliedert (Abb. 450). Körperlänge 23 mm, Kopfkapselbreite 2,75 mm. In Laubbäumen (polyphag). Unter Rinde und im Holz von liegenden weißfaulen Ästen und Stämmen. *nebulosa* (FABRICIUS)

1* Frons vorn mit tiefen, länglichen Gruben, in denen die Borsten sitzen (Abb. 448). Besonders an den Seiten befinden sich außerdem Längsriefen. Wülste des Hypostoma sehr deutlich und in 2 Höcker differenziert. Der äußere ist breit kegelförmig, der gegen die Mitte zu gelegene ist breiter und flacher. In Laubbäumen (polyphag). Unter Rinde und im Holz stehender und liegender Stämme. *curculionoides* (LINNAEUS)

72. Gattung: *Stenidea* MULSANT

Stenidea genei (ARAGONA). Die Larve dieser in Mitteleuropa nur im Süden und Südosten vorkommenden Art lebt in dünnen, trockenen Zweigen von Quercus.

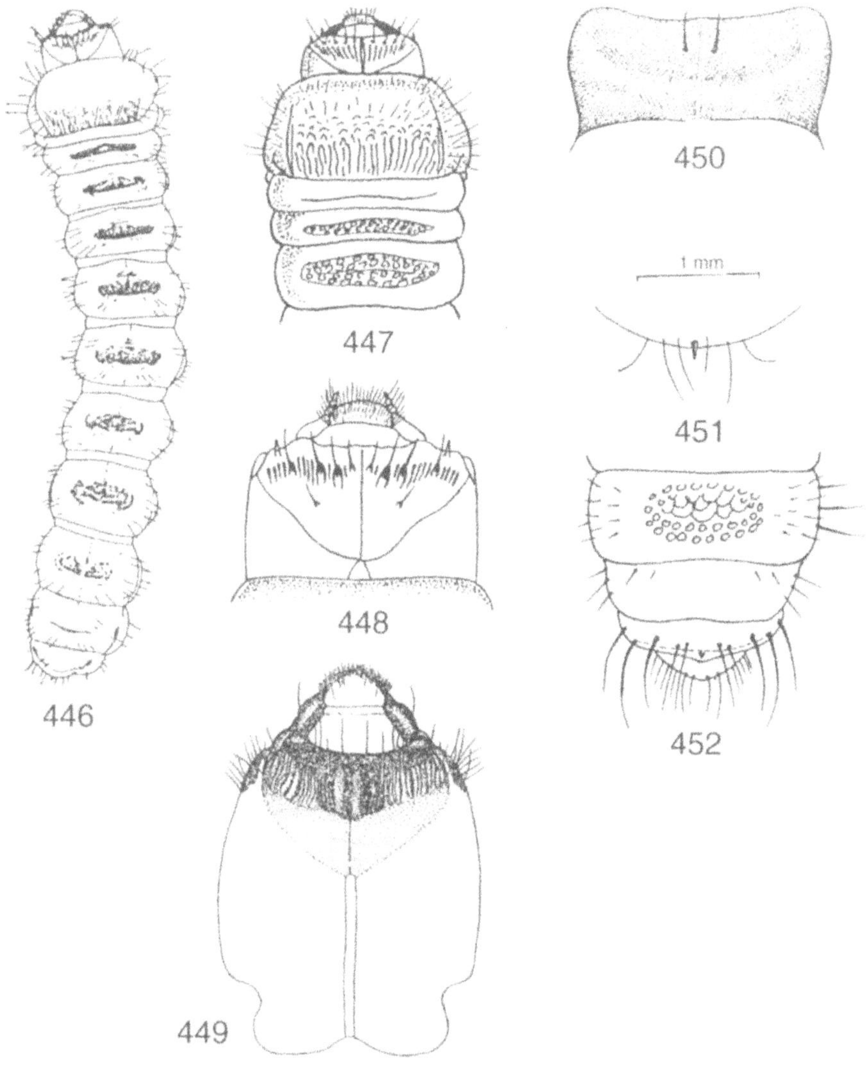

Abb. 446: *Mesosa myops*, Habitus, dorsal (aus SAALAS 1949)
Abb. 447: *Mesosa nebulosa*, Kopf, Thorax, 1./2. Abdominalsegment, dorsal (aus v. DEMELT 1966)
Abb. 448: *Mesosa curculionoides*, Kopfkapsel, dorsal (aus v. DEMELT 1966)
Abb. 449: *Mesosa nebulosa*, Kopfkapsel, dorsal (aus DUFFY 1953)
Abb. 450: *Mesosa nebulosa*, Hypostoma (aus MAMAEV & DANILEVSKY 1975)
Abb. 451: *Mesosa nebulosa*, 9. Abdominalsegment, Hinterende (aus DUFFY 1953)
Abb. 452: *Mesosa curculionoides*, Abdomenende, dorsal (aus v. DEMELT 1966)

73. Gattung: *Oplosia* Mulsant

Oplosia fennica (Paykull) (Abb. 453–455). In Laubbäumen (besonders Tilia), unter Rinde liegender Äste.

74. Gattung: *Anaesthetis* Dejean

Anaesthetis testacea (Fabricius) (Abb. 456–458). In Laubbäumen, in dünnen, trockenen Zweigen und Ästen.

75. Gattung: *Pogonocherus* Dejean

Es fehlen *P. caroli* Mulsant (in Mitteleuropa nur im Südwesten), *P. eugeniae* Ganglbauer (in Mitteleuropa nur im Südosten) und *P. perroudi* Mulsant (in Mitteleuropa nur im Süden und Südwesten). Eine erweiterte Tabelle ist in Vorbereitung.

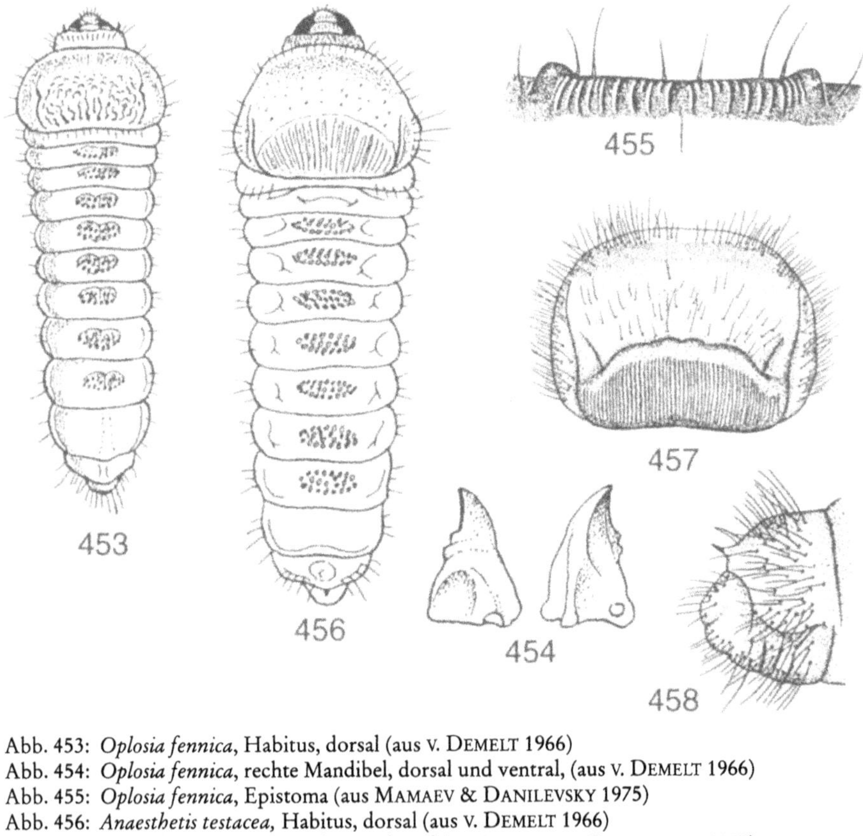

Abb. 453: *Oplosia fennica*, Habitus, dorsal (aus v. Demelt 1966)
Abb. 454: *Oplosia fennica*, rechte Mandibel, dorsal und ventral, (aus v. Demelt 1966)
Abb. 455: *Oplosia fennica*, Epistoma (aus Mamaev & Danilevsky 1975)
Abb. 456: *Anaesthetis testacea*, Habitus, dorsal (aus v. Demelt 1966)
Abb. 457: *Anaesthetis testacea*, Prothorax, dorsal (aus Mamaev & Danilevsky 1975)
Abb. 458: *Anaesthetis testacea*, 9./10. Abdominalsegment, lateral (aus Mamaev & Danilevsky 1975)

Provisorische Tabelle für die Arten (nach VAN EMDEN 1939, DUFFY 1953, TEPPNER 1968/1969, MAMAEV & DANILEVSKY 1975)

1 9. Abdominalsegment ohne sklerotisierte Platte. Entwicklung vor allem in Abies; unter der Rinde von abgestorbenen Zweigen und Ästen. *ovatus* (GOEZE)

1* 9. Abdominalsegment mit sklerotisierter Platte (Abb. 465–467) 2

2 Platte auf dem 9. Abdominalsegment rund bis quer-oval (breiter als lang), ± deutlich längs gerieft (Abb. 466), manchmal mit einem Höcker oder Dorn (Abb. 465) 3

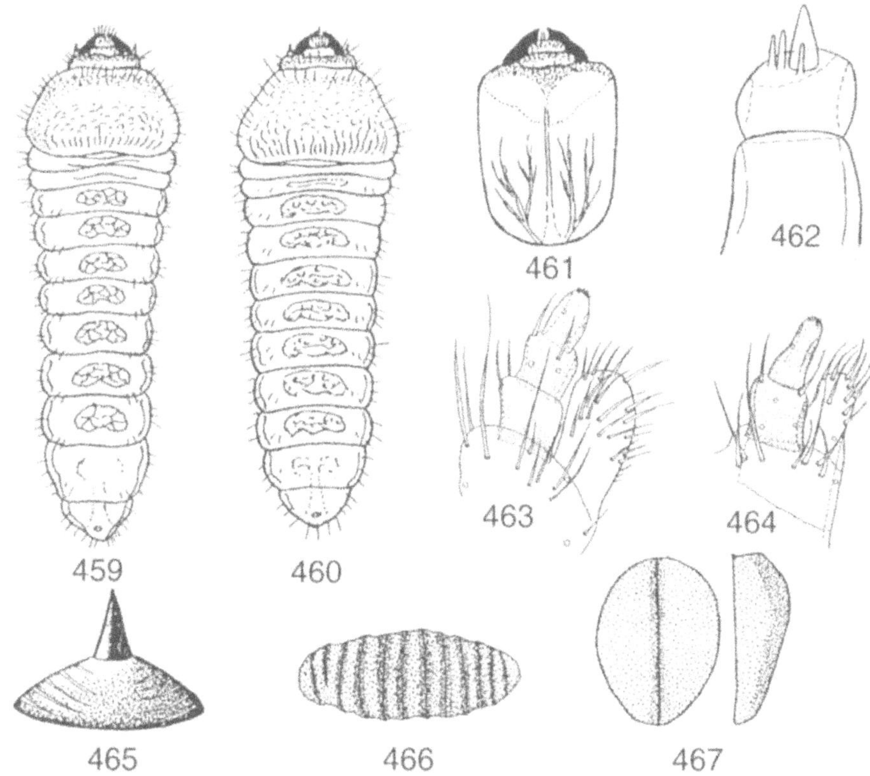

Abb. 459: *Pogonocherus fasciculatus*, Habitus, dorsal (aus V. DEMELT 1966)
Abb. 460: *Pogonocherus hispidus*, Habitus, dorsal (aus V. DEMELT 1966)
Abb. 461: *Pogonocherus hispidus*, Kopfkapsel, dorsal (aus V. DEMELT 1966)
Abb. 462: *Pogonocherus hispidulus*, Antenne, Spitze (aus DUFFY 1953)
Abb. 463: *Pogonocherus hispidulus*, Maxille (aus DUFFY 1953)
Abb. 464: *Pogonocherus hispidus*, Maxille (aus DUFFY 1953)
Abb. 465: *Pogonocherus hispidus*, 9. Abdominalsegment, Sklerit (aus DUFFY 1953)
Abb. 466: *Pogonocherus hispidulus*, 9. Abdominalsegment, Sklerit (aus DUFFY 1953)
Abb. 467: *Pogonocherus fasciculatus*, 9. Abdominalsegment, Sklerit (aus MAMAEV & DANILEVSKY 1975)

2* Platte auf dem 9. Abdominalsegment rund bis längs-oval (länger als breit), mit einer einzigen, erhobenen Längskante in der Mitte (Abb. 467). In verschiedenen Nadelbäumen, unter der Rinde von Zweigen. *fasciculatus* (DE GEER)

3 Maxillarpalpen dreigliedrig (Abb. 463). Platte auf dem 9. Abdominalsegment mit 8–11 Kielen (Abb. 466), 0,15 mal 0,30 mm lang bzw. breit. In Laubbäumen (polyphag). Unter der Rinde von Zweigen und Ästen. *hispidulus* (PILLER)

3* Maxillarpalpen zweigliedrig (Abb. 464). Platte auf dem 9. Abdominalsegment kleiner 4

4 Platte auf dem 9. Abdominalsegment in der Mitte oft mit einem (quer breiteren) Höcker oder kurzem Dorn (Abb. 465), Längsriefen (ca. 10) undeutlich, 0,02 mal 0,09 mm lang bzw. breit. Körperlänge 12 mm, Kopfkapselbreite 1,2 mm. In Laubbäumen (polyphag). Unter Rinde von Zweigen. *hispidus* (LINNAEUS)

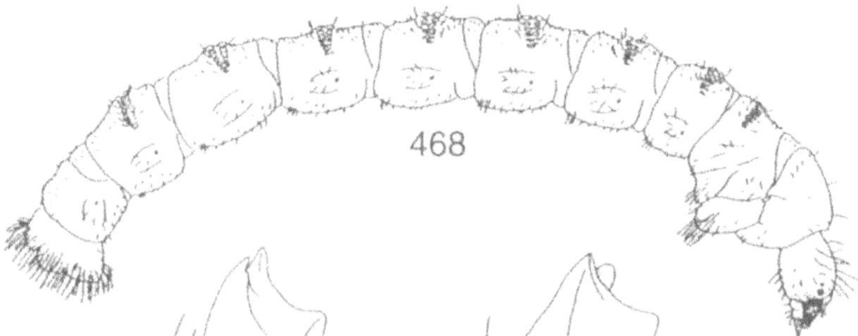
468

469

470

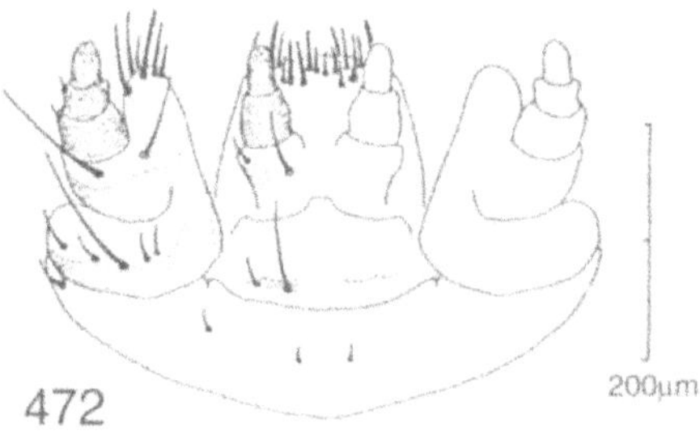

472

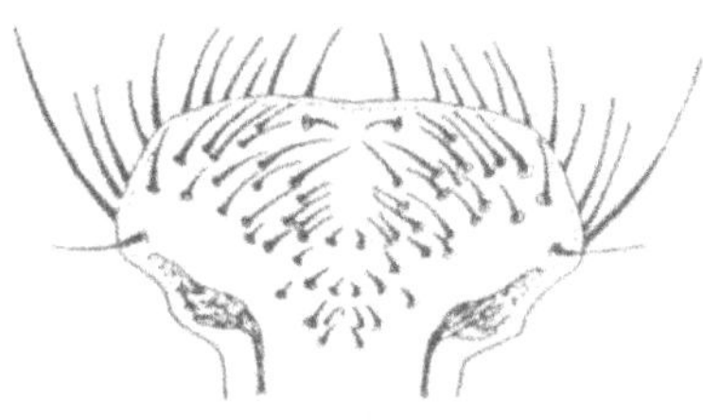
471

Abb. 468: *Calamobius filum*, Habitus, lateral (aus PAULUS 1976)
Abb. 469: *Calamobius filum*, rechte Mandibel (aus PAULUS 1976)
Abb. 470: *Calamobius filum*, linke Mandibel (aus PAULUS 1976)
Abb. 471: *Calamobius filum*, Labiomaxillarkomplex (aus PAULUS 1976)
Abb. 472: *Calamobius filum*, Epipharynx (aus PAULUS 1976)

4* Platte auf dem 9. Abdominalsegment immer ohne Höcker ohne Dorn, Riefen ca. 15–20, etwas deutlicher. In Nadelbäumen (besonders Pinus). Unter der Rinde von Zweigen und Ästen. *decoratus* FAIRMAIRE

76. Gattung: *Calamobius* GUÉRIN

Die Larve von *Calamobius filum* (ROSSI) wurde von PAULUS (1976) beschrieben (Abb. 468–472). Die lebenden Tiere sind hellgelb. In Gräsern, in den Halmen.

76a. Gattung: *Theophilea* PIC

Die Larven von *Theophilea subcylindricollis* HLADIL leben in der Stengelbasis von verschiedenen Gramineen (z. B. Agropyron repens). In Mitteleuropa nur im Südosten.

77. Gattung: *Acanthoderes* SERVILLE

Acanthoderes clavipes (SCHRANK) (Abb. 473–475). In Laubbäumen, unter Rinde und im Holz von Ästen und Stämmen.

78. Gattung: *Leiopus* SERVILLE

Die Kenntnisse beziehen sich auf *Leiopus nebulosus* (LINNAEUS) (Abb. 476–481). Körperlänge 13–14 mm, Kopfkapselbreite 1,7 mm. In Laubbäumen (polyphag), selten in Nadelbäumen. Unter der Rinde von Zweigen, Ästen und Stämmen. Die Larve von *Leiopus punctulatus* (PAYKULL) wurde von DANILEVSKY & MIROSHNIKOV (1985) beschrieben, eine Bestimmungstabelle kann vorläufig nicht gegeben werden.

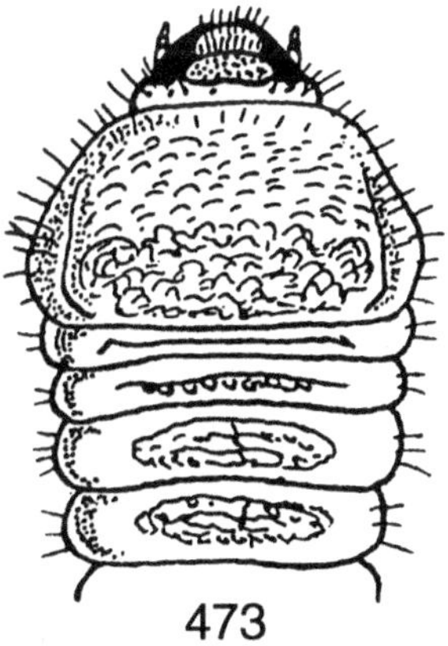
473

475

474

Abb. 473: *Acanthoderes clavipes*, Kopf, Thorax, 1./2. Abdominalsegment, dorsal (aus V. DEMELT 1966)
Abb. 474: *Acanthoderes clavipes*, rechte Mandibel, ventral(aus V. DEMELT 1966)
Abb. 475: *Acanthoderes clavipes*, 5. Abdominalsegment (aus V. DEMELT 1966)

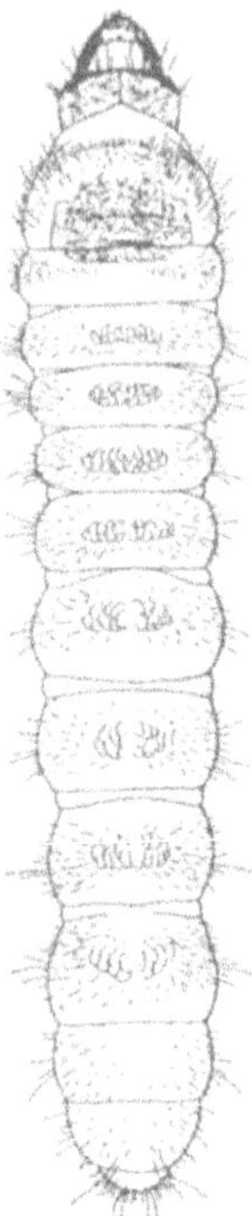

476

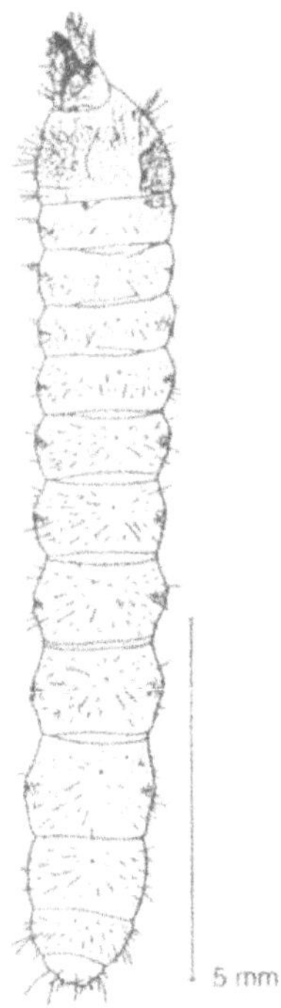

477

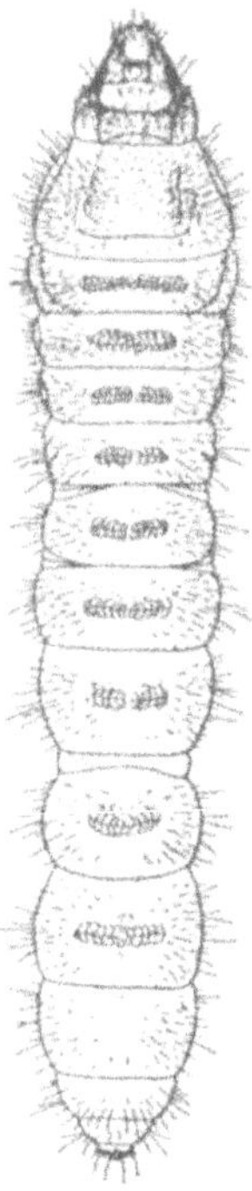

478

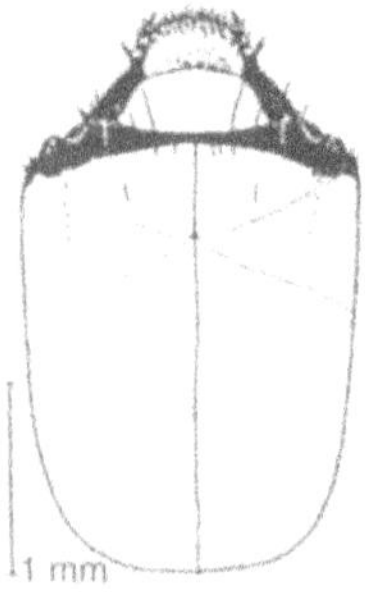

479

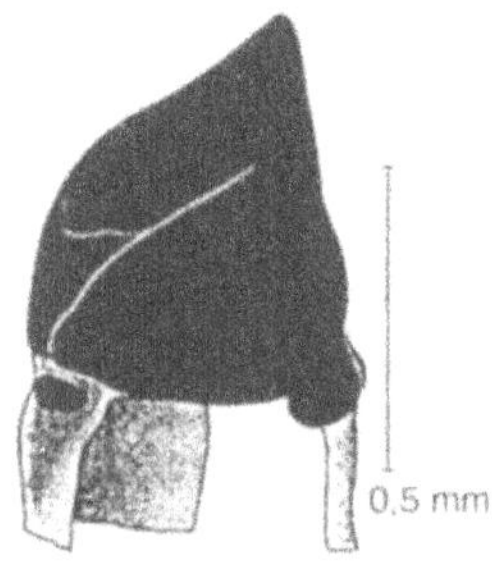

480

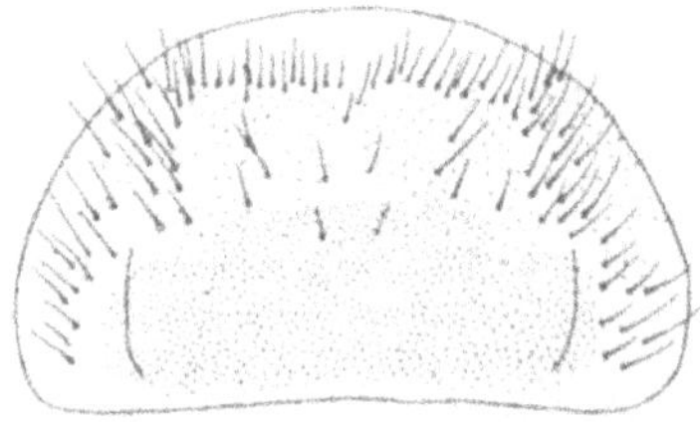

481

Abb. 476: *Leiopus nebulosus*, Habitus, dorsal (aus SCHERF 1958)
Abb. 477: *Leiopus nebulosus*, Habitus, lateral (aus SCHERF 1958)
Abb. 478: *Leiopus nebulosus*, Habitus, ventral (aus SCHERF 1958)
Abb. 479: *Leiopus nebulosus*, Kopfkapsel, dorsal (aus SCHERF 1958)
Abb. 480: *Leiopus nebulosus*, rechte Mandibel (aus SCHERF 1958)
Abb. 481: *Leiopus nebulosus*, Prothorax, dorsal (aus MAMAEV & DANILEVSKY 1975)

79. Gattung: *Acanthocinus* DEJEAN

Provisorische Tabelle für die Arten (nach TEPPNER 1968/1969, MAMAEV & DANILEVSKY 1975)

1 Pronotum in der hinteren Hälfte mit 2 durch eine hellere Längszone getrennten, stärker pigmentierten Platten (Abb. 485). Kopf ohne Stemmata. Körper stärker behaart. Sternite des 8. und 9. Abdominalsegmentes gleichmäßig mit Haaren bedeckt (Abb. 487) 2

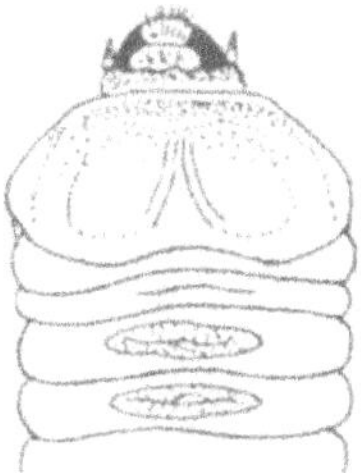

482

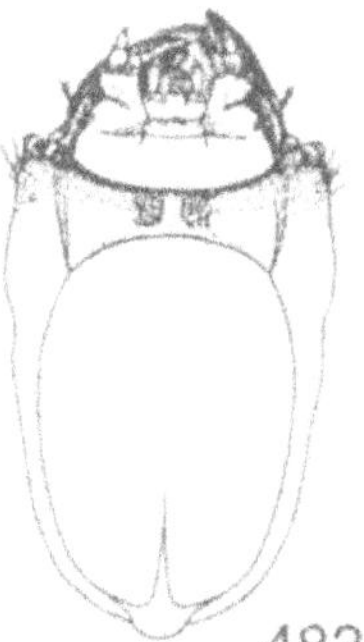

483

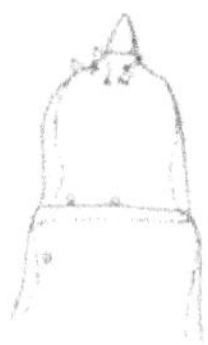

484a

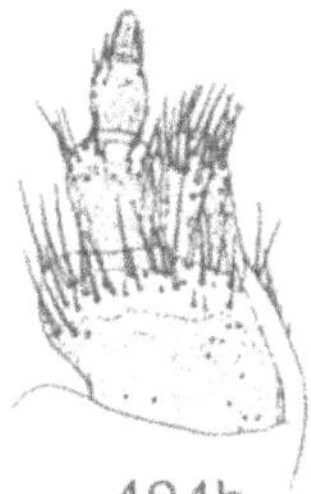

484b

484c

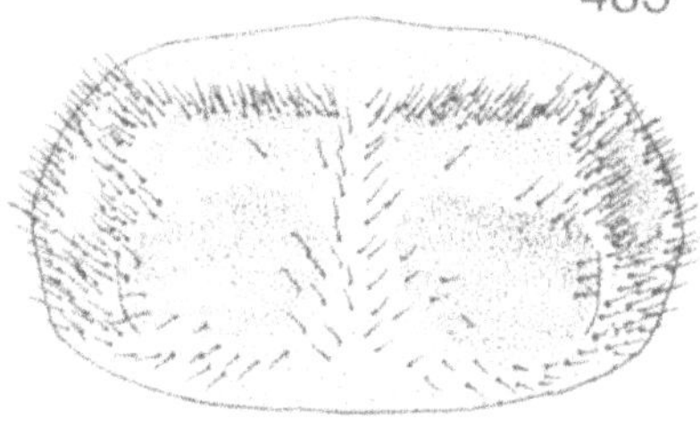

485

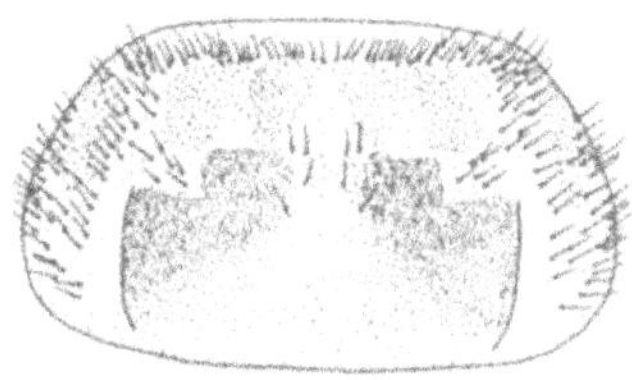

486

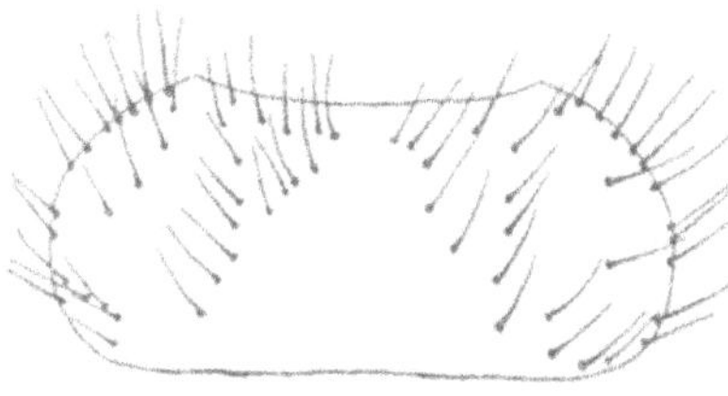

488

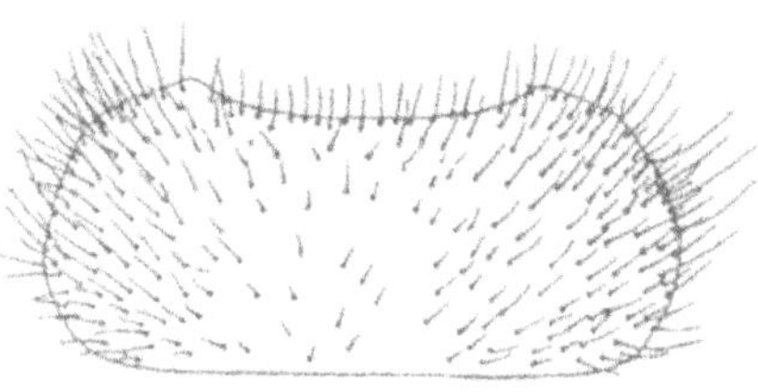

487

Abb. 482: *Acanthocinus aedilis*, Kopf, Thorax, 1./2. Abdominalsegment (aus V. DEMELT 1966)
Abb. 483: *Acanthocinus aedilis*, Kopfkapsel, ventral (aus DUFFY 1953)
Abb. 484a: *Acanthocinus aedilis*, Antenne, Spitze (aus DUFFY 1953)
Abb. 484b: *Acanthocinus aedilis*, Maxille (aus DUFFY 1953)
Abb. 484c: *Acanthocinus aedilis*, abdominales Stigma (aus DUFFY 1953)
Abb. 485: *Acanthocinus aedilis*, Prothorax, dorsal (aus MAMAEV & DANILEVSKY 1975)
Abb. 486: *Acanthocinus griseus*, Prothorax, dorsal (aus MAMAEV & DANILEVSKY 1975)
Abb. 487: *Acanthocinus aedilis*, 8. Sternit (aus MAMAEV & DANILEVSKY 1975)
Abb. 488: *Acanthocinus griseus*, 8. Sternit (aus MAMAEV & DANILEVSKY 1975)

1* Pronotum in der gesamten Breite ungefähr gleichstark pigmentiert (Abb. 486). Auf jeder Seite der Kopfkapsel befindet sich ein unpigmentiertes Stemma. Sternite des 8. und 9. Abdominalsegmentes schwächer bis spärlich behaart (Abb. 488) 3

2 Kopf ventral der Antennengrube mit 2 deutlichen großen Querwülsten (Abb. 483), hinter der Antennengrube mit Querrunzeln. Die Umgebung des dorsalen Mandibelgelenks ist ebenfalls wulstig verdickt. Pleuraltuberkel meist mit mehr als 15 Borsten. Behaarung des Körpers dichter und kürzer. Körperlänge max. 37 mm, Kopfkapselbreite 3,5 mm. In Nadelbäumen (besonders Pinus). Unter Rinde von Stubben, Wurzeln und liegenden Stämmen. *aedilis* (LINNAEUS)

2* Kopf ventral der Antennengrube nur sehr schwach wulstig, hinter dieser und um die Mandibelgelenke glatt. Pleuraltuberkel meist mit 5–10 Borsten. Behaarung des Körpers weniger dicht und länger. In Nadelbäumen (besonders Abies). Unter der Rinde von Stämmen. *reticulatus* (RAZOUMOWSKY)

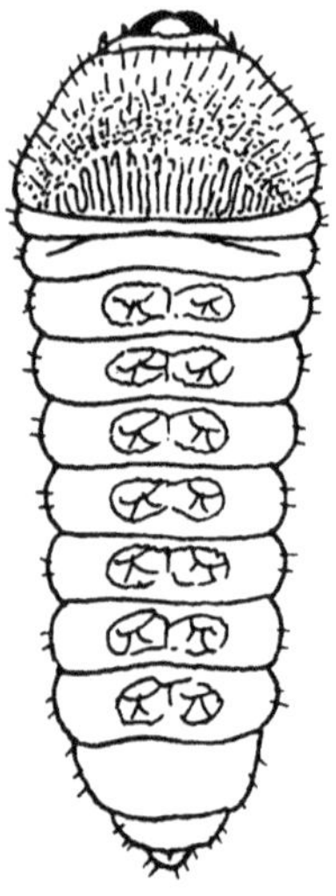
489

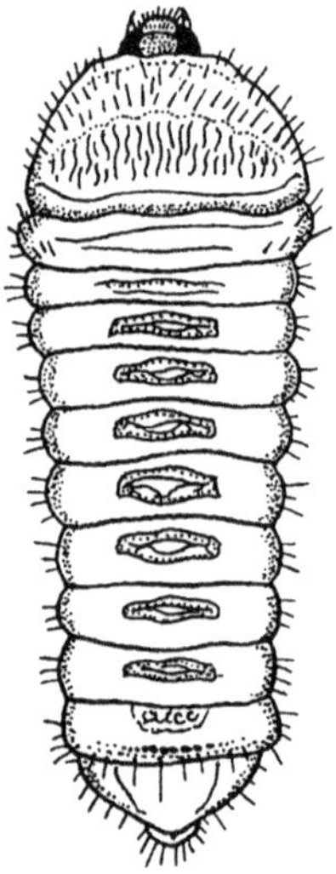
490

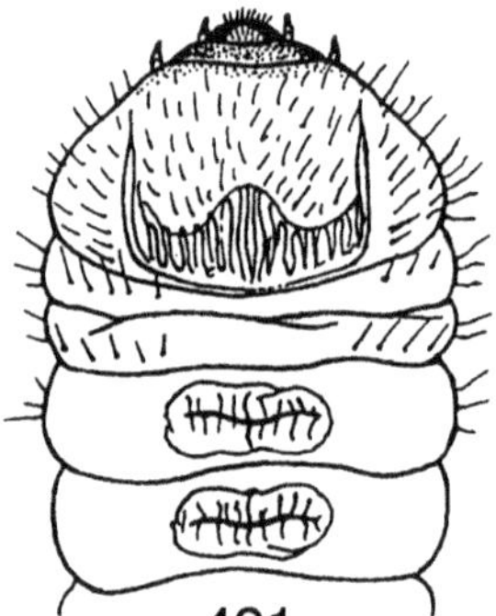
491

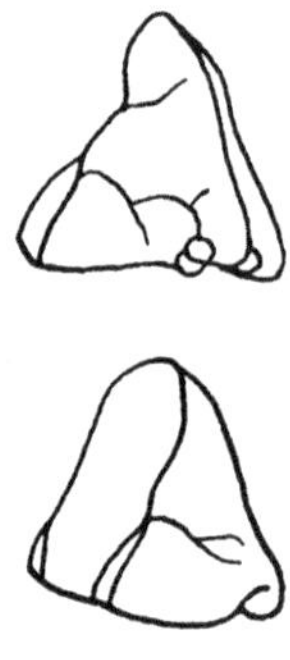
492

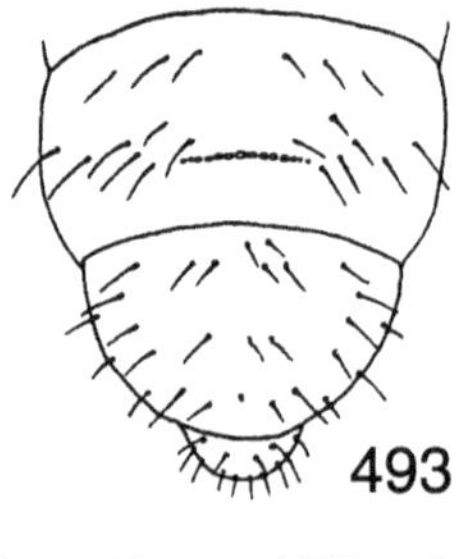
493

Abb. 489: *Exocentrus adspersus*, Habitus, dorsal (aus v. DEMELT 1966, verändert)
Abb. 490: *Exocentrus lusitanus*, Habitus, dorsal (aus v. DEMELT 1966, verändert)
Abb. 491: *Exocentrus punctipennis*, Kopf, Thorax, 1./2. Abdominalsegment (aus v. DEMELT 1966)
Abb. 492: *Exocentrus punctipennis*, rechte Mandibel, dorsal und medial (aus v. DEMELT 1966)
Abb. 493: *Exocentrus lusitanus*, 8.–10. Abdominalsegment, dorsal (aus MAMAEV & DANILEVSKY 1975)

3 Die stark sklerotisierten Teile am Vorderrand der Kopfkapsel nach hinten zu sehr unscharf verfließend (besonders an den Seiten). Mikro-Borsten-Feld des Pronotum vorn ziemlich geradlinig begrenzt (Abb. 486). Kopfkapsel matt. Körper dichter behaart. In Nadelbäumen (besonders Pinus). Unter Rinde von Ästen und Stämmen. *griseus* (FABRICIUS)

3* Die stark sklerotisierten Teile des Kopfes nach hinten scharf abgesetzt. Mikro-Borsten-Feld des Pronotum vorn stark buchtig begrenzt. Kopf glänzend. Körper spärlich behaart. In Nadelbäumen, in Ästen. In Mitteleuropa nur im Südosten. *henschi* REITTER

80. Gattung: *Exocentrus* DEJEAN

Provisorische Tabelle für die Arten (nach TEPPNER 1968/1969, MAMAEV & DANILEVSKY 1975, CHEREPANOV 1984)

1 9. Abdominalsegment dorsal ohne Mitteldorn. 8. Tergit ohne Querleiste. In Salix. In Mitteleuropa im Osten und Südosten.
stierlini GANGLBAUER

1* 9. Abdominalsegment dorsal mit einem Mitteldorn. 8. Tergit mit einer Querleiste 2

2 Querleiste des 8. Tergit breit, meist stark pigmentiert, mit 11–14 deutlichen Längskanten (Abb. 490, 493). Kaudaldorn klein. Kahler Teil des Pronotum ziemlich matt, mit unregelmäßigen, verzweigten und teilweise verbundenen Längsfurchen (Abb. 490). Es sind ca. 10 durchgehende Längsfurchen vorhanden. In Laubbäumen (besonders Tilia). Unter der Rinde und im Holz von Zweigen und Ästen. *lusitanus* (LINNAEUS)

2* Querleiste auf dem 8. Tergit schmal, meist schwach pigmentiert (mitunter schwer zu sehen), mit meist mehr als 14 schwächeren Längskanten oder Riefen. Kahler Teil des Pronotum glänzend, regelmäßiger und feiner längsriefig (Abb. 489, 491). Es sind 20 oder mehr durchgehende Längsfurchen vorhanden 3

3 Querleiste auf dem 8. Tergit meist mit 15–17 schwachen, aber deutlichen Längskanten. Kaudaldorn groß und deutlich (Abb. 489). In Laubbäumen (besonders Quercus), in Ästen und Zweigen (Wipfelregion).
adspersus MULSANT

3* Querleiste des 8. Tergit mit ca. 20 ganz flachen, wenig deutlichen Längsschwielen (Abb. 491). Kaudaldorn sehr klein und unscheinbar. In Laubbäumen (besonders Ulmus). Unter der Rinde von Zweigen und Ästen.
punctipennis MULSANT et GUILLEBEAU

494

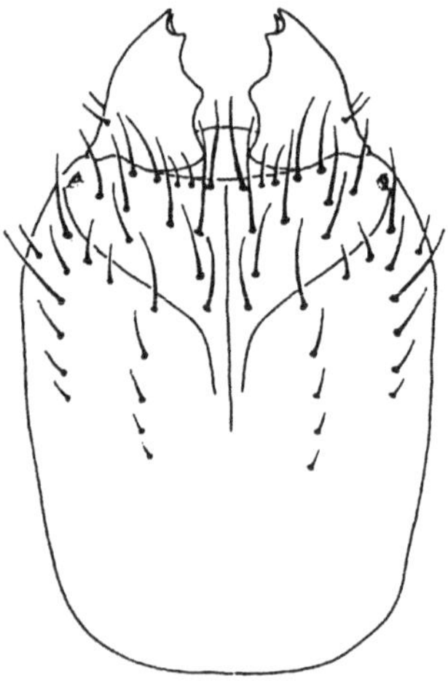
495

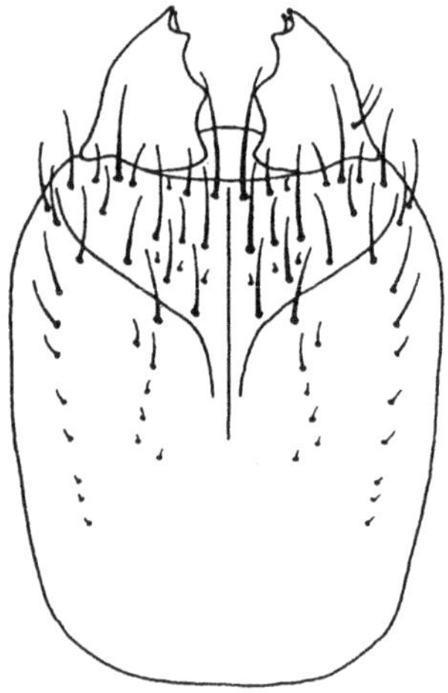
496

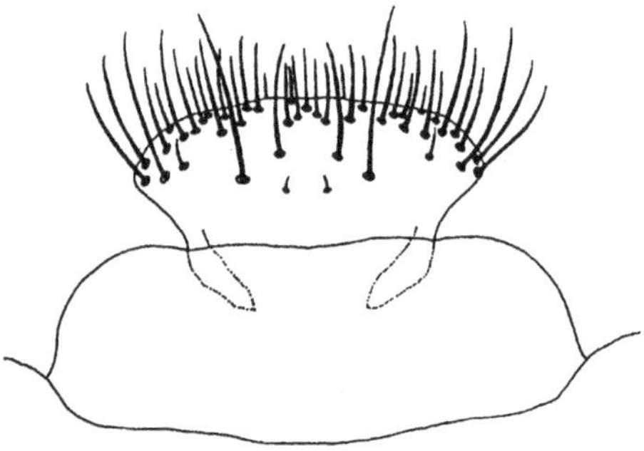
497

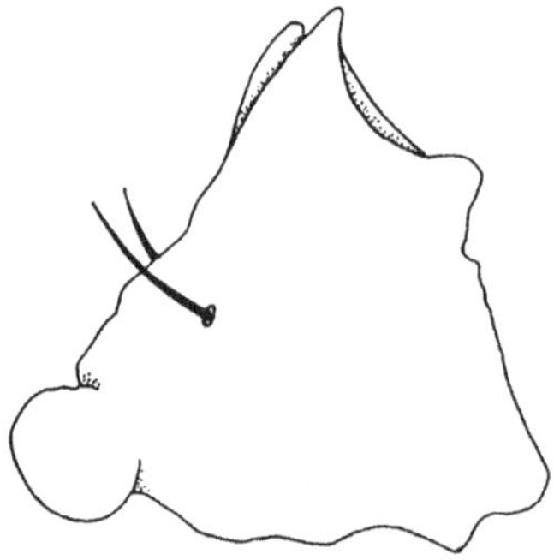
498

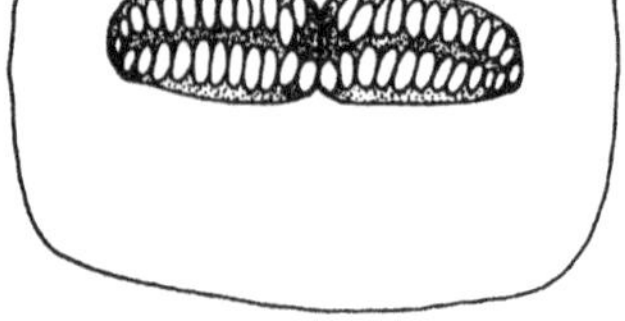
499

500

501

81. Gattung: *Agapanthia* SERVILLE

Es fehlen *Agapanthia kirbyi* (GYLLENHAL), *A. leucaspis* (STEVEN) und *A. maculicornis* (GYLLENHAL) (die beiden letzten in Mitteleuropa nur im Südosten). Die Larven der beiden zuerst genannten Arten wurden von DANILEVSKY & MIROSHNIKOV (1985) bzw. CHEREPANOV (1984) beschrieben, sie können jedoch vorläufig nicht in die Bestimmungstabelle aufgenommen werden.

Provisorische Tabelle für die Arten (nach PAULUS 1968a, 1968b, 1976, TEPPNER 1968/1969, MAMAEV & DANILEVSKY 1975)

1 Stipes mit 7–9 Borsten (Abb. 504, 506). Zwischen den Basalgliedern der Labialpalpen (Palpiger) befindet sich ein kräftiger, braun sklerotisierter Dorn (Abb. 504, 506). Palpiger mit etwa 4 Borsten (Abb. 504, 506) 2

1* Stipes mit mindestens 10 (meist 12 und mehr) Borsten (Abb. 505). Ohne Dorn zwischen den Palpigera (Abb. 505). Palpiger mit mindestens 7 Borsten (Abb. 502) 3

2 Platte des Pronotum hell bis mittelbraun, höchstens halb so lang wie das Segment, hintere Hälfte verwaschen heller sklerotisiert (Abb. 509). Abstand der Labialpalpen an ihrer Basis etwa doppelt so groß wie ihr Durchmesser (Abb. 504). Dorsalseite der Ligula nur an den Seiten mit nach innen gerichteten Borsten besetzt (Abb. 502). Bereich zwischen den Frontalnähten mit etwa 25 Borsten (Abb. 495). Körperlänge 14–23 mm. In Krautpflanzen (z. B. Melilotus), in den Stengeln. *violacea* (FABRICIUS)
[in Knautia arvensis die Larven von *intermedia* GANGLBAUER]

2* Platte des Pronotum einheitlich mittelbraun, nach hinten undeutlich begrenzt, mehr als die Hälfte der Segmentlänge einnehmend (Abb. 507). Abstand der Labialpalpen an ihrer Basis so groß wie das 1 bis 1,5fache ihres Durchmessers (Abb. 506). Dorsalseite der Ligula über die gesamte Fläche dicht mit gerade stehenden Borsten besetzt (Abb. 503). Bereich zwischen den Frontalnähten mit etwa 30 Borsten. Körperlänge 15–20 mm, Kopfkapselbreite 1,4–1,8 mm. In verschiedenen Krautpflanzen, in den Stengeln. *cardui* (LINNAEUS)
(in Mitteleuropa vermutlich alles *pannonica* KRATOCHVIL)

3 Stipes mit 24 und mehr Borsten. Palpifer mit etwa 8–10 Borsten. Pleuraltuberkel mit etwa 15 Borsten. Mit 9–15 (meist 11 oder 12) Kleinwarzen in einer halben Querreihe der Dorsalampulle des 5. oder 6. Abdominalsegmentes. Sklerotisierung meist hellbraun, Pronotumplatte nur in der vorderen Hälfte stärker sklerotisiert. In Krautpflanzen (besonders Asteraceae), in den Stengeln. *dahli* (RICHTER)

3* Stipes mit etwa 10–12 Borsten (Abb. 505). Palpifer mit etwa 5 Borsten (Abb. 505). Pleuraltuberkel mit 8–12 Borsten 4

Abb. 494: *Agapanthia violacea*, Habitus, lateral (aus PAULUS 1968a)
Abb. 495: *Agapanthia violacea*, Kopfkapsel, dorsal (aus PAULUS 1968a)
Abb. 496: *Agapanthia villosoviridescens*, Kopfkapsel, dorsal (aus PAULUS 1968a)
Abb. 497: *Agapanthia cardui*, Labrum, Clypeus (aus PAULUS 1968b)
Abb. 498: *Agapanthia cardui*, linke Mandibel (aus PAULUS 1968b)
Abb. 499: *Agapanthia villosoviridescens*, Dorsalampulle (aus PAULUS 1968a)
Abb. 500: *Agapanthia villosoviridescens*, Dorsalampulle, lateral (aus PAULUS 1968a)
Abb. 501: *Agapanthia violacea*, Dorsalampulle, lateral (aus PAULUS 1968a)

4 Gula dunkel, nur ein breiter Mittelstreifen hell. Mit etwa 8–12 (meist 9) Kleinwarzen in einer halben Querreihe der Dorsalampulle des 5. oder 6. Abdominalsegmentes (Abb. 499). Sklerotisierung der Kopfkapsel und der Platte des Pronotum gewöhnlich einheitlich dunkelbraun (Abb. 508). Körperlänge max. 27 mm, Kopfkapselbreite 2,5 mm. In verschiedenen Krautpflanzen, in den Stengeln. *villosoviridescens* (DE GEER)

4* Gula ganz hell. Mit etwa 14–15 Kleinwarzen in einer halben Querreihe der Dorsalampulle des 5. oder 6. Abdominalsegmentes. Sklerotisierung der Kopfkapsel und der Platte des Pronotum hellbraun. In verschiedenen Krautpflanzen, in den Stengeln. *cynarae* (GERMAR)

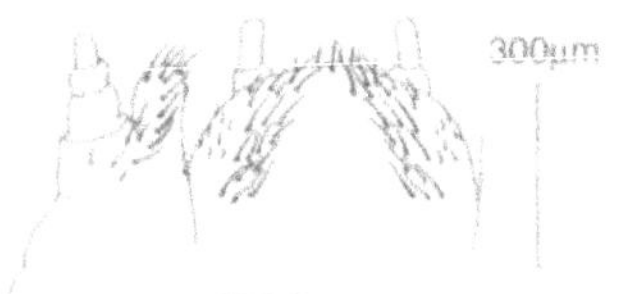

502

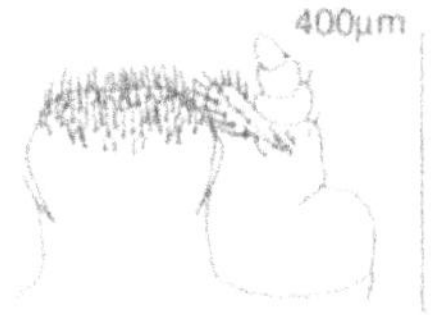

503

504

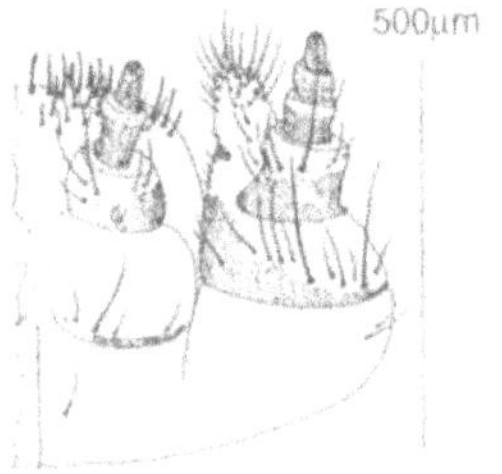

505

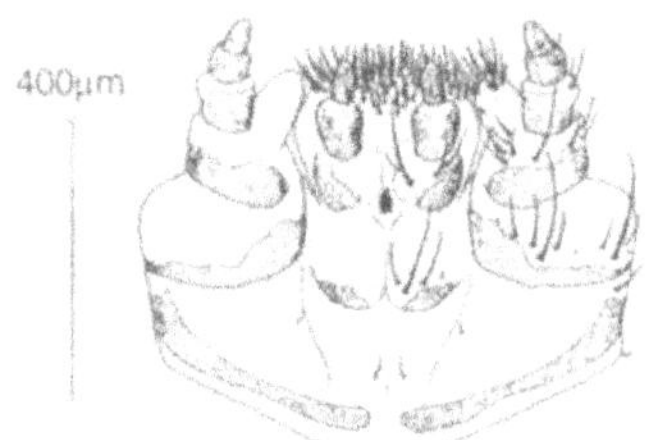

506

507

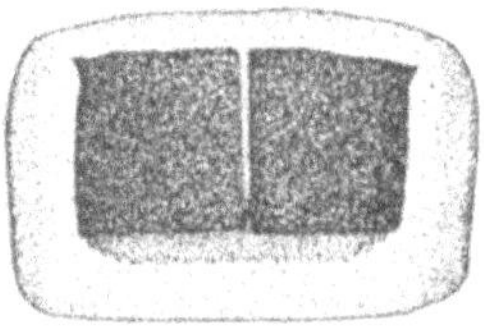
508

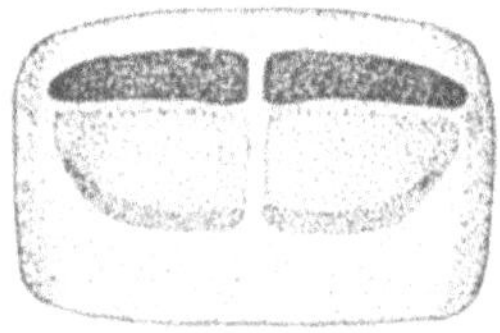
509

Abb. 502: *Agapanthia violacea*, Maxille, Ligula (aus PAULUS 1968b)
Abb. 503: *Agapanthia cardui*, Maxille, Ligula (aus PAULUS 1968b)
Abb. 504: *Agapanthia violacea*, Labiomaxillarkomplex (aus PAULUS 1968a)
Abb. 505: *Agapanthia villosoviridescens*, Labiomaxillarkomplex, rechte Hälfte (aus PAULUS 1968a)
Abb. 506: *Agapanthia cardui*, Labiomaxillarkomplex, Borsten der rechten Seite weggelassen (aus PAULUS 1968)
Abb. 507: *Agapanthia cardui*, Pronotum (aus PAULUS 1968b)
Abb. 508: *Agapanthia villosoviridescens*, Pronotum (aus PAULUS 1968a)
Abb. 509: *Agapanthia violacea*, Pronotum (aus PAULUS 1968a)

82. Gattung: *Saperda* FABRICIUS

Da keine für alle Arten dieser Gattung charakteristischen Merkmale gefunden werden konnten, wurden die Larven in der Bestimmungstabelle für die Gattungen 2 Gruppen zugeordnet, für die gesonderte Tabelle für die Arten vorgelegt werden.

Provisorische Tabellen für die Arten (nach VAN EMDEN 1939, DUFFY 1953, TEPPNER 1968/1969, MAMAEV & DANILEVSKY 1975)

Gruppe 1

1 Körper feiner punktiert, die Dörnchen auf dem Sternellum sind bei 30facher Vergrößerung nicht zu unterscheiden (der Abstand zwischen den Dörnchen ist kaum größer als ihr Durchmesser). Die Punkte auf der Ventralseite des Meso- und Metathorax sind sehr fein, aber doch erkennbar (ihr Abstand untereinander ist ca. doppelt so groß wie ihr Durchmesser). Dorsalampullen mit sehr feinen Dörnchen, ca. 40–70 auf 0,01 mm^2 (Abb. 519). Körper schwächer behaart, insbesondere die Flächen zwischen den Ampullen sind kahl oder fast kahl, nur die Behaarung der Seiten reicht oft etwas zwischen die Ampullen hinein. Körperlänge 25 mm. In Laubbäumen, selten in Nadelbäumen. Unter der Rinde von Zweigen, Ästen und Stämmen. *scalaris* (LINNAEUS)

1* Körper etwas gröber und weniger dicht punktiert. Die Dörnchen auf dem Sternellum sind schon bei 30facher Vergrößerung deutlich erkennbar. Sie sind nicht merklich dichter als die auf der Ventralseite des Meso- und Metathorax. Dorsalampullen weniger dicht besetzt (ca. 20–30 Dörnchen auf 0,01 mm^2) (Abb. 520). Körper stärker behaart, auch die Flächen zwischen den Ampullen sind mit feinen Borsten gleichmäßig besetzt, nur ein Randsaum an den Segmentgrenzen bleibt kahl. In Laubbäumen (besonders Populus). Unter der Rinde von Stämmen und Ästen. *perforata* (PALLAS)

Gruppe 2

1 Sublaterale Eindrücke auf dem Prothorax tief in das Körnchenfeld eingeschnitten 3

1* Sublaterale Eindrücke auf dem Prothorax nicht tief in das Körnchenfeld eingeschnitten 2

2 Höcker in der Mitte des Sternellum in einer (bis zwei), in der Mitte des Eusternum in 3–4 ungefähren Querreihen angeordnet. Entlang der Längslinie in der Mitte der Dorsalampulle des 1. Abdominalsegmentes stehen weniger als 20 (meist ca. 15) Dörnchen. Diese sind kurz und breit kegelförmig. Pronotum schwächer pigmentiert, blaßgelb, Höcker hellbraun. In Laubbäumen (besonders Ulmus). Unter der Rinde von Stämmen und Ästen. *punctata* (LINNAEUS)

2* Höcker in der Mitte des Sternellum in 3–4, in der Mitte des Eusternum in 5–6 ungefähren Querreihen angeordnet. Entlang der Längslinie in der Mitte der Dorsalampulle des 1. Abdominalsegmentes stehen ca. 25 Dörnchen. Die Dörnchen auf den Ampullen sind länger und schmal kegelförmig. Körper stärker sklerotisiert, Pronotum hell-gelbbraun, Höcker dunkel rotbraun. In Laubbäumen (besonders Tilia, auch andere). In dünnen Ästen und Stämmen. *octopunctata* (SCOPOLI)

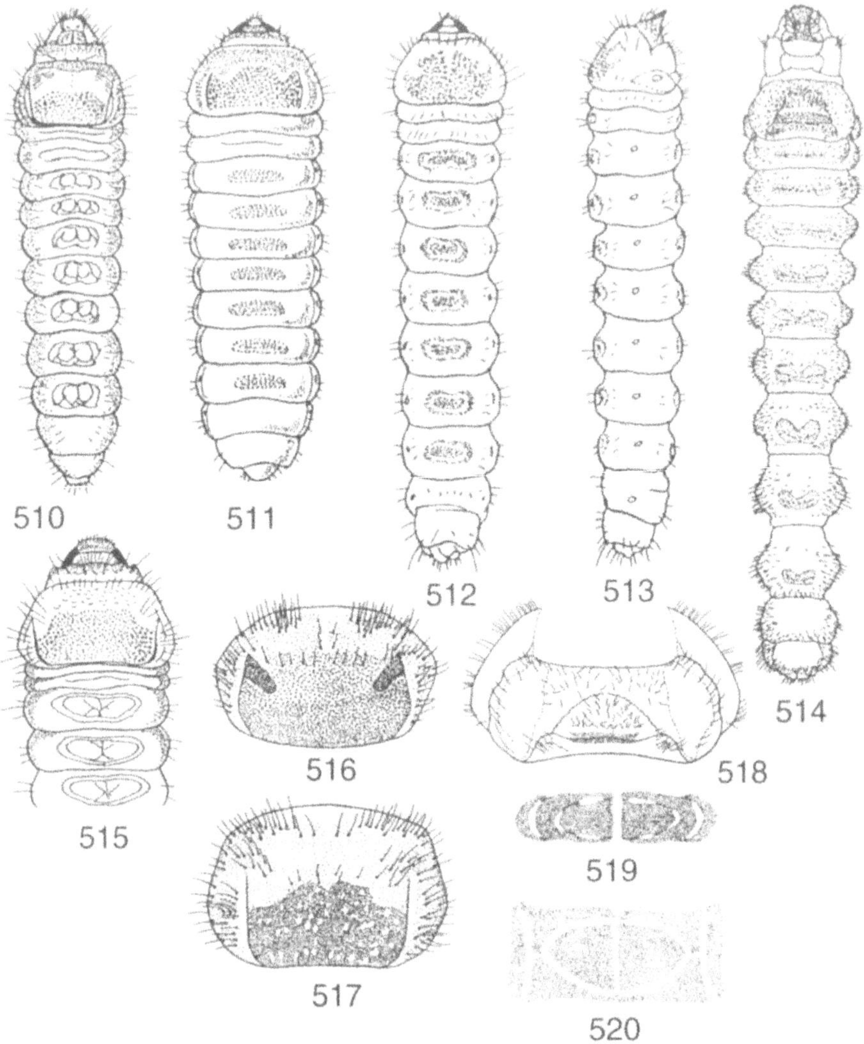

Abb. 510: *Saperda scalaris*, Habitus, dorsal (aus v. DEMELT 1966)
Abb. 511: *Saperda populnea*, Habitus, dorsal (aus v. DEMELT 1966)
Abb. 512: *Saperda similis*, Habitus, dorsal (aus v. DEMELT 1966)
Abb. 513: *Saperda similis*, Habitus, lateral (aus v. DEMELT 1966)
Abb. 514: *Saperda vestita*, Habitus, ventral (aus STEHR 1991)
Abb. 515: *Saperda punctata*, Kopf, Thorax, 1.–3. Abdominalsegment, dorsal (aus v. DEMELT 1966)
Abb. 516: *Saperda scalaris*, Prothorax, dorsal (aus MAMAEV & DANILEVSKY 1975)
Abb. 517: *Saperda perforata*, Prothorax, dorsal (aus MAMAEV & DANILEVSKY 1975)
Abb. 518: *Saperda carcharias*, Prothorax, ventral (aus DUFFY 1953)
Abb. 519: *Saperda scalaris*, Abdominalsegment, dorsal (aus MAMAEV & DANILEVSKY 1975)
Abb. 520: *Saperda perforata*, Abdominalsegment, dorsal (aus MAMAEV & DANILEVSKY 1975)

3 Metanotum in der Mitte mit 2 Querfurchen, die nach den Seiten zu konvergieren und zu einer einzigen verschmelzen 4

3* Metanotum mit einer einfachen Querfurche, in der Nähe der Mittellinie in der Längsrichtung mit etwa 10–12 Dörnchen. Pleuraltuberkel (bei 40facher Vergrößerung) mit 2–3 langen und 15–20 kurzen Borsten. In Laubbäumen (besonders Salix caprea), in lebendem Holz.
similis LAICHARTING

4 Metanotum entlang der Mittellinie mit etwa 10 Dörnchen in Längsrichtung. Pleuraltuberkel neben 2 (bis 3) langen Borsten, mit meist 5–12 kurzen Haaren. Die größten Körnchen auf dem Pronotum deutlich transvers, mehr als doppelt so breit wie lang. Körperlänge max. 22 mm. In Laubbäumen (besonders Populus). In lebenden Zweigen (erzeugen Gallen).
populnea (LINNAEUS)

4* Metanotum entlang der Mittellinie mit ca. 20 Dörnchen. Pleuraltuberkel neben 2–4 längeren Borsten, mit meist 15–20 kürzeren Haaren. Die größten Körnchen auf dem Pronotum nur schwach transvers, niemals mehr als 1,5mal so breit wie lang. Körperlänge max 38 mm, Kopfkapselbreite 3,5 mm. In Laubbäumen (besonders Populus). In lebenden Stämmen.
carcharias (LINNAEUS)

83. Gattung: *Menesia* MULSANT

Menesia bipunctata (ZOUBKOFF) (Abb. 521). In Rhamnus. Unter der Rinde und im Holz von Zweigen, Ästen und Stämmen.

84. Gattung: *Oberea* DEJEAN

Es fehlen *Oberea moravica* KRATOCHVIL und *Oberea pedemontana* CHEVROLAT (in Mitteleuropa nur im Süden und Südosten).

Eine Unterscheidung von Larven der Gattungen *Oberea* und *Phytoecia* auf Gattungsebene ist vorläufig nicht möglich. Der auf TEPPNER (1968/1969) zurückgehende Trennungsansatz hat sich nicht bewährt:

[1 Ampullen mit Dörnchen (Abb. 531, 532). Neben dem ventral von der Antennenbasis gelegenen Stemma sind dahinter jederseits noch 2-3 zusätzliche Stemmata im schwächer pigmentierten Teil der Kopfkapsel ausgebildet. In Holzpflanzen.
Oberea DEJEAN (partim)

1* Ampullen glatt, ohne Dörnchen (Abb. 537-539). Neben dem normalen Stemmata-Paar sind keine oder nur ein, selten 2 zusätzliche Paare vorhanden. In Krautpflanzen 2

2 Pleuraltuberkel neben 2 langen Borsten noch mit 2-5 kürzeren Haaren. Labiomaxillarkomplex stärker behaart, insbesondere die Mala innen auf der ganzen Länge behaart und der Stipes mit 7–10 längeren Borsten. *Oberea* DEJEAN (partim)

2* Pleuraltuberkel mit 2 langen Borsten, daneben kein oder meist nicht mehr als ein kürzeres Haar. Labiomaxillarkomplex schwächer behaart, die Mala gewöhnlich nur an der Spitze behaart (Abb. 541), Ventralseite des Stipes mit ca. 5 oder weniger mäßig langen Borsten. *Phytoecia* DEJEAN]

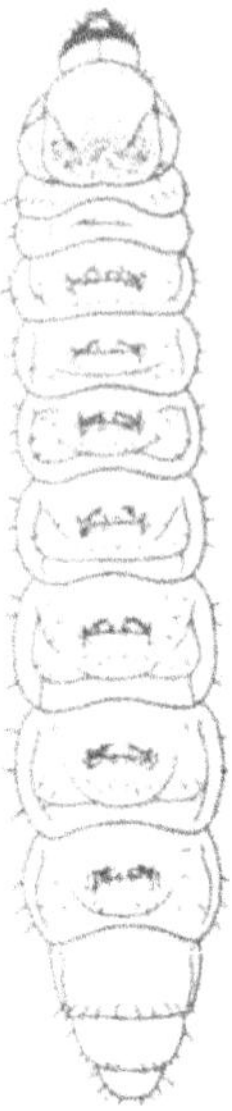

522a

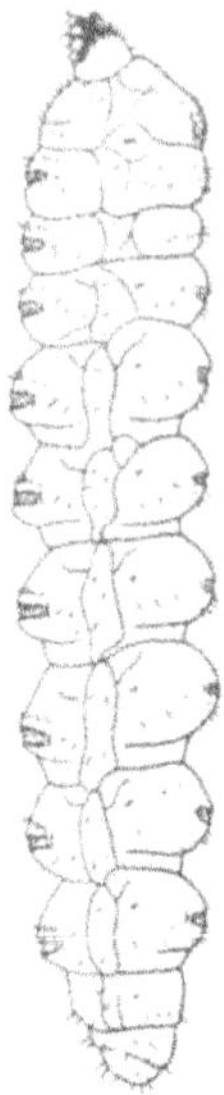

522b

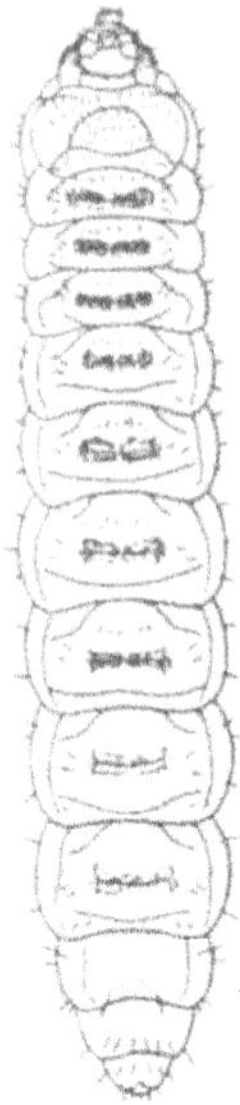

522c

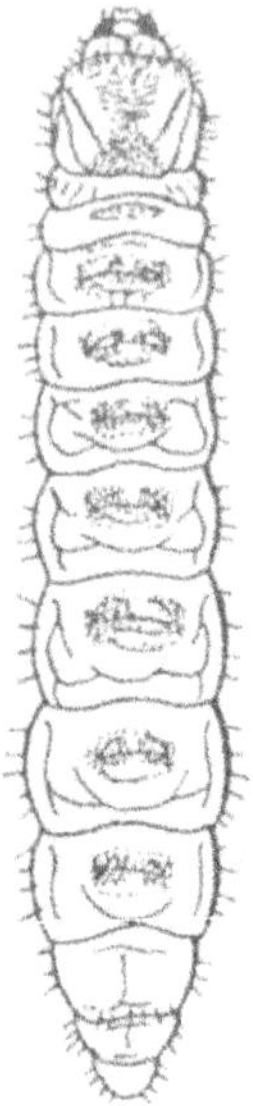

523

525

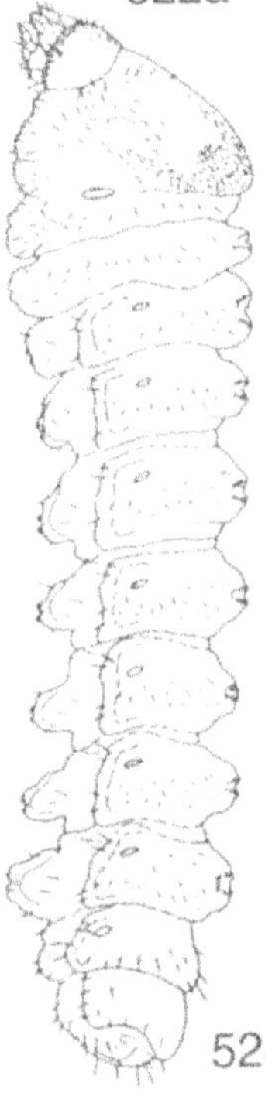

524

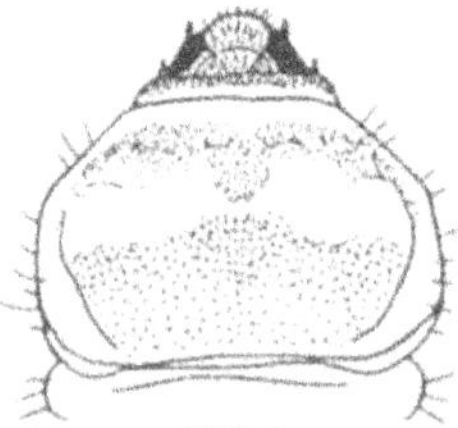

521

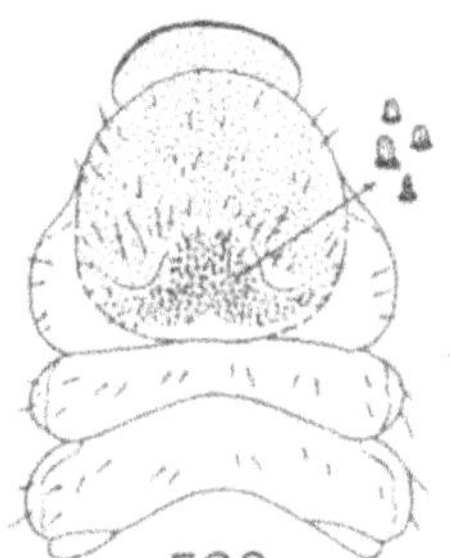

526

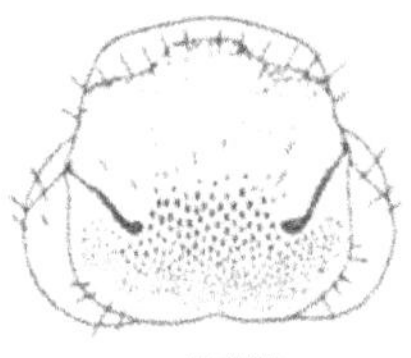

527

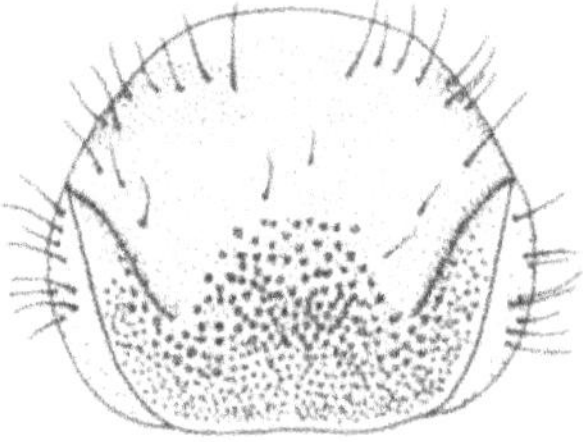

530

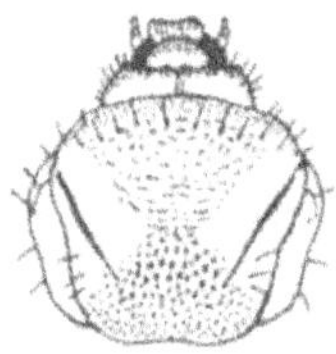

529

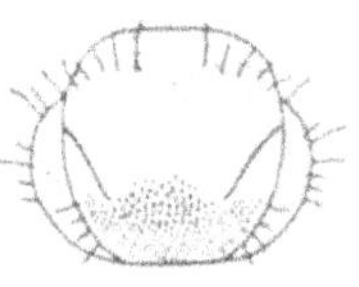

528

Äußerst provisorische Tabelle für die Arten (nach TEPPNER 1968/1969, MAMAEV & DANILEVSKY 1975)

1 Die Larven leben in Holzgewächsen ... 2
1* Die Larven leben in Krautpflanzen ... 4
2 Pronotum (Abb. 528) vollständig stark pigmentiert, bräunlich, vor dem Punktfeld heller. Höcker in der vorderen Hälfte des Punktfeldes sehr groß, die größten sind in der Ansicht senkrecht auf das Pronotum so lang oder wenig kürzer als die Stigmen des Abdomen. Höcker auf dem Pronotum in ca. 8–10 ungefähren Querreihen angeordnet. In Laubbäumen (besonders Corylus). In lebenden Trieben und Zweigen. *linearis* (LINNAEUS)
2* Pronotum (Abb. 527, 530) schwächer pigmentiert, ganz oder nur hinter dem Vorderrand gelblich. Höcker in der vorderen Hälfte des Punktfeldes kleiner, viel kürzer als die Stigmen des Abdomen. Höcker auf dem Pronotum in ca. 15–20 Querreihen angeordnet ... 3
3 Höcker auf dem Pronotum in ca. 15 ungefähren Querreihen angeordnet (Abb. 527, 530). Pleuraltuberkel mit ca. 3 Haaren. Dörnchen der Ampullen bei 40facher Vergrößerung deutlich (Abb. 531). In Laubbäumen (besonders Salix). In lebenden Zweigen, Ästen und Stämmen. *oculata* (LINNAEUS)
3* Höcker auf dem Pronotum in ca. 20 Querreihen angeordnet. Pleuraltuberkel mit ca. 8 Haaren. Dörnchen der Ampullen bei 40facher Vergrößerung gerade erkennbar. In Lonicera, in lebenden Zweigen und dünnen Stämmchen. *pupillata* (GYLLENHAL)
4 Mentum, Submentum und Cardo zusammen mit etwa 20 Haaren. Larven größer. In Euphorbia palustris, in den Stengeln. *euphorbiae* (GERMAR)
4* Mentum, Submentum und Cardo zusammen mit etwa 10 Haaren. Larven kleiner. In verschiedenen Euphorbia-Arten, in Stengeln und Wurzelstöcken. *erythrocephala* (SCHRANK)

Abb. 521: *Menesia bipunctata*, Kopf, Prothorax, dorsal (aus v. DEMELT 1966)
Abb. 522a: *Oberea oculata*, Habitus, dorsal (aus SCHERF 1957)
Abb. 522b: *Oberea oculata*, Habitus, lateral (aus SCHERF 1957)
Abb. 522c: *Oberea oculata*, Habitus, ventral (aus SCHERF 1957)
Abb. 523: *Oberea euphorbiae*, Habitus, dorsal (aus v. DEMELT 1966)
Abb. 524: *Oberea tripunctata*, Habitus, lateral (aus STEHR 1991)
Abb. 525: *Oberea linearis*, Habitus, lateral (aus v. DEMELT 1966)
Abb. 526: *Oberea bimaculata*, Kopf, Thorax, dorsal (aus STEHR 1991)
Abb. 527: *Oberea oculata*, Prothorax, dorsal (aus SCHERF 1957)
Abb. 528: *Oberea linearis*, Prothorax, dorsal (aus SCHERF 1957)
Abb. 529: *Oberea euphorbiae*, Prothorax, dorsal (aus v. DEMELT 1966)
Abb. 530: *Oberea oculata*, Prothorax, dorsal (aus v. DEMELT 1966)

85. Gattung: *Stenostola* DEJEAN

Die Kenntnisse über diese Gattung beziehen sich vermutlich auf *Stenostola ferrea* (SCHRANK) (Abb. 535, 536), deren Larven in Laubbäumen (besonders Tilia), unter der Rinde und im Holz von Ästen und Zweigen leben. Die Larve von *Stenostola dubia* (LAICHARTING) wurde von DANILEVSKY & MIROSHNIKOV (1985) beschrieben, eine Bestimmungstabelle für die beiden Arten der Gattung kann vorläufig jedoch nicht gegeben werden.

86. Gattung: *Phytoecia* DEJEAN

In der Tabelle fehlen *Ph. argus* (FRÖLICH) (in Mitteleuropa nur im Südosten), *Ph. hirsutula* (FRÖLICH) (in Mitteleuropa nur im Südosten), *Ph. icterica* (SCHALLER), *Ph. molybdaena* (DALMAN), *Ph. pustulata* (SCHRANK), *Ph. rubropunctata* (GOEZE) (in Mitteleuropa nur im Westen), *Ph. rufipes* (OLIVIER), *Ph. scutellata* (FABRICIUS) (in Mitteleuropa nur im Südosten), *Ph. tigrina* MULSANT (in Mitteleuropa nur im Südosten), *Ph. uncinata* (REDTENBACHER) und *Ph. virgula* (CHARPENTIER). Die Larven von einigen dieser Arten wurden von CHEREPANOV (1985) bzw. DANILEVSKY & MIROSHNIKOV (1985) beschrieben, eine Aufnahme in die Bestimmungstabelle kann jedoch vorläufig nicht erfolgen. Eine neue Tabelle ist in Vorbereitung.

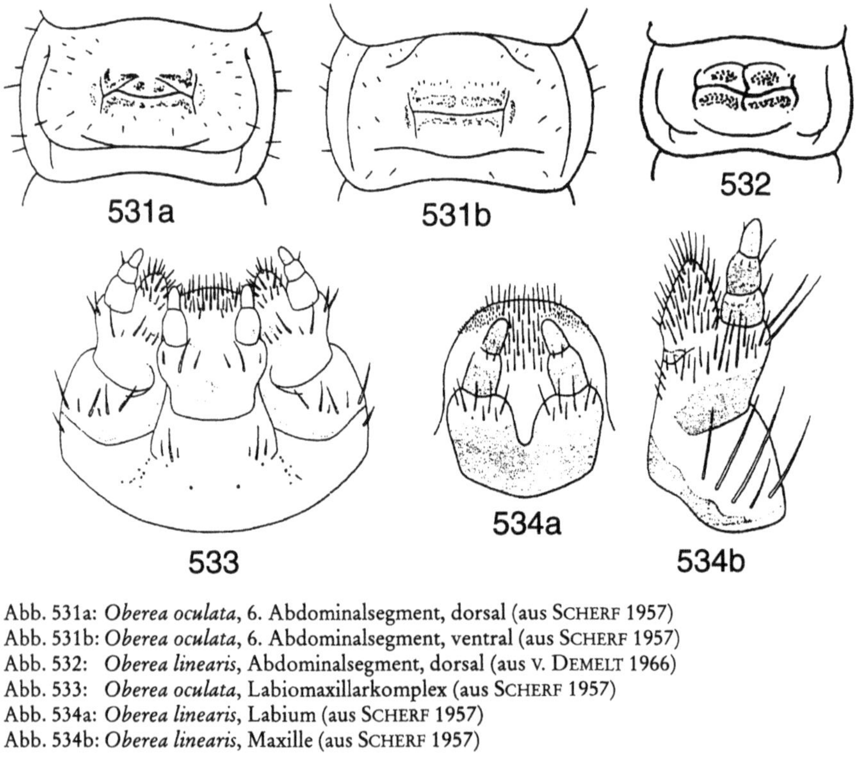

Abb. 531a: *Oberea oculata*, 6. Abdominalsegment, dorsal (aus SCHERF 1957)
Abb. 531b: *Oberea oculata*, 6. Abdominalsegment, ventral (aus SCHERF 1957)
Abb. 532: *Oberea linearis*, Abdominalsegment, dorsal (aus v. DEMELT 1966)
Abb. 533: *Oberea oculata*, Labiomaxillarkomplex (aus SCHERF 1957)
Abb. 534a: *Oberea linearis*, Labium (aus SCHERF 1957)
Abb. 534b: *Oberea linearis*, Maxille (aus SCHERF 1957)

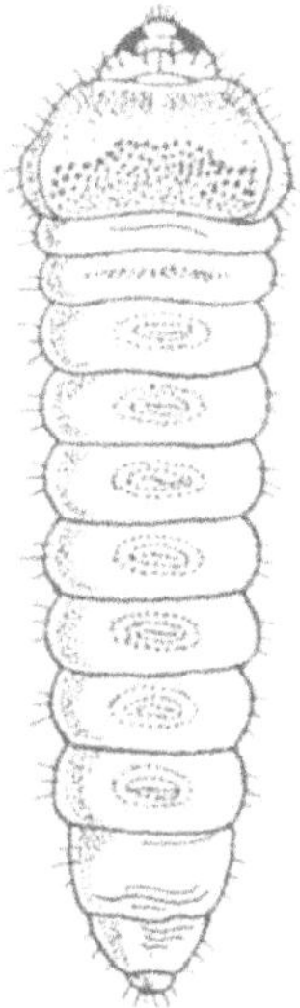

535

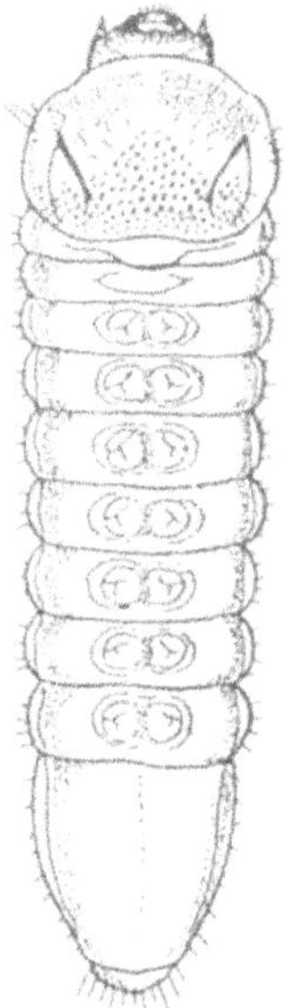

537

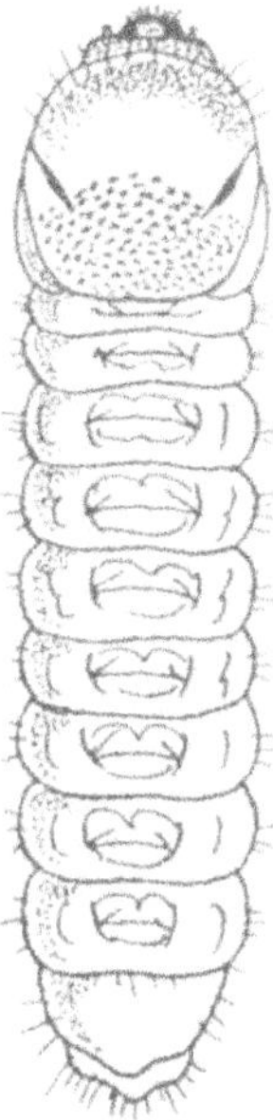

538

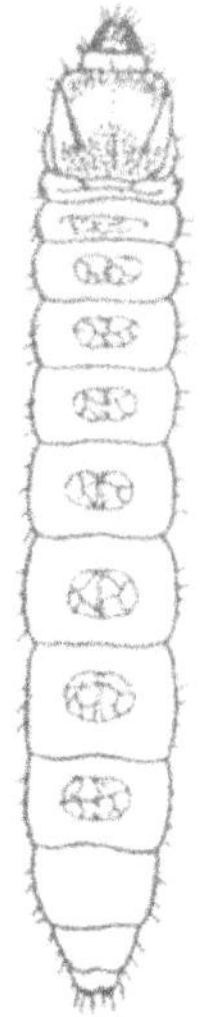

539

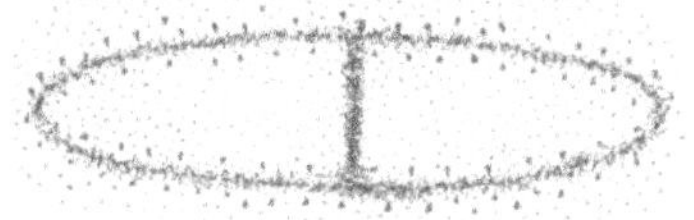

536

541

543

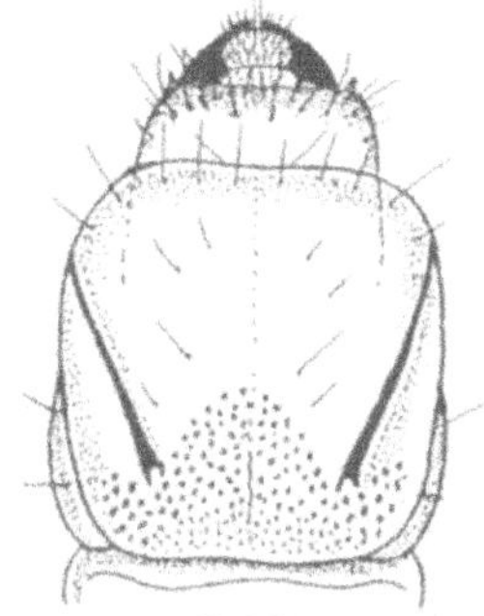

540

542

Abb. 535: *Stenostola ferrea*, Habitus, dorsal (aus v. DEMELT 1966)
Abb. 536: *Stenostola ferrea*, Abdominalsegment, dorsal (aus MAMAEV & DANILEVSKY 1975)
Abb. 537: *Phytoecia affinis*, Habitus, dorsal (aus v. DEMELT 1966)
Abb. 538: *Phytoecia icterica*, Habitus, dorsal (aus v. DEMELT 1966)
Abb. 539: *Phytoecia cylindrica*, Habitus, dorsal (aus v. DEMELT 1966)
Abb. 540: *Phytoecia cylindrica*, Kopf, Prothorax, dorsal (aus v. DEMELT 1966)
Abb. 541: *Phytoecia cylindrica*, Maxille (aus DUFFY 1953)
Abb. 542: *Tetrops praeusta*, Maxille (aus DUFFY 1953)
Abb. 543: *Tetrops praeusta*, abdominales Stigma (aus DUFFY 1953)

Äußerst provisorische Tabelle für die Arten (nach TEPPNER 1968/1969, MAMAEV & DANILEVSKY 1975)

1 Mandibeln mit einem ventral knapp hinter der Spitze gelegenen Zahn, daher zweispitzig. Dorsaler Rand der Antennengruben deutlich wulstig verdickt. In Boraginaceae. In Stengeln und Wurzeln. *coerulescens* (SCOPOLI)

1* Mandibelspitzen einfach, ventral ohne Zahn. Antennengruben am dorsalen Rand ohne oder mit sehr undeutlichem Wulst 2

2 Seitenränder des Clypeus nach vorn stark konvergierend, dieser daher trapezförmig. Kopfkapsel vorn mit einer breiten, seitlich weit hinter die Stemmata reichenden und nach hinten zu unscharf begrenzten braunen sklerotisierten Zone. In Krautpflanzen (besonders Chaerophyllum aureum), in den Stengeln. *affinis* HARRER (= *nigripes* (VOET))

2* Seitenränder des Clypeus nach vorn nur schwach konvergierend, dieser daher fast rechteckig. Kopfkapsel vorn mit einer schmalen, dunkel sklerotisierten Zone, die seitlich bis zum Hinterrand der Stemmata reicht und nach hinten zu meist scharf begrenzt ist 3

3 Stigmen des Abdomen fast kreisrund bis oval, meist nur 1,5 (bis 2) mal so lang wie breit. In Asteraceae, in Stengeln und Wurzeln. *nigricornis* (FABRICIUS)

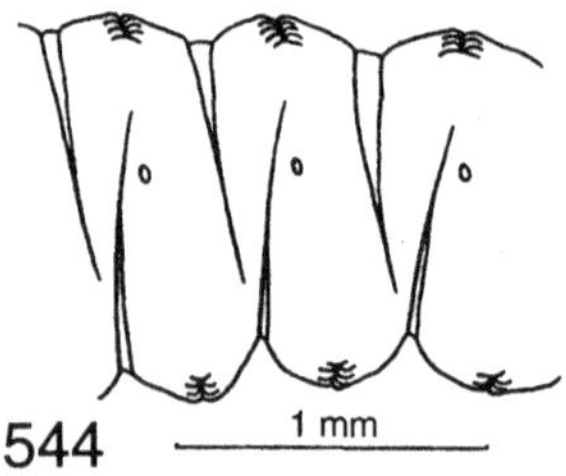

544

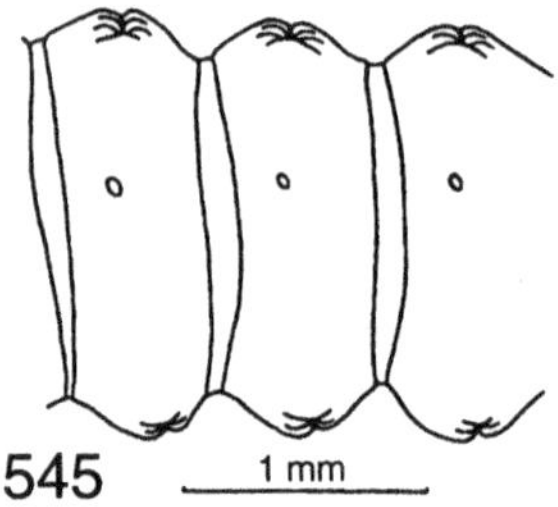

545

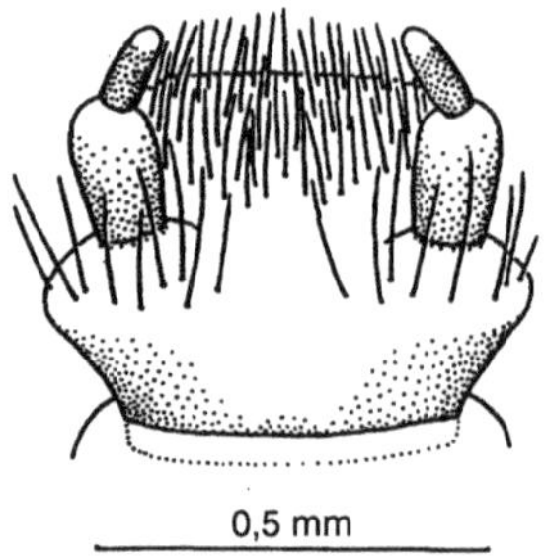

546

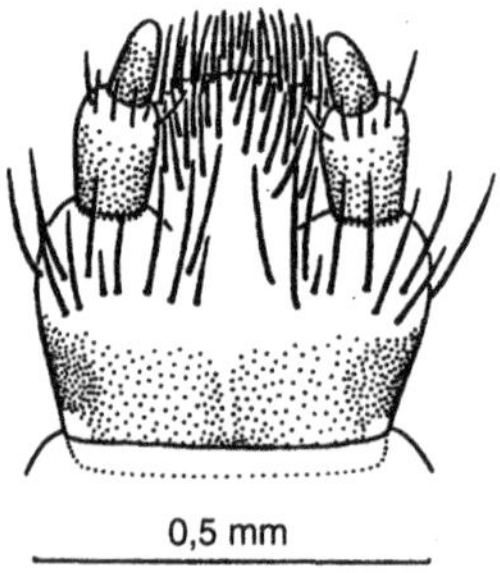

547

Abb. 544: *Tetrops praeusta*, 1.-3. Abdominalsegment, lateral (Original ŠVÁCHA)
Abb. 545: *Pogonocherus hispidus*, 1.-3. Abdominalsegment, lateral (Original ŠVÁCHA)
Abb. 546: *Mesosa curculionoides*, Praelabium, Spitze, ventral (Original ŠVÁCHA)
Abb. 547: *Acanthoderes clavipes*, Praelabium, Spitze, ventral (Original ŠVÁCHA)

3* Stigmen des Abdomen sehr schmal, 2–3 x so lang wie breit 4

4 Kopfkapsel an den Seiten (zwischen Hypostomalnaht und Antennengrube) mit ca. 10–12 Borsten. In Brassicaceae, in den unteren Stengelteilen und in den Wurzeln. *coerulea* (SCOPOLI)

4* Kopfkapsel an den Seiten mit ca. 5–8 Borsten. Körperlänge max. 20 mm. In verschiedenen Krautpflanzen, in den Stengeln. *cylindrica* (LINNAEUS)

87. Gattung: *Tetrops* KIRBY

Tabelle für die Arten (nach DANILEVSKY & MIROSHNIKOV 1985)

1 Tergite der Abdominalsegmente mit feinen Dörnchen. Körperlänge max. 7 mm, Kopfkapselbreite 1,1 mm. In verholzten Rosaceae u. a. Laubbäumen. In und unter der Rinde von Zweigen und Ästen. *praeusta* (LINNAEUS)

1* Tergite der Abdominalsegmente ohne Dörnchen. Körpergröße ähnlich. In und unter der Rinde von Zweigen und Ästen von Fraxinus. *starkii* CHEVROLAT

Literatur

ALLENSPACH, V. (1973): Insecta Helvetica, Catalogus; 3: Coleoptera-Cerambycidae, 216 pp. – Zürich.

BENSE, U. & K. ADLBAUER (im Druck): 87. Familie Cerambycidae. – In: LUCHT, W. & B. KLAUSNITZER: Die Käfer Mitteleuropas. 4. Supplementband. – Gustav Fischer Verlag, Jena.

BENSE, U. (1995): Bockkäfer. Illustrierter Schlüssel zu den Cerambyciden und Vesperiden Europas. – Margraf Verlag, Weikersheim.

BILY, S. & O. MEHL (1989): Longhorn Beetles (Coleoptera, Cerambycidae) of Fennoscandia and Denmark. – Fauna Ent. Scandinavica 22, 203 pp. – Leiden.

BÖVING, A. G. & K. CRAIGHEAD (1931): An illustrated synopsis of the principal larval forms of the order Coleoptera. – Ent. Amer. 11 (N.S.): 1–351.

BRINGMANN, H. D. (1991): Beschreibung der Larve von *Dorcadion fuliginator* (LINNAEUS) (Col., Cerambycidae). – Ent. Nachr. Ber. 4: 274–275.

BURAKOWSKI, B. (1979): Immature stages and bionomics of *Vadonia livida* (F.) (Col., Cerambycidae). – Ann. Zool. Warszawa 35 (2): 25–18.

BURAKOWSKI, B., MROCZKOWSKI, M. & J. STEFANSKA (1990): Chrzaszcze, Coleoptera, Cerambycidae i Bruchidae. – Katalog Fauny Polski 23 (15), 312 pp.

CHEREPANOV, A. I. (1984): Usachi severnoi Azii V. (Lamiinae: Pterycoptini – Agapanthiini). – Nauka, Nowosibirsk, 214 pp. (russisch).

CHEREPANOV, A. I. (1985): Usachi severnoi Azii VI. (Lamiinae: Saperdini – Tetraopini). – Nauka, Nowosibirsk, 256 pp. (russisch).

CRAIGHEAD, F. C. (1923): North American cerambycid larvae. A classification and the biology of North American cerambycid larvae. – Techn. Bull. Dep. of Agricult., Canada 27: 1–239.

CROWSON, R. A. (1967): The natural classification of the families of Coleoptera. – Hampton, Middlesex.

DAJOZ, R. (1970): Quelques caractères morphologiques et anatomiques de la larvae d'*Ergates faber* (Col., Cerambycidae). – Ann. Soc. Ent. France (N. S.) 6: 417–423.

DANILEVSKY, M. L. & A. I. MIROSHNIKOV (1985): Zhuki-drovoseki Kavkaza (Col., Cerambycidae). Opredelitel'. – Krasnodar, 428 pp. (russisch).

DEMELT, C. VON (1966): II. Bockkäfer oder Cerambycidae. I. Biologie mitteleuropäischer Bockkäfer (Col., Cerambycidae) unter besonderer Berücksichtigung der Larven. In: F. DAHL: Die Tierwelt Deutschlands und der angrenzenden Meeresteile. – Jena.

DEMELT, C. VON (1978): Bestimmungstabelle für die Larven der Cerambycidae (partim). – In: KLAUSNITZER, B. (1978): Bestimmungsbücher zur Bodenfauna Europas, Lieferung 10, Ordnung Coleoptera (Larven). – W. Junk, The Hague.

DUFFY, E. A. J. (1952): Dorsal prolegs and extreme cephalic modification in the first-instar larva of *Agapanthia villosoviridescens* DEG. (Col., Cerambycidae). – Ent. Month.Mag. 87: 313–318.

DUFFY, E. A. J. (1953): A Monograph of the Immature Stages of British and Imported Timber Beetles (Cerambycidae). – London: British Mus. (Nat. Hist.) 350 pp., 8 pls.

EMDEN, F. I. van (1939): Larvae of British beetles – I. A key to the genera and most of the species of British Cerambycid larvae. – Ent. Month. Mag. 75: 257–273

EMDEN, F. I. van (1940): Larvae of British beetles – I. Cerambycidae (part). – Ent. Month. Mag. 76: 7–13.

ESCHERICH, K. (1923): Die Forstinsekten Mitteleuropas. 2. Band. Spezieller Teil, Erste Abteilung, 663 pp. – Verlag P. Parey, Berlin.

FUNKE, W. (1957): Zur Biologie und Ethologie einheimischer Lamiinen (Cerambycidae, Coleoptera). – Zool. Jahrb. Syst. 85: 73–176.

GARDINER, L. M. (1966): Egg Bursters and Hatching in the Cerambycidae (Col.). – Canad. Journ. Zool. 44: 199–212.

GHILAROV, M. S. (1964): Bestimmungsbuch für bodenbewohnenden Insektenlarven. – Moskau (russisch).

HARDE, K. W. (1966): 87. Familie: Cerambycidae, Bockkäfer. In: FREUDE, H., HARDE, K. W. & G. A. LOHSE: Die Käfer Mitteleuropas, Bd. 9. – Krefeld.

HELLRIGL, K. (1974): Cerambycidae. In: Schwenke, W.: Die Forstschädlinge Europas, 2. Band, Käfer, 130–202. – Hamburg.

HEYROVSKY, L. (1955): Tesarikoviti – Cerambycidae. – Fauna CSSR 5, 348 pp. – Prag.

HORION, A. (1974): Faunistik der mitteleuropäischen Käfer. Band 12: Cerambycidae. – Überlingen.

HORION, A. (1975): Nachtrag zur Faunistik der mitteleuropäischen Cerambyciden (Col.). – Nachr.bl. Bayer. Ent. 24: 97–115.

KASZAB, Z. (1971): Cerambycidae. In: Fauna Hungariae, Bd. 106, 283 + 17 pp. – Budapest.

KEMNER, N. A. (1922): Zur Kenntnis der Entwicklungsstadien und Lebensweise der schwedischen Cerambyciden. – Ent. Tidskr. 43: 81–138.

KLAUSNITZER, B. & SANDER, F. (1981): Die Bockkäfer Mitteleuropas (Cerambycidae), 2. Aufl. – Neue Brehmbücherei Nr. 499, Wittenberg – Lutherstadt.

KORCZYNSKI, I. (1985): The biology of *Nathrius brevipennis* (MULS.) (Col., Cerambycidae) in Poland. – Bull. Ent. Pologne 55: 73–78.

LAWRENCE, J. F. & A. F. NEWTON Jr. (1995): Families and subfamilies of Coleoptera (with selected genera, notes, references and data on family-group names). – In: PAKALUK, J. & S. A. SLIPINSKI (eds.): Biology, Phylogeny, and Classification of Coleoptera: Papers Celebrating the 80th Birthday of ROY A. CROWSON, Warszawa.

LAWRENCE, J. F. (1991): Cerambycidae (Chrysomeloidea). – In: STEHR, F. W.: Immature Insects. Volume 2. – Kendall, Iowa.

LUCHT, W. (1994): 87. Familie Cerambycidae. – In: LOHSE, G. A. & W. LUCHT: Die Käfer Mitteleuropas. 3. Supplementband. – Krefeld; Goecke & Evers.

MAMAEV, B. M. & M. L. DANILEVSKY (1973): New data on systematic status of the subfamily Aseminae (Col., Cerambycidae) with reference to the morphology of larvae. – Zool. Zhurnal 52: 1257–1261, (russisch).

MAMAEV, B. M. & M. L. DANILEVSKY (1975): Die Larven der Bockkäfer. – Moskau, (russisch).

PALLY, CH. (1961): Zur Kenntnis der Larven und Puppen forstlich wichtiger Bockkäferarten aus Kiefernholz. – Arch. Forstwesen 10 (7): 792–808.

PALM, T. (1960): Biologiska studier *Stenocorus meridianus* L. (Col., Cerambycidae). – Opuscula Ent. 25: 138–145.

PAULIAN, R. & A. VILLIERS (1940): Les larvae des Cerambycides. – Rev. française d'entomologie 7: 202–217.

PAULUS, H. (1968a): Beitrag zur Kenntnis der Larven und Puppen von *Agapanthia violacea* FABRICIUS (1775) und *Agapanthia villosoviridescens* DE GEER (1775). – Ent. Bl. 64 (2): 70–85.

PAULUS, H. (1968b): Die Larve von *Agapanthia cardui* LINNAEUS (Col., Cerambycidae, Lamiinae). – Senckenbergiana biol. 49 (3/4): 231–235.

PAULUS, H. (1969): Zur Unterscheidung der Larven der Gattung *Rhagium* (Col., Cerambycidae, Lepturinae). – Ztschr. Arbgem. österr. Ent. 21 (1): 4–11.

PAULUS, H. F. (1976): Zur Morphologie und Eidonomie von Jungstadien des Getreide-Bockkäfers *Calamobius filum* (Col., Cerambycidae, Lamiinae). – Ent. Germanica Stuttgart 2(4): 364–373.

PETERSON, A. (1957): Larvae of Insects. Part II. – Ann Arbor, Michigan.

SAALAS, U. (1949): Beiträge zur Kenntnis der Entwicklungsstadien und Lebensweise von *Mesosa myops* DALM. und *Xylotrechus pantherinus* SAV. (Col., Cerambycidae). – Ann. Ent. Fennici 15 (2): 49–55.

SCHERF, H. (1957): Zur Kenntnis und Unterscheidung von *Oberea*-Larven (Col., Cerambycidae). – Dtsch. Ent. Z., N. F. 4: 184–190.

SCHERF, H. (1958): Die Larve von *Anisarthron barbipes* SCHRNK. (Col., Cerambycidae). – Nachrbl. Bayer. Ent. 7 (12): 113–116.

STARZYK, J. R. (1977): Morphology, biology and life history of *Carilia (= Neogaurotes* POD.) *virginea* (L.) (Col., Cerambycidae). – Z. ang. Ent. 87: 269–281.

ŠVÁCHA, P. & M. L. DANILEVSKY (1986): Cerambycoid larvae of Europe and Soviet Union (Col., Cerambycoidea). Part I. – Acta Univ. Carolinae Praha, Biologica 30: 1–176 (erschienen 1987).

ŠVÁCHA, P. & M. L. DANILEVSKY (1987): Cerambycoid larvae of Europe and Soviet Union (Col., Cerambycoidea). Part II. – Acta Univ. Carolinae Praha, Biologica 31: 121–284 (erschienen 1988).

ŠVÁCHA, P. & M. L. DANILEVSKY (1988): Cerambycoid larvae of Europe and Soviet Union (Col., Cerambycoidea). Part III. – Acta Univ. Carolinae Praha, Biologica 32: 1–205 (erschienen 1989).

TEPPNER, H. (1965): Über die Larven von *Xylotrechus arvicola* und *X. antilope* (Col., Cerambycidae). – Ent. Nachrbl. Wien 12 (4): 25–34.

TEPPNER, H. (1968/69): Bestimmungstabelle mitteleuropäischer Lamiinae-Larven (Col., Cerambycidae) mit Bemerkungen zu deren Biologie. – Verh. Zool.-Bot. Ges. Wien 108/109: 19–58.

VILLIERS, A. (1978): Fauna de Coléoptères de France. I. Cerambycidae. – Paris: Lechevalier (Encyclopédie entomologique 42), 611 S.

ZABRANSKY, P. (1989): Beiträge zur Faunistik österreichischer Käfer mit ökologischen und bionomischen Bemerkungen, 1. Teil – Familie Cerambycidae (Coleoptera). – Koleopt. Rundschau 59: 127–142.

Nachträge und Ergänzungen

1. Band

S. 45

2. Familie: Carabidae

von Erik Arndt

(Abb. 1–11)

Sechs Jahre nach Herausgabe des ersten Larven-Bandes der „Käfer Mitteleuropas“ erscheint ein Nachtrag für die Familie Carabidae sinnvoll. Einerseits wurden Larvenbeschreibungen für drei Gattungen publiziert, die im Band 1 nicht oder nur mit Fragezeichen enthalten waren. Andererseits ermöglicht dieser Nachtrag die Verbesserung oder Neuaufnahme von Abbildungen, welche die Nutzung der Bestimmungsschlüssel erleichtern. Insbesondere die Beschriftung der Borstenmerkmale (Chaetotaxie), die durch eine zu starke Verkleinerung im Band 1 praktisch unbrauchbar wurde, soll hier noch einmal detailliert vorgenommen werden.

Die Larven der mitteleuropäischen Carabidenfauna sind vergleichsweise gut bekannt. Dennoch sollte an dieser Stelle auf die derzeitig größten Kenntnislücken verwiesen werden: es existieren erhebliche Defizite bei der Bearbeitung von Larven der Trechini und der artenreichen Gattung *Bembidion*. Auch die Kenntnis der Gattungen *Harpalus* und *Amara* ist mangelhaft. Carabidologen, die an der Bearbeitung von Larven Interesse haben, finden in diesen Taxa ein lohnendes Arbeitsfeld.

S. 45–48

Ergänzungen zum Allgemeinen Teil (Morphologie und Chaetotaxie der Larven)

In den Abbildungen 1–11 sind für die Bestimmung von Carabidenlarven wichtige Körperteile dargestellt. Kleinbuchstaben kennzeichnen morphologische Details (Beispiel: cf-Cervikalfurche). Großbuchstaben bezeichnen die Körperteile für die Kodierung der Borstenmerkmale (= Chaetotaxie; Beispiele: LA_6-Borste der Ligula; TEa-Borste in den Hinterwinkeln der abdominalen Tergite bei Larven des zweiten und dritten Stadiums). Arabische Zahlen kodieren dabei primäre Borsten, die sowohl im ersten, als auch in den höheren Stadien vorhanden sind. Griechische Buchstaben kodieren sekundäre Borsten, die nur in den höheren Stadien (L_2 und L_3) ausgebildet sind (siehe dazu auch die Erklärungen im Band 1, Seite 48). Es werden in den Abb. 1–11 nur Borsten beschriftet, welche im Bestimmungsschlüssel Erwähnung finden. Die Bezeichnung der Borsten erfolgt nach Bousquet & Goulet (1984) bzw. Bousquet (1985).

Bousquet & Goulet (1984) kodieren alle im Grundplan der Carabidenlarven vorhandene Borsten (d. h. Borstenmerkmale, die für die Carabidae plesiomorph sind; im Sinne von Bousquet & Goulet „ancestrale Borsten“). Einige dieser Borsten wurden sekundär reduziert, u. a. die im Bd. 1 mehrfach erwähnte Borste LA_4. LA_4 liegt ursprünglich am Praementum direkt neben LA_5 (vgl. Abb. 4), sie fehlt bei allen mitteleuropäischen Taxa.

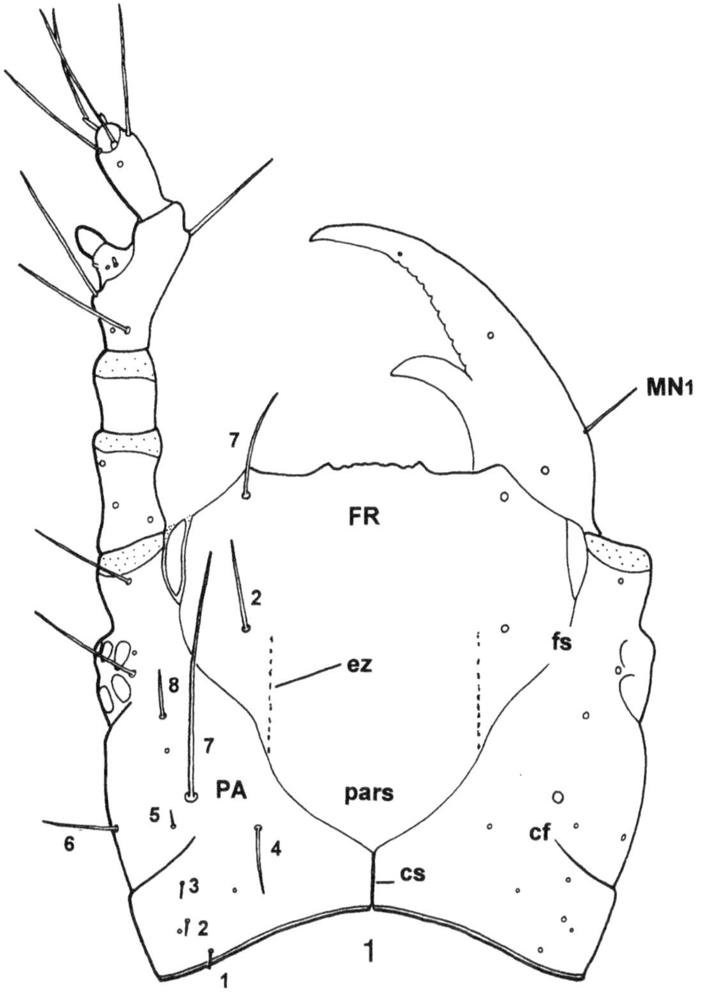

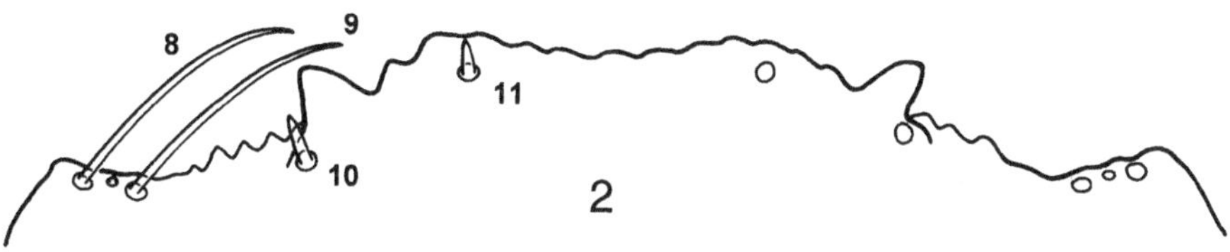

Abb.1–9: *Agonum mülleri* (Abb. 7 Original, restliche Abb. nach ARNDT 1993)

Abb. 1: Kopfkapsel, L_1 (cf-Cervikalfurche, cs-Coronalnaht, ez-Eizähne, fs-Frontalnaht, pars = Hinterwinkel des Frontale)

Abb. 2: Vorderrand des Frontale (Nasale und Adnasale), L_1

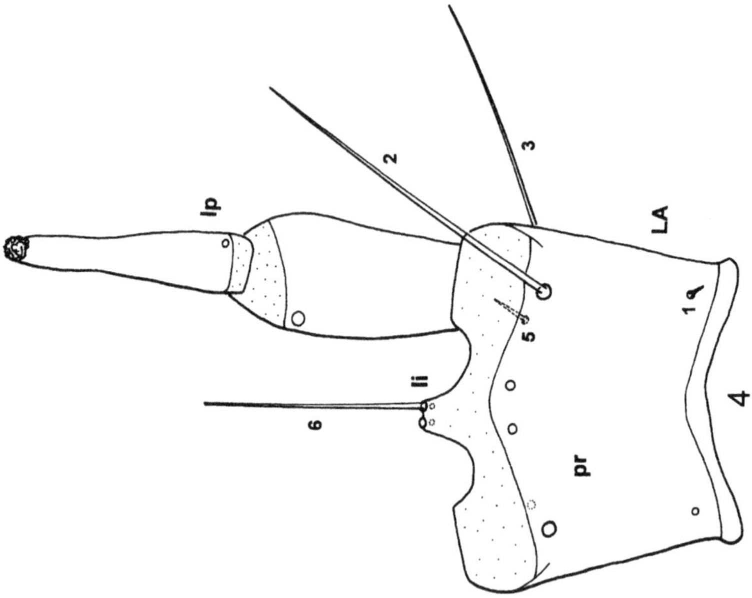

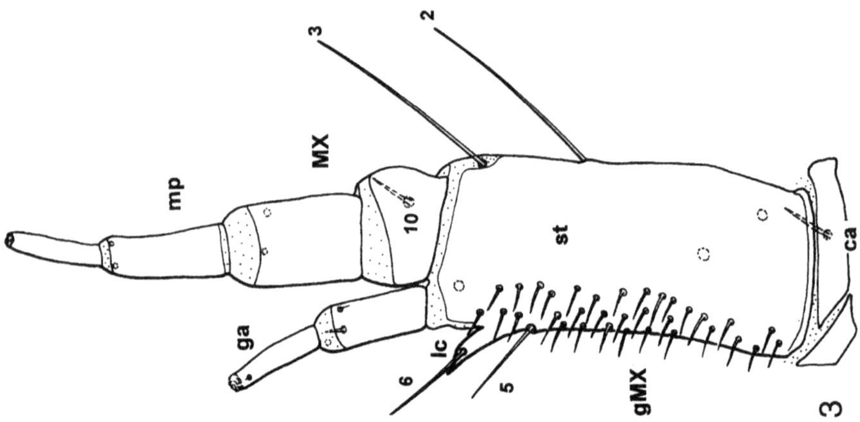

Abb. 3: Maxille, L_1, rechte Seite dorsal (ca-Cardo, ga-Galea, lc-Lacinia mit Borste MX_6, mp-Maxillarpalpus, st-Stipes)

Abb. 4: Labium, L_1, ventral (li-Ligula, lp-Labialpalpus, pr-Prementum)

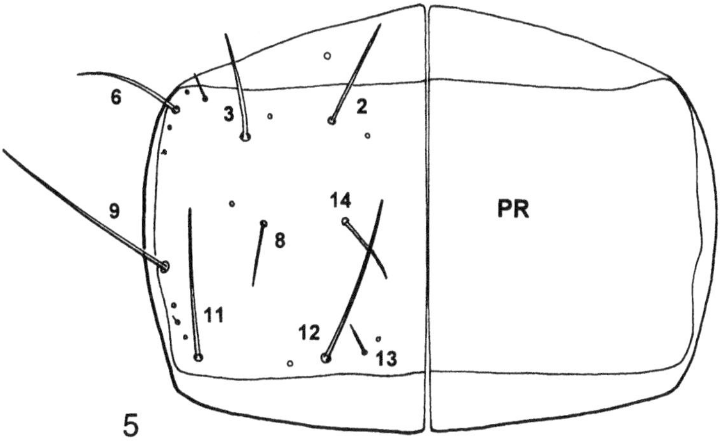

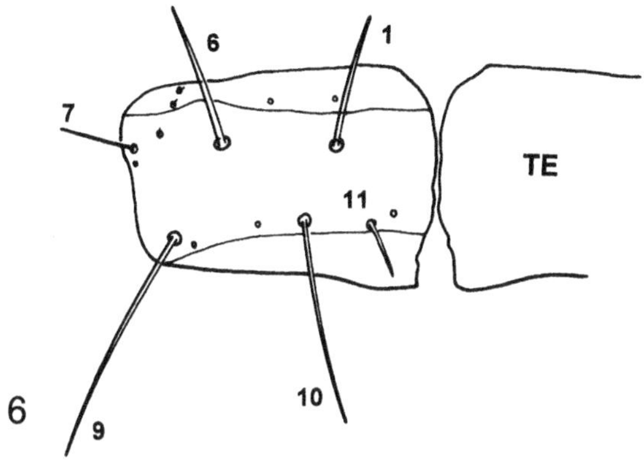

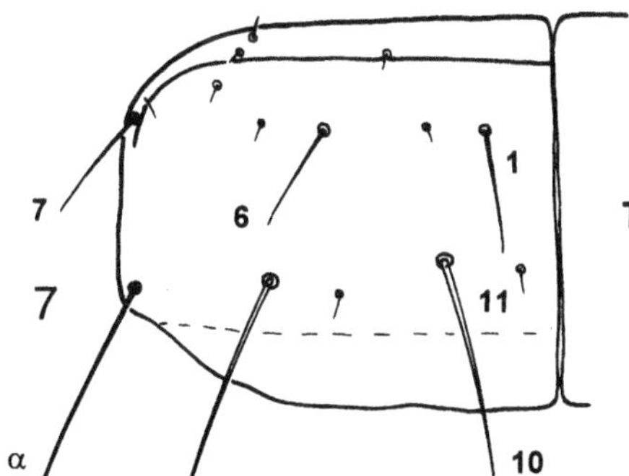

Abb. 5: Pronotum, L_1
Abb. 6: Tergit I, L_1
Abb. 7: Tergit I, L_3

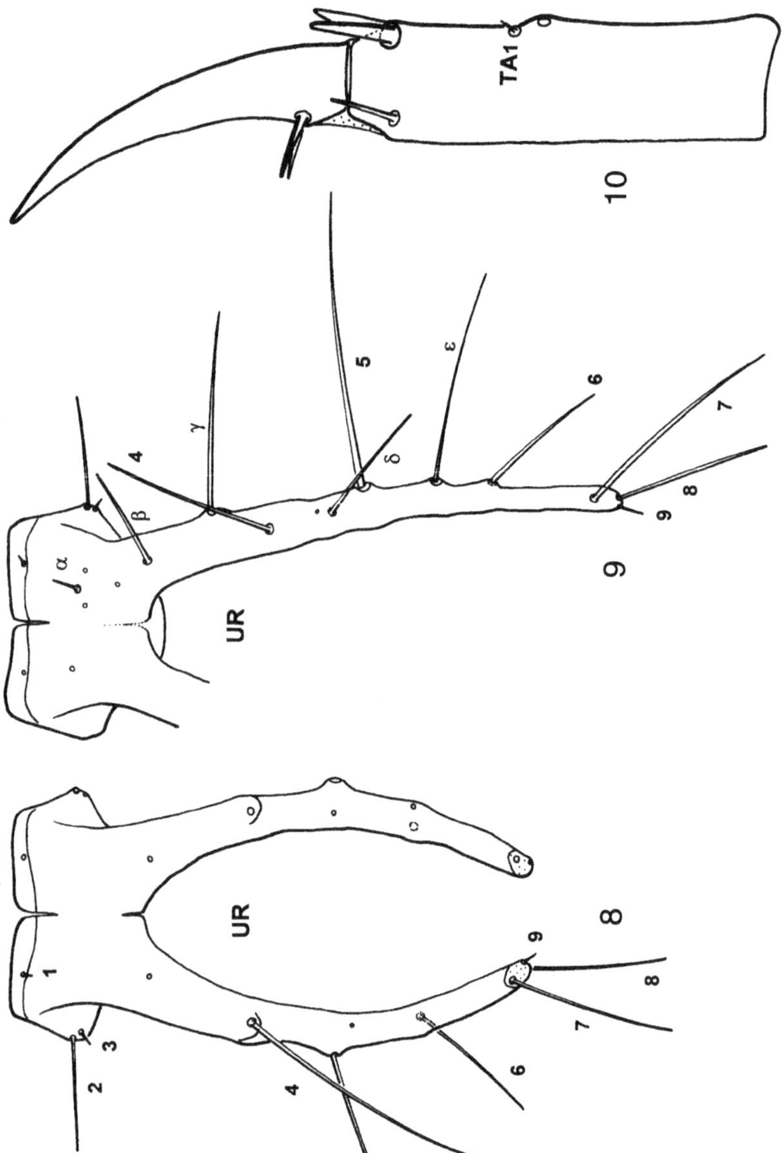

Abb. 8: Urogomphi, L_1

Abb. 9: Urogomphi, L_3

Abb. 10: *Broscus cephalotus,* Klaue und Tarsus mit Bezeichnung der Borste TA_1 an der Dorsalseite, L_1, (nach ARNDT 1991)

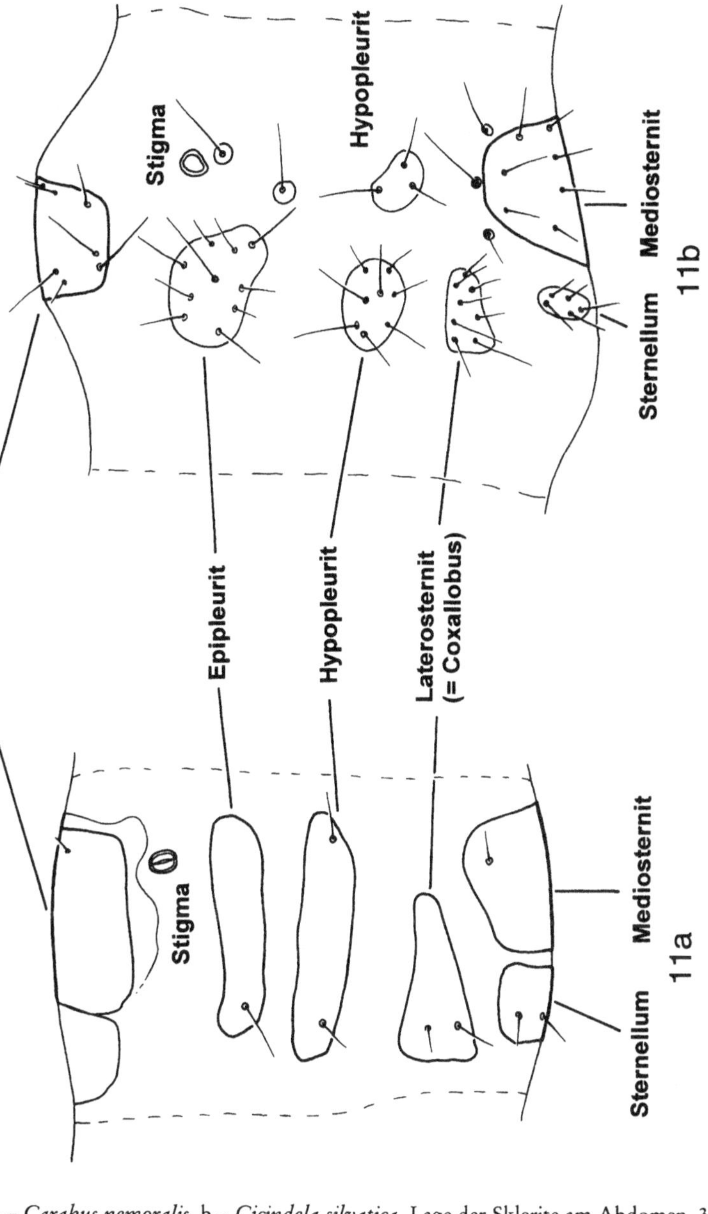

Abb. 11: a – *Carabus nemoralis*, b – *Cicindela silvatica.* Lage der Sklerite am Abdomen. 3. Abdominalsegment, Lateralansicht der rechten Körperseite, L_3. (Original).

S. 85

41. Gattung: *Stomis* CLAIRVILLE
(alle Angaben aus ZETTO BRANDMAYR & MARANO 1993)

Kopfkapsel etwa so breit wie lang, Coronalnaht deutlich, Cervikalfurche vorhanden; 6 Stemmata ausgebildet; Nasale gezähnelt, wenig vorspringend; Frontalsutur wenig geschwungen, Pars breit V-förmig, im ersten Stadium jederseits 4–6 kleine einzelne Eizähne; Parietale in den höheren Stadien mit einem Längskiel zwischen den Borsten PA_6 und PA_7; Mandibel kurz, gedrungen, mit kleinem Retinaculum, Innenrand überhalb des Retinaculum glatt; höhere Larvenstadien ohne Borsten an den ersten beiden Antennengliedern, Mandibelaußenrand mit 2 Borsten (AN_1, ANa); Laciniaborste MX_6 ca. halb so lang wie MX_5; Borstenfeld gMX mit ca. 30–50 Borsten.

In Mitteleuropa nur eine Art: *Stomis pumicatus* PANZER. Die Borste TE_{10} auf den abdominalen Tergiten ist nur ca. halb so lang wie TE_9. Kopfkapselbreite durchschnittlich: L_1 0,45 mm; L_2 0,68 mm; L_3 0,95 mm.

Die Larve von *Stomis pumicatus* ist sehr ähnlich denen der *Pterostichus*-Untergattung *Argutor*, im Gattungsschlüssel kommt man durch den Längskiel auf der Parietale jedoch zu *Poecilus* (Bd. 1, S. 86: 3/3*).

Unterscheidung von *Poecilus*: Nasale vorspringend (wie auf Abb. 85, S. 89 im Bd. 1), nicht konkav gerundet; TE_{10} ausgebildet, nicht zu Pore reduziert, Pars breit V-förmig, nicht gebaucht.

Unterscheidung des L_1 von *Pterostichus* (*Argutor*) (Bd. 1, S. 90, 19/19+): Innenrand der Mandibel nicht gezähnelt, geringere Zahl von Eizähnen.

Unterscheidung des L_2 und L_3 von *Pterostichus* (*Argutor*) (Bd. 1, S. 92, 21/21+): auf Parietale zwischen den Borsten PA_6 und PA_7 Längskiel ausgebildet.

S. 86

42. Gattung: *Poecilus* BONELLI

Detaillierte Beschreibungen und einen Bestimmungsschlüssel für die Larven der mitteleuropäischen Arten enthält die Arbeit von ARNDT & HŮRKA (1992).

S. 87

43. Gattung: *Pterostichus* BONELLI

Detaillierte Beschreibungen und ein ergänzter Bestimmungsschlüssel für die Larven der mitteleuropäischen Arten erschienen in ARNDT und HŮRKA (1992/93).

S. 106

58. Gattung: *Amara* BONELLI

Druckfehler in der 4. Zeile. Richtig ist: Mandibel mit mindestens 2 Borsten ($MN_{1,\alpha}$).

S. 111

61. Gattung: *Diachromus* ERICHSON

Diese Gattung (nur eine Art: *Diachromus germanicus* [LINNÉ]) wurde in den

Bestimmungsschlüssel mit Fragezeichen aufgenommen. Die inzwischen erschienene Beschreibung der Larve (NEKULISIANU 1992) und eigene Zuchten von dieser Art bestätigen die richtige Determination der fraglichen Larve.

S. 123

76. Gattung: *Callistus* BONELLI

Die Gattung *Callistus* (einzige Art: *Callistus lunatus* BONELLI) wurde mit Fragezeichen in den Bestimmungsschlüssel aufgenommen. Diese Larve gehört jedoch zur Gattung *Chlaenius* BONELLI.

MAKAROVA & MAKAROV (1996) beschreiben eine ebenfalls im Freiland gefundene Larve als *Callistus lunatus* (nur drittes Stadium). Auch die Merkmale dieser Larve fallen in die Variationsbreite der nahestehenden Gattung *Chlaenius*. Die Kombination der einzelnen Merkmale wurde jedoch bei keiner der europäischen *Chlaenius*-Arten gefunden.

Larve zweifarbig, Kopfkapsel und Teile der abdominalen Tergite I und II gelblich, restliche Sklerite schwarz; Coronalnaht kurz, Nasale breit, leicht gezähnelt; Mandibel schmal mit kleinem Retinaculum, Innenrand glatt; Antenne lang, in den höheren Stadien multisetos, Lacinia vorhanden, Labialpalpen kräftig, stärker als die Maxillarpalpen; gMX-Feld mit ca. 30 Borsten. Beine, Sternite und Tergite in den höheren Stadien multisetos, Urogomphi 4–5 x länger als das Tergit IX breit, beweglich an das Tergit angefügt, multisetos; 2 Klauen vorhanden.

Bei der Bestimmung von *Callistus* kommt man zu einem Widerspruch im Hauptschlüssel (Bd. 1, S. 53) im Punkt 16 / 16+. Die Urogomphi entsprechen den Merkmalen der Panagaeini (16); die Antenne und das gezähnelte Nasale jedoch den Callistini (16+).

Literatur

ARNDT, E. (1991): Carabidae, p. 45–141. – In: B. KLAUSNITZER: Die Larven der Käfer Mitteleuropas, Bd. 1 – Goecke & Evers, Krefeld, 273 pp.

ARNDT, E. (1993): Phylogenetische Untersuchung der Carabidae (Insecta, Coleoptera) unter besonderer Berücksichtigung larvalmorphologischer Merkmale – Stuttgarter Beiträge zur Naturkunde, Ser. A, 488: 1–56.

ARNDT, E. & K. HŮRKA (1992): Larval description of Central European *Poecilus* BONELLI species (Coleoptera, Carabidae: Pterostichini) – Acta Entomol. Bohemoslov. 89: 287–300.

ARNDT, E. & K. HŮRKA (1992 / 1993): Beschreibung der Larven der mitteleuropäischen *Pterostichus*-Arten (Coleoptera, Carabidae, Pterostichini) – Ent. Nachr. Ber. 36: 103–110, 159–165, 261–268, 37: 45–49.

BOUSQUET, Y. (1985): Morphologie comparée des larves de Pterostichini (Coleoptera: Carabidae): Descriptions et tables de détermination des espéces du nord – est de l'Amerique du nord – Naturaliste Can. 112: 191–251.

BOUSQUET, Y. & H. GOULET (1984): Notation of primary setae and pores on larvae of Carabidae (Coleoptera: Adephaga) – Can. J. Zool. 62: 573–588.

MAKAROVA, E. V. & K. V. MAKAROV (1996): Larval morphology and systematic position of the genus *Callistus* (Coleoptera, Carabidae) – Zoologiceskij Zhurnal 75: 857–863 [in Russisch].

NEKULISIANU, Z. Z. (1992): Morphology of the larva of *Diachromus germanus* L. (Coleoptera, Carabidae) – Isv. Akad. Nauk Resp. Moldova, Biol. Chim. Nauki, 2: 50–53 [in Russisch].

ZETTO BRANDMAYR, T. & I. MARANO (1993): Descrizione larvale dei generi *Stomis* CLAIRVILLE, *Metapedius* FIORI e *Platyderus* STEPHENS (Coleoptera, Carabidae, Pterostichinae) – Boll. Inst. Ent. „G. Grandi“ Univ. Bologna, 48: 27–43.

S. 142

3. Familie: Haliplidae

von KONRAD DETTNER

(Abb. 1–28)

Die vorliegenden Ergänzungen zu den Tabellen hydradephager Larven berücksichtigen nomenklatorische Änderungen und zeigen wichtige phylogenetische Befunde auf, welche zumeist auf Larvalmerkmalen basieren. Darüber hinaus werden in erster Linie Verbesserungen und Korrekturen der Larventabellen präsentiert. Weiterhin werden zahlreiche neu ermittelte Meßwerte aufgelistet. Erstmals erwähnte Larven werden an anderer Stelle ausführlich beschrieben. Für bestimmte Taxa sind in der Literatur nur Abbildungen mittlerer Qualität verfügbar. Deshalb wurden in einigen Fällen Abbildungen besserer Qualität erstellt.

Für die Herstellung zahlreicher Zeichnungen möchte ich mich ganz besonders bei meiner Mitarbeiterin Frau E. HELLDÖRFER bedanken. Mehrere Noteriden-und Dytiscidenlarven wurden freundlicherweise durch M. BALKE (Berlin), R. CARR (Maidstone), H. FERY (Berlin), G. FOSTER (Ayr) und B. MOOS (Bayreuth) zur Verfügung gestellt.

Die vorstehenden Bemerkungen beziehen sich gleichermaßen auf die Hygrobiidae, Noteridae, Dytiscidae und Gyrinidae.

Wichtige Angaben über Primärbehaarung und Borstenbesatz auf den Extremitäten von Haliplidenlarven enthält die Studie von NILSSON (1988). Im Gegensatz zu Sekundärstrukturen (bei L_2 / L_3) treten Primärstrukturen im 1. Larvenstadium auf. Hierbei sind die Larven der Haliplidae durch folgende primären Merkmale charakterisiert (Abb. 1–2): Coxalborste 6 deutlich kürzer als Coxalborsten 7–9; 1 Coxalpore auf Rückseite; Trochanter mit nur 2 Borsten auf der Hinterseite; Femur lediglich mit 6 Borsten und nur 1 Pore auf der Vorderseite; Tibialborste 1 inseriert dorsoproximal; Tarsus mit 7 Borsten, nur 1 Klaue vorhanden.

Die nachfolgende Zusammenstellung basiert weitgehend auf der ganz Europa umfassenden Bearbeitung der Imagines und Larven der Haliplidae durch VAN VONDEL (1997). Paläarktische Vertreter (Imagines) der Gattung *Peltodytes* sowie der *Haliplus*-Untergattung *Liaphlus* wurden von VAN VONDEL (1991, 1992) revidiert.

S. 146

2. Gattung: *Peltodytes* RÉGIMBART

Bestimmungstabelle der Larvenstadien (nach VAN VONDEL 1997)

1	Körperfortsätze aus langem Basalstück und kurzem Fortsatz (Abb. 3) ..	L_1
1*	Körperfortsätze lang und segmentiert (KLAUSNITZER 1991: Abb. 29)	2
2	Abdominalsegmente 1–7 ohne seitliche Stigmen	L_2
2*	Abdominalsegmente 1–7 mit seitlichen Stigmen in der weichen Pleuralmembran	L_3

Tabelle für die Arten (L_3)

1 Basaltuberkel der Tracheenkieme eher dreieckig (Abb. 4).
rotundatus (AUBÉ)

1* Basaltuberkel der Tracheenkieme schmäler, eher parallel (Abb. 5).
caesus (DUFTSCHMID)

S. 147–153

3. Gattung: *Haliplus* LATREILLE

Nach VAN VONDEL (1997) werden mitteleuropäische Arten den 4 Untergattungen *Neohaliplus (H. lineatocollis), Haliplidius (H. confinis , H. varius, H. obliquus), Liaphlus (H. mucronatus, H. flavicollis, H. variegatus, H. fulvus)*, und *Haliplus* s. str. (*H. apicalis, H. furcatus, fulvicollis, H. fluviatilis, H. lineolatus, H. wehnckei, H. ruficollis, H. heydeni, H. immaculatus*) zugeordnet. Zahlreiche Untersuchungen zeigen auf (BEUTEL & RUHNAU 1990; VAN VONDEL 1997), daß *H. laminatus* nicht zur Untergattung *Liaphlus* gehört.

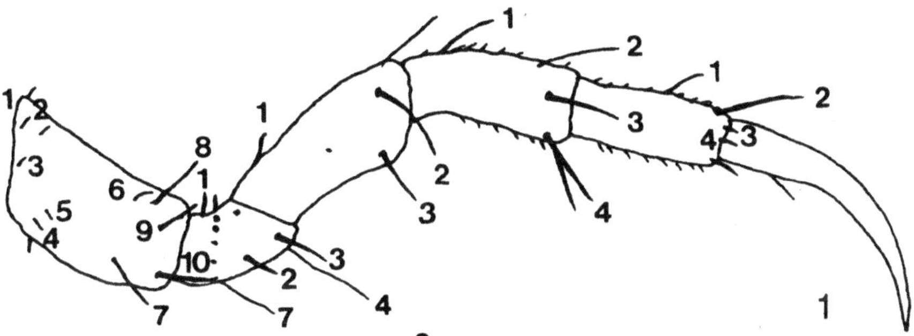

1

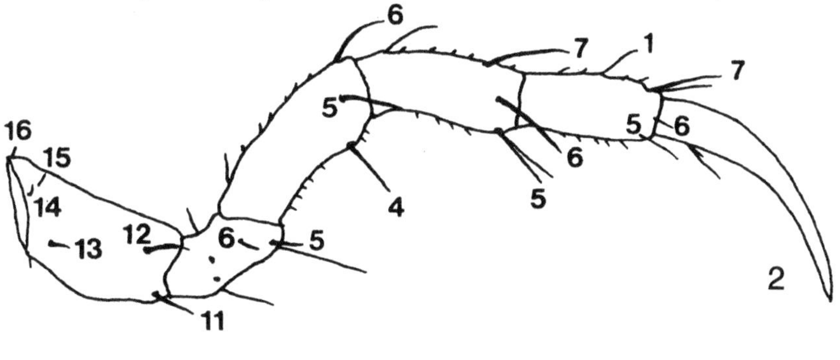

2

Abb. 1: Hinterbein von *Haliplus lineolatus* MANNH. (L_1; Vorderansicht; verändert nach NILSSON 1988)

Abb. 2: Hinterbein von *Haliplus lineolatus* MANNH. (L_1; Hinteransichtansicht; verändert nach NILSSON 1988)

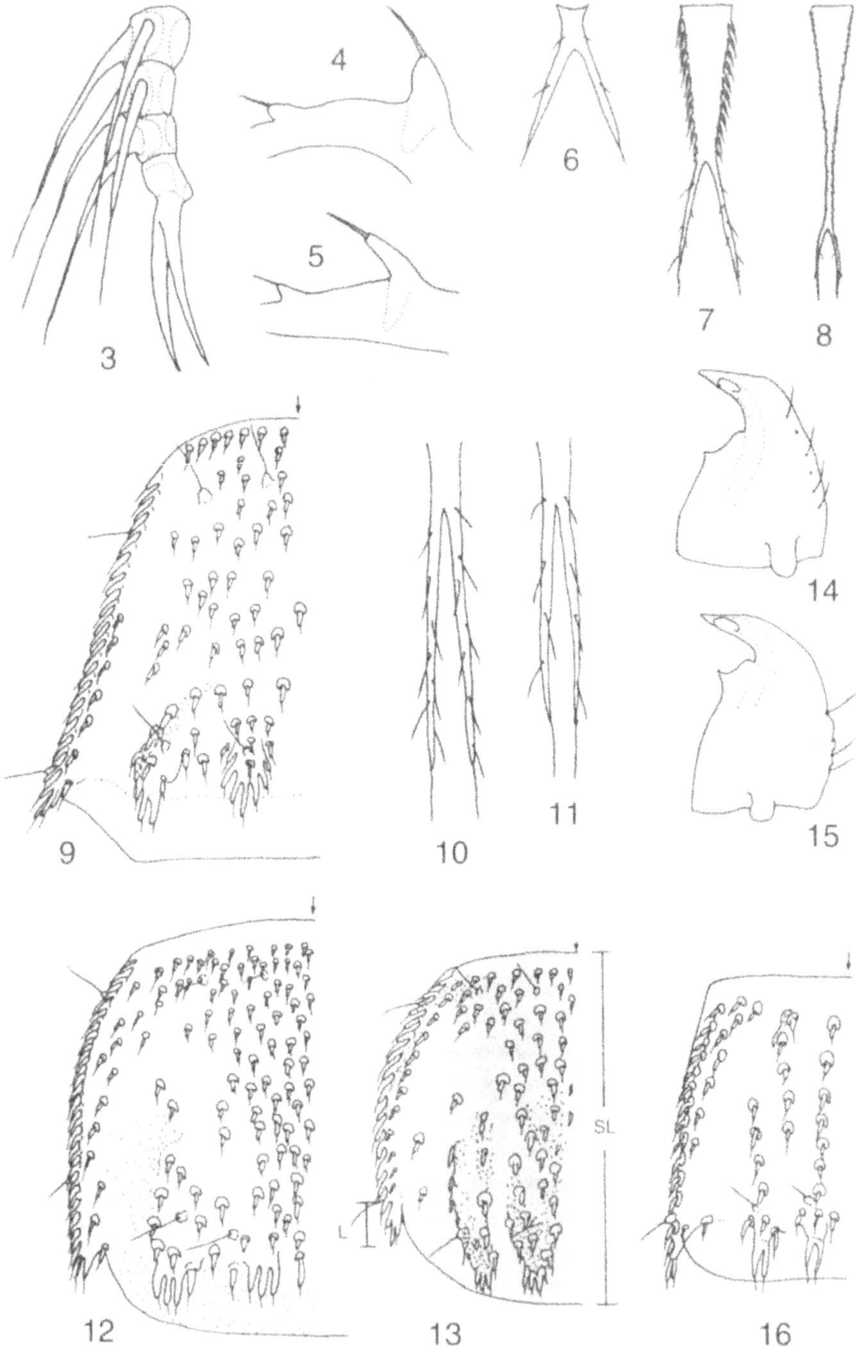
3
4
5
6
7
8
9
10
11
12
13
14
15
16
SL
L

Bestimmungstabelle für die Larvenstadien (nach VAN VONDEL 1997)

1 Urogomphi auf einer Strecke von bis zu 50 % ihrer Länge miteinander verschmolzen (Abb. 6) .... L_1
1* Urogomphi auf einer Strecke von mehr als 50 % miteinander verschmolzen (Abb. 7, 8) 2
2 Abdominalsegmente 1–7 ohne seitliche Stigmen .... L_2
2* Abdominalsegmente 1–7 mit seitlichen Stigmen in der weichen Pleuralmembran .... L_3

S. 148

Modifizierte Bestimmungstabelle für die L_3 der mitteleuropäischen Arten (nach VAN VONDEL 1997)

1 Vordertibia mit distalem Fortsatz (KLAUSNITZER 1991: Abb. 33, 34, 52, 53) 2
1* Vordertibia ohne Fortsatz (KLAUSNITZER 1991: Abb. 32) 13
2 Dorsalfortsätze an Thorax und Abdomen gut entwickelt (besonders deutlich in der Seitenansicht; KLAUSNITZER 1991: Abb. 56, 61, 62) 3
2* Dorsalfortsätze an Thorax und Abdomen schlecht entwickelt, bestehen nur aus wenigen Tuberkeln (besonders deutlich in der Seitenansicht; KLAUSNITZER 1991: Abb. 15, 16, 20, 65–70, 72) 4
3 Pronotum seitlich gerundet (Dorsalansicht; KLAUSNITZER 1991: Abb. 56). *H. (Neohaliplus) lineatocollis* (MARSHAM)
3* Pronotum seitlich gerade oder leicht konkav (Dorsalansicht; Abb. 9). *H. (Haliplidius) varius* NICOLAI

Abb. 3: Abdominalsegmente von *Peltodytes caesus* (L_1); Seitenansicht (verändert nach VAN VONDEL 1997)
Abb. 4: Basaltuberkel der Tracheenkieme (L_3) von *P. rotundatus* (verändert nach BERTRAND 1951)
Abb. 5: Basaltuberkel der Tracheenkieme (L_3) von *P. caesus* (verändert nach BERTRAND 1951)
Abb. 6: Urogomphi von *Haliplus apicalis* L_1 (verändert nach VAN VONDEL 1997)
Abb. 7: Urogomphi von *Haliplus apicalis* L_2 (verändert nach VAN VONDEL 1997)
Abb. 8: Urogomphi von *Haliplus apicalis* L_3 (verändert nach VAN VONDEL 1997)
Abb. 9: Dorsalansicht Pronotumhälfte (L_3) von *H. (Haliplidius) varius* (verändert nach VAN VONDEL 1997). Pfeil markiert Mitte des Segmentes (siehe auch folgende Abb.)
Abb. 10: Spitze der Urogomphi (L_3) von *H. laminatus* (verändert nach VAN VONDEL 1997)
Abb. 11: Spitze der Urogomphi (L_3) von *H. heydeni* (verändert nach VAN VONDEL 1997)
Abb. 12: Dorsalansicht Pronotumhälfte (L_3) von *H. (Haliplus) immaculatus* (verändert nach VAN VONDEL 1997).
Abb. 13: Dorsalansicht Pronotumhälfte (L_3) von *H. lineolatus* (verändert nach VAN VONDEL 1997). Länge Lateralfortsatz: L; Segmentlänge: SL); zentral gelegener Dorsalbereich einer Pronotumhälfte schraffiert.
Abb. 14: Mandibel von *H. wehnckei* (verändert nach VAN VONDEL 1997)
Abb. 15: Mandibel von *H. furcatus* (verändert nach VAN VONDEL 1997)
Abb. 16: Hälfte des 7. Abdominalsegmentes von *H. apicalis* (L_3) (verändert nach VAN VONDEL 1997)

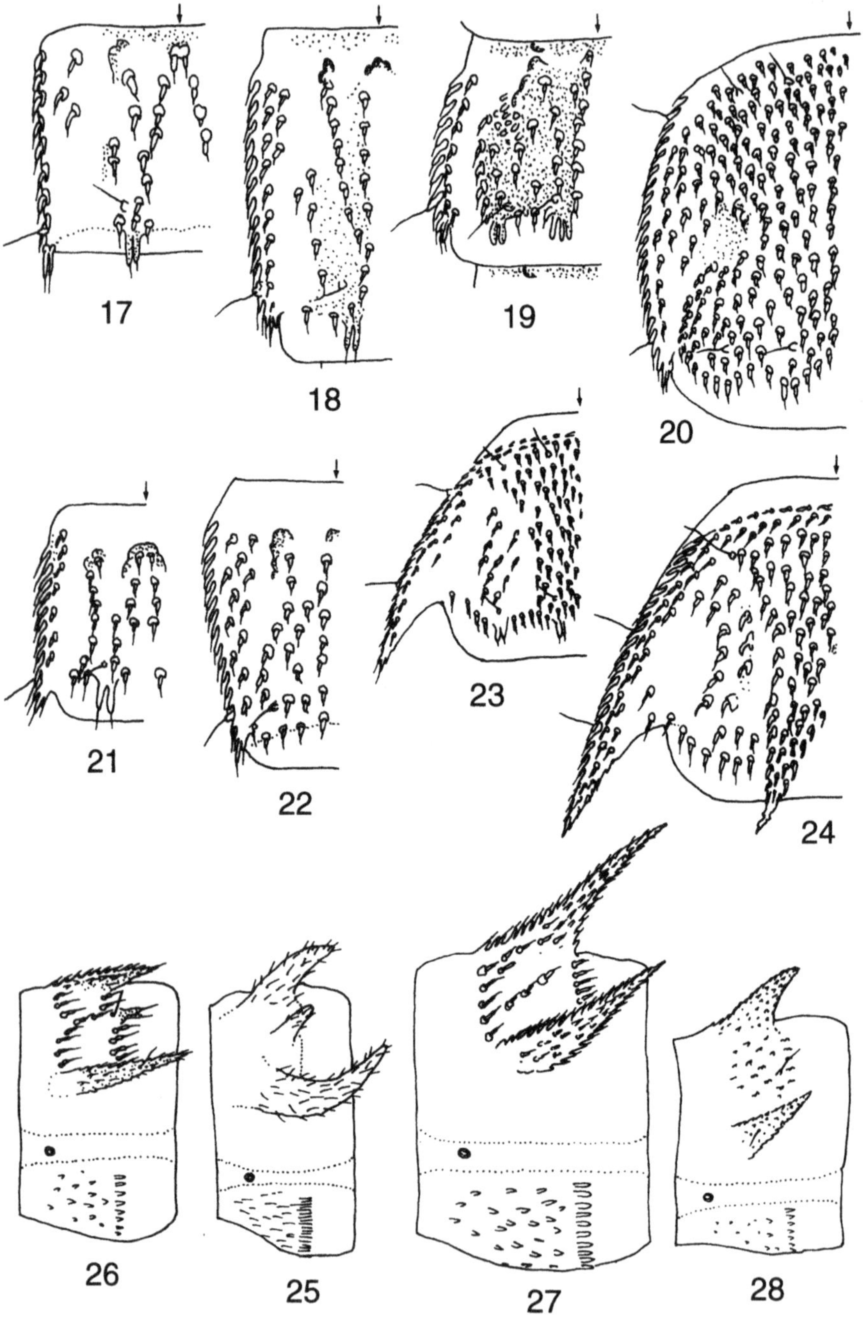
17
18
19
20
21
22
23
24
26
25
27
28

4 Seitlicher Fortsatz des Pronotum länger (0,175 mm; KLAUSNITZER 1991: Abb. 16). *H. (Haliplus) fulvicollis* ERICHSON

4* Seitlicher Fortsatz des Pronotum kürzer (unter 0,1 mm; KLAUSNITZER 1991: Abb. 65) 5

5 Apikaler, getrennter Bereich der Urogomphi jeweils mit 7 Haaren (Abb. 10); Körperlänge über 10 mm. *H. laminatus* (SCHALLER)

5* Apikaler, getrennter Bereich der Urogomphi jeweils mit 4 Haaren (Abb. 11); Körperlänge unter 10 mm 6

6 Zentral gelegener Dorsalbereich des Pronotum mit mindestens 140 Tuberkeln (Abb. 12; Bereich schraffiert wie in Abb. 13). *H. (Haliplus) immaculatus* GERHARDT

6* Zentral gelegener Dorsalbereich des Pronotum mit höchstens 120 Tuberkeln 7

7 Lateralfortsatz der Thoraxsegmente lang (0,17–0,2-fache Segmentlänge; Abb. 13: Länge Lateralfortsatz: L; Segmentlänge: SL) 8

7* Lateralfortsatz der Thoraxsegmente kürzer (0,1–0,125-fache Segmentlänge) 9

8 9. Abdominalsegment dorsal mit etwa 20 Tuberkeln; Mandibelvorderrand gerade (Abb. 14). *H. (Haliplinus) wehnckei* GERHARDT

8* 9. Abdominalsegment dorsal mit etwa 30 Tuberkeln; Mandibelvorderrand konvex (Abb. 15). *H. (Haliplinus) furcatus* SEIDLITZ

9 Mediane Tuberkelreihen auf der Dorsalseite der Abdominalsegmente laufen am Vorderende nicht zusammen (Abb. 16; KLAUSNITZER 1991: Abb. 68 offenbar falsch). *H. (Haliplinus) apicalis* THOMSON

9* Mediane Tuberkelreihen auf der Dorsalseite der Abdominalsegmente vereinigen sich am Vorderende (Abb. 17; KLAUSNITZER 1991: Abb. 66–67) . 10

10 Thorax- und Abdominalsegmente dorsal ohne helle Fleckung. *H. (Haliplinus) heydeni* WEHNCKE

10* Thorax- und Abdominalsegmente dorsal mit heller Fleckung 11

Abb. 17: Hälfte des 8. Abdominalsegmentes von *H. furcatus* (L_3) (verändert nach VAN VONDEL 1997)

Abb. 18: Hälfte des 9. Abdominalsegmentes von *H. fluviatilis* (L_3) (verändert nach VAN VONDEL 1997)

Abb. 19: Hälfte des Mesothorax von *H. fluviatilis* (L_3) (verändert nach VAN VONDEL 1997)

Abb. 20: Hälfte des Prothorax von *H. confinis* (L_3) (verändert nach VAN VONDEL 1997)

Abb. 21: Hälfte des 9. Abdominalsegmentes (L_3) von *H. obliquus* (verändert nach VAN VONDEL 1997)

Abb. 22: Hälfte des 9. Abdominalsegmentes (L_3) von *H. confinis* (verändert nach VAN VONDEL 1997)

Abb. 23: Hälfte des Pronotums (L_3) von *H. variegatus* (verändert nach VAN VONDEL 1997)

Abb. 24: Hälfte des Pronotums (L_3) von *H. fulvus* (verändert nach VAN VONDEL 1997)

Abb. 25: Seitenansicht Abdominalsegment von *H. mucronatus* (verändert nach VAN VONDEL 1997)

Abb. 26: Seitenansicht Abdominalsegment von *H. variegatus* (verändert nach VAN VONDEL 1997)

Abb. 27: Seitenansicht Abdominalsegment von *H. fulvus* (verändert nach VAN VONDEL 1997)

Abb. 28: Seitenansicht Abdominalsegment von *H. flavicollis* (verändert nach VAN VONDEL 1997)

11 9. Abdominalsegment dorsal mit etwa 30 Tuberkeln.
H. (Haliplinus) lineolatus MANNERHEIM

11* 9. Abdominalsegment dorsal mit mindestens 40 Tuberkeln (Abb. 18) ... 12

12 Intersegmentalmembran zwischen Pro-, Meso- und Metanotum mit granulärer Struktur (Abb. 19); Urogomphi etwa 0,25 x der Länge des Restkörpers. *H. (Haliplinus) fluviatilis* AUBÉ

12* Intersegmentalmembran zwischen Pro-, Meso- und Metanotum nicht mit deutlicher granulärer Struktur; Länge der Urogomphi etwa 0,31–0,32 der Körperlänge des restlichen Körpers.
H. (Haliplinus) ruficollis (DE GEER)

13 Pronotum mit kurzen Seitenfortsätzen (Abb. 20) 14

13* Pronotum mit langen Seitenfortsätzen (Abb. 23, 24) 15

14 Tergit 9 mit vier (teils kaum erkennbaren) Fortsätzen am Hinterende (Abb. 21); beide Mandibelspitzen stumpf.
H. (Haliplus) obliquus (FABRICIUS)

14* Tergit 9 mit zwei Fortsätzen am Hinterende (Abb. 22). Beide Mandibelspitzen zugespitzt. *H. (Haliplus) confinis* STEPHENS

15 Tergite des Thorax mit 6 Fortsätzen am Hinterrand; Lateralfortsätze länger als Medianfortsätze (Abb. 23) 16

15* Tergite des Thorax mit 4 Fortsätzen am Hinterrand; Lateral- und Medianfortsätze etwa gleichlang (Abb. 24) 17

16 Fortsätze der Abdominaltergite ragen nach außen (Seitenansicht !; Abb. 25). *H. (Liaphlus) mucronatus* STEPHENS

16* Fortsätze der Abdominaltergite liegen dem Körper an (Seitenansicht !; Abb. 26). *H. (Liaphlus) variegatus* STURM

17 Dorsalfortsätze an Thorax und Abdomen lang und dünn, in Seitenansicht sehr viel länger als an der Basis breit (Abb. 27).
H. (Liaphlus) fulvus (FABRICIUS)

17* Dorsalfortsätze an Thorax und Abdomen kurz und dreieckig, in Seitenansicht wenig länger als an der Basis breit (Abb. 28).
H. (Liaphlus) flavicollis STURM

Nach VAN VONDEL (1997) ist die von BEIER (1929) als *Haliplus wehnckei* abgebildete Larve der Larve von *H. lineatocollis* ähnlich, da die Thorakalfortsätze bei *H. wehnckei* deutlich weniger ausgeprägt sind. Demnach würden sich die Abb. 48 und 71 in KLAUSNITZER (1991) nicht auf *H. wehnckei* beziehen.

Literatur

BEIER, M. (1929): Zur Kenntnis der Lebensweise von *Haliplus wehnkei* GERH. (Col., Haliplidae). – Z. Morph. Ökol. Tiere 14: 191–223.

BERTRAND, H. (1951): Captures et élevages de larves de Coléoptères aquatiques (13 e note). – Bull. Soc. Entomol. France 56: 75–80.

BEUTEL, R. G. & RUHNAU, S. (1990): Phylogenetic analysis of the genera of Haliplidae (Coleoptera) based on characters of adults. – Aquatic Insects 12: 1–17.

KLAUSNITZER, B. (1991): Die Larven der Käfer Mitteleuropas. 1. Band Adephaga. – Goecke & Evers, Krefeld, 273 S. (mit Beiträgen von E. ARNDT (Carabidae) und A. N. NILSSON (Gattungen *Hydroporus* und *Agabus*)).

NILSSON, A. N. (1988): A review of primary setae and pores on legs of larval Dytiscidae (Coleoptera). – Can. J. Zool. 66: 2283–2294.
VONDEL, B. J. VAN (1991): Revision of the palaearctic species of *Haliplus* subgenus *Liaphlus* GUIGNOT (Coleoptera: Haliplidae). – Tijdschr. voor Entomol. 134: 75–144.
VONDEL, B. J. VAN (1992): Revision of the palaearctic and oriental species of *Peltodytes* RÈGIMBART (Coleoptera: Haliplidae). – Tijdschr. voor Entomol. 135: 275–297.
VONDEL, B. J. VAN (1997): Insecta: Coleoptera: Haliplidae. In: Süßwasserfauna von Mitteleuropa (Hrsg. J. SCHWOERBEL & P. ZWICK) 20/2, 3, 4: 1–95. – Gustav Fischer, Stuttgart.

S. 155

4. Familie: Hygrobiidae

von KONRAD DETTNER

(Abb. 1–2)

Bestimmungstabelle für die Larvenstadien von *Hygrobia hermanni* (FABRICIUS) (nach DETTNER 1997)

1 Kopfoberseite vor den Stemmata mit Eizähnchen. Oberseite des Tarsus ohne bzw. mit wenigen Schwimmhaaren (Abb. 1, 2). Dorsalfortsatz des letzten Abdominalsegmentes nur geringfügig länger als Urogomphi (s. Tabelle) . . . . L_1
1* Kopfoberseite vor den Stemmata ohne Eizähnchen. Oberseite des Tarsus durchgehend mit zahlreichen Schwimmhaaren. Dorsalfortsatz des letzten Abdominalsegmentes deutlich länger als Urogomphi 2
2 Dorsalfortsatz des letzten Abdominalsegmentes nur wenig länger als die Urogomphi (s. Tabelle) . . . . L_2
2* Dorsalfortsatz des letzten Abdominalsegmentes fast zweimal so lang wie dieUrogomphi (s. Tabelle) . . . . L_3

Körpermaße (mm) von *Hygrobia hermanni* (DETTNER 1997)

Kopflänge: L_1: 1,2; L_2: 1,5–1,8; L_3: 2,2–2,7
Kopfbreite: L_1: 1,3; L_2: 1,6–1,8; L_3: 2,3–2,5
Länge 7. Abdominalsegment: L_1: 0,11; L_2: 0,2–0,25; L_3: 0,3–0,4
Länge 8. Abdominalsegment: L_1: 2,0; L_2: 3,15–3,45; L_3: 5,1–6,4
Länge Urogomphi: L_1: 1,75; L_2: 2,4–2,75; L_3: 3,4–4,1.

Literatur

DETTNER, K. (1997): Insecta: Coleoptera: Hygrobiidae, in: Süßwasserfauna von Mitteleuropa (Hrsg. J. SCHWOERBEL & P. ZWICK) 20/2, 3, 4: 127–144. – Gustav Fischer, Stuttgart.

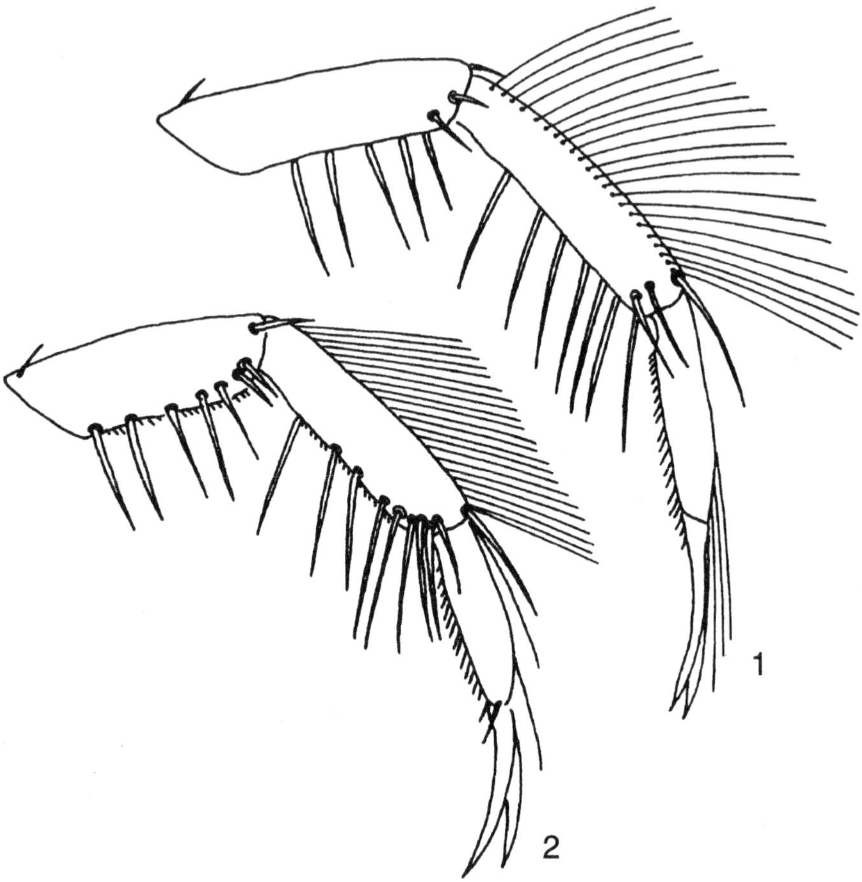

Abb. 1: Hinterbein von *H. hermanni* (L_1; Ansicht von hinten; ohne Coxa und Trochanter; verändert nach DETTNER 1997)
Abb. 2: Hinterbein von *H. hermanni* (L_1; Vorderansicht; verändert nach DETTNER 1997)

S. 157

5. Familie: Noteridae

von KONRAD DETTNER

(Abb. 1–11)

Wichtige Angaben über Primärbehaarung und Borstenbesatz auf den Extremitäten von Noteridenlarven enthält die Studie von NILSSON (1988). Im Gegensatz zu Sekundärstrukturen (bei L_2 / L_3) treten Primärstrukturen im 1. Larvenstadium auf. Hierbei sind die Larven der Noteridae durch folgende primären Merkmale charakterisiert (Abb. 3–4): Coxalborste 6 hat dieselbe Länge wie die Coxalborsten 7–9; jeweils 1 Coxalpore auf der Vorder- und Rückseite; Trochanter insgesamt mit 8–9 Borsten, davon nur 2 Borsten auf der Hinterseite; Femur lediglich mit 6 Borsten und nur 1 Pore auf der Vorderseite; Tibialborste 1 inseriert dorsoproximal, Tibialborste Nr. 7 dornenförmig; Tarsus nur mit 6 Borsten (davon Tarsalborste Nr. 1 dornenförmig), Klauen paarig. Kopf prognath, ohne abgegrenzte Halsregion, ventrale Tentorialgruben am Hinterende des Kopfes weit getrennt; 6 Stemmata. Antenne 4-gliedrig (Abb. 10, 11).

Bestimmungstabelle für die Larvenstadien der beiden mitteleuropäischen Arten

1 Coxa dorsal jeweils mit 1 Borste (Abb. 1, 3); Vorderseite von Meso- und Metacoxa mit maximal 4 langen Dornen (Abb. 2, 4) .... L_1

1* Coxa dorsal jeweils mit 2 Borsten (Abb. 5–9); Vorderseite von Meso- und Metacoxa mit mindestens 6 langen Dornen (Abb. 5, 8) 2

2 Vorderseite der Metacoxa mit maximal 6 langen, ventralen Dornen (Abb. 5) .... L_2

2* Vorderseite der Metacoxa mit mindestens 9 langen, ventralen Dornen (Abb. 8) .... L_3

S. 158

Tabelle für die Arten (nach DETTNER 1997)

1 Beine gedrungener; Tibien und insbesondere Tarsen breiter; hintere Klaue deutlich kürzer als vordere (Abb. 1, 2, 5, 6, 8, 9). Borste 6 am Hinterende der Femora wenig länger als Borste 5 (Abb. 1, 6, 9). Hinterende des Kopfes etwas verbreitert (vor allem bei L_3). *clavicornis* (DE GEER)

1* Beine wenig gedrungen; Tibien und insbesondere Tarsen schmäler; hintere Klaue nur undeutlich kürzer als vordere (Abb. 3, 4, 7). Borste 6 am Hinterende der Femora kürzer oder so lang wie Borste 5 (Abb. 3, 7). Hinterende des Kopfes kaum verbreitert (vor allem bei L_3). *crassicornis* (MÜLLER)

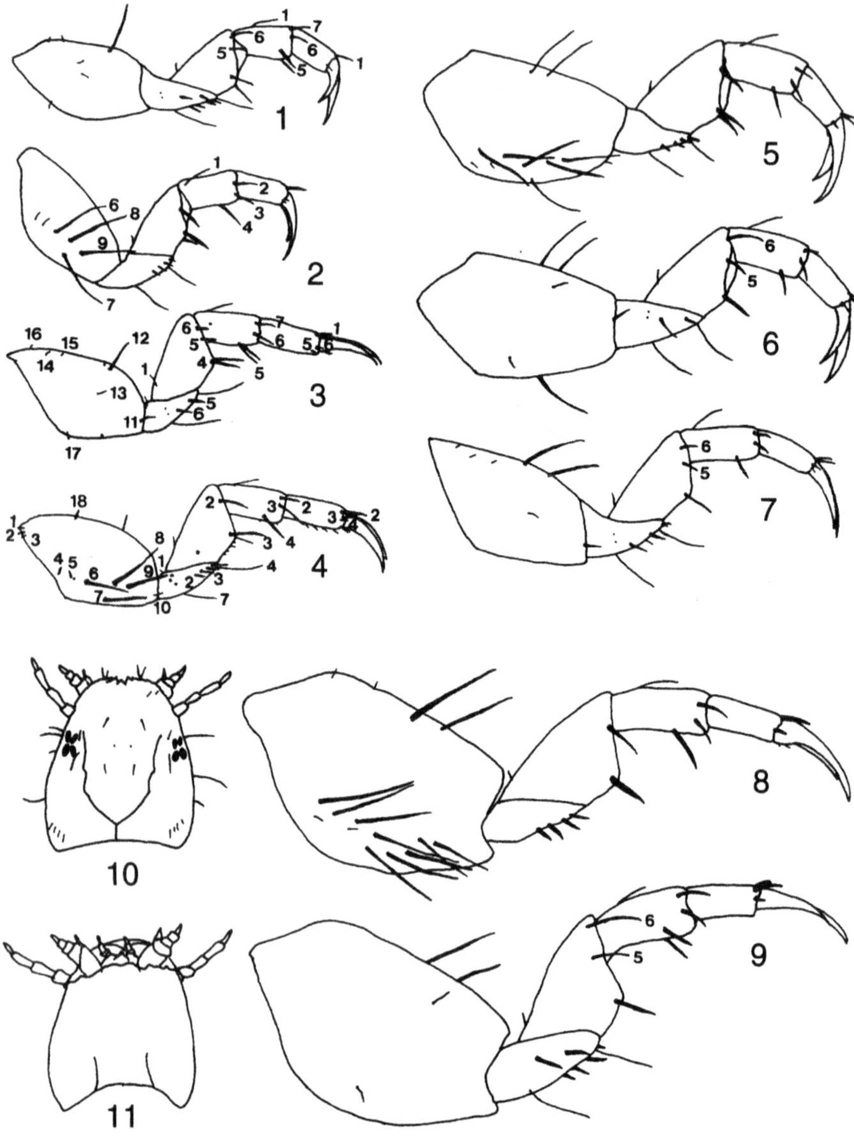

Abb. 1: Hinterbein von *Noterus clavicornis* (L_1; Hinteransicht; verändert nach DETTNER 1997)
Abb. 2: Hinterbein von *Noterus clavicornis* (L_1; Vorderansicht; verändert nach DETTNER 1997)
Abb. 3: Hinterbein von *Noterus crassicornis* (L_1; Hinteransicht; verändert nach NILSSON 1988)
Abb. 4: Hinterbein von *Noterus crassicornis* (L_1; Vorderansicht; verändert nach NILSSON 1988)
Abb. 5: Hinterbein von *Noterus clavicornis* (L_2; Vorderansicht; verändert nach DETTNER 1997)
Abb. 6: Hinterbein von *Noterus clavicornis* (L_2; Hinteransicht; verändert nach DETTNER 1997)
Abb. 7: Hinterbein von *Noterus crassicornis* (L_2; Hinteransicht; verändert nach DETTNER 1997)
Abb. 8: Hinterbein von *Noterus clavicornis* (L_3; Vorderansicht; verändert nach DETTNER 1997)
Abb. 9: Hinterbein von *Noterus clavicornis* (L_3; Hinteransicht; verändert nach DETTNER 1997)
Abb. 10: Dorsalansicht des Kopfes von *Noterus clavicornis* (L_1; verändert nach DETTNER 1997)
Abb. 11: Ventralansicht des Kopfes von *Noterus clavicornis* (L_1; verändert nach DETTNER 1997)

Körpermaße:

Alkoholfixierte Exemplare sind mehr oder weniger kontrahiert, weshalb Körperlängen mit Vorsicht interpretiert werden müssen (DETTNER 1997).

N. crassicornis: Körperlänge L_1: 2,4–2,5 mm; L_2: 5 mm; L_3: 7,5–7,6 mm; Kopflänge L_3: 0,5–0,6 mm.

N. clavicornis: Körperlänge L_3: 9 mm; Kopflänge L_3: 0,59 mm.

Literatur

DETTNER, K. (1997): Insecta: Coleoptera: Noteridae, in: Süßwasserfauna von Mitteleuropa (Hrsg. J. SCHWOERBEL & P. ZWICK) 20/2, 3, 4: 97–126. – Gustav Fischer, Stuttgart.

NILSSON, A. N. (1988): A review of primary setae and pores on legs of larval Dytiscidae (Coleoptera). – Can. J. Zool. 66: 2283–2294.

S. 160

6. Familie: Dytiscidae

von KONRAD DETTNER

Nach Erscheinen des Larvenbandes 1 (KLAUSNITZER 1991) wurden zahlreiche wichtige Arbeiten über Dytiscidenlarven publiziert. Behaarung, Borstenbesatz und Porenverteilung auf den Extremitäten der Erstlarven (Primärstrukturen, z. B. Primärhaare bzw. Primärborsten) wurden erstmals von NILSSON (1988) katalogisiert. Sekundärstrukturen treten in den Stadien L_2 und L_3 auf. Die Dytiscidae sind durch folgende zwei Primärstrukturen gekennzeichnet: Tibialborste 1 weist eine submediane oder distale Position auf; Femur mit mindestens 10 Borsten (Abb. 1, 2).

Für die nearktischen Hydroporinae wurden diese Merkmale für das letzte Abdominalsegment und die Urogomphi (ALARIE & HARPER 1990), die Beine (ALARIE et al. 1990a) sowie für die Kopfkapsel (ALARIE 1991b) erfaßt. Diese Merkmale erwiesen sich für Untergattungen, Gattungen aber auch für höhere Taxa als außerordentlich stabil und lassen sich gut für phylogenetische Zwecke verwenden (z. B. BALKE et al. 1997). Schließlich erschien eine Bibliographie der bis etwa 1992 erschienenen Larvenbeschreibungen mitteleuropäischer Dytisciden (SCHAEFLEIN 1993) sowie eine Übersicht der weltweit vorhandenen Gattungen, Triben und Unterfamilien (PEDERZANI 1995). Wichtige nomenklatorische Änderungen und teils auf der Larvalmorphologie basierende, phylogenetisch begründete Umstellungen innerhalb der Dytiscidae werden von NILSSON & HOLMEN (1995) vorgenommen. Diese Befunde sind in der vorliegenden Bearbeitung weitgehend berücksichtigt worden.

S. 163

1. Unterfamilie: Hydroporinae

(Abb. 1–13)

Nomenklatorische Änderungen (NILSSON & HOLMEN 1995):

Neben den Hydrovatini, Bidessini, Hyphydrini und Hydroporini bilden die Laccornini mit *Laccornis* eine eigene Tribus. Die Gattungen *Hygrotus* und *Coelambus* werden von den Hydroporini in die Hygrotini überführt. Vertreter der bisherigen Gattungen *Hygrotus* und *Coelambus* werden als Untergattungen in die Gattung *Hygrotus* s. l. integriert. Innerhalb der Hydroporini wurden die Arten der *Deronectes*-Gruppe grundlegend revidiert (NILSSON & ANGUS 1992). Für Mitteleuropa resultieren die Gattungen *Deronectes* [mit *D. aubei* (MULSANT), *D. latus* (STEPHENS), *D. platynotus* (GERMAR)], *Stictotarsus* [*S.* (früher: *Potamonectes*) *griseostriatus* (DE GEER), *S. duodecimpustulatus* (FABRICIUS)], *Scarodytes* [mit *S. halensis* (FABRICIUS)] und *Nebrioporus* [*N.* (früher: *Potamonectes*) *canaliculatus* (LACORDAIRE), *N.* (früher: *Potamonectes*) *assimilis* (PAYKULL), *N.* (früher: *Potamonectes*) *depressus* (FABRICIUS)]. Weitere nomenklatorische Änderungen sind bei den einzelnen Gattungen vermerkt.

Die Primärbehaarung der Larvenextremitäten der Hydroporinae ist nach NILSSON (1988) dadurch gekennzeichnet (Abb. 1, 2), daß die Vorderseite des Trochanters eine Einzelborste aufweist (bei Laccornini, Hydroporini; Abb. 1, 2), bzw. daß diese Borste fehlt (Bidessini, Hydrovatini, Hyphydrini, Hygrotini).

Larvalmerkmale (insbes. Primärstrukturen) sind vor allem bei nearktischen Vertretern der Hydroporinae erfolgreich für phylogenetische Zwecke verwendet worden (ALARIE et al. 1990b, ALARIE 1991a, ALARIE & NILSSON 1996).

S. 163

Tabelle für die Gattungen

2 „Labium kürzer" entfällt (dies trifft auch für *Hydrovatus*) zu
2* „Labium deutlich verlängert" entfällt (trifft nur für *Hyphydrus*) zu

Einfügen:

4 Unterlippe kurz. Sternite der L_3 bereits ab dem 2. Segment sklerotisiert. *Hydrovatus* MOTSCHULSKY
4* Unterlippe verlängert (s. Abb. 35, 36, KLAUSNITZER 1991). Sternite der L_3 erst ab dem 4. Segment sklerotisiert. *Hyphydrus* ILLIGER

S. 168

Einfügen:

16 Gesamter Stirnfortsatz schmal und verlängert (Abb. 3). *Yola* DES GOZIS
16* Gesamter Stirnfortsatz breiter und kürzer (Abb. 5) 17
17 1. Glied der Urogomphi kurz und nur wenig länger als letztes Abdominalsegment mit Mittelfortsatz (Abb. 6). Die drei Primärborsten entspringen auf der basalen Hälfte des Urogomphus und die innerste entspringt unterhalb des Mittelfortsatzes des letzten Abdominalsegmentes (Abb. 6). *Bidessus* SHARP
17* 1. Glied des Urogomphus sehr viel länger als letztes Abdominalsegment mit Mittelfortsatz. Einzelne Primärborsten entspringen auf der distalen Hälfte des Urogomphus, die innerste entspringt außerhalb des Mittelfortsatzes des letzten Abdominalsegmentes (s. a. Abb. 4). *Guignotus* HOULBERT

Der Gattungsname *Guignotus* ist zu ersetzen durch *Hydroglyphus* (NILSSON et al. 1987).

S. 172

3. Gattung: *Bidessus* SHARP (S. 172)

Die Merkmale in KLAUSNITZER (1991) sowie die dortige Abb. 18 beziehen sich auf *B. pumilus* AUBÉ (nicht identisch mit *B. nasutus* SHARP).

Bislang sind die Larven dreier Arten bekannt [*B. grossepunctatus* VORBRINGER (NILSSON 1985, s. KLAUSNITZER 1991), *B. pumilus* (AUBÉ) (DETTNER unveröff., s. NILSSON 1982) und *B. minutissimus* (GERMAR) (DETTNER unveröff.)]. Eine taxonomische Revision der Imagines der *minutissimus*-Gruppe der Gattung *Bidessus* findet sich bei FERY (1991). Die weltweit existierenden Gattungen der Bidessini wurden von BISTRÖM (1988) bearbeitet.

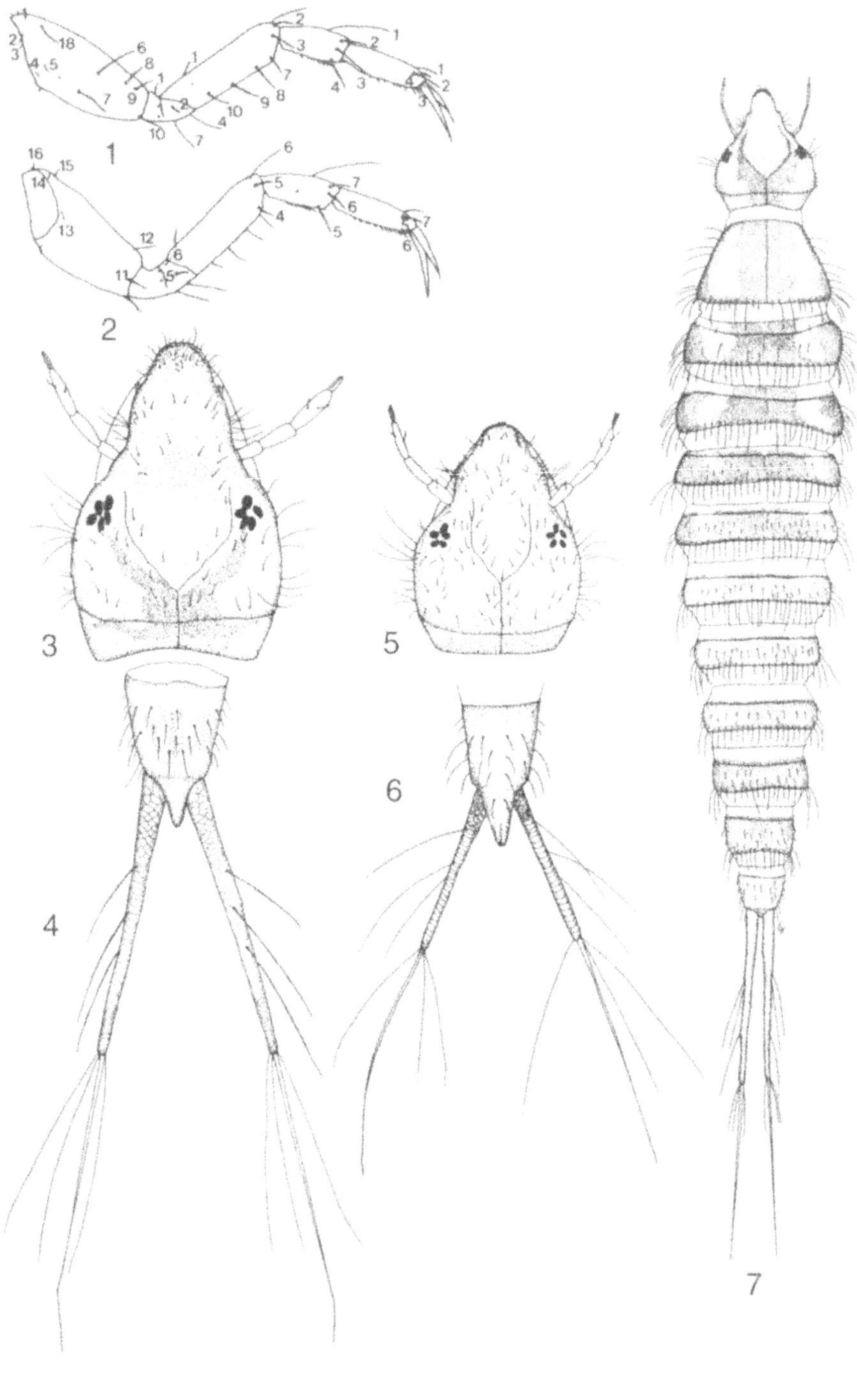

Tabelle für die Arten (L_3)

1 Letztes Abdominalsegment (inklus. Mittelfortsatz) kurz gedrungen (Abb. 6). *minutissimus* (GERMAR)

1* Letztes Abdominalsegment (inklus. Mittelfortsatz) schlank, langgestreckt (s. KLAUSNITZER 1991, Abb. 18, 53). *pumilus* (AUBÉ) und *grossepunctatus* VORBRINGER

S. 177

8. Gattung: *Hydroporus* CLAIRVILLE

Die Vertreter dieser Gattung werden vor allem aufgrund von Larvalmerkmalen in nachfolgend aufgeführte Artengruppen eingeteilt (siehe vor allem FRANCISCOLO 1979 und NILSSON & HOLMEN 1995). *Hydroporus (Suphrodytes) dorsalis* (FABRICIUS) wird in eine eigene Gattung *Suphrodytes* gestellt.

marginatus-Gruppe: *H. marginatus* (DUFTSCHMID);

nigrita-Gruppe: *H. nigrita* (FABRICIUS), *H. nivalis* HEER;

fuscipennis-Gruppe: *H. brevis* F. SAHLBERG, *H. discretus* FAIRMAIRE & BRISOUT, *H. foveolatus* HEER, *H. pubescens* (GYLLENHAL), *H. fuscipennis* SCHAUM, *H. planus* (FABRICIUS);

obscurus-Gruppe: *H. obscurus* STURM;

nigellus-Gruppe: *H. elongatulus* STURM, *H. nigellus* MANNERHEIM (= *H. tartaricus*), *H. morio* AUBÉ (= *H. melanocephalus*);

erythrocephalus-Gruppe: *H. erythrocephalus* LINNAEUS;

rufifrons-Gruppe: *H. rufifrons* (O. F. MÜLLER);

angustatus-Gruppe: *H. scalesianus* STEPHENS, *H. angustatus* STURM;

puberulus-Gruppe: *H. glabriusculus* AUBÉ, *H. umbrosus* (GYLLENHAL);

tristis-Gruppe: *H. tristis* (PAYKULL), *H. gyllenhali* SCHIÖDTE (= *H. piceus*);

striola-Gruppe: *H. notatus* STURM, *H. incognitus* SHARP, *H. striola* (GYLLENHAL), *H. palustris* (LINNAEUS);

neglectus-Gruppe: *H. neglectus* SCHAUM;

memnonius-Gruppe: *H. kraatzi* SCHAUM, *H. melanarius* STURM, *H. longicornis* SHARP, *H. memnonius* NICOLAI, *H. obsoletus* AUBÉ, *H. ferrugineus* STEPHENS, *H. longulus* MULSANT.

Zwischenzeitlich sind zahlreiche L_3-Stadien europäischer Vertreter der Gattung *Hydroporus* durch NILSSON beschrieben worden (s. KLAUSNITZER 1991). Von zahlreichen nearktischen Vertretern der Gattung liegen ebenfalls Beschreibungen der L_3- und der L_1-Stadien vor (ALARIE 1995b, ALARIE & NILSSON 1996).

Abb. 1: Vorderbein von *Laccornis oblongus*, L_1, Vorderansicht (verändert nach NILSSON 1988)

Abb. 2: Vorderbein von *Laccornis oblongus*, L_1, Hinteransicht (verändert nach NILSSON 1988)

Abb. 3: Kopf von *Yola bicarinata*, Dorsalansicht, L_3 (Original)

Abb. 4: 8. Abdominalsegment und Urogomphi von *Yola bicarinata*, Dorsalansicht, L_3 (Original)

Abb. 5: Kopf von *Bidessus minutissimus*, Dorsalansicht, L_3 (Original)

Abb. 6: 8. Abdominalsegment und Urogomphi von *Bidessus minutissimus*, Dorsalansicht, L_3 (Original)

Abb. 7: Dorsalansicht der Larve von *Stictonectes lepidus*, Dorsalansicht, L_3 (Orginial)

8

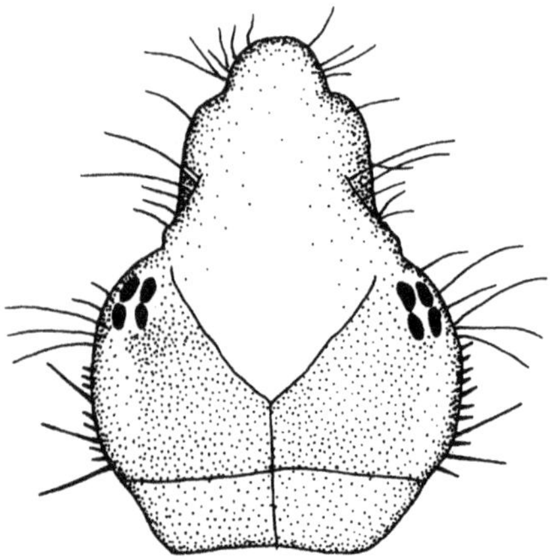

11

9

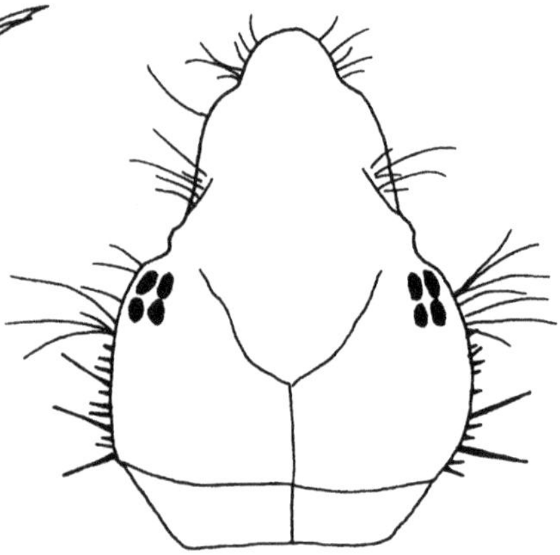

12

10

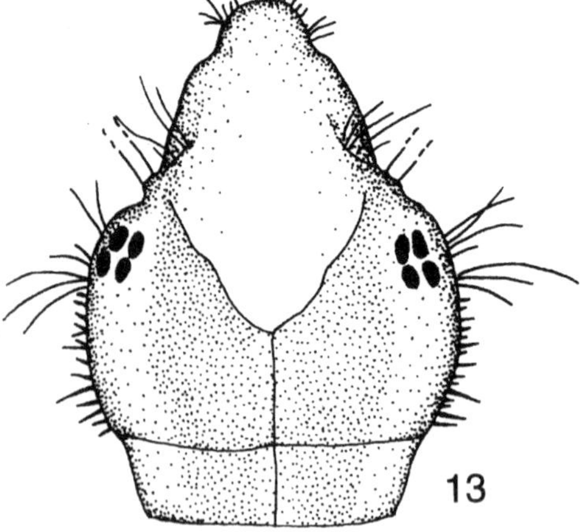

13

S. 185

10. Gattung: *Stictonectes* BRINCK (nicht *Stictonectus*)

Stictonectes lepidus konnte 1987 südlich von Aachen durch BEUTEL nachgewiesen werden (SCHAEFLEIN 1989). Die kleinen Larven dieser südwesteuropäisch-nordafrikanischen Gattung sind schmal und besitzen lange Urogomphi mit 7 Primärhaaren (s. Abb. 7; KLAUSNITZER 1991: Abb. 141). Der Stirnfortsatz ist vor allem vor den Lateralzähnchen schmal und lang (s. Abb. 7; KLAUSNITZER 1991: Abb. 27). Das letzte Abdominalsegment ist sehr kurz (Abb. 7). Die Larve von *S. lepidus* (L_3) weist durch ihr dunkles Längsband, laterale Aufhellungen und die dunklen Körperseiten eine charakteristische Färbung auf (Abb. 7).

Meßwerte für die drei Larvenstadien von *Stictonectes lepidus*:
Kopflänge mit Hals: L_1: 0,45 mm; L_2: 0,65–0,7 mm; L_3: 0,9 mm.
Kopflänge ohne Hals: L_1: 0,4 mm; L_2: 0,5–0,55 mm; L_3: 0,725–0,8 mm.
Kopfbreite: L_1: 0,35 mm, L_2: 0,5–0,55 mm; L_3: 0,7–0,78 mm.
Länge 8. Abdominalsegment: L_1: 0,12–0,15 mm; L_2: 0,15–0,2; L_3: 0,25–0,33 mm.
Länge Urogomphi: L_1: 0,4–0,62 mm; L_2: 0,8–0,95 mm; L_3: 0,95–2,21 mm.

S. 187

4. Gattung: *Deronectes* SHARP

Für die Larven der drei mitteleuropäischen *Deronectes*-Arten existiert bislang nur ein auf Farbmerkmalen basierender Bestimmungsschlüssel (KLAUSNITZER 1991). Da alkoholkonservierte Tiere meist relativ schnell ausbleichen, wird im folgenden eine auf morphologischen Kriterien basierende Tabelle vorgestellt.

Tabelle für die Arten (L_3)

1 Frontalfortsatz des Kopfes im vorderen Bereich fast parallelseitig (Abb. 11). *aubei* (MULSANT)
1* Frontalfortsatz des Kopfes nach vorn hin konvergierend (Abb. 12, 13) .. 2
2 Protarsus mit nur 1 Ventraldorn (Abb. 9); Mesotarsus: 2–3 Dornen; Metatarsus: 2–3 Dornen. *platynotus* (GERMAR)
2* Protarsus mit 2–3 Ventraldornen (Abb. 10, s. auch Abb. 8); Mesotarsus: 5 Dornen; Metatarsus: 5–6 Dornen. *latus* (STEPHENS)

Abb. 8: Hinteransicht von Vordertibia und Vordertarsus der L_3 von *Deronectes aubei* (Original)
Abb. 9: Hinteransicht von Vordertibia und Vordertarsus der L_3 von *Deronectes platynotus* (Original)
Abb. 10: Hinteransicht von Vordertibia und Vordertarsus der L_3 von *Deronectes latus* (Original)
Abb. 11: Kopf von *D. aubei*, Dorsalansicht, L_3 (Original)
Abb. 12: Kopf von *D. platynotus*, Dorsalansicht, L_3 (Original)
Abb. 13: Kopf von *D. latus*, Dorsalansicht, L_3 (Original)

S. 193

2. Unterfamilie: Laccophilinae

Die Primärbehaarung der Extremitäten ist nach NILSSON (1988) durch folgende Merkmale charakterisiert: Tarsalborste Nr. 7 haarförmig, mit submedianer Position; Tibia nur mit sieben Borsten (Borste 6 länger als Borste 7); Femur ohne posterioventralen Dorn; Trochanterborste 6 dorsal gelegen; Coxalborste 7 liegt proximal zur Pore auf der Vorderseite.

S. 194

1. Gattung: *Laccophilus* LEACH

Nach NILSSON & HOLMEN (1995) ergibt sich folgende nomenklatorische Änderung: *Laccophilus ponticus* SHARP (= *L. variegatus*).

S. 195

3. Unterfamilie: Colymbetinae

(Abb. 1–37)

Nach NILSSON & HOLMEN (1995) wird die Gattung *Copelatus* aufgrund abweichender Larvalmerkmale in die neue Unterfamilie Copelatinae gestellt. Wahrscheinlich ist es jedoch sinnvoller, die Gattung *Copelatus* innerhalb der primitiven Tribus Copelatini bei den Colymbetinae zu belassen.

Als Primärmerkmal der Colymbetinae (inklus. Copelatini) führt NILSSON (1988) die submediane Stellung der Coxalborste 7 auf den Mittel- und Hinterbeinen an. Innerhalb der Colymbetinae weisen Vertreter der Copelatini eine subdistale Position der Coxalborste 1 auf (Tarsalborste 1 länger als Tarsalborsten 2 und 7). Bei den restlichen Colymbetinae ist die Tarsalborste 1 kürzer und liegt distal. Dieses Taxon wird in die Agabini (*Agabus*, *Ilybius*, *Platambus*: Vordertarsen an der Basis ohne ventrale Dörnchen; Coxalborste 7 mit subproximaler Position) und Colymbetini (*Rhantus*, *Colymbetes*, *Meladema*: Vordertarsus an der Basis mit ventralen Dörnchen; Coxalborsten 6 und 7 entspringen auf derselben Höhe) unterteilt.

S. 197

Tabelle für die Gattungen

Abb. 1: Maxille von *Meladema coriacea* (L_3; Original)
Abb. 2: Maxille von *Meladema coriacea* (L_1; Original)
Abb. 3: Klaue von *Meladema coriacea* (L_1; Original)
Abb. 4: Klaue von *Meladema coriacea* (L_3; Original)
Abb. 5: Kopf von *Meladema coriacea* (Dorsalansicht; L_1; Original)
Abb. 6: Kopf von *Meladema coriacea* (Dorsalansicht; L_3; Original)
Abb. 7: 8. Abdominalsegment und Urogomphi von *Meladema coriacea* (Dorsalansicht; L_1; Original)
Abb. 8: 8. Abdominalsegment und Urogomphi von *Meladema coriacea* (Dorsalansicht; L_3; Original)

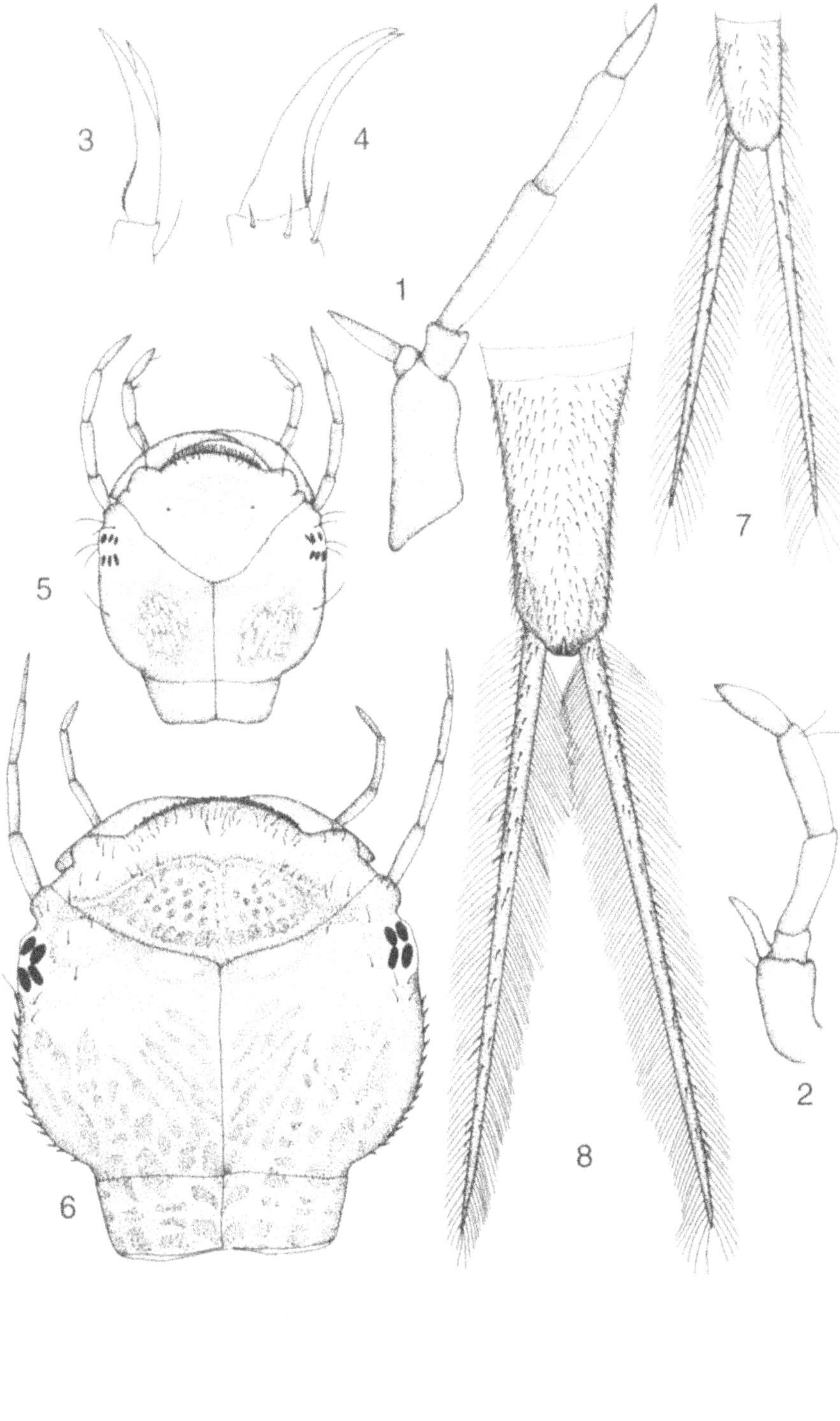
3
4
1
5
7
2
8
6

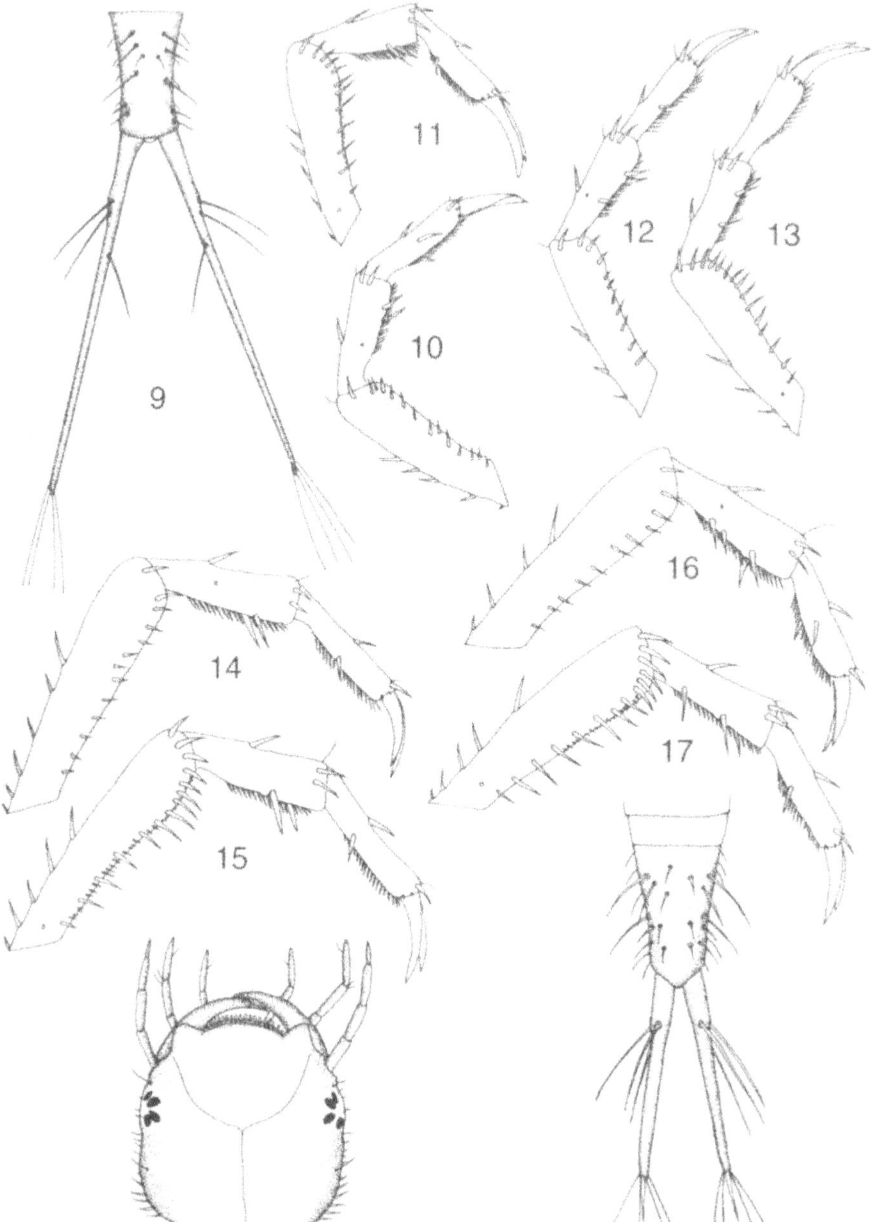
9
10
11
12
13
14
15
16
17
18
19

S. 198

Einfügen: Gattung *Meladema*

5 Stipes relativ lang, fast halb so lang wie Maxillarpalpus (Abb. 1, 2) 5a
5* Stipes kurz, nur etwa ein Drittel so lang wie Maxillarpalpus 6
5a Klauen an der Basis mit länglichen Dörnchen. Urogomphi bei L_3 nur wenig länger als letztes Abdominalsegment. Nur 5–13 Schläfenborsten. Larve kleiner (Kopflängen L_1: bis 1,65 mm; L_2: 1,8–2,6 mm; L_3: 3,1–3,9 mm). *Colymbetes* CLAIRVILLE
5a* Klauen an der Basis mit kurzen Dörnchen (Abb. 3, 4). Urogomphi sehr viel länger als letztes Abdominalsegment (Abb. 7, 8). Zahlreiche Schläfenborsten in L_3 (13–17; Abb. 6). Larve größer (Abb. 5, 6. Kopflängen L_1: größer als 1,8 mm; L_2: 2,7–3,0 mm; L_3: 3,7–4,6 mm). *Meladema* LAPORTE

(5*, 6 und 6* muß in KLAUSNITZER (1991) um eine Zeile nach unten verschoben werden)

S. 202

2. Gattung: *Platambus* THOMSON

Letztes Abdominalsegment quer abgestutzt; Abdominalsegment oberseits beborstet, mit relativ langen Urogomphi (Abb. 9).

S. 202

3. Gattung: *Agabus* LEACH

Nach NILSSON & HOLMEN (1995) werden europäische Vertreter der Gattung in folgende Artengruppen eingeteilt:
striolatus-Gruppe: *A. striolatus* (GYLLENHAL);
opacus-Gruppe: *A. wasastjernae* (C. R. SAHLBERG);
chalconatus-Gruppe: *A. neglectus* ERICHSON, *A. montanus* STEPHENS (= *A. melanocornis*), *A. chalconatus* (PANZER);
erichsoni-Gruppe: *A. subtilis* ERICHSON, *A. erichsoni* GEMMINGER & HAROLD (= *A. nigroaeneus*);
affinis-Gruppe: *A. unguicularis* (THOMSON), *A. affinis* (PAYKULL), *A. biguttulus* (THOMSON);

Abb. 9: 8. Abdominalsegment von *Platambus maculatus* (Dorsalansicht; L_3; Original)
Abb. 10–11: Vorderbein von *Agabus montanus* (L_2; ohne Coxa und Trochanter; 10: Hinteransicht; 11: Vorderansicht; verändert nach DETTNER et al 1995)
Abb. 12–13: Vorderbein von *Agabus chalconatus* L_2; ohne Coxa und Trochanter; 12: Hinteransicht; 13: Vorderansicht; verändert nach DETTNER et al 1995)
Abb. 14–15: Vorderbein von *Agabus montanus* (L_3; ohne Coxa und Trochanter; 14: Hinteransicht; 15: Vorderansicht; verändert nach DETTNER et al 1995)
Abb. 16–17: Vorderbein von *Agabus chalconatus* L_3; ohne Coxa und Trochanter; 16: Hinteransicht; 17: Vorderansicht; verändert nach DETTNER et al 1995)
Abb. 18: Kopf von *A. brunneus* (Dorsalansicht; L_2; Original)
Abb. 19: 8. Abdominalsegment und Urogomphi von *A. brunneus* (Dorsalansicht; L_2; Original)

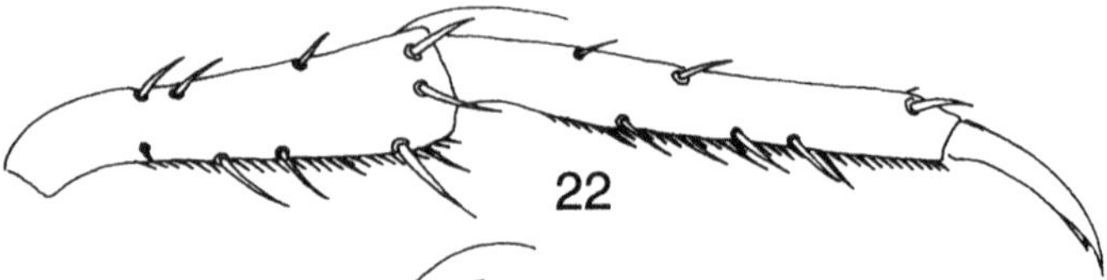

22

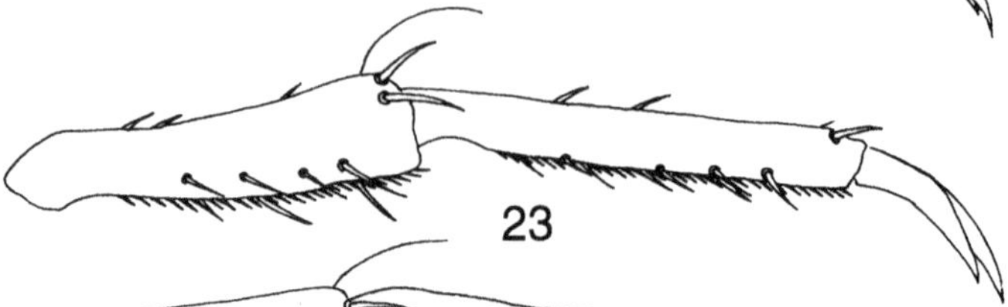

23

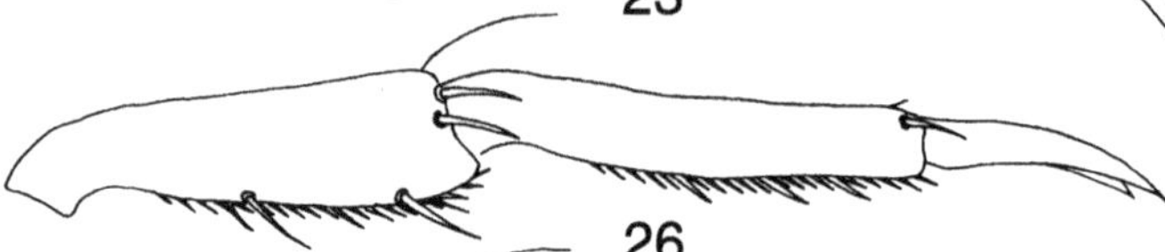

26

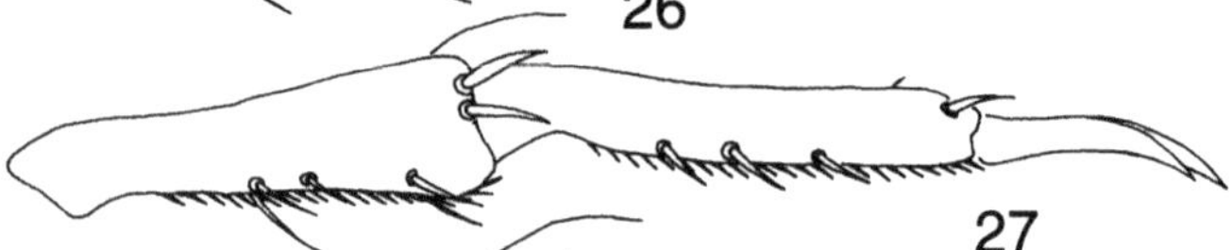

27

30

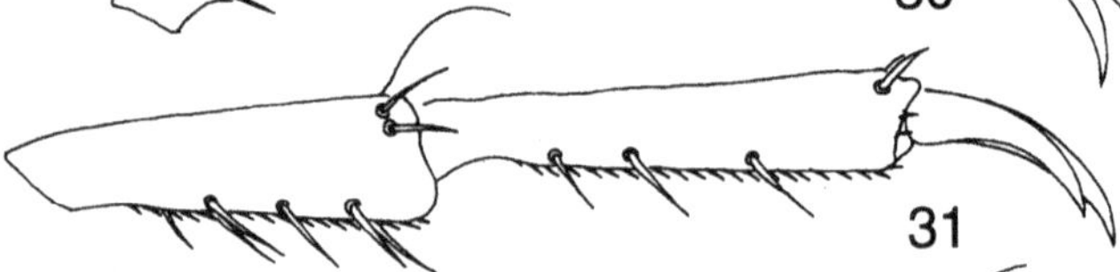

31

20

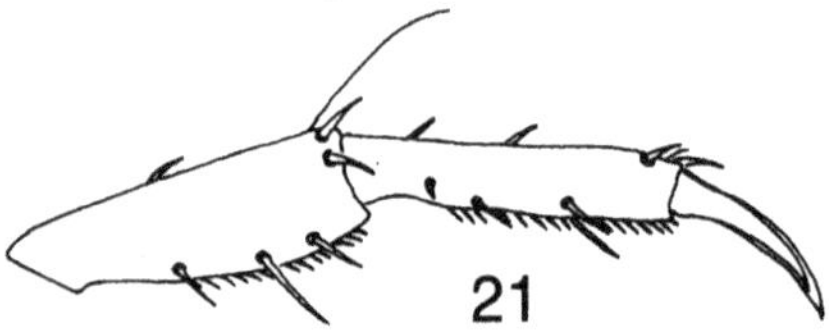

21

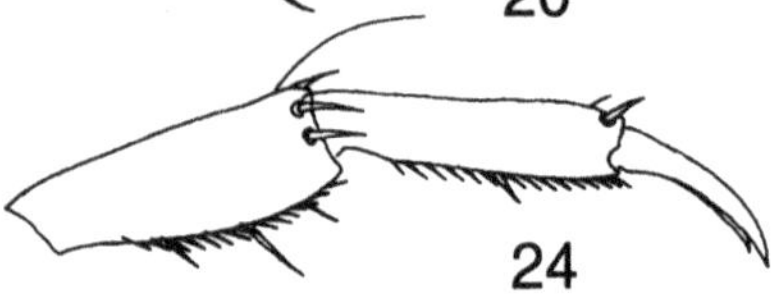

24

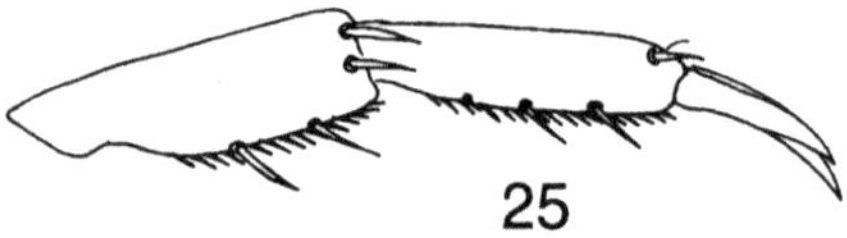

25

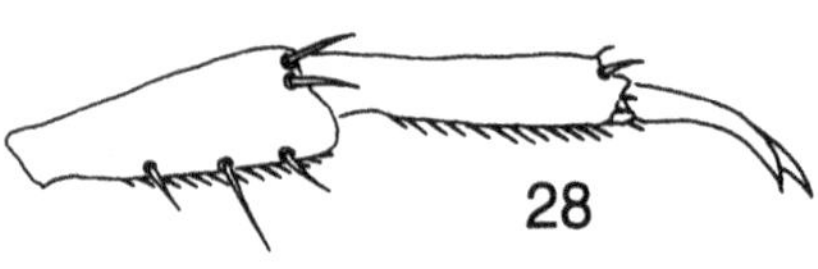

28

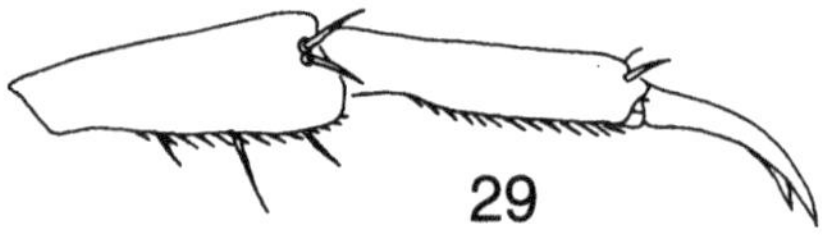

29

paludosus-Gruppe: *A. paludosus* (FABRICIUS);
brunneus-Gruppe: *A. brunneus* (FABRICIUS), *A. didymus* (OLIVIER);
guttatus-Gruppe: *A. guttatus* (PAYKULL), *A. biguttatus* (OLIVIER), *A. nitidus* (FABRICIUS);
tristis-Gruppe: *A. melanarius* AUBÉ, *A. bipustulatus* (LINNAEUS), (inklus. *A. solieri* AUBÉ);
nebulosus-Gruppe: *A. conspersus* (MARSHAM), *A. nebulosus* (FORSTER);
arcticus-Gruppe: *A. sturmii* (GYLLENHAL);
confinis-Gruppe: *A. congener* (THUNBERG), *A. clypealis* (THOMSON);
fuscipennis-Gruppe: *A. fuscipennis* (PAYKULL);
uliginosus-Gruppe: *A. uliginosus* (LINNAEUS);
labiatus-Gruppe: *A. labiatus* (BRAHM), *A. undulatus* (SCHRANK).

Die holarktischen Vertreter der *A. chalconatus*- und *erichsoni*-Gruppe wurden kürzlich durch FERY & NILSSON (1993) revidiert. NILSSON & HOLMEN (1995) interpretieren *A. solieri* als Form der variablen Spezies *A. bipustulatus*. Auch lassen sich die von GALEWSKI (1990b) abgebildeten Larven von *A. solieri* nicht eindeutig von den Larven von *A. bipustulatus* trennen. *A. nitidus* wird auch von GALEWSKI (1990b) nicht von *A. biguttatus* separiert. Larven und Imagines einiger Vertreter aus der *A. guttatus*-Gruppe wurden durch BALKE et al. (1997) revidiert. Die Einordnung einiger L_1-Larven in den Bestimmungsschlüssel von KLAUSNITZER (1991) ist derzeit noch nicht möglich.

S. 210

Tabelle für die Arten (L_2)

S. 212

Bei 10* muß es richtig heißen: Borsten auf den Tergiten und Urogomphi kürzer, ...

S. 213

Veränderung der Tabelle zur besseren Trennung der L_2 von *A. montanus* (= *A. melanocornis*) und *A. chalconatus* (DETTNER et al 1995):

14 Dorsal gelegene Borste der 3 Proximalborsten des Urogomphus deutlich kürzer als die beiden benachbarten Borsten. Protibia vorn und hinten ohne basalen Ventraldorn (Abb. 10, 11). *montanus* (STEPHENS)

Abb. 20–23: Tibien und Tarsen der Vorder- (20, 21) und Hinter- (22, 23) -Beine von *A. brunneus* (21, 23: Vorderansicht; 20, 22: Hinteransicht; L_2; Originale)
Abb. 24–27: Tibien und Tarsen der Vorder- (24, 25) und Hinter- (26, 27) -Beine von *A. guttatus* (25, 27: Vorderansicht; 24, 26: Hinteransicht; L_2; Originale)
Abb. 28–31: Tibien und Tarsen der Vorder- (28, 29) und Hinter- (30, 31) -Beine von *A. biguttatus* (28, 31: Vorderansicht; 29, 30: Hinteransicht; L_2; Originale)

14* Dorsal gelegene Borste der 3 Proximalborsten des Urogomphus etwa gleich lang wie die beiden benachbarten Borsten. Protibia vorn und hinten mit basalem Ventraldorn (Abb. 12, 13). *chalconatus* (PANZER)

S. 215

Zur Einfügung von *A. brunneus* und besseren Trennung von *A. guttatus* / *A. biguttatus* muß die L_2-Tabelle wie folgt geändert werden:

23 Kopfkapsel breiter, mit deutlich nach vorn konvergierenden Seiten. *paludosus* (FABRICIUS)
23* Kopfkapsel schmaler, mit weniger deutlich nach vorn konvergierenden Seiten 23a
23a Tibien und Tarsen mit Dorsaldornen (Abb. 20–23). Kopf (Abb. 18). 8. Abdominalsegment (Abb. 19). *brunneus* (FABRICIUS)
23a* Tibien und Tarsen ohne Dorsaldornen (Abb. 24–31) 24
24 Vordertarsus mit Ventraldornen (Abb. 24–27). *guttatus* (PAYKULL)
24* Vordertarsus ohne Ventraldornen (Abb. 28–29). *biguttatus* (OLIVIER)

Korrektur der Legenden für Abb. 143–151: Die Abbildungen beziehen sich auf folgende Arten (s. GALEWSKI 1990b): Abb. 143: *A. labiatus*; Abb. 144: *A. undulatus*; Abb. 145: *A. didymus*; Abb. 146: *A. congener*; Abb. 147: *A. affinis*; Abb. 148: *A. biguttulus*; Abb. 149: *A. unguicularis*; Abb. 150: *A. conspersus*; Abb. 151: *A. nebulosus*.

S. 215

Tabelle für die Arten (L_3)

S. 216

Eine Abbildung des Kopfes von *A. fuscipennis* findet sich bei GALEWSKI (1990b).

S. 217

Die L_3-Tabelle muß für die *A. chalconatus*-Gruppe (DETTNER et al. 1995) sowie zur besseren Trennung von *A. guttatus* / *A. biguttatus* wie folgt modifiziert werden:

13 Vordertarsus mit Ventraldorn (Abb. 32). *guttatus* (PAYKULL)
13* Vordertarsus ohne Ventraldorn (Abb. 33). *biguttatus* (OLIVIER)
14* Kopfkapsel höchstens 2,05 mm lang 17

S. 218

18 Länge der Kopfkapsel 2,0–2,05 mm. *neglectus* ERICHSON
18* Länge der Kopfkapsel höchstens 1,9 mm 19
19 Vordertibia vorn und hinten mit maximal 3 Dornen (Abb. 14, 15). *montanus* (STEPHENS)

19* Vordertibia vorn und hinten mit 4–5 Dornen (Abb. 16, 17). *chalconatus* (PANZER)

Die Legende für die Abbildungen 155 und 179 (KLAUSNITZER 1991) bezieht sich nicht auf *A. melanocornis* (= *A. montanus*) sondern auf *A. pederzanii* (DETTNER et al. 1995).

S. 224

4. Gattung: *Ilybius* ERICHSON

Einige Meßwerte der Tabelle auf S. 232 müssen korrigiert werden, bzw. werden erstmals angegeben (*I. crassus*). Dies führt zu geringfügigen Veränderungen in den Bestimmungstabellen für L_1-L_3 der Gattung *Ilybius*. Für *I. crassus* werden erstmals Abbildungen für die Köpfe (Abb.: 34: L_1; Abb.: 35: L_3) sowie das letzte Abdominalsegment (inklus. Urogomphi) (Abb.: 36: L_1; Abb.: 37: L_3) präsentiert. Nach NILSSON & HOLMEN (1995) heißt *I. obscurus* zukünftig *I. quadriguttatus* (LACORDAIRE).

S. 225

Tabelle für die Arten (L_1)

S. 226:

4 8. Abdominalsegment lang (1,35–1,5 mm), Urogomphi kurz (1,0–1,5 mm). *ater* (DE GEER)
6* Kopfkapsel 0,84–1,0 mm lang. *aenescens* THOMSON

S. 227:

8 Kopfkapsel 0,96–1,15 mm lang 9
9* ....Urogomphi kürzer (1,3–1,4 mm). *crassus* THOMSON

S. 227

Tabelle für die Arten (L_2)

S. 228

5 Kopfkapsel 1,9–2,1 mm lang. 8. Abdominalsegment sehr lang (1,94–2,35 mm) .... Urogomphi fast so lang (1,8–2,1 mm) wie das 8. Abdominalsegment. *ater* THOMSON
5* Kopfkapsel 1,26–1,7 mm lang 6
6 Kopfkapsel 1,56–1,7 mm lang. Urogomphi länger (1,95–2,22 mm), mehr als die Hälfte länger als das 8. Abdominalsegment (1,1–1,55 mm) 7

32

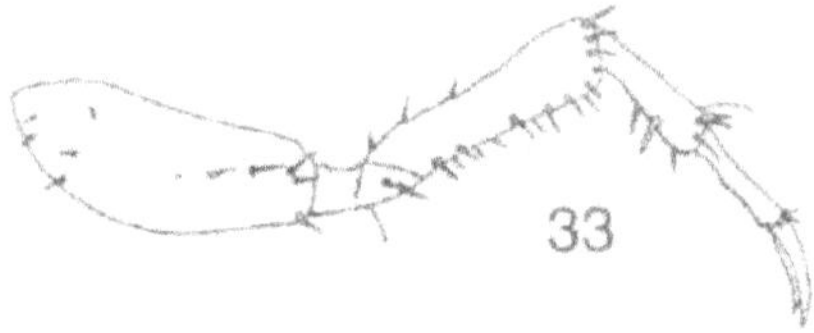

33

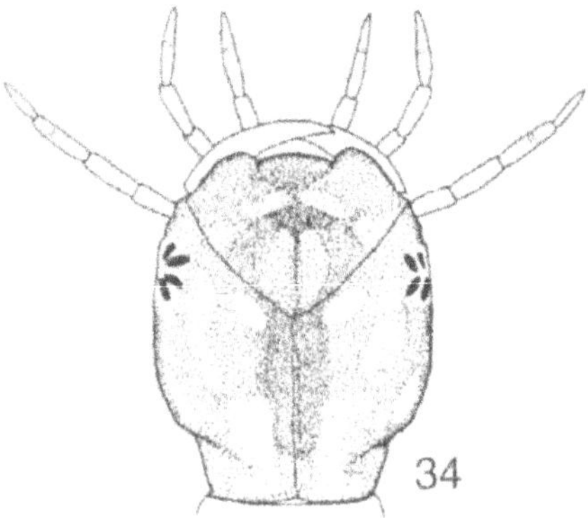

34

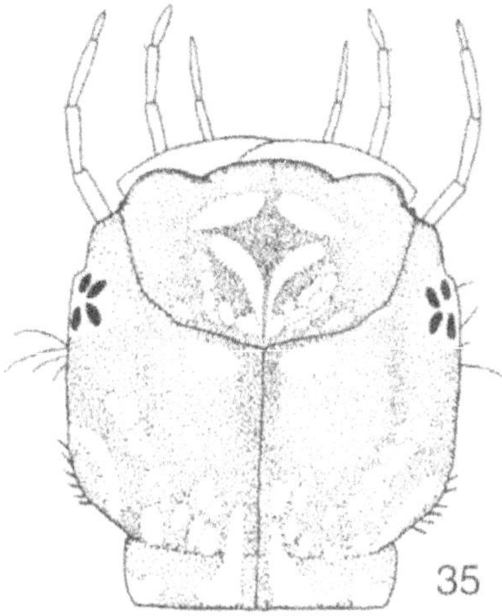

35

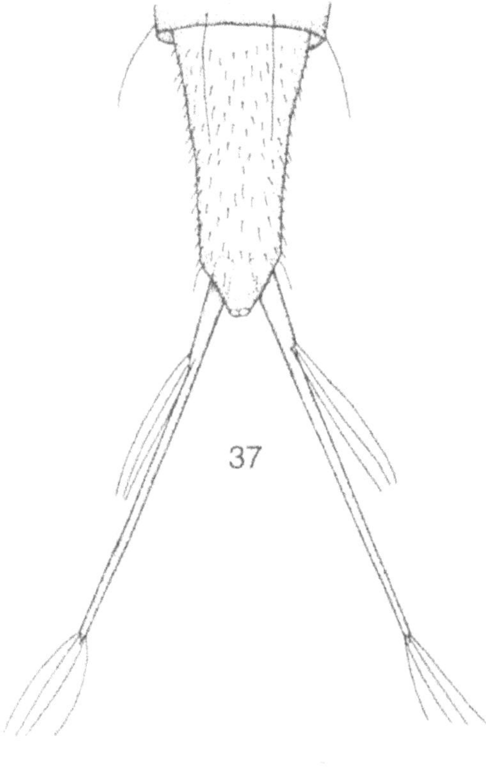

37

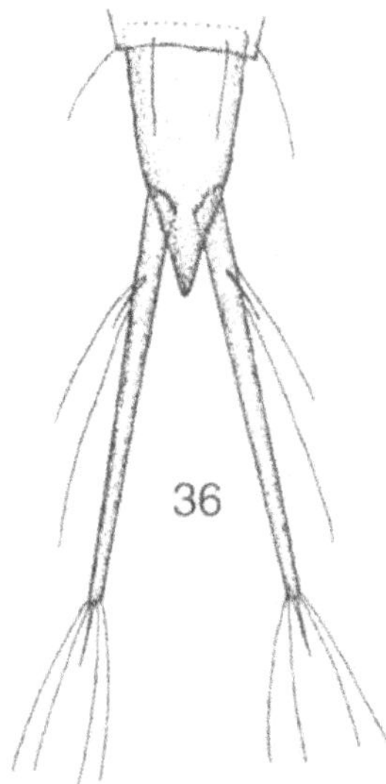

36

S. 229

9 Kopfkapsel 1,16–1,3 mm lang, schmaler (Breite: 1,0–1,15 mm). *aenescens* THOMSON

S. 230

9* Kopfkapsel 1,4–1,6 mm lang, schmaler (Breite: 1,3–1,4 mm). *fuliginosus* (FABRICIUS)

S. 230

Tabelle für die Arten (L_3)

S. 232

9 Kopfkapsel 1,6–1,7 mm lang. Länge der Urogomphi unter 2,55 mm. *aenescens* THOMSON

9* Kopfkapsel länger 1,85 mm. Länge der Urogomphi mindestens 2,8 mm. *fuliginosus* (FABRICIUS)

S. 232

Körpermaße der Gattung *Ilybius*; neue Meßwerte bzw. korrigierte, mit KLAUSNITZER (1991) kombinierte Werte für die drei Larvenstadien.

Kopflänge inklus. Hals:

L_1: *I. aenescens*: 0,84–1,0 mm; *I. ater*: 1,2–1,4 mm; *I. crassus*: 1,0–1,15 mm; *I. fenestratus*: 1,1–1,13 mm; *I. fuliginosus*: 0,95–1,0 mm.
L_2: *I. aenescens*: 1,16–1,3 mm; *I. ater*: 1,9–2,1 mm; *I. crassus*: 1,5–1,7 mm; *I. fuliginosus*: 1,4–1,6 mm; *I. subaeneus*: 1,56–1,6 mm.
L_3: *I. ater*: 2,45–2,8 mm; *I. crassus*: 1,9–2,4 mm; *I. fenestratus*: 2,1–2,27 mm; *I. fuliginosus*: 1,85–2,2 mm.

Kopfbreite:

L_1: *I. aenescens*: 0,75–0,85 mm; *I. ater*: 1,15–1,3 mm; *I. crassus*: 0,95 mm; *I. fenestratus*: 0,9–1,1 mm; *I. fuliginosus*: 0,83–0,85 mm.
L_2: *I. aenescens*: 1,0–1,15 mm; *I. ater*: 1,7–1,8 mm; *I. crassus*: 1,35–1,6 mm; *I. fuliginosus*: 1,3–1,4 mm; *I. subaeneus*: 1,36–1,4 mm.
L_3: *I. ater*: 2,35–2,6 mm; *I. crassus*: 1,9–2,0 mm; *I. fenestratus*: 1,9 mm; *I. fuliginosus*: 1,73–1,9 mm.

Abb. 32–33: Vorderbeine (Vorderansicht) von *A. guttatus* (32) und *A. biguttatus* (33) (L_3; Originale)
Abb. 34–35: Köpfe von *Ilybius crassus* (Dorsalansicht; L_1: 34; L_3: 35; Originale)
Abb. 36–37: 8. Abdominalsegment und Urogomphi von *I. crassus* (Dorsalansicht; L_1: 36; L_3: 37; Originale)

Länge 8. Abdominalsegment:

L_1: *I. aenescens*: 0,6–0,65 mm; *I. ater*: 1,35–1,5 mm; *I. crassus*: 0,65–0,85 mm; *I. fenestratus*: 0,55–0,65 mm; *I. fuliginosus*: 0,65–0,7 mm.
L_2: *I. aenescens*: 0,84–1,1 mm; *I. ater*: 1,95–2,35 mm; *I. crassus*: 1,1–1,55 mm; *I. fuliginosus*: 1,0–1,4 mm; *I. subaeneus*: 1,17–1,4 mm.
L_3: *I. ater*: 2,85–3,3 mm; *I. crassus*: 1,8–2,1 mm; *I. fenestratus*: 1,7–1,85 mm; *I. fuliginosus*: 1,5–2,07 mm.

Länge Urogomphus:

L_1: *I. aenescens*: 1,4–1,83 mm; *I. ater*: 1,0–1,5 mm; *I. crassus*: 1,3–1,4 mm; *I. fenestratus*: 1,6–1,83 mm; *I. fuliginosus*: 1,4–1,5 mm.
L_2: *I. ater*: 1,8–2,1 mm; *I. crassus*: 1,95–2,2 mm; *I. fuliginosus*: 2,0–2,3 mm; *I. subaeneus*: 2,15–2,3 mm.
L_3: *I. ater*: 1,95–2,85 mm; *I. crassus*: 2,6–2,9 mm; *I. fenestratus*: 3,15–3,5 mm; *I. fuliginosus*: 2,85–3,4 mm.

S. 234

6. Gattung: *Rhantus* DEJEAN

Nach NILSSON & HOLMEN (1995) muß *R. pulverosus* zukünftig *R. suturalis* (MAC LEAY) und *R. notatus R. frontalis* (MARSHAM) heißen.

S. 243

Körpermaße der Gattung *Rhantus*; neue Meßwerte bzw. korrigierte, mit KLAUSNITZER (1991) kombinierte Werte für die drei Larvenstadien.

Kopflänge inklus. Hals: L_2: *R. suturalis*: 1,2–1,6 mm; L_3: *R. suturalis*: 2,0–2,5 mm; *R. suturellus*: 2,3–2,8 mm.

Kopfbreite: L_2: *R. suturalis*: 1,2–1,56 mm; L_3: *R. suturalis*: 2,0–2,32 mm; *R. suturellus*: 2,3–2,7 mm.

Länge 8. Abdominalsegment: L_2: *R. suturalis*: 1,2–1,52 mm; L_3: *R. suturalis*: 1,9–2,4 mm; *R. suturellus*: 2,2–2,9 mm.

Länge Urogomphus: L_2: *R. suturalis*: 1,4–1,77 mm; L_3: *R. notatus*: 2,2–3,06 mm; *R. suturalis*: 1,7–2,6 mm; *R. suturellus*: 1,9–3,16 mm.

S. 250

Neu einfügen hinter Gattung *Colymbetes*:

7a. Gattung: *Meladema* LAPORTE

Die mediterrane Spezies *M. coriacea* CASTELNAU kommt im oberen Elsaß vor und kann deshalb in Südwestdeutschland z. B. im Oberrheingebiet erwartet werden (SCHAEFLEIN 1979). L_3-Stadien von *M. coriacea* werden von BERTRAND (1928) beschrieben. Die Primärbeborstung der Extremitäten von *M. coriacea* ist in NILSSON & HILSENHOFF (1991) dargestellt. Weitere Angaben über L_1 finden sich bei BERTRAND (1932).

Larven groß, Körperlänge der L_3 über 28 mm; Kopf breit (v.a. L_3; Abb. 5, 6); letztes Antennenglied vor allem bei L_3 deutlich kürzer als vorletztes (Abb. 5, 6); Stipes der Maxille relativ lang, fast halb so lang wie der Maxillarpalpus (ohne Palpifer; Abb. 1); zahlreiche (13–17) Schläfenborsten (Abb. 6); Klauenunterseite im basalen Viertel mit kurzen Dörnchen (Abb. 3, 4).

L_1-Stadien von *Meladema* können von allen europäischen Colymbetinae-Larven anhand ihrer Urogomphi unterschieden werden, welche mit zahlreichen Dornen (etwa 15 pro Urogomphus) und Haaren (etwa 27 Haare pro Urogomphus) versehen sind (Abb. 7). Sämtliche Vertreter anderer Colymbetinae besitzen im 1. Larvenstadium nur 7 Primärhaare pro Urogomphus.

NILSSON & HILSENHOFF (1991) wiesen nach, daß die Gattung *Meladema* innerhalb der Colymbetini am nächsten mit den mitteleuropäischen Gattungen *Nartus* und *Rhantus* verwandt ist. Die Verwandtschaft nearktischer Colymbetinae wurde von ALARIE (1995a) analysiert.

Meßwerte für die Larvenstadien von *M. coriacea:*
Kopfbreite: L_1: 1,65–1,8 mm; L_2: 2,5–2,7 mm; L_3: 3,75–4,2 mm.
Kopflänge (mit Hals): L_1: 1,8–2,0 mm; L_2: 2,7–3,0 mm; L_3: 3,7–4,6 mm.
Länge 8. Abdominalsegment: L_1: 0,9–1,2 mm; L_2: 1,8–2,1 mm; L_3: 3,2–3,7 mm.
Länge Urogomphus: L_1: 2,6–2,9 mm; L_2: 3,6–4,2 mm; L_3: 5,2–7,0 mm.

S. 251

4. Unterfamilie: Dytiscinae

(Abb. 1–40)

Die Dytiscinae werden nach NILSSON & HOLMEN (1995) in die Triben Hydaticini (*Hydaticus*), Aciliini (*Acilius*, *Graphoderus*), Dytiscini (*Dytiscus*) und Cybistrini (*Cybister*) eingeteilt. Die Unterfamilienspezifische Primärbehaarung der Extremitäten besteht nach NILSSON (1988) im Besatz langer Schwimmhaare an Femur und Tibia. Die Triben sind durch folgende Primärstrukturen der Extremitäten gekennzeichnet (NILSSON 1988):

Hydaticini: Tarsalborste 7 tief geteilt; eine einzelne Pore auf der Hinterseite der Tibia; Tibia ohne vordere oder dorsale Dornenreihen; Femur mit einem einzigen, proximalen Dorsaldorn.

Aciliini: Tarsalborste 7 haarförmig; Borste 6 kürzer als Borste 4.

Dytiscini: Tarsalborste 7 einfach; 3 bis 5 Poren auf der Hinterseite der Tibia; Tibia mit vorderen und dorsalen Dornenreihen; Femur mit mindestens 5 Dorsaldornen.

Cybistrini: Tarsus mit posteriodorsalen Schwimmhaaren; ventrale Dörnchenserie am Vordertarsus groß, mit kompakten Dörnchen, am Mittel- und Hintertarsus mit großen, gespaltenen Dornen; Ventralborsten der Tibia am Vorderbein lang und haarförmig, am Mittel- und Hinterbein kurz und oft gespalten; Trochanter mit etwa 15 Haaren; Coxa mit zusätzlichen Reihen dünner Haare (zusammen mehr als 50 Haare).

S. 256

1. Gattung: *Hydaticus* LEACH

Für *H. stagnalis* gilt der Name *H. continentalis* J. BALFOUR-BROWNE (NILSSON & HOLMEN 1995). Obgleich die Chaetotaxie der Beine für *H. aruspex* CLARK (L_1) von NILSSON (1988) beschrieben wurde, läßt sich diese Art derzeit nicht in den Bestimmungsschlüssel integrieren, der zum Teil auf Angaben von GALEWSKI (1990a) beruht. Nach ROUGHLEY & PENGELLY (1981) ist die von WATTS (1970) unter dem Namen *H. stagnalis* (FABRICIUS) beschriebene Larve in Wirklichkeit *H. aruspex* (= *H. laevipennis*) [nach WATTS: Kopfbreite 2,5–2,6 mm; Kopflänge 3,0–3,2 mm].

Im Gegensatz zum Vorhandensein dreier Labialfortsätze bei der L_3 von *H. grammicus* (GERMAR) (FUKUDA et al. 1959; Abb. 10) dürfte das unbekannte L_1-Stadium dieser Spezies nur zwei Labialfortsätze besitzen (s. Abb. 6; *H. leander* L_1). Wie *H. leander* (ROSSI) gehört *H. grammicus* zur Untergattung *Guignotites*. Der mediane, d.h. dritte Labialfortsatz wird bei *H. leander* erst auf dem Stadium der L_2 als kleiner Höcker erkennbar und ist bei L_3 voll ausgebildet (Abb. 11; DETTNER 1984). Zur Bestimmung der Larvenstadien siehe Tabelle bei der Gattung *Dytiscus*.

Abb. 1–2: Kopf von *Hydaticus seminiger* (Dorsalansicht; L_1: 1; L_3: 2; Original)

Abb. 3–4: 8. Abdominalsegment und Urogomphi von *Hydaticus seminiger* (Dorsalansicht; L_1: 3; L_3: 4; Original)

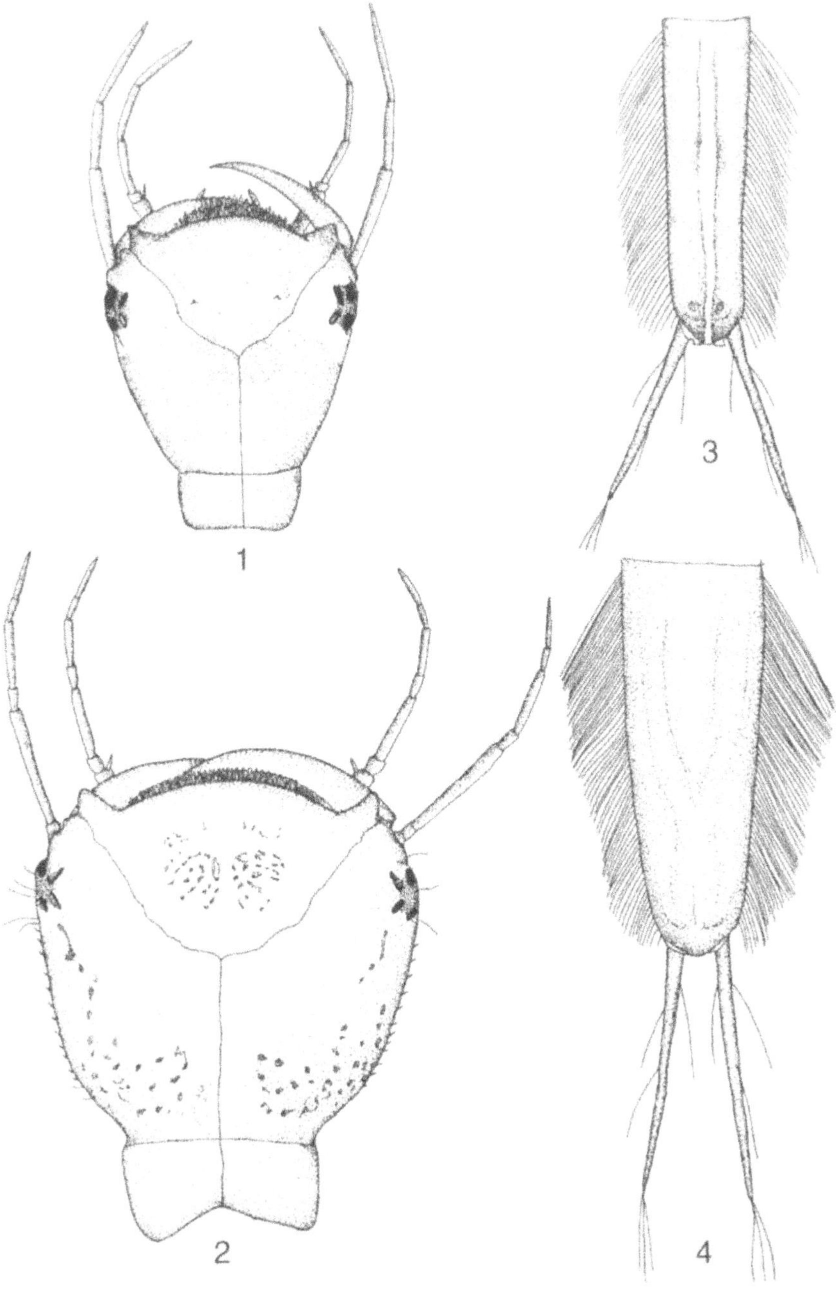
1
2
3
4

S. 256

Einfügen:

Tabelle für die Arten (L_1; s.a. GALEWSKI 1990a)

Die L_1-Larve von *H. grammicus* dürfte erheblich kleiner sein, als die im Schlüssel erfaßten drei anderen Spezies.

1 Labialfortsätze und Labialpalpen (insbesondere deren Basalglied) kurz (s. Abb. 5; für L_2 nach GALEWSKI 1990a). *transversalis* PONTOPPIDAN
1* Labialfortsätze und Labialpalpen länger (Abb. 6, 7) 2
2 Kopf seitlich stärker gerundet, am Übergang zum Hals etwas breiter. *continentalis* J. BALFOUR-BROWNE
2* Kopf seitlich schwächer gerundet, am Übergang zum Hals etwas schmäler (Abb. 1). *seminiger* (DE GEER)

Bei Tabelle für L_2 / L_3 einfügen:

1 Basalglied des Labialpalpus mehr als zweimal so lang wie Apikalglied (Abb. 10, 11). *grammicus* (GERMAR)
1* Basalglied des Labialpalpus länger als Apikalglied (jedoch nicht zweimal so lang wie Apikalglied) (Abb. 8, 9) 2
2 Labialfortsätze und Labialpalpen kurz, Palpen zusammen kaum länger als Labium breit (Abb. 8). *transversalis* PONTOPPIDAN

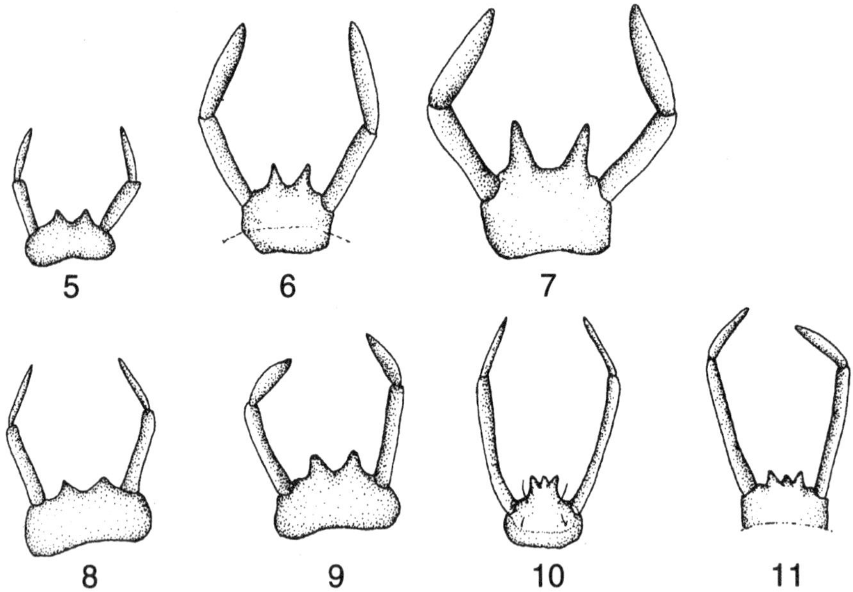

Abb. 5–11: Unterlippe von *Hydaticus seminiger* (L_1: 7; L_3: 9), *Hydaticus transversalis* (L_2: 5; L_3: 8), *Hydaticus grammicus* (L_3: 10) und *H. leander* (L_1: 6; L_3: 11). Verändert nach GALEWSKI 1990a: 5, 8; FUKUDA et al. 1959: 10; 6, 7, 9, 11: Originale)

2* Labialfortsätze und Labialpalpen länger, Palpen zusammen deutlich länger als Labium breit (Abb. 9) 3

S. 258

Meßwerte für die Larvenstadien von *H. seminiger* (s. a. Abb. 1–4):
Kopflänge inklus. Hals: L_1: 1,4–1,6 mm; L_2: 2,0–2,5 mm; L_3: 3,0–3,4 mm.
Kopfbreite: L_1: 1,1–1,4 mm; L_2: 1,8–2,1 mm; L_3: 2,7–3,0 mm.
Länge 8. Abdominalsegment: L_1: 1,3–1,65 mm; L_2: 1,9–2,2 mm; L_3: 2,1–2,9 mm.
Länge Urogomphus: L_1: 0,9–1,1 mm; L_2: 1,0–1,5 mm; L_3: 1,7–2,2 mm.

2. Gattung: *Graphoderus* STEPHENS

Zwar enthält die 1990c erschienene Arbeit von GALEWSKI Beschreibungen aller Larvenstadien von *G. austriacus* (STURM), *G. cinereus* (LINNAEUS), *G. bilineatus* (DE GEER) (nur L_2 und L_3) und *G. zonatus* (HOPPE), jedoch ergeben sich einige Unklarheiten, weshalb diese Daten kritisch überprüft werden. Während Palpen und Medianfortsatz der Unterlippe (L_3) von *G. bilineatus* bei GALEWSKI (1990c) extrem verkürzt sind, sind diese nach der von HOLMEN (1993) präsentierten Abbildung eher verlängert. NILSSON & HOLMEN (1995) schließlich bezweifeln, ob eine Identifizierung der Larven von *G. bilineatus* aufgrund der bislang publizierten Daten überhaupt möglich sei. Während die Abbildungen der 8. Abdominalsegmente und der Urogomphi von *G. cinereus* und *G. zonatus* zwischen GALEWSKI (1990c) und der vorliegenden Zusammenstellung übereinstimmen (Abb. 14, 15, 20, 21), werden Form und Länge der Unterlippenfortsätze in konträrer Weise dargestellt (GALEWSKI 1990c: Unterlippenfortsätze kurz bei *G. zonatus*, lang bei *G. cinereus*; DETTNER vorl. Zusammenstellung: Unterlippenfortsätze lang bei *G. zonatus*: Abb. 16, 22, kurz bei *G. cinereus*: Abb. 17, 23). Schließlich wurde vom Verfasser L_1 / L_2-Material der Gattung *Graphoderus* in der Camargue zusammen mit Imagines von *G. austriacus* erbeutet. Hinsichtlich der Form der Fortsätze der Unterlippen, Kopfform und letztem Abdominalsegment und Urogomphi ähneln diese Tiere aus Südfrankreich weitgehend dem mitteleuropäischen Larvenmaterial von *G. cinereus*. Allerdings ist der Kopf der Camargue-Larven deutlich kürzer (L_1: Kopflänge inklus. Hals 1,3 mm; L_2: 1,3 mm) als bei mitteleuropäischen Larven von *G. cinereus*. Darüber hinaus ähnelt die Färbung und die Form des Kopfes der L_1-Larve (Camargue) der von BERTRAND (1952) gegebenen Abbildung der L_1 von *G. austriacus*, wenngleich BERTRAND (1952) etwas niedrigere Meßwerte angibt [BERTRAND 1952: L_1 *G. austriacus*: Kopflänge 1,05 mm (möglicherweise ohne Hals; Camargue-Larve s.o.), letztes Abdominalsegment 1,5 mm (Camargue-L_1: 2,05 mm), Urogomphi 0,55 mm (Camargue-L_1: 0,6 mm)]. Folglich ist eine nochmalige Beschreibung der Larvenstadien von *G. austriacus* und *G. bilineatus* und eine Vermessung umfangreicheren Materials besonders wünschenswert.

Granulierte Imagines von *G. cinereus*, die von PEDERZANI (1986) als *G. verrucifer* beschrieben wurden, sind nach NILSSON & HOLMEN (1995) als Unterart *G. zonatus verrucifer* (C. R. SAHLBERG) aufzufassen. Zur Bestimmung der Larvenstadien siehe Tabelle bei Gattung *Dytiscus* .

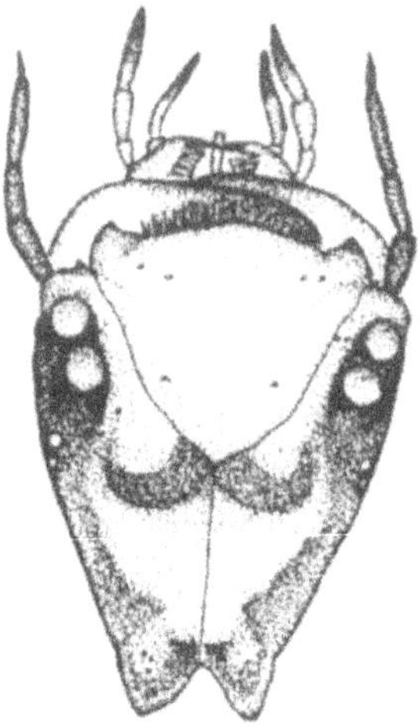

12

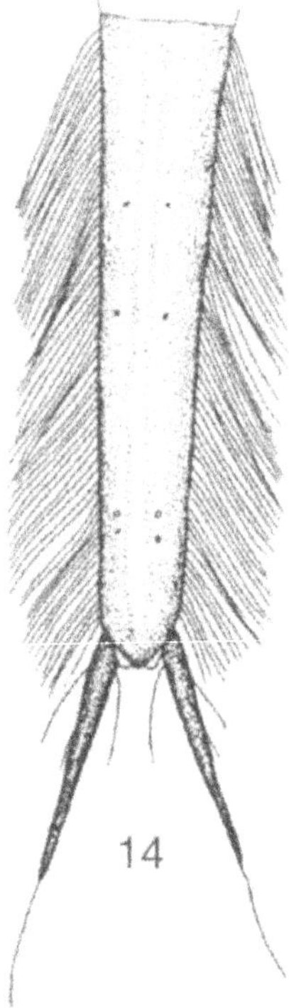

14

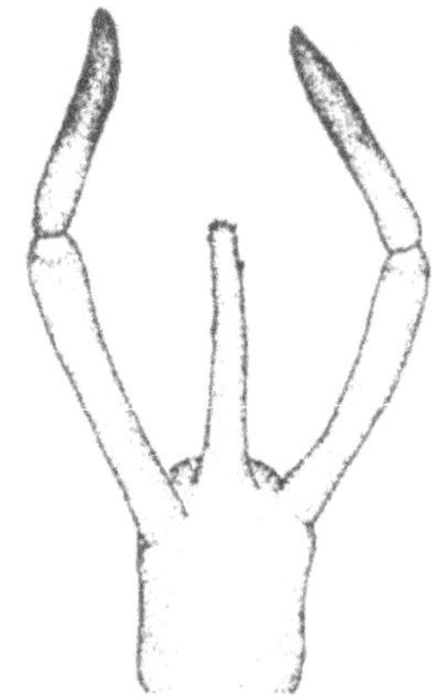

16

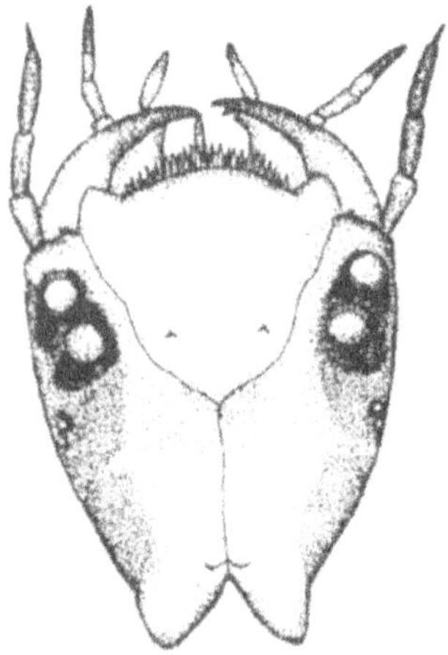

13

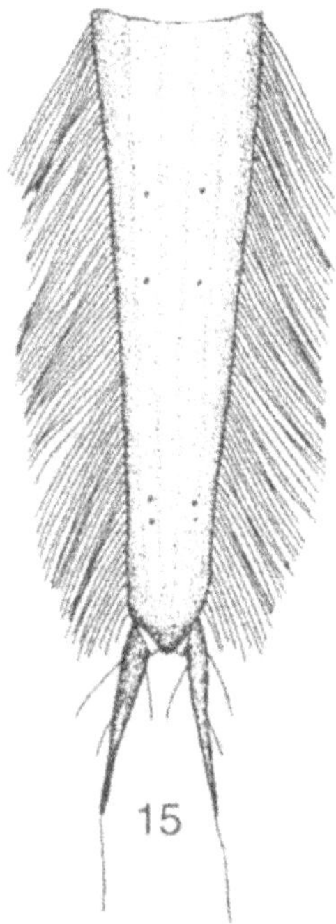

15

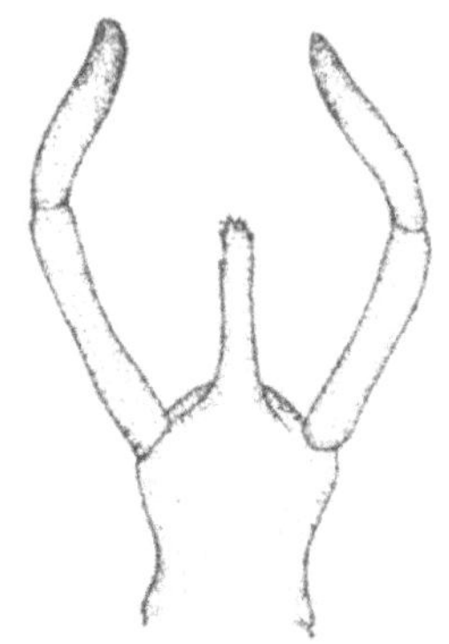

17

S. 258

Einfügen:

Tabelle für die Arten (L_1 / L_2) (nach Angaben von BERTRAND 1952, GALEWSKI 1990c sowie eigenen Messungen; es fehlt *G. bilineatus*). Die von GALEWSKI (1990c) angegebene Färbung der Kopfoberseite von *G. austriacus* (L_1) mit dunklem Querband ähnelt der Spezies *G. zonatus* (Abb. 12). Eigenes Larvenmaterial aus Südfrankreich wurde nicht berücksichtigt.

1 Letztes Abdominalsegment kürzer (L_1: etwa 1,5 mm; L_2: 2,0–2,1 mm). Medianer Labialfortsatz verkürzt (L_2: s. Abb. in GALEWSKI 1990c). *austriacus* (STURM)

1* Letztes Abdominalsegment länger (L_1: 1,9–2,2 mm; L_2: 2,4–2,9 mm). Medianer Labialfortsatz länger (L_2: s. Abb. in GALEWSKI 1990c) 2

2 Urogomphi kürzer (L_1: 0,55–0,75 mm; Abb. 15; L_2: 0,8–0,9 mm). Kopfoberseite ohne dunkles Querband (Abb. 13). Medianfortsatz des Labiums und letztes Glied des Labialpalpus kürzer (Abb. 17). *cinereus* (LINNAEUS)

2* Urogomphi länger (L_1: 0,8 mm; Abb. 14; L_2: 1,2 mm). Kopfoberseite mit dunklem Querband (Abb. 12). Medianfortsatz des Labiums und letztes Glied des Labialpalpus länger (Abb. 16). *zonatus* (HOPPE)

S. 259

Tabelle für die Arten (L_3)

Nach Angaben von GALEWSKI (1990c). Die Angaben von HOLMEN (1993) zu *G. bilineatus* wurden nicht berücksichtigt.

1 Kopf schmal (1,87–1,9 mm). 8. Abdominalsegment kürzer (3,3–3,4 mm). *austriacus* (STURM)

1* Kopf breiter (2,05–2,3 mm). 8. Abdominalsegment länger (3,6–3,9 mm) . 2

2 Palpen und Mittelfortsatz des Labium kurz und gedrungen (Abb. s. GALEWSKI 1990). *bilineatus* (DE GEER)

2* Palpen und Mittelfortsatz des Labium länger und schmal (Abb. 22, 23) . 3

3 Urogomphi relativ kurz (0,9–1,1 mm; Abb. 21). Palpen und Mittelfortsatz des Labium kürzer (Abb. 19, 23) [Abb. in GALEWSKI (1990c) vertauscht]. *cinereus* (LINNAEUS)

3* Urogomphi relativ lang (1,2–1,3 mm; Abb. 20); Palpen und Mittelfortsatz des Labium länger (Abb. 18, 22) [Abb. in GALEWSKI (1990c) vertauscht]. *zonatus* (HOPPE)

Abb. 12–13: Köpfe von *Graphoderus zonatus* (12) und *G. cinereus* (13) (L_1; Original)

Abb. 14–15: 8. Abdominalsegment und Urogomphi von *Graphoderus zonatus* (14) und *G. cinereus* (15) (L_1; Original)

Abb. 16–17: Unterlippen von *G. zonatus* (16) und *G. cinereus* (17) (L_1: Original)

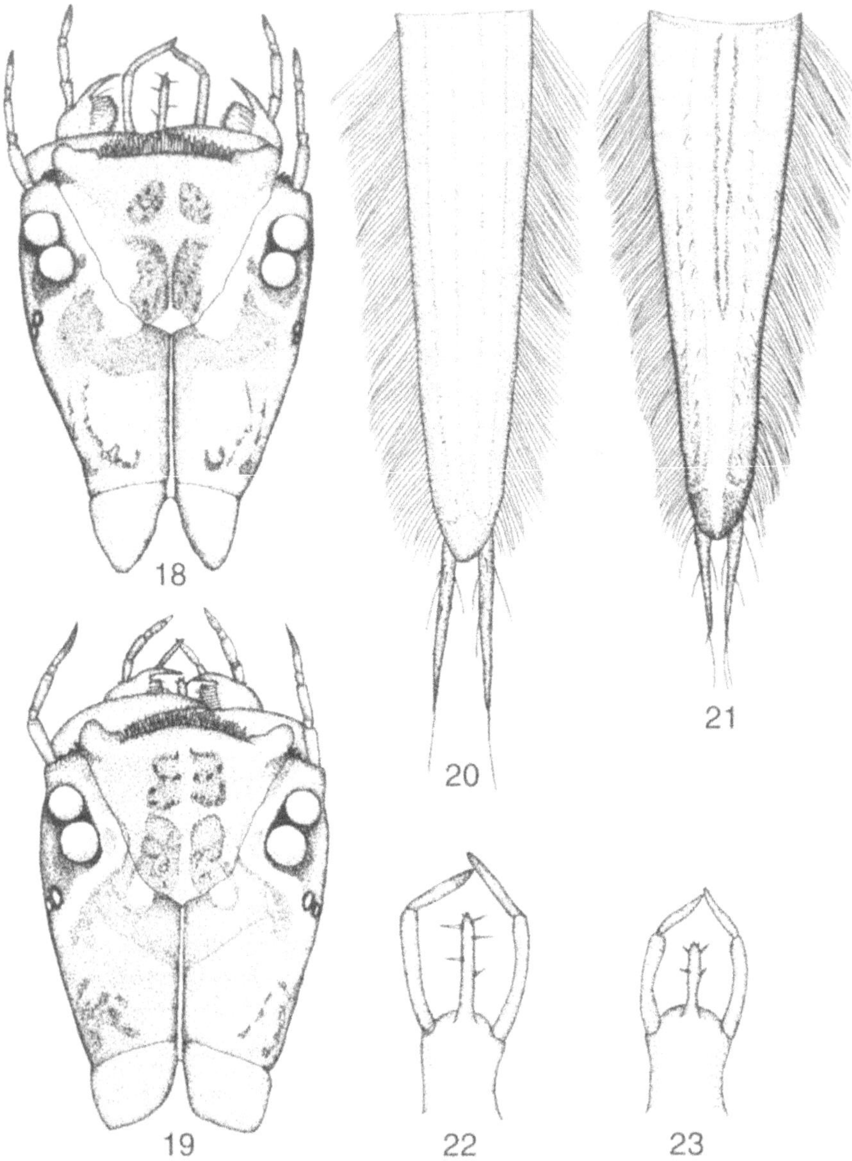

Abb. 18–19: Köpfe von *Graphoderus zonatus* (18) und *G. cinereus* (19) (L_3; Original)

Abb. 20–21: 8. Abdominalsegment und Urogomphi von *Graphoderus zonatus* (20) und *G. cinereus* (21) (L_3; Original)

Abb. 22–23: Unterlippen von *G. zonatus* (22) und *G. cinereus* (23) (L_3: Original)

S. 261

Meßwerte für die Larvenstadien der Gattung *Graphoderus* (ergänzende Angaben zu KLAUSNITZER 1991):

Kopflänge inklus. Hals: L_1: *G. cinereus*: 1,4–1,5 mm, *G. zonatus*: 1,4 mm; L_2: *G. cinereus*: 2,0–2,1 mm, *G. zonatus*: 2,2 mm; L_3: *G. cinereus*: 2,8–3,0 mm, *G. zonatus*: 3,0–3,1 mm.

Kopfbreite: L_1: *G. cinereus*: 1,1–1,2 mm, *G. zonatus*: 1,1 mm; L_2: *G. cinereus*: 1,6–1,65 mm, *G. zonatus*: 1,5–1,67 mm; L_3: *G. cinereus*: 2,1–2,3 mm, *G. zonatus*: 2,2–2,3 mm.

Länge 8. Abdominalsegment: L_1: *G. cinereus*: 1,9–2,2 mm, *G. zonatus*: 2,0 mm; L_2: *G. cinereus*: 2,4–2,5 mm, *G. zonatus*: 2,9 mm; L_3: *G. cinereus*: 3,6–3,9 mm, *G. zonatus*: 3,8–3,9 mm.

Länge Urogomphus: L_1: *G. cinereus*: 0,55–0,75 mm, *G. zonatus*: 0,8 mm; L_2: *G. cinereus*: 0,8–0,9 mm, *G. zonatus*: 1,2 mm; L_3: *G. cinereus*: 0,9–1,1 mm, *G. zonatus*: 1,2–1,3 mm.

S. 262

3. Gattung: *Acilius* LEACH

Eine detaillierte Beschreibung sämtlicher Larvenstadien von *A. sulcatus* (LINNAEUS) und *A. canaliculatus* (NICOLAI) sowie Angaben zur Biologie beider Arten lieferte GALEWSKI (1991). Offenbar basieren die in dieser Arbeit angegebenen Meßwerte auf zu wenigen Individuen, denn die in der nachfolgenden Tabelle aufgeführten Werte umfassen erheblich größere Schwankungsbereiche. Auch die in GALEWSKI (1991) abgebildeten Kopfumriße der Larven sind bei *A. sulcatus* deutlich zu schmal. Sämtliche Stadien lassen sich eindeutig mittels der Abbildungen und Tabellen in KLAUSNITZER (1991) oder DETTNER (1982) bestimmen. Zur eindeutigen Bestimmung der markanten L_1-Larven beider Arten können neben der Unterlippe die Form, die Färbung und der Umriß des Kopfes (Abb. 24, 25) sowie die Längen des letzten Abdominalsegmentes und der Urogomphi (Abb. 26, 27) herangezogen werden.

Meßwerte für die drei Larvenstadien von *A. canaliculatus* und *A. sulcatus*:

Kopflänge inklus. Hals: L_1: *A. canaliculatus*: 1,3–1,55 mm, *A. sulcatus*: 1,4–1,6 mm; L_2: *A. canaliculatus*: 2,2–2,3 mm, *A. sulcatus*: 2,1–2,6 mm; L_3: *A. canaliculatus*: 2,6–3,1 mm, *A. sulcatus*: 3,0–3,4 mm.

Kopfbreite: L_1: *A. canaliculatus*: 1,0–1,2 mm, *A. sulcatus*: 0,95–1,1 mm; L_2: *A. canaliculatus*: 1,7 mm, *A. sulcatus*: 1,4–1,6 mm; L_3: *A. canaliculatus*: 2,2–2,25 mm, *A. sulcatus*: 2,1–2,4 mm.

Länge 8. Abdominalsegment: L_1: *A. canaliculatus*: 1,5–1,8 mm, *A. sulcatus*: 1,6–2,2 mm; L_2: *A. canaliculatus*: 2,5 mm, *A. sulcatus*: 2,6–3,5 mm; L_3: *A. canaliculatus*: 3,2–3,6 mm, *A. sulcatus*: 3,8–4,4 mm.

Länge Urogomphus: L_1: *A. canaliculatus*: 0,8–1,0 mm, *A. sulcatus*: 0,7–1,0 mm; L_2: *A. canaliculatus*: 1,2–1,3 mm, *A. sulcatus*: 1,0–1,4 mm; L_3: *A. canaliculatus*: 1,4–1,8 mm, *A. sulcatus*: 1,2–1,8 mm.

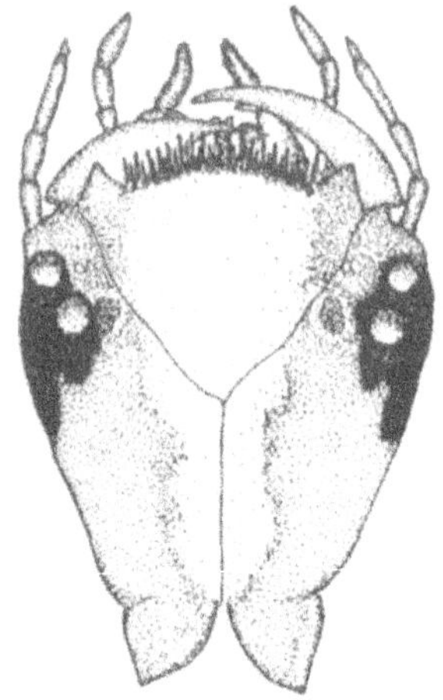

25

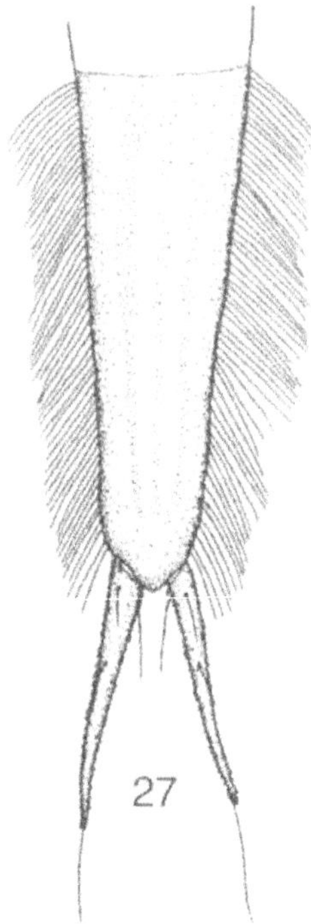

27

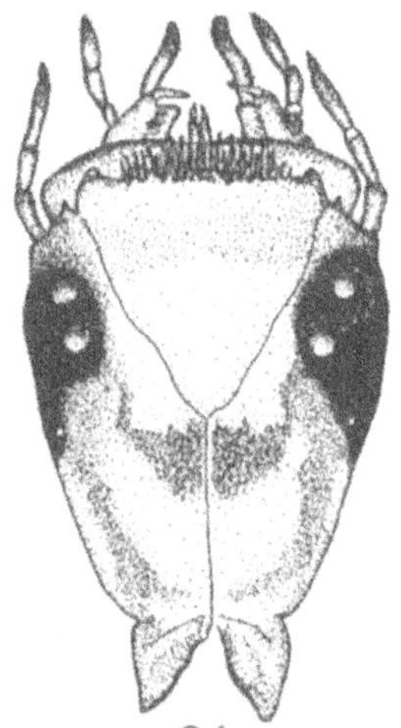

24

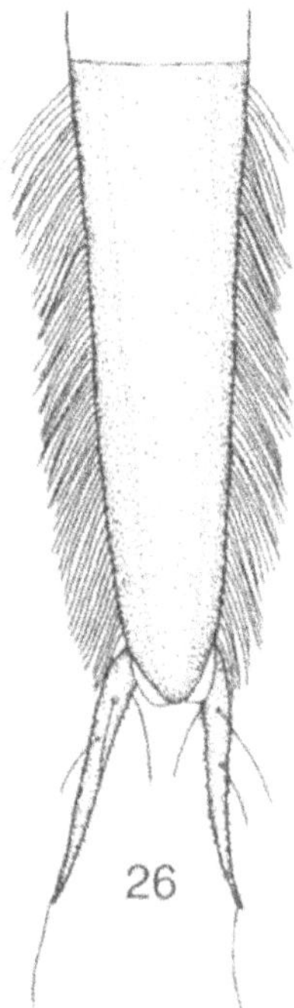

26

S. 264

4. Gattung: *Dytiscus* LINNAEUS

Die auf BLUNCK (1923a, b) sowie BLUNCK & KLYNSTRA (1929) basierenden Tabellen in KLAUSNITZER (1991) führen zwar häufig formal zu einer Bestimmung. In zahlreichen Fällen trifft diese Determination jedoch nicht zu, da seinerzeit offenbar zu wenige Tiere vermessen wurden und meist nur Material von wenigen Fundorten zur Verfügung stand. Die vorliegenden Schlüssel dürften es erlauben, *Dytiscus*-Larven der Stadien 1–3 mit größerer Sicherheit zu bestimmen. Allerdings müssen auch die vorliegenden Fassungen der Bestimmungsschlüssel noch weiter verbessert werden, denn einige *Dytiscus*-Larven sind trotz ihrer Größe in einigen Fällen sehr schwer zu bestimmen. Abbildungen der Köpfe von *D. latissimus* LINNAEUS (L_1–L_3) finden sich bei HOLMEN (1993). Eine systematische Revision der weltweit bekannten Vertreter der Gattung (Imagines) erfolgte durch ROUGHLEY (1990). Zur eindeutigen Trennung von Larven schwieriger Artenpaare (z. B. *D. circumflexus* FABRICIUS, *D. marginalis* LINNAEUS) sollte zukünftig weniger nach quantitativen sondern nach eindeutigeren, qualitativen Unterscheidungsmerkmalen gesucht werden. Exemplare von *D. dimidiatus* BERGSTRÄSSER aus Südeuropa sollten mit Vorsicht bestimmt werden, denn es könnte sich hierbei um kleinere Individuen von *D. dimidiatus* handeln. Außerdem kommt hier die kleinere, nah verwandte Spezies *D. mutinensis* FIORI vor, deren Larven noch unbeschrieben sind (RICHOUX & DUFAY 1986, ROUGHLEY 1990).

Tabelle für die Larvenstadien

1 Eizähnchen auf Frontoclypeus vorhanden. Schwimmhaare an den Seiten des 7. Abdominalsegmentes fehlen .... L_1

1* Eizähnchen auf Frontoclypeus fehlen. Schwimmhaare an den Seiten des 7. Abdominalsegmentes vorhanden 2

2 Seitliche Stigmen am 1.–7. Abdominalsegment fehlen .... L_2

2* Seitliche Stigmen am 1.–7. Abdominalsegment vorhanden .... L_3

S. 265

Einfügen: Tabelle für die Arten (L_1)

1 Hals relativ breit (im Vergleich zur maximalen Kopfbreite) (Abb. KLAUSNITZER 1991: Abb. 73, 75) 2

1* Hals relativ schmal (im Vergleich zur maximalen Kopfbreite) (KLAUSNITZER 1991: Abb. 71, 72, 74) 3

2 Urogomphi nur wenig kürzer (oder sogar länger) als letztes Abdominalsegment (Abb. 29). Hals etwas schmäler. *semisulcatus* O. F. MÜLLER

2* Urogomphi deutlich kürzer als letztes Abdominalsegment (etwa 0, 5 x letztes Abdominalsegment; KLAUSNITZER 1991: Abb. 83). Hals etwas breiter. *latissimus* LINNAEUS

Abb. 24–25: Köpfe von *Acilius sulcatus* (24) und *A. canaliculatus* (25) (L_1; Original)

Abb. 26–27: 8. Abdominalsegment und Urogomphi von *Acilius sulcatus* (26) und *A. canaliculatus* (27) (L_1; Original)

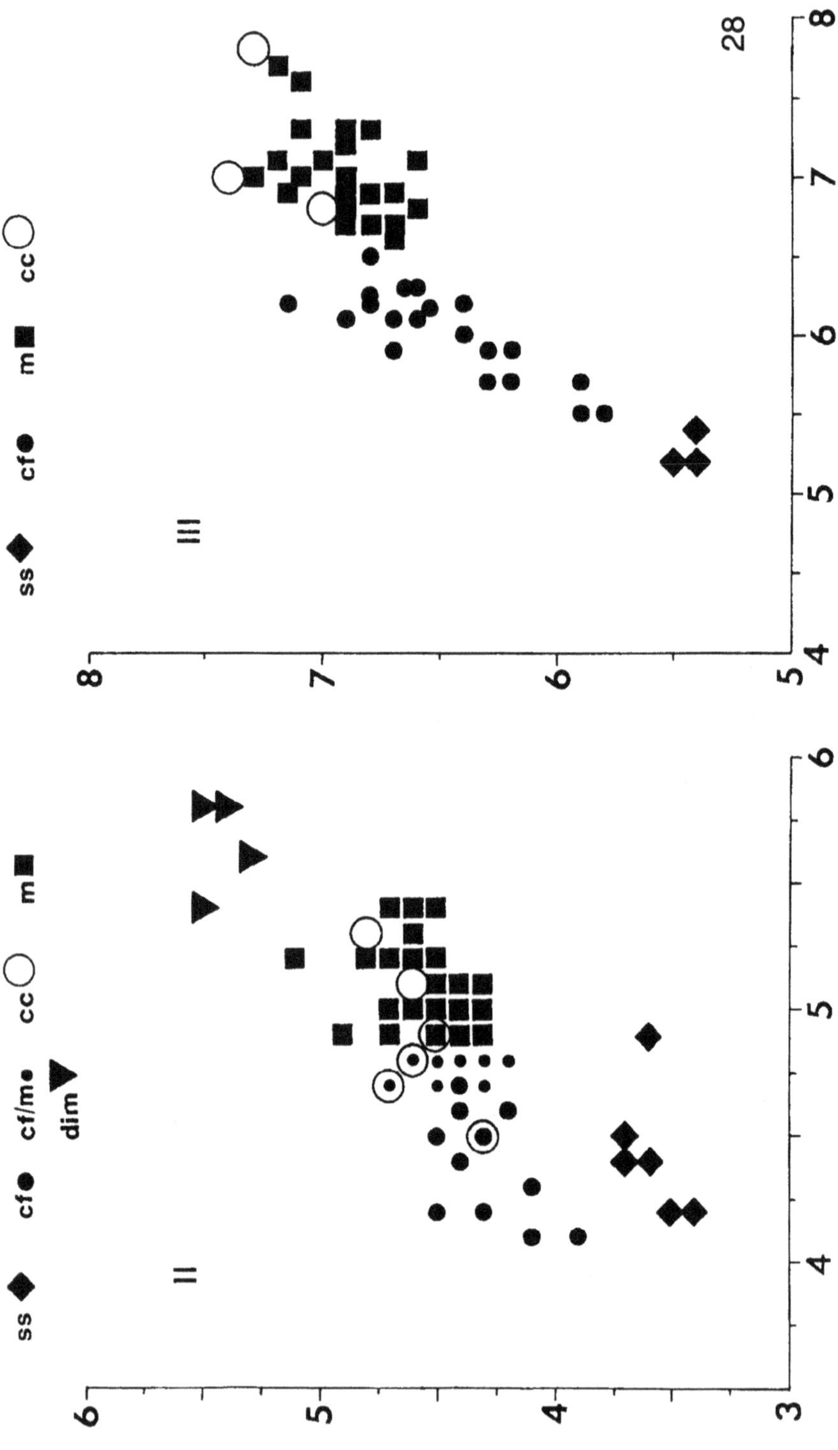

ss
cf
m
cc
III
28
cf/m
dim
II

3 Kopf mindestens 3,2 mm breit. *dimidiatus* BERGSTRÄSSER

3* Kopf höchstens 3,1 mm breit. *circumcinctus* AHRENS, *circumflexus* FABRICIUS, *lapponicus* GYLLENHAL, *marginalis* LINNAEUS

S. 266

Tabelle für die Arten (L_2) (s. Abb. 28)

Eine Abbildung des L_2-Stadiums von *D. latissimus* findet sich bei HOLMEN (1993). Das L_2-Larvenstadium von *D. lapponicus* ist mir nicht bekannt. Im Hinblick auf den Besatz mit flächigen Dornen auf der Hinterseite des Tarsus (Merkmal 3) sowie die Zahl der ventralen Schwimmhaare am Tarsus (Merkmal 5) wird versuchsweise auf die Verhältnisse bei L_2 rückgeschlossen, da die L_3 von *D. lapponicus* bekannt ist (Abb. 40).

1 Hals relativ breit (mehr als 0,7 x Kopfbreite). Prosternum mindestens 3 x so breit wie lang 2

1* Hals relativ schmal (höchstens 0,6 x Kopfbreite). Prosternum höchstens 1,75 x so breit wie lang 3

2 Urogomphi deutlich kürzer (maximal halb so lang) als letztes Abdominalsegment. Kopf breiter. *latissimus* LINNAEUS

2* Urogomphi fast so lang (Abb. 30) oder manchmal länger als letztes Abdominalsegment. Kopf schmäler (3,4–3,7 mm). *semisulcatus* O. F. MÜLLER

3 Hintere Basalhälfte des Mesotarsus (im Bereich der Schwimmhaare) mit mindestens 2–3 Dornen (Abb. 32, 34) 4

3* Hintere Basalhälfte des Mesotarsus (im Bereich der Schwimmhaare) ohne Dornen (selten mit 1 Dorn) (Abb. 33, 35) 5

4 Kopfbreite mindestens 5,2 mm (5,3–5,5 mm; s. Abb. 28). *dimidiatus* BERGSTRÄSSER

4* Kopfbreite höchstens etwa 5 mm (4,3–4,8 mm; s. Abb. 28). *circumcinctus* AHRENS

5 Ventralkante des Mesotarsus fast auf Gesamtlänge (75 %) mit Schwimmhaaren versehen (Larve unbekannt: (s. Abb. 40)). *lapponicus* GYLLENHAL

5* Ventralkante des Mesotarsus nur in Basalhälfte (50–66 % der Tarsallänge) mit Schwimmhaaren besetzt (Abb. 33, 35) 6

6 Länge letztes Abdominalsegment 4,0–4,7 mm (Larven mit Längen zwischen 4,7 und 4,9 mm können nicht eindeutig bestimmt werden; Abb. 28). *circumflexus* FABRICIUS

6* Länge letztes Abdominalsegment 4,9–5, 5 mm (Larven mit Längen zwischen 4,7 und 4,9 mm können nicht eindeutig bestimmt werden; Abb. 28). *marginalis* LINNAEUS

Abb. 28: Länge des 8. Abdominalsegment (x-Achse; mm) und Breite des Kopfes (y-Achse; mm) bei Vertretern der Gattung *Dytiscus* (L_2: links; L_3: rechts). Abkürzungen: ss: *D. semisulcatus*, cf: *D. circumflexus*, cf / m: *D. circumflexus* oder *D. marginalis*, cc: *D. circumcinctus*, m: *D. marginalis*, dim: *D. dimidiatus* (Original)

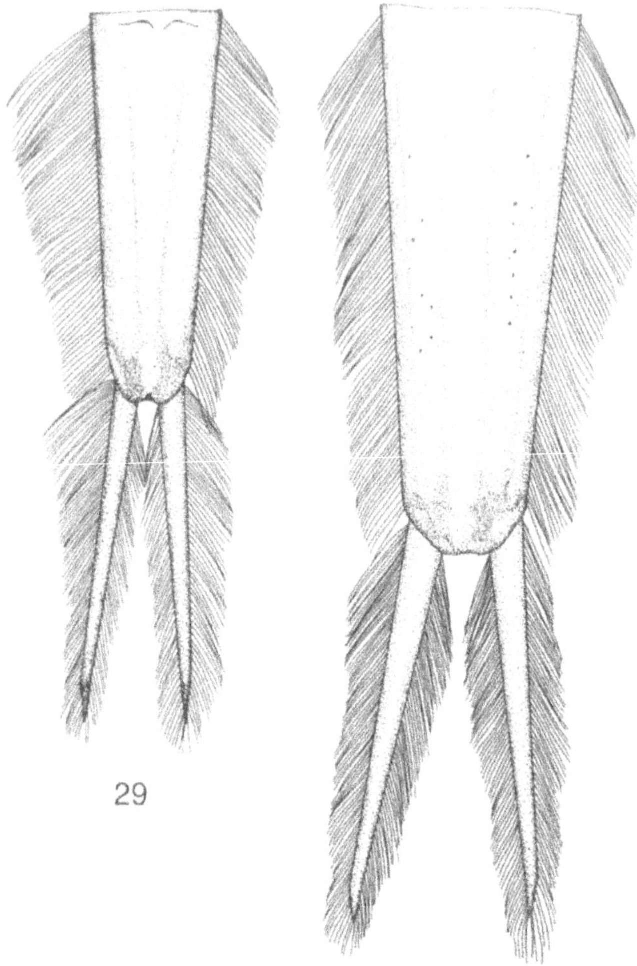

Abb. 29–30: 8. Abdominalsegment und Urogomphi bei *Dytiscus semisulcatus* (L_1: 29; L_2: 30; Original)

S. 266

Tabelle für die Arten (L_3) (s. Abb. 28)

1 Kopfkapsel quer, Kopf breiter als lang (inklus. Hals). Halsbreite überschreitet 0,75 x Kopfbreite (KLAUSNITZER 1991: 86, 87). Prosternum mindestens 3 x so breit wie lang 2

1* Kopfkapsel eher quadratisch, Kopf schmaler als lang (inklus. Hals). Halsbreite maximal 0,58 x Kopfbreite (KLAUSNITZER 1991: 88–92). Prosternum höchstens 1,75 x so breit wie lang 3

2 Kopflänge um 5, 9 mm (inklus. Hals). Prosternum länger als 1 mm. Letztes Abdominalsegment etwa 2 x so lang wie Urogomphi (KLAUSNITZER 1991: Abb. 101). *latissimus* LINNAEUS

2* Kopflänge höchstens 4,7 mm (inklus. Hals). Prosternum höchstens 0,8 mm lang. Letztes Abdominalsegment höchstens 1,8 x so lang wie Urogomphi. *semisulcatus* O. F. MÜLLER

3 Prosternumlänge mindestens 2 mm. Kopf groß, mindestens 8 mm breit. *dimidiatus* BERGSTRÄSSER

3* Prosternumlänge höchstens 1,8 mm. Kopf kleiner, höchstens 7,8 mm breit 4

4 Ventralkante des Mesotarsus fast auf $^3/_4$ der Gesamtlänge mit zahlreichen (50–55) Schwimmhaaren besetzt (Abb. 40). *lapponicus* GYLLENHAL

4* Ventralkante des Mesotarsus nur zum Teil (50–66 % der Tarsuslänge) mit Schwimmhaaren (30–40) besetzt (Abb. 37–39) 5

5 Hintere Basalhälfte des Mesotarsus (im Bereich der Schwimmhaare) mit mindestens 2–3 Dornen (Abb. 38). *circumcinctus* AHRENS

5* Hintere Basalhälfte des Mesotarsus (im Bereich der Schwimmhaare) ohne oder höchstens mit einem Dorn (Abb. 37, 39) 6

6 Länge des letzten Abdominalsegmentes höchstens 6,5 mm (es können nicht 100 % der Individuen getrennt werden; s. Abb. 28). *circumflexus* FABRICIUS

6* Länge des letzten Abdominalsegmentes mindestens 6,6 mm (es können nicht 100 % der Individuen getrennt werden; s. Abb. 28). *marginalis* LINNAEUS

S. 268

Meßwerte für die drei Larvenstadien der Gattung *Dytiscus*. Nicht einzuordnende, zwischen *D. circumflexus* und *D. marginalis* liegende Exemplare sind nicht erfaßt.

Kopflänge: L_1: *D. semisulcatus*: 2,4 mm, *D. lapponicus*: 3,1 mm; *D. circumcinctus*: 3,4–3,5 mm, L_2: *D. semisulcatus*: 3,3–3,9 mm, *D. circumcinctus*: 4,7–5,4 mm, *D. circumflexus*: 4,1–5,1 mm; *D. marginalis*: 4,2–5,4 mm, *D. dimidiatus*: 5,7–6,0 mm. L_3: *D. semisulcatus*: 4,4–4,5 mm, *D. lapponicus*: 6,2 mm; *D. circumcinctus*: 7,5–8,0 mm, *D. circumflexus*: 6,2–7,2 mm; *D. marginalis*: 6,6–8,2 mm.

Kopfbreite: L_1: *D. semisulcatus*: 2,4 mm, *D. lapponicus*: 2,9 mm; *D. circumcinctus*: 3,2–3,4 mm, L_2: *D. semisulcatus*: 3,4–3,7 mm; *D. circumcinctus*: 4,3–4,8 mm, *D. circumflexus*: 3,4–4,7 mm; *D. marginalis*: 4,3–5,1 mm, *D. dimidiatus*: 5,25–

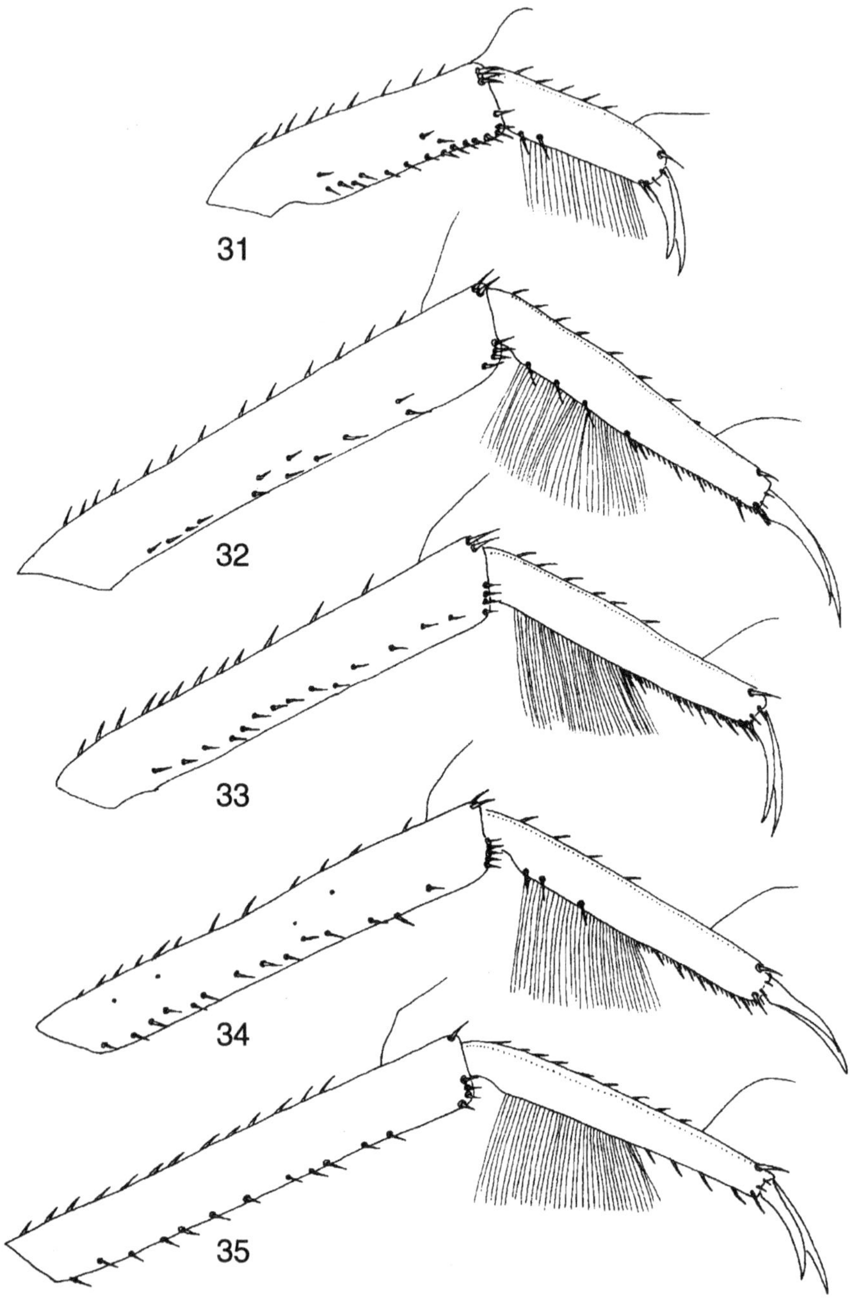

Abb. 31–35: Tibia und Tarsus des Mittelbeines (Hinteransicht) von Vertretern der Gattung *Dytiscus* (L_2). 31: *D. semisulcatus*, 32: *D. dimidiatus*, 33: *D. marginalis*, 34: *D. circumcinctus*, 35: *D. circumflexus* (Original)

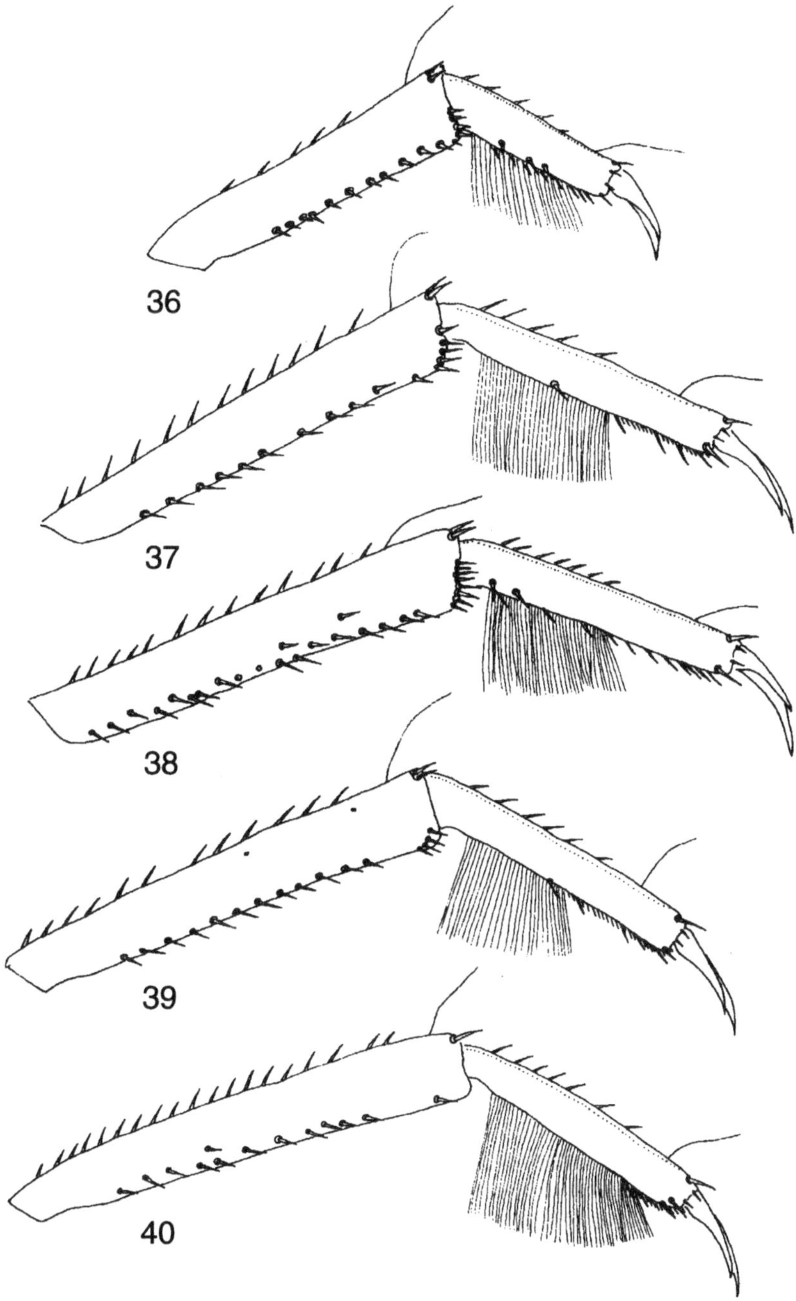

Abb. 36–40: Tibia und Tarsus des Mittelbeines (Hinteransicht) von Vertretern der Gattung *Dytiscus* (L_3). 36: *D. semisulcatus*, 37: *D. marginalis*, 38: *D. circumcinctus*, 39: *D. circumflexus* 40: *D. lapponicus* (Original, dorsale Schwimmhaare des Tarsus nicht eingezeichnet)

5,5 mm. L_3: *D. semisulcatus*: 5,4–5,5 mm, *D. lapponicus*: 6,0 mm; *D. circumcinctus*: 6,9–7,3 mm, *D. circumflexus*: 5,8–7,15 mm; *D. marginalis*: 6,55–7,8 mm.

Länge 8. Abdominalsegment: L_1: *D. semisulcatus*: 2,8 mm, *D. lapponicus*: 3,2 mm; *D. circumcinctus*: 3,8–3,9 mm, L_2: *D. semisulcatus*: 4,2–4,9 mm; *D. circumcinctus*: 4,5–5,3 mm, *D. circumflexus*: 4–4,7 mm; *D. marginalis*: 4,9–5,4 mm, *D. dimidiatus*: 5,4–5,8 mm. L_3: *D. semisulcatus*: 5,2–5,4 mm, *D. lapponicus*: 5,8 mm; *D. circumcinctus*: 6,75–7,8 mm, *D. circumflexus*: 5,5–6,5 mm; *D. marginalis*: 6,6–7,7 mm.

Länge Urogomphus: L_1: *D. semisulcatus*: 2,5 mm, *D. lapponicus*: 2,0 mm; *D. circumcinctus*: 2,1–2,2 mm, L_2: *D. semisulcatus*: 2,8–3,4 mm; *D. circumcinctus*: 2,5–2,9 mm, *D. circumflexus*: 2,2–3,1 mm; *D. marginalis*: 2,1–3,2 mm, *D. dimidiatus*: 2,9–3,1 mm. L_3: *D. semisulcatus*: 3,1–3,4 mm, *D. lapponicus*: 3,8 mm; *D. circumcinctus*: 3,6 mm, *D. circumflexus*: 2,6–3,5 mm; *D. marginalis*: 3,0–4,1 mm.

S. 268

5. Gattung: *Cybister* CURTIS

Meßwerte Stadien L_1–L_3 von *C. lateralimarginalis* (DE GEER):
Kopfbreite: L_1: 2,4–2,6 mm; L_2: 3,7–3,9 mm; L_3: 5,7–5,9 mm
Kopflänge: L_1: 2,4–2,6 mm; L_2: 3,5–3,7 mm; L_3: 5,3–5,5 mm
Länge letztes Abdominalsegment: L_1: 5,3–6,0 mm; L_2: 7,3–7,9 mm; L_3: 9,5–10,5 mm

Literatur

ALARIE, Y. (1991a): Description of larvae of 17 nearctic species of *Hydroporus* CLAIRVILLE (Coleoptera: Dytiscidae: Hydroporinae) with an analysis of their phylogenetic relationships. – Can. Ent. 123: 627–704.

ALARIE, Y. (1991b): Primary setae and pores on the cephalic capsule and head appendage of larval Hydroporinae (Coleoptera: Dytiscidae: Hydroporinae). – Can. J. Zool. 69: 2255–2265.

ALARIE, Y. (1995a): Primary setae and pores on the legs, the last abdominal segment, and the urogomphi of larvae of nearctic Colymbetinae (Coleoptera: Adephaga: Dytiscidae) with an analysis of their phylogenetic relationships. – Can. Ent. 127: 913–943.

ALARIE, Y. (1995b): The description of the larval stages of *Hydroporus dentellus* FALL. (Coleoptera: Dytiscidae: Hydroporinae). – Col. Bull. 49: 157–168.

ALARIE, Y., HARPER, P. P. & MAIRE, A. (1990a): Primary setae and pores on legs of larvae of nearctic Hydroporinae (Coleoptera: Dytiscidae). – Quaest. Entomol. 26: 199–210.

ALARIE, Y., HARPER, P. P., & ROUGLEY, R. E. (1990b): Description of the larvae of eleven nearctic species of *Hygrotus* STEPHENS (Coleoptera: Dytiscidae: Hydroporinae) with analysis of their phylogenetic relationships. – Can. Ent. 122: 985–1035.

ALARIE, Y. & HARPER, P. P. (1990): Primary setae and pores on the last abdominal segment and the urogomphi of larval Hydroporinae (Coleoptera: Adephaga: Dytiscidae), with notes on other dytiscid larvae. – Can. J. Zool. 68: 368–374.

ALARIE, Y. & NILSSON, A. N. (1996): The larvae of *Neonectes* BALFOUR-BROWNE (Coleoptera: Dytiscidae: Hydroporinae) with a description of *N. natrix* (SHARP) and a discussion of its phylogenetic relationships with members of the tribe Hydroporini. – Col. Bull. 50: 107–121.

BALKE, M., DETTNER, K. & HENDRICH, L. (1997): *Agabus („Metronectes") aubei* PERRIS: Habitat, morphological adaptations, systematics, evolution, and notes on the phanerofluicolous fauna (Coleoptera: Dytiscidae). – Aquat. Ins. 19: 75–90.

BERTRAND, H. (1928): Les larves et nymphes des Dytiscides, Hygrobiides et Haliplides. Encyclopédie Entomologique X, 366 pp., Lechevalier, Paris.

BERTRAND, H. (1932): Sur deux larves inédites de dytiscides. – Soc. Ent. Fr. Livre de Centenaire: 329–336, Paris.
BERTRAND, H. (1952): Captures et élevages de Coléoptères aquatiques (15. Note). – Bull. Soc. entomol. France 57: 91–96.
BISTRÖM, O. (1988): Generic review of the Bidessini (Coleoptera, Dytiscidae). – Acta Zool. Fennica 184: 1–41.
BLUNCK, H. (1923a): Zur Kenntnis des „Breitrands" *Dytiscus latissimus* L. und seiner Junglarve. Zool. Anz. 57: 157–168.
BLUNCK, H. (1923b): Die Entwicklung des *Dytiscus marginalis* L. vom Ei bis zur Imago. – Z. wiss. Zool. 121: 172–392.
BLUNCK, H. & B. H. KLYNSTRA (1929): Die Kennzeichen der Jugendstände in Deutschland und Holland vorkommender *Dytiscus*-Arten. – Zool. Anz. 81: 114–140.
DETTNER, K. (1982): Description of the larvae of *A. duvergeri* (Col., Dytiscidae), with keys to larvae of european species of genus *Acilius* and of the european genera of subfamily Dytiscinae. – Aquatic Insects 4: 81–88.
DETTNER, K. (1984): Description of the larvae of *Hydaticus leander* ROSSI (Coleoptera, Dytiscidae) with a key to larvae of european species of the genus *Hydaticus*. – Entomol. Basil. 9: 108–115.
DETTNER; K., H. FERY & E. HELLDÖRFER (1995): Beitrag zur Kenntnis der Larven der *Agabus chalconatus* – und *A. erichsoni* – Gruppe (Coleoptera: Dytiscidae). – Nouv. Revue Ent. (N.S.) 12 (2–3): 149–160.
FERY, H. (1991): Revision der „*minutissimus*-Gruppe" der Gattung *Bidessus* SHARP (Coleoptera: Dytiscidae). – Entomol. Basil. 14: 57–91.
FERY, H. & NILSSON, A. N. (1993): A revision of the *Agabus chalconatus* – and *erichsoni* – groups (Coleoptera: Dytiscidae), with a proposed phylogeny. – Ent. scand. 24: 79–108.
FRANCISCOLO, M. E. (1979): Coleoptera Haliplidae, Hygrobiidae, Gyrinidae, Dytiscidae, 804 pp., Fauna d'Italia XIV, Calderini, Bologna.
FUKUDA, A., KUROSA, K., HAYASHI, N. (1959): Illustrated Insect Larvae of Japan, Coleoptera 392–546, The Hokuryukan Co. Tokyo.
GALEWSKI, K. (1990a): First stage larvae of the central European species of *Hydaticus* LEACH (Coleoptera, Dytiscidae) with a key to all larval stages. – Ann. Zoologici 43: 433–439.
GALEWSKI, K. (1990b): Klucze do oznaczania owadow Polski, C. XIX Coleoptera, Z. Larwy z podroziny Colymbetinae – Panstwowe Wydawnictwo Naukowe, Warszawa.
GALEWSKI, K. (1990c): The larvae of central European species of *Graphoderus* DEJEAN (Coleoptera, Dytiscidae). – Polsk. Pismo Entomol. 60: 25–54.
GALEWSKI, K. (1991): The larvae of central european species of *Acilius* LEACH (Coleoptera, Dytiscidae). – Bull. Pol. Acad. Sci., Biol. Sci. 39: 321–332.
HOLMEN, M. (1993): Fredede insekter i Danmark. Del 3: Biller knyttet til vand. – Ent. Meddr. 61: 117–137.
KLAUSNITZER, B. (1991): Die Larven der Käfer Mitteleuropas. 1. Band Adephaga. – Goecke & Evers, Krefeld, 273 S. (mit Beiträgen von E. ARNDT (Carabidae) und A. N. NILSSON (Gattungen *Hydroporus* und *Agabus*)).
NILSSON, A. N. (1982): A key to the larvae of the Fennoscandian Dytiscidae (Coleoptera). – Fauna Norrlandica 2: 1–45.
NILSSON, A. N. (1985): The Larvae of the Predaceous Diving Beetles *Bidessus grossepunctatus, Graptodytes granularis* and *G. pictus* (Col., Dytiscidae). – Aquatic Insects 7: 165–172.
NILSSON, A. N. (1988): A review of primary setae and pores on legs of larval Dytiscidae (Coleoptera). – Can. J. Zool. 66: 2283–2294.
NILSSON, A. N. & ANGUS, R. B. (1992): A reclassification of the *Deronectes*-group of genera (Coleoptera: Dytiscidae) based on a phylogenetic study. – Ent. scand. 23: 275–288.
NILSSON, A. N. & HILSENHOFF, W. L. (1991): Review of first – instar larvae of Colymbetini (Coleoptera: Dytiscidae), with a key to genera and phylogenetic analysis. – Ent. scand. 22: 35–44.
NILSSON, A. N. & HOLMEN, M. (1995): The aquatic Adephaga (Coleoptera) of Fennoscandia and Denmark. II. Dytiscidae: 192 pp., Fauna Entomologica Scandinavica 32, E. J. Brill, Leiden.
NILSSON, A. N., ROUGHLEY, R. E. & BRANCUCCI, M. (1987): A review of the genus- and family-group names of the family of Dytiscidae LEACH (Coleoptera). – Ent. scand. 20: 287–316.

PEDERZANI, F. (1986): Sulla presenza di *Agabus nigroaeneus* ER., *Ilybius aenescens* THOMS. e *Graphoderus verrucifer* SAHLB. nella valle dell'Avisio in Trentino (Coleoptera: Dytiscidae). – Studi trent. Sci. nat., Acta biol. 62: 69–78.

PEDERZANI, F. (1995): Keys to the identification of the genera and subgenera of adult Dytiscidae (sensu lato) of the world (Coleoptera Dytiscidae). – Att. Accad. Roveretana Ag. Ser. VII, Vol. IV B: 5–81.

RICHOUX, PH. & C. DUFAY (1986): Présence en gréce continentale de *Dytiscus dimidiatus* BERGST. var. *mutinensis* FIORI: Statut taxonomique et repartition geographique (Coléoptères, Dytiscidae). Biologia Gallo-hellenica 12: 421–431.

ROUGHLEY, R. E. (1990): A systematic revision of species of *Dytiscus* LINNAEUS (Coleoptera: Dytiscidae). Part 1. Classification based on adult stage. – Quaest. Entomol. 26: 383–557.

ROUGHLEY, R. E. & PENGELLY, D. H. (1981): Classification, phylogeny, and zoogeography of *Hydaticus* LEACH (Coleoptera: Dytiscidae) of North America. – Quaest. Entomol. 17: 249–309.

SCHAEFLEIN, H. (1979): Beitrag zur Dytiscidenfauna Mitteleuropas (Col.). – Stuttgarter Beitr. Naturk., Ser. A, Nr. 325: 1–20.

SCHAEFLEIN, H. (1989): Dritter Beitrag zur Dytiscidenfauna Mitteleuropas (Coleoptera) mit ökologischen und nomenklatorischen Anmerkungen. – Stuttgarter Beitr. Naturk. Ser. A. Nr. 430: 39 pp.

SCHAEFLEIN, H. (1993): Bibliographie der über Larvensystematik der mitteleuropäischen Dytisciden erschienenen Veröffentlichungen. – Beitr. Ent. 43: 149–188.

WATTS, C. H. S. (1970): The larvae of some Dytiscidae (Coleoptera) from Delta, Manitoba. – Can. Ent. 102: 716–728.

S. 270

7. Familie: Gyrinidae

von KONRAD DETTNER

(Abb. 1–20)

Eine phylogenetische Analyse der Gyrinidae (BEUTEL & ROUGLEY 1993) enthält Dorsal- und Ventralansichten des Kopfes der Gattungen *Aulonogyrus, Gyrinus, Dineutus, Andogyrus, Macrogyrus, Orectochilus, Orectogyrus* und *Gyretes*. Hierbei werden die beiden synapomorphen Gattungen *Aulonogyrus* + *Gyrinus* den restlichen, ebenfalls monophyletischen Gattungen (*Dineutus* + *Andogyrus* + *Macrogyrus; Orectochilus* + *Orectogyrus* + *Gyretes*) als Schwestergruppe gegenübergestellt. Weitere Daten über Gyrinidenlarven finden sich bei SPANGLER (1991).

Wichtige Angaben über Primärbehaarung und Borstenbesatz auf den Extremitäten von Gyrinidenlarven enthält die Studie von NILSSON (1988). Im Gegensatz zu Sekundärstrukturen (bei L_2 / L_3) treten Primärstrukturen im 1. Larvenstadium auf. Hierbei sind Gyrinidenlarven durch folgende primären Merkmale charakterisiert (Abb. 1, 2): Coxalborste 6 hat dieselbe Länge wie die Coxalborsten 7–9; jeweils 1 Coxalpore auf der Vorder- und Rückseite; Trochanter insgesamt mit 7 Borsten, davon nur 2 Borsten auf der Hinterseite; Femur lediglich mit 6 Borsten und nur 1 Pore auf der Vorderseite; Tibialborste 1 inseriert dorsoproximal, Tibialborste Nr. 7 haarförmig; Tarsus nur mit 6 Borsten (davon Tarsalborste Nr. 1 haarförmig), Klauen paarig.

S. 271

Erweiterte Tabelle für die Gattungen (sämtliche Stadien nach Merkmalen von BALFOUR-BROWNE 1950, BERTRAND 1972, BEUTEL & ROUGHLEY 1993, KLAUSNITZER 1991, NILSSON 1988, SCHIÖDTE 1864, 1872)

1 Frontoclypeus vorn abgestutzt, ohne Zähnchen (Abb. 11; KLAUSNITZER 1991: Abb. 5). Maxillarpalpus sehr viel länger als Grundglieder, Lacinia dünn und lang (Abb. 3). Zwischen den Klauen ein vierfingeriger, am Grunde verwachsener Sklerit, Klauenunterseite im basalen Drittel ohne feine Härchen (Abb. 4). Abdominalkiemen an den Segmenten 1–8 kürzer, nicht gebogen (Abb. 19). *Orectochilus* LACORDAIRE

1* Frontoclypeus vorn mit 2–4 Zähnchen (Abb. 12, 13; KLAUSNITZER 1991: Abb. 4, 6). Maxillarpalpus etwa so lang wie Grundglieder, Lacinia kurz und breit, mit subapikalem Zähnchen (Abb. 5). Zwischen den Klauen getrennte Borsten, Klauenunterseite im basalen Drittel mit Härchen (Abb. 6). Abdominalkiemen am 1.-8. Abdominalsegment länger (Abb. 18) oder kurz, gebogen (Abb. 20). 2

2 Frontoclypeus mit 2 Zähnchen (Abb. 12; KLAUSNITZER 1991: Abb. 6). Pronotum länger als breit (KLAUSNITZER 1991: Abb. 2). Abdominalkiemen am 1.–8. Abdominalsegment schmal und lang (Abb. 18). *Gyrinus* MÜLLER

2* Frontoclypeus mit 4 Zähnchen (Abb. 13; KLAUSNITZER 1991: Abb. 4). Pronotum quadratisch (z. B. L_2 von *A. striatus*) bis breiter als lang (KLAUSNITZER 1991: Abb. 3). Abdominalkiemen am 1.–8. Abdominalsegment kurz, gebogen (Abb. 20). *Aulonogyrus* MOTSCHULSKY

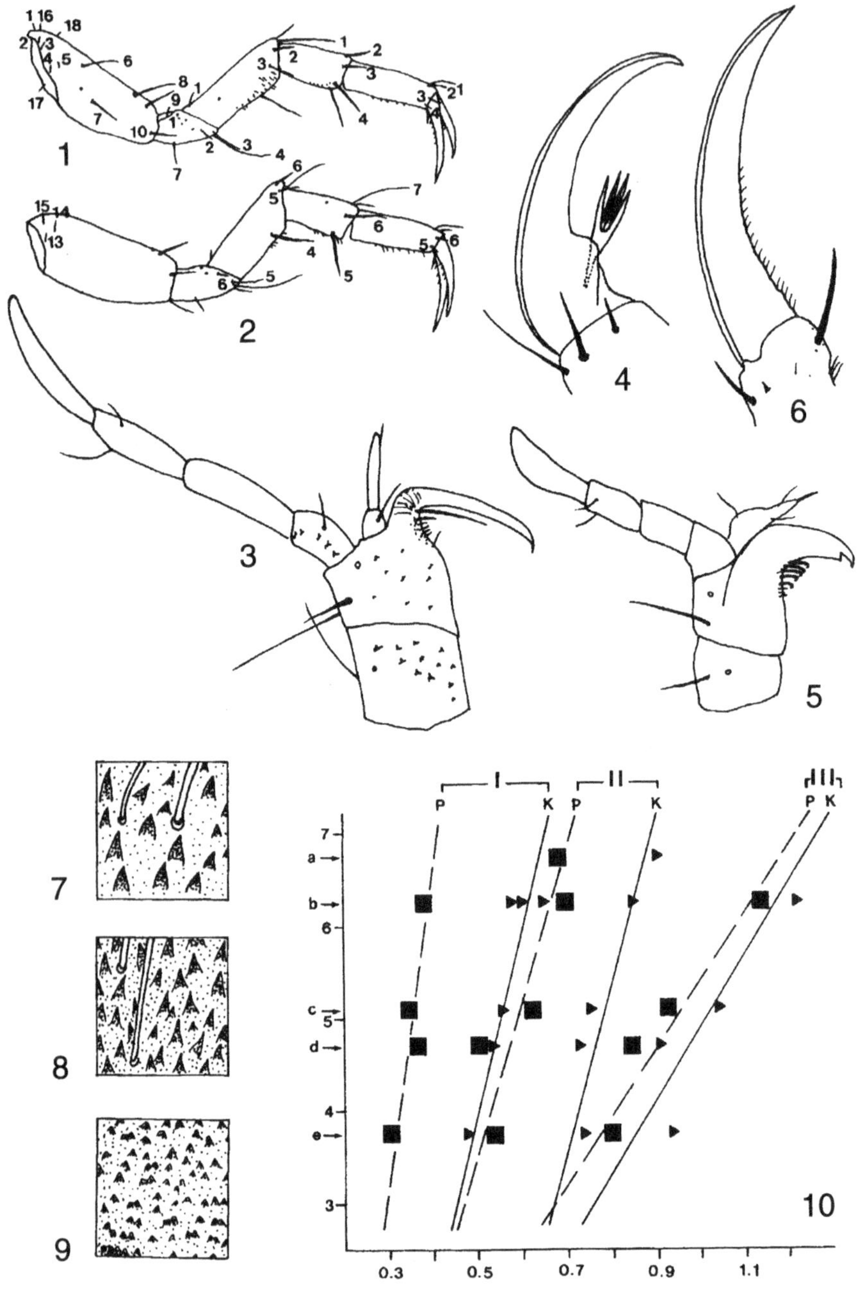
1
2
3
4
5
6
7
8
9
10
I
II
III
P
K
a
b
c
d
e
0.3
0.5
0.7
0.9
1.1

Eine sichere Tabelle für die Larvenstadien existiert nur für die Gattungen *Orectochilus* und *Gyrinus* (NILSSON 1996). Die L_3 kann immer daran erkannt werden, daß die Abdominalsegmente 1–3 dorsolateral jeweils ein Paar winziger Stigmen aufweisen (Abb. 15, Pfeil). Diese Stigmen fehlen bei L_1, bei L_2 sind sie funktionslos, denn die unter dem Stigma gelegene Trachee ist mit undurchsichtigem Material angefüllt.

Anhand der Abb. 10 und der ermittelten Längenmaße für Kopf und Pronotum dürfte es bei den meisten, auch unbekannten Gyrinidenlarven möglich sein, das jeweilige Larvenstadium sicher zu bestimmen. Beide Meßwerte (Kopf immer länger als Pronotum) sollten jeweils im Bereich der ermittelten Geraden für die L_1 bis L_3 liegen. Bei der durchschnittlichen Körperlänge der Imagines sollte weiterhin berücksichtigt werden, daß die Männchen erheblich kürzer sind als die Weibchen. Dies müßte auch auf die entsprechenden Larvenstadien zutreffen.

Tabelle für die Larvenstadien (nach NILSSON 1996)

Gattung *Gyrinus*

1 Unterseite des 9. und 10. Abdominalsegment mit wenigen Haaren (Abb. 16). L_1
1* Unterseite des 9. und 10. Abdominalsegment mit zahlreichen Haaren (Abb. 17, 18). L_2, L_3

Gattung *Orectochilus*

1 Innenseite der Tracheenkieme am 9. Abdominalsegment mit weniger als 10 Haaren (Abb. 14). Außenseite der Tracheenkiemen an den Abdominalsegmenten 2-8 mit maximal 4 Haaren (Abb. 14). L_1
1 Innenseite der Tracheenkieme am 9. Abdominalsegment mit mehr als 15 Haaren (Abb. 19). Außenseite der Tracheenkiemen an den Abdominalsegmenten 2-8 jeweils mit mindestens 7 Haaren (Abb. 19). L_2, L_3

Abb. 1: Vorderbein von *Gyrinus aeratus* (L_1; Vorderansicht; verändert nach NILSSON 1988)
Abb. 2: Vorderbein von *Gyrinus aeratus* (L_1; Hinteransicht; verändert nach NILSSON 1988)
Abb. 3: *Orectochilus villosus*, L_2; Maxille (Original)
Abb. 4: *Orectochilus villosus*, L_2; Vordertarsen (Original)
Abb. 5: *Gyrinus* sp., L_2; Maxille (Original)
Abb. 6: *Gyrinus* sp., L_2; Vordertarsen (Original)
Abb. 7–9: Oberflächenstrukturen von Larven (L_1) der Gattung *Gyrinus*. *G. caspius* (Abb. 7), *G. paykulli* (Abb. 8) und *G. suffriani* (Abb. 9). Verändert nach BERTRAND (1951).
Abb. 10: Durchschnittliche Körperlänge der Imagines (mm; x-Achse) im Vergleich zur Länge des Kopfes (K; Dreieck) und des Pronotum (P; Quadrat) bei den Larvenstadien L_1 (I), L_2 (II) und L_3 (III). Arten: a. *Orectochilus villosus*; b. *Gyrinus paykulli, G. caspius, G. urinator*; c. *G. substriatus*; d. *G. suffriani*; e. *G. minutus*. Kopf- und Pronotumlängen einer unbekannten Gyrinidenlarve müssen im Bereich der drei, zu dem jeweiligen Larvenstadium gehörenden Geradenpaare (Pronotum: unterbrochene Linie; Kopf: durchgezogene Linie) liegen. Hierbei liegt die Pronotumlänge immer unter der Kopflänge. Meßwerte nach BERTRAND (1951), DETTNER (unveröff.) und SAXOD (1965).

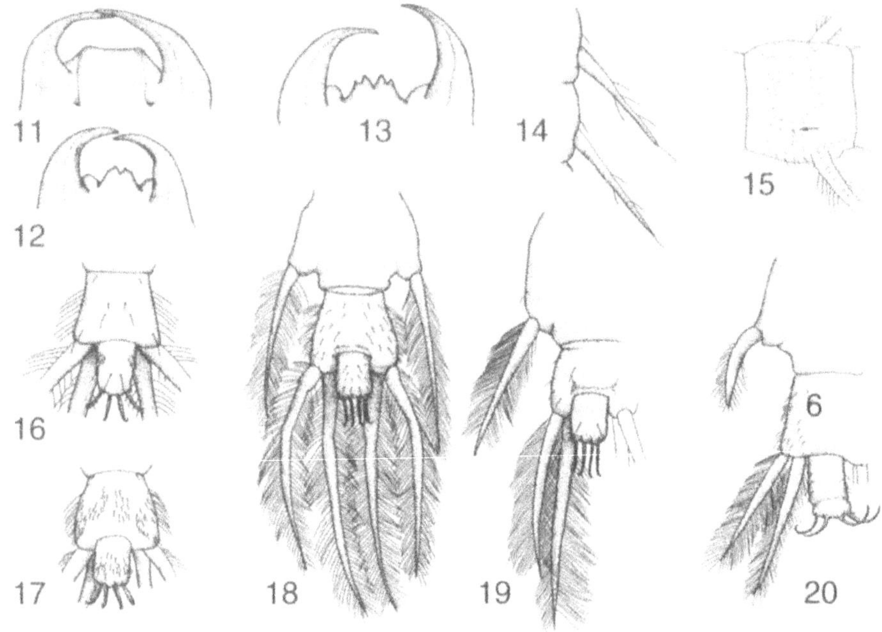

Abb. 11: *Orectochilus villosus*, L_2, Frontoclypeusvorderrand und Mandibeln, dorsal (Original)
Abb. 12: *Gyrinus* sp., L_2, Frontoclypeusvorderrand und Mandibeln, dorsal (Original)
Abb. 13: *Aulonogyrus striatus*, L_2, Frontoclypeusvorderrand und Mandibeln, dorsal (Original)
Abb. 14: *Orectochilus villosus*, L_1, 8./9. Abdominalsegment, Kiemen, dorsal (verändert nach NILSSON 1996)
Abb. 15: *Gyrinus aeratus*, L_3, 2. Abdominalsegment mit Stigma (Pfeil), lateral (verändert nach NILSSON 1996)
Abb. 16: *Gyrinus opacus*, L_1, 9./10. Abdominalsegment, ventral (verändert nach NILSSON 1996)
Abb. 17: *Gyrinus aeratus*, L_3, 9./10. Abdominalsegment, ventral (verändert nach NILSSON 1996)
Abb. 18: *Gyrinus* sp., L_2, 8.-10. Abdominalsegment mit Kiemen, ventral (Original)
Abb. 19: *Orectochilus villosus*, L_2, 8.-10. Abdominalsegment mit Kiemen, ventral (nur eine Körperseite) (Original)
Abb. 20: *Aulonogyrus striatus*, L_2, 8.-10. Abdominalsegment mit Kiemen, ventral (nur eine Körperseite) (Original)

S. 272

2. Gattung: *Gyrinus* MÜLLER

Obwohl von 7 der 11 mitteleuropäischen Arten mehr oder weniger detaillierte Beschreibungen vorliegen, kann derzeit keine Tabelle zur Unterscheidung der Arten erstellt werden. Möglicherweise liefert die mikroskopische Oberflächenskulptur der Larven eindeutige Unterscheidungsmerkmale. Für die L_1 macht BERTRAND (1951) folgende Angaben: *G. caspius* (Kutikularfortsätze groß, dreieckig, in deutlichem Abstand voneinander angeordnet; Abb. 7), *G. paykulli* (Kutikularfortsätze groß, dreieckig, dicht beeinanderstehend; Abb. 8), *G. suffriani* (Kutikularfortsätze sehr viel kleiner, in deutlichen Abständen angeordnet; Abb. 9). Bei *Orectochilus villosus* besteht diese Oberflächenskulptur aus winzigen rundlichen, in weiten Abständen angeordneten Kutikularfortsätzen (SCHIÖDTE 1864).

Literatur

BALFOUR-BROWNE, F. (1950): British Water Beetles, Vol. II. – Ray Society, London.

BERTRAND, H. (1951): Captures et élevages de larves de Coléoptères aquatiques (13 e note). – Bull. Soc. Entomol. France 56: 75--80.

BERTRAND, H. (1972): Larves et nymphes des Coléoptères aquatiques du globe, Paris.

BEUTEL, R. G. & ROUGHLEY, R. E. (1993): Phylogenetic analysis of Gyrinidae based on characters of the larval head (Coleoptera: Adephaga). – Ent. Scand. 24: 459--468.

KLAUSNITZER, B. (1991): Die Larven der Käfer Mitteleuropas. 1. Band Adephaga. – Goecke & Evers, Krefeld, 273 S. (mit Beiträgen von E. ARNDT (Carabidae) und A. N. NILSSON (Gattungen *Hydroporus* und *Agabus*)).

NILSSON, A. N. (1988): A review of primary setae and pores on legs of larval Dytiscidae (Coleoptera). – Can. J. Zool. 66: 2283--2294.

NILSSON, A. N. (1996): Coleoptera Gyrinidae, whirliging beetles. In: A. N. NILSSON (Ed.): Aquatic Insects of North Europe. A taxonomic Handbook. – Apollo Books, Stenstrup, p. 123–129.

SAXOD, R. (1965): Larves et nymphes de quatre espèces francaises de Gyrinidae. – Bull. Soc. zool. Fr. 90: 163--174.

SCHIÖDTE, J. C. (1864): De Metamorphosi Eleutheraturum observationes: Bidrag til Insekternes Udviklingshistorie. – Naturh. Tidsskr., 3. raekke, 3: 131--224.

SCHIÖDTE, J. C. (1872): De Metamorphosi Eleutheratorum observationes: Bidrag til Insekternes Udviklingshistorie. – Naturh Tidsskr. 3. raekke, 8: 165--226.)

SPANGLER, P. J. (1991): Gyrinidae (Adephaga), 319--320. In: Immature Insects Vol. 2 (Hrsg. F. W. STEHR). – Kendall / Hunt, Dubuque.

2. Band

S. 118

42. Familie: Elateridae

von ANDREAS KAUPP & CLAUS WURST

(Abb. 1--39)

Zur Systematik:

Die in Mitteleuropa gebräuchliche Unterfamilieneinteilung ist rein typologisch begründet und mittlerweile überholt. Die nachfolgenden Änderungen stützen sich im wesentlichen auf HYSLOP (1917), DOLIN (1982, 1988) und LAWRENCE & NEWTON (1995). Die Vorstellungen von STIBICK (1979) sind insgesamt schlecht begründet und weichen in einigen Punkten von den Darstellungen der o.a. Autoren ab.

Die bisherigen Unterfamilien 1. Unterfamilie Ampedinae, 2. Unterfamilie Physorrhininae, 3. Unterfamilie Elaterinae, 4. Unterfamilie Agriotinae (einschließlich 5. Unterfamilie Pomachilinae), 6. Unterfamilie Adrastinae und 7. Unterfamilie Melanotinae werden zur Unterfamilie Elaterinae LEACH zusammengefaßt, die durch folgende apomorphe Larvalmerkmale gekennzeichnet ist: völlige Reduktion der Urogomphi, Verschmelzung der Pleurite der ersten 8 Abdominalsegmente mit dem Mediotergit. Die abdominalen Stigmen liegen im Mediotergit, die Cardo ist geteilt.

Die 8. Unterfamilie Conoderinae und die 9. Unterfamilie Agrypninae bilden die Unterfamilie Agrypninae CANDÈZE (= Pyrophorinae einiger Autoren), die durch Lateraldornen des Pygopodiums, ein dreieckig verengtes Postmentum, schmale, einander genäherte Cardines und einen glatten Mandibelinnenrand ausgezeichnet ist.

Die 11. Unterfamilie Ctenicerinae, 12. Unterfamilie Denticollinae, 13. Unterfamilie Athoinae und 14. Unterfamilie Hypnoidinae werden zur Unterfamilie Denticollinae STEIN & WEISE (= Athoinae CANDÈZE) vereinigt, wobei die vormaligen „Athoinae", „Denticollinae" und „Hypnoidinae" zusammen die Tribus Denticollini bilden, die bisherige Unterfamilie „Ctenicerinae" wird zur Tribus Ctenicerini. Die Larven der Unterfamilie tragen am Vorder- und Seitenrand der Mediotergite (Mesothorax bis 8. Abdominalsegment) Transversal- und Longitudinalimpressionen, ihre Cardo ist geteilt.

Die Familie Lissomidae (Lissominae LAPORTE DE CASTELNAU, 1840) mit der einheimischen Gattung *Drapetes* und die Oestodinae HYSLOP, 1917, eine Unterfamilie der Elateridae, sind Synonyme desselben Taxons. Die Larve von *Oestodes tenuicollis* RAND., beschrieben und abgebildet bei HYSLOP (1917) und BÖVING & CRAIGHEAD (1931), ist der Larve von *Drapetes*, bis auf subtile Unterschiede, zum Verwechseln ähnlich. Es besteht kein Zweifel, daß beide Gattungen zur selben Unterfamilie gehören. Da eine Abtrennung der Lissomidae von den Elateridae z.Z. nicht phylogenetisch begründet werden kann, werden sie als Unterfamilie Lissominae der Elateridae aufgefaßt (DOLIN 1982, CALDER et al. 1993, LAWRENCE & NEWTON 1995) (vgl. S. 10).

Die Elateridae Mitteleuropas gehören demnach zu den 7 Unterfamilien Elaterinae, Agrypninae, Diminae, Denticollinae (= Athoinae), Negastriinae, Cardiophorinae und Lissominae (= Oestodinae).

Von PLATIA (1994) wurde eine große Zahl nomenklatorischer Änderungen eingeführt, die hier keine Berücksichtigung finden, da ihre Einführung der Fortschreibung des Imaginalschlüssels in dieser Reihe vorbehalten bleiben soll.

S. 121

Tabelle für die Unterfamilien

Die für die Unterfamilie Diminae genannten Merkmale treffen nicht zu. Die Unterfamilientabelle ist daher von Leitzahl 2 bis Leitzahl 5 wie folgt zu ändern:

2 Transversale und longitudinale Impression am Vorderrand der Tergite (Mesothorax bis 8. Abdominalsegment) fehlend (Abb. Bd. 2: 2, 3, 5, 324) 3

2* Transversale und longitudinale Impression am Vorderrand der Tergite (Mesothorax bis 8. Abdominalsegment) vorhanden 6

3 Nachschieber (Pygopodium) mit 2 kräftigen lateralen Dornen (Abb. Bd. 2: 18). Urogomphi terminal zweispitzig (Abb. Bd. 2: 14, 170, 172, 174, 176, 178, 181). Postmentum annähernd dreieckig. Die Stipites der Maxillen an der Basis stark genähert (Abb. Bd. 2: 17) 4

3* Nachschieber ohne Dornen. Urogomphi terminal ungeteilt, einspitzig (Abb. Bd. 2: 16, 304, 305, 307, 311, 313, 315, 317, 320, 323, 324). Postmentum nach hinten kaum verengt. Die Stipites sind an der Basis weit getrennt (Abb. Bd. 2: 25, 326) 5

4 Vorderrand des Clypeus neben dem Nasale mit 1--2 zusätzlichen Zähnen (Abb. Bd. 2: 21). Agrypninae, Monocrepidiini (= Conoderinae) (S. 153)

4* Vorderrand des Clypeus neben dem dreizähnigen Nasale glatt, keine zusätzlichen Zähne vorhanden (Abb. Bd. 2: 171, 173, 175, 177, 179, 180). Agrypninae, Agrypnini (S. 153)

5 Praesternit des Prothorax aus einem Stück bestehend, ungeteilt. Galea eingliedrig. Frons V-förmig, bis zum Hinterrand der Kopfkapsel reichend (Abb. Bd. 2: 308, 309, 312, 314, 316, 318, 321, 325). Negastriinae (S. 178)

5* Praesternit des Prothorax in 3 Teile geteilt. Galea zweigliedrig. Frons nach hinten kaum verengt, hinten breit abgerundet, nicht bis zum Hinterrand der Kopfkapsel reichend (Abb. Bd. 2: 20). Alle Sklerite des Thorax und Abdomen behaart. Diminae (S. 155)

Aufgrund der geänderten Unterfamilieneinteilung führen die folgenden Leitzahlen der Unterfamilientabelle zu hierarchisch neu eingestuften Taxa: Leitzahl 6: Denticollinae, Ctenicerini (S. 155). Leitzahl 7*: Denticollinae, Denticollini, *Denticollis* (S. 166). Leitzahl 7: Denticollinae, Denticollini pars (= ehemalige Athoinae und Hypnoidinae) (S. 169). Leitzahl 9: Elaterinae, Elaterini (S. 138). Leitzahl 10: Elaterinae, Melanotini (S. 151). Leitzahl 12: Elaterinae, Ampedini (S. 125). Leitzahl 12*: Elaterinae, Physorrhinini. Leitzahl 13: Elaterinae, Agriotini (= ehemalige Agriotinae und Pomachilinae) (S. 140). Leitzahl 13*: Elaterinae, Adrastini (S. 146). Die hierarchische Einstufung der Taxa muß in den Überschriften an den entsprechenden Stellen ebenfalls geändert werden.

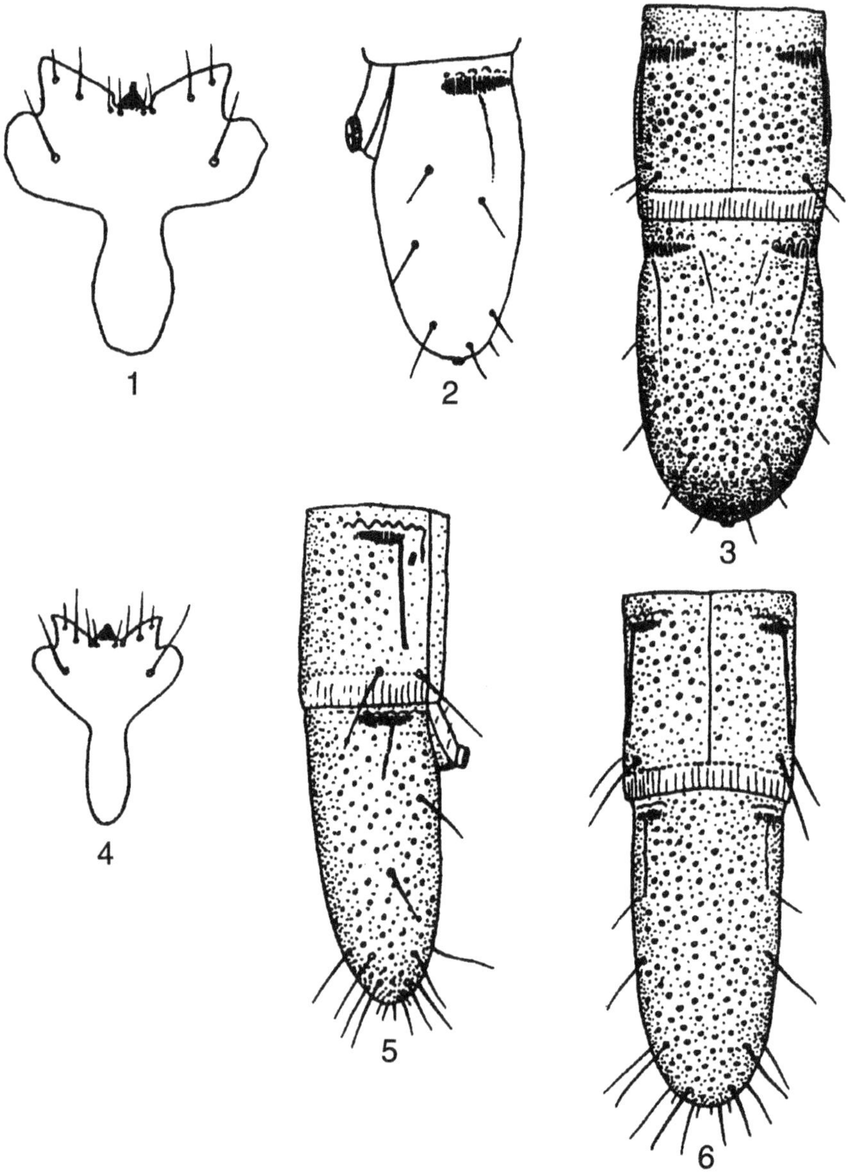

Abb. 1: *Brachygonus megerlei*, Frontoclypeus (aus DOLIN 1988)
Abb. 2: *Brachygonus megerlei*, 9. Abdomenende, lateral (aus DOLIN 1988)
Abb. 3: *Brachygonus megerlei*, 9. Abdominalsegment, dorsal (aus DOLIN 1988)
Abb. 4: *Brachygonus ruficeps*, Frontoclypeus (aus DOLIN 1988)
Abb. 5: *Brachygonus ruficeps*, 9. Abdomenende, lateral (aus DOLIN 1988)
Abb. 6: *Brachygonus ruficeps*, 9. Abdominalsegment, dorsal (aus DOLIN 1988)

S. 124

Abb. 35: Statt *Athous aterrimus* lies *Ectinus aterrimus*.

S. 127

Tabelle für die Gattungen der Ampedini (Ampedinae in Bd. 2): Die Leitzahl 3, die zur Gattung *Brachygonus* führt, ist wie folgt zu ändern:

3 Ende des 9. Abdominalsegments mit einer kleinen Warze oder ganz glatt, ohne Spitze. Abdominalsternite punktiert oder glatt (Abb. 2, 3, 5, 6 sowie Bd. 2: 92, 93). *Brachygonus* BUYSSON

1. Gattung: *Ampedus* GERMAR

In der Vorbemerkung ist hinzuzufügen: Die Larve von *A. auripes* (REITTER) ist unbekannt (WURST & KAUPP 1995).

S. 128

Die Abbildungsbeschriftungen Abb. 50 und Abb. 51 sind vertauscht.

S. 129

Bei Leitzahl 3* siehe Bemerkungen zur Gattung *Brachygonus*. *A. ruficeps* (MULSANT & GUILLEBEAU) gehört zur Gattung *Brachygonus* und wird dort ausgeschlüsselt.

S. 135

Leitzahl 17: Da die Larven der aus dem *Ampedus pomorum* (= *ferrugatus*)-Komplex hervorgegangenen Arten nicht im einzelnen bekannt sind und die Larvenbeschreibung keiner der Arten zugeordnet werden kann, ist *pomorum* (HERBST) zu ergänzen durch ? *nemoralis* BOUWER, ? *robustus* BOUWER.

S. 136

Leitzahl 19: Da die Larvenbeschreibung von *A. hjorti* auf der Larve von *A. triangulum* DORN beruhen könnte, ist ? *triangulum* DORN noch hinzuzufügen.

2. Gattung: *Brachygonus* BUYSSON

Neben *B. megerlei* (LACORDAIRE) und *B. dubius* (PLATIA & CATE) zählt, laut DOLIN (1988), auch der bisher bei *Ampedus* stehende *B. ruficeps* (MULSANT & GUILLEBEAU) zu dieser Gattung.

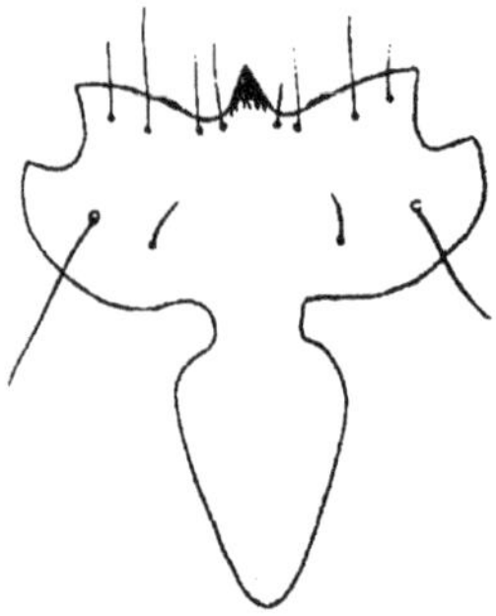

7

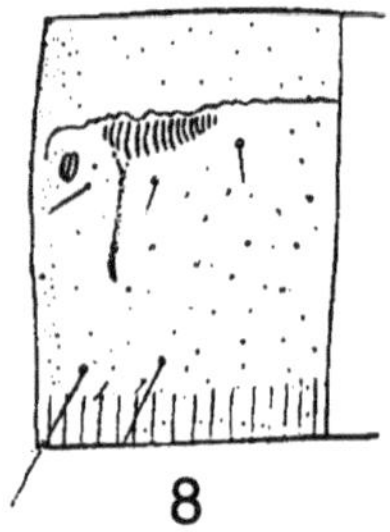

8

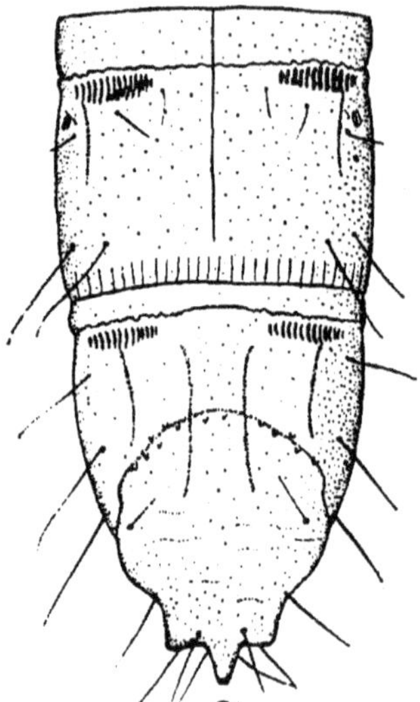

9

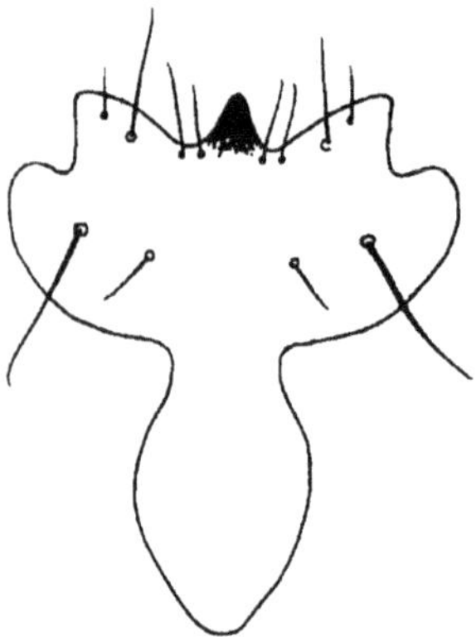

10

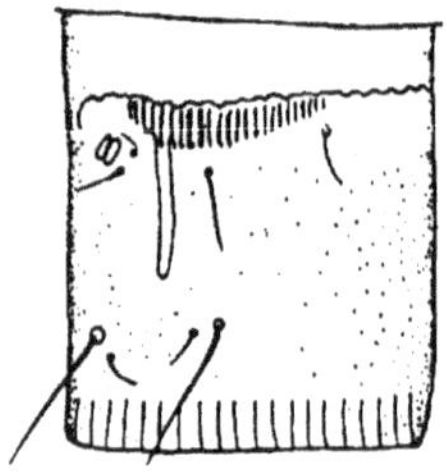

11

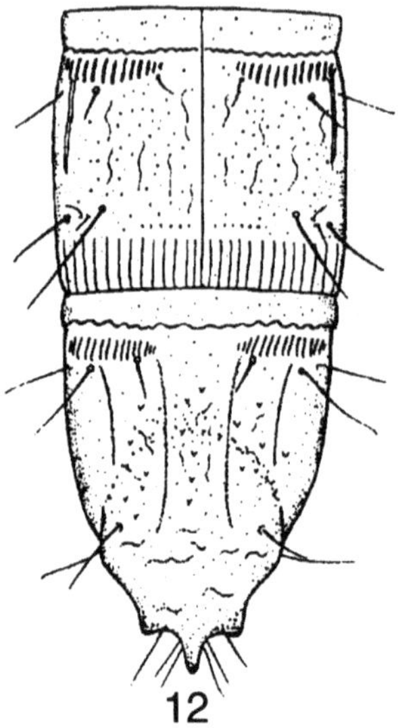

12

Abb. 7: *Melanotus villosus*, Frontoclypeus (aus DOLIN 1988)
Abb. 8: *Melanotus villosus*, 4. Abdominalsegment, halber Tergit (aus DOLIN 1988)
Abb. 9: *Melanotus villosus*, 8. und 9. Abdominalsegment, dorsal (aus DOLIN 1988)
Abb. 10: *Melanotus castanipes*, Frontoclypeus (aus DOLIN 1988)
Abb. 11: *Melanotus castanipes*, 4. Abdominalsegment, halber Tergit (aus DOLIN 1988)
Abb. 12: *Melanotus castanipes*, 8. und 9. Abdominalsegment, dorsal (aus DOLIN 1988)

Tabelle für die Arten (es fehlt *B. dubius*)

1 9. Abdominalsegment 1,6mal länger als breit, am Ende mit einer Warze (Abb. 2, 3 sowie Bd. 2: 93). Abdominalsternite und die Laterotergite unpunktiert, glatt (Abb. Bd. 2: 93). *megerlei* (LACORDAIRE)

1* 9. Abdominalsegment 2,1mal länger als breit, am Ende ohne Warze, glatt (Abb. 5, 6). Abdominalsternite und Laterotergite punktiert. *ruficeps* (MULSANT & GUILLEBEAU)

S. 143

Bei Abb. 111 und 112 ändere *Agriotes aterrimus* in *Ectinus aterrimus*.

S. 151

17. Gattung: *Melanotus* ESCHSCHOLTZ

Die Larve von *Melanotus castanipes* (PAYKULL) kann nach DOLIN (1988) folgendermaßen bestimmt werden:

Zwischen Leitzahl 2 und 2* ist zur Unterscheidung von *M. villosus* (GEOFFROY in FOURCROY) (= *rufipes* (HERBST)) und *M. castanipes* (PAYKULL) folgendes einzufügen:

Leitzahl 2: streiche *rufipes* (HERBST) und ersetze durch Verweis auf die neue Leitzahl 2a:

2a Muskelgruben etwas kürzer und schmaler (Abb. 8, 9). Frons am Übergang zum Clypeus stärker eingeschnürt (Abb. 7). *villosus* (GEOFF. FOURCR.)

2a* Muskelgruben länger und breiter (Abb. 11, 12). Frons am Übergang zum Clypeus kaum eingeschnürt (Abb. 10). *castanipes* (PAYKULL)

S. 154

In der oberen Bildzeile mit den Frontoclypeusabbildungen ersetze die Nummer 174 durch 177.

S. 155

21. Gattung: *Dima* CHARPENTIER

Die Larve von *Dima elateroides* CHARPENTIER wurde von VAN EMDEN (1945), nebst Abbildung des 9. Abdominalsegments, kurz, von DOLIN (1982) ausführlicher beschrieben und abgebildet. Die Angaben in Bd. 2 sind zu ersetzen durch:

Die Larve von *Dima elateroides* CHARPENTIER, der einzigen Art der Unterfamilie im Gebiet, besitzt lange, ungeteilte Urogomphi, an deren Basis sich lateral je 2 Zähne befinden. Submentum hinten nicht verengt. Cardines geteilt, Stipites an der Basis weit getrennt. 2. Antennenglied an der Spitze mit 6--8 Sinneskegeln. Praesternit des Prothorax wie bei den Ctenicerini dreigeteilt. Tergale Longitudinal- und Transversalimpressionen fehlen. Das Pygopodium (10. Abdominalsegment) ist dornenlos. Alle Körpersklerite sind behaart. Mandibeln mit kleinem Retinaculum.

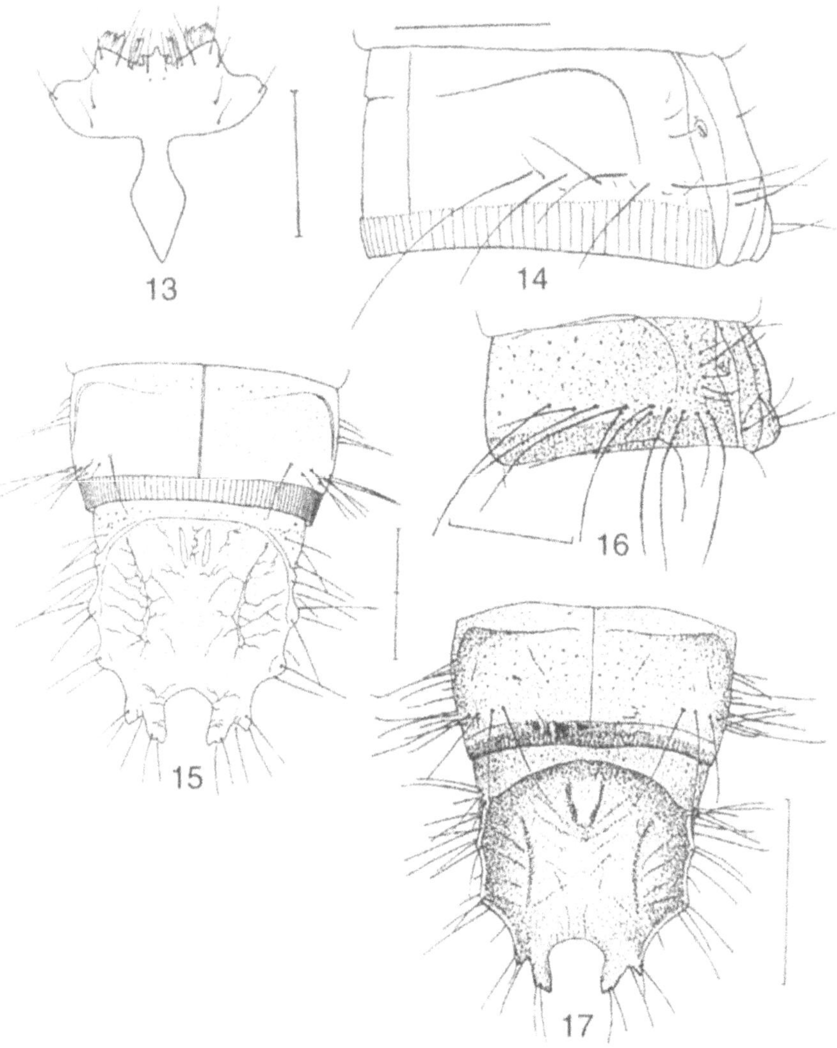

Abb. 13: *Prosternon tesselatum*, Frontoclypeus, Maßstabstrich 1 mm (Original)
Abb. 14: *Prosternon tesselatum*, 4. Abdominalsegment, schräg dorsal, Maßstabstrich 1 mm (Original)
Abb. 15: *Prosternon tesselatum*, 8. und 9. Abdominalsegment, dorsal, Maßstabstrich 2 mm (Original)
Abb. 16: *Prosternon chrysocomum*, 4. Abdominalsegment, dorsal, Maßstabstrich 2 mm (aus PENEV 1988)
Abb. 17: *Prosternon chrysocomum*, 8. und 9. Abdominalsegment, dorsal, Maßstabstrich 2 mm (aus PENEV 1988)

Farbe hell gelblich. Die Angaben beruhen auf eigenen Untersuchungen. Larve bodenbewohnend. Die Abbildungen in Bd. 2 (S. 121: Abb. 16, 20) sind zutreffend und gestatten eine sichere Zuordnung der Larve.

S. 156, 164, 167, 172, 175, 176

Bei den Abbildungen 184, 186, 190, 225, 227, 237, 240, 273, 277, 288 (= 289), 294, 298, 301 ist der Urogomphus jeweils nicht von dorsal, sondern von innen lateral abgebildet.

S. 160

26. Gattung *Prosternon* LATREILLE

Die Larve von *Prosternon chrysocomum* (GERMAR) wurde durch PENEV (1988) beschrieben. Sie ist der Larve von *P. tesselatum* (LINNAEUS) sehr ähnlich und kann von ihr folgendermaßen unterschieden werden:

1 2. und 3. Thoraxsegment und 1.–8. Abdominalsegment auf den Tergiten, nahe der hinteren Hautbräme, mit einer transversalen Reihe von 9–12 Borsten (Abb. 16), von denen 5–7 die Länge der Segmente überschreiten. Die übrigen sind mindestens so lang wie die Breite der Hautbräme. Das von uns untersuchte Exemplar (Coll. DOLIN, Kiew) ist oberseits hell gelbbraun gefärbt. *chrysocomum* (GERMAR)

1* 2. und 3. Thoraxsegment und 1.–8. Abdominalsegment auf den Tergiten nahe der Hautbräme, mit einer transversalen Reihe von 5–8 längeren Borsten (Abb. 14), nur 1–2 Borsten erreichen oder überschreiten die Länge des Segments, die Länge der übrigen erreicht nur die Breite der striierten Hautbräme oder überschreitet sie knapp. Zwischen diesen Borsten stehen noch mehrere sehr kurze Borsten, deren Länge bei weitem nicht die Breite der Hautbräme erreicht. Die Larve ist dorsal schwarzbraun gefärbt. *tesselatum* (LINNAEUS)

S. 161

27. Gattung: *Anostirus* THOMSON

Vorbemerkung: Die Untergattung *Pseudanostirus* DOLIN mit der einzigen mitteleuropäischen Art *globicollis* (GERMAR) wurde auf Gattungsrang erhoben (GURJEVA 1982). Die Leitzahlen 1 und 1* trennen diese Gattung von *Anostirus*. Die Larven von *Anostirus gracilicollis* (STIERLIN) und *Anostirus reissi* (REITTER) wurden mittlerweile beschrieben (DOLIN 1988, WURST 1994). Zu ihrer Einfügung ist die Tabelle folgendermaßen zu ändern:

2 Frons schlank und gestreckt, vorn kaum eingeschnürt, hinten zu einer stumpfen Spitze zulaufend (Abb. 18). Innenäste der Urogomphi von dorsal kürzer als die äußeren (Abb. 19). Länge max. 17 mm, Breite 1,7 mm. Larven unter Steinen, nur alpin. *reissi* (REITTER)

2* Frons bauchig erweitert, vorn deutlich eingeschnürt, hinten abgerundet. Innenäste der Urogomphi von dorsal länger als die äußeren 3

3 Urogomphi kürzer, nicht länger als die Hälfte der abgesetzten Fläche des 9. Abdominalsegments. Terminale Aussparung nicht länger als breit oder quer 4

3* Urogomphi länger, erreichen $^{2}/_{3}$ der Länge der abgesetzten Fläche des 9. Abdominalsegmentes. Terminale Aussparung 1,5mal länger als breit und 3mal breiter als die Dicke der Urogomphi, an der Mündung nicht verengt. (Die Abbildungen bei DOLIN (1988) sind identisch mit denen zu *A. purpureus* (PODA) in DOLIN (1964, 1978, 1982). Länge max. 20 mm, Breite 2,7 mm. *gracilicollis* (STIERLIN)

Die bisherigen Leitzahlen 2 und 2* werden zu 4 und 4*. Da DOLIN (1982, 1988) dieselben Zeichnungen für *Anostirus purpureus* (PODA) und *A. gracilicollis* (STIERLIN) abbildet, bestehen bezüglich der Unterscheidung der beiden Arten erhebliche Unsicherheiten. Das im Bd. 2 abgebildete 9. Abdominalsegment (Abb. 203) paßt besser zu der Beschreibung für *A. purpureus* als zu *A. gracilicollis*. Zur Unterscheidung von *gracilicollis* ist der Text bei *purpureus* zu ergänzen:

4* Terminale Aussparung zwischen den Urogomphi deutlich quer, um 2,5–3mal breiter als die Urogomphi. Larve in faulem Wurzelwerk von Laubbäumen. Länge max. 20 mm, Breite 2,7 mm. *purpureus* (PODA)

S. 165

Abbildungsbeschriftung 232 wird zu 232b. Davor ist einzufügen: Abb. 232a: *Hypoganus inunctus*, Habitus dorsal (aus KORSCHEFSKY 1941).

S. 175

Die Abbildungsbeschriftungen Abb. 288 und Abb. 289 sind vertauscht.

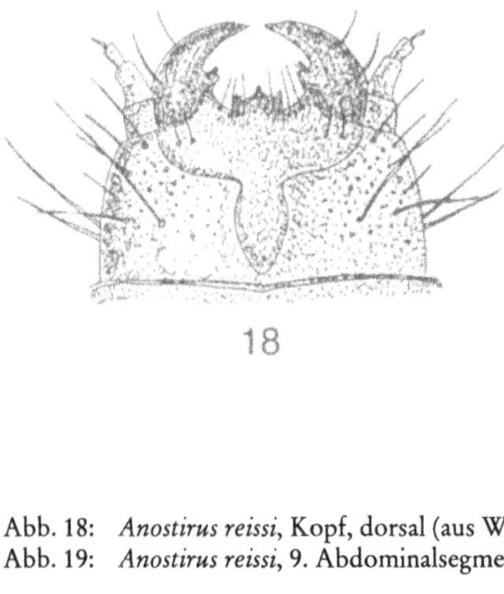

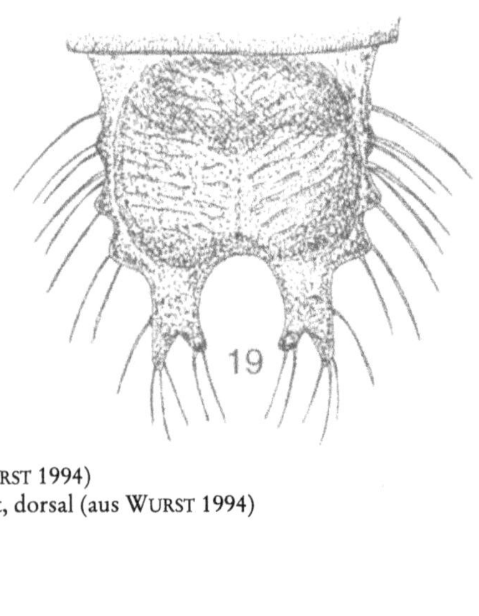

Abb. 18: *Anostirus reissi*, Kopf, dorsal (aus WURST 1994)
Abb. 19: *Anostirus reissi*, 9. Abdominalsegment, dorsal (aus WURST 1994)

S. 179

48. Gattung: *Zorochrus* THOMSON

Die korrekte Schreibweise ist *Zorochros.*

Vorbemerkung zur Tabelle für die Arten: Die Larve von *Z. dufouri* (BUYSSON) wurde mittlerweile beschrieben (KAUPP 1995). Zu ihrer Einfügung ist die Tabelle folgendermaßen zu ändern:

Streiche unter Leitzahl 2 den Verweis auf *minimus* (LACORDAIRE), statt dessen Verweis auf neue Leitzahl 3:

2 2. Antennenglied deutlich länger als breit und nicht kürzer als das erste (Abb. Bd. 2: 319). Seitenwülste an den Abdominalsegmenten deutlich ausgeprägt und gut abgesetzt 3

2* 2. Antennenglied etwa so lang wie breit, kürzer als das erste (Abb. Bd. 2: 322). Seitenwülste an den Abdominalsegmenten nur an der Basis deutlich ausgeprägt und abgesetzt, an den Seiten flach. Mittelfläche des 9. Abdominalsegments konvex. Im Boden von Gewässerufern. *meridionalis* (CASTELNAU)

3 Hinterer Abschnitt des Frontoclypeus (nach DOLIN 1982) 7,25 mal so lang wie breit, Frons 1,2 mal so lang wie der Clypeus einschließlich Nasale. Urogomphi schlanker und länger. Angaben zur Gesamtlänge und -breite und zur Kopfkapselbreite unter der alten Leitzahl 2. *minimus* (LACORDAIRE)

3* Hinterer Abschnitt des Frontoclypeus 2,5 bis 2,8 mal so lang wie breit. Frons und Clypeus einschließlich Nasale etwa gleich lang (Abb. 20). Urogomphi kürzer und gedrungener (Abb. 21). *dufouri* (BUYSSON)

S. 183

50. Gattung: *Cardiophorus* ESCHSCHOLZ

Die in Bd. 2 zitierte Beschreibung des *Cardiophorus vestigialis* ERICHSON beruht auf einer falsch zugeordneten Larve (W. DOLIN, mündl. Mitt.). PLATIA (1994) begründet nach Typenvergleich eine Synonymie zwischen *C. atramentarius* und *C. vestigialis.* Die Angaben und Abbildungen zu *C. atramentarius* beziehen sich auf *C. vestigialis.* Bei dem in Bd. 2 beschriebenen *C. ebeninus* (GERMAR) handelt es sich um *C. dolini* MARDJANIAN. Die Angaben unter Leitzahl 5*, S. 185, sowie die Abbildungen 340 bis 342 müssen ebenfalls gestrichen werden. Die Larve des echten *C. ebeninus* trägt am Femur 3 Grabstacheln.

Den Autoren liegen 3 Larven von *C. anticus* ERICHSON vor, eine detaillierte Beschreibung ist in Vorbereitung (KAUPP & LANGE (in prep.). Sie unterscheidet sich nur unwesentlich, durch gedrungenere Mandibeln, von *C. gramineus,* mit dem sie die stark chagrinierte Kopfkapsel gemeinsam hat. Die Änderungen lassen eine Neufassung der Tabelle für die Gattung *Cardiophorus* zweckmäßig erscheinen. Die neue Tabelle versteht sich als Ergänzung zur ursprünglichen Bestimmungstabelle in Band 2, nicht als Ersatz. An der Brauchbarkeit aller bislang vorliegenden Tabellen darf mit Recht gezweifelt werden, da noch keinem Autor alle fraglichen Arten vorlagen. Die Gattung *Dicronychus* BRULLÉ läßt sich larvalmorphologisch nicht

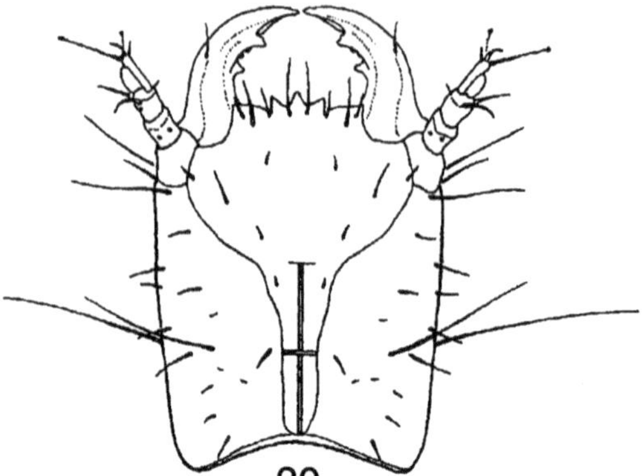

20

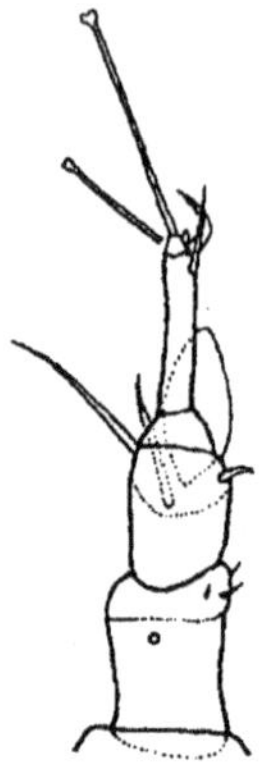

22

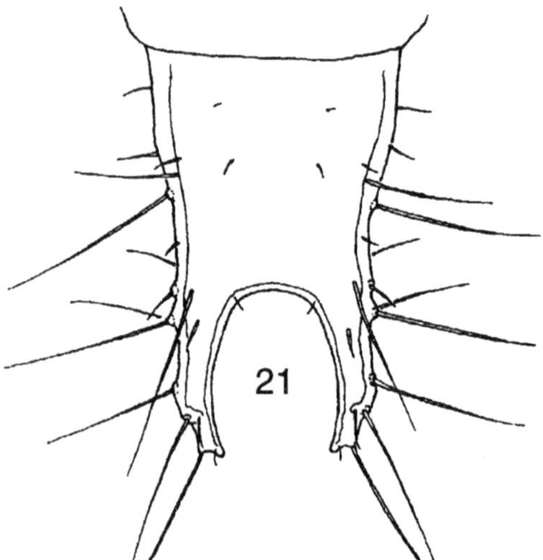

21

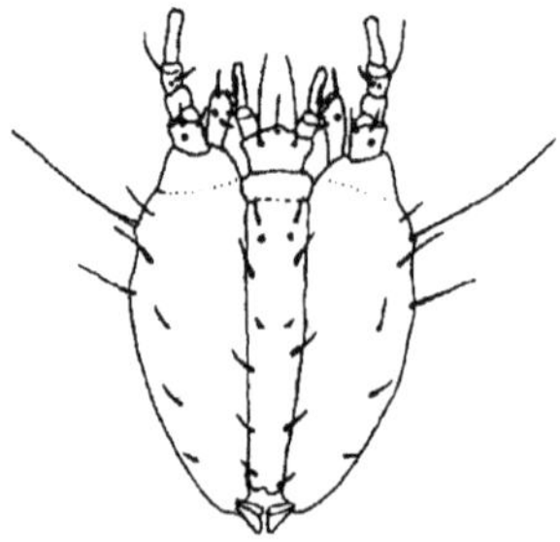

23

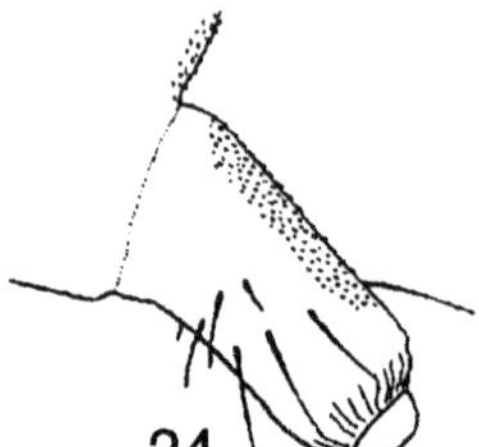

24

Abb. 20: *Zorochros dufouri*, Kopf, dorsal, mit Meßstrecken am Frontoclypeus (aus KAUPP 1995)
Abb. 21: *Zorochros dufouri*, 9. Abdominalsegment, dorsal (aus KAUPP 1995)
Abb. 22: *Zorochros dufouri*, Antenne (aus KAUPP 1995)
Abb. 23: *Zorochros dufouri*, Maxillo-Labial-Komplex (aus KAUPP 1995)
Abb. 24: *Zorochros dufouri*, Pygopodium (10. Abdominalsegment), lateral (aus KAUPP 1995)

von *Cardiophorus* ESCHSCHOLZ trennen und wurde daher erneut in die *Cardiophorus*-Tabelle aufgenommen.

Zur Beurteilung der Mikroskulptur von Kopfkapsel und Prothoraxtergit, die bei der Bestimmung der Larven mit 2 femoralen Grabstacheln notwendig ist (Leitzahl 2 bis 4), empfiehlt es sich, die Larven aus dem Alkohol herauszunehmen und trocken zu betrachten.

1 Femur mit 2 Grabstacheln (setae fossori) (Bd. 2: Abb. 330, 338) 2

1* Femur mit 3 Grabstacheln (setae fossori) (Bd. 2: Abb. 349, 353, 358) 5

2 Frontoclypeus, Kopfkapsel und Tergit des Prothorax deutlich maschig chagriniert (Vergrößerung 50x). Die Maschen auf Kopf und Prothoraxtergit sind gleich groß und auf dem Prothoraxtergit kaum undeutlicher als auf dem Kopf. 9. Abdominalsegment stark gestreckt, von der Basis ab gleichmäßig verengt, vor der Spitze ist nur eine leichte Einschnürung sichtbar (Bd. 2: Abb. 331) 3

2* Kopfkapsel und Frontoclypeus weniger deutlich (*ruficollis*) oder nicht (*discicollis*) maschig chagriniert. Auf dem Tergit des Prothorax ist eine Chagrinierung nicht zu erkennen. Die Oberfläche ist zwar nicht ganz glatt, es können aber keine einzelnen Maschen oder sonstige regelmäßige Strukturen erkannt werden (bei *discicollis* gilt dies auch für den Kopf). 9. Abdominalsegment gedrungener 4

3 Mandibel von lateral gesehen gedrungener (Abb. 25). Larve räuberisch, in trockenem Sand. Länge maximal 40 mm, Breite 1,4 mm. Kopfkapselbreite 0,7 mm. *gramineus* (SCOPOLI)

3* Mandibel von lateral gesehen gestreckter (Abb. 26). 3 Larven wurden zusammen mit einer Imago in vermulmter Eßkastanie in Süd-Frankreich erbeutet. *anticus* ERICHSON

4 Mandibel von lateral gesehen (Abb. 27) an der Basis des unteren Mandibelteils mit einem großen, aus dem Umriß vorspringenden Zahn, der sich in eine nach unten verlaufende Kante fortsetzt, unterer Mandibelteil im Vergleich zum oberen etwas länger als bei der folgenden Art. (Laut Literatur 9. Abdominalsegment ohne Einschnürung vor der Spitze.) Larve in steinigen Böden und Flußufern. Länge maximal 30 mm, Breite 0,7 mm. Kopfkapselbreite 0,7 mm. *discicollis* (HERBST)

4* Mandibel von lateral gesehen (Abb. 28) an der Basis des unteren Mandibelteils ohne, oder mit sehr kleinem Zahn, der sich nicht in eine vorspringende Kante fortsetzt, unterer Mandibelteil im Vergleich zum oberen etwas kürzer als bei der vorigen Art. (Laut Literatur 9. Abdominalsegment mit Einschnürung vor der Spitze.). Im sandigen Boden von Kiefernwäldern. Länge maximal 25 mm, Breite 0,7 mm. Kopfkapselbreite 0,7 mm (nach VAN EMDEN 0,98 mm). *ruficollis* (LINNAEUS)

5 Clypeus mit 7–8 lateralen Borstenpaaren (Abb. 29). 9. Abdominalsegment vor der Spitze sehr stark eingeschnürt, Spitze fingerartig vorragend. Larve räuberisch in sandigen Böden. Länge maximal 48 mm, Breite 2,0 mm. Kopfkapselbreite 1,0 mm. *asellus* ERICHSON

5* Clypeus nur mit 2–3 lateralen Borstenpaaren (Abb. 30) 6

6 Das Haarfeld an der Spitze des 9. Abdominalsegmentes ist sehr dicht und gut ausgebildet, es nimmt etwa $^{1}/_{3}$ der Länge des Segmentes ein (Bd. 2: Abb. 361). In feuchteren Böden, auch von Gewässerufern. Länge maximal 45 mm, Breite 1,2 mm. Kopfkapselbreite 1,2 mm.
(Dicronychus) equiseti (HERBST)

6* Das Haarfeld an der Spitze des 9. Abdominalsegmentes besteht nur aus einigen langen und kurzen Haaren und nimmt höchstens $^{1}/_{3}$ der Länge des Segmentes ein (Bd. 2: Abb. 354, 359) 7

7 Spitze des oberen Mandibelteils mit etwa gleich stark entwickeltem äußeren und inneren Zahn (bei *C. vestigialis* kann dies letztlich nicht als gesichert gelten!) (Abb. 32) 8

7* Der äußere Zahn an der Spitze des oberen Mandibelteils ist stärker entwickelt als der innere (Abb. 36, 38) 10

8 9. Abdominalsegment vor der Spitze sehr deutlich eingeschnürt, die Spitze fingerartig vorragend (Abb. 39). In sandigen Böden. Länge maximal 30 mm, Breite 1,0 mm. *nigerrimus* ERICHSON

8* 9. Abdominalsegment vor der Spitze kaum eingeschnürt, allmählich verengt, Spitze nur schwach vorragend (Bd. 2: Abb. 359) 9

9 Außenkante des oberen Mandibelteils mit sehr schwachem, kaum ausgeprägtem, abgerundetem Außenzahn (Abb. 32). Der obere Mandibelteil ist, von lateral gesehen, viel schmäler als der untere und zur Spitze stark verengt (Abb. 31). In sandigen Böden. Länge maximal 45 mm, Breite 2,0 mm. Kopfkapselbreite 1,2 mm. *(Dicronychus) cinereus* (HERBST)

9* Außenkante des oberen Mandibelteils von dorsal mit deutlichem, zugespitztem Außenzahn (Abb. 33). Der obere Mandibelteil ist, von lateral gesehen, fast ebenso kräftig ausgebildet wie der untere (Abb. 34). Larve räuberisch in sandigen Böden. Länge maximal 40 mm, Breite 1,2 mm. Kopfkapselbreite 1,1 mm. *vestigialis* ERICHSON (= *atramentarius* ERICHSON)

10 Mandibeln kürzer, von lateral 2mal länger als breit (Abb. 35). Spitze des 9. Abdominalsegmentes mit Haaren von 3 unterschiedlichen Längen besetzt; lange, mittlere und kurze Haare gemischt. Länge maximal 40 mm, Breite 1,1 mm. *ebeninus* (GERMAR)

10* Mandibeln gestreckter, von lateral 2,5mal länger als breit. Spitze des 9. Abdominalsegmentes mit Haaren von 2 unterschiedlichen Längen besetzt; lange und kurze Haare gemischt. In Böden von Ufern und Schluchten. Länge maximal 30 mm. Kopfkapselbreite 0,7 mm.
(Dicronychus) rubripes (GERMAR)

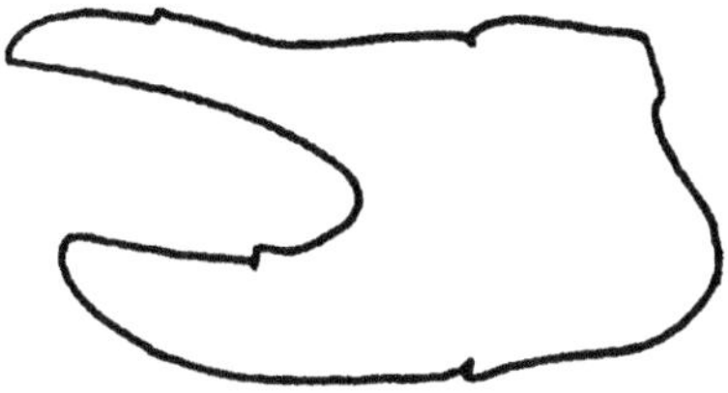

25

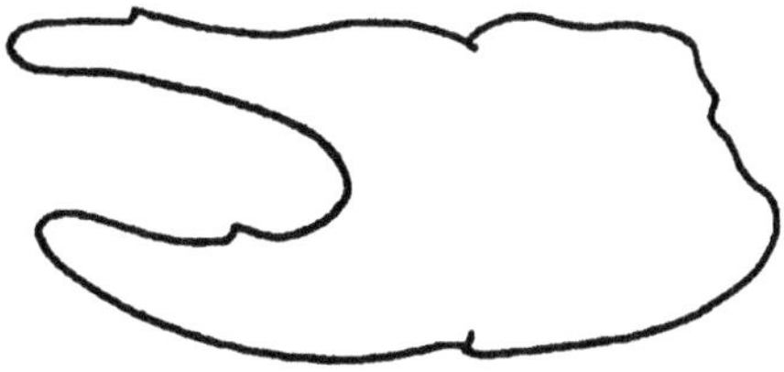

26

27

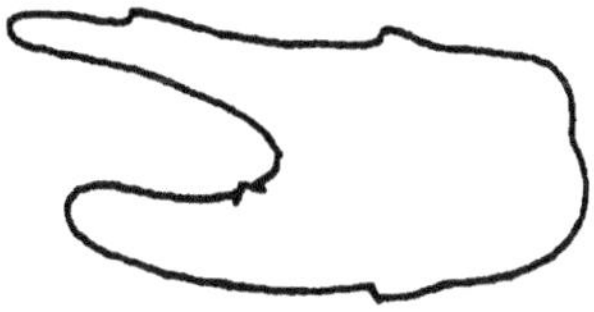

28

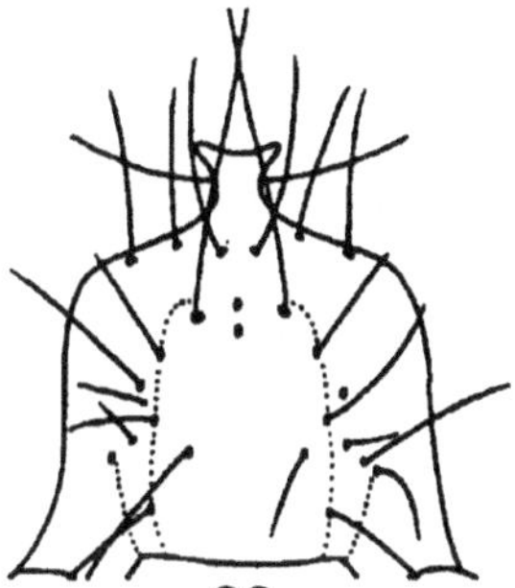

29

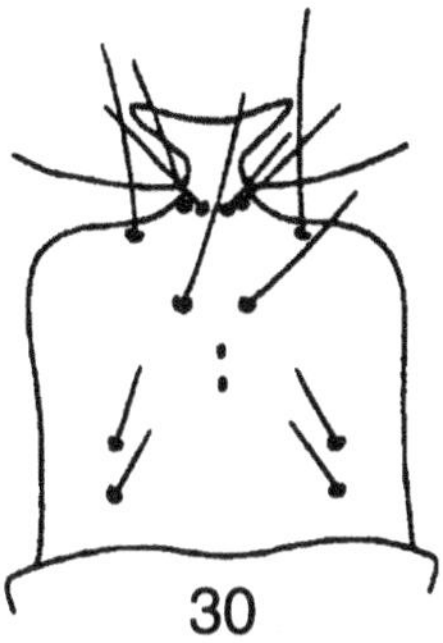

30

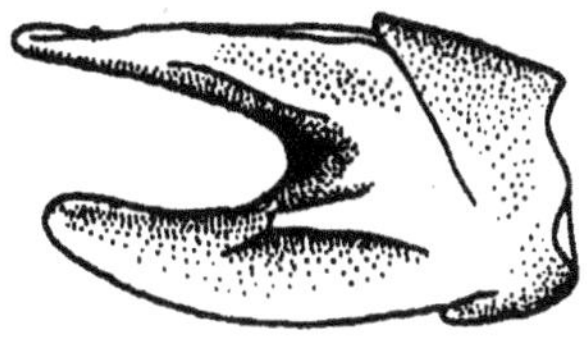

31

32

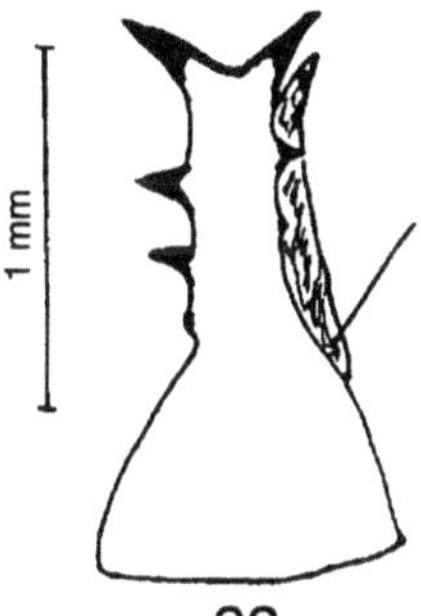

33

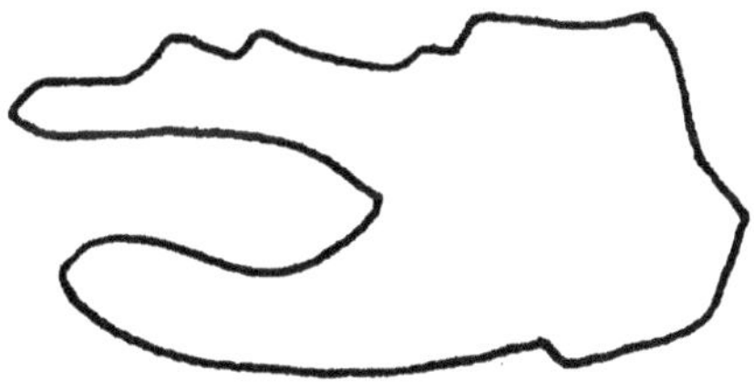

34

Abb. 25: *Cardiophorus gramineus*, Mandibel, lateral (Original)
Abb. 26: *Cardiophorus anticus*, Mandibel lateral (Original)
Abb. 27: *Cardiophorus discicollis*, Mandibel, lateral (Original)
Abb. 28: *Cardiophorus ruficollis*, Mandibel, lateral (Original)
Abb. 29: *Cardiophorus asellus*, Clypeus, dorsal (aus DOLIN 1988)
Abb. 30: *Cardiophorus (Dicronychus) cinereus*, Clypeus, dorsal (aus DOLIN 1988)
Abb. 31: *Cardiophorus (Dicronychus) cinereus*, Mandibel, lateral (aus DOLIN 1988)
Abb. 32: *Cardiophorus (Dicronychus) cinereus*, Mandibel, dorsal (Original)
Abb. 33: *Cardiophorus vestigialis*, Mandibel, dorsal (nach LEILER 1967, aus RUDOLPH 1974)
Abb. 34: *Cardiophorus vestigialis*, Mandibel, lateral (aus LEILER 1967, leicht verändert)

Literatur

BÖVING, A. G. & CRAIGHEAD, F. C. (1931): An illustrated synopsis of the principal larval forms of the order Coleoptera. – New York, Brooklyn Ent. Soc. 351 S.

CALDER, A. A., LAWRENCE, J. F. & TRUEMAN, J. H. W.: *Austrelater* (gen. nov.), with a description of the larva and comments on elaterid relationships. – Invertebrate Taxonomy 7 (6): 1349–1394.

DOLIN, V. G. (1982): Fauna Ukrainy. Tom 19, Vypusk 3. Žuki – Kovaliki. Agripninae, Negastriinae, Diminae, Athoini, Estodini. – Kiew, Naukova Dumka (in ukrainischer Sprache): 285 S.

DOLIN, V. G. (1988): Fauna Ukrainy. Tom 19, Vypusk 4. Žuki-Ščelkuny. Cardiophoriny i Elateriny. – Kiew, Naukova Dumka, 202 S. (russisch).

EMDEN, F. I. VAN (1945): Larvae of British Beetles. V. Elateridae. – Entomol. monthly Mag. 81: 13–37.

GURJEVA, E. (1982): Novye vidy ščelkunov roda *Pseudanostirus* DOL. gen. bonum (Coleoptera, Elateridae) iz Srednej Azii. – Trudy Zool. Inst. AN SSSR, tom 110: Novye vidy nasekomych Srednej Azii: 21–28.

HYSLOP, J. A. (1917): The Phylogeny of the Elateridae based on Larval Characters. – Ann. ent. Soc. Amer. 10: 241–263.

KAUPP, A. (1995): *Zorochrus dufouri* (BUYSSON, 1900) Beschreibung der Larve (Coleoptera: Elateridae: Negastriinae). – Mitt. int. ent. Ver. 20 (3/4): 103–111.

35

36

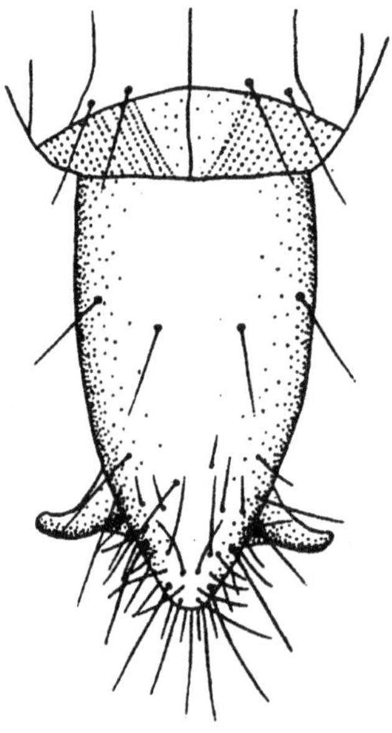

37

38

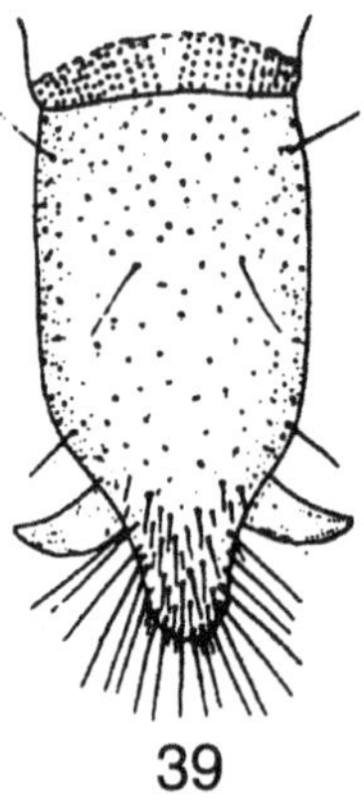

39

Abb. 35: *Cardiophorus ebeninus*, Mandibel, lateral (aus DOLIN 1988)
Abb. 36: *Cardiophorus ebeninus*, Mandibel, dorsal (Original)
Abb. 37: *Cardiophorus ebeninus*, 9. Abdominalsegment, dorsal (aus DOLIN 1988)
Abb. 38: *Cardiophorus (Dicronychus) rubripes*, Mandibel, dorsal (Original)
Abb. 39: *Cardiophorus nigerrimus*, 9. Abdominalsegment, dorsal (aus DOLIN 1988)

LAWRENCE, J. F. & A. F. NEWTON Jr. (1995): Families and subfamilies of Coleoptera (with selected genera, notes, references and data on family-group names). – In: PAKALUK, J. & S. A. ŚLIPINSKI (eds.): Biology, Phylogeny, and Classification of Coleoptera: Papers Celebrating the 80th Birthday of ROY A. CROWSON, Warszawa.

PENEV, L. D. (1988): Description of larva and distribution of *Prosternon chrysocomum* (Coleoptera, Elateridae). – Zool. Zh. 67 (11): 1746–1748.

PLATIA, G. (1994): Coleoptera Elateridae. – Fauna d'Italia, Bd. 33. Calderini, Bologna, 429 Seiten.

STIBICK, J. N. L. (1979): Classification of the Elateridae (Coleoptera). Relationships and classification of the subfamilies and tribes. – Pacific Insects 20 (2–3): 145–186.

WURST, C. (1994): Neues von *Anostirus* THOMSON (*Pseudostirus* BINAGHI) *reissi* (REITTER) mit Beschreibung einer neuen Art aus Kärnten: *Anostirus* (*Pseudostirus*) *lauianus* n. sp. (Col., Elateridae). – Ent. Nachr. Ber. 38 (4): 261–266.

WURST, C. & KAUPP, A. (1995): *Ampedus auripes* (REITTER) – ein verkannter mitteleuropäischer Schnellkäfer. Angaben zur Morphologie und geographischen Verbreitung (Coleoptera: Elateridae). – Mitt. int. ent. Ver. 20 (3/4): 79–86.

S. 190

43. Familie: Throscidae

S. 191

Abbildungsbeschriftungen: Abb. 4 ist mit Abb. 5 vertauscht. Abb. 7 ist mit Abb. 8 vertauscht.

S. 192

44. Familie: Lissomidae

von ANDREAS KAUPP & CLAUS WURST

Die Familie Lissomidae wird nach LAWRENCE & NEWTON (1995) zur Unterfamilie Lissominae der Elateridae (siehe S. 10).

Zur Systematik: Zur Zeit läßt sich eine systematische Abtrennung der Lissomidae von den Elateridae nicht phylogenetisch begründen, weshalb wir dafür plädieren, die Gattung *Drapetes* als einzige mitteleuropäische Art der Unterfamilie Lissominae bei den Elateridae einzuordnen (s. auch Elateridae: Zur Systematik) (S. 342).

S. 193

Drapetes cinctus (PANZER): Die Abbildungsbeschriftungen sind z.T. zu ändern:

Abb 6: Mittelbein. Abb. 7: linke Maxille. Abb. 8: Kopf, Thorax und 1. Abdominalsegment, ventral. Abb. 9: Stachelborsten der Dörnchenfläche des 4. Abdominaltergits. (Abb. 12 auf S. 116: 4. Abdominalsegment, Sternit, Laterotergite und halbes Mediotergit.)

Literatur

LAWRENCE, J. F. & A. F. NEWTON Jr. (1995): Families and subfamilies of Coleoptera (with selected genera, notes, references and data on family-group names). – In: PAKALUK, J. & S. A. ŚLIPINSKI (eds.): Biology, Phylogeny, and Classification of Coleoptera: Papers Celebrating the 80th Birthday of ROY A. CROWSON, Warszawa.

S. 195

46. Familie: Eucnemidae

von BERNHARD KLAUSNITZER

(Abb. 1–5)

S. 196

Tabelle für die Gattungen

MAMAJEW (1976) beschreibt und bildet die Larve von *Thambus frivaldszkyi* ab, so daß die Gattung *Thambus* BONVOULOIR – allerdings mit Vorbehalten – in die Bestimmungstabelle aufgenommen werden kann.

S. 197

Da nach der Zeichnung am 9. Abdominalsegment Urogomphi zu sehen sind, die sich nicht von denen der Gattung *Hylis* zu unterscheiden scheinen, würde die *Thambus*-Larve ebenfalls unter der Leitzahl 7 einzuordnen sein (neue Abbildungen sind unterstrichen).

7 9. Abdominalsegment fast kreisrund, deutlich verbreitert, an der Spitze mit 2 kleinen Urogomphi (Bd. 2: Abb. 80, 81, 84, 85, 87; 1, 2, 5), die bei einigen Arten erst unter stärkerer Vergrößerung (50fach) zu erkennen sind. Abdominalsegmente ohne oder mit Hornplatten (Bd. 2: Abb. 70–77; 1, 2, 4). Körper 9–15 mm lang. 7a

7a Abdominalsegmente an den Seiten mit warzenartigen Fortsätzen (Abb. 4). Seitenränder des 9. Abdominalsegment mit chagrinierten Abschnitten, die mit ebensolchen Dörnchen bedeckt sind, wie sie sich auf der Dorsalseite finden. 9. Abdominalsegment etwas schmaler als das 8. (Abb. 1, 2, 5). *Thambus* BONVOLOUIR

7a* Abdominalsegmente an den Seiten ohne warzenartige Fortsätze, glatt, manchmal mit Borstenfeldern (Abb. Bd. 2: 70-77). Seitenränder des 9. Abdominalsegment glatt (Abb. 80, 81, 84, 85). 9. Abdominalsegment so breit oder etwas breiter als das 8. (Abb. Bd. 2: 70-77). *Hylis* DES GOZIS

Abb. 1: *Thambus frivaldszkyi*, Habitus, dorsal (aus MAMAJEW 1976)
Abb. 2: *Thambus frivaldszkyi*, Habitus, ventral (aus MAMAJEW 1976)
Abb. 3: *Thambus frivaldszkyi*, Kopf und Prothorax, ventral (aus MAMAJEW 1976)
Abb. 4: *Thambus frivaldszkyi*, 5. Abdominalsegment, dorsal (aus MAMAJEW 1976)
Abb. 5: *Thambus frivaldszkyi*, 8. / 9. Abdominalsegment, ventral (aus MAMAJEW 1976)

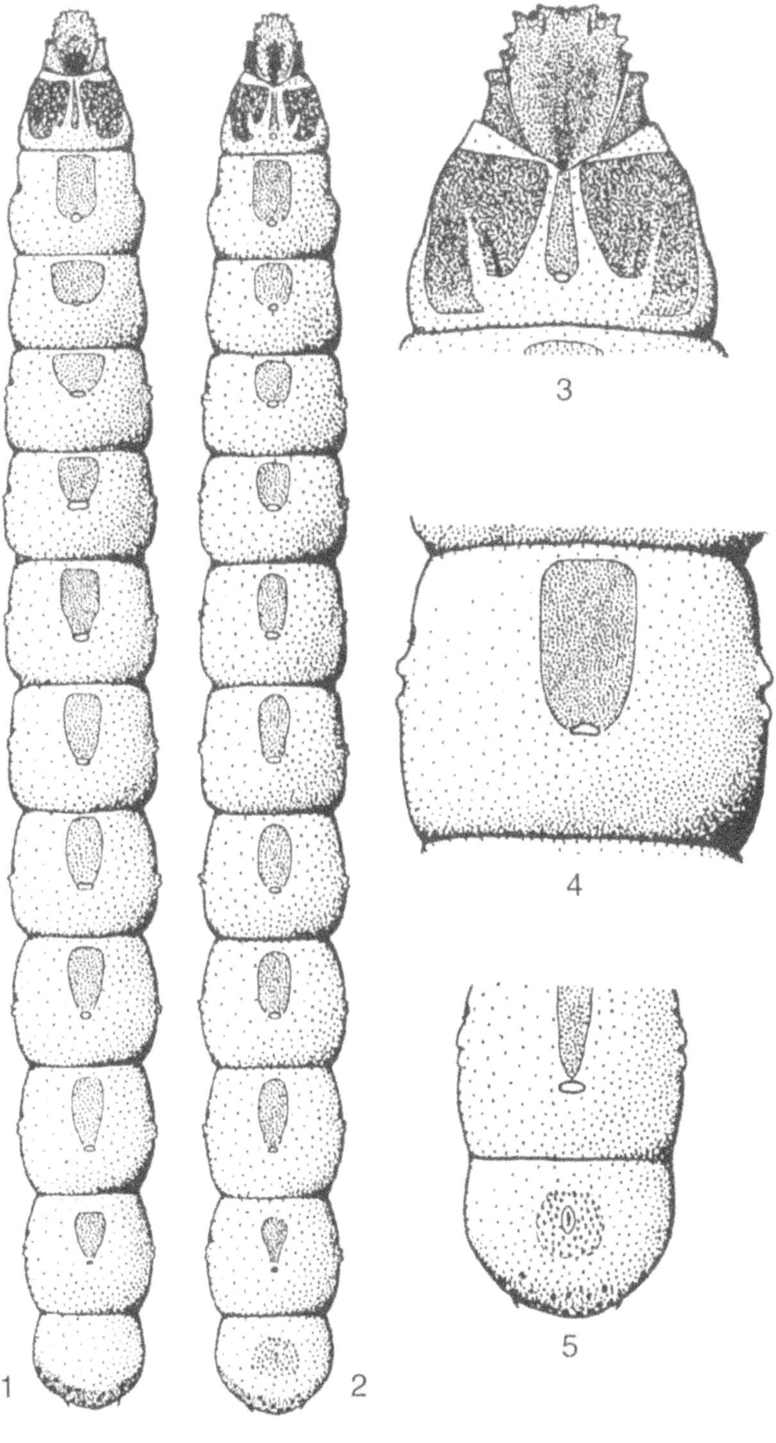
1
2
3
4
5

In Zweifelsfällen kann auch die Tabelle für die Arten der Gattung *Hylis* (**S. 211**) herangezogen werden, da es nicht sicher ist, ob die genannten Unterschiede auf Gattungsniveau wirklich stichhaltig sind. Eventuell charakterisieren noch weitere Merkmale außer den lateralen warzenartigen Fortsätzen der Abdominalsegmente (Abb. 1, 2, 4, 5) die Gattung *Thambus*.

Das Vorhandensein von Hornplatten auf der Dorsalseite der Abdominalsegmente (Abb. 1) führt zum Leitzahlpaar 2 / 2*, das wie folgt neu zu formulieren wäre:

2 Abdominalsegmente dorsal mit deutlichen Hornplatten auf dem 1.–8. Abdominalsegment (Bd. 2: Abb. 72; 1). Abdominalsegmente auch ventral mit Hornplatten (Bd. 2: Abb. 73; 2) 2a

2a Thoraxsegmente dorsal und ventral ohne Hornplatten (Bd. 2: Abb. 72, 73). 9. Abdominalsegment apikal abgestutzt, mit 2 sehr kleinen, auch bei 50facher Vergrößerung kaum erkennbaren Urogomphi, deren Abstand voneinander etwa $^1/_3$ der Breite des 9. Abdominalsegments beträgt (Bd. 2: Abb. 80, 81). Abdominalsegmente lateral ohne Fortsätze (Bd. 2: Abb. 72, 73). Körper bis 15 mm lang. *Hylis procerulus* (MANNERHEIM)

2a* Thoraxsegmente dorsal und ventral mit Hornplatten (Abb. 1, 2, 3). 9. Abdominalsegment hinten gerundet (Abb. 1, 2, 5), Urogomphi möglicherweise etwas größer als bei MAMAJEW (1976) abgebildet. Abdominalsegmente lateral mit warzenartigen Fortsätzen (Abb. 1, 2, 4, 5). *Thambus frivaldszkyi* BONVOULOIR

2* Dorsalseite des 2.–6. Abdominalsegments mit Hornplatten (Bd. 2: Abb. 70). Abdominalsegmente ventral ohne Hornplatten (Bd. 2: Abb. 71). – 9. Abdominalsegment rundlich, deutlich breiter als das vorhergehende, mit 2 kleinen, deutlich sichtbaren Urogomphi, deren Abstand mehr als das 7–8fache ihrer Länge bzw. $^1/_4$ der Breite des 9. Abdominalsegments beträgt (Bd. 2: Abb. 84, 85). Körper bis 14 mm lang. *Hylis foveicollis* (THOMSON)

S. 201

5. Gattung: *Thambus* BONVOULOIR

MAMAJEW (1976) bildet die Larve von *Thambus frivaldszkyi* ab (Abb. 1–5), und es wird eine kurze Beschreibung gegeben. In einem entscheidenden Detail bleibt die Deutung dieser Larve unklar: MAMAJEW bezeichnet die vermutlichen Urogomphi als Dörnchen. Ein Vergleich mit Larven der Gattung *Hylis* ist nur nach den Abbildungen möglich, die aber keine schlüssige Entscheidung ermöglichen. Es mußten also beide Varianten für die Einordnung der Gattung *Thambus* diskutiert werden.

Literatur

MAMAEW, B. M. (1976): Morphologische Typen der Eucnemiden-Larven und ihre evolutionäre Bedeutung. – In: Evolutionsmorphologie der Insektenlarven, Moskau (russisch).

S. 228

50. Familie: Lampyridae

von BERNHARD KLAUSNITZER

(Abb. 1–4)

S. 229

1. Gattung: *Lampyris* GEOFFROY

Durch die Arbeit von WUNSCH (1995) werden wir über die Zahl und Merkmale der Larvenstadien von *Lampyris noctiluca* (LINNAEUS) unterrichtet. Sie weist auf den Geschlechtsunterschied in der Zahl der Stadien hin, die nach Zuchtbeobachtungen für das Weibchen maximal 12 und für das Männchen maximal 10 beträgt. NAISSE (1966) nennt 6 bzw. 5 Stadien. Die Zahl der durchlaufenen Stadien ist nicht konstant und vom Zeitpunkt der Eiablage abhängig. Die Geschlechter können ab der L_7 unterschieden werden. Die weiblichen Larven erreichen im Durchschnitt eine Körperlänge von 18,3 mm, die männlichen von 16,7 mm.

Die kugelförmige Sensille befindet sich auf dem 2. Antennenglied.

Tabelle zur Unterscheidung der Larvenstadien (nach WUNSCH 1995)

1	Coxa mit einer einzeln stehenden Borste am Übergang der Vorder- zur Ventralseite am proximalen Rand (Abb. 1).	L_1
1*	Coxa mit mehr als einer Borste an dieser Stelle	2
2	2. Antennenglied rundlich (Abb. 3).	L_2
2*	2. Antennenglied nicht rundlich (Abb. 4)	3
3	1. Glied des Labialpalpus < 16,25 µm.	L_3
3*	1. Glied des Labialpalpus > 16,15 µm	4

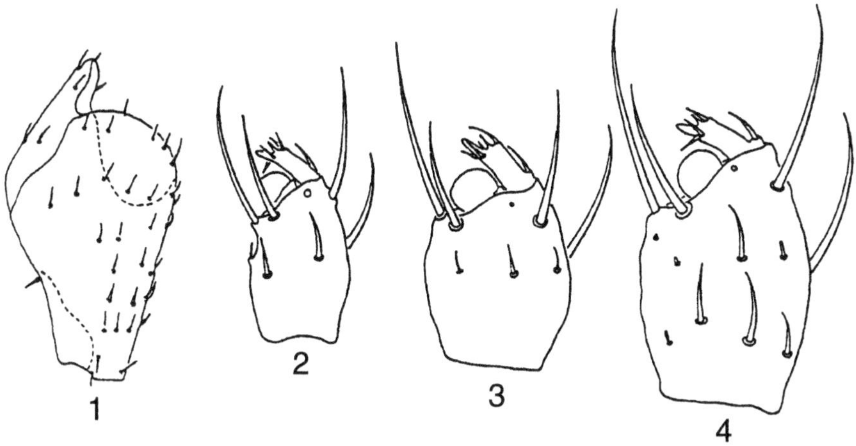

Abb. 1: *Lampyris noctiluca*, L_1, Vorderbein, Coxa (aus WUNSCH 1995)
Abb. 2: *Lampyris noctiluca*, L_1, linke Antenne, 2. und 3. Glied, dorsal (aus WUNSCH 1995)
Abb. 3: *Lampyris noctiluca*, L_2, linke Antenne, 2. und 3. Glied, dorsal (aus WUNSCH 1995)
Abb. 4: *Lampyris noctiluca*, L_3, linke Antenne, 2. und 3. Glied, dorsal (aus WUNSCH 1995)

4	Femur der Hinterbeine < 97,5 µm.	L_4
4*	Femur der Hinterbeine > 97,5 µm	5
5	Breite des Clypeolabrum < 57,5 µm.	L_5
5*	Breite des Clypeolabrum > 57,5 µm	6
6	Abstand der Stemma < 135,0 µm.	L_6 oder L_7 Männchen
6*	Abstand der Stemma > 135,0 µm	7
7	Femur der Hinterbeine < 147,5 µm.	L_8 Männchen
7*	Femur der Hinterbeine > 147,5 µm.	L_7 Weibchen

Die Erkennung späterer Stadien (ab L_6) gestaltet sich schwierig, da die Meßwerte einer erheblichen Streuung unterliegen.

Literatur

NAISSE, J. (1966): Différenciation sexuelle chez *Lampyris.* – Arch. Biol., Paris-Liège 77: 139–201.

WUNSCH, E. (1995): Die Larvalentwicklung von *Lampyris noctiluca* (L.) im Naturschutzgebiet Federsee (Col., Lampyridae). – Mitt. internat. entomol. Ver. Frankfurt a. M. 20 (1/2): 1–14.

S. 231

116. Familie: Chrysomelidae

von WALTER STEINHAUSEN

(Abb. 1–9)

S. 239

1. Unterfamilie: Donaciinae

Aus der Arbeit von BIENKOWSKI (1992) ergeben sich einige Ergänzungen.

S. 240

2. Gattung: *Donacia* FABRICIUS

S. 243

Donacia sparganii AHRENS kommt hinzu und kann wie folgt von *D. crassipes* getrennt werden:

Mittlere vordere Mikroborstengruppe am Mittelbrusttergit mit 2, am Hinterbrusttergit mit 3 Reihen (3 bzw. 4–5 Reihen). Hintere Mikroborstengruppe der Hinterleibtergite 1 bis 6 mit 2 Reihen (4–5 Reihen). Vorderrandborsten der Oberlippe 2–5 mal kürzer als die Eckborsten; äußere Vorderrandborsten nur wenig von den mittleren getrennt und an der Basis vereint (Vorderrandborsten nur wenig kürzer, äußere weit von den mittleren entfernt und näher zu den Eckborsten); Dornfortsatz des 9. Hinterleibsegments nur 4,4–5,5 mal länger als das ovale Stück (12,3 mal länger); (in Klammern *crassipes* FABRICIUS zum Vergleich).

Donacia thalassina GERMAR ist bei *D. semicuprea* PANZER und *clavipes* FABRICIUS einzufügen.

Unterschiede zu den beiden Arten: Praetergale äußere Mikroborstengruppe des 2. Hinterleibsegments mit 3 Reihen; interkalare Mikroborstengruppe der Mittelbrust tergal mit 1–1,5 Reihen und 8–11 Borsten (Männchen) oder mit 2–3 Reihen und 7–15 Borsten (Weibchen) (Gegensatz: praetergale mit 1–2 Reihen und interkalare mit 13–16 Borsten).

S. 244

3. Gattung: *Plateumaris* THOMSON

Plateumaris discolor PANZER kommt hinzu und kann wie folgt von *P. braccata* SCOPOLI unterschieden werden:

Die äußere Mikroborstengruppe der Hinterleibtergite 1 bis 6 wie bei *braccata* länglich quer mit 2–3 Reihen; Stirn 1,2–1,3 mal länger als breit (1,4 mal bei *braccata*); Scheiben und Eckborsten der Stirn sehr kurz; Oberlippe 1,5 mal breiter als lang; Oberkiefer so breit wie lang; die Scheibenborsten der Oberlippe kürzer als die am Vorderrand.

S. 245

3. Unterfamilie: Criocerinae

S. 247

7. Gattung: *Crioceris* MÜLLER

Die Arten leben an Asparagus.

Tabelle für die Arten (Neufassung)

1 Oberlippe mit 3 Vorderrandborsten jederseits. Körperfarbe gelb; Kopf braun; Vorderbrusttergit, Stigmen und Beine orange. *duodecimpunctata* (LINNAEUS)

1* Oberlippe mit 2 Vorderrandborsten jederseits 2

2 Körperfarbe dunkler orange; Kopf, Stigmen, Beine und Vorderbrusttergit schwarzbraun, letzteres mit einem hellen Fleck in der Mitte des Hinterrandes. *quatuordecimpunctata* (SCOPOLI)

2* Körperfarbe hellorange, die dunkleren Stellen braun bis hellbraun; Vorderbrusttergit ohne deutlich umgrenzten helleren Fleck 3

3 Kopf braun, Vorderbrusttergit, Stigmen und Beine hellbraun. Mikroskulptur der Haut klein und dicht, deutlich bei stärkerer Vergrößerung. *asparagi* (LINNAEUS)

3* Kopf, Vorderbrusttergit, Stigmen und Beine hellbraun. Mikroskulptur der Haut auch bei stärkerer Vergrößerung undeutlich. (*paracenthesis* (LINNAEUS))

4. Unterfamilie: Clytrinae

S. 251

10. Gattung: *Lachnaia* CHEVROLAT

(*Lachnaia vicina* LACORDAIRE)

Vorderrand des Vorderbrusttergits jedereits mit einer Reihe von 18 Borsten, davon 3 sehr lang, die übrigen kürzer, ca. $^1/_3$–$^1/_5$ der Länge der langen Borsten; Stigmenplatte der Mittelbrust oval, nur wenig größer als das runde Stigma.

S. 253

5. Unterfamilie: Cryptocephalinae

S. 254

17. Gattung: *Cryptocephalus* MÜLLER

Hinzu kommt *Cryptocephalus violaceus* LAICHARTING:

Die Art ist mit einer schmalen Fläche zwischen Stirnnaht und Scheitelkante (Leitzahl 12), ferner mit 5 gleichlangen Borstenpaaren der Scheitelkante (Leitzahl 13) bei *schaefferi* SCHRANK einzureihen. Leitzahl 13a: von ihr zu unterscheiden durch

Mittelvorsprung in der Ausrandung der Oberlippe schmal, den Vorderrand erreichend (Abb. 1),

die kleine längliche Stigmenplatte der Mittelbrust, die 2 bis 3mal so groß wie das Stigma ausgebildet ist (Abb. 2),

Tibiotarsus mit 3 Paar Dornen auf der Unterseite; die dorsalen Sklerite der Mittel- und Hinterbrusttergite nicht deutlich markiert (STEINHAUSEN 1995).

S. 258

Veränderungen im Text einiger Leitzahlen:

14* Stigmenplatte länglich, klein, höchstens 5mal größer als das Stigma (Bd. 2: Abb. 120, 131) 15

17 ...Stigmenplatte länglich, etwa 3mal so groß wie das Stigma...

S. 261

8. Unterfamilie: Chrysomelinae

S. 272

29. Gattung: *Phaedon* DAHL

(*Phaedon tumidulus* (GERMAR)

Auf dem 6. Hinterleibtergit ist gewöhnlich das vordere, innere, dorsale Sklerit (und meistens auch auf den übrigen Tergiten) vorhanden (bei *armoraciae* (LINNAEUS) meist fehlend); die großen dorsalen, dorsolateralen und lateralen Sklerite sind am 7. Tergit vereint, mit 8 großen Borsten (bei *armoraciae* mit 6 Borsten) (nach COX 1991).

S. 275

35. Gattung: *Gonioctena* CHEVROLAT

Neu aufzunehmen ist *Gonioctena kaufmanni* (MILLER).

Die Art ist von der sehr ähnlichen *G. holdhausi* LEEDER (Leitzahl 7*) zu unterscheiden durch die runde Ausrandung der Oberlippe (Abb. 3), sowie durch die vorderen, äußeren, dorsolateralen Sklerite der Hinterleibtergite 1 bis 4, die fast ebenso groß sind wie die stigmalen Sklerite (Abb. 4). Körperhaut rötlich-hellbraun, Sklerite der Tergite dunkelbraun (STEINHAUSEN 1995) (zum Vergleich *G. holdhausi* Abb. 5, 6).

S. 281

9. Unterfamilie: Galerucinae

S. 289

41. Gattung: *Galeruca* MÜLLER

(*Galeruca haagi* JOANNIS)

Die Art gehört zur Gruppe *pomonae* (SCOPOLI) – *tanaceti* (LINNAEUS) mit den vom 2. oder 3. Abdominalsegment an vereinigten, postdorsalen inneren Skleriten, den stark warzenförmig verlängerten Skleriten der hinteren Reihe auf den Hinterleibtergiten und der unregelmäßigen Borstenreihe am Vorderrand des Vorderbrusttergits, jedoch mit nur 12 Borsten jederseits (16–20); Vorderrand der Oberlippe flach ausgerandet (tief) (Gegensatz in Klammern) (STEINHAUSEN 1995).

Galeruca melanocephala PONZA kommt hinzu und kann von den anderen bekannten Arten wie folgt unterschieden werden:

Epipleuralsklerit der Vorderbrust mit 5–6 (8–11), der Hinterleibsegmente mit 5 (9–12), pleural mit 4 (6–8), äußere prätergales Sklerit mit 2 (3–4) Borsten. Oberlippe jederseits mit 2 langen, dicken und 2 (4) kürzeren, dünnen Borsten (in Klammern bekannte Arten). (BIENKOWSKI 1995).

S. 292

45. Gattung: *Luperus* GEOFFROY

Luperus xanthopoda (SCHRANK) kommt hinzu und ist wegen den zweizähnigen Oberkiefern bei *longicornis* (FABRICIUS) einzureihen. Das 9. Hinterleibtergit mit 7 Paar Borsten, davon 2 Paar lange, dünne am Hinterrand, 3 Paar kürzere (ca. $^1/_4$) dickere auf der Scheibe sowie sowie 2 Paar sehr kurze am seitlichen Vorderrand; die Scheibe mit porenförmiger Skulptur (Abb. 7) (STEINHAUSEN 1995).

10. Unterfamilie: Alticinae

S. 292

49. Gattung: *Phyllotreta* CHEVROLAT

Es wird eine Übersicht über das 9. Hinterleibtergit der bisher bekannten Larven-Arten (aus DOGUET 1994) ergänzt (Abb. 8).

Abb. 1: *Cryptocephalus violaceus*, Labrum (aus STEINHAUSEN 1995)
Abb. 2: *Cryptocephalus violaceus*, Stigma (aus STEINHAUSEN 1995)
Abb. 3: *Gonioctena kaufmanni*, Labrum (aus STEINHAUSEN 1995)
Abb. 4: *Gonioctena kaufmanni*, Abdominalsegment, dorsal (aus STEINHAUSEN 1995)
Abb. 5: *Gonioctena holdhausi*, Labrum (aus STEINHAUSEN 1995)
Abb. 6: *Gonioctena holdhausi*, Abdominalsegment, dorsal (aus STEINHAUSEN 1995)
Abb. 7: *Luperus xanthopoda*, 9. Abdominalsegment, dorsal (aus STEINHAUSEN 1995)
Abb. 8: *Phyllotreta*, 9. Tergit (aus DOGUET 1994). a. *armoraciae*, b. *atra*, c. *cruciferae*, d. *undulata*, e. *ochripes*, f. *tetrastigma*, g. *striolata (= vittata)*, h. *nemorum*, i. *nodicornis*, j. *diademata*, k. *consobrina*, l. *nigripes*, m. *rugifrons*, n. *vittula*
Abb. 9: *Longitarsus longipennis*, 9. Abdominalsegment, dorsal (aus STEINHAUSEN 1995)

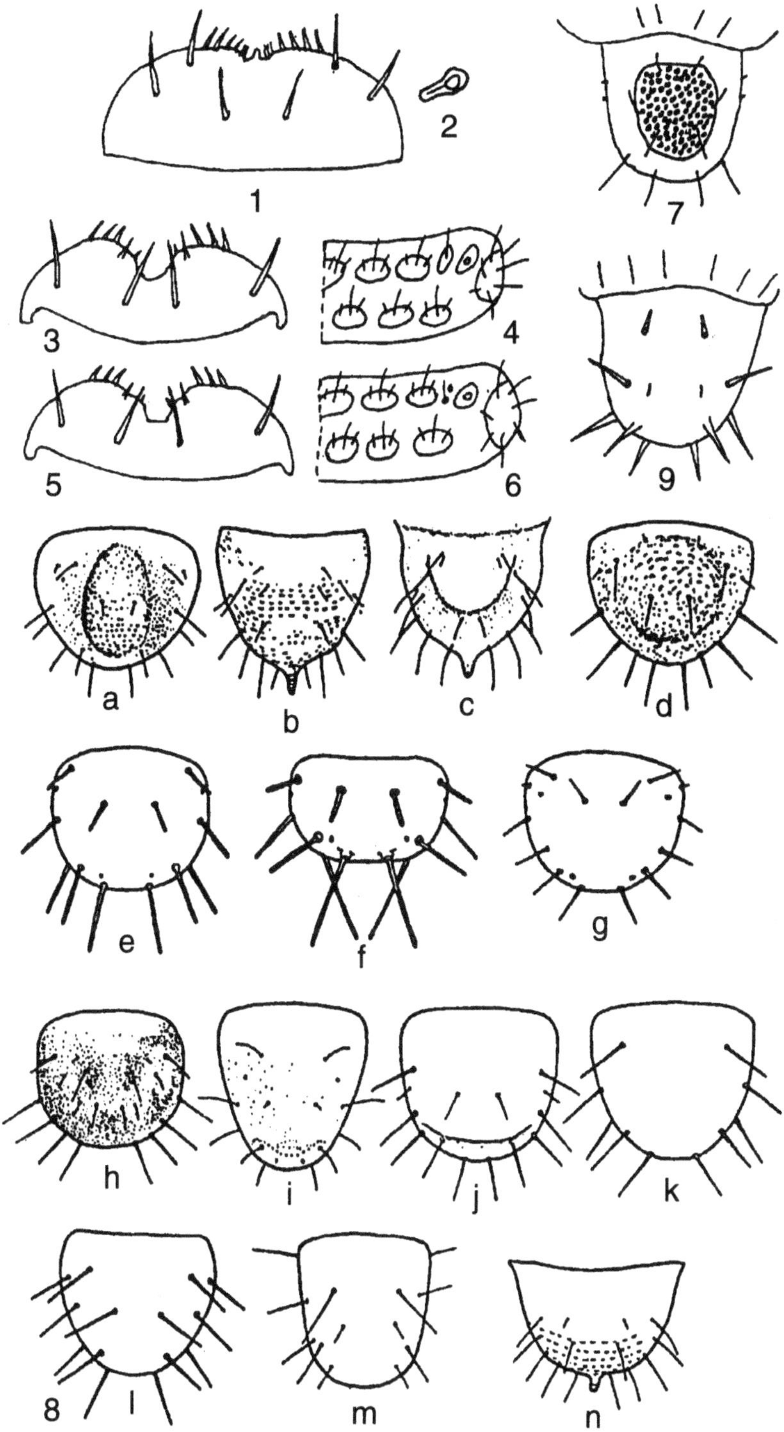
1
2
7
3
4
5
6
9
a
b
c
d
e
f
g
h
i
j
k
8
l
m
n

S. 296

51. Gattung: *Longitarsus* BERTHOLD

Neu beschrieben wird *Longitarsus longipennis* KUTSCHERA.

Die Art gehört zur Gruppe ohne Enddornen am 9. Hinterleibsegment (Abb. 9) und ist bei *lycopi* (FOUDRAS) und *ballotae* (MARSHAM) unter Leitzahl 5* einzureihen, von denen sie sich durch die etwas dickere Körperform (Länge zu Breite wie 6 : 1) unterscheidet (bei den beiden anderen Arten 9 : 1) (STEINHAUSEN 1995).

S. 297

52. Gattung: *Altica* MÜLLER

(*Altica viridula* WEISE)

Mit den 2 Makro- und 1 Mikroborste am Epipleuralsklerit der Hinterleibsegmente ähnlich wie *aenescens* WEISE und *quercetorum* FOUDRAS hinter Leitzahl 5 der Tabelle einzureihen; der helle Querfleck am Vorderrand der Oberlippe sehr groß, die Vorderrandborsten einschließend (bei jenen Arten liegen diese im dunklen Bereich).

Korrekturen von Schreibfehlern:

S. 244 *Donacia appendiculata* (PANZER)
S. 247 *Lilioceris lilii* (SCOPOLI)
S. 255 *Cryptocephalus caerulescens* SAHLBERG
S. 256 *Cryptocephalus fulvus* (GOEZE)
S. 256 *Cryptocephalus rufipes* (GOEZE)
S. 269 *Oreina caerulea* (OLIVIER)
S. 282 *Oedionychis*
S. 282 (*Diorhabda elongata* (BRULLÉ))
S. 286, 292 *Calomicrus* DILLWYN
S. 286, 292 *Luperus* GEOFFROY
S. 286, 297 *Altica* MÜLLER
S. 294 *Phyllotreta striolata* (FABRICIUS) (= *vittata* (FABRICIUS))
S. 296 *Longitarsus lewisii* BALY
S. 297 *Longitarsus melanocephalus* (DE GEER)
S. 305 *Psylliodes affinis* (PAYKULL)

Literatur

BIENKOWSKI, A. O. (1992): New data on morphology and systematics of the larvae of Donaciinae (Col., Chrysomelidae) from Palaearctis. – Russian Entomol. J. 1 (2): 3–15.

BIENKOWSKI, A. O. (1995): Morphology of immature stages of the leaf beetle *Galeruca melanocephala* PONZA (Col., Chrysomelidae). – Entomol. Obozr. LXXIV (1): 15–18 (russ.).

COX, M. L. (1991): The larvae of British *Phaedon* (Col., Chrysomelidae: Chrysomelinae). – Entomol. Gaz. 42: 267–280.

DOGUET, S. (1994): Faune de France. France et régions limitrophes. 80. Coléoptères Chrysomelidae Vol. 2. Alticinae. – Paris.

PATERSON, N. F. (1931): Studies on the Chrysomelidae III. The bionomics and comparative morphology of the early stages of certain Chrysomelidae. – Proc. Zool. Soc. London 3: 879–949.

STEINHAUSEN, W. R. (1995): Neue Blattkäferlarven (Col., Chrysomelidae). – Ent. Nachr. Ber. 39: 65–67.

3. Band

S. 37

33. Familie: Scarabaeidae

von FRANK–THORSTEN KRELL und BERNHARD KLAUSNITZER

(Abb. 1–6)

S. 56

4. Unterfamilie: Aphodiinae

Da mittlerweile die Larve von *Platytomus tibialis* (FABRICIUS) bekannt wurde, kann die Tabelle für die Gattungen folgendermaßen ergänzt werden (nach JERATH 1960 und LUMARET & LAVALETTE (im Druck)):

S. 57

3 Stigma-tragende Bereiche des Abdomen mit je 2 Setae dorsal und 6–7 Setae ventral. Galea ventral mit 1 langen Seta und einer Reihe von 3 kurzen Setae. Vorderrand des Labrum bei den bekannten mitteleuropäischen Arten konvex (Bd. 3: Abb. 18a) oder der mittlere Lappen vorn gerade abgestutzt (Bd. 3: Abb. 18c). Larven in Sandböden. *Psammodius* FALLÉN

3* Stigma-tragende Bereiche des Abdomen mit je 1 Seta dorsal und 1–2 Setae ventral. Galea ventral mit 1 langen Seta und 2 kurzen Setae 3a

3a Stigma-tragende Bereiche des Abdomen mit je 1 Seta dorsal und 2 Setae ventral. Mandibel dorsal bei der bekannten mitteleuropäischen Art mit 1 Seta (Abb. 1). Vorderrand des Labrum deutlich dreilappig, mittlerer Lappen gerundet (Bd. 3: Abb. 18d). Raster mit 28–31 gekrümmten Setae (Bd. 3: Abb. 18l). Kopf braungelb, glatt, auf jeder Seite der Stirn mit einem Eindruck; Vertex mit 4 epicranialen Setae und 1 Microsensillum auf jeder Seite (Bd. 3: Abb. 18d). Kopfkapselbreite L_3: 0,79–0,81 mm. *Pleurophorus* MULSANT

3a* Stigma-tragende Bereiche des Abdomen mit je 1 Seta dorsal und 1 Seta ventral. Mandibel dorsal mit 2 Setae (Abb. 2). Vorderrand des Labrum nur sehr schwach dreilappig (Abb. 3, 4). Raster mit 32–33 gekrümmten Setae (Abb. 5). Kopf gelbbraun, glatt, ohne Eindrücke auf den Seiten der Stirn; Vertex mit 1–2 epicranialen Setae und 2–3 Microsensilla auf jeder Seite (Abb. 3). Kopfkapselbreite L_3: 0,90–0,91 mm. *Platytomus* MULSANT

S. 60

20. Gattung: *Platytomus* MULSANT

In Mitteleuropa kommt nur *Platytomus tibialis* (FABRICIUS) vor (Abb. 2–5). Körperlänge L_3: 4,3 mm.

S. 63

6. Unterfamilie: Melolonthinae

S. 65

27. Gattung: *Miltotrogus* REITTER

Da auch die Larve von *Miltotrogus pilicollis* (GYLLENHAL) beschrieben ist (MEDVEDEV 1956, 1960, 1976), ist die Tabelle für die Arten folgendermaßen zu ergänzen:

1 Die symmetrischen Borstenreihen des Raster sind einzeilig und bestehen aus 11 bis 12 nach hinten allmählich verlängerten Borsten (Abb. 6). Sie beginnen an der Spitze der Analspalte und laufen von dort nach den Seiten und nach hinten und formen ein Dreieck. Körperlänge L_3: 39 mm, Kopfkapselbreite: 3,4 mm (nach MEDVEDEV 1956). *pilicollis* (GYLLENHAL)

1* Die symmetrischen Borstenreihen des Raster sind an manchen Stellen zwei- oder sogar dreizeilig (Abb. 30, 31 in Bd. 3: S. 64). Sie beginnen in bedeutendem Abstand vor der Spitze der Analspalte. Körperlänge L_3: 45–51 mm, Kopfkapselbreite: 4,8–5,7 mm 2

Die bisherigen Leitzahlen 1 und 1* auf S. 65 sind in 2 bzw. 2* zu verändern.

S. 79

45. Gattung: *Protaetia* BURMEISTER

(= *Liocola* THOMSON und *Potosia* MULSANT)

Die Larve von *Protaetia affinis* (ANDERSCH) wurde ein zweites Mal von MEDVEDEV & DŽAMBAZIŠVILI (1974) aus Georgien beschrieben, so daß unsere Tabelle für die Arten an folgenden Stellen ergänzt werden kann:

S. 81

3* Statt „Körperlänge bis 50 mm“ lies: Körperlänge bis 62 mm. Diese Länge geben MEDVEDEV & DŽAMBAZIŠVILI (1974) für die L_3 von *Protaetia affinis* an.

S. 82

4** Die Borstenreihen des Raster bestehen aus 18–22 (nicht 20–22) dornartigen Borsten. Das erste Stigma ist das größte.

Literatur

JERATH, M. L. (1960): Notes on larvae of nine genera of Aphodiinae in the United States (Coleoptera : Scarabaeidae). – Proc. U. S. natn. Mus. 111: 43–94.

LUMARET, J. – P. & LAVALETTE, F. (im Druck): Biology and description of the larva of *Platytomus tibialis* (FABRICIUS, 1798) (Coleoptera: Aphodiidae: Rhyssemina). – Acta Soc. zool. bohem. (Festschrift PROF. HŮRKA).

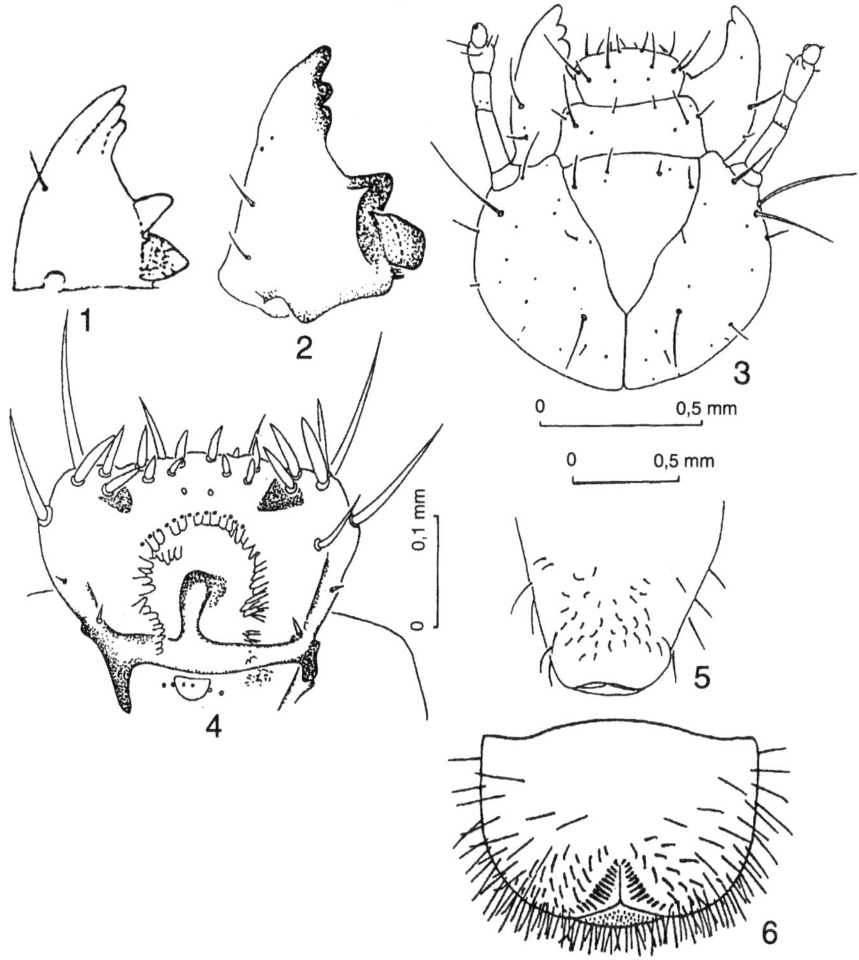

Abb. 1: *Pleurophorus caesus*, linke Mandibel von dorsal (aus JERATH 1960)
Abb. 2: *Platytomus tibialis*, linke Mandibel von dorsal (aus LUMARET & LAVALETTE, im Druck)
Abb. 3: *Platytomus tibialis*, Kopf (aus LUMARET & LAVALETTE, im Druck)
Abb. 4: *Platytomus tibialis*, Epipharynx (aus LUMARET & LAVALETTE, im Druck)
Abb. 5: *Platytomus tibialis*, Ventralseite des letzten Abdominalsegmentes mit Raster (aus LUMARET & LAVALETTE, im Druck)
Abb. 6: *Miltotrogus pilicollis*, letztes Abdominalsegment, ventral (aus MEDVEDEV 1956)

MEDVEDEV, S. I. (1956): Opisanie dvuch vidov ličinok plastinčatousych žukov (Coleoptera, Scarabaeidae). – Ent. Obozr. 35: 148–151.
MEDVEDEV, S. I. (1960): Tablica 54. Ličinki plastinčatousych žukov. – Pp. 511–531 in: ŠČEGOLEVA, V. I. (Hrsg.): Opredelitel' nasekomych po povreždenijam kul'turnych rastenij. – Leningrad, Moskva: Gosudarstvennoe izdatel'stvo sel'skochozjajstvennoj literatury.
MEDVEDEV, S. I. (1976): Tablica 53. Ličinki plastinčatousych žukov. – Pp. 509–537 in: OSMOLOVSKOGO, G. E. (Hrsg.): Opredelitel' sel'skochozjajstrennych vreditelej po povreždenijam kul'turnych rastenij. – Leningrad: Kolos.
MEDVEDEV, S. I. & DŽAMBAZIŠVILI, JA. S. (1974): Opisanie dvuch ličinok plastinčatousych žukov (Coleoptera, Scarabaeidae) iz Gruzii. – Soobšč. Akad. Nauk Gruz. SSR 75: 717–720.

S. 87 ff.

Nachtrag zum Literaturverzeichnis:

GRETSCHKIN = GREČKIN, V. P. (1951): Očerki po biologii vreditelej lesa. – Moskva: MOIP.

Register der Gattungs- und Artnamen

fett	Kategorien oberhalb der Gattung
normal	Gattungen und Arten
kursiv	Synonyma
unterstrichen	Haupterwähnung des Taxons

www.ingramcontent.com/pod-product-compliance
Lightning Source LLC
Chambersburg PA
CBHW060249080926
51106CB00028B/890
9783827421463